Dan Davis

NATIONALE SICHERHEIT

Die Verschwörung

amadeus-verlag.com

Umschlag:
Illustration von Michael H. Schratt; mit freundlicher Genehmigung.

zweite Auflage

AMA DEUS Verlag
Postfach 63
74576 Fichtenau
Tel: 07962-1300
Fax: 07962-710263
www.amadeus-verlag.com

Druck:
Ebner & Spiegel, Ulm
Satz und Layout:
Jan Udo Holey
Umschlaggestaltung:
Jan Udo Holey

ISBN 3-938656-25-5

Inhaltsverzeichnis

„Nichts wäre, was es ist, weil alles sein würde, was es nicht ist.
Und umgekehrt – was es ist, würde es nicht sein.
Und was es nicht sein würde, wäre, was es ist.
Verstehst du?“

aus *„Alice im Wunderland“*

Einleitung

Ich wünsche Ihnen einen schönen Tag – denn möglicherweise haben Sie einen solchen derzeit noch. Vielleicht ändert sich das im Verlauf dieses Buches. Ich will auch gar nicht lange herumreden. Sie vertrauen auf Ihre Presse-Medien – Fernsehen, Zeitung, Magazine... Warum auch nicht? Doch vielleicht sollten Sie Ihre Meinung einmal überdenken.

Erinnern wir uns: Vor einigen Jahren wurden auf allen Fernsehkanälen am **11. September 2001**, wenige Stunden nach den Terrorakten auf das World Trade Center in Amerika, Bilder von Palästinensern gezeigt, die das Grauen bejubelten. Immer und immer wieder flimmerten Aufnahmen der jubelnden Kinder und jener Frauen mit schwarzen Kopftüchern über die Bildschirme in unsere Wohnzimmer. Da war kein Sender, der die Bilder nicht zeigte, kein Moderator, der sich anschließend nicht empört geäußert hätte. Doch diese Bilder waren getürkt und völlig aus dem Zusammenhang gerissen. Tatsache ist, daß die Bilder von den Nachrichtenagenturen *Reuters* und *Associated Press* geliefert wurden. Eine Mitarbeiterin des *Panorama*-Fernsehmagazins hat anhand von ungeschnittenen Originalaufnahmen ermitteln können, was in Wirklichkeit geschah: Die Frau mit dem Kopftuch sagte später aus, sie habe in die Kamera gejubelt, weil man ihr Kuchen versprochen hatte. Sie habe ihr Entsetzen darüber zum Ausdruck gebracht, in welchem Zusammenhang diese gezeigt wurden.

Im **ersten Golfkrieg** wurden uns bereits Bilder eines ölverschmierten Kormorans gezeigt, welche angeblich belegen sollten, daß der wahnsinnige

Abb.1 und **2**: Das Fernsehen lügt – und nicht nur die Privatsender! Wem können Sie noch glauben?

Saddam Hussein Öl ins Meer abließ, um durch diese „Umweltwaffe" die alliierten Streitkräfte zu behindern. Das Bild stammte aber nachweislich vom Tankerunglück der Exxon Valdez. Im späteren Kriegsverlauf wurden dann zudem durch die USA gezielt Tankschiffe vor der Küste am Golf durch Kampfflugzeuge angegriffen, beschossen und versenkt (siehe die Aussagen von ehemaligen CIA-Beamten in der Fernsehdokumentation *„Operation Wüstensturm – Der Golfkrieg"*)!

In einer Pressemeldung vom 17. September 2001 (*Blick*) erfahren wir: *„New York – Die Ermittler fanden gestern den unversehrten Paß eines der Flugzeugentführer – er lag mehrere Straßen entfernt vom zerstörten WTC im Trümmerstaub."*

Ist es nicht schon ein fast unglaublicher „Zufall", daß ausgerechnet der Paß eines Terroristen unversehrt herausfliegt? Kurz nach den Anschlägen wurde angegeben, man habe im Flughafen von Boston zwei Koffer, die „zufällig" nicht eingecheckt worden seien, gefunden, und zwar gerade jene Koffer, die den Terroristen gehörten. In den Koffern fand man einen Koran und eine Fluganleitung in arabischer Sprache. Etwas später war dann von einem *Auto* die Rede, in dem man einen Koran und eine Fluganleitung in arabischer Sprache fand.

Im Fernsehsender *Fox 11* wurde im Juli 2001 ein Film ausgestrahlt mit dem Titel *„The lone gunman"*. Inhalt: Ein Flugzeug, das von Boston startet, fliegt in das World Trade Center. Dies erinnert an ein anderes Geschehen: an den alten Weltverschwörungsschinken „Brazil", welcher bezeichnenderweise im Jahre 1984 in Großbritannien in Szene gesetzt wurde und in welchem (wie in dem Spielfilm *„1984"*) ein absoluter Überwachungsstaat der damals nahen Zukunft inszeniert wurde. Dort fliegt der angehende Held in einer Traumsequenz mit angehefteten Flügeln durch eine düstere New-York-Kulisse, welche sich aus dem Boden erhebt.

Besonders die Wortwahl im Film mit „Kampf gegen den Terrorismus" erinnert uns unvermittelt an die Wirklichkeit – oder an das Vorfeld des Bombenanschlags auf das Bundesgebäude in **Oklahoma City** (OKC) im Jahr 1995. Der Gouverneur *Keating* von Oklahoma hat einen Bruder namens *Martin Keating*, welcher als Schriftsteller tätig ist. Dieser veröffentlichte 1991 das Buch *„The Final Jihad"* (*„Der letzte heilige Krieg"*). In diesem Buch beschreibt er, wie sich islamische Terroristen in Oklahoma ansiedeln, um ein Bundesgebäude zu sprengen. Eine beteiligte Person im

Buch trägt den Namen *Tom McVey*, was sehr ähnlich klingt wie *Timothy McVeigh*, der dann in Wirklichkeit als angeblicher Attentäter verurteilt und hingerichtet worden ist. Hier ist zudem anzumerken, daß kurz nach dem Anschlag 1995 von den Medien tatsächlich islamische Terroristen für den Anschlag verantwortlich gemacht wurden. Im gleichen Buch wird auch beschrieben, wie ein *TWA-Flug 800* mit einer Rakete abgeschossen wird und wie auf das World Trade Center und auf ein Gebäude in Oklahoma Bombenanschläge verübt werden. ***Und tatsächlich fanden in den darauffolgenden Jahren alle drei vorausgesagten Anschläge bis ins Detail statt.***

Am Montag, dem 17. September 2001, sahen wir in Zürich überall die Schlagzeile der Stadtzeitung „Metropol": TERRORIST BIN LADEN: „ICH WAR ES NICHT!"

Am nächsten Tag war an gleicher Stelle zu lesen: BUSH: „ICH WILL BIN LADEN TOT ODER LEBENDIG!"

In einer Pressemeldung vom 17. September 2001 wurde Bin Laden genauer zitiert: *„Die USA zeigen mit dem Finger auf mich, aber ich erkläre hiermit kategorisch, daß ich es nicht getan habe."* (*Blick*, 17.9.2001, Seite 5)

Im Dezember 2001 gab es eine angebliche Sensation: Ein Video von Bin Laden und seiner Gefolgschaft, auf welchem er das Attentat „eingestand"! Am 17.12.2001 sprach Bush in einer Presseerklärung von einem *„vernichtenden Beweis"* für dessen Täterschaft.

Doch bereits *einen* Tag nach der Veröffentlichung des Videos präsentierte man im Fernsehen eine ganz andere Realität: Das Team der Fernsehsendung *Monitor* ließ das Video von unabhängigen Sprachwissenschaftlern und Übersetzern untersuchen. Ergebnis: **Es wurde an den entscheidenden Stellen falsch übersetzt!** Jene Worte, welche die Täterschaft scheinbar bewiesen, wurden einfach eingefügt, sie kamen in der arabischen Version nicht vor!

Die Boeing 757 vom Flug 077, welche angeblich am 11. September 2001 um 9.43 Uhr ins Pentagon flog, stürzte ausgerechnet in *den* Sektor, der gerade neu renoviert wurde und in dem sich deshalb so gut wie keine Menschen aufhielten. Auch hier findet sich eine Parallele zum Oklahoma-Attentat vom 19. April 1995, wo gerade mal zufällig am Tag des Anschlages von den 17 ATF-Beamten, welche dort normalerweise tätig sind, *kein einziger* ums Leben kam oder auch nur verwundet wurde.

Am 11. September 2001 wichen *alle vier Flugzeuge* stark von ihrem vorgeschriebenen Kurs ab. Nach ihren Vorschriften versucht die FAA, sobald bei einem Flugzeug eine Kursabweichung bemerkt wird, den Piloten zu kontaktieren. Gelingt dies nicht, wird ein Notstand erklärt – normalerweise. Haben sich viele Bürger noch bis kurz vor dem Attentat gegen eine Verdichtung der Überwachungsmaschinerie gewehrt, hat sich die Stimmung *nach* dem 11. September 2001 drastisch geändert.

Bereits 1993 wurde ein Anschlag auf das World Trade Center verübt. Damals explodierte ein *Ryder-Mietlastwagen* im Parkuntergeschoß unter Tower 2 mit 550 kg Sprengstoff. Beim Anschlag auf das Murrah-Regierungsgebäude im Jahre 1995 explodierte *ebenfalls* ein *Ryder-Mietlastwagen...*

In Oklahoma fiel noch ein anderer merkwürdiger **„Zufall"** auf: Die Anwesenheit von ATF-Beamten (*Bureau of Alcohol, Tobacco and Firearms*) vor Ort, als die Explosion geschah. Dieser „Zufall" wurde dadurch erklärt, daß sie sich im Gebäude befunden hatten, aber fliehen konnten. Das Detail, daß keiner dieser Herren Betonstaub auf seiner Kleidung und am Körper hatte, bleibt meist unerwähnt.

McVeigh wurde in einem nahegelegenen McDonalds-Lokal von einer Videoüberwachungskamera gefilmt, und zwar 24 Minuten *vor* dem Zeitpunkt, der auf dem Lastwagenmietvertrag abgestempelt ist. Er trägt Kleider, die anders sind als jene der beiden Männer, die bei der Mietfirma auftauchten.

1997 wurde der entlassene Richter *Hoppy Heidelberg* im „Last Days Journal" interviewt. Er wurde entlassen, weil er angeblich die Sicherheitsregeln verletzt habe, indem er dem Magazin „Media Bypass" ein Interview gewährte. Er wurde gefragt: *„Glauben Sie, daß das Amt für „Alcohol, Tobacco and Firearms" (ATF) am OKC-Anschlag beteiligt war?"*

Heidelberg: *„Klar. Hier müssen Sie sich einiges vor Augen halten. Erstens waren sie gewarnt worden, an diesem Tag nicht zur Arbeit zu gehen. Und zweitens, als sie erschienen, trugen sie ihre „Kampfausrüstung". Sie erschienen, und bäng! Es explodierte, und schon waren sie zur Stelle. Aber gemäß der offiziellen Darstellung hatten sie sich alle im Gebäude befunden und auf wundersame Weise überlebt. Das einzige Problem dabei ist: Sie hatten keinen Staub auf sich. Sie hatten das kleine Problem, erklären zu müssen, warum sie* *so sauber waren, während alle anderen im Gebäude so sehr von Staub bedeckt waren, daß man sie gar nicht mehr erkennen konnte. Und hier standen diese Leute, frisch wie aus der Dusche, und behaupteten, sie seien im Gebäude gewesen. Und zwei der ATF-Leute behaupteten, sie seien bei der Explosion mit dem Lift fünf Stockwerke tief gefallen. Die Lift-Experten, die kamen, sagten jedoch, daß alle Lifte intakt waren...“*

„Was waren die Motive dieser Aktion?“

Heidelberg: *„Der Hauptgrund war derselbe wie beim Anschlag auf das World Trade Center 1993, nämlich die Antiterror-Gesetzgebung durchzubringen.“*

Ein Mann, der viele Jahre als Ingenieur beim Bau von Untergrundbasen mitgearbeitet hatte, war *Phil Schneider*. Wenige Tage nach den nachfolgenden Aussagen war er tot. Die offizielle Darstellung: *Selbstmord.*

Schneider: *„Ich arbeitete bei der Aushöhlung von 13 unterirdischen Militärbasen in den USA mit. Ich arbeitete beim Malta-Projekt mit, in Westdeutschland, in Spanien und in Italien. Aus meiner Erfahrung kann ich Ihnen sagen, daß eine Nitratexplosion beim OKC-Bundesgebäude nicht einmal die Fensterscheiben rausgepustet hätte. Ich bin überzeugt, daß ich angelogen wurde, und ich akzeptiere das nicht mehr. Deshalb sage ich Ihnen, daß auch Sie angelogen werden!“*(1)

Als Saddam Hussein gestürzt wurde, hat man diejenigen als „Verrückte“ verschrien, die bereits damals angaben, daß der Krieg gegen den Irak schon lange *vorher* geplant wurde und alles andere ein gut inszeniertes Theaterstück wäre... Jetzt, wo dies als Tatsache durch die Medien geistert, erinnern sich die Leute allerdings nur ungern daran.

Warum hat uns der ehemalige amerikanische CIA-Agent *Stewart Swerdlow* bereits im Dezember 2000 in seinen Vorträgen in Norwegen, Deutschland und in der Schweiz auf diese mit Sicherheit *„innerhalb etwa eines halben Jahres“* zu erwartenden Vorkommnisse aufmerksam gemacht?

Nochmals zurück nach Manhattan:

Ein Amateur filmte zwei Feuerwehrmänner, als er Flugzeuggeräusche hört. Er richtet die Kamera auf das World Trade Center, eine Sekunde bevor das erste Flugzeug in den Turm fliegt – auch „Zufall“?

Die Reaktion von Präsident George W. Bush, der sich zur der Zeit, als die Flugzeuge in das WTC flogen, gerade in einem Kindergarten in Florida aufhielt, paßte eher zu der Nachricht: *„Gleich nach dem Termin gibt es Käsekuchen und Kaffee nebenan"*, als zu einem Terroranschlag – er blieb seelenruhig sitzen, als ob nichts geschehen wäre. Ich weiß ja nicht, wie *Sie* persönlich reagieren würden, aber ich meinerseits wäre aufgesprungen, hätte das überaus wichtige „Meeting" bei den Kindern abgebrochen und hätte mich von meinen Sicherheitsleuten informieren lassen, was genau geschehen ist...

Warum sind beide Türme (perfekt) zusammengestürzt, obwohl Sprengstoffexperten angaben, daß dies durch die Flugzeugeinschläge alleine nie hätte passieren „dürfen"? Wurde etwas nachgeholfen?

Abb.3:
Bericht der *Wiener Kronenzeitung* (1.6.2002) über den siebzehnjährigen Schüler Markus H., welcher aus seiner Wohnung im zehnten Wiener Gemeindebezirk den US-Raketencode knackte und streng geheime Dokumente auf seinen Computer bekam. Die Polizei und das FBI schaltete sich ein. Brisant: Die Dokumente aus dem Mai 2002 waren überschrieben mit „Majestic 12"!
Eine Formulierung, die laut amerikanischer Regierung *„nicht existiert"* und in UFO-Kreisen vor Jahren für Aufregung sorgte, da einem Forscher anonym „Majestic-12"-Dokumente geschickt wurden, in welchen von der Bergung eines *außerirdischen* Raumschiffes bei Roswell die Rede war.

Zufälligerweise wurde unmittelbar *vor* den Anschlägen, im April 2001, das asbestverseuchte World Trade Center für 3,2 Milliarden Dollar an Privatleute verkauft. Die Immobilienfirma *Westfield America* und der Manager *Larry A. Silverstein* leasten den Komplex für 99 Jahre und versicherten es auch gleich gegen Terrorismus... Der vorige Besitzer war *David Rockefeller*.

Wien im Jahre 2002:

Von der Öffentlichkeit weit weniger beachtet, ereignete sich Ende Mai 2002 eine Sensation: Der siebzehnjährige Internet-Surfer Markus H. stieß unbeabsichtigt auf das Geheimnis der Geheimnisse. Die *Wiener Kronen-Zeitung* berichtete darüber am Samstag, dem 1. Juni desselben Jahres mit der Schlagzeile *„Wiener knackt US-Raketencode"*.

Laut Medienberichten stieß er im Internet völlig unerwartet zu geheimen Seiten des Pentagons vor. Die Dokumente behandelten jüngste Verträge zwischen US-Präsident Bush und Rußlands Staatschef Putin – gekennzeichnet mit der höchsten militärischen Sicherheitsstufe, die da, man staune, lautete: „*Majestic 12*"! Auf der Kopfzeile befanden sich die UFO-Forschern so wohl vertrauten Zeilen „*Secret/Majic/Eyes only*". Darunter befanden sich das Siegel der US-Army und die Worte: „*Majestic-12-Group. Mai 2002*". Wenige Minuten später rief das FBI in der Gemeindewohnung in Wien an. Dem Jungen wurde dies zu unheimlich, und er verständigte die Wiener Polizei. Gegen Mitternacht erschienen zwei Uniformierte sowie ein Staatspolizist in Zivil. Danach wurde der österreichische Heeresnachrichtendienst eingeschaltet.[2]

Nun werden Sie sich fragen, was es mit dem ***Majestic 12*** auf sich hat.

Verschwörungsexperte *Jan van Helsing* berichtet uns darüber folgendes:

„Am 2. Juli 1947 war in Roswell, New Mexico, ein „nicht-irdischer" Flugkörper abgestürzt. Es gab 92 Zeugen, davon 35 Berichte aus erster Hand (Air-Force-Personal), und man fand vier kleine, menschenähnliche Wesen. Das nächste Raumschiff fand man am 13. Februar 1948 in der Nähe von Aztec, New Mexico. Der zweite Absturz in dieser Gegend ereignete sich am 25. März 1948 im Heart Canyon, Aztec, New Mexico. Diese Scheibe hatte einen Durchmesser von 33 Metern, war aus einem unbekannten Metall, und man fand sechzehn tote, zirka 1,20m große Insassen. 1949 ereignete sich ein weiterer Absturz in Roswell, bei dem einer der Insassen überlebte. Dieser wurde

Roswell Daily Record
RAAF Captures Flying Saucer On Ranch in Roswell Region
Claims Army Is Stacking Courts Martial
House Passes Tax Slash by Large Margin
No Details of Flying Disk Are Revealed
Some of Soviet Satellites May Attend Paris Meeting

Roswell Daily Record
Ramey Empties Roswell Saucer
Ramey Says Excitement Is Not Justified
Arrest 2,000 In Athens in Commie Plot

Abb.4:
Zeitungsberichte über den Roswell-Absturz 1947.

von einem Luftwaffenoffizier auf Befehl nach Los Alamos gebracht. Los Alamos war damals die am besten gesicherte Einrichtung der US-Streitkräfte.

Das Wesen wurde als reptiloider Humanoid mit gewissen insektoiden Charakteristiken beschrieben. Er wurde einfach „EBE" genannt (Extraterrestrial Biological Entity). Dieser erzählte, daß seine Rasse die Erde seit 25.000 Jahren besuche und daß er aus einem Doppelstern-System komme, ihr Planet ein Wüstenplanet sei, dessen Sonne zu sterben droht, und sie über unterirdische Basen in verschiedenen Ländern der Erde verfügen würden. EBE lehrte den jungen Oberst, der ihn betreute, daß es die Reinkarnation gibt, daß die Seele weiterlebt und daß dies das Gesetz des Universums sei. All dies wurde aufgezeichnet und unter dem Codenamen YELLOW BOOK gesammelt. Unter dem Projekt SIGMA versuchte man, mit der Rasse EBEs Kontakt aufzunehmen, jedoch ohne Erfolg. Ende 1951 wurde EBE schwer krank. Da seine biologischen Körperfunktionen auf Chlorophyllbasis beruhten, wurde der Botaniker Dr. Guillermo Mendoza zu EBEs Behandlung hinzugezogen. EBE blieb in Los Alamos, bis er am 18. Juni 1952 „aus unbekanntem Grund"

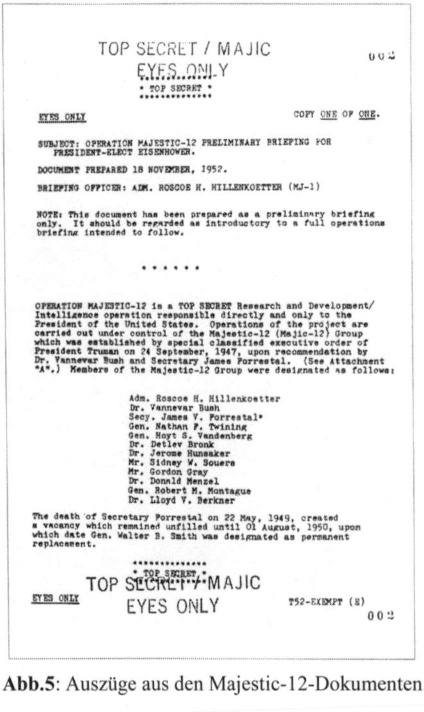

TOP SECRET / MAJIC
EYES ONLY
* TOP SECRET *

002

EYES ONLY — COPY ONE OF ONE.

SUBJECT: OPERATION MAJESTIC-12 PRELIMINARY BRIEFING FOR PRESIDENT-ELECT EISENHOWER.

DOCUMENT PREPARED 18 NOVEMBER, 1952.

BRIEFING OFFICER: ADM. ROSCOE H. HILLENKOETTER (MJ-1)

NOTE: This document has been prepared as a preliminary briefing only. It should be regarded as introductory to a full operations briefing intended to follow.

* * * * * *

OPERATION MAJESTIC-12 is a TOP SECRET Research and Development/Intelligence operation responsible directly and only to the President of the United States. Operations of the project are carried out under control of the Majestic-12 (Majic-12) Group which was established by special classified executive order of President Truman on 24 September, 1947, upon recommendation by Dr. Vannevar Bush and Secretary James Forrestal. (See Attachment "A".) Members of the Majestic-12 Group were designated as follows:

Adm. Roscoe H. Hillenkoetter
Dr. Vannevar Bush
Secy. James V. Forrestal*
Gen. Nathan F. Twining
Gen. Hoyt S. Vandenberg
Dr. Detlev Bronk
Dr. Jerome Hunsaker
Mr. Sidney W. Souers
Mr. Gordon Gray
Dr. Donald Menzel
Gen. Robert M. Montague
Dr. Lloyd V. Berkner

The death of Secretary Forrestal on 22 May, 1949, created a vacancy which remained unfilled until 01 August, 1950, upon which date Gen. Walter B. Smith was designated as permanent replacement.

* TOP SECRET *
TOP SECRET / MAJIC
EYES ONLY

EYES ONLY — T52-EXEMPT (E)

002

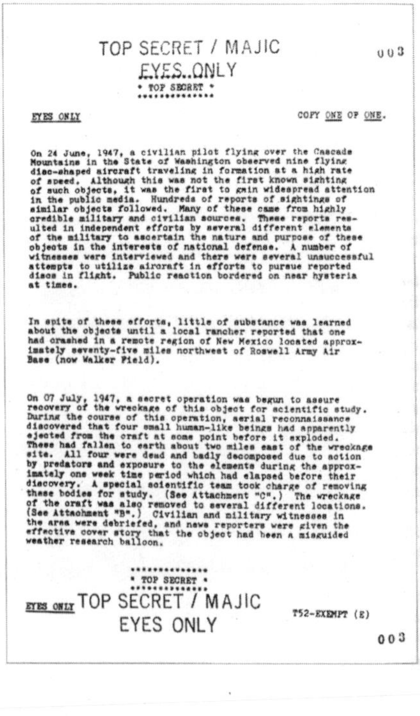

TOP SECRET / MAJIC
EYES ONLY
* TOP SECRET *

003

EYES ONLY — COPY ONE OF ONE.

On 24 June, 1947, a civilian pilot flying over the Cascade Mountains in the State of Washington observed nine flying disc-shaped aircraft traveling in formation at a high rate of speed. Although this was not the first known sighting of such objects, it was the first to gain widespread attention in the public media. Hundreds of reports of sightings of similar objects followed. Many of these came from highly credible military and civilian sources. These reports resulted in independent efforts by several different elements of the military to ascertain the nature and purpose of these objects in the interests of national defense. A number of witnesses were interviewed and there were several unsuccessful attempts to utilize aircraft in efforts to pursue reported discs in flight. Public reaction bordered on near hysteria at times.

In spite of these efforts, little of substance was learned about the objects until a local rancher reported that one had crashed in a remote region of New Mexico located approximately seventy-five miles northwest of Roswell Army Air Base (now Walker Field).

On 07 July, 1947, a secret operation was begun to assure recovery of the wreckage of this object for scientific study. During the course of this operation, aerial reconnaissance discovered that four small human-like beings had apparently ejected from the craft at some point before it exploded. These had fallen to earth about two miles east of the wreckage site. All four were dead and badly decomposed due to action by predators and exposure to the elements during the approximately one week time period which had elapsed before their discovery. A special scientific team took charge of removing these bodies for study. (See Attachment "C".) The wreckage of the craft was also removed to several different locations. (See Attachment "B".) Civilian and military witnesses in the area were debriefed, and news reporters were given the effective cover story that the object had been a misguided weather research balloon.

* TOP SECRET *

EYES ONLY — TOP SECRET / MAJIC
EYES ONLY

T52-EXEMPT (E)

003

Abb.5: Auszüge aus den Majestic-12-Dokumenten.

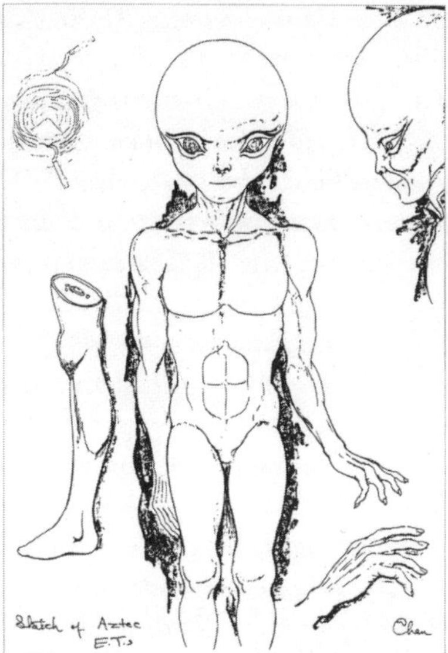

Abb.6: Darstellung eines Außerirdischen, der an Bord eines abgestürzten UFOs gefunden wurde, nach Angaben und Zeichnungen von Ärzten, die an Autopsien beteiligt waren.

starb. Es heißt, daß der Oberst, der EBE betreute, bei seinem Tode geweint habe. Er hätte ihn geliebt wie ein Kind. Dieses Ereignis wurde unter dem Projekt ROBERTSON-PANEL später in dem Streifen „E.T." verfilmt, um die Öffentlichkeit über einen Science-Fiction-Film langsam mit der Realität vertraut zu machen.

Am 6. Dezember 1950 stürzte eine weitere Untertasse (30m Durchmesser) nahe Laredo, Texas, ab. In den Trümmern fand man einen verkohlten Insassen, 1,30m groß und mit extrem großem Kopf. Dieser Vorfall erregte besonderes Aufsehen, als die Fotos des Toten freigegeben wurden.

Am 20. Mai 1953 barg man in Kingman, Arizona, eine weitere Untertasse, die jedoch nur 10m im Durchmesser aufwies. Diesmal waren es vier tote Wesen, die wie auch alle anderen in die „Wright Patterson Air Force Base" (Hangar 18) gebracht wurden...

Schon nach dem ersten Absturz wurden verschiedene Geheimorganisationen ins Leben gerufen, um mit der Präsenz der UFOs umzugehen. Die wichtigste war Operation MAJESTIC 12, die am 24. September 1947 von Präsident Truman gegründet wurde und der alle anderen Projekte unterstanden. (MAJESTY ist der Codename für den Präsidenten.) Unter den Mitgliedern waren Dr. Vannevar Bush, der wissenschaftliche Berater des Präsidenten; Verteidigungsminister Forrestal und später auch Nelson Rockefeller, Allen Dulles, Chef der CIA, und J. Edgar Hoover, Chef des FBI. Die restlichen waren alle Mitglieder des CFR, dem Council on Foreign Relations.

Dem Majestic 12 unterstehende Projekte waren unter anderem: Projekt MAJI: „Majority Agency for Joint Intelligence" (Majority-Dienst für gemeinsames Nachrichtendienstwesen). MAJIC heißt Maji-Controlled. Alle Informationen und Desinformationen in Sachen UFOs und Außerirdische werden von MAJI in Zusammenarbeit mit der CIA, dem NSA, dem Nachrichten-

dienst der Landesverteidigung DIA und dem Naval Intelligence (Marinegeheimdienst) ausgewertet.

Projekt SIGN: die Erforschung des UFO-Phänomens, das später in Projekt GRUDGE umbenannt wurde (womöglich wegen der großen Anzahl menschlicher Körperteile, die in zweien der Raumschiffe gefunden wurden).

Projekt BLUE BOOK: die Bergung abgestürzter Flugkörper und gleichzeitig mit dem ROBERTSON-PANEL zusammen die Verbreitung von Desinformation unter der Bevölkerung.

Projekt SIGMA: Kommunikation mit der Rasse EBEs.

Projekt SNOWBIRD: Technologie außerirdischer Flugobjekte und der Versuch, eines zu fliegen.

Projekt AQUARIUS: Mantelprojekt zur Koordinierung des Forschungs- und Kontaktprogrammes mit Außerirdischen.

Projekt GARNET: Untersuchung der Einwirkungen der Außerirdischen auf die Evolution der Menschheit.

Projekt POUNCE: für die Auswertung der abgestürzten Raumschiffe und die biologische Untersuchung der Insassen zuständig.

Projekt REDLIGHT: regelt Testflüge mit geborgenen oder von Außerirdischen zur Verfügung gestellten Raumschiffen. Dieses Projekt wird zur Zeit auf dem Gebiet von AREA 51 (Groom Lake) in Nevada durchgeführt.

Projekt LUNA: ist der Codename für die außerirdische Basis auf dem Mond, die von Apollo-Astronauten beobachtet und gefilmt wurde. Dort wird Bergbau betrieben, und dort sind die großen zigarrenförmigen Mutterschiffe stationiert.

DELTA FORCES: Einheiten, die speziell für diese Projekte ausgebildet sind.“

Weiter erfahren wir von Jan van Helsing über Kontakte zur Regierung der USA:

„Wie aus den Berichten der Kontaktler hervorgeht, haben die Außerirdischen seit ihrem massiven Auftreten über Washington im Sommer 1952 Kontakt mit der US-Regierung aufgenommen... Zudem wurden verschiedene Kontaktler, so auch George van Tassel, beauftragt, spezielle Communiques an den Präsidenten zu schicken. Dieser war – nach den Präsidentschaftswahlen im Herbst 1952 – seit Januar 1953 der General Dwight D. Eisenhower. Eisenhower hatte schon in seiner Dienstzeit von den UFO-Abstürzen in Ros-

well, Aztec und Laredo 1947-50 erfahren. Nach seiner Wahl am 18. November 1952 erhielt er einen Lagebericht des Regierungsausschusses, MAJESTIC 12, der von seinem Vorgänger Truman mit der Untersuchung der geborgenen UFO-Wracks beauftragt worden war. Der Ausschuß empfahl dem Präsidenten strikte Geheimhaltung aus Gründen der NATIONALEN SICHERHEIT...

Der Schauplatz des Geschehens, an dem Eisenhower seinen Kontakt haben sollte, war die MUROC-Edwards-Luftwaffenbasis in Kalifornien.

Am 20. Februar 1954 kam es zum direkten Kontakt. Diese Begebenheit wird, neben den Filmaufnahmen, von verschiedenen Zeugen gleichermaßen bestätigt, unter anderem von Geralt Light vom mächtigen Medienkonzern CBS, dem Mitglied des englischen Oberhauses Earl of Clancerty, Ex-Geheimdienstler William Cooper, dem Luftwaffenangehörigen Paul Solomon und vielen anderen, die derzeit auf MUROC-Edwards stationiert waren.

Demnach ereignete sich an diesem Tag ein Zwischenfall, der alle Offiziere einschließlich des Kommandeurs zum Beobachtungsturm eilen ließ. Von dort aus beobachtete man eine zwischen 60 und 100m Durchmesser große Scheibe, die direkt über der Startbahn schwebte. Das Objekt wurde stundenlang beobachtet, buchstäblich so lange, bis auch der letzte Mann auf der Basis davon wußte. Die Scheibe vollführte Flugmanöver, die allen Regeln der Physik trotzten: auf und ab, von einer Seite zur anderen, rechte Winkel und so weiter.

Später waren es dann insgesamt fünf Flugobjekte, drei scheibenförmig und zwei in Zigarrenform. Eisenhower, der zu dieser Zeit gerade zur Erholung im

Abb.7: Satellitenaufnahme der *Area 51* in Groom Lake. Deutlich erkennbar ist die Landebahn, die weit in das Gebiet des Groom-Trockensees hineinführt.

nahegelegenen Palm Springs war, wurde in den Luftwaffenstützpunkt geflogen. Das Luftwaffenpersonal und Eisenhower beobachteten dann, wie eine kleine Gruppe der UFO-Insassen ausstieg und sich ihnen näherte. Sie sahen aus wie Menschen, hatten etwa dieselbe Größe, waren blond und sprachen englisch. Sie boten Hilfe in der spirituellen Entwicklung der Menschen an. Ihre Hauptbedingung war, daß wir unsere Atomwaffen zerstören. Sie waren nicht bereit, uns ihre Technologie zur Verfügung zu stellen, da wir spirituell nicht einmal in der Lage wären, verantwortungsvoll mit der Technologie umzugehen, die wir besaßen. Sie glaubten, daß wir jede neue Technologie nur dazu benutzen würden, uns gegenseitig zu zerstören. Diese Rasse erklärte, daß wir auf einem Pfad der Selbstzerstörung seien und aufhören müßten, uns gegenseitig zu töten, die Erde zu verschmutzen, die natürlichen Bodenschätze der Erde auszubeuten – und daß wir in Harmonie mit der Schöpfung leben sollten. Am wichtigsten sei, daß wir wissen und lernen müßten, uns als Bürger einer planetarischen Familie zu betrachten, und daß wir die Verpflichtung haben und beginnen sollten, uns als Teil einer Familie zu benehmen. Wir müßten schleunigst die Vorstellung aufgeben, daß wir tun und lassen könnten, was wir wollen. Erst dann, wenn wir anfangen, uns als Bürger eines planetarischen Systems zu benehmen, können wir mit ihnen in Beziehung treten. Sie seien ein Teil derselben Familie und sollten auch als solche behandelt werden, und genauso sollten wir die Menschen unserer Erde sehen. Sobald wir erst einmal gelernt hätten, mit anderen Nationen friedlich auszukommen, könnten wir interplanetarische Beziehungen aufnehmen.

Demgegenüber war man äußerst skeptisch, speziell betreffend der Hauptforderung nach nuklearer Abrüstung. Man glaubte nicht, daß eine Abrüstung im Interesse der Vereinigten Staaten sein könnte und fürchtete, vor den Außerirdischen wehrlos dazustehen. Das Angebot wurde zurückgewiesen! Die Fremden erklärten dann, daß sie weiterhin mit Einzelmenschen Kontakt aufnehmen würden, bis die Erdenmenschen an sie gewöhnt wären. Dann führten die Außerirdischen dem wie gelähmt dastehenden Präsidenten und seiner Begleitung ihre ehrfurchtgebietenden technischen Möglichkeiten vor. Sie zeigten dem Präsidenten ihre Raumschiffe und bewiesen sogar die Fähigkeit, sich selbst unsichtbar zu machen. Dies bereitete Eisenhower eine Menge Unbehagen, weil keiner sie sehen konnte, obwohl alle wußten, daß sie noch da waren. Dann stiegen die Fremden in ihre Raumschiffe und starteten.“

Kommen wir wieder zu unserem österreichischen Hacker zurück, der eben diese Dokumente vorfand mit der Betitelung *„Majestic-12-Group. Mai 2002"*. Das muß man sich auf der Zunge zergehen lassen! Diese Dokumente ***im Jahre 2002...***

Das könnte nach Jahrzehnten erbitterter Diskussionen um die Echtheit der Dokumente, welche am 11. Dezember 1984 einem Forscher anonym in Form eines unentwickelten 35mm-Kodakfilmes zugeschickt wurden, belegen, was in diesen behauptet wurde...

Und hiermit sind wir auch schon beim Thema unseres Buches angelangt: Sie wurden und werden nämlich nicht nur in bezug auf den Anschlag auf das WTC angelogen, sondern in nahezu ***jeder*** Hinsicht! Vor allem aber – und das ist der Schwerpunkt dieses Buches – werden Sie belogen, was die Themen *„geheime Technologien"* angeht, *„UFOs"*, *„geheime Weltraumprojekte"* sowie den *„Einfluß der Freimaurerei und anderer Geheimgesellschaften auf die Weltpolitik"* und ähnliche Themen.

Und all dies unter dem Vorwand der **NATIONALEN SICHERHEIT!**

In diesem Buch werde ich gänzlich neue Erkenntnisse und Zusammenhänge aufdecken sowie bekannte Fälle in ein anderes, neues Licht rücken so daß Ereignisse und Vorkommnisse plötzlich logisch und einleuchtend erscheinen, welche bislang ohne roten Faden zu sein schienen; wobei es sich hier hauptsächlich um ein technisches Buch mit vielen Bildern und Eindrücken handelt. Ich will hier keine außerirdische Präsenz belegen – denn das tun andere in diesem Buch mit ihren Aussagen und Beweisen ohnehin. Doch dieses Buch hat sicherlich das Potential, sowohl im Bereich der irdischen UFO-Technologie als auch bei der Aufdeckung einer Vertuschung außerirdischer Verbindungen bahnbrechend zu sein. Und viele Fäden werden in Deutschland zusammenlaufen...

Am Ende dieser unglaublichen und neuen Reise durch alte und unbekannte Fälle der Ufologie und Vertuschung werden wir uns auch dem Logentum und der „Neuen Weltordnung" zuwenden – um auch hier mit neuen Fakten und Tatsachen am Ende sagen zu können: Die von vielen postulierte „Weltverschwörung" ist kein Mythos und keine Legende, sie ist ein Faktum – so grausam diese Erkenntnis auch sein kann für jene, welche vieles nur belächelt haben, wenn es um diese Thematik ging.

In der Dokumentation „Bob Lazar – Experts from the government bible“ wird der „Vater der Wasserstoffbombe“, *Dr. Edward Teller*, mit versteckter Kamera gefilmt. Auf die Frage, ob er vor einer Kamera zugeben würde, daß er den Wissenschaftler Bob Lazar kenne, welcher nach eigenen Angaben durch Edward Teller in die hochgeheime Einrichtung „Area 51“ eingeschleust wurde (in welcher Forschung an echten außerirdischen Raumschiffen betrieben werden soll), sagte dieser wörtlich: ***„Ich würde schweigen!“***

Können wir wirklich nach all den Lügen, die unsere Regierungen uns Tag für Tag auftischen, davon ausgehen, daß jene uns bei einem viel gewichtigeren Thema (UFOs wurden wegen der anfänglichen Ungewißheit über deren Herkunft zur Wahrung der Nationalen Sicherheit *höher* klassifiziert als die Entwicklung der Wasserstoffbombe) uneingeschränkt die Wahrheit sagen?

Warum behauptet eine renommierte Zeitung wie *Der Spiegel* seit seiner Ausgabe vom 6. November 1995 noch bis heute, daß das Wandtelefon im

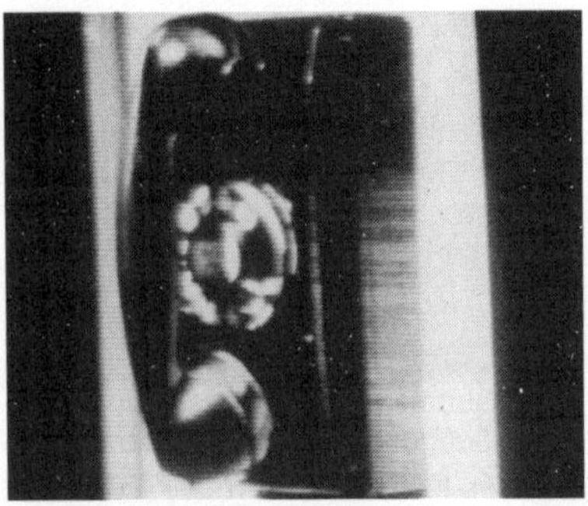

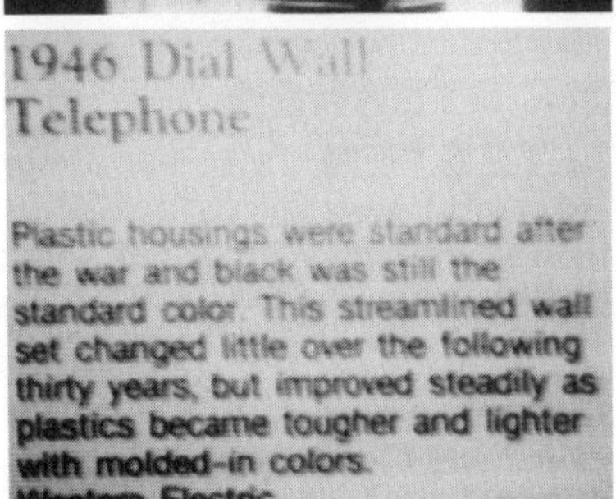

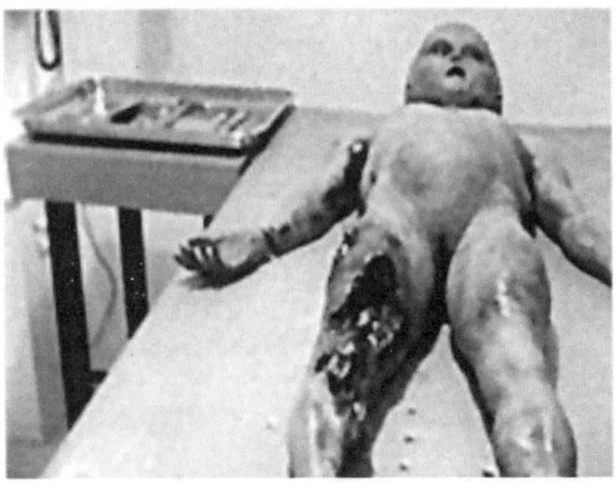

Abb.8 links: Das angeblich 1947 „nicht existierende“ Telefon aus dem Santilli-Film im Telefonmuseum der Bell & Co., Atlanta, Georgia.
Abb.9 unten links: Das Telefon stammt aus dem Jahr 1946, wie die Telefongesellschaft dort selbst angibt. Auch die Spiralkabel für Telefone werden von Bell & Co. schon seit 1938 angeboten.
Abb.10 rechts: Ausschnitt aus dem Santilli-Film, auf dem die Obduktion eines angeblichen Außerirdischen gezeigt wird.

sogenannten Santilli-Film aus dem Jahre 1947, der die angebliche Obduktion eines Außerirdischen zeigt, aus einem späteren Jahrgang als der vermeintliche Film stammt, was dessen Fälschung „beweisen“ würde, obwohl jenes im Telefonmuseum der *Bell & Co.* in Atlanta, Georgia, ohne großes Trara zu bewundern ist und, wie dort angegeben, aus dem Jahre 1946 stammt; ebenso wie die Tatsache, daß Spiralkabel für Telefone von Bell & Co. schon seit 1938 angeboten werden?

Warum verweist das gleiche Magazin als „Beweis“ gegen den Roswell-Fall bis heute auf Fotos, auf denen unter anderem Major Jessy Marcel einige „Wrackteile“ des „UFOs“ in die Höhe hält, obwohl seit dem Jahr 1998 vom Militär zugegeben wurde, daß dort *kein* Wetterballon, sondern das hochgeheime Projekt „Mogul“ abgestürzt sein soll – was letztlich **beweist**, daß die Pressefotos des Militärs, in welchem der Major Teile eines Wetterballons hält, **vom Militär gestellt sind**?

Abb.11:
Offizielles „Beweisfoto“, 1947. Es zeigt Major Jessy Marcel, der Teile des angeblich in Roswell abgestürzten Wetterballons in der Hand hält. Leider ging bei den Skeptikern unter, daß Jahre später, als die Regierung zugab, abgestürzt sei *kein* Wetterballon, sondern das geheime „Projekt Mogul“, damit klar wurde, daß diese Fotos vom Militär für die Medien inszeniert waren... Trotzdem werden sie heute noch von der „seriösen“ Presse bei der „Beweisführung“ *gegen* Roswell verwendet.

In jenen Tagen, in denen ich beginne, dies aufzuschreiben, ist in Italien gerade die Präsidentin des Fernsehsenders *RAI* zurückgetreten. *Lucia Annuziata* unternahm diesen Schritt aus Protest aufgrund zu starker Einflußnahme regierungsnaher Kreise auf den Sender. *„Der Vorstand ist nur noch dazu da, außerhalb des Unternehmens getroffene Entscheidungen abzunikken“*, sagte Annuziata in einer Pressekonferenz in Mailand. So wurde Kritik laut, da Ministerpräsident Silvio Berlusconi drei der größten Privatsender Italiens gehören und er als Regierungschef auch indirekt Einfluß auf den staatlichen Rundfunk und das Fernsehen ausübt. Sie protestierte gegen die geplante Besetzung von Schlüsselposten des Senders mit regierungsnahen Kandidaten. *„Damit wird jede Form von Autonomie und Pluralismus ausgeschaltet“*, erklärte sie. Es handele sich um eine *„organisierte Kampagne der Mehrheit mit dem Ziel, volle Kontrolle über den öffentlichen Dienst zu erhalten“*. Daß dies kein Einzelfall ist, werden Sie im Verlaufe dieses Buches ernüchternd zur Kenntnis nehmen können...

Das Magazin *Der Spiegel* schrieb im Februar 1998 (Ausgabe Nr. 6/2.2.98) einen Leitartikel über den „Großen Lauschangriff“ mit dem Titel „Angriff auf die Pressefreiheit“. Vielleicht hat es auch Sie damals verwundert, warum ausgerechnet Politiker von dieser neuen Gesetzgebung (offiziell) mit ausgenommen wurden.

Wenige Wochen vor dem Anschlag auf das World Trade Center im Jahr 2001 habe ich den Buchautor Jan van Helsing kennengelernt, der durch seine beiden Bestseller über Geheimgesellschaften bekannt wurde, die man im Jahre 1996 in Deutschland verboten hatte. Wir besprachen einige sehr interessante Dinge. Jan schrieb unter anderem auch das Vorwort für *William M. Coopers* Buch „MJ-12“, den er gut kannte, und war mit diesem auf Hawaii zusammen Boot fahren. Cooper selbst war beim US-amerikanischen Marine-Geheimdienst und Mitglied des „De-Molay-Ordens“. Als er mit internem Material an die Öffentlichkeit ging, veränderte sich sein Leben. Er überlebte mehrere Mordanschläge. Dabei verlor er ein Bein. Nur wenige Wochen nach dem Anschlag vom 11. September 2001 verstarb William Cooper. **Er wurde erschossen!**

Cooper sagte auf den Tag genau ein Jahr im voraus den Fall der Mauer sowie den Beginn des ersten Golfkriegs voraus, welchen er während seiner Dienstzeit geheimen Papieren entnahm. Er sprach von der Realität außerirdischer Flugobjekte und sagte bereits *Jahre vor* dem Attentat in New York einen solchen Anschlag voraus und *„daß man ihn islamischen Terroristen in die Schuhe schieben würde“*!

Der Grund hierfür sei der geplante Beginn eines neuen Weltkrieges durch die USA, welcher teilweise auf ganz neuen Ebenen ablaufen würde, um die bereits im ersten Golfkrieg von George Bush sen. verkündete ***Neue Weltordnung*** durchzusetzen.

All dies könnten Sie heute in Jan van Helsings erstem Buch nachlesen, wäre es nicht Mitte der neunziger Jahre verboten worden...

George Bush sen. rief im ersten Golfkrieg in einer Fernsehsendung die *Neue Weltordnung* aus. Dies war im Jahre 1990 – „zufälligerweise" am ***11. September***!

Jan van Helsing hatte im Jahre 2003 zweimal Besuch vom BND, einem Mitarbeiter des Mossad (israelischer Geheimdienst) und von einem Herrn des Verfassungsschutzes. Und *alle* haben ihm erklärt, daß sie seiner Meinung seien und die Entwicklung in der Zukunft genauso sehen würden wie er.

Was mich persönlich angeht, so hat auch mich meine Vergangenheit dazu bewogen, über solche Dinge zu schreiben. Ich habe in meinem Leben recht eigenartige Bekanntschaften gemacht, und ich habe selbst genügend Bekannte im Bereich des Staatsdienstes und bin deshalb sozusagen „vorbelastet". Auch habe ich in meinem Leben bereits unzählige Personen aus dem Bereich „Medien" kennengelernt.

Wußten Sie, daß der Ex-Chef des Computer-Giganten IBM, *Harry Hartsell*, in seiner Autobiographie schreibt, daß unter anderem die Entwicklung der Computertechnologie durch die Vergabe von Patenten an IBM durch die Regierung der Vereinigten Staaten zustande kam und daß deren Ursprung *„nicht-irdische Technologie"* war?

Erinnert Sie das nicht ganz „zufällig" an den Roswell-Absturz vom 8. Juli 1947?

Doch nun will ich Sie nicht länger auf die Folter spannen. Wir werden mit jenen beginnen, die es wissen müssen – den Astronauten.

Filmaufzeichnungen ihrer Aussagen und Interviews wurden überall gezeigt, nur nicht in den öffentlichen Nachrichtensendungen – warum?

Kapitel 1
Die Aussagen der Astronauten und Kosmonauten

Am 15. September 1991 funkte die Raumfähre *Discovery* live Bilder zur Erde, welche eine endlose Diskussion auslösten. Infolge dieses Geschehens gab es erst einmal keine offiziellen *Live*-Aufnahmen mehr von den Space-Shuttle-Missionen.

Die Originalaufnahmen zu dem Beschriebenen finden Sie auf einem Video mit dem Titel „*NASA-UFO*" mit einer Gesamtspieldauer von 95 Minuten, welches leider in Deutschland nicht zu bekommen ist. (Sie können es beziehen über „MSS, P.O. Box 341, Northampton NN4 OBA" beziehungsweise über Email „ianmss@ibm.net".)

Auf jenem werden Sie ohne Kommentare irgendeines Sprechers die ungeschnittenen Originalaufnahmen dieser und anderer UFO-Begegnungen der Space-Shuttle-Missionen finden.

Der Originalvorfall um die STS-48-Mission – den berühmtesten seiner Art – ist dort mit einer durchlaufenden Sequenz von einigen Minuten vorzufinden. Die Echtheit der Aufnahmen wurde von seiten der NASA übrigens bestätigt. Doch haben jene Verantwortlichen natürlich eine andere „Erklärung" für das dort dummerweise von einem privaten Kabelkanal mitgeschnittene *Live*-Szenarium.

Das Shuttle fliegt nach Südosten, auf die Küste von Australien zu. Plötzlich ist in der Mitte des Bildes ein Lichtpunkt zu erkennen, welcher von rechts nach links wandert. Nach kurzer Zeit ist ein Lichtblitz zu erkennen, der das gesamte Bild erhellt. Das Objekt reagiert auf diesen und dreht in einem Sekundenbruchteil scharf nach rechts ab und beschleunigt in weniger als zwei Sekunden mit etwa 40 G „Erdbeschleunigung"! Dies ist etwa so, als ob ein zehnstöckiges Haus auf Sie stürzen würde. Und niemand ist bei der uns heute zugänglichen Technik in der Lage, eine solche Beschleunigung auch zu überleben.

Sekunden später schießen zwei Lichtstrahlen von unten links gerade nach oben in Richtung des fliehenden Objekts. Diese Strahlen wirken wie ein stationiertes Waffensystem im Erdorbit und lassen die Frage aufkommen, ob die Entwicklungsarbeiten am Abwehrsystem „SDI" („Star Wars") einst wirklich eingestellt worden sind (siehe hierzu Abb.12).

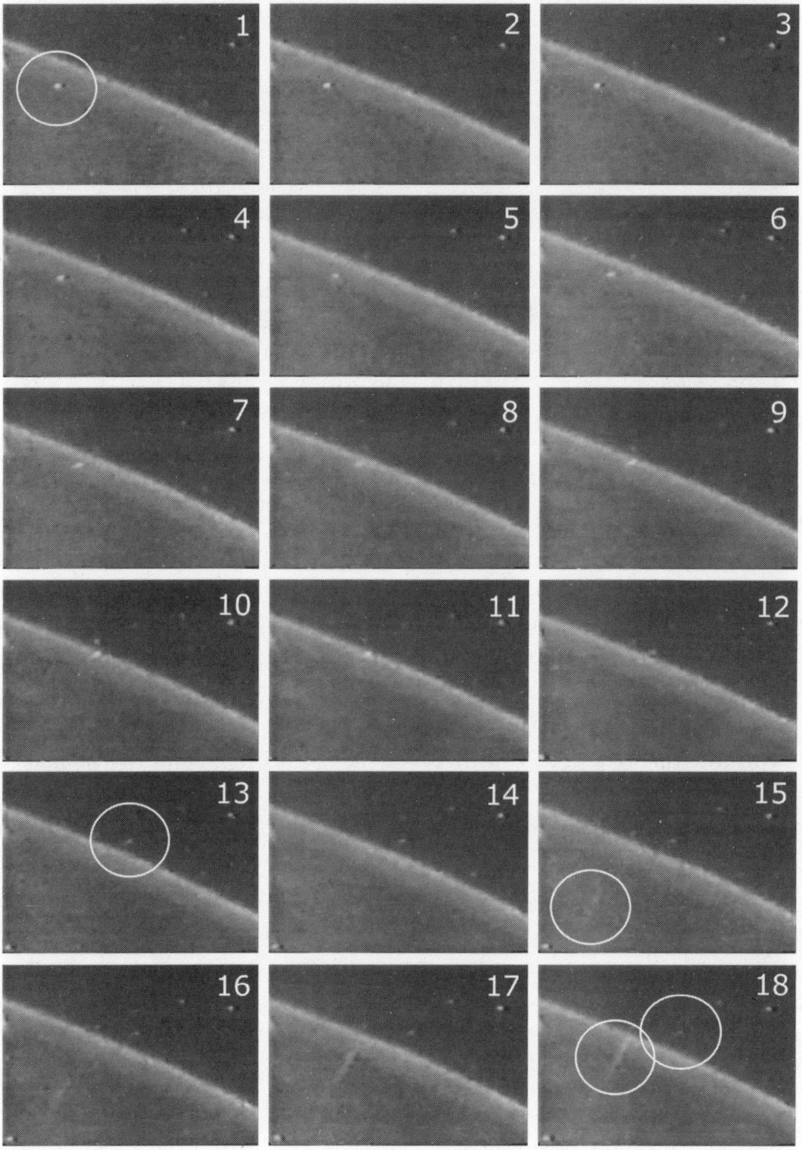

Abb.12:
Mission STS-48: Das Flugobjekt, das in Bild 1 umkreist ist, kommt von rechts, schlägt in Bild 2 einen Haken und beschleunigt mit unglaublicher Geschwindigkeit in den Weltraum. Plötzlich wird von der Erde aus auf dieses Objekt gefeuert (Bild 15), und es wird nur knapp verfehlt (Bild 18).

Die NASA gab als offizielle Erklärung an, daß es sich *„ganz sicher nicht um außerirdische oder hyperdimensionale Weltraumfahrzeuge gehandelt habe, sondern um Weltraummüll, Teile der Isolierung, die vor den laufenden Kameras aus dem Gepäck des Shuttles geflogen seien – oder Eispartikel aus der Toilettenentleerung“.*

Sie änderte diese Meinung auch nicht, als wissenschaftliche Berechnungen bewiesen, daß weder die Winkel stimmten, in welchen sich Eispartikel vom Shuttle bewegt hätten, noch die Tatsache, daß Weltraummüll nicht plötzlich seine Richtung ändert, wenn auf ihn „geschossen“ wird, ganz zu schweigen von der berechneten Geschwindigkeit, mit welcher das Objekt als Reaktion auf den Lichtblitz beschleunigt hat. Man könnte natürlich auch fragen, warum nach diesem Vorfall erst einmal keine Live-Bilder von den Shuttle-Flügen mehr gezeigt wurden. Doch das sollte jeder für sich beantworten können.

Auf dem genannten Video sind noch unzählige weitere und nicht minder spektakuläre Begegnungen im Erdorbit aus den vorangegangenen Missionen zu sehen, unter anderem große deltaförmige, also dreieckige Objekte, auf welchen sogar die Spiegelung der Sonne zu erkennen ist, wenn sie sich weiterbewegen. Viel spannender wird es nämlich, wenn Sie nicht nur diese wenige Sekunden dauernde Sequenz betrachten, sondern den ganzen Zwölfminutenfilm der STS-48-Mission. Denn dort, in unmittelbarer Umgebung, befinden sich mehrere *weitere* Objekte, welche sich nicht nur bewegen, sondern regulär pulsierende Lichter besitzen. Auch diese Objekte werden zu Beginn des Videos eindrucksvoll analysiert.

Und nicht nur dies! Am Ende der zwölfminütigen Szenerie schwenkt die Kamera weg und fängt dabei ein solches Objekt *aus der Nähe* ein, wie es über der Erde fliegt und in einen von der Sonne angestrahlten Bereich eintaucht. Dabei wird deutlich, daß es sich um *deltaförmige Objekte* handelt, identisch mit *jenen*, welche Anfang der neunziger Jahre über Belgien für Schlagzeilen sorgten sowie in den angrenzenden Regionen, aber auch überall auf der Welt!

Und *wann* entstand nochmals die STS-48-Aufnahme? Am *15. September 1991*! – Etwa zur gleichen Zeit war die Sichtungswelle über Belgien Anfang der neunziger Jahre!

Doch niemand brachte dies in einen Zusammenhang! Alle waren so von dem flüchtenden Objekt zu Beginn der Video-Aufzeichnungen fasziniert, daß sie die Tragweite des genannten Objektes völlig übersahen. Aus diesem Grund werden wir im späteren Verlauf des Buches das Thema „Belgien" kurz anschneiden.

Einen Tag später (!), am 16. September 1991, bei derselben Mission, gelangen der Crew weitere spektakuläre Aufnahmen von unzähligen Flugobjekten im Orbit außerhalb der Atmosphäre! Die Astronauten begannen sogar damit, diese „Eispartikel" ***anzuzoomen***, als jene mit unvorstellbarer Geschwindigkeit in einiger Entfernung von allen Seiten kommend über der Silhouette der Erde flogen. Eines dieser Objekte wurde erneut auch an diesem 16. September in „Nahaufnahme" gefilmt, wobei wiederholt jenes regulär pulsierende Licht am Objekt auffiel. Diesem Objekt wird auf dem Video der STS-48-Mission besondere Aufmerksamkeit geschenkt, vermutlich, weil der Analyst dies auch nicht glauben wollte. Denn es hatte die gleiche Außenform, welche wir von jenen „UFO-Spinnern" wie *George Adamski* oder *Howard Menger* (Personen, die behaupteten, mit Außerirdischen Kontakt gehabt zu haben) kennen und die in den Medien zu „Lampenschirmen" degradiert wurde.

Doch wir kennen diese Außenform auch von anderen irdischen Quellen: den Plänen der sogenannten „Haunebu"-Flugscheiben aus dem Dritten Reich, auf die ich später noch detailliert eingehen werde.

Sie fragen sich: *Was macht eine Flugscheibe aus dem Dritten Reich auf einem NASA-Film im Jahre 1991?* Ist es vielleicht nur eine optische Täuschung?

Wohl kaum! Dafür ist das Objekt zu deutlich zu erkennen. So bewegt sich dieses Objekt in einer Bild-für-Bild-Analyse minutenlang im Zeitraffer ermüdend langsam dahin, bevor es irgendwann eine Kehrtwende um 180° macht und abrupt in die entgegengesetzte Richtung, aus welcher es gekommen ist, zurückfliegt. Welcher „Meteor" macht das?

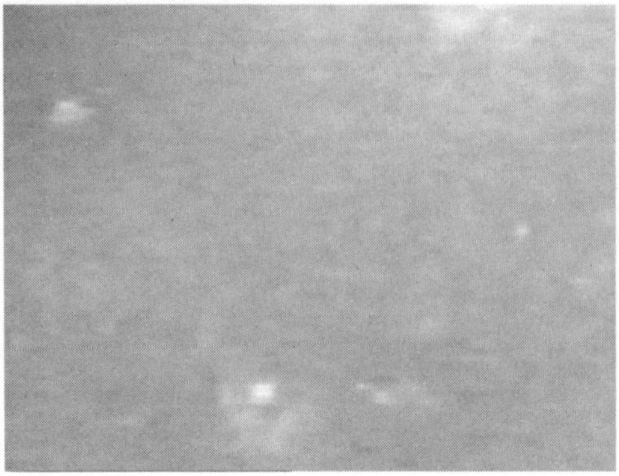

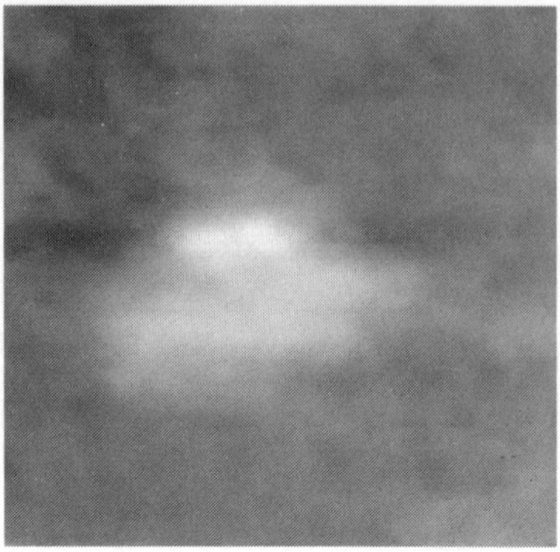

Abb.13 links: Aufnahme aus einem Originalfilm der NASA von der Space-Shuttle-Mission STS-48 vom 16. September 1991. Im oberen linken Bildbereich sieht man ein Objekt, welches in der Filmsequenz nach rechts ins Bild hineinfliegt. Plötzlich macht es eine 180°(!)-Wendung und fliegt in jene Richtung zurück, aus welcher es gekommen ist! Das Objekt scheint eine „Haunebu" oder „Scoutship" identische Außenform zu besitzen. Die Aufnahme wurde einen Tag nach der spektakulären „Abschußsequenz", welche um die Welt ging, bei derselben Mission gemacht...!

Abb.14 rechts: Die Vergrößerung des Objekts auf dem NASA-Film läßt unten die kuppelförmigen Rundungen der vermutlichen „Haunebu" oder des „Scoutships" erahnen. Die Kuppel, welche normalerweise die Luken beherbergt, wirkt beleuchtet. Auf weiteren Aufnahmen des Films sieht man im unteren Bereich ein regelmäßig pulsierendes Licht.

Abb.15:
Ein von dem UFO-Kontaktler George Adamski aufgenommenes außerirdisches „Scoutship".

Doch die Geschichte beginnt viel früher. Der offiziell erste Mann im Weltall, *Juri Gagarin*, sagte bereits aus: *„Ich weiß, daß diese Dinge existieren. Sie verfügen über unglaubliche Fähigkeiten. Ich werde mehr darüber erzählen, wenn man es mir erlaubt."*[3]

Doch diese Erlaubnis bekam er nicht. Der offiziell zweite Mann im All *sah* nicht nur UFOs, er fotografierte sie auch.

Diese Formationsbilder, welche einen unvermittelt an das Szenarium in Greifswald erinnern, wenn auch im Erdorbit, wurden in einem russischen Magazin veröffentlicht.

Auf der Gemini-XII-Mission fotografierten die Astronauten am 13. November 1966 im Erdorbit eine Dreier-Formation von UFOs oder aber einen deltaförmigen Flugkörper, wie wir ihn aus der Sichtungswelle in Belgien kennen.

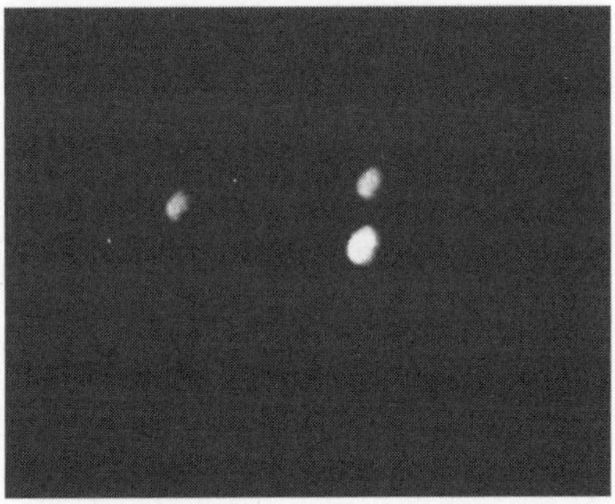

Abb.16 und **Abb.17**:
NASA-Aufnahme der Gemini-XII-Mission, 13. November 1966. Die Astronauten filmten eine Dreier-Formation unbekannter Flugobjekte oder aber einen dreieckigen Flugkörper wie über Belgien.

Die Apollo-11-Crew fotografierte am Tage vor der historischen Mondlandung, dem 19. Juli 1969, zwei UFOs, welche Apollo 11 über längere Zeit begleiteten. Es wurde sogar ein Film über diese Objekte aufgenommen. Nach der Mondlandung sagten die Astronauten, die Objekte würden immer noch in einiger Entfernung *„über einem Krater stehen"* und sie beobachten.

Ein weiteres offizielles NASA-Foto, aufgenommen von Astronaut *James McDivitt* während der Gemini-IV-Mission am 3. Juni 1966, zeigt ein großes, zylindrisches Objekt im Weltraum über der Erde. Merkwürdigerweise besitzt es *jene* Form, von welcher die meisten „UFO-Kontaktler", einschließlich *Billy Meier* und *George Adamski*, sprachen und die sie als „Mutterschiffe" bezeichneten.

Abb.18 links: Offizielle NASA-Aufnahme der Gemini-IV-Mission, 3. Juni 1966, aufgenommen von Astronaut James McDivitt. Zu sehen ist ein zylindrisches, unbekanntes Flugobjekt im Erdorbit, identisch mit jenen, welche auch die „Kontaktler" beschrieben.
Abb.19 rechts: Vergrößerung des Objekts.

Sollte man diese Geschichten etwa nochmals aus der „angestaubten Kiste vom Dachboden" holen? Nicht nötig! Denn die Verantwortlichen kennen die Antwort bereits. War McDivitts Aufnahme eine Ausnahme?

In einem Interview aus dem Jahre 1996 äußerten sich die russischen Kosmonauten *Musa Manarov* und *Gennadij Strekhalov* zu einem Ereignis, welches sich am 31. März 1991 vor ihren Augen und in unmittelbarer Nähe der Raumstation MIR abspielte. Dieses Interview wurde auch auf Video aufgezeichnet und in verschiedenen Sendungen teilweise ausgestrahlt. Dabei ging es um ein Objekt, welches mit dem zylindrischen Körper der Gemini-IV-Mission aus dem Jahre 1966 identisch war.(4)

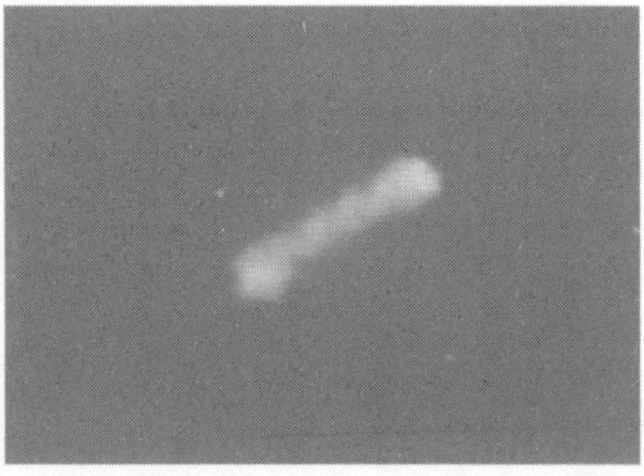

Abb.20 links und **Abb.21** Mitte: Die russischen Kosmonauten *Musa Manarov* und *Gennadij Strekhalov*. **Abb.22** rechts: ... welche 1991 an Bord der Raumstation MIR über der Erde dieses zylindrische unbekannte Flugobjekt aufnahmen. Es ist mit jenem identisch, welches James McDivitt 1966 in der Gemini IV fotografierte.

Kosmonaut Musa Manarov: *„Es fand gerade eine Besuchsmission statt, und unsere Aufmerksamkeit war auf die sich langsam nähernde Raumkapsel gerichtet. Ich befand mich nahe der großen Luke, von der aus ich unseren Besucher im Anflug sehen konnte. Ich konnte mir alles genau anschauen... Als sich die Kapsel näherte, filmte ich sie mit einer professionellen Betacam-Kamera. Plötzlich bemerkte ich etwas „unter" dem Raumfahrzeug, das zuerst wie eine Art Antenne aussah. Doch dann begann sich dieses Element davonzubewegen. Es entfernte sich vom Schiff. Ob es nah war oder fern, konnte ich nicht sagen, denn es war in freier Sichtlinie, und daher ist seine Größe schwer zu bestimmen. Mit Sicherheit kann ich nur sagen, daß es nicht sehr nah gewesen sein kann, denn die Kamera war auf unendlich eingestellt...*

Zuerst einmal konnte es ja nicht aus dem Nichts auftauchen, zumindest meiner Meinung nach. Wahrscheinlich flog es hinter dem Schiff her, etwas tiefer.

Wenn es vor dem Schiff geflogen wäre, hätte ich es vorher bemerkt, denn dann hätte es einen Teil der Kapsel verdeckt. Ich filmte weiter, sah durch den Sucher der Kamera alles in schwarzweiß. Wir hatten einen Laser-Entfernungsmesser an Bord, doch der befand sich in einem anderen Modul der MIR und war gerade nicht einsatzbereit, sonst hätte ich seine Entfernung bestimmen können. Ich hatte auch keine Zeit, ihn zu holen, denn das Andockmanöver, wie es gerade stattfand, ist eine heikle Angelegenheit, da darf man sich nicht ablenken lassen."

„Wie lange haben Sie es beobachtet?"

Kosmonaut Manarov: *„Einige Minuten... Ich habe nicht auf die Uhr geschaut, Sie können es anhand der Videoaufnahme feststellen.*

Bis zum Andocken und bis das Objekt nicht mehr sichtbar war... Es leuchtete wie Metall..."

„Hat jemand Ihrer engeren Kollegen etwas von einer UFO-Sichtung erzählt?"

Kosmonaut Strekhalov: *„...Ja, ich sah etwas, mehrfach sogar, aber ich denke, es war etwas Unidentifiziertes... Auf den letzten beiden Flügen sah ich etwas. Während eines Fluges 1990 rief ich zu Genadi Manakov, dem Kommandanten: „Komm zur Luke!" Leider, aber das ist typisch, gelang es uns* *nicht, schnell genug einen Film in die Kamera zu legen, um es aufzunehmen. Wir blickten auf Neufundland. Die Atmosphäre war völlig klar. Und plötzlich erschien eine Art Kugel...*

Ich sah sie zehn Sekunden lang. Die Kugel erschien auf dieselbe Weise, wie sie verschwand. Es gab nichts, mit dem ich sie vergleichen könnte. Ich war wie vom Blitz getroffen... Es war eine perfekte Kugel!

Ich meldete das dem Raumflugkontrollzentrum, aber ich sagte nicht, daß ich ein UFO gesehen hätte. Ich sagte, ich hätte eine Art ungewöhnliches Phänomen gesehen. Ich mußte vorsichtig in der Wahl meiner Worte sein."(5)

Einer der ersten Astronauten, welcher öffentlich über seine UFO-Sichtungen sprach, war *Gordon Cooper*. Oberstleutnant Gordon Cooper (geboren am 6. März 1927 in Shawnee, Oklahoma) wurde 1959 als einer der sieben ersten Astronauten Amerikas ausgewählt, um die „Mercury"-Kapsel zu fliegen. 1945 war er der damaligen „Army Air Force" beigetreten, die ihn 1949 auf die Luftwaffenbasis Neubiberg in Bayern, Deutschland, versetzte, bis er 1956 auf die Edwards-Luftwaffenbasis in Kalifornien kam.

Das erste Mal startete Cooper am 15. Mai 1963 mit der „Faith 7" ins All und bewies mit 22 Erdumkreisungen, daß man sich auch über einen längeren Zeitraum im Weltraum aufhalten kann. Seinen zweiten Raumflug unternahm er 1965 mit Charles Conrad in der „Gemini V". 1978 enthüllte er zum erstenmal dem Wissenschaftsjournalisten *Lee Spiegel* seine UFO-Begegnungen.

Und er machte auch klar, daß die NASA die Astronauten **zum Schweigen verdonnert**: „*Wenn man auf und außerhalb der Raumflüge meint, ein UFO zu sehen, muß man eine bestimmte Telefonnummer in Washington wählen, wobei einem klar mitgeteilt wird, wie man sich zu verhalten hat.*"

Seine erste UFO-Begegnung hatte der Astronaut im Jahre 1951 über Deutschland. Zwei Tage lang wurde, nach seinen Angaben, die Luftwaffenbasis von ganzen UFO-Geschwadern überflogen.

Cooper: „*Am ersten Tag bemerkte ein Luftraumüberwacher einige der seltsamen Objekte, die in großer Höhe flogen, und nach kurzer Zeit schaute die ganze Gruppe von Jagdfliegern nach den Formationen von Objekten. Anders als unsere Düsenjäger konnten sie mitten im Flug stehenbleiben und*

90-Grad-Haken schlagen... Wir kamen nie so dicht an sie heran, daß wir sie fassen konnten, aber sie waren rund in der Form und sahen metallisch aus.“

Sechs Jahre später, im Mai 1957, leitete Cooper ein Filmteam in einem Gebiet des Muroc-Trockensees. Sie begannen ein seltsames Objekt zu filmen, so Cooper, welches über dem Boden schwebte. *„Dann aber kam es schnell herunter und setzte auf dem Flußbett auf. Dort blieb es einige Minuten, während die Kamera alles aufzeichnete.“*

Nachdem er sich den Film mindestens ein dutzendmal angeschaut hatte, mußte er ihn nach Washington schicken. Der Film „verschwand“!

Cooper: *„Ich bin mir sicher, daß ganze Räume mit solchen Filmen existieren, die Dinge zeigen, von denen noch niemand etwas weiß.“*

In der *Merv-Griffin-Talkshow* wurde Cooper am 10. April 1978 gefragt: *„Die Frage, die immer wieder gestellt wird: Wie haben die UFO-Insassen ausgesehen? Die Antwort darauf ist immer wieder, sie haben nicht sehr viel anders ausgesehen als wir selbst.“*

Cooper: *„Richtig... augenscheinlich stimmen alle, die mit UFOs Kontakt hatten, darin überein, daß die Insassen in der Tat nicht allzu verschieden von uns sind.“*

1997 übertrug der Sender PBS eine Reparaturmission der Discovery am Weltraumteleskop *Hubble*. Um 6.40 Uhr GMT wurde folgende Unterhaltung zwischen den Astronauten *Mark* und *Steven Smith* geführt:

„Was war das? Zwei Lichter da draußen vor uns?“
„Ja, ich sah sie auch, dachte, es sei meine Einbildung.“
„Das eine von denen scheint zu sagen: Hoffe, ihr macht Bilder.“

Dreißig Minuten später...

„Was war das für ein Blitz?“
„Das Licht blitzte? Ich bi[illegible] Man konnte es sehen.“
„Dachte, ich bilde mir [illegible]r ein.“
„Ich sah es auch... Es w[illegible]wei.“
„Da ist noch eins... Was [illegible]s?“
„Ich sah gerade, wie die [illegible]r dort blitzten.“
„Ich frage mich, ob sie F[illegible]nachen.“

„Was ist das?“

„Das ist dieses Ding vor uns.“

„Wo sind die Lichter?“

„Welche?“

„Ich verpaßte das eine für eine Sekunde, aber ich sah das hier die ganze Zeit über.“

„Ja, ich sah es auch.“

In diesem Augenblick beugt sich einer der Astronauten vor, drückt einen Knopf auf der Konsole – und die offizielle Übertragung bricht ab.

Der Astronaut *Steven Smith* bestätigte die Vorgänge in einer Dokumentation, auch wenn er etwas hilflos klang, als wisse er nicht, ob es richtig sei, darüber zu reden (*„UFOs 2000“*, RTL). Es machte den Anschein, als habe ihn der Fernsehsender etwas überrumpelt mit der Konfrontation dieser Funkaufzeichnungen, denn es wirkte, als dächte er, es wäre ein Interview zu den Reparaturarbeiten am Weltraumteleskop *Hubble*.

Astronaut *James Boreman* machte während der Gemini-VII-Mission Aufnahmen von zwei Objekten, welche in Formation flogen. Während der „Mercury I“-Mission fotografierte *John Glen* am 20. Februar 1962 zwei leuchtende Objekte. Am 13. September 1966 beobachteten die Astronauten *Pete Conrad* und *Richard Gordon* während der Gemini-XI-Mission eine Gruppe von UFOs neben ihrem Raumschiff. Sie beschrieben diese als groß und sehr hell. Auch sie machten Aufnahmen.

Bei einer anderen Mission, der STS-73, hörte die ganze Welt mit, als die Astronautin *Cathrin Coleman* am 21. Oktober 1995 um 6.05 Uhr GMT meldete: *„We have an unidentified flying object!“* (*„Wir haben ein unidentifiziertes, fliegendes Objekt!“*) Das Shuttle befand sich zu diesem Zeitpunkt über Brasilien.

Außer Frage steht eine noch viel deutlichere Äußerung des Astronauten *James E. Buchli* während der Mission ST[illegible]1 vom 14. März 1989. Dieser sagte über den Sprechfunk: *„Ah, Housto[illegible] Discovery. We have the alien spacecraft under observance!“* (*„Ah, H[illegible], hier ist Discovery. Wir haben das fremde Raumschiff unter Beobacht[illegible]*).

Und er sagte eindeutig *„spacecraft“* – *„[illegible]nschiff“!* (Die Videobänder zu diesen Aufzeichnungen liegen dem Auto[illegible]r.)

Der Geologe *Farouk El Baz* war in den sechziger Jahren sechs Jahre beim legendären Apollo-Programm als Astronautentrainer tätig. Er war Zeuge, als während der Apollo-XVI-Mission der Astronaut *Ken Mettingly* eine Meldung ins Kontrollzentrum funkte. Dieser hatte offensichtlich einen Blitz auf der Mondoberfläche gesehen. Mettingly: „*Verdammt, ich habe einen Blitz gesehen!*" Die Mission galt der *erdabgewandten* Seite des Mondes.

Mettingly sollte sich die Stelle merken und die Zeit. Farouk El Baz wies ihn an, bei der nächsten Mondumrundung besonders darauf zu achten. Auf der Mondoberfläche war zur selben Zeit ein Gerät für seismographische Messungen stationiert. Doch diese hatten keinen Einschlag aufgezeichnet. Als Ken Mettingly nach einer Mondumrundung wieder an der gleichen Stelle vorbeiflog, sah er dort *zwei* Blitze! Und wieder gab es keine Einschläge auf dem Seismographen.

Es konnte offiziell nie geklärt werden, *was* dort auf der erdabgewandten Mondseite diese regelmäßigen Blitze hervorgerufen hatte beziehungsweise wer dafür verantwortlich war.[(6)]

Eine ähnliche Situation wurde im Jahre 1969 während der Apollo-XII-Mission gefilmt! Ein Lichtblitz blinkt dort am Rande eines Kraters auf, während ein unbekanntes Objekt zwischen der Apollo und der Mondoberfläche über diesen hinwegfliegt. Jene Originalaufnahmen wurden schon in unzähligen Dokumentationen gezeigt.

Während der zuvor genannten Mission der Apollo XVI wurden noch ganz andere Dinge beobachtet. So existiert zum Beispiel ein Film, auf dem ein geradezu *riesiges* Objekt direkt neben dem Mond zu sehen ist. Als die Kamera zum Mond und wieder zurückschwenkt, hat sich die Position des Objekts verändert und wirkt durch die andere Perspektive ganz anders als zuvor!

Doch kommen wir nun zur ersten offiziellen Mondlandung, der Apollo-11-Mission im Jahre 1969.

Von dem in der Umlaufbahn befindlichen Raumschiff wurde zu jener Zeit, als sich Armstrong und Co. auf dem Mond befanden, ein Foto eines riesigen, zigarrenförmigen Objektes neben der Apollo gemacht. Über den Köpfen der Astronauten auf dem Mond befand sich zeitweise ebenfalls ein großes Objekt, welches später über einem Kraterrand aufgenommen wurde. Auf dem Rückflug zur Erde wurde ein weiteres seltsames, großes Objekt fotografiert, welches danach innerhalb kürzester Zeit verschwand.

Hierzu gibt es eine interessante Geschichte: Vor wenigen Jahren wurde im schweizerischen Fernsehen der ehemalige NASA-Mitarbeiter des Apollo-Programms, Dr. Dini, vor laufender Kamera interviewt. Der Reporter zeigte dem NASA-Mitarbeiter einen angeblichen Funk-Mitschnitt von Gesprächen der Astronauten mit dem Kontrollzentrum, welche während der Mondmission gemacht worden sein sollten.

Zusammengefaßt ging es darum, daß nach der Landung auf dem Mond die Funkfrequenz aufgrund der UFOs in der Nähe gewechselt wurde und man nun jene Gespräche hörte, welche sozusagen „off the camera" geführt wurden, ohne die dumme Menschheit als Zuhörer. Darin drehte Armstrong fast durch, als er die nahen UFOs beschrieb und wie beeindruckt er sei. Der Reporter wandte sich an den ehemaligen NASA-Mitarbeiter.

Dieser ließ sich nicht lange bitten. Er begann „auszupacken". Er sagte, daß damals die Vorschriften so waren und man eine allgemeine Panik verhindern wollte.

Schön und gut! Nur stellten sich diese Bänder der Gesprächsaufzeichnungen Monate später als Fälschungen heraus! Damit war die Sensation gestorben!

Aber nun frage ich Sie eines: Hatte hier ein Fälscher ins Schwarze getroffen? Und hatte der NASA-Mitarbeiter deshalb ausgepackt, weil er nicht mehr die Originalgesprächsfetzen von 1969 im Wortlaut im Kopf

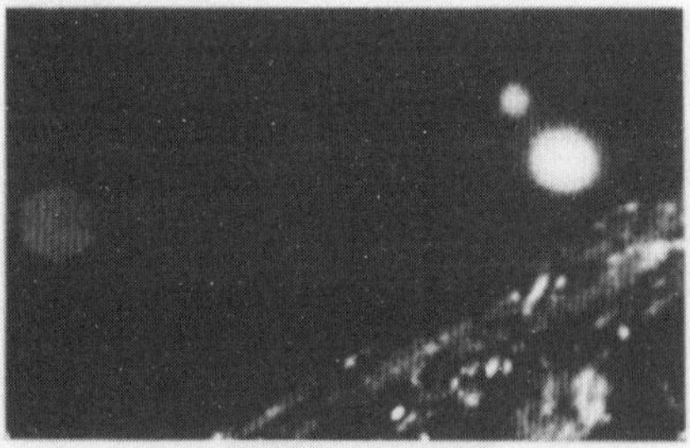

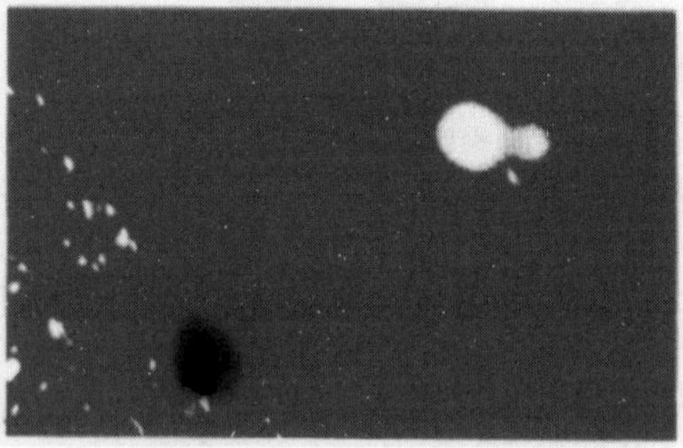

Abb.23 und **Abb.24**:
Offizielle NASA-Aufnahmen der „Apollo-11"-Mission auf dem Flug zum Mond. Die Astronauten filmten die beiden UFOs, welche sie zum Mond begleiteten. Dieser Film wurde Jahre später von der NASA freigegeben. Die Astronauten behaupteten später, die beiden UFOs wären immer noch über der Landestelle, hätten sich über einem Krater positioniert und würden sie beobachten.

hatte und dachte, es wären die Originalbänder? Oder war der nette Mitarbeiter der NASA doch selbst nur ein sensationsgeifernder Mann, der für kurze Zeit im Rampenlicht stehen wollte? Was glauben Sie?

Dick Slaton, ein weiterer der sieben Piloten des Mercury-Programms, sprach ebenfalls öffentlich von UFOs (neben John Glen und Gordon Cooper). Er gab an, daß er mit seinem Kampfjet mehrere Male ein *„stillstehendes UFO umrundet habe"*.

Am 1. Dezember 1996 gab es eine weitere „Begegnung" mit UFOs im All – während der STS-80-Mission der *Discovery*. Der Film mit diesem Datum zeigt deutlich das Manöver von mindestens sechs Raumschiffen in der Erdatmosphäre.

Keine konventionelle Erklärung ist in diesem Falle möglich!

Als die *Discovery* einen Teil Asiens im Blickwinkel hat, nähert sich von rechts, aus dem Weltraum, ein schwach leuchtendes Objekt, das beim Eintritt in die Erdatmosphäre deutlich aufleuchtet. Dann bleibt das erste Objekt stehen, und mit ihm ein zweites, kleineres und schwächeres Licht, welches von links gekommen ist! Nach einiger Zeit zieht sich Objekt A wieder zurück, fliegt auf den Aufnahmen nach rechts, verläßt die Erdatmosphäre, um sich im Erdorbit in eine Gruppe von drei UFOs einzureihen.

Dann bildet das Objekt mit zwei weiteren Objekten eine Dreiecksformation, während ein viertes Objekt sich langsam in die Erdatmosphäre entfernt. Die Objekte der Dreiergruppe „vereinen sich" zu einem kleinen, gleichschenkligen Dreieck. Als Objekt A nach rechts fliegt, taucht erneut ein anderes Objekt helleuchtend auf, fliegt von rechts auf eine Gewitterzone in der Atmosphäre zu und bleibt kurz stehen, um bald darauf seinen Flug nach links fortzusetzen, während es in der Ferne verschwindet.

Das Hauptinteresse der Kamera scheint der Dreierformation zu gelten, die am Ende der Szene angezoomt wird. Erst als diese verblaßt, dreht die Kamera ab und nimmt die Shuttle-Ladebucht auf.

Bis dahin hatte es möglicherweise noch nie einen eindeutigeren Beweis gegeben! Und jene, welche diese Aufnahmen der STS-80-Mission sahen, wissen damit auch, wie sehr wir bei den offiziellen Erklärungen der STS-48-Mission 1991 *absichtlich* belogen wurden.

Im November 1984 hatte die Space-Shuttle-Mission 51a die Aufgabe, zwei defekte Satelliten, den WESTAR VI und den PALABA B-2, zu bergen und zur Erde zurückzubringen. Beim Anflug auf WESTAR VI filmte die Shuttle-Kamera eine hellmetallische Kugel, die von oben ins Bild flog, um rechts vor dem Hintergrund der Erde zu verschwinden.

Dies erinnert uns an die Aussage des Kosmonauten *Genadi Manakov*, welcher im Jahre 1990 eine identische, metallische Kugel vor der Raumstation MIR beschrieb.

Die Flugbahn des Objekts der Mission 51a im Jahre 1984, welches mehrmals willkürlich nach rechts oder links einen kleinen Haken schlug, deutet auf eine intelligente Steuerung hin. Da Satelliten weder die Richtung noch die Geschwindigkeit verändern können, ist die These, daß es sich hierbei um einen Satelliten handelte, völlig auszuschließen.

Ein identisches Objekt wurde ebenfalls während der STS-37-Mission im April 1991 beobachtet und gefilmt – eine weiße, metallische Kugel, die von oben in das Bildfeld eintaucht und vor dem Hintergrund des Erdhorizontes dieselben „exzentrischen" Flugbewegungen vollführt.

Dann gab es noch am 17. Oktober 1993 den Start der STS-58-Mission. Als die sogenannten „Booster" bereits abgetrennt waren, tauchte plötzlich in der abgesperrten Sicherheitszone über dem Shuttle eine Formation von zwei kugelförmigen Objekten auf, die von unten rechts nach oben links den Kurs des Shuttles kreuzten.

Kommen wir hier nochmals auf die zwischen dem 12. und 14. Januar 1997 ausgestrahlte vierteilige UFO-Dokumentation des Tessiner Fernsehens (TSI) zurück, bei welcher ein ehemaliger NASA-Mitarbeiter womöglich unbeabsichtigt bei einer Fälschung die „falsche" Antwort gab, nämlich die richtige...

Als nämlich der Moderator den ehemaligen NASA-Mitarbeiter Dr. Dini fragte, was Neil Armstrong nun *wirklich* bei der Mondlandung gesehen habe und warum die NASA angeblich Sequenzen der Originalaufnahmen gelöscht hat, erwarteten alle von Dr. Dini irgendwelche Dementis und Ausflüchte. Doch der ehemalige NASA-Mitarbeiter bestätigte diese Gerüchte im TV und sagte zudem: *„Es wurde gelöscht, weil hier viele Dinge zusammenkamen, die zu diesem berühmten „Blue Book" gehörten, das hätte* *veröffentlicht werden sollen, wovon man dann aber absah. Nun, die Tatsache ist folgende: Das, was Armstrong sah, war real. Denn überall, wo Konfusion herrscht – im Golfkrieg, im letzten Krieg –, überall wo Verwirrung ausbricht, dort erscheinen diese fliegenden Scheiben. Diese Scheiben kommen aus Stationen, die in Erdnähe postiert sind. Es war also richtig, und wir* ***mußten*** *es tun* (gemeint war das Löschen der Bänder; A.d.V.).“

Dini weiter: „*Neil Armstrong sah Objekte, die ihnen folgten – und auch Lebewesen. Den Raumschiffen der Apollo folgten andere Raumschiffe. Das ist eine Tatsache, die von verschiedenen Expeditionen* (der irdischen Raummissionen) *bezeugt wurde.*

Es waren wir, die den globalen Diskurs unterbanden, weil man uns (von unseren Vorgesetzten) *entsprechende Unterweisungen zukommen ließ. Wir* (die Ausführenden) *waren im höchsten Maße erschrocken, als wir sahen, welchen Unterschied unsere Technik und Wissenschaft zu jenen der UFOs hatte. Deshalb ist es wichtig zu wissen, daß dies uns dazu gebracht hat, generell* ***negative Gutachten zu geben****...*

Zweifellos ist die Tatsache ernüchternd, daß wir (die Ausführenden) *keine Erklärungen haben, denn unsere Wissenschaft ist praktisch noch primitiv, verglichen mit jenen Planeten, von wo diese Raumschiffe herkommen.*

Wir befinden uns auf einer Stufe, wo wir nicht einmal anfangen können, über UFOs zu sprechen, denn die Erkenntnisse unserer Wissenschaft sind so gering, daß wir noch nicht einmal wissen, was Materie wirklich ist. So werden Wunderlichkeiten verkündet wie zum Beispiel, daß die Geschwindigkeit des Lichtes die höchste sei. Das stimmt natürlich – in bezug auf die Ausbreitung der elektromagnetischen Energie. Aber daneben gibt es noch ganz andere Formen von Energie, die wir nicht kennen, von denen wir nicht einmal träumen können. Wir sind also, praktisch gesehen, in einem Zustand der Minderwertigkeit, weshalb wir mit unserer Wissenschaft viele Fehler begehen.“

Soweit der ehemalige NASA-Mitarbeiter des Apollo-Programms.

Am Samstag, dem 26. Juli 1997, wurde in der *Art-Bell-Radioshow* in den USA bekanntgegeben, daß auf einem der Fotos, welche die Mars-Sonde *Pathfinder* zur Erde funkte, ein UFO zu sehen ist.

Das Foto, welches auf der Internet-Seite des *NASA-Jet-Propulsion-Laboratories* (JPL/Pasadena) mit der Bildnummer *„81977“* veröffentlicht wurde, ist auch auf der Website von Sun Microsystems übernommen worden, einem Anbieter, der direkt von der NASA die Pathfinder-Fotos erhält, da die NASA/JPL-Website ständig überlastet ist.

Um 9.30 Uhr am gleichen Morgen rief eine Hörerin der Art-Bell-Show, *Desiree Holloway*, die Aufnahme über ihren Computer ab. Auf jenem Foto, einer Hochauflösungsaufnahme des Horizonts rechts neben den „Twin Peaks“, war ein flacher Hügel zu sehen, der dunkler als das ihn umgebende Gebiet war, sowie etwas, das wie ein UFO aussah, welches rechts neben dem Hügel in der Luft schwebte.

Als sie etwas später auf die Website von Sun Microsystems zurückkehrte, mußte sie feststellen, daß das Originalfoto ersetzt worden war durch eine Aufnahme, auf welcher nicht einmal der Hügel richtig zu erkennen war.

Kommen wir noch auf jene „Spinner“ zu sprechen, auf die sogenannten „UFO-Kontaktler“. Nicht nur, daß nun inzwischen original NASA-Aufnahmen, wie jene der STS-48-Mission der Raumfähre Discovery, ein Objekt zeigen, welches aufgrund seiner Ähnlichkeit zu gewissen Fotos des „Spinners“ *Adamski* zum Nachdenken anregt, auch benannte dieser bereits damals Dinge, welche erst viel später ihre Bestätigung fanden.

George Adamski, ein polnisch-stämmiger US-Amerikaner, behauptete in den fünfziger Jahren des letzten Jahrhunderts, mehrfach mit einem Raummenschen Kontakt gehabt zu haben, der ihm diverse Erkenntnisse über unser Sonnensystem vermittelte, und Adamski machte dabei mehrere bemerkenswerte Fotos.

Abb.25:
George Adamski mit einer Darstellung seines Freundes aus dem All.

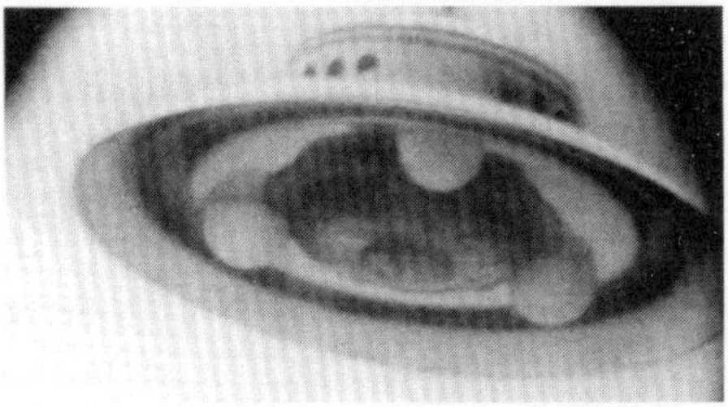

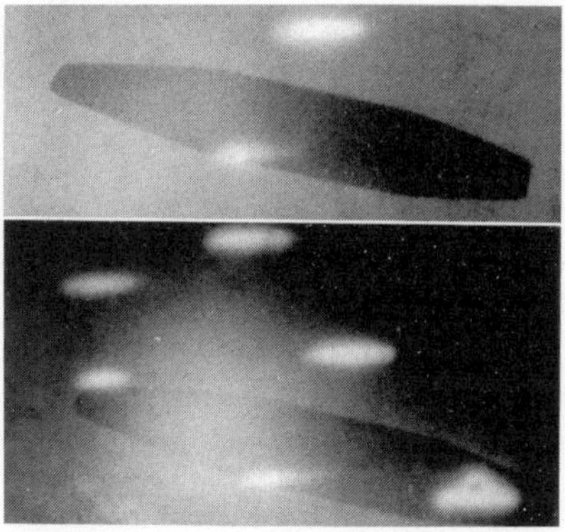

Abb.26: Fotografie des angeblichen Raumschiffs, mit welchem der Freund Adamskis ihn besuchte.
Abb.27 und **28**: Aufnahmen des Mutterschiffs, aus welchem die kleineren Raumschiffe (wie Abb.26) herauskommen.

So beschrieb Adamski den „Glühwürmchen-Effekt" Jahre vor John Glen, welcher diesen als Auswirkungen von Wasser an der Außenseite der Raumschiff-Scheiben beim Flug aus der Atmosphäre erklärte.

Ebenso gab Adamski bereits damals in den fünfziger Jahren an, daß es Wasser auf dem Mond, dem Mars und auf anderen Himmelskörpern unseres Sonnensystems gebe, worüber zur damaligen Zeit nur müde gelächelt wurde. Doch nur bis zum Jahr 1995, denn zu dieser Zeit wurden Messungen der militärischen Mondsonde *Clementine* veröffentlicht, welche einen gefrorenen See im tiefsten Krater des Mondes, dem „Aitken-Bassin" am Südpol unseres Mondes, entdeckte. Zudem wurde inzwischen gefrorenes Wasser an seinen Polen entdeckt.

Ende des Jahres 2003 wurde nun auch auf dem Mars gefrorenes Wasser an den Polen nachgewiesen. „Zufall"?

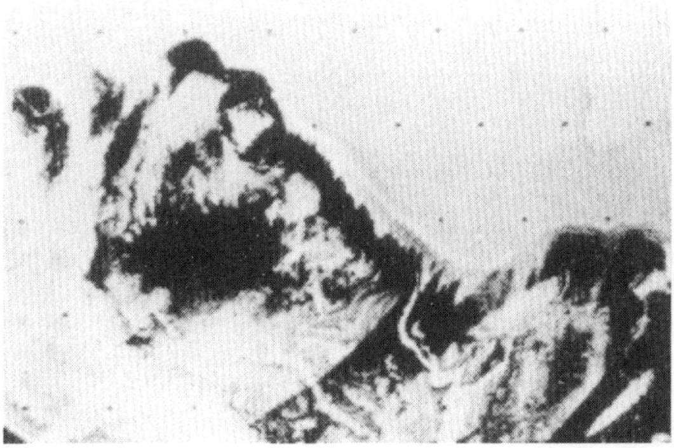

Abb.29: NASA-Originalaufnahme von hohen, übereinander geschichteten, etwa einen Kilometer hohen Eisklippen der Marsnordpolkappe.

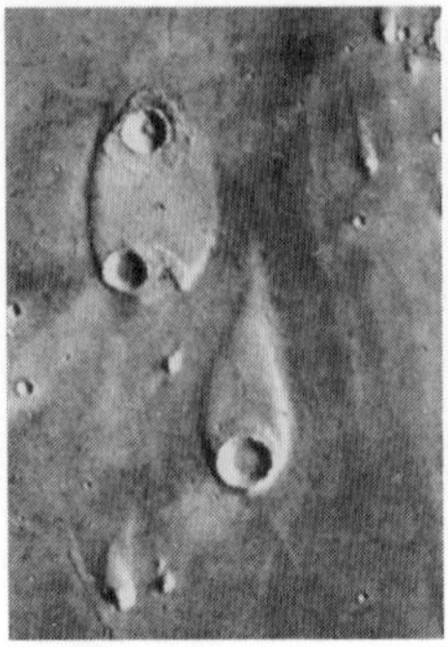

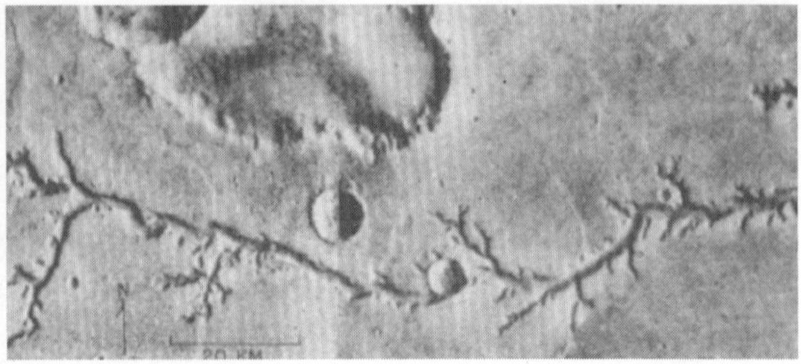

Abb.30 links: NASA-Originalaufnahmen der „Viking"-Mission eines ausgewaschenen Flußtals. **Abb.31** rechts: Rechts das Bild „466A51", welches einen ausgetrockneten Flußlauf auf dem Mars zeigt.

Allerdings findet der aufmerksame Betrachter in Carl Sagans Buch „*Unser Kosmos*" aus dem Jahre 1980 auf Seite 140 bereits den Beweis dafür. So sehen wir beim Überflug über die Pole deutlich die hohe, weiße Eisschicht; eine Aufnahme der „Mariner-9"-Mission. Darunter befindet sich eine weitere Aufnahme derselben. Carl Sagan schreibt dazu wörtlich: „*Gewaltige, übereinandergeschichtete, in den Terrassen einen Kilometer hohe Eisklippen der Marsnordpolkappe. In regelmäßigen Abständen über die Aufnahme verteilt die dunklen Markierungspunkte des Mariner-9-Bildsystems.*"

Wer es nicht weiß: „Mariner-9" besuchte den Mars 1971.

Auch bei den „*Viking*-Missionen" in den siebziger Jahren wurden mächtige ausgetrocknete Marsflüsse fotografiert.

Eine Woche nachdem auf einer Pressekonferenz im Jahre 1996 röhren- und eiförmige Strukturen in einem Marsmeteoriten gezeigt wurden, welche laut Angaben der NASA „*mit großer Wahrscheinlichkeit*" versteinerte Marsbakterien seien, gab die NASA am 13. August 1996 auf einer zweiten Pressekonferenz bekannt, einen zweiten Hinweis darauf gefunden zu haben, daß wir nicht allein im Universum sind.

Die Raumsonde *Galileo* hatte neue Bilder vom Jupitermond *Europa* zur Erde gefunkt, die auf die mögliche Existenz von Wasser unter der Eiskruste hindeuten – und wo Wasser ist, da ist möglicherweise auch Leben!

Am 20. Juli 1969 hörten Millionen Menschen Neil Armstrongs historische Worte: *„Dies ist ein kleiner Schritt für mich, aber ein großer Schritt für die Menschheit."*

Armstrong hat sich diese Worte nicht selbst zurechtgelegt. Es wurde lange vorher ausgeklügelt, welche Worte man in einem so historischen Moment von seiten der NASA an die Menschheit richtet.

Aber was soll's!

Wichtiger ist, daß während der Übertragung zahlreiche, oft minutenlange Bild- und Tonstörungen das Spektakel unterbrachen.

Da die Bilder vom Mond zuerst an die Missionskontrolle in Houston, Texas, gingen, machten bald Gerüchte die Runde, daß dort etwas unter Zensur gestellt wurde – besonders nach der Veröffentlichung der Aufnahmen, welche zwei merkwürdige Lichter zeigten, die laut Angaben der Astronauten die Mission begleiteten und von diesen auch auf einem Video festgehalten wurden.

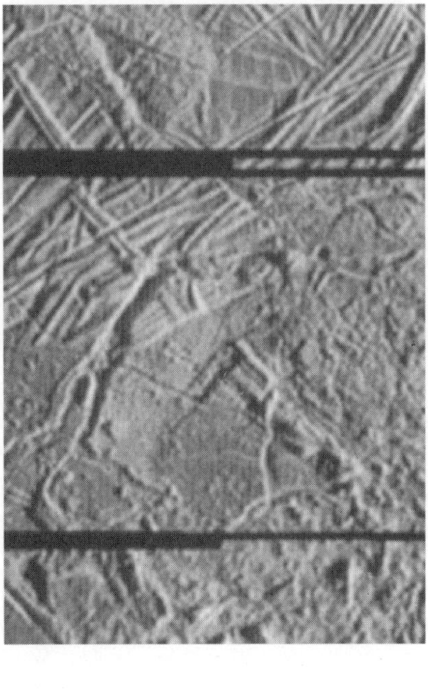

Abb.32: Der Jupiter-Mond *Europa* und seine schneevereiste Oberfläche. NASA-Aufnahme der Raumsonde „Galileo" vom 17. Januar 1997.

Kapitel 2
Die NASA belügt die Welt!

Für alle, welche diese Aufnahmen als Fälschungen abtun, möchte ich trotz aller berechtigten Skepsis anmerken, daß die Fotos und auch die Videos der zwei Objekte von der NASA als *authentisch* bestätigt wurden, allerdings werden die zwei Objekte offiziell nicht als UFOs deklariert. Wer also diese Berichte von vornherein als Phantasien abtut, sollte sich fragen, was dann jenes Phänomen ist, welches nachweislich neben der Apollo 11 herfliegt und dabei gefilmt wurde.

Einige Jahre später enthüllte ein früherer Beobachter der NASA, daß dieser Vorfall tatsächlich kurz nach der ersten Mondlandung stattfand und von der Raumfahrtbehörde unter Zensur gestellt wurde. Er sagte aus: *„Als die Apollo-11-Fähre auf dem Grund des Kraters landete, erschienen zwei(!) fremde Raumschiffe am Kraterrand.“*

Jener Mann war niemand anderes als der damalige Leiter der NASA-Abteilung *„Communications and Data Processing Systems“*, Maurice Chatelein. Er sagte: *„Schon auf dem Flug zum Mond wurden die Apollo-11-Astronauten von den beiden UFOs begleitet. Am dritten Tag des Mondfluges hatten die Astronauten eine merkwürdige UFO-Erscheinung, und als sie sich*

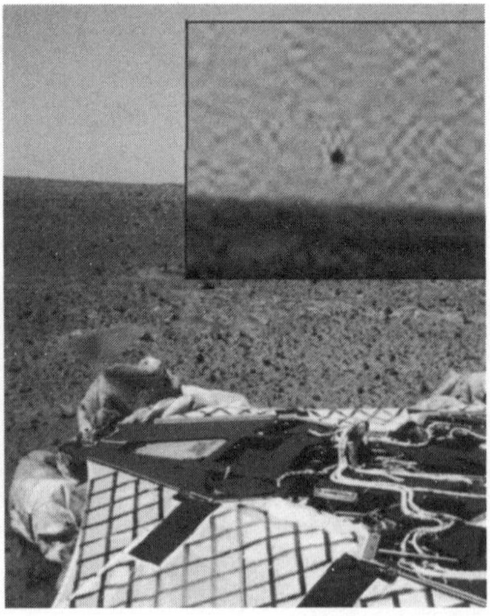

Abb.33 links und **Abb.34** rechts:
Merkwürdige Objekte, aufgenommen von der Mars-Sonde „Spirit“ am Himmel des Roten Planeten.

dem Mond näherten, hörten sie seltsame Geräusche aus dem Funk. Wenig später, am 19. Juli 1969, sah Aldrin, wie die beiden Leuchtobjekte im Mondorbit manövrierten – und filmte sie.“

NASA-Sprecher John McLeash stritt ab, daß die Weltraumbehörde Fotos, Filme oder Funksprüche unter Zensur gestellt hat. 1974 geriet dann eine japanische UFO-Gruppe („CBA“) durch interne NASA-Kontakte an den Aldridge-Film. Danach blieb der NASA, welche zuvor alle Äußerungen über dieses Thema als „Mumpitz“ abtat, keine andere Wahl – sie bestätigte im gleichen Jahr die Echtheit des Filmes und gab ihn frei!

Die Reihenfolge dieser Ereignisse sollte skeptisch stimmen, auch wenn die NASA selbst damals keine Deutungsversuche über den Film machte. Später gab die NASA an, die UFOs seien nichts anderes als „*Weltraummüll*“ oder „*Lichtreflexe*“...

Schade nur, daß die Geschichten immer erst dann angepaßt werden, wenn neue Fakten auftauchen, welche die Aussagen der angeblichen Zeugen bestätigen, denn bis dato gab es überhaupt keine zwei Lichter oder auch „Weltraummüll“-Teile, welche neben der Apollo herflogen (und übrigens ihre Position wechselten, also zudem noch „intelligenter“ Weltraummüll waren).

Abb.35 links: Bild der ersten offiziellen Mondlandung. Der Bildausschnitt zeigt links im Bild jene zwei Objekte – hier neben der Mondlandefähre und dem Astronauten –, welche die Raumfähre begleiteten. **Abb.36** rechts: Ein etwas größerer Ausschnitt desselben Bildes zeigt die Mondlandefähre. Am linken Bildrand ist wieder eines der beiden Objekte zu erkennen. Keine Bildfälschungen, sondern Bilder der NASA!

Einer der Zeugen, Astronaut *Neil Armstrong*, hat trotz der strikten Geheimhaltung bei Besuchen in Deutschland mehrmals Andeutungen über seine Erlebnisse auf dem Mond gemacht. Als er beispielsweise 1974 in Hamburg war, fragte ihn der Amateurastronom Dr. Teichmann: *„Haben Sie erwartet, damit gerechnet oder gehofft, auf dem Mond Wesen anderer Planeten zu entdecken?“* Nach einigem Zögern antwortete Armstrong: *„I have not expected, but I looked for it.“ (Erwartet hatte ich keine, doch habe ich Ausschau danach gehalten.)* Dr. Teichmann: *„Haben Sie irgendwelche unbekannten Objekte am Himmel gesehen?“* Armstrong: *„Yes, we have seen unknown objects...“ (Ja, wir haben unbekannte Objekte gesichtet.)*

Im Dezember 1980 besuchte Neil Armstrong die amerikanische Ölfirma *Marathon* in Burghausen, wo er auch die längste Burg Deutschlands besichtigte. Mitarbeiter der Firma *Marathon* gaben später an, Armstrong hätte von einer UFO-Landung auf dem Mond erzählt. Er hätte damals den ganzen Vorgang gefilmt und sei sehr beeindruckt gewesen, hätte aber nichts veröffentlichen dürfen und dürfte auch nicht darüber sprechen.

Einem anderen Forscher erzählte Armstrong einiges in einem „Vier-Augen-Gespräch“: *„Etwa auf einem Viertel des Weges zum Mond tauchten UFOs hinter der Apollo auf... Sie fotografierten die UFOs... Sie benachrichtigten Houston... Im Mondorbit verloren sie die UFOs aus dem Blickfeld... Aber als er die Landefähre hinabstieg, um in den Krater zu steigen, landeten diese auf dem Kraterrand. Armstrong sagte, er dürfe offiziell aus drei Gründen nicht darüber reden, so sagte man ihm: Weil er kein Militär war, aus Furcht und Unwissenheit über die Außerirdischen, und weil er durch seine Position als Kommandant eine gewisse Glaubwürdigkeit genieße...“*[(7)]

Doch er widersetzte sich mehrmals der Anweisung. Deshalb wurde er später dazu gezwungen, das Raumfahrtprogramm zu verlassen. Während der Apollo-11-Mission wurden laut seiner Angaben Fotos und Filme gemacht. Der Durchmesser der Objekte wurde auf etwa 18 bis 30 Meter geschätzt, so sagte er.

Raumfahrtexperte *John Schuessler* erklärte dazu: *„Ich arbeite mit den Astronauten in der NASA zusammen und habe von ihnen diese Geschichte gehört...“*

Ein deutscher Journalist führte ein Interview mit einem freien Mitarbeiter der NASA, *Martin Rebensburg*. Er fragte: *„Sie erwähnten, daß bei der NASA Filme existieren, bei denen die Leute vom Stuhl fallen würden?"*

Rebensburg: *„Diese Filme wurden überhaupt noch nicht öffentlich gezeigt. Der Chefreporter der NASA sagte mir, ihm seien Filme bekannt, von denen man nicht glauben würde, daß solche überhaupt existieren."*

Am 12. Oktober 1966, also etwa drei Jahre vor der ersten Mondlandung, erklärte der NASA-Sprecher *Julian Sheer* der „New York Times" gegenüber, *„die Raumfahrtbehörde behalte sich das Kontrollrecht über die Apolloflüge vor"*.

„Der Nationale Sicherheitsdienst, NSA, überprüft alle Filme, die die Astronauten zur Erde funken, bevor sie an die Öffentlichkeit weitergegeben werden", so der Raumfahrtingenieur und NASA-Mitarbeiter *Alan Holt*.

Bestimmt ist es auch kein „Zufall", daß ein ehemaliger CIA-Direktor, *Lew Allen*, im Juni 1982 zum Leiter der NASA-Institution „JPL" („Jet Propulsion Laboratories") gewählt wurde. Zur Information: Das JPL kontrolliert das unbemannte Raumfahrtprogramm der NASA und wertet die Aufnahmen aus. Allen selbst gab 1986 in einem Interview an, daß ein Großteil des Finanzetats von JPL vom Verteidigungsministerium kommt.

UFOs über Mexiko

Am heutigen Tag, an dem ich dies niederschreibe, am 12. Mai 2004, können die Menschen in Deutschland merkwürdige „Neuigkeiten" erfahren. So brachte zum Beispiel RTL in den Abendnachrichten einen Bericht, weil das mexikanische Militär mit einem Film wie auch mit den Aussagen von beteiligten Kampfpiloten und Radartechnikern an die Öffentlichkeit ging. Nach Aussagen des Militärs waren zwei Kampfjets am 5. März 2004 auf einer Mission über Campeche, Mexiko, welche ursprünglich den Zweck des Aufspürens illegaler Drogenaktionen hatte. Dabei filmten sie „zufällig" mit ihrer Wärmebildkamera Aktivitäten in einer Wolke.

Diese Objekte waren optisch nicht sichtbar, begleiteten aber von diesem Zeitpunkt an über einen langen Zeitraum die Kampfjets. Auf der Wärmebildkamera wurde die ganze Mission aufgezeichnet. Nachdem diese Objekte die Jets einige Zeit über dem Luftraum von Mexiko begleitet hatten, verschwanden sie plötzlich (siehe dazu Abb.544 bis 546).

Interessant ist die Sache besonders deshalb, weil die Objekte zudem auch auf dem Radar registriert wurden. Der Radarbeobachter Leutnant German Marín erklärte hierzu einen Tag vor der deutschen RTL-Sendung in einer Aufzeichnung: „*Ob ich Angst hatte? Ja, ein bißchen, denn wir hatten es mit etwas zu tun, was nie zuvor passiert war. Aber es war völlig echt.*" Der Pilot des Flugzeugs, Major Magdaleno Castaño, sagte, andere Jets hätten die Objekte verfolgt. Dann seien diese verschwunden.

Das Video hält man für einen unumstößlichen Beweis für die Existenz von UFOs: „*Sie waren unsichtbar für das Auge und dennoch vorhanden. Sie hatten Masse, sie hatten Energie und bewegten sich*", sagte der Leiter der Pressekonferenz. Die Objekte hätten zudem „intelligent" gewirkt, da sie ihre Richtung geändert und das sie verfolgende Flugzeug umringt hätten.

Der mexikanische Verteidigungsminister *Ricardo Vega Garcia* hatte am 22. April die Erlaubnis zur Veröffentlichung erteilt. Ein Sprecher des mexikanischen Verteidigungsministeriums bestätigte, daß das Video am 5. März 2004 von Soldaten der Luftwaffe über dem ostmexikanischen Bundesstaat Campeche aufgenommen worden war.

„*Ich wußte nicht, was es war. Aber ich glaube, daß es absolut real war*", sagte *Leutnant Mario Adrian Vazquez*, der die Infrarotkamera bediente.

Er betonte, daß es keine Möglichkeit zur nachträglichen Veränderung der Bilder gäbe. Die Objekte sollen das Flugzeug sogar zeitweise begleitet haben. „*In einem Moment zeigten unsere Bildschirme, daß sie hinter uns, an unserer linken Seite und vor uns waren*", sagte *Magdaleno Castaño*, der Kommandant der Maschine. „*In diesem Moment fühlte ich mich ein wenig unwohl.*" Seine Maschine habe die Objekte dennoch verfolgt. Erst als er die Jagd abgebrochen habe, seien die UFOs verschwunden. „*Ich glaube, sie haben gemerkt, daß wir sie verfolgen.*"

Ein Sprecher des Verteidigungsministeriums bestätigte die Echtheit des Films, wollte sich ansonsten aber nicht dazu äußern. Das Verteidigungsministerium gab desweiteren an, daß Piloten der mexikanischen Luftwaffe über dem Süden des Landes elf nicht identifizierte fliegende Objekte gefilmt haben.

Da die Objekte allerdings für die Piloten optisch am Himmel nicht erkennbar waren, wurde hier vielleicht eine der beweiskräftigsten Aktionen auf Film gebannt und auch veröffentlicht, denn ein Hauptmerkmal der Berichte von sogenannten UFO-Zeugen war schon immer das plötzliche, optische Auftauchen und Verschwinden der Objekte.

Ich sah den deutschen UFO-Kritiker *Werner Walter* zum erstenmal überrascht über jene Veröffentlichungen, da sie vom mexikanischen Militär kamen. Er betonte in seiner Rolle als Kritiker allerdings, daß leider niemand die Objekte optisch wahrnehmen konnte. Das ist interessant, denn eben jene Kritiker sind die ersten, welche bei einer optischen Sichtung nach Beweisen in Form von Wärmebild- und Radardaten schreien. Und ich glaube, jeder Kenner der Materie wird bestätigen, daß man über „optische" Sichtungen über Mexiko, was UFOs angeht, nun wirklich nicht klagen kann.

Schon Anfang der neunziger Jahre wurde aufgrund dieser damals *optischen* Sichtungen eine Pressekonferenz des Militärs eingeleitet. In Mexiko fand damals die größte UFO-Welle aller Zeiten statt, welche sich über mehrere Jahre hinzog und die von Tausenden von Amateur-Videoaufnahmen festgehalten wurde. Selbst die Fluglotsen des „Aero Mexico" (größter Flughafen der Welt) bestätigten die Radaraufzeichnungen der UFOs damals vor laufender Kamera.

Ich habe damals bei meinem ersten Treffen mit Jan van Helsing gesagt, wenn die Sichtungswelle über Mexiko statt in der Boulevardpresse in der „Tagesschau" breitgetreten worden wäre (einschließlich der Tausende von Amateuraufnahmen), würde die Welt heute eine andere sein...

Am 14. November 1969 um 17.22 Uhr MEZ nahm das zweite Mondabenteuer seinen Anfang, als das Apollo-12-Raumschiff mit den Astronauten *Charles Conrad*, *Richard Gordon* und *Alan Bean* in Richtung des Erdtrabanten startete. Schon wenige Minuten nach dem Start wurde es dramatisch. So funkte der Kommandant *Charles Conrad* nach Houston, daß das Raumschiff in Licht gehüllt sei: *„Ich sehe plötzlich sehr viel Licht vor dem Fenster"*, meldete der Astronaut, *„im elektrischen Bordnetz gab es mehrere Kurzschlüsse."* In ganz Europa beobachteten zu dieser Zeit Observatorien und Amateurastronomen zwei hell leuchtende Objekte in der Nähe der Flugbahn. Eines der Objekte schien der Rakete zu folgen, während das andere voranflog und in rascher Folge blinkte.

Am 15. November um 14.18 Uhr meldete dann auch die Besatzung der Apollo 12 an die Bodenkontrolle: *„Seit gestern werden wir von einem anderen Flugobjekt verfolgt, das wir durch unser Fenster sehen können... Was kann das denn sein?“*

Houston: *„Okay, wir gehen zurück zu unserer Kontrolltafel.“*

Apollo 12: *„Das Objekt ist sehr hell und rollt ganz offensichtlich. Es rotiert mit ein bis zwei Umdrehungen pro Sekunde, oder zumindest blinkt es in dieser Zeitspanne auf. Dick wird euch sagen, welchen Stern es anpeilt.“*

Houston: *„So, wie wir diese Dinge sehen, erhielten eure SLA-Verschalungstafeln nicht genügend Delta V, ungefähr 1 Fuß pro Sekunde – als SLA-Verschalungen müssen sie jetzt ungefähr 500 Kilometer von euch weg sein.“*

Apollo 12: *„Eines der Objekte – was immer sie auch sind – bricht eben aus der Bahn und verläßt uns mit großer Geschwindigkeit... Es ist verdammt schwierig für uns zu sagen, was zum Teufel das gewesen sein könnte.“*

Houston: *„Okay, wir wollen annehmen, daß es friedlich gesinnt ist – was es auch sein mag...“*[(8)]

Als sich die Astronauten neun Tage später auf ihrem Rückweg zur Erde befanden, meldeten sie überrascht ein weiteres faszinierendes, rot aufblinkendes Objekt vor dem Hintergrund der Erde. Einer der Astronauten sah es sich durch den Feldstecher an: *„Es strahlt ganz schön hell. Ich kann mir nicht vorstellen, was es sein könnte.“* Nach etwa zehn Minuten verschwand das Objekt.

Diplom-Ingenieur *Adolf Schneider* schildert, was sich damals zwischen diesen Ereignissen auf dem Mond zutrug: *„Auf dem Mond angekommen, hörte man Seltsames im Funk, sowohl auf dem Mond als auch in Houston. Piepende und pfeifende Geräusche sowie unverständliche Worte in einer unbekannten Sprache. Nach der Entwicklung der Filme, die auf dem Mond aufgenommen worden waren, erkannte man einen silbern glänzenden Halo* (Heiligenschein, Lichteffekt; A.d.V.), *der sich scheinbar dem Astronauten Conrad angeschlossen hatte.“*[(9)]

Dr. G. Henderson, ein früherer NASA-Mitarbeiter, erklärte bei einer Diskussion im Planetarium von Calgary in Kanada, daß allen Astronauten *„streng untersagt sei“*, über ihre UFO-Begegnungen zu sprechen. Einer der

Apollo-12-Astronauten hatte Henderson erzählt, daß die NASA im Besitz zahlreicher Fotos und Filmaufnahmen der UFOs sei, welche die Crew auf dem Mond beobachtet hätte. Ein Team im *Goddard Space Center* sei extra damit beauftragt worden, alle Durchgaben und Bilder, die mit UFOs in Verbindung stehen, unter Zensur zu stellen.

Der Nobelpreisträger Dr. Glenn Seaborg erklärte dazu: *„Verschiedene Wahrnehmungen von Apollo 11 und 12 deuten darauf hin, daß auf dem Mond schon andere, nicht irdische Besucher gelandet sind."*

Erst vor wenigen Jahren kamen einige dieser Fotos und Filme frei. Auf einem der freigegebenen Filmclips der Apollo-12-Mission sieht man ganz klar zwei saturnförmige Scheiben auf der Mondoberfläche „geparkt".

Auf einem anderen Film der Apollo-12-Mission gleitet eine leuchtende Kugel über die Mondoberfläche. Als sie einen Mondkrater überquert, blinkt etwas am Kraterrand, wie zum Gruß, auf.

Die wohl interessanteste Aufnahme der freigegebenen Apollo-12-Aufnahmen trägt die Kennummer *„AS12-50-7346"* und wurde mit einem 250mm-Objektiv aufgenommen. Sie zeigt ein rundes, kuppelförmiges Objekt, offensichtlich mit einem rotierenden Licht auf der Unterseite und *zwei Ausstößen* an der Seite. Unter der Kuppel sind fünf Luken erkennbar.

Von derselben Mission stammt ein Bild mit den Kratern *Kepler B* und *Milichius A*, über denen ein scheibenförmiges, leuchtendes Flugobjekt fliegt – NASA-Foto *„AS12-51-7552"*.

Was weiß die NASA, was wir nicht wissen?

Wer glaubt, die Besatzung von *Apollo 13* hätte „nur" die Geschichte des „Katastrophenfluges" zu erzählen, der hat sich getäuscht.

Vom *„Houston, wir haben ein Problem"*-Flug stammen zwei Fotografien eines zigarrenförmigen Flugkörpers mit erkennbaren Luken. Eines davon ist das NASA Foto *„AS13-62-8898"* – auch wenn die NASA selbst zu diesem Foto sagt, es sei *„ein Teil des Inneren des Raumschiffes"*. Die Apollo-14-Mission fotografierte eine ganze Formation von Objekten in der Nähe des Kraters *Lansberg*.

Von Apollo 15 stammen Aufnahmen einer bläulichen Scheibe, welche gleich *zweimal* fotografiert wurde – auf der Mondoberfläche über dem Lunar-Landemodul und, den Flug begleitend, weit über der Mondlandschaft.

Bob Oechsler, ehemaliger Mitarbeiter der NASA, sagte dazu: *„Die Astronauten schweigen über ihre UFO-Beobachtungen, weil es ihnen befohlen wurde... Es ist eine Angelegenheit der* ***Nationalen Sicherheit.*** *"*

Ohne das Wissen seines Kontrahenten schnitt *Bob Oechsler* ein Telefongespräch mit Admiral *Bob Inman* mit, einem engen Vertrauten von George Bush sen.. *Inman* hat eine steile Karriere hinter sich. Als stellvertretender Direktor des Geheimdienstes, der Marine, des Nationalen Sicherheitsdienstes, des militärischen Geheimdienstes und der CIA besetzte *Inman* hohe politische Ämter.

Bob Oechsler sprach ihn auf die geborgenen UFOs an, welche unter anderem in der sogenannten *Area 51* (*Dreamland*) aufbewahrt werden. Hier ein Ausschnitt aus dem Gespräch:

Bob Oechsler: *„Glauben Sie, daß die geborgenen Fahrzeuge jemals für wissenschaftliche Untersuchungen außerhalb der Militärkreise zur Verfügung stehen?"*

Admiral Inman: *„Ich sage es Ihnen noch einmal: Ich weiß es wirklich nicht! Vor zehn Jahren hätte man es sicher abgelehnt. Aber vielleicht steht man jetzt nach so vielen Jahren dem Anliegen offen gegenüber."*

Inman wurde wohl erst *nach* dieser Aussage bewußt, daß er in eine „Falle" getappt war. Bob Oechsler bekam in Folge einen Anruf von Inmans Assistenten *Tom King*, welcher angab, die mit Inman besprochenen Themen dürften aus Sicherheitsgründen nicht öffentlich besprochen werden. Tom King: *„Er bittet Sie, ihn weder zu zitieren, noch seinen Namen in* ***irgendeinem*** *Zusammenhang ohne seine vorherige Zustimmung zu nennen!"*

Nach diesen Worten beendete King das Gespräch ohne sich zu verabschieden. Diese Tonbandaufzeichnungen wurden von Bob Oechsler vor wenigen Jahren veröffentlicht!

Was wir hier haben, ist ein deutlicher Hinweis auf die Existenz Außerirdischer *hier* auf der Erde – zum erstenmal aus höchsten Geheimdienstkreisen –, in einem Telefonat mitgeschnitten!

1982 beendete *Inman* seine Regierungsarbeit. Er wurde zum Präsidenten der „SAIC“ in San Diego berufen, einer Gesellschaft, die sich vor allem mit *Gravitationsantriebssystemen* beschäftigt...

Abb.37: Ein Objekt am Himmel über dem Mars, aufgenommen von der Mars-Sonde Spirit. Die Vergrößerung des Objektes zeigt eindeutig eine symmetrische Deltaform – ebenfalls identisch mit den Objekten aus der Sichtungswelle über Belgien sowie mit den gefilmten Objekten während der „STS-48“-Mission über der Erde, welche von der Kamera der Besatzung des Space-Shuttles angezoomt wurden.

Kapitel 3
Das Mosaik

Kommen wir erneut zurück zu der Discovery-Mission STS-48. Wann war diese nochmals? Anfang der neunziger Jahre! Und was war dort übergroß in einer Einstellung zu sehen? Ein riesiges, dreieckiges Objekt. Und welches Ereignis spielte sich ebenfalls Ende der neunziger Jahre ab? Die UFO-Sichtungswelle über Belgien!

Auf der Discovery-Aufnahme sieht man sogar die drei deltaförmig angeordneten Lichter an dem Objekt, als es – vom Space Shuttle aus gefilmt – mit der Erde im Hintergrund durch den Raum gleitet.

Meinen Bruder hat dies damals zu der spaßigen Aussage bewegt: *„Die fliegen falschherum!“* (er meinte „auf dem Kopf“), bis ich ihn daran erinnerte, daß auch „unsere“ Space Shuttles zeitweise mit *„dem Bauch nach oben“* über der Erde fliegen.

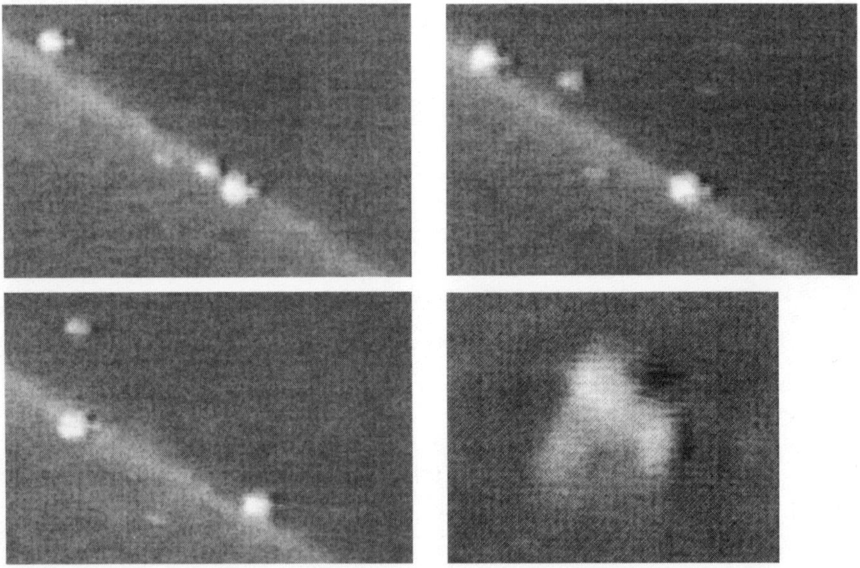

Abb.38 links oben, **Abb.39** rechts oben und **Abb.40** links unten: Während der Space-Shuttle-Mission „STS-48“ im Jahre 1991 wurden auch pulsierende Objekte über der Erde aufgenommen, die ihre Position untereinander veränderten. **Abb.41** rechts unten: Etwas später zoomt die Kamera des Shuttles eines der Objekte an, als dieses über der Erde unterhalb der Raumfähre durchfliegt. Es ist deltaförmig und mit jenen identisch, welche ebenfalls zu dieser Zeit über Belgien gesichtet wurden.

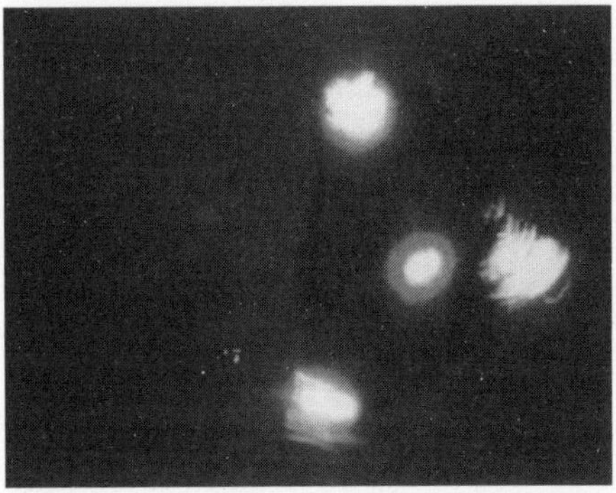

Abb.42 links: Aufnahme von Lichtern am Himmel über Belgien am 4. April 1990 über Petit Rechain, Provinz Lüttich. **Abb.43** rechts: Nachdem das Foto von der belgischen Militärakademie untersucht wurde, stellte sich heraus, daß es tatsächlich ein massives, unbekanntes, deltaförmiges Flugobjekt war (siehe Fotobearbeitung rechts).

Wie auch immer – gehen wir aus diesem Grund nochmals zurück in jene Zeit. Was geschah damals über Belgien? Vorneweg: Es war *kein* „Zufall", daß die Discovery an jenem Tage diese deltaförmigen Objekte über der Erde gefilmt hatte.

Was vollzog sich am Freitag, dem 30. März 1990? An jenem Tag sollte etwas Entscheidendes geschehen. Es war bereits 22.55 Uhr in *Ramilies* bei Wavre in Belgien. Der Gendarm Renkin und seine Frau bemerkten vor dem Fenster ihrer Wohnung eine merkwürdige Erscheinung. Sie hatten von der UFO-Sichtungswelle über Belgien gehört, und der Gendarm hatte seiner Frau von den Erlebnissen seiner Kollegen berichtet. Das Ehepaar ging nach draußen, um das Flugobjekt zu beobachten, welches sich nun ruckweise zur Seite bewegte und zeitweise eine Kreisbahn flog. Das Licht bewegte sich Richtung Westen und schwebte augenscheinlich über der Ortschaft Perwez und Aische-en-Refail. Es veränderte seine Farbe zu einem leuchtenden Rot und flog weiter Richtung Gembloux. Der Gendarm lief zurück in die Wohnung zum Telefon und informierte den Luftwaffenstützpunkt Beauvechain. Dieser erkundigte sich bei der Luftraumüberwachung in Glons. Es war 23.05 Uhr.

Der diensthabende Offizier, Leutnant *Van Hauwermeiren*, erklärte: „*Wir werden zwei Flugzeuge hochschicken.*" Um 23.08 Uhr wurde eine Streifenwagenbesatzung hinzugezogen. Die Gendarmen beobachteten vom

Boden aus zwei weitere, weniger helle Lichtpunkte, die zusammen mit dem ersten ein gleichschenkliges Dreieck bildeten. Als eine Linienmaschine über das Objekt hinwegflog, nahmen die Lichter einen intensiven Rot-Ton an.

Um 23.25 Uhr machte Hauptmann Pinson die diensthabenden Streifen auf das Objekt aufmerksam. Mehrere Streifenwagen bestätigten die Sichtung und beobachteten das Objekt aus verschiedenen Richtungen. Zu dieser Zeit ortete die militärische Luftraumüberwachung Glons ein unidentifiziertes Flugobjekt, welches sich im fraglichen Gebiet mit gerade einmal 25 Stundenkilometern bewegte. Dutzende von UFO-Meldungen trafen bei der Polizei ein, die allesamt ein dreieckiges Objekt beschrieben. Nur 15 Minuten später beobachteten inzwischen zehn Gendarmen, wie ein zweites deltaförmiges Objekt auftauchte. Die Zeugen beschrieben kurze, helle Lichtblitze, welche die Objekte aussandten, als würden sie „fotografieren“... Ein drittes Objekt erschien. Das zweite Objekt war nun ebenfalls auf dem Radarschirm in Glons zu sehen. Um 23.56 Uhr erteilte die militärische Luftraumüberwachung Glons dem 1. Jagdgeschwader Startbefehl, und zwei F-16-Kampfjets starteten in den belgischen Nachthimmel.

Luftwaffenoffizier *P. Lambrecht* vom Generalstab der belgischen Luftwaffe verfaßte folgenden Bericht über die nun nachfolgenden Ereignisse: *„Die F-16-Kampfjets bekamen mehrere Male Radarkontakt. In drei Fällen gelang es den Piloten, die automatische Zielverfolgungseinrichtung, das sogenannte „Lock on“, zu aktivieren. Dies führte jedesmal zu einer dramatischen Veränderung im Verhalten der UFOs. Um 0.13 Uhr stand das erste Objekt in zehn Kilometern Entfernung direkt vor einer F-16 in 9.000 Fuß Höhe. Dessen Geschwindigkeit lag bei etwa 280 km/h. Jedoch in dem Moment, als sich die Zielautomatik der F-16 einschaltete, beschleunigte das deltaförmige Fluggerät innerhalb weniger Sekunden auf 1.800 km/h und flog den Kampfjets davon.*

Zur selben Zeit sank es um 5.000 Fuß Höhe, schoß dann hoch auf 11.000 Fuß, um danach unter die Radargrenze auf Bodenhöhe abzusinken. Der Radarkontakt ist dann abgebrochen...

Erst um 0.30 Uhr wurde das UFO auf 5.000 Fuß Höhe erneut geortet, nun mit etwa 1.370 km/h. Die automatische Zielverfolgungseinrichtung konnte für sechs Sekunden aktiviert werden, dann bricht der Radarkontakt durch eine Störung plötzlich ab. Dies wiederholte sich mehrmals, bis die UFOs um 1 Uhr im Nachthimmel verschwanden...“

Der offizielle Luftwaffenbericht:

„Die gemessenen Geschwindigkeiten und die festgestellten Höhenveränderungen schließen die Hypothese aus, wonach es sich um eine Verwechslung mit Flugzeugen handeln könnte. Auch die in anderen Phasen gezeigten langsamen Bewegungen sind nicht flugzeugtypisch. Die Hypothese, wonach es sich um eine optische Täuschung, eine Verwechslung mit Planeten oder um irgendein meteorologisches Phänomen handeln könnte, steht im Widerspruch zu den Radarbeobachtungen. Dies gilt speziell für die Flughöhe von 10.000 Fuß und die Gesamtformation der UFOs. Die geometrische Anordnung läßt die Annahme zu, daß ihr ein Plan zugrunde liegt... Ebenfalls auszuschließen ist die Hypothese von Himmelsphänomenen, die aus einer Projektion von Hologrammen herrühren... Hologramme können nicht auf Radar geortet werden, und eine Laserprojektion ist nur dann sichtbar, wenn es dafür einen „Schirm“ gibt, beispielsweise Wolken. Im vorliegenden Fall war der Himmel indessen unbewölkt...“

Soweit der offizielle Luftwaffenbericht! Um 1.18 Uhr kehrten die Objekte im Formationsflug zurück. Gegen 2 Uhr nachts filmte schließlich ein weiterer Zeuge, *Marcel Alfarano*, über Brüssel drei Lichter in Deltaform sowie ein pulsierendes Licht in der Mitte. (Denken Sie an die pulsierenden Lichter auf der Videoaufnahme der STS-48-Mission der Discovery...)

Am 22. Juni 1990 veröffentlichte die Luftwaffe die Black-Box-Aufzeichnungen vom Bordradar, die deutlich das Ausweich- und Beschleunigungsmanöver der Objekte zeigen.

Generalmajor *Charles De Brower*: *„Es gibt eine Logik hinter den Bewegungen des UFOs. Die Höchstgeschwindigkeit der F-16 in dieser geringen Höhe liegt aufgrund der Luftdichte bei 1.300 km/h, wird sie überschritten, besteht die Gefahr einer Explosion der Turbinen. Es hat also unsere F-16 ganz einfach abgehängt. Und als es seine Flughöhe wechselte, schließlich abtauchte, wich es unserem Radar aus.“*

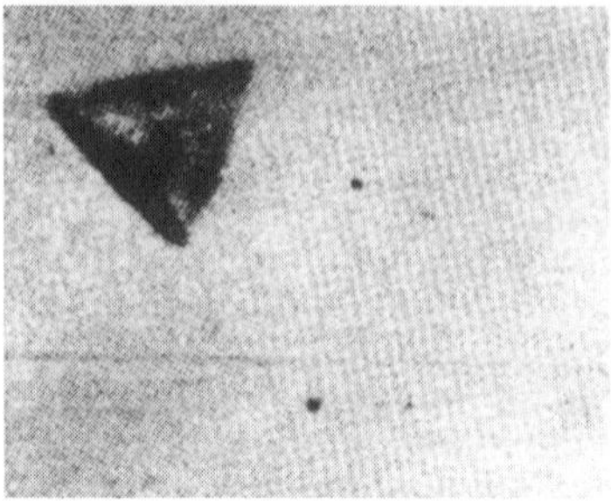

Abb.44 links: Generalmajor *Charles De Brower*, belgische Luftwaffe, erklärte 1990 anhand der Radarbilder vor der Presse die Verfolgungsjagd der UFOs durch F-16-Kampfjets. Die Luftwaffe kam zu dem Ergebnis, daß eine außerirdische Realität hinter den UFOs – aufgrund des intelligenten Verhaltens und der Beschleunigungswerte von 40 G innerhalb der Atmosphäre – sehr wahrscheinlich ist.
Abb.45 rechts: Seltene Aufnahme eines unbekannten, deltaförmigen Flugobjekts, gefilmt am 6. August 1968 über Riga, Rußland, während Aufnahmen des russischen Militärs. Es verschwand nach Angaben innerhalb von Sekundenbruchteilen.

De Brower *selbst* (also die Luftwaffe) gab an, daß die Objekte nicht von der Erde stammen konnten. So sagte er in einer Pressekonferenz: *„Es beschleunigte in einer Sekunde von 280 km/h auf 1.800 km/h und fiel von 3.000 auf 1.700 Meter Höhe. Das entspricht einer Steigleistung von 40 G!“*

An was erinnert uns dies? Richtig! An die Beschleunigungswerte des Flugobjekts auf dem Video der STS-48-Mission, welches ebenfalls mit 40 G beschleunigte und im Raum verschwand, nachdem es von dem Lichtblitz „aufgeschreckt“ seine Richtung um 45° änderte – kurz bevor die Discovery jenes deltaförmige Objekt aus der Nähe mit der Kamera „einfing“...

De Brower von der belgischen Luftwaffe erklärte weiter: *„40 G würden den sofortigen Tod für jeden Menschen an Bord bedeuten. Die Höchstgrenze, die ein Kampfflieger aushalten kann, liegt bei 8 G. Es existiert derzeit keine vom Menschen gefertigte Maschine – sei es ein Flugzeug oder ein Flugkörper –, die zu derartigen Leistungen fähig wäre.“*

Bei jener UFO-Welle über Belgien wertete die SOBEPS (Belgische Gesellschaft für das Studium von Weltraum-Phänomenen) über 2.000 Augenzeugenberichte aus sowie Dutzende von Fotos und Filmen. Im Nachwort des Luftwaffenberichtes gesteht Generalmajor *De Brower*: *„Die Luftwaffe jedenfalls ist zu dem Schluß gekommen, daß im belgischen Luftraum eine gewisse Anzahl anomaler Phänomene nicht genehmigter Flugaktivitäten stattgefunden hat. Ihre militärische Auswertung ergab jedoch bislang keine Hinweise, die auf ein aggressives Verhalten hindeuten. Man kann folglich annehmen, daß von den mutmaßlichen Aktivitäten keine konkrete Bedrohung ausging. Der Tag wird gewiß kommen, da man den Phänomenen mit Hilfe hochentwickelter Ortungs- und Aufzeichnungsgeräte wird begegnen können, die keinen Zweifel an ihrem Ursprung mehr lassen.“*

Erinnern wir uns hierbei nochmals an die Meldungen über Mexiko in der Region über Campeche vom 5. März 2004. Waren die Jets dort wirklich, wie offiziell angegeben, auf einer „Drogenmission“?

De Brower weiter: *„...Damit dürfte der Schleier, der das Mysterium umgibt, zum Teil gelüftet werden können. Ein Geheimnis ist es nach wie vor geblieben. Aber es existiert, es ist real. Allein das ist schon eine wichtige Schlußfolgerung.“*(10)

Einer der F-16-Piloten des belgischen Vorfalls im Jahre 1991, Captain *Yves Meelbergs*, sagte vor laufender Kamera folgendes aus:

„In dieser Nacht stiegen zwei F-16 auf. Ich war einer der Piloten dieser Mission. Wir hatten einen Haufen Informationen vom Boden, und die Leute informierten uns über die genaue Position des, ich würde schon sagen, UFOs...

Wir hatten definitiven Radarkontakt mit dem Ziel. Ungefähr drei- bis viermal haben wir das Andocken mit den Kollegen am Boden verglichen. Und mindestens zweimal ergab sich eine genaue Übereinstimmung zwischen (Beobachtungen am) Boden und unserem Radar. Das Objekt beschleunigte von 50 auf 1.000 Knoten, kletterte und sank sehr schnell – und konnte seine Richtung abrupt ändern. Die meiste Zeit flog es ohnehin schneller als der Schall...“(11)

Spezialisten des *Zentrums für elektronische Kriegsführung* haben die Radarvideos ausgewertet. Der Physiker *Prof. Emile Schweicher* der belgischen Elite-Militärakademie:

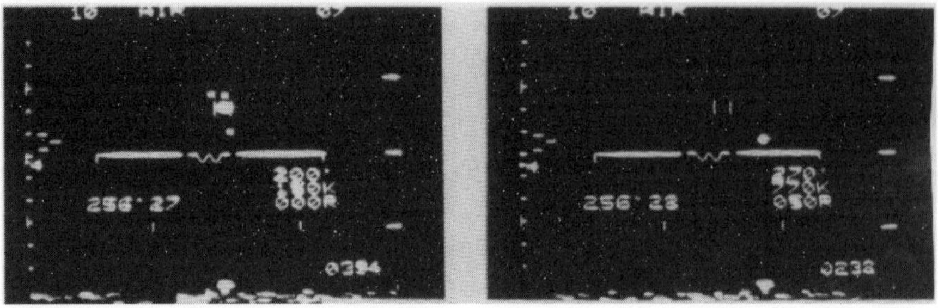

Abb.46 links und **Abb.47** rechts: Offiziell von der belgischen Luftwaffe freigegebene Radarbilder. Das „---w---" zeigt die Position der F-16 an, der rautenförmige Punkt das unbekannte Flugobjekt.

„Das UFO konnte im rechten Winkel abbiegen. Das ist nach unseren Gesetzen der Mechanik unmöglich, denn es würde ja bedeuten, daß jemand grenzenlos beschleunigen kann... Ich werde sicherlich meinen Job riskieren, aber ich denke, daß außerirdische Intelligenz dahinter sehr wahrscheinlich ist!"

Rußland:

Zur selben Zeit geschahen, von den westlichen Beobachtern fast nicht wahrgenommen, dieselben Erscheinungen über Rußland – am 21. März 1990, Gebiet Sagorsk, etwa 50 km nördlich von Moskau, gegen 21 Uhr. Ein UFO wurde gemeldet. Die Zeugen beschrieben das Objekt alle auf die gleiche Weise: ein riesiges Dreieck. Vom Stützpunkt Sagorsk erhielten zwei MIG-29-Abfangjäger um 21.58 Uhr den Startbefehl. Erst um 22.03 Uhr erhielten die Piloten ihren Auftrag: ein unbekanntes, deltaförmiges Objekt in 6.000 Fuß Höhe zu verfolgen. Ein Pilot meldete um 22.05 Uhr: *„Habe zwei blitzende Lichter auf 1.30 Uhr vor mir. Erwarte weitere Befehle."*

Sie wurden angewiesen, das Objekt zur Landung zu zwingen. Der Bordradar hielt fest: In etwa 20 Kilometer Entfernung von der MIG 29 „sprang" das deltaförmige Objekt in weniger als einer Minute über eine Entfernung von circa 100 Kilometern. Es beschleunigte mit einer Höchstgeschwindigkeit von *40 G*. Wieder ein „Zufall"?

Wer behauptet, daß das Phänomen der *deltaförmigen* (dreieckigen) UFOs nur ein Phänomen der neunziger Jahre ist, der ist schlecht informiert. In dem Video *„UFOs: Das Filmarchiv 1"* (1998, 2000 Film Productions) finden Sie nicht nur die von der NASA freigegebenen Filme über die beiden Objekte der Apollo-11-Mission („Erste" Mondlande-Mission) vom

19. Juli 1969, welche das US-Raumschiff begleiteten. Dort finden Sie auch ganz andere, von der NASA freigegebene Aufnahmen.

So finden Sie dort zum Beispiel Aufnahmen vom 21. Juli 1969 vom Andockmanöver der Mondlandefähre an die Apollo. Man sieht darauf die sich nähernde Fähre, im Hintergrund die Mondoberfläche, als ein UFO direkt unter den beiden hindurchfliegt. Im Hintergrund befindet sich der Mond. Man kann den Flug des Objektes über längere Zeit mitverfolgen. Es fliegt in einer geraden Bahn über die Mondoberfläche.

Außerdem finden Sie dort vom gleichen Tag (21. Juli 1969) eine andere, von der NASA freigegebene Aufnahme: Die Astronauten filmten vom Inneren der Apollo nach draußen in den Weltraum. Man sieht die Innenseite des NASA-Raumschiffes, und die Kamera fährt auf das Fenster zu, um dort ein „merkwürdiges" Objekt direkt vor der Apollo zu filmen. Es ist *dreieckig* und hat dieselbe Form wie die in Belgien gesichteten Objekte. Und nicht nur das – das Objekt scheint zu spielen, denn es dreht sich mehrmals in einer Rollbewegung um die eigene Achse.

Die Astronauten filmten dieses Schauspiel, solange es der Blick aus der Luke zuließ. Bei den Drehbewegungen des Objektes wurde seine Außenform klar und deutlich. Die Kanten (drei Ecken) des Objektes schienen beleuchtet zu sein oder angeleuchtet – wie bei den Aufnahmen der „Belgien"-UFOs – durch deren dortige Lichter an den Kantenseiten.

So wurden diese UFOs also bereits bei den Apollo-Raumflügen gefilmt und beobachtet.

Vor wenigen Jahren veröffentlichte das russische Militär einen interessanten Film. Dieser zeigt zum erstenmal die riesigen, deltaförmigen Objekte bei Tag in Nahaufnahme über einer militärischen Anlage!

6. August 1968, Riga: Ein Kamerateam macht Aufnahmen über das russische Militär und filmt dabei „zufällig" ein mysteriöses Objekt. *„Schau!"*, schrie ein Mann des Teams: *„Film das! Schnell!"* In der Luft sah er ein merkwürdiges Dreieck. Ein Flugzeug startete, um es zu identifizieren, doch das Objekt war beim Eintreffen des Jets bereits verschwunden. Die geradezu perfekten und sehr deutlichen Aufnahmen sind nur wenigen bekannt, doch sie zeigen sogar Details des Rumpfes (siehe Abb.45).

Im April 1994 wurde ein identisches Dreiecks-UFO bei Tageslicht in der Nähe von *Puzzuolo di Serrungarino* in Italien aufgenommen.

Der russische Kosmonaut *Vladimir Kovalyonok* äußerte sich in einem Interview zu Erlebnissen eines merkwürdigen Ereignisses, welches er am 5. Mai 1981 in der Raumstation MIR hatte: *„Das war am 5. Mai 1981 gegen 18 Uhr. Zu diesem Zeitpunkt befanden wir uns im Gebiet über Südafrika und bewegten uns auf das Gebiet des Indischen Ozeans zu... Durch ein kleines Fenster sah ich ein Objekt, das ich mir nicht erklären konnte... Dieses Objekt hatte diese Form und flog mit uns.“*

Kovalyonok zeichnete ein elliptisches Objekt. *„Von vorne gesehen sah es so aus, als würde es in Flugrichtung rotieren...“*(12)

Doch wir sind erst am Anfang: Kosmonaut *Pavel Romanov Popovich* gab in einem Interview mit Valerii Uvarov an: *„Ich hatte nur eine persönliche Begegnung mit etwas Unbekanntem, etwas, das wir nicht erklären konnten. Das war im Jahre 1978... Ich bemerkte, daß in etwa 1.500 Metern über uns auf einem Parallelkurs ein leuchtend weißes, gleichseitiges Dreieck flog, das mich an ein Segel erinnerte... Es flog vorwärts in aufrechter Stellung... Es überholte uns... Ich machte alle darauf aufmerksam. Dieses Objekt sah wie ein UFO aus, und es blieb unidentifiziert. Es sah nicht aus wie ein Flugzeug, denn es war von perfekter Dreiecksform. Kein Flugzeug hatte zu diesem Zeitpunkt eine solche Form. Es war auch nicht rund. Das war die einzige UFO-Sichtung in meinem Leben...“*

Abb.48 links: Original NASA-Aufnahme eines zigarrenförmigen Flugobjekts hinter dem Space-Shuttle während der Mission STS-106. **Abb.49** rechts: Identisches, zigarrenförmiges Flugobjekt in der Mars-Atmosphäre.

Der Astronaut *Gordon Cooper* sprach damals folgenden Text vor den Vereinten Nationen: *„Ich glaube, daß diese außerirdischen Fahrzeuge und ihre Besatzungen diesen Planeten von anderen Planeten aus besuchen. Die meisten Astronauten würden sich weigern, über UFOs zu reden. Ich hatte 1951 die Gelegenheit, über zwei Tage hinweg viele ihrer Flüge zu beobachten. Sie hatten unterschiedliche Größen, flogen in Jägerformationen und immer von Ost nach West über Europa. Für viele Jahre lebte ich mit einem Geheimnis durch eine Geheimhaltung,* ***die allen Spezialisten in der Raumfahrt auferlegt ist.***

Jetzt kann ich enthüllen, daß in den USA jeden Tag Objekte uns unbekannter Form und Zusammensetzung durch Radargeräte gesichtet werden. Und es gibt Tausende von Zeugenberichten und eine Menge von Dokumenten, um dies zu beweisen, aber niemand will sie veröffentlichen...“

Die *Dreiecksform* jenes zum erstenmal über Riga, Rußland, deutlich bei Tageslicht gefilmten Objektes machte noch etwas anderes deutlich: Jene Objekte laufen unten ganz leicht konisch zu, sind also nicht nur ebenmäßig am Rumpf. Und auch dieses Detail wurde bereits im Orbit fotografiert, und zwar im Jahre 1973 durch Skylab III. Deutlich erkennbar auf der NASA-Aufnahme „#SL3-118-2140“. Diese zeigt dasselbe deltaförmige Objekt, welches über Riga gefilmt wurde, mit dem leicht konischen Rumpf.

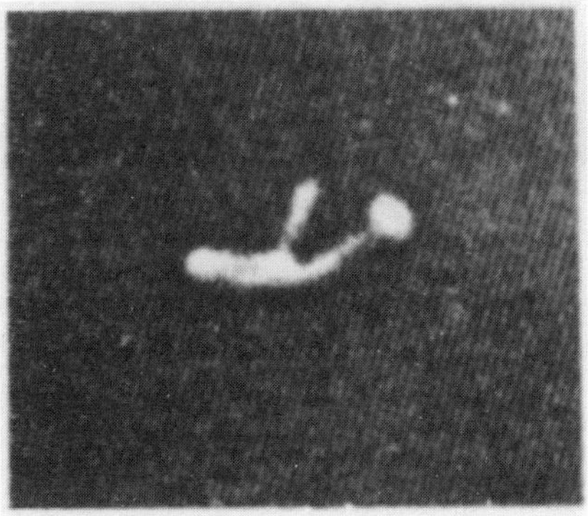

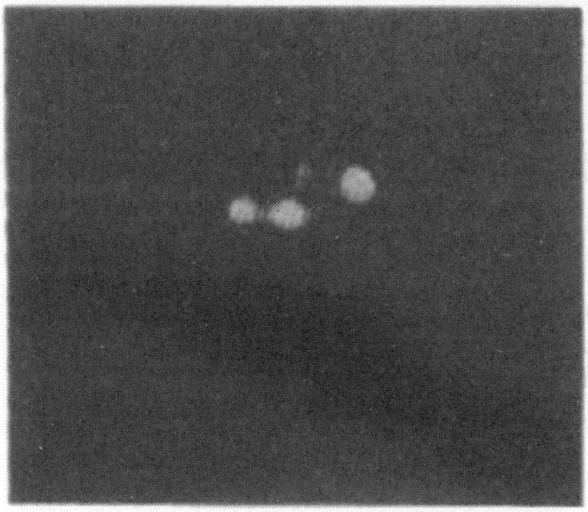

Abb.50 links: NASA-Originalaufnahme „#SL3-118-2140“, aufgenommen von „Skylab III“ im Jahre 1973, zeigt ein deltaförmiges Flugobjekt in der Nähe der Raumstation. **Abb.51** rechts: Weitere Aufnahme des Objektes, aufgenommen von „Skylab III“.

Auch in Deutschland kam es 1980 zu einem Vorfall, bei dem Kampfjets gestartet wurden und der Pressesprecher des Bundesverteidigungsministeriums, Herr *Vogel*, eine Erklärung abgeben mußte. Es war die Nacht vom 13. auf den 14. Januar im Luftraum über den NATO- und Bundeswehrstützpunkten nördlich von Bremen.

Der Ablauf:

Gegen 22 Uhr meldeten acht Zeugen, darunter ein Fluglotse, ein Objekt in nur 500 Metern Entfernung *„so groß wie eine Frachtmaschine"*, welches in einem langgezogenen Linksbogen Richtung Norden flog. Gegen 23.30 Uhr informierten zahlreiche Zeugen die Polizei, daß das Objekt inzwischen in nur etwa 100 Metern Höhe über der Garlstedter Heide schwebte. Um etwa 1.30 Uhr traf die Polizei mit Funkstreifenwagen am Ort des Geschehens ein.

Das Objekt begann dann, sich in östliche Richtung in Bewegung zu setzen, verfolgt von der Polizei.

Um 4 Uhr morgens meldete ein US-Militärpolizist, er sei auf der B 6 von einem größeren und drei kleinen Objekten verfolgt worden. Das Flugobjekt schwebte zu diesem Zeitpunkt noch immer über dem Stützpunkt und wurde von acht MPs und Offizieren dabei beobachtet.

Die Amerikaner versetzten sofort sämtliche NATO-Basen und US-Flugabwehreinrichtungen in der Bundesrepublik, den Niederlanden und Dänemark in Alarmbereitschaft!

Um 4.20 Uhr starteten vom niederländischen NATO-Stützpunkt Brockszeldo zwei F-15 Kampfjets Richtung Garlstedt, doch das Objekt verschwand... Um 5.45 Uhr wurde das UFO nochmals von einer Funkstreife der Polizei gesichtet und gemeldet. Ein Zeuge, der das große Objekt fotografiert hatte, bekam „Besuch", und das Foto wurde beschlagnahmt.

Der Pressesprecher *Vogel* vom Bundesverteidigungsministerium bestätigte den Vorfall, gab jedoch an, es hätte sich *„bei dem beobachteten UFO lediglich um eine „Luftspiegelung" gehandelt"*.

Uri Geller

Uri Geller, der weltberühmte „Löffelbieger", fotografierte am 4. November 1972 drei unbekannte Flugobjekte über Schweinfurt in Deutschland. Zu finden sind diese Aufnahmen in seinem Buch „Mein wundervolles Leben". Interessant ist diese Geschichte, weil Uri die UFOs nicht sah, sondern weil ihn etwas „anwies" zu fotografieren.

„*Was geschieht hier...?*", werden sich nun einige Leser fragen.

Uri Geller hat mit seinen Telepathie-Experimenten und Fähigkeiten, Metall zu verbiegen und Uhren wieder zum Laufen zu bringen, die ganze Welt in Aufruhr gebracht. Doch was sagt er selbst zu diesen Dingen?

Als kleiner Junge sah er beim Spielen in einem Garten ein sehr helles Licht am Himmel. Dies geschah am 25. Dezember 1949. Als er es betrachtete, fühlte er plötzlich einen „*unsäglichen Schmerz*" in seinem Kopf, und er fiel in Ohnmacht.

Nach diesem Erlebnis begann er, diese seltsamen Fähigkeiten an sich festzustellen!

In einem Interview mit Dr. Andrija Puharich sagte Uri Geller: „*Ich habe Gedanken in mir, die mir immer wieder in den Kopf kommen, daß meine Vorfahren nicht von dieser Erde sind; daß sie einst in einem Raumschiff landeten; daß sie diese Kräfte hatten und ich diese von ihnen erbte. In meiner Jugend erlebte ich oft, wie mein Geist sich spaltete. Eine Hälfte war normal, die andere war ein klein wenig schärfer.*"

Uri erinnerte sich aber nicht nur an ein helleuchtendes Licht, als er als kleiner Junge im Garten spielte, „*sondern auch an eine Gestalt*".

Uri Geller wollte mehr über dieses Erlebnis und seine Hintergründe erfahren. Aus diesem Grund ließ er sich hypnotisieren. Folgendes hörten die Anwesenden in fast mechanischer Sprache während der Hypnosesitzung aus seinem Mund: „*Wir waren es, die Uri im Garten gefunden haben, als er drei Jahre alt war. Er ist unser Helfer, der gesandt wurde, um der Menschheit beizustehen. Wir programmierten ihn damals im Garten für die kommenden Jahre, aber er wurde auch programmiert, sich daran nicht näher zu erinnern. An diesem Tag begann seine Arbeit. Wir offenbaren uns, weil wir glauben, daß die Menschheit an der Schwelle zu einem Dritten Weltkrieg stehen könnte...*"[13]

Als Puharich um die Kassette bat, verschwand diese in Uris Hand. Man unternahm einen zweiten Versuch: *„Du, du bist derjenige, der die Menschheit jetzt retten kann... Uri, dir wird enorme Kraft gegeben. Du kannst damit alles machen..."*

Uri und Dr. Puharich fuhren danach zu vorgegebenen militärischen Installationen und strategischen Punkten, wo sie nach vorheriger Ankündigung oft UFOs sahen.

Die Kassetten, mit denen die Botschaften aufgenommen wurden, verschwanden übrigens regelmäßig. Manchmal sogar *im* Kassettenrekorder. Andere würden sagen: *„Sie wurden abgeholt."*

Dr. Puharich wurde gesagt, daß diese Botschaften tatsächlich eine externe Herkunft hatten, und der Ort ihrer Herkunft sei ein riesiges „Mutterschiff", das sehr, sehr weit von der Erde entfernt stationiert sei. Die Stimme sprach wieder in einer Art synthetischem Englisch, und wieder verschwand die Kassette, nachdem sie angehört worden war. Der Inhalt lautete: *„Unsere Computer studieren jeden auf der Erde. Wir wurden auf dich aufmerksam, weil dich deine Fähigkeiten als den idealen und perfekten Mann für diese Mission qualifizierten."*

Uri Gellers Aufgabe sei es, durch seine Publicity die Menschen auf die Zukunft vorzubereiten – so die Mitteilung.

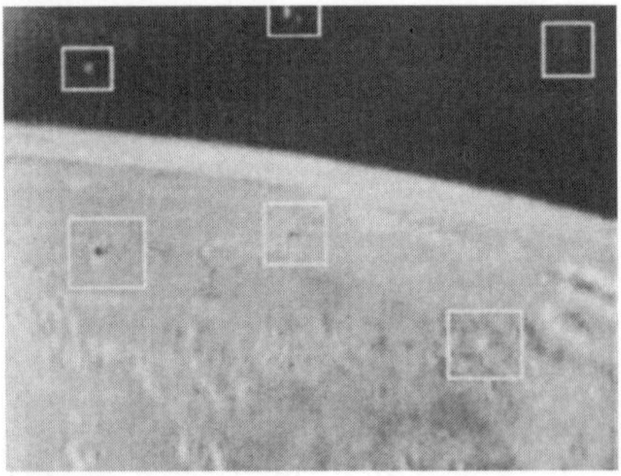

Abb.52 links und **Abb.53** rechts: Rund wirkende Sonden im Erdorbit – aufgezeichnet bei Filmaufnahmen der ehemaligen Raumstation MIR von einem Space-Shuttle aus. Die Sonden flogen in unmittelbarer Nähe der MIR.

Was auch immer Sie davon halten, es steht außer Zweifel, daß, wenn mehr Menschen jene Fähigkeiten besitzen würden, die Uri Geller besitzt, dies ein schwerwiegendes Problem für die **Nationale Sicherheit** wäre...

Im August 1972 traf Uri Geller den Astronauten *Edgar Mitchell*, welcher 1971 seinen Flug zum Mond unternommen hatte. Dieser schien durch verschiedene Ereignisse der nahen Vergangenheit plötzlich ein reges Interesse an allem „Unerklärlichen" und „Übernatürlichen" zu haben. In New York trafen sich an diesem Tag Dr. Puharich, Edgar Mitchell, Dr. Gerald Feinberg vom Institut für Physik an der Columbia Universität sowie eine Anzahl weiterer Wissenschaftler.

Uri führte seine Fähigkeiten vor. Er bewegte die Zeiger einer Armbanduhr und zerbrach einen Ring aus Stahl sowie eine Nähnadel. Mitchell und Feinberg waren überzeugt.

Mitchell war so beeindruckt, daß er das Angebot machte, eine weitere Untersuchung von Uris Fähigkeiten am *Stanford Research Institute* in Menlo Park, Kalifornien, zu finanzieren. In jenem Institut wurde übrigens im gleichen Jahr aufgrund der nun nachfolgend beschriebenen Ereignisse unter anderem die geheime *Operation Stargate* ins Leben gerufen, in welcher zum erstenmal die Versuche des *Technical Remote Viewing* an Personen getestet und in ein für möglichst jeden umsetzbares Programm gepackt wurden. Das *Technical Remote Viewing* ist eine Form der Fern-Wahrnehmung, bei der durch eine erlernbare Technik räumlich und zeitlich entfernte Objekte oder Ereignisse wahrgenommen werden können.

Mitchell wollte gerne die Meinung seines Freundes *Wernher von Braun*, dem berühmten deutschen Raketenspezialisten, einholen. Dieser war, ebenso wie die meisten anderen Wissenschaftler, überaus skeptisch, doch rasch hatte Geller ihn mit seinen Demonstrationen überzeugt. *Von Braun* hielt seinen Hochzeitsring selbst in der Hand und gestattete Geller nicht, ihn zu berühren. Geller hielt nun seine eigene Hand in die Nähe der Hand Wernher von Brauns, wiederum ohne sie zu berühren. Langsam bog sich der Ring zu einer ovalen Form. Später, als Geller und Puharich dabei waren, das Haus zu verlassen, entdeckte von Braun, daß sein elektronischer Taschencomputer nicht mehr funktionierte, obgleich er eine neue Batterie eingelegt hatte. Uri nahm das Gerät einen Moment in die Hand und konzentrierte sich. Die Batterie begann daraufhin zu arbeiten, der Taschenrechner aber schien völlig durcheinandergeraten zu sein. Geller konzentrierte sich noch einmal eine halbe Minute lang, und es gelang ihm, daß das Gerät wieder normal funktionierte.

Wen wundert es da, daß von Braun die Überzeugung gewann, daß Gellers Kräfte authentisch sind.

Während dieser Zeit befand sich Dr. Puharich nach seinen eigenen Angaben in Verbindung mit einer außerirdischen Intelligenz. Sie erklärten auch, ein Ausbruch von Gereiztheit bei Uri am Tag zuvor sei von ihnen inspiriert gewesen. Wenige Tage später forderte dieselbe Stimme von Puharich, Uri solle ***nicht*** zu den Stanford-Untersuchungen in Kalifornien gehen!

Puharich war verstört und ärgerlich darüber und nahm sich vor, die Stimme zu ignorieren. Uri selbst bekam einen Wutanfall, als Puharich es ihm mitteilte, und bestimmte, unter allen Umständen müsse das Stanford-Projekt verfolgt werden. Er warf sogar eine Zuckerdose nach Puharich. Dieser „fluchte", um mit seinen eigenen Worten zu reden, *„auf die Götter"*, was anscheinend augenblicklich eine Art *„Ansturm von Energie in dem Haus auslöste"*. Während dieses „Sturms" schoß eine alte Standuhr in der Eingangshalle quer über den Boden und zerbarst in tausend Teile.

Dieser, womöglich albern wirkende Bericht kommt dem Leser vielleicht in einer Darstellung der wissenschaftlichen Untersuchungen der Fähigkeiten Gellers fehl am Platze vor. Tatsächlich aber liefert er einen wesentlichen Schlüssel zu den Problemen. Zunächst einmal fällt auf, daß die körperlose Stimme sich höchst kenntnisreich über Mathematik und Physik äußert, obgleich der größte Teil der Botschaften nach bloßem Kauderwelsch aussehen.

Hierzu ein Beispiel:

Die „Stimme": *„Kannst du nicht erkennen, daß eben jetzt ein Aschenbecher und ein Schlüssel aufgetaucht sind?"*

Puharich: *„Ja."*

Die „Stimme": *„Für deine Daseinsweise der Zeit, für dich, bedeutet dies, daß es Zeit gibt. Scheinbar geschah es eben jetzt, spontan, unmittelbar und* *direkt. Aber all dies ist falsch. Für uns stand es schon seit „Hunderten und Hunderten von Lichtjahren" fest, Andrija..."*

Diese Aussage macht deutlich, daß die Stimme darauf anspielt, daß jene Außerirdischen in der Zeit reisen und in die Zukunft schauen können. Lichtjahre sind eine Entfernung, keine Zeitangabe. Deutet dies darauf hin, daß wir ein falsches Verständnis von den Zusammenhängen der Raum-Zeit haben? Schließlich muß man auch den auffallenden Inhalt der Botschaft bedenken: Den Vorschlag, das ganze Stanford-Projekt fallenzulassen.

Wäre diesen Außerirdischen daran gelegen, Uri in seiner Rolle als Botschafter zu stärken, hätten sie nicht gerade wünschen müssen, daß Wissenschaftler ihn prüften und so seine Glaubwürdigkeit erhöhten?

Oder war diesen bereits damals bewußt, daß jene Einrichtung im Menlo Park dem amerikanischen Geheimdienst CIA zugehörig war – und hier eine Machtverschiebung gegen die Weltbevölkerung ihren Beginn nahm?

Uris Reaktion auf Puharich, als dieser darauf bestand, die Experimente weiterzuführen, war in einer für ihn sonst untypischen Weise aggressiv. Wir wissen jedoch, daß Uri selbst von Anfang an der Aussicht auf die wissenschaftlichen Experimente mit gemischten Gefühlen begegnet war, was auch Ed Mitchell beobachtet hatte. Ahnte er etwa, daß man versuchen würde, jene Erkenntnisse für die „falsche Seite" zu nutzen?

Am Montag, dem 13. November 1972, begannen die Versuche im Labor. Zu dieser Zeit waren die ersten Vorbereitungen für *Operation Stargate*, das *Remote-Viewing-Projekt* des amerikanischen Geheimdienstes, indirekt schon im Gange.

Die Experimente mit *ESP* (außersinnlicher Wahrnehmung) mit Uri Geller waren an diesem Tag ziemlich erfolgreich. Ein Würfel wurde in einem Behälter verschlossen, den *Targ* und *Puthoff* kräftig schüttelten. Die Rede ist von *jenem* Targ und *jenem* Puthoff, welche später durch die *Operation Stargate* als einige der ersten „Remote Viewer" in die Geschichte eingehen sollten!

Anschließend wurde die Box auf den Tisch gestellt, und Geller mußte sagen, welche Nummer oben war. Bei acht Versuchen traf Geller achtmal das Richtige. Acht Filmdosen aus Aluminium wurden nebeneinander aufgebaut, und ein Assistent legte in eine von ihnen einen kleinen Gegenstand. Dann durfte Geller den Raum betreten. Man gestattete ihm nicht, die Dosen zu berühren, sondern er mußte erraten, welche leer waren.

Jedesmal, wenn er eine Dose als leer bezeichnet hatte, nahm man sie fort, bis er schließlich zu derjenigen kam, in der er den versteckten Gegenstand „sah“. Dieser Versuch wurde vierzehnmal durchgeführt, und Geller war zwölfmal erfolgreich. Zweimal dagegen verweigerte er die Antwort.

In diesen beiden Fällen hatte es sich um ein Kugellager gehandelt, das man in Papier eingewickelt hatte, sowie zudem um einen *Zuckerwürfel.*(!)

Bei den erfolgreichen Versuchen waren die Gegenstände Kugellager und außerdem Magneten. Der Grund, wieso Uri Geller bei der Verwendung von Zucker Dinge falsch oder verfälscht wahrgenommen hatte, ist, daß Zucker eine *Inversion* verursacht, eine Art *Umpolung*.

Bei einem anderen Versuch stellte man eine Labor-Waage unter eine Glasglocke und legte ein winziges Gewicht von einem Gramm auf eine der Schalen. Dann versuchte Uri durch Konzentration die andere, leere Schale zu senken. Die Anzeige wies daraufhin klar und deutlich aus, *„daß irgendeine Kraft auf die leere Schale eingewirkt haben mußte“*, eine Kraft, die um ein Vielfaches größer war als jene, die auf natürlichem Wege durch ein Bewegen des Tisches oder Vibrieren der Glasglocke hätte entstehen können.

Was die Wissenschaftler jedoch am meisten beeindruckte, war Uris Fähigkeit, Gedanken zu lesen. Man hatte einige Zeichnungen angefertigt, bevor Uri nach Stanford kam. Auch die Wissenschaftler selbst bekamen die Zeichnungen nicht zu Gesicht. Sie wurden von Assistenten hergestellt, so daß Uri von den Wissenschaftlern nichts darüber in Erfahrung hätte bringen können. Die Zeichnungen waren in doppelten Umschlägen eingeschlossen. Unmittelbar vor dem Experiment nahmen die Wissenschaftler einen Umschlag aus dem Safe, öffneten ihn und brachten die Zeichnung in den angrenzenden Raum, wo Uri wartete.

Die von Uri angefertigten Nachbilder trafen die „Ziel-Zeichnungen“ mit unglaublicher Treffsicherheit!

Targ und *Puthoff* fragten sich, in welchem Umfang Uri Geller Telepathie – also Kommunikation von Geist zu Geist – im Gegensatz zu Hellseherei anwandte. Es lag auf der Hand, daß bei den Experimenten mit den Würfeln keine Telepathie angewandt wurde, denn niemand konnte wissen, wie der Würfel gefallen war.

Eine Zeichnung dagegen, wenngleich sie selbst lediglich ein toter Gegenstand ist, war von einem lebendigen Menschen hergestellt worden. Hier bestand also die Möglichkeit, daß sie sich auf telepathischem Wege zu einer anderen Person übertrug. So sagte Geller auch explizit, man solle sich auf seine Zeichnung *konzentrieren*, damit er diese erkennen und wiedergeben könne.

Hatten Sie jemals von solchen Experimenten gehört?

Aber auch in anderen Bereichen werden Wahrheiten vor Ihnen zurückgehalten. Um dies zu belegen, wenden wir uns nun einem anderen Aspekt dieses Phänomens zu.

Kapitel 4
Die falsche „Realität“

Wenden wir uns den falschen Daten und Angaben über unsere Nachbarplaneten zu, welche uns laut Lehrbuch vermittelt werden. Vorreiterrolle in diesem Kasperltheater ist die amerikanische Raumfahrtbehörde NASA. Letztlich ist aber auch sie nur ein Werkzeug der dahinterstehenden Machtstrukturen, denn einen Großteil ihres Etats bezieht die NASA vom Verteidigungsministerium. In den Führungsebenen befinden sich durch „Umstrukturierung“ nun oftmals ehemalige Militärs und andere „Staatsdiener“.

Folgende Details sprechen gegen die bekannten Lehrmeinungen vom Wissen über unsere Nachbarplaneten und Himmelskörper:

Beispiel Mars:
Uns wird gesagt, der Luftdruck auf dem Mars betrage nur ein halbes Prozent des irdischen Luftdruckes (1/125) und sei von der „Viking“-Sonde an der Oberfläche mit 7,70 Millibar – im Vergleich zur Erde: 1.015 Millibar – gemessen worden. Doch mit Bremsfallschirmen der angegebenen Größe wäre keinerlei Bremswirkung zu verzeichnen gewesen, wenn die von der NASA angegebenen Atmosphärenwerte stimmen würden. Dann wäre die Bremswirkung gleich Null, da sich dort der Schirm erst gar nicht entfalten würde. Worin denn auch?

Um in der angeblich so dünnen Luft eine Bremswirkung erzielen zu können, wäre bei den „Viking-Sonden“ ein Bremsfallschirm mit über **2.000 Metern** Durchmesser benötigt worden(!), für den erheblich leichteren „Pathfinder“ entsprechend kleiner. Da eine Abbremsung mit Fallschirmen in beiden Fällen tatsächlich stattfand, muß der Luftdruck der Mars-Atmosphäre mindestens 35-40% der irdischen Atmosphäre besitzen.

Beispiel Venus:
Angeblich herrscht dort eine lebensfeindliche Hölle! Aber man kann bis heute nicht genau erklären, wie diese Aufheizung erfolgt, welche angeblich zu einer Bodentemperatur zwischen +465° Celsius und +485° Celsius führen soll. Nun werden Sie sagen: *„Natürlich – durch die Nähe zur Sonne!“* Dann kann ich aber noch ein „kleines“ Detail hinzufügen:

Ein Venustag dauert länger als ein Erdenjahr. Dies bedeutet, daß es eine Nachtseite gibt, die **rund ein Jahr lang im Schatten liegt** (auch unser Mond hat eine sogenannte „dunkle Seite"...).

Diese Tatsache wird von unserer Wissenschaft auch allgemein als Fakt verkauft. Sie kann sich trotzdem nicht genau erklären, warum dann jene Seite, welche zirka ein Jahr im Schatten liegt, **genauso heiß sein soll wie die sonnenbeschienene Seite der Venus.**

Nun frage ich Sie aber: *Glauben Sie das?*

Wissen Sie, wie schnell es nach einem heißen Sommertag mit circa +45° Celsius bei uns auf der Erde kühl wird, wenn die Nacht hereinbricht? Naturgemäß dauert es bei einer Oberflächentemperatur von circa +465° Celsius entsprechend ein paar Tage länger – doch nach einem Jahr?

Will man unser Universum eventuell *unwirtlicher* machen als es ist? Und wenn ja – warum?

Es gibt Institutionen im Hintergrund, die beinahe alles kontrollieren – auch Ihre Presse-Medien und nahezu alles andere um Sie herum. Wenn Sie zu Ihrem Zeitschriftenhändler gehen, lassen Sie sich nicht von der Vielzahl der bunten Blätter irritieren, denn die Fäden laufen bis auf wenige Ausnahmen im Hintergrund zusammen.

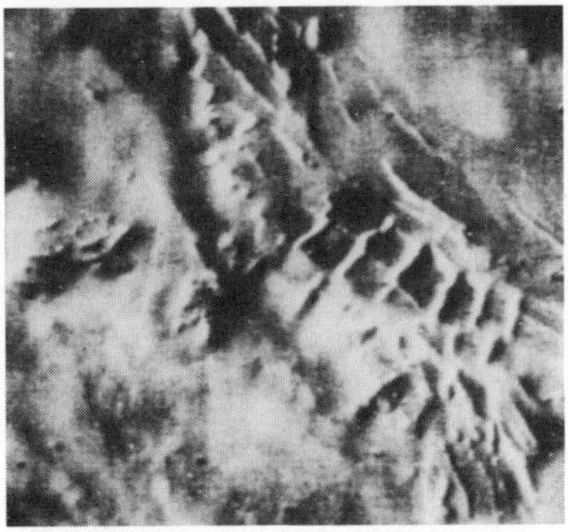

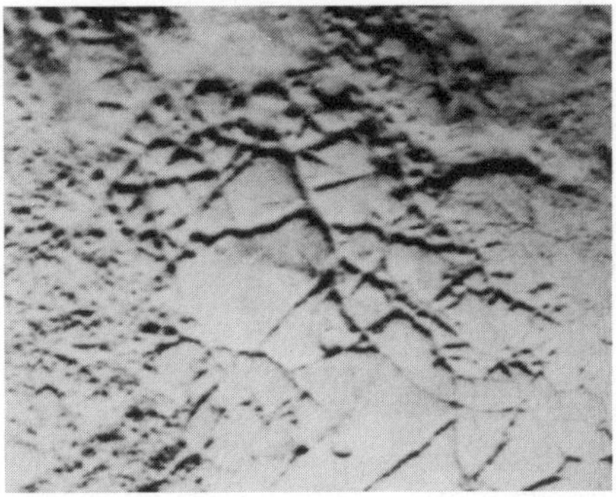

Abb.54 links: Die „Inka-Stadt" in der Mars-Region *Mare Australe*, aufgenommen 1972 von der *Mariner 9*. Das Foto erinnert an Aufnahmen, die wir von der Erde kennen.

Abb.55 rechts: Das Gebiet *„Margaritifer Sinus"* auf dem Mars, aufgenommen von der *Viking 1* im Oktober 1977. Es zeigt merkwürdige, rechtwinklige Bodenstrukturen, möglicherweise natürlichen Ursprungs.

Dies möchte ich aber nicht nur als Behauptung im Raume stehen lassen, sondern auch kurz näher ausführen. Nehmen wir hier – ganz ohne Wertung – nur ein Beispiel heraus, welches dies für Sie offensichtlich machen sollte: die *Bertelsmann-Firmengruppe*.

So steckt zum Beispiel alleine hinter den Zeitschriften „*Stern*", „*Brigitte*", „*Capital*", „*Eltern*", „*Essen & Trinken*", „*Schöner Wohnen*", „*GEO*", „*Art*", „*Häuser*", „*Constanze Strickmoden*", „*Nicole*", „*Impulse*", „*P.M.*" und „*Yps*" ein und derselbe Verleger!

Zudem gibt dieses Verlagshaus Bücher heraus, besitzt im In- und Ausland eigene Großdruckereien und hat seine Geschäftstätigkeiten auch auf Film, Fernsehen und Musik ausgeweitet. Bertelsmann besitzt ebenfalls Beteiligungen am SPIEGEL-Verlag in Hamburg, Ehrlich & Sohn in Lübeck und Vereinigte Motorverlage in Stuttgart. Vielleicht erinnern Sie sich beim nächsten Einkauf daran...

Bertelsmann ist ein gerngesehener Gast auf den Treffen der *Atlantischen Brücke*. Die *Atlantische Brücke* selbst rühmt sich laut ihren eigenen Schriften „*als private Hand sympathiebildend und verbindend in die Wirtschaft einzugreifen*". Man fragt sich nun allerdings, welche „***private Hand***" hier in die Wirtschaft eingreift...

Es sind dort nahezu alle großen Medienunternehmen und Industriefirmen mitvertreten, ebenso wie Politiker. Betrachtet man die „Familienfotos" der *Atlantischen Brücke*, so bekommt man die Antwort, denn dort findet man neben den genannten Gruppierungen Mitglieder der Hochfinanz und des amerikanischen Geheimdienstes!

Warum werden die Großen immer größer? Für die Konzentration sind natürlich auch wirtschaftliche Gründe bestimmend: steigende Personalkosten, und auch das Papier wird ständig teurer. Die Anpassung an neue Techniken verursacht enorme Kosten, die kleinere Verlage kaum noch aufbringen können. Pressekonzerne sind leichter als kleine Verlage in der Lage, Kostenlawinen bei der Herstellung und dem Vertrieb durch Rationalisierung einzudämmen und die notwendigen Investitionen aufzubringen. Um ins Detail zu gehen: Bereits im Jahre 1980 konzentrierte sich die Hälfte aller Tages- und Sonntagszeitungen in Deutschland auf lediglich **fünf** Verlage!

Bei den Publikationszeitschriften entfielen schon damals *70 Prozent der Exemplare* auf vier Machtkonzerne!

Und selbst Anfang der achtziger Jahre war in einigen Regionen der Konzentrationsgrad noch sehr viel höher. Er reicht heute teilweise bis zum Monopol. Axel Springer war schon damals nicht nur der größte Zeitungsverleger in der Bundesrepublik, sondern auf dem gesamten europäischen Kontinent! Zu seinem Unternehmen gehören Zeitungen wie die *„Bild-Zeitung"*, *„Die Welt"*, das *„Hamburger Abendblatt"*, die *„Berliner Morgenpost"*, die *„BZ"* (Berlin), *„Hörzu"*, *„Funkuhr"* und unzählige andere Blätter auf dem Markt. Er war bereits in den achtziger Jahren zudem mit etwa 25% am Münchner Zeitungsverlag beteiligt, welcher unter anderem die *„tz"* herausgibt. Außerdem gehören zum Springer-Verlag auch der Ullstein-Buchverlag mit Tochtergesellschaften und *unzählige* andere Verlage.

Diese Verlagskonzerne besitzen inzwischen eine geradezu unvorstellbare Macht! Denn sie beeinflussen „Ihre" Meinung; sagen „Ihnen", was „wahr" ist und was „falsch". Wer zum Beispiel eine große Zeitung als „Lügenblatt" beschimpft, sie sich aber trotzdem kauft, der unterstützt damit auch gleichzeitig das Überleben dieser „Märchenblätter". Ebenso ist es bei der selbsternannten „seriösen" Presse.

Doch es bewegt sich etwas! Mit der Zeit scheinen immer mehr Menschen zu spüren, daß dort in den meisten Fällen alles zu finden ist – aber eines nicht: *die Wahrheiten*. Und dies wirkt sich auch auf die Verkaufszahlen aus. Ich habe mir die Mühe gemacht, mit Zulieferern jener Blätter zu sprechen, welche Tankstellen und Kioske versorgen. Diese sprachen von einem regelrechten *„Einbruch"* der Verkaufszahlen, welche weitab von den Zahlen liegen, die vor wenigen Jahren noch gang und gäbe waren. Für die Zulieferer ist dies schlecht, da hiermit auch deren Verdienst kaum mehr für ein Überleben reicht.

Offiziell wird dies natürlich ausschließlich mit der schlechten Konjunktur und Wirtschaft in Verbindung gebracht, auch mit dem Internet. Doch es ist immer noch so: Wenn Sie sich nun also als unbedarfter Bürger über die „Wahrheit" informieren wollen, werden Sie mit ziemlicher Sicherheit genau in diesem Blätterwust suchen.

Bereits *Carl Bernstein*, jener Reporter der *Washington Post*, der den Watergate-Skandal, die Abhöraffäre der Nixon-Administration, aufgedeckt hat, erschütterte 1977 die Öffentlichkeit mit einer neuen Aufdeckung. In einem Artikel im *Rolling Stone* enthüllte er, daß *„alleine in den USA Hunderte Journalisten für die CIA tätig seien"*! Er gab an, Spione seien zu Journalisten ausgebildet worden, zumeist mit Einwilligung des Verlegers, und so in Amerikas renommierteste Medien eingeschleust worden. Bernsteins Recherche wurde damals von der *New York Times* bestätigt.

Im gleichen Jahr erschien dort ein Artikel mit der Enthüllung, daß über 800 Nachrichten- und Informationsorganisationen sowie Einzelpersonen an der verdeckten Mediensubversion der CIA teilnehmen. Doch auch die *New York Times* blieb nicht verschont. Bernsteins Fazit lautete: *„Amerikas führende Verleger machen sich selbst und ihre Nachrichtenagenturen zu Handlangern der Geheimdienste. Dazu gehören: CBS, ABC, NBC, Reuters, Newsweek, Times und viele andere..."* Wie Bernstein zusätzlich bemerkte, holte die *New York Times* von der CIA sogar die Erlaubnis ein, bevor sie bestimmte Artikel veröffentlichte.

Brian Crozier, ein ehemaliger Journalist beim Magazin *Economist*, war zum Beispiel Kontaktperson des britischen Geheimdienstes MI6. Seine Berufung zum Vorsitzenden des von der CIA finanzierten *„Forum World Features"* im Jahre 1965 führte zu erheblichem Ärger mit dem MI6. Die ehemaligen CIA-Agenten Victor Marchetti und John D. Marks enthüllten in ihrem Buch *„The CIA and the Cult of Intelligence"* spektakuläre Aufdekkungen, so zum Beispiel, daß das *Encounter Magazine* indirekt von der CIA gegründet wurde.

Die benötigten Geldmittel wurden dem *Encounter Magazine* und vielen anderen durch das schon benannte „Forum World Features" (FWF) zugespielt, deren Vorsitzender niemand anderer als *Brian Crozier* war, der ehemalige Journalist des *Economist*. Crozier übernahm die Leitung einer ominösen Gruppe namens „61", zudem gehörte er dem „Pinay Circle" an – einer von der CIA gegründeten rechtsorientierten Gruppe, der Margaret Thatcher das Amt zur britischen Premierministerin zu verdanken hatte.

Croziers Partner war damals ein gewisser *Robert Moss*, der Reden für Margaret Thatcher schrieb. Von ihm stammte auch Thatchers häufig zitierte Rede *„Die Sowjetisierung Großbritanniens“*, welche ihr den Beinamen „Eiserne Lady“ einbrachte.

1992 enthüllte ein geheimer CIA-Bericht, daß das Öffentlichkeitsbüro der CIA mit Journalisten jeder wichtigen Rundfunkstation, jeder Tages- und Wochenzeitung sowie jeder Fernsehanstalt des Landes in Verbindung steht. 1996 bemerkte *James Lilly*, ehemaliger Operationsleiter der CIA, anläßlich einer Zeugenaussage vor einem Senatskommitee: *„Es ist zwar nicht mehr üblich, Journalisten anzuwerben, aber dennoch sind Treffen zwischen CIA-Mitgliedern und Medienvertretern an der Tagesordnung.“*

Wenn Sie also über bestimmte Dinge und Aktivitäten in Ihren „seriösen“ Presseorganen nichts lesen, könnte dies unter Umständen *„andere“* Gründe haben als man vielleicht unvoreingenommen denkt.

In dem Film *„JFK – Tatort Dallas“* von Oliver Stone, welcher in den USA eine neue Untersuchung des Falles auslöste, beschreibt der Regisseur die Jagd eines Chicagoer Staatsanwaltes nach den Kennedy-Mördern. In einer Schlüsselszene trifft dieser einen geheimnisvollen *Mister X* in einem Park. Dieser erzählt ihm Teile der Wahrheit über das Kennedy-Attentat und dessen Hintergründe.

Mister X, der tatsächlich ein maßgeblicher Berater bei Oliver Stones Kennedy-Film war, heißt in Wirklichkeit *Fletcher Prouty* und war in den sechziger Jahren als Air-Force-Colonel im Pentagon für „Special Operations“ zuständig. Bei der berüchtigten „Schweinebucht-Invasion“ soll Prouty für die Versorgung der Invasoren zuständig gewesen sein. Außerdem soll er von der Navy zwei Schiffe besorgt haben, welche die Namen „Barbara“ und „Houston“ trugen – die Namen von George Bushs Frau und ihrem damaligem Wohnort. Der Name der Operation „Zapata“ war identisch mit George Bushs texanischem Ölunternehmen.

Eben dieser *Fletcher Prouty*, welcher indirekt für die Wiederaufnahme und das erneute Aufrollen des Kennedy-Attentats gesorgt hatte, war in den fünfziger Jahren in Tokio als Kommandant eines Luftwaffengeschwaders stationiert. Und hier sprach dieser über die Realität von UFOs!

Fletcher Prouty: *„Eines Tages bekamen wir eine streng geheime Anweisung, die aus dem Hauptquartier der Luftwaffe kam. Ich sollte meine Besatzungen anweisen, wann immer sie ein unidentifiziertes Objekt am Himmel* *sehen, sollten sie Meldung an mich machen. Ich hatte alles aufzuschreiben, eidesstattliche Erklärungen auszufüllen und das Ganze an ein bestimmtes Büro im Pentagon zu schicken.*

Eines Tages kam ein Kapitän, ein guter Freund von mir, und berichtete, daß es ihm Leid täte, aber wir müßten heute eine Menge Papierkram ausfüllen. Sie hatten auf dem Flug von Midway nach Tokio für eine Stunde ein UFO neben sich, welches neben ihnen herflog. Er sagte, sie können nicht einfach sagen, daß es nicht da gewesen wäre, denn 60 Fluggäste hatten es ebenfalls gesehen...

Die Mannschaft, zwölf Männer, wurden von zwölf verschiedenen Leuten befragt. Wir schickten alles an das Hauptquartier. Wir haben nie wieder etwas davon gehört..."[(14)]

Siehe hierzu auch das Video „*UFOs are real – Part 2*".

Kommen wir nach diesem Blick auf die Medienverhältnisse wieder zu dem Thema, welchem dieses Kapitel gewidmet sein soll: den Planeten und Monden in unserem Sonnensystem.

Es bleibt unbegreiflich, warum heute immer noch von einer Mondschwerkraft von einem Sechstel der irdischen gesprochen wird. Würde diese *tatsächlich* nur ein Sechstel betragen, hätte dementsprechend ein Astronaut auf dem Mond (logischerweise) auch sechsmal so hoch springen müssen. Dies würde bedeuten, daß ein Astronaut (je nach Körpergewicht, zuzüglich Eigengewicht des Astronautenanzuges) locker etwa 1,70-2,00 Meter hoch aus dem Stand hätte springen können. Das wären doch wohl die ersten Bilder gewesen, welche man gesehen hätte.

Ich muß wohl nicht betonen, daß dies nicht geschah... Sprünge von mehreren 10 Metern Länge und Höhe wären für die Astronauten ein Leichtes gewesen. Besonders fällt dies bei den Rennfahrten des Mond-Rovers auf. Es gab offensichtlich keine Stabilitätsprobleme. Das Eigengewicht des Rovers soll bei einem Sechstel der Erdanziehungskraft etwa 30 Kilogramm betragen haben. So sank auch der vom Boden aufgewirbelte Staub verblüffend erdähnlich schnell zu Boden. Er hätte bei einem Sechstel der Erdanziehungskraft geradezu „*langsam zu Boden gleiten*" müssen. Vorausgesetzt die Aufnahmen sind real, stimmt also etwas nicht mit der Schwerkraftangabe.

Zudem: Freier Staub, wie er auch bei den Aufnahmen der Apollo zu sehen ist, ist physikalisch in einem Vakuum durch die fehlenden Adsorptionsschichten aus Gas- und Wassermolekülen nicht möglich.

Bei Apollo 17 zeigt die Video-Sequenz deutlich, wie eine Art Plakette mit etwa einem Meter Länge und vierzig Zentimeter Breite hin und her schwankt. Nur – es war kein Astronaut in der Nähe, der diese Bewegung hätte verursachen können.

In den Kratern *Littrow* und *Arsitarchus* wurden von der Erde aus oftmals rätselhafte Leuchterscheinungen, farbige Blitze und unerklärliche Wolken beobachtet (*National Geographic Magazine*, 2, 1972).

Ohne Atmosphäre ist das ein Ding der Unmöglichkeit!

Und warum sind alle Kraterränder auf dem Mond sanft abgerundet? Hier müßten scharfe Aufrißkanten zu sehen sein und Bruchstücke.

Zudem gibt es auf dem Mond, wie auch auf dem Mars, ausgetrocknete Flußläufe. Die Apollo-16-Astronauten stellten auch Wasserstandslinien am Fuße vieler Berge fest. Die Mondsonde „Clementine" hatte vor wenigen Jahren große Mengen Oberflächeneis lokalisiert. Apollo-8- und Apollo-15-Missionen brachten zudem Farbfotos von einer grünen Vegetation auf der Mondrückseite mit (*National Geographic Magazine*, 2, 1972).

Warum ist dies alles so beachtenswert, auch wenn es Sie eventuell momentan noch zum Schmunzeln anregt? Weil es einmal einen gewissen *George Adamski* gab, der behauptete, all dies von einem außerirdischen Besucher erfahren zu haben – doch eben Jahrzehnte zuvor!

Damals wurde er ausgelacht...

Abb.56: Foto eines der grünen Mondsteine, die im *National Geographic Magazine*, Ausgabe Nr. 2, 1972, veröffentlicht worden sind.

Alle Pflanzen, die in „Monderde" eingepflanzt oder eingesät wurden, gediehen zur Verblüffung der Wissenschaftler hervorragend. Immerhin rang sich bezüglich der „Vegetation" die NASA-Informationssektion in Washington zu folgender Erklärung durch: *„Während der bemannten Apollo-Flüge wurden von den Raumfahrzeugen aus Sichtungen gemacht, die unsere Astronauten nicht erklären konnten"*, erklärte Donald L. Zyistra.

„Wo Wasser ist, ist auch Leben!" Kennen Sie diesen Spruch noch? Früher wurde er dazu herangenommen, damit wir verstehen, warum es eben „kein" Leben in unserem Sonnensystem gibt. Heute wird es aus dieser Ecke etwas ruhiger, nachdem sowohl auf dem Mond als auch auf dem Mars Wasser nachgewiesen wurde. Doch dies sind bei weitem nicht die einzigen Plätze in unserem Sonnensystem!

Ohne große Mengen Kohlenwasserstoff könnte zum Beispiel der Saturn-Mond *Titan* gar keine so dichte Atmosphäre halten. Am 1. Juli 2004 hat die Sonde „Cassini" die Umlaufbahn des Saturn erreicht, und am 6. November 2004 wurde die ESA-Kapsel „Huygens" Richtung *Titan* abgekoppelt. Am 27. November ist diese in die Atmosphäre des Mondes eingedrungen. Es wurden dort Flüsse und Seen gefunden. Und es wurde erklärt, daß *Titan* der erdähnlichste Körper im Sonnensystem zu sein scheint.

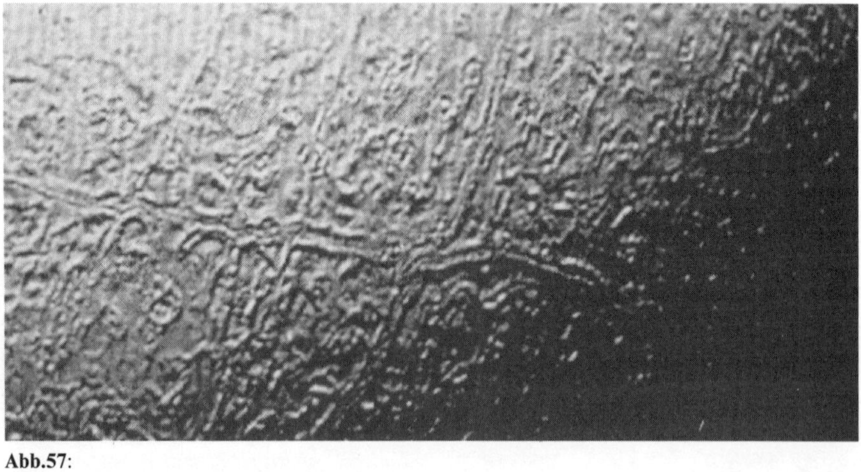

Abb.57:
NASA-Aufnahme des Neptun-Mondes *Triton*. Er wird als einer der „Eismonde" bezeichnet.

Auf *Uranus* ist schon Jahre zuvor Wasser nachgewiesen worden. Der Neptun-Mond *Triton* ist rosa und blau. Triton ist mit –140° Celsius wahrscheinlich der kälteste Planet unseres Sonnensystems, und es ist zu kalt für eine Flüssigkeitsausbildung an der Oberfläche. Triton wird offiziell als einer der „Eismonde“ bezeichnet.

Ich glaube, wir werden Probleme bekommen, einen Planeten oder Mond in unserem Sonnensystem zu finden, auf dem ***kein*** Wasser oder Eis in irgendeiner Form nachgewiesen werden kann. Selbst der Jupitermond *Io* besitzt einen Eiskern – eine neue Erkenntnis der „Galileo“-Sonde.

Die Oberfläche des Jupitermondes *Europa* ist eine einzige Ski-Piste! Wir finden dort dunkle, sich überkreuzende Linien, und verzweigte Risse im Eispanzer dehnen sich über 1.000 Kilometer aus. *Europa* hat eine Sauerstoffatmosphäre!

Diese Erkenntnis verdanken wir dem Hubble-Teleskop. Die Sprecherin der JPL (Einrichtung der NASA), *Mary Murill*, erklärte: *„Für Leben braucht man drei Dinge: flüssiges Wasser; Wärme, über die Europa ebenfalls verfügt, wenn er Eis schmelzen kann – und organische Substanzen, die Kometen mitbringen, wenn sie auf den Planeten stürzen.“*

So werden bereits jetzt Spekulationen über den Meeresboden dort laut, denn *Europas* Wärme kommt von innen. 1996 gelang der erste Vorbeiflug der Raumsonde „Galileo“. Donald Greeley: *„Das ist das erste Mal, daß wir echte Eisflüsse auf einem der Jupitermonde gesehen haben.“*

Gehen wir mit diesen Beispielen zurück zu jenem „Verrückten“: Am 20. November 1952 ereignete sich offenbar eine äußerst merkwürdige Begegnung. *George Adamski* konnte bei angeblichen Raumflügen mit seinem außerirdischen Freund feststellen, daß auf dem Mond und anderen Planeten Wasser zu finden ist und auf unserem Erdtrabanten eine teilweise grünliche Flora auf der erdabgewandten Seite. Diese wurde dann Jahrzehnte später dort „in der Realität“ von *Apollo 8* und *15* fotografiert, auch wenn man (offiziell) noch darüber streitet, welcher Effekt diese grüneingefärbten Mondstellen hervorgerufen haben könnte.

Nachdem Adamski schon über Jahre hinweg riesige, zigarrenförmige UFOs sah, welche er „Mutterschiffe“ nannte, sowie kleine, kugelförmige Objekte in der Größe eines Fußballs, welche man „Telemeterscheiben“

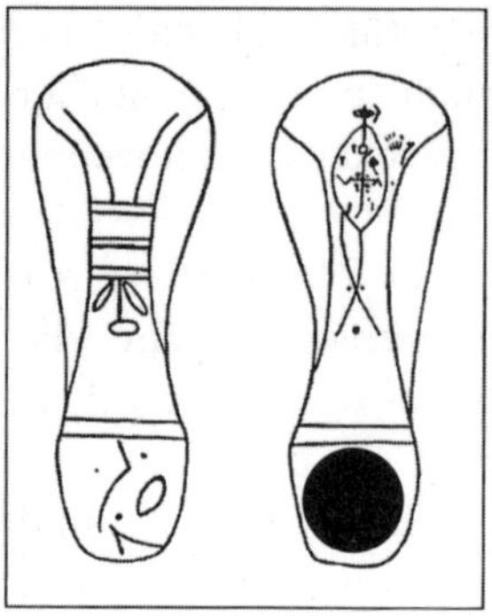

Abb.58:
Die Schuhabdrücke der „Raummenschen". Auf dem rechten Absatz befindet sich ein Hakenkreuz! Was will uns das sagen? (Aus juristischen Gründen wurde das Symbol geschwärzt.)

bezeichnete, fuhr er am 20. November 1952 in die Wüste von Kalifornien, 16 Kilometer hinter Desert Center.

Adamski behauptet, dort einen Raummenschen getroffen zu haben (siehe Abb.25), der ganz normal *menschlich* aussah – ein hübscher, junger Mann mit langen, blonden Haaren, blauen Augen und einem Hakenkreuz auf dem Schuhabsatz...

Bevor Sie mich nun als „Nationalisten" bezeichnen – dies sind die offiziellen Angaben des Kontaktlers!

Was auch immer dort geschah, ist zum jetzigen Zeitpunkt zweitrangig. Nach diesem Treffen gab Adamski an: *„Als die Untertasse zum erstenmal auftauchte, wurde sie von einem Kampfjet der Luftwaffe verfolgt."*

Und weil ihm niemand glaubte, erkundigte man sich diesbezüglich bei der Luftwaffe. Die Antwort war etwas verblüffend: Das *Air Technical Intelligence Center* der damaligen Wright Patterson Air Force Base bestätigte, daß in jener Region am 20. November 1952 über Desert Center ein UFO gesichtet und verfolgt wurde.

Wieder ein „Zufall"?

Wenn jene Angaben, welche uns über die Venus, den Mars, unseren Mond und unzählige andere Plätze im Universum gemacht werden, *nicht* korrekt sind, warum geschieht dies dann? Wie viele Lösungsmodelle fallen Ihnen dazu ein?

Ich möchte Ihnen die Verschwörung unserer Regierungen und die Lügen, die man uns täglich auftischt, an ein paar handfesten Beispielen aufzeigen.

Bislang ging es „nur" um Atmosphärenwerte, Temperaturangaben und falsche Angaben über die chemischen und damit auch biologischen (möglichen) Werte.

Diese sind ohne Zweifel die Grundvoraussetzung für Lebensformen, welche uns ähnlich sind. Doch was wäre, wenn es nicht nur um Einzeller und Mikroorganismen ginge, sondern um hochentwickelte Kulturen – vielleicht höher entwickelt als wir?

Was wäre zum Beispiel, wenn der Ursprung der Menschheit gar nicht hier auf der Erde läge? Was wäre, wenn es Menschen gäbe, die entweder in genetisch sehr *ähnlicher* oder *fast gleichwertiger* Art aufgebaut sind?

Inzwischen wissen wir, daß die Sonne sich nicht um die Erde dreht und wir nicht der Mittelpunkt des Universums sind. Steht uns eventuell noch eine *andere* Revolution ins Haus?

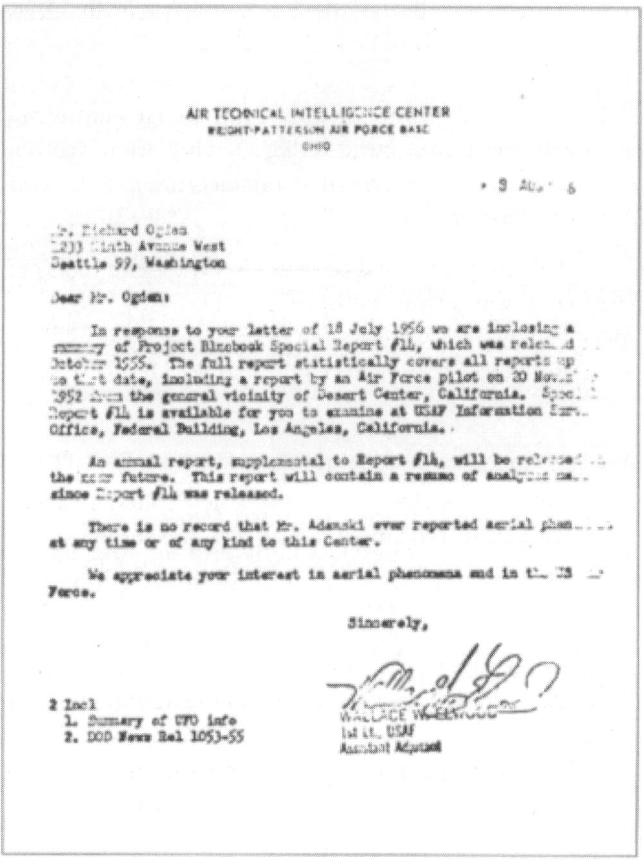

AIR TECHNICAL INTELLIGENCE CENTER
WRIGHT-PATTERSON AIR FORCE BASE
OHIO

[illegible] 3 Au[illegible] [illegible]6

[illegible] Richard Ogden
[illegible]233 [illegible]inth Avenue West
Seattle 99, Washington

Dear Mr. Ogden:

In response to your letter of 18 July 1956 we are inclosing a [illegible] of Project Bluebook Special Report #14, which was rele[illegible] [illegible] October 1955. The full report statistically covers all reports up to t[illegible] date, including a report by an Air Force pilot on 20 Nov[illegible] 1952 [illegible] the general vicinity of Desert Center, California. Spec[illegible] Report #14 is available for you to examine at USAF Information [illegible] Office, Federal Building, Los Angeles, California.

An annual report, supplemental to Report #14, will be rele[illegible] [illegible] the [illegible] future. This report will contain a resume of analy[illegible] [illegible] since Report #14 was released.

There is no record that Mr. Adamski ever reported aerial phen[illegible] at any time or of any kind to this Center.

We appreciate your interest in aerial phenomena and in t[illegible] [illegible] Force.

Sincerely,

WALLACE W[illegible]
1st Lt, USAF
Assistant Adjutant

2 Incl
1. Summary of UFO info
2. DOD News Rel 1053-55

Abb.59: Bestätigung des ATIC, daß die „Blue-Book"-Akten den Bericht eines Luftwaffenpiloten vom 20. November 1952 aus der Gegend um Desert Center, Kalifornien enthalten, welcher dort ein UFO sah – in jener Region, in der Adamski am selben Tag einen Raummenschen getroffen haben will.

Gehen wir mit diesen Gedanken zum ersten Beispiel:

Im Jahre 1971 fotografierte die Raumsonde *Mariner 9* wohl eines der spektakulärsten der Öffentlichkeit zugänglichen Bilder auf dem Roten Planeten: In der sogenannten *Elysium-Region* fotografierte sie eine rechtwinklige, gleichschenklige Pyramidenstruktur. Wohlgemerkt *nicht* in der von den Medien teilweise ausgeschlachteten *Cydonia-Region*.

Eine solche Struktur mit ihrer Gleichschenkligkeit wurde dort **nirgendwo** sonst fotografiert. Geht man davon aus, es handle sich dabei um ein natürliches Phänomen oder eine falsche Wahrnehmung durch Licht und Schatten, dann ist es eine absolute Einzigartigkeit auf dem Mars – ein „Zufall" der Natur, eine jener Launen, welche von Milliarden von Felsbrocken hier einen schuf, der absolut künstlich wirkt durch die klaren Seitenpartien. Wir bräuchten uns womöglich nicht damit zu beschäftigen, wenn sich nicht jene Seltenheit der Natur, welche sich ansonsten nirgendwo auf dem Mars so geradlinig manifestiert hat, ausgerechnet nur wenige Meter daneben *nochmals* „gebildet" hätte; und zwar ***absolut gleichschenklig*** zu ihrem Ebenbild! Sie besitzt exakt dieselben Winkelausläufe, dieselbe Höhe, denselben Umfang.

Ich sage es einmal ganz direkt: Dies ist physikalisch *unmöglich*! Es wäre schon ein Faszinosum, wenn sich in der Nähe der ersten Pyramide eine gleiche in Größe und Form „gebildet" hätte – eine Wahrscheinlichkeit von eins zu mehreren Milliarden. Da würden Sie gemäß der Wahrscheinlichkeitsrechnung eher unzählige Male hintereinander den Jackpot im Lotto gewinnen...

Daß sich aber nun jenes Gebilde auch noch im *absolut gleichen Winkel* und mit gleicher Höhe *direkt neben der ersten Pyramide* befindet, ist – ich sagte es – auf natürlichem Wege einfach nicht möglich!

Doch es geht noch weiter! Nehmen wir auch dies als *„Laune der Natur"* hin, als *absolute* Einzigartigkeit, dann sieht sich der Betrachter *überaus* erstaunt, wenn er einen Fakt betrachtet, der von den meisten Forschern entweder überhaupt nicht oder nicht bewußt wahrgenommen wurde: So läuft von *beiden* Pyramidenstrukturen links je eine vom Schatten initiierte geradlinige Bahn auf dem Foto senkrecht weg (wenn die Sonne im richtigen Winkel steht wie auf der obigen Originalaufnahme), welche ***absolut parallel verlaufen!***

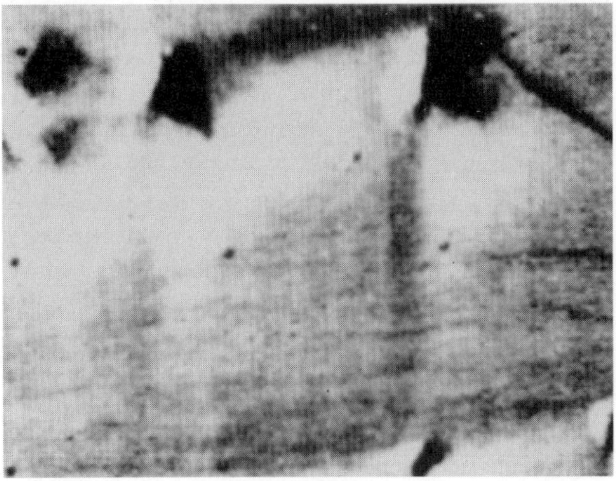

Abb.60: Pyramiden in der Elysium-Region. Original *Mariner-9*-Aufnahme der NASA, 1971. Man beachte die Gleichschenkligkeit und die senkrecht parallel von den Pyramiden weg verlaufenden Schatten von der jeweils linken Seite der Pyramide, welche auf unterirdische Tunnel hindeuten könnten.

Es wirkt wie eine Absenkung des Marsbodens, um etwas darunter (einen Gang vielleicht?) zu plazieren, wo oberirdisch der Boden wieder der Umgebung angepaßt wurde, so daß sich jener Bauvorgang nur noch aus der Luft erahnen läßt.

Wenn diese beiden parallelen Linien, welche von jeweils der gleichen Pyramidenseite und vom gleichen Ausgangspunkt der Pyramide her verlaufen, auch noch eine „Zufälligkeit der Natur“ sein sollen, dann begeben wir uns in Bereiche, die alleine schon aufgrund ihrer Unwahrscheinlichkeit lächerlich sind.

Zweites Beispiel: Aus dem Jahre 1912 erreichte uns folgender Bericht:

„Auf jener Welt schneit es also, friert es, taut und regnet es, genau wie bei uns... Auch Wolken kann man am marsianischen Himmel gewahren... Der Mars besitzt eine Atmosphäre. Auch das Spektroskop hat uns dies verraten und daß diese fast die gleiche Zusammensetzung hat wie die unsrige.“[(15)]

Ist es tatsächlich so, daß die Wissenschaftler der damaligen Zeit so bescheuert gewesen sind, daß sie nicht einmal ein Spektroskop bedienen konnten? Denn das muß man annehmen, wenn man die Angaben der NASA zum Roten Planeten betrachtet. Oder geht hier etwas ganz anderes vor?

Im Jahre 1878 wurde eine Marskarte veröffentlicht, welche von dem italienischen Astronomen *Giovanni Schiaparelli* stammte. Was an seiner Karte so aufregend erschien, waren Linien, die sich über Regionen des Roten Planeten zogen. Schiaparelli nannte diese Linien „Canali".

Als Orson Wells' Hörspiel *„Krieg der Welten"* im Radio gespielt wurde, glaubten die Menschen noch an Marsmenschen, welche die Erde angreifen. Diesen „Bären" nahm uns die Wissenschaft wenige Jahre später, und man erfuhr: Alles Blödsinn! Der Mars ist ein Planet ohne Leben. In seiner Atmosphäre kann kein Mensch überleben!

Und Schiaparellis „Canalis"? Nichts als eine optische Täuschung, welche die Auflösung des verwendeten Teleskops hervorrief.

Auch darüber könnte man nun hinweggehen. Welcher Mensch auf der Erde glaubt heute noch ernsthaft an Schiaparellis Thesen? War der italienische Astronom damals nun tatsächlich ein Phantast – oder war er im besten Falle einer optischen Täuschung erlegen? Oder hatte er vielleicht doch eine Region durch sein Teleskop im Visier, welche ganz und gar keine optische Täuschung darstellte?

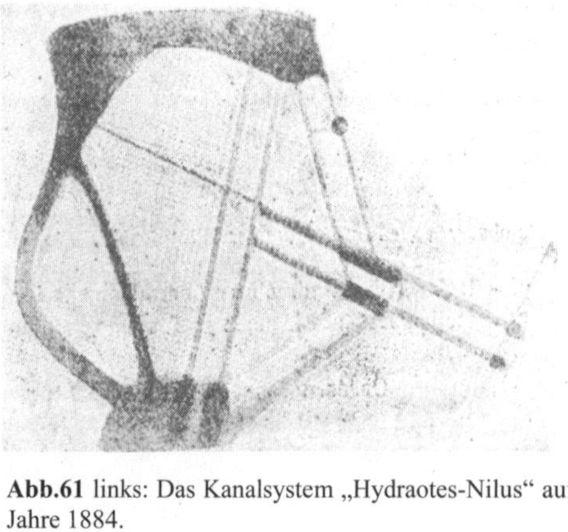

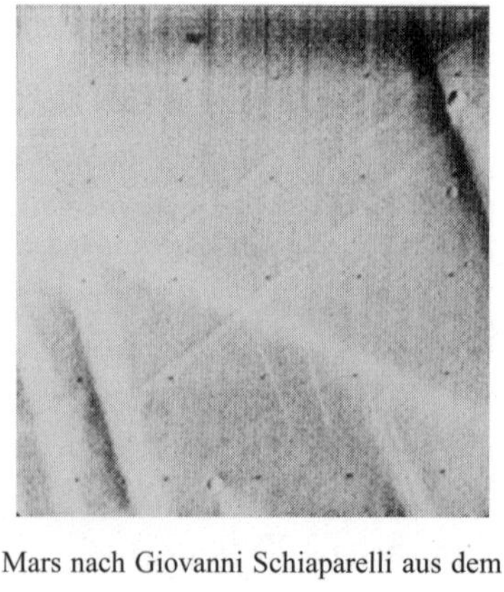

Abb.61 links: Das Kanalsystem „Hydraotes-Nilus" auf dem Mars nach Giovanni Schiaparelli aus dem Jahre 1884.
Abb.62 rechts: Offiziell nicht erklärbares Linienmuster auf dem „Tharsis-Plateau", Mariner-9-Originalaufnahme der NASA, Mars, 1971.

Die Raumsonde *Mariner 9* funkte 1971 nicht nur die Aufnahmen von Pyramiden in der *Elysium-Region* zur Erde, sondern auch ein überaus merkwürdiges Bildnis auf dem *Tharsis-Plateau*.

Ich weiß nicht, ob wir uns nun damit auseinandersetzen sollten, ob das von *Mariner 9* gezeigte Linienmuster künstlich oder natürlichen Ursprungs ist. Doch was wäre, wenn Schiaparelli Ende des 19. Jahrhunderts gar nicht einer optischen Täuschung erlegen wäre – was bestimmte Regionen angeht –, sondern zum Beispiel eine Gegend wie jene betrachtete, welche die *Mariner 9* fotografierte? Was wäre, wenn die NASA bereits damals gewußt hat, daß diese Dinge *nicht* natürlichen Ursprungs sein können, und hier etwas ganz anderes abläuft als der Weltöffentlichkeit gegenüber behauptet wird; etwas, mit dem die Unstimmigkeiten über die Atmosphärenwerte ***absolut zusammenpassen***?

Wissenschaftler behaupten heute, daß auf dem Mars vor weniger als 10.000 Jahren noch höherentwickeltes Leben möglich gewesen sein soll. Sie stützen sich bei ihren Thesen auf die Bilder der ausgetrockneten Flußläufe und andere Details.

Nehmen wir es nur einmal für einen Moment in Kauf, daß die Pyramiden in der *Elysium-Region* das zu sein scheinen, was sie darstellen – Bauwerke einer Zivilisation –, dann sollte es uns zum Grübeln bringen, daß unsere Wissenschaft größtenteils den Bau der Pyramiden in Gizeh auf etwa 10.000 bis 10.500 vor Christus datiert hat – also dieselbe Zeitspanne, aus welcher dann auch jene Bauwerke auf dem Mars stammen würden.

Robert Lazar, jener Physiker, welcher in der geheimen Anlage *Area 51* in Nevada gearbeitet hat, behauptet, ihm seien bei seiner Tätigkeit an den (angeblich) außerirdischen Flugobjekten Dokumente vorgelegt worden, welche unter anderem die Außerirdischen selbst betrafen. Er sagte, „*die Außerirdischen haben der Regierung Bilder vorgelegt und behauptet, es wären Originalaufnahmen der Erde in einem Zustand vor mehreren Millionen Jahren. Zudem behaupteten diese, es habe einen Kontakt mit der Erde gegeben vor über 10.000 Jahren...*“

Lazar veröffentlichte im Jahre 1982 einen Artikel im *Los Alamos Monitor*, durch welchen der Erfinder der Wasserstoffbombe, *Edward Teller*, auf ihn aufmerksam wurde. Durch Teller kam Lazar in die hochgeheime Militäreinrichtung *S-4* in der *Area 51*, in welcher laut Zeugenaussagen an echten außerirdischen Raumschiffen geforscht wird.

Laut Robert Lazar wurden ihm Einweisungspapiere vorgelegt, in denen es unter anderem um die *Greys* ging – eine Gruppe von kleinwüchsigen, mit großen Köpfen und übergroßen, schwarzen Augen versehenen Außerirdischen – und daß diese von dem Doppelsternsystem „Zeta Reticuli" stammen würden. Die Greys legten Lazars Aussagen zufolge der amerikanischen Regierung Farbbilder der Erde von vor über 10.000 Jahren vor und behaupteten, seit dieser Zeit bereits die Entwicklung auf der Erde zu beeinflussen. Unter anderem würde die Regierung laut Lazar auch an dem Projekt „Looking Glass" (Fernglas) arbeiten, wobei es um Zeitreisen und den Blick in die Vergangenheit durch von den Außerirdischen zur Verfügung gestellte Technologien ging. Lazar selbst arbeitete in *S-4* an außerirdischen Fluggeräten, um deren Funktionsweise zu verstehen und diese irgendwann – so das Ziel der Regierung – technisch nachbilden zu können.

Als Lazar nicht mehr zur Arbeit ging und damit begann, in der Öffentlichkeit von seinen hochgeheimen Arbeiten zu sprechen, wurden seinen

Abb.63 links: Der Wissenschaftler Robert Lazar, welcher auf der hochgeheimen Militäreinrichtung *S-4* in der *Area 51* an außerirdischen Raumschiffen gearbeitet haben will. **Abb.64** rechts: Der „Vater der Wasserstoffbombe", Dr. Edward Teller, welcher mit versteckter Kamera gefilmt wurde, während er sich zu Robert Lazar äußerte. Man fragte ihn, ob er zugeben würde, Robert Lazar zu kennen, worauf er vor laufender Kamera erwiderte: *„Ich würde schweigen!"*

Angaben zufolge mehrere Mordanschläge auf ihn verübt. Man begann, ihn zu diskreditieren; Freunden wurde die Arbeitsstelle gekündigt, weil sie ihn kannten und so weiter... (siehe hierzu das Interview in dem Film „*Geheimnisse der Schwarzen Welt*").

Sehen Sie die Zusammenhänge?

Im März 1989 funkte die russische Raumsonde „Phobos II" einige „merkwürdige" Aufnahmen zur Erde. Der Schatten eines riesigen, zigarrenförmigen Flugobjektes zeichnete sich auf der Marsoberfläche ab. Die Bilder gingen 1989 um die Welt, und die russische Raumfahrtbehörde hielt eine Pressekonferenz ab, um Erklärungsversuche zu geben. Auf den Bildern sieht man eindeutig, daß der Schatten seine Position verändert.

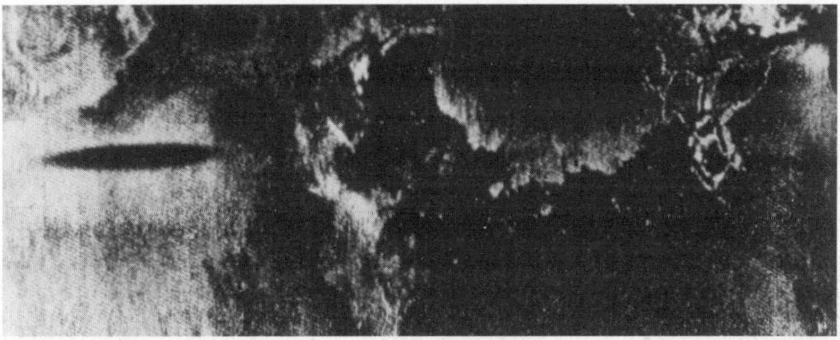

Abb.65: Aufnahme der russischen Raumsonde „Phobos II" vom März 1989. Ein riesiger, zigarrenförmiger Schatten zeichnet sich auf der Marsoberfläche ab.

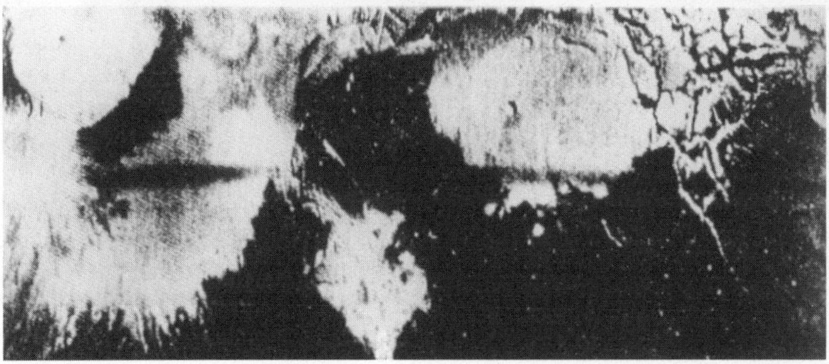

Abb.66: Betrachtet man das zweite Bild im Vergleich, sieht man, wie sich der riesige Schatten weiterbewegt hat. Er hat sich auf dem unteren Bild weiter nach rechts verschoben.

Die russische Raumfahrtbehörde konnte keine schlüssige Erklärung abgeben, versprach jedoch, vier Wochen später eine zweite Pressekonferenz abzuhalten. Diese Pressekonferenz fand nie statt. Kurz darauf verschwand „Phobos II“, und der Kontakt brach ab.[(16)]

Wäre nicht kurz zuvor der zigarrenförmige Schatten über der Marsoberfläche aufgetaucht, könnte man womöglich jenen Stimmen glauben, welche dem Verschwinden der Sonde natürliche Umstände zuordneten, wie man es damals bei „Phobos I“ machte.

Doch dies ist noch nicht alles!

Das letzte Foto, welches die russische Weltraumsonde „Phobos II“ zur Erde übertrug, zeigte den Marsmond Phobos in seiner „kartoffelartigen“ Form, und neben diesem ***ein riesiges, zigarrenförmiges Objekt.***

Ob der lange Schatten auf der Marsoberfläche und das Objekt auf dem letzten Bild identisch sind, darüber kann man spekulieren, allerdings liegt es zumindest nahe.

Kommen wir nochmals kurz auf unseren Kontaktler George Adamski zu sprechen. In den fünfziger Jahren machte Adamski erneut durch eine „verrückte“ Aussage von sich reden: Er behauptete nun plötzlich, bei seinen Raumflügen in den Raumschiffen sei ihm gezeigt worden, daß es *„drei Asteroidengürtel in unserem Sonnensystem“* gäbe.

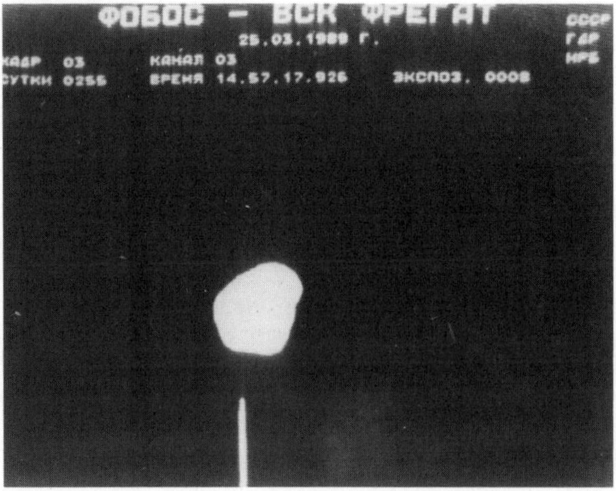

Abb.67: Letzte Aufnahme der „Phobos II“. Neben dem Marsmond „Phobos“ mit seiner kartoffelartigen Form sieht man das zigarrenförmige Objekt, identisch zu anderen, welche bei vielen Raummissionen von Astronauten, Kosmonauten und Sonden im Weltraum fotografiert wurden.

Das war damals eine geradezu phantastische Behauptung ohne jeden Realitätsgehalt – wie man dachte. Man fand inzwischen, wie jeder Hobby-Astronom weiß, einen Asteroidengürtel zwischen Mars und Jupiter. Erst vor wenigen Jahren fanden die Wissenschaftler einen *zweiten*, weiter auseinandergezogenen Asteroidengürtel jenseits des Neptuns!

Und jeder, der den Film „Contact" gesehen hat und sich an den „Flug" von der Erde zu Beginn des Filmes erinnert, kennt auch den Platz des dritten Asteroidengürtels weit jenseits des Plutos – die *Orth'sche Wolke*.

Ebenfalls vor wenigen Jahren noch ein unbekannter Fakt. Hatte Adamski abermals „zufällig" ins Schwarze getroffen?

Kommen wir nun zu unserem Erdtrabanten zurück – dem Mond.

Die NASA-Sonde *Lunar-Orbiter-V* fotografierte dort vor einigen Jahren doch etwas sehr Merkwürdiges. Auf den Fotos sind raupenartige Spuren auf dem Mondboden zu erkennen. Dieses Bild gibt auch unfreiwillig Auskunft über die Beschaffenheit des Mondbodens, denn er gleicht in seiner Weichheit unserem Sand.

Bei der NASA-Aufnahme mit der Bildnummer „16-19067" ist ein Bildabschnitt mit etwa 50 Kilometern Durchmesser gewählt worden. Eine Art raupenartige Spur zieht sich in gerader Linie über diese gesamte Distanz(!) und durchquert dabei „nebenbei" einen Krater. Auf der NASA-Aufnahme „67-H-1135" sieht man sogar *zwei* Objekte, welche einen parallelen Kurs „fahren".

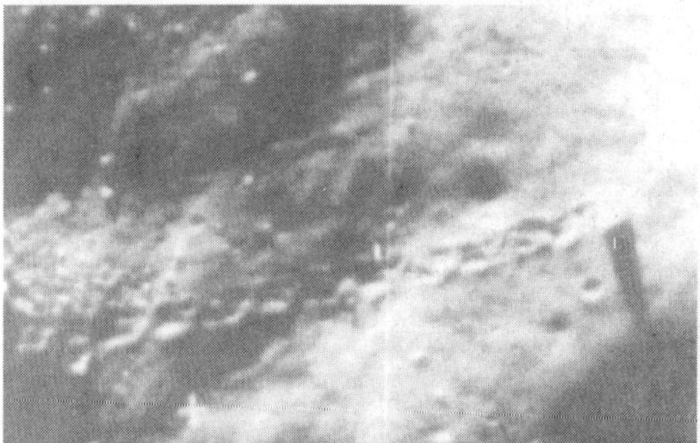

Abb.68: NASA-Originalaufnahme vom „Lunar-Orbiter-V" mit der Nummer „67-H-1135". Deutlich sind hier eine Art Spuren auf der Mondoberfläche zu erkennen – sowie ein Objekt, welches diese verursacht. Dies läßt mehr Fragen offen, als es beantwortet. (Ausschnittsvergrößerung)

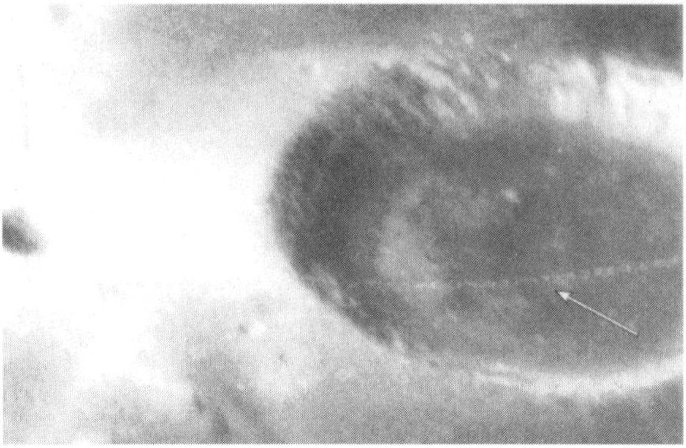

Abb.69:
NASA-Originalaufnahme des „Lunar-Orbiter-V" mit der Nummer „16-19067". Der Bildabschnitt hat eine Weite von etwa 50 Kilometern. Dies bedeutet eine gerade Abdruckspur, unter anderem durch den Krater, über eine Strecke von annähernd 50 Kilometern! (Ausschnittsvergrößerung)

Kommen wir zum Abschluß des Kapitels nochmals auf ein ernsteres Thema. Beginnen wir dieses wieder mit George Adamski. Dieser sowie unzählige andere Kontaktler berichteten, daß die Außerirdischen uns vor einer vernichtenden Umweltkatastrophe warnen, welche über uns hereinbrechen wird. Damals wurde dieses „Geschwätz" als reines Weltverbesserungsgedankengut verschrien. Doch können wir dies heute wirklich noch so unterschreiben?

Ich werde mich nun gegen meinen eigenen Vater auflehnen, welcher der absoluten Überzeugung ist, daß die bei uns eingetretenen Klimaschwankungen *„normal"* sind. Laut offiziellem Wissen hat es diese in den vergangenen Millionen Jahren immer wieder gegebenen – auch ohne(?) uns Menschen. Ich hingegen sehe die heutigen Ereignisse absolut anders und

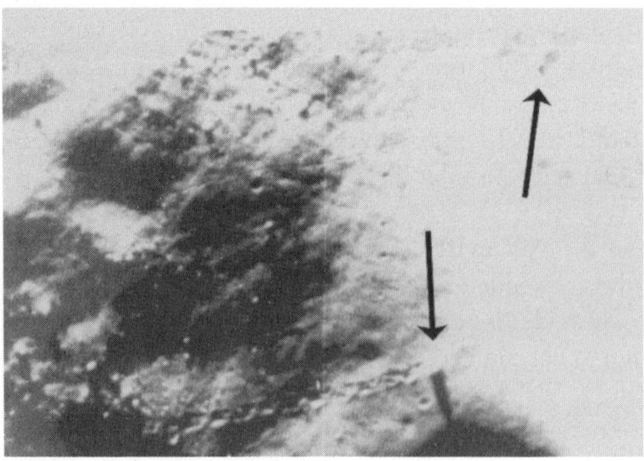

Abb.70:
NASA-Originalaufnahme des „Lunar-Orbiter-V" mit der Nummer „67-H-1135". Hier sieht man zwei Objektspuren, welche *parallel* verlaufen. (Größerer Bildausschnitt).

möchte es begründen, denn viel Zeit wird uns nicht mehr bleiben. Natürlich hat es in den vergangenen Millionen Jahren immer wieder natürliche Temperaturschwankungen gegeben, aber das, was wir hier erleben, ist absolut anderer Ursache!

Hierzu ein paar Daten:

Der Kohlendioxydgehalt in der Atmosphäre hat sich in den letzten einhundert Jahren nicht etwa verdoppelt oder verzehnfacht, sondern vertausendfacht! Das sind die offiziellen Angaben und Messungen aus dem Jahr 2004.

„Wir steigen aus!" Das war George Bushs Antwort vor wenigen Jahren auf der internationalen Klimakonferenz in Kyoto zur Reduzierung der Umweltbelastungen. Allein dieser eine Satz zeigt, daß bei diesem Mann irgend etwas nicht „ganz normal" ist, denn es geht hier um ein Umweltszenarium, bei dem wirklich jeder Tag zählt. Und Amerika hat bis zum heutigen Tage, an dem ich dies schreibe (im Jahr 2005), immer noch nicht unterschrieben.

Die Zahl der Naturkatastrophen steigt weltweit rapide an. Im Jahre 2003 hat es weltweit mehr als 850 Naturkatastrophen gegeben. Dies sind etwa 100 mehr als im bisherigen Rekordjahr 1999 und etwa 200 mehr als im Durchschnitt ***der gesamten neunziger Jahre***.

Bei der Hitzewelle im Sommer 2003 starben alleine in Frankreich mehr Menschen an den Folgen als im gesamten 2. Golfkrieg! Wir erleben weltweit einen Hitzerekord nach dem anderen – einmal in Deutschland und danach wieder in einer anderen Region (bedingt durch die regionalen Witterungsbedingungen wie Regen, Wolken oder eben auch sonnenklaren Himmel über einer bestimmten Region). Bereits das Jahr 2000 war statistisch das bisher wärmste seit Beginn der Temperaturaufzeichnungen!

Im Jahr 1999 stiegen die volkswirtschaftlichen Schäden für die Versicherungen bereits auf die schwindelerregende Summe von etwa 100 Milliarden Dollar! Die internationale Expertengruppe IPCC („Intergovernment Panel on Climate Change") hat die Prognosen für den weiteren, vom Menschen verursachten Anstieg der globalen Mitteltemperatur im 21. Jahrhundert deutlich *nach oben* korrigiert!

Prognostiziert wird offiziell ein Temperaturanstieg von bis zu +6 Grad Celsius. Inoffiziell gehen die Experten teilweise so weit, einen Anstieg von +8 bis +10 Grad Celsius in den nächsten einhundert Jahren für sehr wahrscheinlich zu halten.

Ein offiziell einsehbarer UN-Bericht prophezeit dramatischste Klimaveränderungen noch in diesem Jahrhundert! Eine vom Umweltbundesamt in Auftrag gegebene Studie gibt an, daß die Erderwärmung der vergangenen 100 Jahre zu mindestens 60% auf die Einflüsse des Menschen zurückgeht. Im Oktober 2003 wurde im Auftrag des Pentagons eine Studie erstellt, welche zu dem Ergebnis kam, daß das Wetter die größte Gefahr des 21. Jahrhunderts ist, weit vor der Gefahr des Terrorismus!

Dieser offizielle Bericht ist über das Internet für jeden abrufbar. Die zwei zentralen Aussagen des Berichtes lauten: Wir müssen im 21. Jahrhundert mit einer ***sehr*** starken globalen Erwärmung rechnen. So beginnt die Zusammenfassung mit dem Satz: *„Es gibt beträchtliche Beweise, die belegen, daß im 21. Jahrhundert eine bedeutsame, globale Erwärmung einsetzen wird."* Dies bedeutet, daß der Klimawandel nicht nur kontinuierliche, sondern auch ***abrupte*** Veränderungen mit sich bringt.

(Das komplette 22-seitige Papier finden Sie im Internet unter www.ems.org/climate/pentagon_climate_change.pdf)

Die Weltraumorganisation „ESA" warnt ebenfalls, da immer häufiger Ozonlöcher über Europa auftreten. So entdeckten die Experten zum Beispiel Ende Januar 2004 viele fingerförmige Ozonlöcher (*Streamer*) vor allem über Südspanien, Frankreich und Deutschland.

„Den rapiden Zerfall der schützenden Ozonschicht habe ein Strom von tropischer Luft, die wenig Ozon enthielt, nach Europa bewirkt", berichtet die „ESA". Und aufgrund der weltweiten Abnahme der Ozonschicht müsse mit weiter steigenden UV-Werten gerechnet werden.

Wissenschaftler des *Deutschen Zentrums für Luft- und Raumfahrt* (DLR) beobachteten eine dramatische Abnahme der Ozonkonzentration. Diese zeigen teilweise einen Ozonverlust von mehr als 50% gegenüber den Normalwerten in 12 bis 30 Kilometern Höhe.

Nehmen wir also auch diese Prophezeiung der „angeblich" Kontaktierten als eine „Zufälligkeit" hin, dann müssen wir zumindest zugeben, daß sie Recht hatten...

Kapitel 5
Die deutsche Vergangenheit

Wir schreiben das Jahr 1944. Leutnant *Schlüter* von der 415. US-Nachtjäger-Staffel berichtet: *„In der Nacht des 23. Novembers, als wir gerade dabei waren, den Rhein zu überfliegen, wurden wir von zehn kleinen, rötlichen Feuerkugeln begleitet.“*[(17)]

Die Piloten *Henry Giblin* und *Walter Cleary* erklärten, daß sie in der Nacht des 27. Novembers 1944 in der Gegend von Speyer durch ein großes, brennendes Licht geblendet wurden, das mit einer geschätzten Geschwindigkeit von 400 Kilometern in der Stunde über ihrem Flugzeug flog. Auch der ehemalige US-Luftwaffenoffizier *William Coleman*, der unter anderem auch als Sprecher für das UFO-Projekt „Blaues Buch“ („Blue Book“) der US-Air Force arbeitete, konnte sich sehr gut an diese Objekte erinnern: *„Es waren große, leuchtende Diskuskörper, die aber keineswegs feste Formen aufwiesen, sondern mehr wie atmosphärische Leuchtphänomene wirkten... Wenn wir auf sie zuflogen, wichen sie aus. Kehrten wir zurück, dann waren sie wieder da. Die Dinger beunruhigten uns mehr und mehr, doch keiner von uns fand eine Erklärung für die Herkunft und die Flugtechnik dieser Apparate.“*[(18)]

Bei der angesprochenen Begegnung vom 27. November 1944 begegneten die Piloten einem enorm großen, orangefarbenen Licht. Während dieser Zeit fiel das Bordradar aus, und die Motoren der Maschine begannen zu stottern, so daß sich die Besatzung entschloß zurückzufliegen. Die Piloten wurden später von der Air Force verhört, und es wurde ein Bericht verfaßt.

Am 22. Dezember 1944 waren die Piloten *Mc Falls* und *Bäcker* über der deutschen Stadt Hagenau, als ihnen in etwa 3.000 Metern Höhe zwei sehr helle Lichter begegneten. Die Piloten beschrieben sie als orangefarben und scheinbar unter intelligenter Kontrolle stehend. Es gab Probleme mit dem Bordradar, als sich die Kugeln in der Nähe befanden; und die Probleme verschwanden auch wieder, nachdem die Kugeln abdrehten und sich aus dem Sichtbereich entfernten. Nur zwei Tage später wiederholten sich die

Floating Mystery Ball Is New Nazi Air Weapon

SUPREME HEADQUARTERS, Allied Expeditionary Force, Dec. 13—A new German weapon has made its appearance on the western air front, it was disclosed today.

Airmen of the American Air Force report that they are encountering silver colored spheres in the air over German territory. The spheres are encountered either singly or in clusters. Sometimes they are semi-translucent.

SUPREME HEADQUARTERS, Dec. 13 (Reuter)—The Germans have produced a "secret" weapon in keeping with the Christmas season.

The new device, apparently an air defense weapon, resembles the huge glass balls that adorn Christmas trees.

There was no information available as to what holds them up like stars in the sky, what is in them, or what their purpose is supposed to be.

Abb.71 links: Ein Bericht der *New York Times* vom 14. Dezember 1944 mit dem Titel: *„Floating Mystery Ball is New Nazi Air Weapon"* („Mysteriöser Lichtball ist neue Nazi-Luftwaffe"). Die Alliierten schrieben diese Objekte den Nationalsozialisten zu, während diese deren Herkunft den Alliierten andichteten.
Abb.72 rechts: Angebliche Foo-Fighter-Aufnahme über Deutschland aus einem Flugzeug der Alliierten. Bilder dieser Art wurden normalerweise nicht offiziell freigegeben und gelangten auf anderem Wege an die Öffentlichkeit.

Sichtungen der Piloten. Diesmal „klemmte" sich eine der Kugeln unter die rechte Tragfläche, nachdem sie zuvor auf das Flugzeug zugerast war und einen Bogen um die Maschine gemacht hatte.

Leutnant Roman Sobinski der 301. RAF-Staffel über einen Vorfall: *„Wir beobachteten am 25. März 1942 eine rundliche Scheibe, die orangefarben glühte und die unserem Bomber gegen Mitternacht auf dem Rückflug von einem Bombenangriff auf Essen folgte. Wir befanden uns zu der Zeit über Holland. Das seltsame Objekt war zunächst vom Heckschützen entdeckt worden, der auf dieses zu feuern begann. Die Schüsse zeigten keinerlei Wirkung, obwohl das Objekt zweifelsfrei getroffen worden sein mußte. Wir schätzten den Abstand auf etwa 100 bis 200 Meter und die Geschwindigkeit auf etwa 300 Kilometer. Nach fünf Minuten Begleitflug verschwand die Erscheinung mit hoher Geschwindigkeit in die Ferne."*[(19)]

Man spekulierte, ob jene Objekte die angebliche „Wunderwaffe“ des Deutschen Reiches seien, dessen Propagandamaschine den Einsatz einer neuen Technologie angekündigt hatte. Doch ging von diesen Objekten niemals ein Angriff oder eine Gefahr aus. Sie wurden stets nur als „Beobachter“ tituliert, welche auftauchten und wieder verschwanden.

Ein weiterer Pilot der 415. Nachtjäger-Staffel hatte bei einem Lufteinsatz unvermittelt solche Objekte vor sich. Er faßte dies als Bedrohung auf und flog mit voller Kraft auf eines davon zu. Beim Näherkommen wurden diese Gebilde aber immer dunkler und waren schließlich überhaupt nicht mehr zu sehen. Beim Durchfliegen jener Stelle, an welcher die Objekte noch kurz zuvor waren, spürte der Pilot einen deutlichen Luftdruck. Nach einer Anfrage des Piloten wurden die Objekte nicht auf dem Radar gesehen.

Am 10. August 1944 berichtete der Pilot eines B-29-Bombers: „*Es schien fortwährend zu pulsieren und zu vibrieren... Ich unternahm Ausweichmanöver, wechselte andauernd Richtung und Flughöhe bis hin zu Kursänderungen von 90 Grad und 600 Meter Höhenunterschied. Es machte alle Manöver mit, für ungefähr acht Minuten. Als es davonflog, vollführte es eine abrupte 90-Grad-Drehung, beschleunigte sehr schnell und verschwand am Horizont.*“[(20)]

Ein weiterer Bericht, welcher 1944 im *Los Angeles Examiner* auftauchte, schilderte folgende Aussage eines Soldaten: „*Im Laufe der Schlacht in der Normandie im Juni 1944 sahen viele Mitglieder unserer Truppen – einschließlich unseres Leutnants – einen pulsierenden, roten Feuerball, der direkt über die deutsch-amerikanische Gefechtslinie flog. Er blieb dort für mindestens 15 Minuten regungslos stehen, um dann schließlich zu verschwinden.*“[(21)]

Während in den britischen Tageszeitungen kein Wort über die *Foo-Fighter* erschien, hatte die englische Führung bereits ab 1943 eine kleine Gruppe von Spezialisten mit der Sammlung und Untersuchung dieser Berichte der Piloten und Zeugen beauftragt. Diese Organisation, eine Abteilung des britischen Geheimdienstes unter dem Codenamen *Section T*, wurde von dem britischen Generalleutnant *Massey* geleitet. Ihre Gründung ging auf die Berichte eines Doppelspions zurück. Dieser Agent versicherte mehrfach, daß die *Foo-Fighter* keineswegs eine deutsche Erfindung seien, sondern die Deutschen selbst vielmehr an eine neue Waffe der Alliierten glaubten.

Henry Durrant, ein französischer Journalist, erfuhr 1966 vom britischen Luftfahrtministerium, daß das Projekt *Massey* 1944 offiziell für „geheim" klassifiziert worden war. Seltsamerweise wurde der erwähnte Doppelagent im gleichen Jahr denunziert und im Frühjahr 1944 erschossen.

B. C. Lumsden, Pilot der britisch-königlichen Luftwaffe erklärte: „*Ich flog im Dezember 1942 in einem Hurrikan-Abfangjäger über Frankreich. Ich war gegen 19 Uhr abends von England aufgestiegen und flog auf die französische Küste zu. Als ich etwa nach einer Stunde rund 7.000 Fuß über der Mündung des Flusses „Somme" kreuzte, entdeckte ich zwei stetig aufsteigende orangefarbene Lichter. Zunächst dachte ich an ein Flaggeschoß, doch dafür flogen diese Objekte zu langsam. Als ich um 180 Grad gewendet hatte, erschienen die Dinger bereits größer und heller. Auf 7.000 Fuß Höhe beendeten diese Objekte ihren Steigflug und schienen meine Maschine zu begleiten.*

Ich bekam es langsam mit der Angst zu tun, nachdem ich nach einer weiteren Schleife keine Chance fand, die Verfolger abzuschütteln. Sogar nach einem jähen Sturzflug auf 4.000 Fuß Höhe folgten mir die Objekte mit gleichbleibendem Abstand, um dann erneut aufzusteigen und am Horizont zu verschwinden.

Der gegenseitige Abstand der beiden Objekte blieb die ganze Zeit über unverändert. Nur die relativen Flughöhen schwankten gelegentlich etwas. Eines der beiden Objekte blieb jedoch stets etwas tiefer als das andere... Es war sehr schwer für mich, die Kameraden des Fluggeschwaders von meiner Beobachtung zu überzeugen, doch in der folgenden Nacht hatte der Geschwaderkommandeur ein ähnliches Erlebnis mit einem grün leuchtenden Lichtkörper."(22)

Auch aus Italien wurden Beobachtungen bekannt. Im Oktober 1944 gegen 17 Uhr beobachtete man in der Gegend von Porta Venezia, etwa 300 Meter über dem Platz von Loreto, eine nicht identifizierte Maschine, welche kurze Zeit später wieder unversehens verschwand. Sie hatte eine kreisförmige, flache Form. Am 24. November 1944 beobachtete die Besatzung eines B-17-Bombers der „*15th Air Force, 5th Wing, 2nd Bomb Group*" einen *Foo-Fighter* über Österreich. Der Bomber sollte strategische Ziele im

Raum Salzburg angreifen. Wegen Überladung wurde das Ausweichziel Klagenfurt angeflogen. Der Pilot *William Leet* berichtet: „*Zunächst glaubte ich, von einem starken Flagscheinwerfer erfaßt worden zu sein. Doch seltsamerweise dauerte die Helligkeit nicht länger als zwei bis drei Sekunden. Als wir die 500-Tonnen-Bombenfracht über den Bahnanlagen von Klagenfurt abgeworfen hatten, wunderte sich die gesamte Besatzung, daß keinerlei Flagfeuer oder Abfangjäger registriert werden konnten. Einige Zeit danach – wir hatten bereits wieder Kurs in Richtung Triest genommen – tauchte auf der linken Flügelseite ein leuchtendes, orangegelbes Objekt auf. Das absolut kreisrunde Ding dürfte von der Flügelspitze vielleicht fünfzig Meter seitlich und zehn Meter dahinter geflogen sein. Vielleicht war es auch doppelt so weit entfernt.*“[(23)]

Die Bomberschützen wollten den unbekannten Flugkörper abschießen, doch riet *Leet* davon ab. Er berichtet: „*Das Objekt hielt sich 45 bis 50 Minuten in gleichbleibendem Abstand, ohne seine Form oder Helligkeit zu verändern. Plötzlich war das Objekt wie vom Himmel weggefegt, genauso schnell, wie man eine Lampe ausschaltet. Nach der Rückkehr wurden wir von Geheimdienstoffizieren befragt.*

Als ich auf das seltsame, gelbe Objekt zu sprechen kam, von dem der Bomber fast eine dreiviertel Stunde lang verfolgt worden war, erzählte man mir von einer neuen Waffenentwicklung der Deutschen. Allerdings wunderte sich der Geheimdienstoffizier selbst, daß der Apparat keine Angriffsabsichten gezeigt hatte.“[(24)]

Der Amerikaner *Bernard O'Connor* konnte einen ehemaligen Weltkriegspiloten interviewen, welcher damals im März 1945 von seiner 37. Bombermission zurückgekehrt war: „*Als ich den Brennerpaß überquert hatte, sah ich einen hellen Schimmer auftauchen, der sich mit rasender Geschwindigkeit näherte. Das Ding war ein völlig neuartiger Flugkörper, der sich in ein bis zwei Sekunden dem rechten Flügel genähert hatte. Es flog etwa einen Meter vom äußersten Flügelende meiner Maschine entfernt und lag genauso weit vor der Flügelspitze. Ich studierte das Objekt zwei bis drei Minuten lang und wunderte mich, daß es alle Bewegungen meines Flugzeugs exakt nachmachte und einen konstanten Abstand hielt. Es wirkte etwas kleiner als ein Basketball, und seine Farbe glich der des am Tage sichtbaren Mondes. Das*

Objekt sah recht massiv aus, wie eine Kugel, und zeigte klar umgrenzte Außenkanten. Ich hatte irgendwie den intensiven Eindruck, von einer fremden, intelligenten Macht aufmerksam studiert zu werden.

Nach etwa zwei Minuten schoß das Objekt schnell wie eine Sternschnuppe davon, genauso, wie es aufgetaucht war. Es machte plötzlich den Eindruck, als ob das Objekt plötzlich in der Luft stoppen würde, während ich mit konstanter Geschwindigkeit weiterflog.

Nach meiner Landung in Korsika erkundigte ich mich bei meinen Kameraden, ob die das Ding auch gesehen hätten, doch bestätigte dies niemand."[(25)]

Howard W. Blaklees, der Wissenschaftsredakteur der *Associated Press*, stimmte in einem Radio-Interview am 1. Januar 1945 der offiziellen Meinung der Geheimdienste zu. Nach deren Auffassung sollte es sich dabei um natürliche Lichterscheinungen handeln.

Als US-Piloten in Frankreich diese *offizielle* Erklärung der Geheimdienste lasen, zweifelten sie an der Richtigkeit der Analysen: „*Laßt diese Experten doch mal mit uns einige Nachteinsätze fliegen, dann können sie selbst einen Eindruck von den Dingern bekommen!*"[(26)]

Am 31. Dezember 1944 hatte *Bob Wilson*, ein Reporter der *Associated Press*, die ganze Nacht lang Piloten der 415. Nachtjägerstaffel in Frankreich befragt. Sein Bericht erschien Anfang 1945 unzensiert in mehreren amerikanischen Zeitungen.

Ein Leser des Comic-Strip-Heftes *Smokey Stover* meinte eines Tages beim Gespräch mit einem Piloten, man sollte diese Dinger *Foo-Fighter* nennen, denn in jenem Heft stand an einer Stelle: „*Where there's foo, there's fire.*" „Foo" war eine Slang-Bezeichnung für das französische Wort „feu" = „Feuer".

Waren die *Foo-Fighter* nun deutsche Geheimwaffen oder nicht? Waren sie ein Nebenprodukt der Flugscheiben, oder waren sie möglicherweise von einer anderen Intelligenz gesteuert? Wechseln wir nun über den Atlantik und betrachten uns, was dort zu dieser Zeit im Geheimen entwickelt wurde. Vielleicht bringt uns das der Lösung des Rätsels ein wenig näher...

Das Philadelphia-Experiment

Zur selben Zeit wurde an der US-Ostküste an einem streng geheimen Projekt gearbeitet. Über dieses berichtet uns Jan van Helsing: *„Am ‚Rainbow Projekt', das später als das ‚Philadelphia Experiment' bekannt wurde, war neben Nikola Tesla und Albert Einstein auch das nach Einsteins eigener Aussage ‚Superhirn' unter allen Mathematikern dieser Zeit, Dr. John von Neumann (ehemaliger Deutscher: Dr. Hans von Neumann), beteiligt. Beim ‚Rainbow Projekt' experimentierte man mit einer Technik, welche die Ortung durch feindliches Radar unmöglich machen sollte. Dies wurde verwirklicht, indem man ein geschlossenes elektromagnetisches Feld um ein Objekt herum aufbaute – eine sogenannte ‚electromagnetic bottle' – und feindliche Radarwellen so um das Schiff herumzuleiten versuchte. Dies hatte zur Folge, daß ein so eingeschlossenes Schiff vom Feind durch das Radar nicht zu erkennen war, sozusagen für das Radar ‚unsichtbar' war. Aus diesen Experimenten ging direkt der Tarnkappenbomber, der ‚Stealth-Fighter', hervor.*

Auf den Grundlagen von David Hilbert (‚Hilbert Space', 1912), Dr. Levinson (Levinson Time Equations = Levinson'sche Zeitgleichung), Dr. John Hutchinson sen. und Dr. Kurtenauer begann man im speziell dafür eingerichteten ‚Institute for Advanced Study' in der Princeton Universität ab 1933 mit den ersten Unsichtbarkeitsexperimenten an großen Objekten fester Materie (Schiffe, Flugzeuge...). 1936 wurde das Projekt weiter ausgedehnt und Nikola Tesla zum Direktor gemacht. Mit seiner Hilfe gelang es, bis zum Ende des gleichen Jahres die ersten Erfolge mit partieller Unsichtbarkeit zu verzeichnen. Die Forschungen setzten sich fort bis zum Jahre 1940, als der erste vollständige Test im Marinehafen von Brooklyn durchgeführt und dabei ein unbemanntes Schiff durch die Beschleunigung des Feldes vor den Augen der Zeugen wirklich unsichtbar wurde. Zu diesem Zeitpunkt wurde ein weiterer Wissenschaftler, T. Townsend Brown, der ein Genie auf dem Gebiet der Gravitation und der magnetischen Minen war, in das Projekt mit einbezogen. Die Fortschritte bei der Unsichtbarmachung der Schiffe OHNE Besatzung nahmen schnell zu, was Tesla sehr beunruhigte. Er sagte den ‚grauen Männern' im Hintergrund, daß es zu Schwierigkeiten kommen würde, falls man eine Besatzung auf einem Schiff hätte, doch sein Rat wurde nicht beachtet. Tesla sabotierte daher das Projekt im März 1942. Von Neumann übernahm die Leitung, und ein neues Schiff wurde herangenommen – die USS Eldridge.

Die ersten Tests wurden auf dem Trockendock durchgeführt, bis man sie in den Hafen von Philadelphia verlegte. Der erste Versuch ging schief, und ein Techniker bekam einen Schlag, der ihn für vier Monate in ein Koma versetzte. Am 20. Juli 1943 fand der nächste Test statt. Duncan Cameron und sein Bruder Edward (heute Al Bielek) waren als Techniker auf dem Schiff. Das Schiff blieb für 15 Minuten unsichtbar, doch der Besatzung wurde übel und alle litten unter Desorientierung und Geistesstörungen. Der eigentliche Test, der später als das ‚Philadelphia-Experiment' bekannt geworden ist, wurde am 12. August 1943 durchgeführt, nachdem schon sechs Tage zuvor drei UFOs über dem Schiff erschienen waren. Alles schien gut zu verlaufen, die Beobachter konnten die Umrisse des unsichtbaren Schiffes im Wasser erkennen, doch dann geschah es! Es gab einen blauen Blitz, und das Schiff war verschwunden. Als das Schiff später wieder erschien, bot sich den Zuschauern ein grauenhafter Anblick. Der Radiomast wie auch der Sender waren zerstört, Matrosen waren teilweise in der Schiffswand ‚verbacken', da sich ihre Moleküle mit denen des Schiffes vermischt hatten, andere liefen wie im Wahnsinn umher. Was war geschehen?

Duncan und Edward, die sich selbst im sicher abgeschirmten Generatorraum befunden hatten, erzählten nachher, daß am gleichen Tag, also am 12. August, bloß vierzig Jahre später, ein weiteres Experiment in Montauk, Long Island, stattgefunden hatte und das Schiff durch einen Zeitvortex, einen Zeittunnel, in den Hyperraum gezogen worden war. Forschungen hatten ergeben, daß die Erde wie der Mensch einen Biorhythmus aufweist, der seinen Höhepunkt alle zwanzig Jahre findet, und zwar immer am 12. August. Somit fiel das Philadelphia-Experiment mit dem Montauk-Projekt zusammen und ermöglichte als zusätzliche Funktion durch die Verbindung mit dem Erdmagnetfeld, daß die Eldridge in den Hyperraum gezogen wurde. Die Cameron-Brüder konnten jedoch die Generatoren nicht ausschalten, da alles zusätzlich durch die Zeit mit dem Montauk-Projekt verbunden war, und kamen zu der Überzeugung, daß es das Beste sei, über Bord zu springen. Doch anstatt im Hafenwasser fanden sie sich auf dem Trockendock in Montauk am 12. August 1983 wieder. Dort trafen sie John von Neumann, der um vierzig Jahre älter geworden war und ihnen erzählte, daß er seit vierzig Jahren auf sie warte. Er erzählte den Zeitreisenden, daß die Techniker von Montauk nicht in der Lage gewesen wären, die Geräte auszuschalten, und sie daher auf die Eldridge zurück mußten, um die Ausrüstung zu zerstören. Also kehrten sie nach verschie-

denen anderen Exkursionen auf die Eldridge zurück und zerstörten die Geräte. Duncan ging nach 1983 zurück, und Edward erschien mit der Eldridge wieder in Philadelphia im Jahre 1943.

Der Führungsstab der NAVY wußte zuerst nicht, was er tun sollte, entschied sich dann aber doch noch zu einem letzten Test, bei dem im Oktober 1943 das Schiff ohne Besatzung für etwa 15 bis 20 Minuten unsichtbar blieb. Als es zurückkam, fehlten einige Ausrüstungsteile, und der Kontrollraum war ein brennender Haufen Schrott. Jemand mußte an Bord gewesen sein, nur wer? Die NAVY bekam es mit der Angst zu tun und schloß damit das Projekt. Im Gegensatz zur Geheimen Regierung, welche die ganze Aktion überwacht hatte.

Mitte 1949 entstand das ‚Phönix-Projekt', um die Phänomene aufzuklären, die sich während des ‚Rainbow-Projektes' zugetragen hatten. Dr. John von Neumann und sein Forschungsteam wurden zurückbeordert, um sich der neuen Aufgabe zu widmen. Allerdings sah der neue Plan ein verändertes Ziel vor: Das Team sollte herausfinden, wo 1943 der Fehler in bezug auf den ‚menschlichen Faktor' gelegen hatte. Anfang der 50er Jahre beschloß man, die Überbleibsel des ‚Rainbow Projektes' mit der Wetterkontrolle (durch die von Wilhelm Reich entwickelten Radiosonden) im ‚Phönix Projekt' zusammenzulegen. Die Kommandozentrale befand sich in den Brookhaven Laboratories in Long Island, und Dr. John von Neumann übernahm die Leitung. Doch als er mit den Forschungen begann, merkte er ziemlich schnell, daß es unvermeidlich sein würde, sich mit der Metaphysik zu befassen, da beim Rainbow Projekt der physische, biologische wie auch elektromagnetische Aufbau des Menschen beeinflußt worden war und manche Matrosen sich in ihrer Molekularstruktur bis zur Unkenntlichkeit verändert hatten. In allen Fällen jedoch war nach der Überzeugung von Dr. von Neumann zuallererst das esoterische Wirken des Bewußtseins in Mitleidenschaft gezogen worden. Die Forschungen auf dem menschlichen Sektor betrugen fast zehn Jahre, bis man sicher beweisen konnte, daß jeder Mensch mit einem sogenannten ‚Zeitbezugspunkt' geboren wird, was auch beweist, daß der seelische Körper vom physischen getrennt zu sehen ist. Die Seele ist das, was wir wirklich sind. Unser Verständnis als ein physisches und metaphysisches Wesen stützt sich auf den Zeitbezugspunkt, der sich wiederum auf das elektromagnetische Feld der Erde bezieht. Dieser Zeitbezugspunkt dient uns als grundlegender Orientierungspunkt für unser Ver-

ständnis des Universums und seiner Abläufe wie auch für unser lineares Empfinden. Was nun beim Unsichtbarwerden der Eldridge geschah, war die Trennung der Matrosen von ihrem Zeitbezugspunkt, was ein Chaos in deren elektromagnetischem wie auch seelischem Körper verursachte. Was man also erschaffen mußte, und dies war das nächste Ziel des Phönix Projektes, war eine ‚künstliche Realität' – eine Art Tarnkappeneffekt. Doch wie erschuf man nun eine elektromagnetische Flasche um einen Menschen herum?

Mit Hilfe von riesigen Computern, die damals den Eliteeinheiten schon zur Verfügung standen, ‚bestückte' er die entstehende ‚künstliche Realität' mit der natürlichen Erdoberfläche – oder zumindest mit genügend Informationen, um die Illusion eines fortlaufenden Zeitstromes zu erzeugen und damit der Versuchsperson zu einem gewissen Grad das Gefühl der Normalität zu vermitteln. Das ‚Phönix Projekt' fand 1967 seinen Höhepunkt der Entwicklung und legte dem Kongreß einen abschließenden Bericht vor. Die Abgeordneten waren zuerst fasziniert von den Ergebnissen, die einerseits beweisen, daß es möglich ist, das menschliche Bewußtsein mittels elektromagnetischer Wellen zu beeinflussen und man in der Lage ist, Maschinen zu konstruieren, mit deren Hilfe man das menschliche Denken manipulieren kann! Der Kongreß verweigerte aber schließlich doch die Zustimmung und entschied, das Projekt im Jahre 1969 abzuschließen.

Doch bevor der Kongreß das Projekt auflösen ließ, hatte die Brookhaven-Gruppe bereits ein gewaltiges Machtzentrum um sich herum entstehen lassen, darunter höchste Eingeweihte der Geheimdienste wie auch der ‚Geheimen Weltregierung', da sie über die ‚Stealth'-Technologie wie auch Wilhelm Reichs Techniken verfügte und damit mit absoluter Sicherheit auf den menschlichen Geist Einfluß nehmen konnte. Als die Führung der Militärs davon hörte, war sie natürlich von diesem Gedanken entzückt. Stellen Sie sich einmal vor, wie die gegnerischen Truppen mit erhobenen Händen dem Feind in die Hände laufen (genau diese Technologie wurde im Golfkrieg auf amerikanischer Seite eingesetzt). Die Militärs waren begeistert und erklärten sich zur Zusammenarbeit bereit. Das Geld kam von der Brookhaven-Gruppe, und das Militär stellte die Ausrüstung (ein altes Sage-Radar zur Aussendung von 425-450 Megahertz zur Bewußtseinskontrolle) und den verlassenen Luftwaffenstützpunkt in Montauk zur Verfügung. Das Projekt bekam den Namen ‚Phönix II', wurde aber von den Insidern als das ‚Montauk Projekt' bezeichnet. Als Geldquelle werden zum einen 10 Milliarden Dollar in Gold, die 1944 durch die

Sprengung eines Zuges mit Nazi-Gold ergattert worden waren, und zum anderen die Unterstützung der Familie Krupp, die auch den ITT-Konzern kontrollierte, angegeben.

So kam das eigentliche ‚Montauk-Projekt' 1971 so richtig in Gang. Mit Hilfe des Sage-Radars gelang es den Technikern, die Stimmung auf dem Stützpunkt je nach Belieben zu verändern, indem man einfach die Frequenz und die Schwingungsdauer des Radars manipulierte. Als Versuchskaninchen verwendete man ganze Armee-Truppen, die man einlud, das Wochenende auf der Basis zu verbringen. Auch die Einwohner von Long Island, dem New Yorker Umland sowie Connecticuts wurden diesen Tests ausgesetzt, um zu sehen, wie weit die Strahlung reichte und wie die einzelnen Personen darauf reagierten. Man verbrachte geraume Zeit mit der Beobachtung der Auswirkungen verschiedener Schwingungen und Impulse. Die unterschiedlichsten Dinge konnten ausprobiert werden. Welche Versuche auch immer veranstaltet wurden, alle Daten wurden akribisch gesammelt und in gewaltigen Datenbanken gespeichert. Das Ergebnis war die Entwicklung eines Gerätes, das bestimmte Impulse, Modulationen und Frequenzen aussenden konnte, deren Wirkung vorher eindeutig festgelegt war – es konnte menschliche Gedankenmuster kopieren! Der gezielte Angriff auf den menschlichen Geist konnte damit losgehen.

Preston Nichols, der spätere technische Leiter des ‚Montauk Projekts', hatte während seiner Forschungen als Elektroingenieur Anfang der siebziger Jahre rein wissenschaftlich mit Telepathen gearbeitet und dabei eine Welle, ähnlich der Funkwelle, entdeckt, die Gedanken überträgt.

Doch die Montauk-Leute hatten noch mehr Glück und bekamen weitere unerwartete Unterstützung. In den fünfziger Jahren hatte der ITT-Konzern eine Sensorentechnologie entwickelt, die buchstäblich aufzeichnen konnte, was ein Mensch dachte – eine Gedankenlesemaschine! Eine Person saß in einem Stuhl – der später als der sogenannten ‚Montauk-Chair' bezeichnet wurde –, welcher von Tesla-Spulen umgeben war und die elektromagnetischen Impulse des Gehirns aufzeichnete. Diese wiederum wurden in riesigen Computeranlagen ausgewertet, übersetzt und auf einem Monitor wiedergegeben.

Dieser Stuhl wurde in das Montauk-Projekt integriert und zu einer Art Sender umfunktioniert. Die Testperson im Stuhl, ein spirituelles Medium – in 95% der Fälle Duncan Cameron, der von der NSA (National Security Agen-

cy) speziell dazu ausgebildet worden war –, sendete der Besatzung auf dem Schiff eine Ersatzrealität, um dadurch das menschliche Risiko bei den Unsichtbarkeitsexperimenten zu vermindern. Dadurch stand das Schiff im unsichtbaren Zustand in Synchronisation mit der gesendeten Realität. Auch Edward Cameron wurde erneut, doch diesmal als metaphysischer Berater, in das Projekt mit einbezogen.

Es dauerte weitere drei Jahre, bis man die Computer, Sender und Verstärker so eingestellt hatte, daß alles nach Plan verlief. Man hatte schlußendlich einen Gedankenverstärker gebaut, der Gedanken lesen, verstärken und senden konnte. Ende 1977 war man soweit, daß man Gedankenformen mit einem sehr hohen Grad an Genauigkeit reproduzieren konnte. Das Medium im Montauk-Chair brauchte sich nur einen materiellen Gegenstand vorzustellen, und dieser erschien irgendwo auf dem Stützpunkt. Stellen Sie sich dies einmal vor: Ein Mensch richtet sein Bewußtsein auf einen Gegenstand, und dieser entsteht direkt aus dem Äther heraus! Mit dieser Materialisierungstechnik experimentierte man ein weiteres Jahr, bis man die nächste Hürde nahm. Duncan konnte über eine Haarlocke oder ein anderes Indiz einer Person und die Verstärkung des Montauk-Senders durch die Augen der betreffenden Person schauen, mit deren Ohren hören, mit deren Nase riechen und deren Gedanken denken. Später gelang es ihm, durch die vorhandene Technik, seinen Geist in den eines anderen Menschen zu drücken und dessen Gedanken zu manipulieren – ihn zu Dingen zu bewegen, welche die Person nicht freiwillig tun würde. Man benutzte einzelne Personen, Menschenmassen, Tiere, Geräte – alles wurde getestet.

Diese Forschungen wurden bis etwa 1979 durchgeführt, bis man durch einen Zufall ein neues Phänomen entdeckte. Das Medium sendete ein Gedankensignal um 6 Uhr aus, aber das Objekt erschien nicht in der gleichen Minute, sondern erst einen halben Tag später aus dem Äther. Es hatte sich offensichtlich die Zeit verschoben. Den Wissenschaftlern wurde klar, daß sie Duncans mediale Fähigkeiten zum Krümmen der Zeit verwenden konnten!

Dies wurde untersucht, bis man herausfand, daß man das Montauk Projekt durch eine spezielle Antennenkonstruktion (Delta T) mit der Nullzeitreferenz der Erde in Einklang bringen konnte und einen Zeitkorridor zur USS Eldridge im Jahre 1943 aufbauen konnte. Dieser war nachher der Hauptvortex, der zum Reisen durch die verschiedenen Zeittunnel verwendet wurde. Im Jahre 1980 war man soweit, daß Duncan durch eine Astralprojektion ein Tor zum Beispiel nach 1990 öffnen konnte, das wiederum durch die vorhandene Technik soweit verstärkt werden konnte, daß es solide blieb; so solide, daß es möglich war hindurchzufilmen. Weitere technische Raffinessen ermöglichten es den Forschern, ganze Zeittunnel in einen festen Zustand zu verstärken und Menschen hindurchzuschicken. So begannen die Zeitreisen in Montauk. Ganze drei Jahre reisten die Spezialteams von Montauk von allen möglichen Vergangenheiten zu allen möglicherweise interessanten Zukunften, filmten, speicherten auf Mikrochips, recherchierten, verglichen Geschehnisse der Vergangenheit mit den Geschichtsbüchern, besuchten Jesus und so weiter – alles was man sich in seinen kühnsten Träumen so vorzustellen vermag. Doch alles hat seinen Preis. Bis die Zeitkorridore und die Reisen Perfektion erreichten, mußten Tests gemacht werden – klarer ausgedrückt: ‚Menschenopfer' erbracht werden. Nach Aussage der Beteiligten wurden bis zu 10.000 Menschen in der Zeit verschickt, von denen nicht einmal Hundert zurückkamen. Anfangs verschickte man Obdachlose oder sonstige ‚Menschenware', wie man sie auf der Straße fand und schickte sie los, um zu sehen, was passieren würde. Später schickte man neben den Elitetruppen nur blond-blauäugige Jungen zwischen 10 und 16 Jahren durch die Tunnel. Das Ganze hatte mit der Nazi-Connection zu tun, die einen Teil des Montauk-Projektes finanzierte und während des Dritten Reichs ebenfalls ähnliche Tests durchgeführt hatte. Die Reisen und Recherchen wurden zu reinen Manipulationen: Menschen wurden in der Vergangenheit getötet, um zu sehen, ob es die Gegenwart verändern würde; Menschen wurden entführt; Technologie aus der Zukunft geholt; Technologie aus der Gegenwart in die Vergangenheit zurückgebracht und Firmen gegründet, die mit der Produktion zukünftiger Technologien beauftragt waren.

Gegen Ende 1981 war man soweit, daß man auf den Mars ging. Zuerst filmte man die Geschichte des Mars und seiner ehemaligen Bewohner in der Vergangenheit, dann drang man in die Pyramiden in der Cydonia-Region ein, welche die Viking-1-Sonde 1976 fotografiert hatte (siehe Richard Hoagland: ‚Die Mars Connection', ISBN 3-88498-076-9). Man manipulierte die Technologie, die vorgefunden wurde, und schaltete ein Abwehrsystem für unser Sonnensystem aus. Diese und weitere Experimente wurden nach Aussage der Autoren durchgeführt, bis es einigen der Forscher zu heftig wurde, da man allem Anschein nach ‚Gott' spielen wollte. Man entschied sich dazu, das Projekt zu sabotieren, was durch Duncan am 12. August 1983 gelang...

Die Hauptpersonen, Preston Nichols, Duncan Cameron und Edward Cameron alias Al Bielek, wurden bereits den verschiedensten Tests unterzogen, um herauszufinden, ob sie die Wahrheit sagen: Hypnose, Wahrheitsserum, Rückführungen, Lügendetektoren, Aurareadings... und immer kam man zu den gleichen Ergebnissen – es ist geschehen!

Wenn man all dem, was in dem Buch („Das Montauk-Projekt" von Preston Nichols und Peter Moon) beschrieben wird, Glauben schenken kann, wurde hinter unserem Rücken ein Projekt durchgeführt, das nicht nur tausende Menschen das Leben kostete, sondern auch die Existenz unseres Planeten und die Weiterexistenz der Menschheit aufs Spiel gesetzt hat und das höchstwahrscheinlich immer noch tut."

Der eben erwähnte, am *Montauk-Projekt* beteiligte Forscher *Al Bielek*, den Jan van Helsing persönlich gut kennt, erklärte in einem Interview mit dem Blatt *Sovereign Scribe*, daß in den dreißiger Jahren zwei außerirdische Rassen – eine aus dem plejadischen System stammende und eine weitere, welche er *Kondrashkin* (*K's*) nannte (die mit den *Greys/Grauen* gleichgesetzt wird) – der US-Regierung Hilfe anboten. Die Hilfe der *Plejadier* (auch *Plejaren* genannt) wurde Bieleks Bericht zufolge abgelehnt, da jene „nur" geistige Reife lehren wollten anstelle eines Technologieaustausches. Daher wurde ein Pakt mit den K's geschlossen.

Aus dieser Abkürzung entstand auch später die gängige Namensgebung der *Greys*, welche aufgrund ihrer Hautfarbe zugeordnet wurde (*K's* wird im Englischen *keis* ausgesprochen).

Die Plejadier nahmen Al Bieleks Aussagen zufolge in dieser Zeit auch Kontakt mit der Deutschen Regierung auf, welche, beeindruckt von der außerirdischen Technologie, versuchte, deren Raumschiffe nachzubauen.

Bielek erklärt dazu: *„Aufbauend auf diese Kontakte mit Deutschland fanden ab 1936 erste, eigene Entwicklungen an deutschen Flugscheiben statt. Im Juni 1937 war in Deutschland bereits das erste Modell fertig...*

Die eigentliche Konstruktion und Herstellung erfolgte aber erst 1940 in Prag..."[(27)]

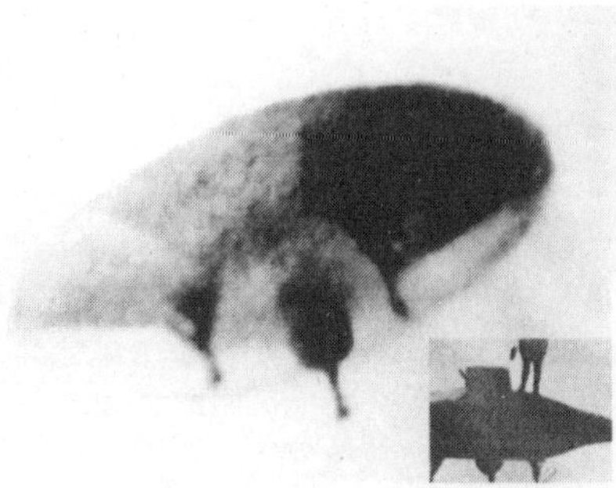

Abb.73 links: Aufnahme der deutschen „VRIL-Flugscheibe“ im Dritten Reich. Eine Person steht neben dem Fluggerät.
Abb.74 rechts: Das kleinere Foto zeigt eine Person auf dem „RFZ-1“ stehend. Die größere Aufnahme zeigt das „RFZ-1“ im Flug – ein reales *konventionelles* Fluggerät.

Dies zeigt, daß auch den Deutschen *keine* Flugscheibentechnik von den Plejadiern zur Verfügung gestellt wurde – jene sich aber, inspiriert durch die Kontakte, selbst daran machten, konventionell nachzubauen, was sie sahen. So ist die wahre Hilfe gegenüber Deutschland (in bezug auf dessen Machthaber) wohl eher „indirekt“ zu verstehen.

Es wird behauptet, daß auch hinter dem Mythos „Atlantis“ die menschlich aussehenden, außerirdischen Rassen wie jene der Plejadier stehen, deren Eingreifen und Wirken auf Erden wir heute als „Engel“ und „Götter“ fehlinterpretiert in den verschiedenen religiösen Schriften der Welt wiederfinden. Die Sprache der Atlanter wurde *VRIL* genannt. Warum dies wichtig ist, werden Sie bald erfahren...

Doch die Geschichte soll noch weit vor dem Kontakt mit Amerika in Deutschland begonnen haben. Im Sommer 1922 begann, aufgrund angeblicher telepathischer Kontakte zu einer außerirdischen Zivilisation, der Bau an dem Projekt „Jenseitsflugmaschine“.

Auf diesem Wissen und jenen Ereignissen aufbauend, hat später der Wissenschaftler *Carl Sagan* seine Novelle „Contact“ geschrieben. Dabei vermischte er diese mit dem sogenannten *SETI-Projekt* („*Search for extraterrestrial Intelligence*“), wie er später einem guten Freund erzählt haben soll. Nach außen hin gab er zwar an, nicht wirklich daran zu glauben, doch

Abb.75 links und **Abb.76** rechts: Originalaufnahmen des sogenannten „AVRO"-Flugkreisels aus dem Jahre 1959 der „Roe Aviation Company", welcher auf Plänen basierte, die deutsche Wissenschaftler im Dritten Reich anfertigten.

bezeugt die eben genannte Novelle, daß er sich sehr wohl intensiv mit dieser Materie auseinandergesetzt hatte. Die spätere Verfilmung von „Contact" wurde mit Jodie Foster in der Hauptrolle ein großer Kinoerfolg.

Die sogenannte *Jenseitsflugmaschine* hat in der Realität nicht wirklich funktioniert. Nach mehreren unbefriedigenden Testversuchen wurde sie angeblich bei den *Messerschmitt-Werken* in Augsburg eingelagert und nach dem Krieg von den Amerikanern mitgenommen.

Aufbauend auf die in Deutschland gefundenen Pläne und Flugtechnik konstruierten die Amerikaner später den *AVRO*-Flugkreisel, der nach offiziellen Angaben nie allzu hoch flog.

Dabei stellt sich nun aber auch die Frage, warum die Amerikaner scheibenförmige Flugobjekte bauten, die laut Angaben ihrer eigenen Studie „Blue-Book" gar nicht existierten!

Auch stoßen wir immer wieder auf geradezu beängstigende Unwissenheit bei Skeptikern sowie auch Beamten des Staates, wenn es um die reale Vergangenheit der deutschen Flugtechnik geht. Denn bereits im Jahre 1940 baute der deutsche Flugzeughersteller „Horten" die „HVb" sowie die „HVc" – zwei sogenannte „Nurflügel-Maschinen", von denen die meisten noch nie etwas gehört haben, obwohl sie über Deutschland flogen. Beim Anblick dieser Objekte erinnert man sich doch sehr schnell an einige UFO-Berichte.

Abb.77: Originalaufnahme der Nurflügel-Maschine „HVb“ von den Gebrüdern Horten auf dem Flugfeld Köln-Ostheim in den vierziger Jahren. (Das Hakenkreuz wurde geschwärzt.)

Abb.78: Originalaufnahme der Nurflügel-Maschine „HVc“ der Gebrüder Horten über dem Raum Hannover/Braunschweig in den vierziger Jahren. Diese Maschinen waren die Vorgänger der amerikanischen Nurflügel-Maschinen, wie zum Beispiel der „XB-35 Flying Wing“ nach dem Zweiten Weltkrieg und der „YB-49 Flying Wing“ aus dem Jahre 1947.

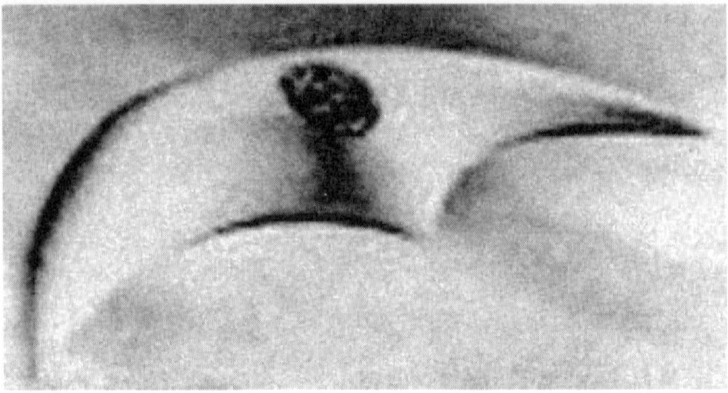

Abb.79: Künstlerische Umsetzung der beobachteten Objekte über Mount Rainier nach den Angaben von Kenneth Arnold, 1947 – dem Beginn der neuzeitlichen „UFO-Forschung".

Kenneth Arnold sah im Jahre 1947 über dem Mount Rainier ein Geschwader unbekannter Flugobjekte, welche den Namen „fliegende Untertassen" bekamen, da sie an eine Untertasse erinnerten, die übers Wasser springt, wie es ein flacher Stein in einem bestimmten Winkel tut.

Doch Arnold sah höchstwahrscheinlich kein außerirdisches UFO, sondern für die damalige Zeit neuartige *irdische* Maschinen. Was Kenneth Arnold 1947 sah, war wahrscheinlich einer der damals streng geheimen Testflüge der amerikanischen *Flying Wings*, welche wiederum ein Nachbau der deutschen *Horten-Nurflügler* waren – aufbauend auf Spionage während und erbeuteter Technik nach dem Dritten Reich.

Dieser Schluß liegt nahe, da Arnold seine Sichtung im Jahre 1947 hatte, in dem Jahr, in dem die amerikanische Luftwaffe ihre ersten Testflüge mit der „*YB-49 Flying Wing*" begann.

Auch Hortens letzter Nurflügler „H IX V3" wurde in Friedrichsroda, wohin die Fertigstellung des Typs ausgelagert war, von Angehörigen des VIII. Corps der 3. US Army am 19. April 1945 erbeutet. Das Flugzeug erhielt die Beutenummer „T2-490".

Und hier kommen wir auch zum wohl größten Problem des UFO-Phänomens: Die Außenform eines Flugobjektes *alleine* ist noch lange kein Beweis für eine *außerirdische* Herkunft, genausowenig, wie man aus einigen Kilometern Entfernung zweifelsfrei erkennen kann, ob ein Jumbo-Jet der *Lufthansa* angehört oder der *British Airways*. Diesen Fakt verleugnet leider ein Großteil der UFO-Forscher. Doch nicht nur diesen...

Das Militär hält nach außen hin (also „offiziell") einen dermaßen großen Abstand zu untertassenförmigen Flugobjekten, welche scheinbar (siehe „Blue Book") nicht existieren, obwohl ihre eigenen Konstruktionen und Forschungen das Gegenteil aufzeigen. Warum?

Vor allem die amerikanische Regierung lügt wirklich in allen Bereichen wie gedruckt(!), so daß man sich fragt, was für ein Geheimnis dahintersteckt.

Hierzu auch für die letzten Zweifler ein weiteres Beispiel:

Nach dem Jahre 1947 gingen die Amerikaner geradezu großkotzig mit ihrem *Pfannkuchen* an die Öffentlichkeit, mit der *Navy-Flounder-Modellreihe V-173*, um der Weltöffentlichkeit einmal mehr zu beweisen, daß die USA wirklich *alles* zum Fliegen bringen.

Allerdings verschwiegen sie der Welt **abermals**, was die Grundlage dieses aus der Entfernung fast „UFO-artig" erscheinenden Fluggerätes war – nämlich ein *deutsches Experimentalflugzeug* aus den Anfängen der vierziger Jahre, welches sie nach dem Zweiten Weltkrieg ebenfalls abtransportierten.

Warum übernahmen die deutschen Regierungen nach dem Zweiten Weltkrieg dieses falsche Geschichtsbild? Und warum glaubt man angeblich voller Überzeugung an die offiziellen Thesen der Geschichte?

Abb.80: Originalaufnahme der Nurflügel-Maschine *„YB-49 Flying Wing"* der USA, welche 1947 zum Einsatz kam. Man beachte das kleine „Schwänzchen" in der Mitte hinten und vergleiche das Flugzeug mit der künstlerischen Darstellung nach Kenneth Arnolds Angaben, welcher ebenfalls im Jahre 1947 seine „UFO"-Sichtung hatte, die in die Geschichte einging. Nimmt man nun noch die Tatsache zur Kenntnis, daß Arnold die Maschinen nicht aus der Nähe, sondern aus einiger Entfernung betrachtete, rückt eine außerirdische Verbindung bei diesem Vorfall in weite Ferne.

Der Hauptgrund ist, daß wir in einem von den Alliierten besiegten Land leben!

Glauben Sie im Ernst, daß die neue Regierung in Bagdad eine eigene Meinung haben darf – oder daß Amerika erst in den Irak einmarschiert, um das Land dann wieder zurückzugeben? Diese Regierung besteht vielleicht faktisch aus geborenen Irakern, doch letztlich vertreten sie nur die Interessen der USA in der Golfregion – sie wurden dort durch die USA wie Schachfiguren eingesetzt.

Es ist eine Tatsache, daß die USA nun im Besitz einer weiteren ölfördernden Nation sind – geschaffen durch einen Angriffskrieg. Erdöl ist endlich, und ohne den Golfkrieg hätten die arabischen Staaten in den kommenden Jahrzehnten die USA faktisch in der Hand gehabt, da diese, trotz eigener Ölfelder in Alaska und anderen Regionen, ihren Eigenbedarf auf Dauer nicht ohne Import hätten decken können.

Auch in Deutschland wurde nach dem Zweiten Weltkrieg logischerweise eine Regierung ***eingesetzt***, welche mit dem Hitler-Regime nichts mehr zu tun hatte.

Doch mit der alten Regierung verschwand auch noch etwas anderes:

Die neuen Machthaber in Deutschland hatten weder das Wissen der damaligen Regierung über geheime Projekte noch waren die Wissensträger, nachdem die Amerikaner diese Technologien systematisch erbeuteten, greifbar – und somit nicht „real“.

Und jene, welche tatsächlich noch das Wissen aus dem alten Hitler-Regime hatten, wurden entweder durch die USA in der *Operation Paperclip* in die Staaten geholt oder bei uns (aufgrund des fehlenden physikalischen

Abb.81: links: Originalaufnahme des deutschen Experimentalflugzeuges Anfang der vierziger Jahre.
Abb.82: rechts: Der amerikanische Nachbau nach Ende des Zweiten Weltkriegs aufgrund der erbeuteten „Scheibentechnik“.

Beweises bei Behauptungen über jene Technologie) vom eigenen Volk und deren neuen Regierungsvertretern als „Nazis" beschimpft und in die sogenannte „rechte Ecke" gestellt. Bis heute...

Als bestes Beispiel ist hier *Jan van Helsing* zu nennen, dessen beide Bücher über Geheimgesellschaften unter anderem aufgrund seiner Äußerungen zu der damals vorhandenen deutschen Flugscheibentechnik verboten wurden. Auch er wurde in die „rechte Ecke" gedrängt, obwohl diejenigen, die ihn vorverurteilen, nun wirklich gar nichts über diese Dinge zu wissen scheinen und sich vermutlich auch nie damit beschäftigt haben.

Wie pervers diese geschichtliche Vergangenheit angegangen wird, zeigt auch die Tatsache auf, daß man selbst UFO-Videos, welche über diese Vergangenheit berichten und alte Originalaufnahmen darüber zeigen, in Deutschland verbietet.

Wie Jan van Helsing in seinem Buch „*Unternehmen Aldebaran*" schrieb, hat sich hierzu auch eine Geschichte zugetragen, welche mit den in diesem Buch verwendeten UFO-Fotos zusammenhängt: Als Jan Fotos und Originalfilme von deutschen Flugscheiben, die er im Ausland aufbewahrt hatte, von einer Freundin via Flugzeug nach Deutschland bringen lassen wollte, wurde diese Maschine vor dem Start gestoppt, um das Gepäck zu durchsuchen – auf dem Rollfeld! Offiziell geschah das natürlich aus anderen Beweggründen. Nun hatte Jan aber, trotz telefonischer Ankündigung, die Bilder doch nicht der Frau mitgegeben, sondern sie per Post an die Adresse eines Freundes schicken lassen, weshalb sie später im oben genannten Buch zu sehen sind...

Man fragt sich in diesem Zusammenhang und in bezug auf die Tatsache des Verbots von UFO-Dokumentationen natürlich, *was* hier vertuscht werden soll? Wenn all die enthaltenen Bilder Fälschungen wären – wie so oft sowohl von Kritikern als auch dem Militär behauptet –, dann gäbe es wohl keinen Grund für solche juristische Aktionen. Oder nicht?

Wen würden schon ein paar Plastikmodelle interessieren, welche eine Handvoll Naiver für UFOs hält?

Warum alles ganz anders ist, werden die folgenden Seiten belegen...

Kapitel 6
Unterirdische Anlagen in Deutschland

Unterirdische militärische Anlagen gibt es überall in der Bundesrepublik, auch wenn der Großteil der Bevölkerung nichts davon mitbekommt. Meist sind es bergige Regionen, in welchen nur ab und zu ein paar Warntafeln auf eine militärische Sperrzone hinweisen. Der Ausdruck „unterirdische Städte" wäre wohl passender als „Anlagen".

Hin und wieder treten noch einige andere Merkmale in der Umgebung auf, welche auf die Nähe einer solchen Anlage hinweisen, auch wenn der Normalbürger sie nicht als Hinweise wahrnimmt. Wenn Sie zum Beispiel auf der Autobahn **A81** von Stuttgart Richtung Singen fahren, werden Sie irgendwann auf einen Autobahnabschnitt gelangen, welcher einen solchen Hinweis darstellt.

Abb.83: Autobahnabschnitt in Süddeutschland, welcher im Kriegsfall in eine Landebahn umfunktioniert werden kann, um den nahegelegenen unterirdischen, militärischen Stützpunkt anfliegen zu können. Dazu können die Mittelleitplanken der Fahrbahntrennung entfernt werden.

Auf jenem Abschnitt ist keine grüne Bebauung zwischen den entgegenkommenden Fahrspuren, nur die Leitplankenunterteilung. Der Grund hierfür ist, daß dieser Abschnitt im Krieg anders genutzt werden kann. Er wurde auch als Landebahn für den militärischen Ausnahmezustand konzipiert – damit die dort vorhandene unterirdische Stadt angeflogen werden kann, um zum Beispiel unsere Regierung und andere als „wichtig" erachtete Menschen vor einem atomaren Luftangriff in Sicherheit zu bringen.

Auch im Dritten Reich gab es solche Anlagen. Teile der Waffenproduktion sowie die Produktionsstätten der V2 wurden unter die Erde verlegt. So windet sich beispielsweise eine schmale Straße durch das *Jonastal*. Alles wirkt verlassen und einsam. Ab und zu hört man den Motor eines Autos. Es liegt schon einige Jahre zurück, daß sich an diesem Ort eine gespenstische Realität abspielte. Die dort befindlichen Bunkersysteme galten als letztes Führerhauptquartier im Dritten Reich.

Ab Herbst 1943 fuhren auf dem Ohrdorfer Bahnhof zahlreiche Sonderzüge mit Material und Häftlingen ein. Was alles in den Waggons war und ins Jonastal wanderte, weiß heute niemand mehr zu sagen. Die Bauarbeiten liefen unter strengster Geheimhaltung. Namen wie Himmler und Göring waren mit dem Baugeschehen eng verbunden.

Von der ehemaligen Großbaustelle ist heute nicht mehr viel übrig. Die Eingänge wurden zugesprengt. Es ist eine der Regionen, um die sich viele Mythen ranken.

In Deutschland gab es damals geheime unterirdische Anlagen, welche die offizielle Bezeichnung *S I*, *S II* und *S III* trugen (wie die Einrichtung mit dem Baubeginn im Oktober 1944, Arnstadt/Jonastal, *S III*, Tarnbe-

Abb.84 links: Eingang zum Führerhauptquartier im Jonastal. **Abb.85** rechts: Der geheimnisumwitterte Bergkopf „Bienenstein" im Jonastal. Hier werden Einrichtungen aus dem Dritten Reich vermutet, in denen die geheime Flugscheibentechnologie gebaut und erforscht wurde.

zeichnung „Olga"). Als die Amerikaner diese Anlagen fanden und durchsuchten, blieb nichts zurück außer einem unumstößlichen Mythos.

Was fanden die Amerikaner dort? Fanden sie *überhaupt* etwas? Ist es ein „Zufall", daß eine der hochgeheimsten Anlagen der USA, welche angeblich mit der Untersuchung und Auswertung von UFO-„Wracks" zu tun hat, *S IV (S-4)* genannt wird? Meiner Ansicht nach nicht!

Tatsache ist, daß die Amerikaner damals nach dem Krieg hochrangige und kompetente Wissenschaftler des Deutschen Reiches unter dem Decknamen *„Operation Paperclip"* nach Amerika schleusten, um jene für sich arbeiten zu lassen, statt sie vor ein Kriegsgericht zu bringen. Einer von ihnen war der bekannte Raketentechniker *Wernher von Braun*, der Vater der Vergeltungswaffe „V-I". Daß hier auch gänzlich andere Flugtechnik und ihre Pläne nach Amerika gebracht wurden, erfuhr die Welt einige Jahre später, als die Bevölkerung Bilder und Flugversuche des *AVRO-Flugkreisels* zu sehen bekam (siehe Abb.75 und 76).

Zugegeben wurde von den USA allerdings: Die Baupläne und die Erstellung des *AVRO-Cars* beruhen auf deutscher Technologie und Plänen, welche nach dem Zweiten Weltkrieg in die USA gebracht wurden!

Ende Oktober 1944 begannen im Jonastal bei Arnstadt die Arbeiten. Die Geheimniskrämerei der Amerikaner bezüglich des Jonastals führt zu Spekulationen. Zeugen behaupteten, die offiziell untersuchten 25 Stollen seien nur der bekannte Teil der Anlage und jene würde sich Richtung Arnstadt fortsetzen sowie tief unter dem Plateau des Truppenübungsplatzes.

Als das Gebiet von US-Einheiten freigekämpft worden war, landeten am 7. April 1945 Flugzeuge, denen eine Reihe alliierter Wissenschaftler und Technikexperten entstieg, die kurze Zeit später als Beteiligte des Atomforschungsprogramms identifiziert wurden. Zeugenberichten zufolge tauchten über dem Jonastal ab 1940 seltsame Lichter auf. So berichtete jemand, der in der Anlage gearbeitet hatte: *„Die unterirdischen Stollen führten weit in die Tiefe des Bergmassives. Je tiefer es hineinging, desto höher wurde die Sicherheitsstufe."*

Ein anderer gab zu verstehen, daß dort die Antriebe für sogenannte *VRIL*- und *Haunebu*-Scheiben gebaut wurden (dazu später mehr). Dies deckt sich mit den Angaben von deutschen Flugscheibenkonstrukteuren, welche verschiedene Details weitergaben. Da die Flugscheiben existierten, mußten sie auch irgendwo gefertigt und gelagert werden.

Anwohner sahen damals kreisrunde Fluggeräte, welche in den Bergmassiven am Bienenstein im Jonastal verschwanden. Dies bestätigt wiederum die Zeugenaussagen anderer, welche – nach 1940 – nachts unerklärliche Lichter über dem Tal sahen, die sich an einigen Stellen herabsenkten.

Die konservativen Wissenschaftler leugnen dieses Phänomen nicht, aber sie vermuten hinter diesen Erscheinungen „geologische Besonderheiten".

Zu den deutschen Flugscheibenkonstrukteuren, welche auf *konventioneller* Basis arbeiteten, gehörten unter anderem *Andreas Epp*, *Arthur Sack*, *Dr. Richard Miethe* und *Rudolf Schriever*. Erstgenannter, *Andreas Epp*, verstarb am 3. September 1997.

Abb.86: Flugscheibenkonstrukteur *Andreas Epp* beim Bau einer von ihm entwickelten Scheibe, dem *Omega Diskus 39/58*.

In einem Interview mit dem Redakteur *Peter Arfmann*, das kurz vor seinem Tod stattfand, gab *Andreas Epp* an: *„Durch die Bekanntschaft mit dem damals als Kunstflieger bekannt gewordenen Ernst Udet in Hamburg trat ich 1936 in die Luftwaffe ein. Dort besuchte ich einige technische Schulen und machte schließlich bei Dornier in den Jahren 1937/38 mein fliegertechnisches Praktikum. Im Mai 1940 übersandte ich ein flugfähiges Modell, das später zu der sogenannten „V7-Flugscheibe" weiterentwickelt wurde, an den jetzigen Reichszeugmeister Generaloberst Udet.*

Göring gab nach langen Besprechungen mit seinen technischen Beratern den Befehl und die Order, 15 Prototypen der „V7" nach meinen Plänen zu entwickeln und zu konstruieren.

Für die Leitung dieser Arbeiten waren die Ingenieure Habermohl, Schriever und Klein und der Pilot Roehlige in Prag tätig. Nach dem Krieg setzte ich meine Konstruktionsarbeiten fort und entwickelte in der Folgezeit drei weitere Flugscheiben. 1946 entwickelte ich die Flugscheibe „Diskus" und 1957 den „Omega-Diskus".

Ich mußte meine Arbeiten an den Nachfolgekonstruktionen und Modellen wegen des Verbotes der Alliierten unter größter Verschwiegenheit durchführen. Bis zum heutigen Tage wurden meine gesamten Forschungsarbeiten verschwiegen oder verschwanden in dunklen Kanälen... Ein Leben lang wurde ich behindert und war auf der Flucht vor Geheimdiensten, Spionen und anderen Gestalten..."[(28)]

Abb.87: Eine Scheibe, die der englische Forscher *John Searl* 1971 baute. Ein Flugobjekt, welches nur wenigen bekannt war.

Abb.88 links: Der Konstrukteur *Rudolf Schriever* vor einem seiner Flugscheibenmodelle.
Abb.89 rechts: Ein Sikorsky-Mitarbeiter an einer späteren *amerikanischen* Scheibe, welche auf den deutschen Plänen aufgebaut ist – ein Teil der deutschen Vergangenheit, welcher nach dem Zweiten Weltkrieg unter dem Deckmantel der Alliierten verschwand.

In Fernsehsendungen der BBC und bei deutschen Medienvertretern sowie der dazugehörigen Literatur werden berechtigterweise Fragen aufgeworfen: *„Welchen Anteil und welche Auswirkung hatten die Errungenschaften der modernen Wissenschaft am Geschehen des Zweiten Weltkrieges?"*

„Habermohl und Schriever kommen in solchen offiziellen Dokumentationen ***nicht*** *vor. Weil es sie offiziell nicht gibt... Ist also nur die deutsche UFO-Szene gut informiert und an Informationen der Geheimdienste vorbei zu wichtigen Erkenntnissen gelangt?"*, fragt die Zeitung „Jenseits des Irdischen" in ihrer Oktoberausgabe von 1996.

Nun wird es interessant! Bereits zu Zeiten des Dritten Reiches existierten die Pläne der sogenannten *„Haunebu"*-Flugscheiben (siehe dazu Abb.92). Unabhängig von der Frage, ob sie jemals geflogen sind, ist folgende Tatsache ein absoluter Fakt: *George Adamski*, unser angeblicher Kontaktler, welcher in diesem Buch schon einige Male auftauchen durfte, fotografierte jene Flugobjekte, die seine Raumfreunde besaßen – so auch am 13. Dezember 1952 – und die optisch identisch waren mit jenen „Haunebu-Flugscheiben", welche wir in Plänen des Dritten Reiches finden!

Erinnern wir uns: Ich habe in einem vorherigen Kapitel beschrieben, daß Adamski bei seinem ersten Kontakt in der Wüste einen menschlichen „Außerirdischen" traf, welcher ein Hakenkreuz auf seinem Schuhabsatz hatte, und daß die amerikanische Luftwaffe laut einem offiziellen ATIC-Bericht tatsächlich an jenem 20. November 1952 über Desert Center ein UFO verfolgte.

Nun hatte aber dieser amerikanische Kontaktler als Beweis für seinen Kontakt nicht nur Schuhabdrücke vorzulegen, die ein Hakenkreuz aufwiesen, sondern er fotografierte auch noch Fluggeräte, die während des Dritten Reiches *„Haunebu II"* genannt wurden. Und als wäre das noch nicht genug, war der Außerirdische auch noch *blond* und *blauäugig*...

War Adamski ein *„Nationalsozialist"*, oder gibt es eine **andere** Wahrheit hinter der Geschichte?

Die Haunebu-Episode geht aber noch weiter, und zwar mit einem Menschen, der ebenfalls eine Flugscheibe konstruiert hat, welche aber leider im Jahre 1951 in Ohio, Pennsylvania, etwa 1.000 Kilometer vom Abflugort entfernt, eine Bruchlandung machte, da die Fernsteuerung versagte. Die Rede ist von *Howard Menger*.

Wenn Sie jemals Kontakt zum Geheimdienst möchten, dann bauen Sie ein über 1,50 Meter großes Flugscheibenmodell und lassen es irgendwo vor ihrem Haus fliegen. Ähnlich erging es auch Menger, denn die Bundespolizei FBI sammelte in Ohio die Reste seiner Flugscheibe ein und konnte anhand der Einzelteile den Verkäufer ermitteln, welcher sie wiederum zu Menger führte.

Ähnlich wie der Flugscheibenkonstrukteur *Andreas Epp* es beschrieb, legten sie Menger nahe, damit aufzuhören.

Doch dies ist noch lange nicht die ganze Geschichte – sie hat noch nicht einmal richtig begonnen!

Abb.90: Foto des von Howard Menger konstruierten Flugscheibenmodells *HMX1-1951 Electro-Craft*, welches im Jahre 1951 an der Grenze zu Ohio, Pennsylvania, abstürzte, da die Fernsteuerung versagte. Howard Menger wurde nahegelegt, damit aufzuhören, in dieser Richtung weiterzuarbeiten. Er arbeitete danach für den amerikanischen Geheimdienst, bis er an die Öffentlichkeit ging.

Howard Menger behauptete, daß er bereits seit seinem zehnten Lebensjahr mit Außerirdischen Kontakt habe. Und „zufälligerweise" flogen diese in denselben „Haunebu II"-Raumschiffen herum, wie jene, die angeblich Adamski kontaktierten... Damals soll eine schöne, blonde Frau auf einem Stein bei einem Bach gesessen haben, berichtet Menger. Sie sagte zu dem kleinen Jungen: *„Ich bin von weit her gekommen, dich zu sehen und mit dir zu sprechen. Ich weiß, woher du kommst und was deine Aufgabe auf der Erde ist. Du wirst sehr viel später wissen, wovon ich spreche. Aber merke dir: Wir nehmen Kontakt auf mit unseren eigenen Leuten. Wir werden immer in deiner Nähe sein, auf dich aufpassen und dich führen."* Dies war der erste Kontakt.[29]

Erinnern wir uns: Während des Zweiten Weltkrieges tauchten plötzlich jene Objekte über Deutschland auf, welche als *Foo-Fighter* in die Geschichte eingingen. Die Alliierten schrieben sie den Deutschen zu – und die Deutschen den Alliierten. Ihr Flugverhalten war absolut unkonventionell! Erinnern wir uns weiter, daß menschliche Außerirdische uns Anfang der dreißiger Jahre in friedlicher Absicht kontaktierten, und daß tatsächlich keinerlei Bedrohung von den *Foo-Fighters* ausging.

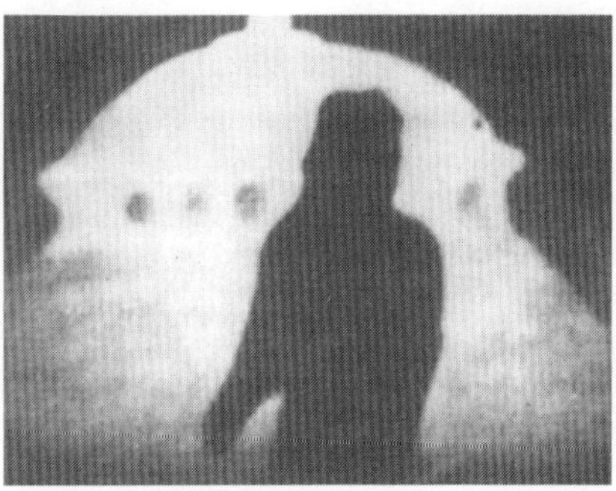

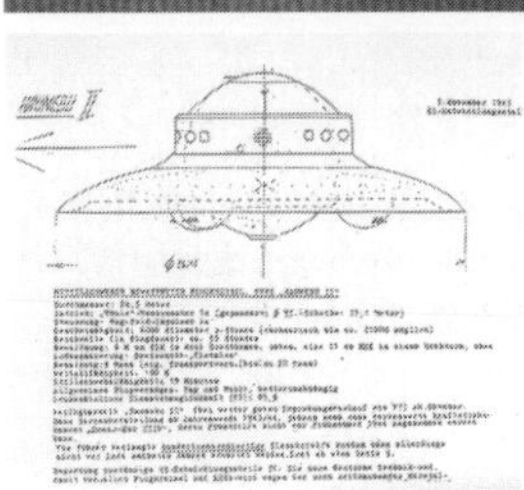

Abb.91 links oben: Aufnahme eines *Scoutships* vom April 1956 in High Bridge, New Jersey – von Howard Menger während eines Kontaktes fotografiert. Davor ein menschlicher Außerirdischer. **Abb.92** links unten: Pläne einer *Haunebu II* der *SS-Entwicklungsstelle IV* vom 7. November 1943 aus dem Dritten Reich. **Abb.93** rechts oben: Aufnahme von *Haunebu-II*-Maschinen über Deutschland, aufgenommen von *Uri Geller* am 4. November 1972 auf einem Flug von London nach München (Ausschnittsvergrößerung aus Gellers Buch „Mein wundervolles Leben").

Amerika hingegen ging in den dreißiger Jahren einen Pakt mit den *Greys* ein. So behaupten es zumindest Insider des US-Militärs...

Die Deutschen begannen damit, die beobachteten Flugobjekte zu kopieren, und nachweislich wurden in dieser Zeit in Deutschland die ersten Flugscheiben gebaut.

Nun gehen wir für einen Moment in die Welt der Sagen und Mythen, welche uns überliefert wurden. Das Hakenkreuz ist ein uraltes Symbol, welches von Hitler nur benutzt wurde. Es existiert laut den Überlieferungen der Menschheit schon seit vielen tausend Jahren. Auch dies ist ein Fakt. Laut alten Überlieferungen soll das Hakenkreuz das Symbol der untergegangenen Kultur *Atlantis* sein, einer Hochzivilisation lange vor unserer Zeit. Den Menschen dieser alten Kultur wird nachgesagt, daß sie noch über andere Fähigkeiten wie Hellsichtigkeit, Telepathie, Levitation und so weiter verfügten.

Hatte Hitler das Hakenkreuz aufgrund dieses Hintergrundwissens kopiert? Wurzelt seine Ideologie verschieden entwickelter Rassen eventuell darin, daß er die Fähigkeiten der Atlanter demonstriert bekam? Erinnern wir uns: Die blonde, schöne Frau sagte zu Menger: „***Wir nehmen Kontakt auf zu unseren eigenen Leuten.***"

Die Atlanter werden den Überlieferungen nach als „arische Rasse" beschrieben. Wollte Hitler diese „arische Rasse" wieder heranzüchten aus den Deutschen, um die verlorenen genetischen, evolutionären Fähigkeiten der Atlanter (wie Hellsichtigkeit, Telepathie etc.) wieder in das Erdenleben zurückzuholen? Fühlte er sich auserwählt, weil die Deutschen augenscheinlich als erste kontaktiert wurden? Oder war doch alles ganz anders?

Tatsache ist, daß *Howard Menger* ***als kleiner Junge*** von den Außerirdischen kontaktiert wurde. *George Adamski* wurde am 17. April 1891 in Polen geboren. Bereits ***als kleiner Junge*** hatte er eine merkwürdige Begegnung. Seine Eltern waren mit ihm auf einem Fest, als angeblich ein fremder Mann kam, seine Hand nahm und mit ihm wegging. Ab diesem Moment veränderte sich sein Leben, wie er seinem Freund, dem britischen Schriftsteller Desmond Leslie, später berichtete. Dies erinnert einen womöglich unverhofft an *Uri Geller*, welcher ebenfalls von einer Gestalt in jenem Garten sprach, wo ihn ***als kleiner Junge*** das Licht „traf", und sich infolgedessen eine Lebensveränderung einstellen sollte.

Interessanterweise fotografierten alle drei Flugscheiben, welche optisch mit der „Haunebu II“ identisch waren. Sind wir hier auf etwas gemeinsames gestoßen?

Uri Geller ist Israeli. Einen „rechten“ oder „nationalsozialistischen“ Hintergrund kann man ihm wohl kaum vorwerfen. Und auch für die Zweifler bleibt eine weitere Tatsache bestehen: Geller fotografierte diese Haunebu-Flugscheiben nicht etwa über Israel, sondern über Deutschland (siehe sein Buch „*Mein wunder-volles Leben*“, Silberschnur-Verlag).

Nun glauben Sie womöglich immer noch, daß es UFOs nicht gibt und nie gegeben hat. Dann wird es Zeit, die Wahrnehmung etwas anzuheben: Nach den Konstruktionsideen von Miethe und Belluzo wurde die kreisrunde Scheibe *Aerodyne* mit einer klassischen Kanzel in der Mitte gebaut. Allerdings starben deren Konstrukteur *René Couzinet* und seine Frau durch einen mysteriösen „Selbstmord“, der nie aufgeklärt werden konnte.

Erinnern wir uns also an die falschen Angaben, welche uns über die Planeten in unserem Sonnensystem aufgetischt werden, so zum Beispiel, daß auf der Venus auf der sonnenabgewandten Seite dieselben hohen Temperaturen von über +460 ° C herrschen sollen wie auf der sonnenbeschienenen, obwohl erstere etwa ein Jahr lang „im Dunkeln“ liegt.

Abb.94: Originalaufnahme der Flugscheibe *Aerodyne*. Die Flugscheibe erreichte bei Testflügen eine Geschwindigkeit von bis zu 600 Kilometern in der Stunde und wurde kopiert nach den Plänen und der Konstruktionsidee von Miethe und Belluzo.

Abb.95: Eine weitere Originalaufnahme der Flugscheibe *Aerodyne* des Konstrukteurs René Couzinet nach den Konstruktionsplänen von Miethe und Belluzo. Der vermeintliche Selbstmord des Konstrukteurs Couzinet und seiner Frau wurde nie genau aufgeklärt. Das Objekt wurde von drei Turbinen des Typs „Lycoming“ und einem „Palas“-Aggregat angetrieben und flog!

Erinnern wir uns an die falschen Atmosphärenangaben über Mond und Mars. Unter diesem Gesichtspunkt betrachtet scheint es nun weniger abwegig, wenn wir von Leuten wie Adamski und Menger zu hören bekommen, daß die Außerirdischen angaben, *„sie kämen von der Venus“*. Hierbei muß betont werden, daß diese Außerirdischen ***selbst*** angaben, daß große Teile des Planeten durch die hohen Temperaturen nicht bewohnbar seien und dort teilweise, so wörtlich, *„eine wahre Hölle toben würde“*.

Menger gab zu diesem Thema ebenfalls ganz rational eine Erklärung ab. Er sagte: *„Wenn wir unsere Astronauten nach dem Rückflug vom Mond fragen, woher sie kommen, dann sagen diese „vom Mond“ – und nicht „von der Erde“!*
Womöglich haben die „Besucher“ auf der Venus nur eine Basis und kommen ursprünglich ganz woanders her. Wer weiß das schon?“ (30)

Betrachtet man jedenfalls die Aussagen der Flugscheibeninsassen unter diesem Gesichtspunkt, dann klingt das Ganze schon gar nicht mehr so lächerlich. Schließlich haben **selbst wir** schon Raumsonden zur Venus und Richtung Merkur geschickt...

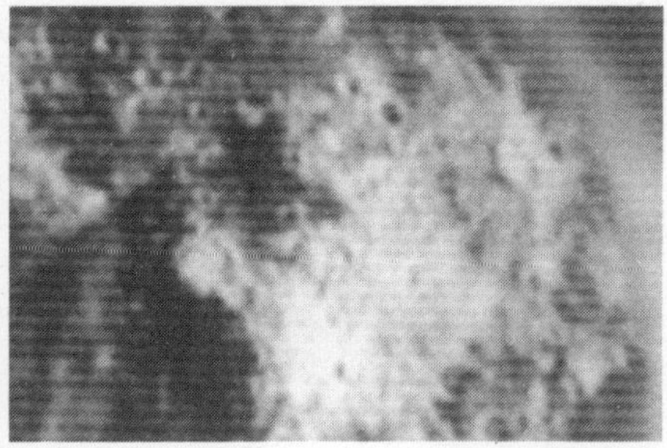

Abb.96 links: Die sogenannten „Mondkartoffeln“, welche Howard Menger am 4. Februar 1958 von den Außerirdischen bekam, die laut Menger fünf- bis sechsmal mehr Protein enthalten als irdische.
Abb.97 rechts: Kraterlandschaft auf der Mondrückseite – laut Menger aufgenommen von ihm aus einem sogenannten *Scoutship* (siehe *Haunebu II*). Beachten Sie die runde Luke, aus welcher die Aufnahme gemacht wurde, und vergleichen Sie diese mit den *Haunebu-II*-Bildern – sie stimmen überein.

Adamski geht sogar noch einen Schritt weiter, denn er läßt ganz klar durchblicken, daß er durch die Außerirdischen über die falschen Temperaturangaben und Atmosphärenwerte auf den Planeten in unserem Sonnensystem informiert worden ist!

Howard Menger wurde von diesen angeblich auf den Mond mitgenommen, von einem Ort auf der Erde, den er *„Feldplatz 1“* nannte. Auf diesem Flug fotografierte er mal ganz nebenbei die Rückseite des Mondes, und ihm wurde erzählt, daß die Außerirdischen dort eine Basis haben.

Erinnern wir uns an die Aussagen von *Ken Mettingly* während der Mission der Apollo 16, welcher in regelmäßigen Abständen „Blitze“ auf der erdabgewandten Seite des Mondes sah, sowie an die Raupenspuren auf dem Mond, welche sich auf einem Bild über fünfzig Kilometer in gerader Linie durch einen Krater erstreckten. Nicht zu vergessen sind auch die Aufnahmen der Apollo-XII-Mission aus dem Jahre 1969, als die Kamera festhielt, wie auf einem Kraterrand ein Blitz erschien – in jenem Moment, in dem ein unbekanntes Flugobjekt unterhalb der Apollo über den Krater flog. Auf anderen Fotos entdeckt man in Mondkratern riesige **X**-förmige Schaufelbagger, in der Größe jenen ähnlich, welche wir hier auf der Erde für den Braunkohleabbau benutzen.

Adamski behauptete damals schon, jene Außerirdischen kämen von der Venus sowie dem Mars, dem Mond und dem Asteroidengürtel zwischen Mars und Jupiter (dies beweist, daß es sich lediglich um Stützpunkte im

Sonnensystem handelt). Unsere offizielle Wissenschaft sagt dazu: Unmöglich!

Doch dem widerspricht ausgerechnet das interne Lehrbuch der *United States Air Force Academy*: Im offiziellen Lehrbuch „Einführung in die Weltraumwissenschaften – Ausgabe 2“ („*Introductionary Space Science, Volume II*“), der US-Air-Force-Academy aus dem Jahr 1969 lehrte man seine angehende Elite, daß UFOs „*...von Planeten **unseres** Sonnensystems stammen.*“ Weiter bestätigt es: „*...daß eine Gruppe von vier Außerirdischen wie **Menschen** aussieht, und **Kontakte** im Verborgenen durchaus stattgefunden haben können.*“

Als Teile davon an die Öffentlichkeit kamen, wurde diese Anmerkung von den offiziellen Stellen aus dem Buch gestrichen!

Wie solche **Kontakte** stattfinden könnten, dafür nennt uns der Schriftsteller *Desmond Leslie* ein gutes Beispiel: Er brachte George Adamski eines Tages zum *Paddington Bahnhof* in London, da dieser für einige Zeit nach *Bath* verreisen wollte. Leslie begleitete Adamski in den Zug, wobei ein Schaffner die Koffer trug. Dieser suchte für Adamski einen Platz in einem Abteil, in dem sich bereits ein Mann mit dunkler Sonnenbrille befand, der die beiden anlächelte.

Abb.98:
Offizielles Lehrbuch der US-Air-Force (aus dem Jahre 1969) für ihre zukünftige Führungselite der Luftwaffe, welche jene lehrte, daß UFOs und Außerirdische Realität und auf der Erde zu finden sind.

Als der Schaffner gegangen war, begrüßte der Mann mit der Sonnenbrille die beiden freundlich lächelnd und sagte: „*Hello! I brought you here...!* („*Hallo! Ich brachte euch hierher...!*“)

Leslie blickte Adamski skeptisch an und verließ dann das Abteil, da der Zug bald abfahren würde. Später erzählte Adamski seinem Freund Leslie, daß dieser Mann tatsächlich ein Raummensch war. Leslie betonte bei dieser Geschichte, daß nicht Adamski das Zugabteil ausgewählt hatte, sondern der Schaffner. Dies zeigt, wenn die Geschichte tatsächlich stimmt, auf welche Art und wie überlegen solche Kontakte ablaufen.

Kommen wir nun zu einem Punkt, der mir besonders am Herzen liegt. Ich will mit diesem Buch einige neue Akzente setzen, und so bleibt dies nicht außen vor. Warum müssen denn „uralte" Theorien immer richtig sein?

Ich meine Kontakte im Altertum und deren „Deutungen". Dazu betrachte ich eine Stelle aus dem Alten Testament, welche schon von *Erich von Däniken* und dem amerikanischen NASA-Ingenieur *J. F. Blumrich* angegangen wurde – und will diese Herren widerlegen. Zumindest stelle ich einige denkwürdige Fragen.

Es geht hier um das Buch *Hesekiel* (Ezechiel). Vermutlich kennen Sie diese „Geschichte" bereits, denn Erich von Däniken behauptet, daß in der Bibel in der Hesekiel-Geschichte ein außerirdisches Flugobjekt beschrieben ist.

Hier ein kurzer Textabschnitt aus dem Buch Hesekiel:

„Es begab sich im dreißigsten Jahre, am fünften Tage des vierten Monats, als ich am Flusse Chebar unter den Verbannten war, da tat sich der Himmel auf, und ich sah göttliche Gesichte...

Ich sah aber, wie ein Sturmwind daherkam von Norden her und eine große WOLKE, umgeben von einem strahlenden Glanz und einem unaufhörlichen Feuer, aus dessen Mitte es blinkte wie Glanzerz. Und mitten darin erschienen Gestalten wie von vier lebenden Wesen; die waren anzusehen wie Menschengestalten...

Ihre Beine waren gerade, und ihre Fußsohle war anzusehen wie die Fußsohle eines Kalbes, und sie funkelten wie blankes Erz. Unter ihren Flügeln an ihren vier Seiten hatten sie Menschenhände, und die Flügel von allen vieren berührten einander, und ihre Gesichter wandten sich nicht um, wenn sie gingen; ein jedes ging gerade vor sich hin...

Und die lebenden Wesen liefen hin und her, daß es aussah wie Blitze. Weiter sah ich neben jedem der vier lebenden Wesen ein Rad auf dem Boden. Das Aussehen der Räder war wie der Schimmer eines Chrysoliths, und die vier Räder waren alle von gleicher Gestalt, und sie waren so gearbeitet, als wäre je ein Rad mitten in dem anderen...

Wenn die lebenden Wesen gingen, so gingen auch die Räder neben ihnen; und auch wenn sich die lebenden Wesen vom Boden abhoben, so erhoben sich auch die Räder...

Und über den Häuptern der lebenden Wesen war etwas wie eine feste Platte, schimmernd wie ein Kristall, hingebreitet oben über ihren Häuptern... Und wenn sie gingen hörte ich ihre Flügel rauschen, gleich dem Rauschen großer Wasser, gleich der Stimme des Allmächtigen, und ein Getöse wie das eines Heerlagers. Wenn sie aber stillstanden, senkten sie ihre Flügel..." (Hesekiel 1, 1-25).

Jan van Helsing schreibt dazu in seinem Bestseller „Hände weg von diesem Buch!": *„Der erste Teil der Vision Hesekiels erinnert an frühere biblische Beschreibungen des hebräischen „Gottes": Ein sich bewegendes feuriges Objekt am Himmel, das Rauch und Getöse verbreitet. Als das Objekt näherkam, konnte Hesekiel erkennen, daß es aus Metall war. Dem Objekt entstiegen einige Geschöpfe, die wie Menschen aussahen und offenbar Metallstiefel und mit Ornamenten verzierte Helme trugen. Ihre „Flügel" schienen einziehbare Vorrichtungen gewesen zu sein, die ein ratterndes Geräusch verursachten und ihnen das Fliegen ermöglichten. Ihre Köpfe waren mit Glas oder etwas Transparentem bedeckt, worin sich der Himmel über ihnen widerspiegelte (Astronautenhelme). Und sie befanden sich offenbar in einer Art rundem Fahrzeug oder einem Fahrzeug mit Rädern, eine Art „Mondauto"."*

Im großen und ganzen stimme ich mit ihm (und Blumrich) überein. Doch jenes Objekt, welches der NASA-Ingenieur aus der Bibelbeschreibung konstruierte (siehe Abb.100), war für mich nie überzeugend, da beim genauen Lesen der Bibelstelle zu viele Ungereimtheiten auftauchen und einige Dinge – meiner Meinung nach – einfach aus falschem Verständnis heraus nicht richtig umgesetzt wurden.

Deshalb habe ich mir einen „Spaß" erlaubt. Ich habe mir überlegt, wenn tatsächlich UFOs außerirdischen Ursprungs existieren sowie das damit verbundene Zeitreisephänomen, dann bräuchte man unter Umständen gar kein „neues" UFO zu konstruieren, sondern es existiert unter Umständen schon bildlich in den „UFO-Archiven". Zudem halte ich Blumrichs Version des Objektes nicht unbedingt für raumfahrttauglich.

Das muß wohl auch dem NASA-Wissenschaftler aufgefallen sein, denn er betonte, es sei vermutlich nur eine Art Vehikel, speziell für Flüge innerhalb der Atmosphäre der Erde entwickelt.

Daher dachte ich: „*Warum nicht die Haunebu II nehmen, jenes Objekt, welches so viele Menschen fotografiert haben?*"

Die erste Erkenntnis, warum ich ausgerechnet *diesen* Vergleich suchte, ergab sich aus der Textstelle „*Rad (Räder) inmitten des anderen (Rades)*", denn dies erinnerte mich unweigerlich an die Haunebu. Also habe ich mich an die Arbeit gemacht, um eine Art „Alternative" zu der bekannten Blumrich-These aufzubauen. Welche am Ende besser paßt, entscheiden Sie dann selbst...

Zur Verdeutlichung sehen Sie unten eine Abbildung einer Haunebu II und des Blumrich-Objektes gegenübergestellt – sowie vom Bibeltext jene Passagen, welche *nicht* mit „Blumrichs Maschine" übereinstimmen.

Ist hier eine außerirdische, hochentwickelte Macht am Werke, dann sind viele der Sichtungsdetails vermutlich eine Art visuelle Show, so wie auch heutzutage bei Marienerscheinungen laut Zeugenaussagen jenes Abbild der Heiligen Mutter vor den Betrachtern anfing zu wachsen und Lichter gesehen wurden sowie andere Details. Deshalb konzentriere ich mich bei meinem Vergleich einzig und alleine auf das *Objekt*.

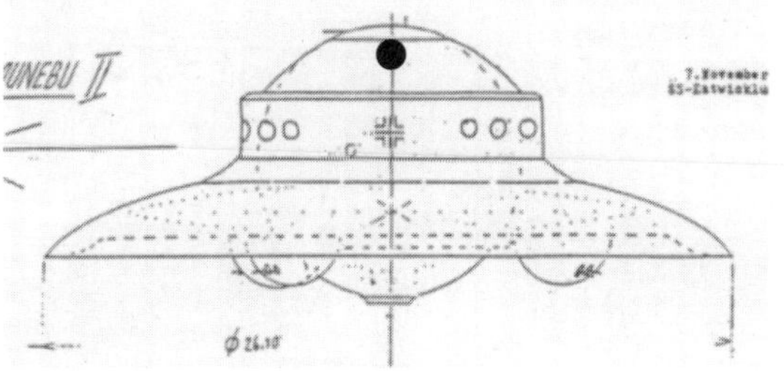

Abb.99 links: Plan einer *Haunebu II* – identisch unter anderem mit den sogenannten „Scoutships" von George Adamski. (Das Hakenkreuz wurde geschwärzt.) **Abb.100** rechts: Rekonstruktion des Objektes der Hesekiel-Begegnung von NASA-Ingenieur J. F. Blumrich.

Betrachten möchte ich aber auch eine weniger bekannte Stelle des Hesekiel-Textes, welche diesen Sachverhalt betrifft. Wir lesen in Hesekiel 2,8-3,3: *„Mach deinen Mund auf und iß, was ich dir gebe!" Ich schaute auf und sah vor mir eine ausgestreckte Hand, die eine Buchrolle hielt... Die Stimme fuhr fort: „Du Mensch, nimm diese Buchrolle und iß sie auf! Fülle deinen Magen damit". Da aß ich die Rolle; sie war süß wie Honig."*

Dies erinnert den Bibelkenner an die bekanntere Stelle in der *Offenbarung des Johannes*, in welcher eine **identische** Szenerie beschrieben ist.

Als Vergleich ziehe ich den Bibeltext nach der Übersetzung von *Martin Luther* heran. Dort lesen wir in der Offenbarung 10,9-10: *„Und ich ging zum Engel und sprach zu ihm: „Gib mir das Büchlein!" Und er sprach zum mir: „Nimm hin und verschling es! Und es wird dich im Bauch grimmen; aber in deinem Munde wird's süß sein wie Honig." Und ich nahm das Büchlein von der Hand des Engels und verschlang es, und es war süß in meinem Munde wie Honig, und da ich's gegessen hatte grimmte mich's im Bauch."*

Es gibt also eine eindeutige Verbindung des Hesekiel-Textes zur Offenbarung des Johannes! Jene Szenerie ist so übereinstimmend, daß es naheliegend ist anzunehmen, daß hier ein und dieselbe „Macht" dahintersteht. Was will ich damit zum Ausdruck bringen?

Wenn hinter der Geschichte von Hesekiel eine außerirdische Verbindung steht, dann also auch hinter der „*Offenbarung des Johannes*"!

Kommen wir mit diesen Gedanken zurück zu meinem Vorhaben – der Gegenüberstellung der Flugapparate und dem Text des Hesekiel: Als nächstes wäre anzumerken, daß Hesekiel die „Außerirdischen" als menschlich aussehend beschreibt. Dies ist ein weiterer Fakt, der auch auf jene zutrifft, welche bei den Kontaktlergeschichten von Adamski & Co. beschrieben werden und in diesen „Haunebu-Flugscheiben" fliegen.

In *Die große Erich von Däniken Enzyklopädie* lesen wir: *„...daß auf der Erde neben den Lebewesen ein Rad (-Räder) war."* In einer evangelischen Bibelversion steht: *„Als ich genauer hinsah, erblickte ich neben* ***jeder*** *der vier Gestalten ein Rad..."*

Und hier beginnt bereits Blumrichs gedanklicher Fehler bei seiner „Konstruktion" des Objektes, denn er zeichnet *ein* Objekt, in welchem *die vier* Räder vorkommen. Doch im Alten Testament steht nichts von *einem* Objekt, sondern: *„...erblickte ich neben **jeder** der Gestalten ein Rad"*.

Das Rad an sich ist für Hesekiel, den Betrachter, das Flugobjekt. Da laut seinen Aussagen neben jeder der vier Gestalten ein Rad steht, sind es ***vier Flugobjekte*** und nicht ein Objekt *„mit vier Rädern"*.

Betrachten wir uns nochmals die Textstelle im Auszug:

„Ich sah aber, wie ein Sturmwind daherkam von Norden her und eine große WOLKE, umgeben von einem strahlenden Glanz und einem unaufhörlichen Feuer, aus dessen Mitte es blinkte wie Glanzerz." (1,4)

Dies könnte noch auf beide Vergleichsobjekte zutreffen. Die Außerirdischen landen nun – einige Dinge geschehen, die nichts mit dem Objekt, sondern eher mit der „Show" zu tun haben. Dann: *„Weiter sah ich neben jedem der vier lebenden Wesen ein Rad auf dem Boden. Das Aussehen der Räder war wie der Schimmer eines Chrysoliths, und die vier Räder waren alle von gleicher Gestalt..."* (1,15-16)

Wie gesagt, meiner Meinung nach ist das ein Denkfehler des Herrn Blumrich; denn für mich geht aus dem Text hervor, daß es *vier* Objekte

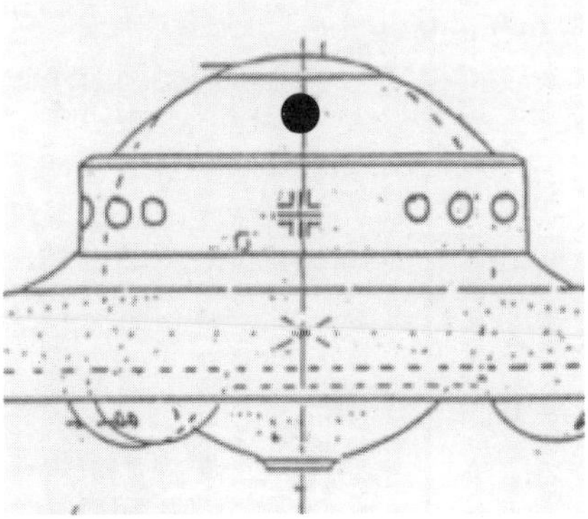

Abb.101: Man sieht bei der *Haunebu* (*Scoutship*) zwei Kreise, welche im rechten Winkel zueinander stehen. Der eine ist die „Lukenfront" und der Umfang der Scheibe. Der andere wie eine Kugel, die sich aus Kuppeldach und der unteren Rundung optisch vorstellen läßt.
(Das Hakenkreuz wurde aus juristischen Gründen geschwärzt.)

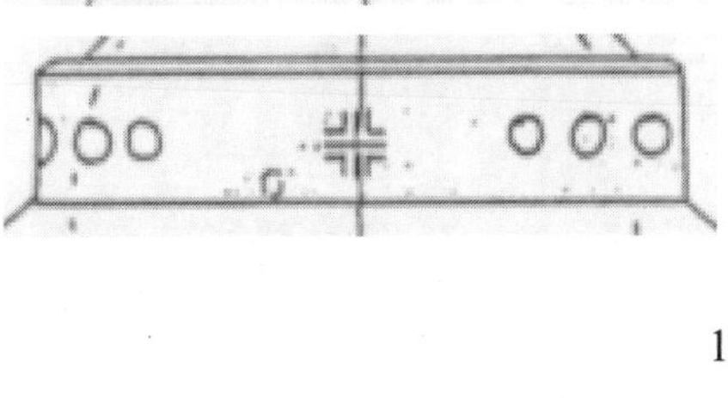

Abb.102: Rings um das Objekt verlaufende Sichtfenster bei der *Haunebu II/Scoutship* – im Bibeltext *„funkelnde* – von innen beleuchtete? – *Augen"* genannt.

sind, denn es steht geschrieben: *„In jedes Rad (UFO) war ein zweites Rad im rechten Winkel eingefügt...“* (1,16)

Dieser Aspekt fehlt bei Blumrichs Objekt gänzlich – er wird übergangen. Beim Haunebu-Objekt ist er jedoch offensichtlich: zwei Kreise im rechten Winkel zueinander. Der eine ist die Lukenfront, und der Kreis im rechten Winkel dazu ist die Kuppelhaube sowie ein unter dem Objekt optisch weiterverlaufender Kreisbogen.

„Die Räder (UFOs) *waren riesengroß, und ihre Felgen waren ringsum mit funkelnden Augen bedeckt...“* (1,18)

Dies ist wieder ein Punkt, dem in Blumrichs Objekt keinerlei Bedeutung beigemessen wurde, bei der Haunebu jedoch schon: die beleuchteten Sichtluken (Fenster), welche rund um das Objekt verlaufen.

„Auf der Platte stand etwas, das aussah wie ein Thron aus blauem Edelstein, und darauf war eine Gestalt zu erkennen, die einem Menschen glich.“ (1,26)

Hier muß man als nächstes die Physiognomie der „Haunebu“ kennen. Der Thron ist das *Kuppeldach* der Haunebu. Darauf war eine Gestalt zu erkennen. Dies ist stimmig, da der Einstieg der Haunebu laut Angaben auch *oben auf dem Objekt*, auf der Kuppel, ist.

Und was ist der *„blaue Edelstein“* auf dieser? Hier kommen wir zu einem gravierenden Unterschied zwischen den „Haunebus“ des Dritten Reiches (den Nachbauten) und den *Original-„Scoutships“* der Außerirdischen: Auf den Haunebus des Dritten Reiches gibt es *keinen* „blauen Kristall“ auf der Kuppel, auf den außerirdischen „Originalen“ offenbar schon.

„Auf der Platte (Decke des Original-„Scoutships“) *aber stand etwas, das aussah wie ein Thron* (Kuppeldach) *aus blauem Edelstein* (Licht auf Kuppel,

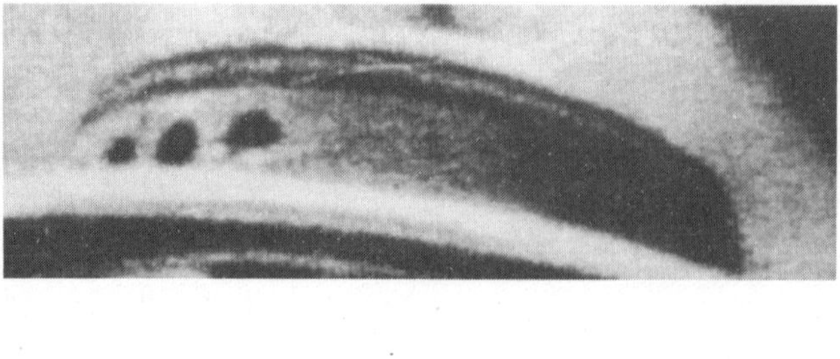

Abb.103: Auf der Kuppel der *Scoutships* von Adamski sehen wir im Unterschied zu den „Nachbauten“ des Dritten Reiches immer eine Kugel auf der Kuppel, welche leuchtet.

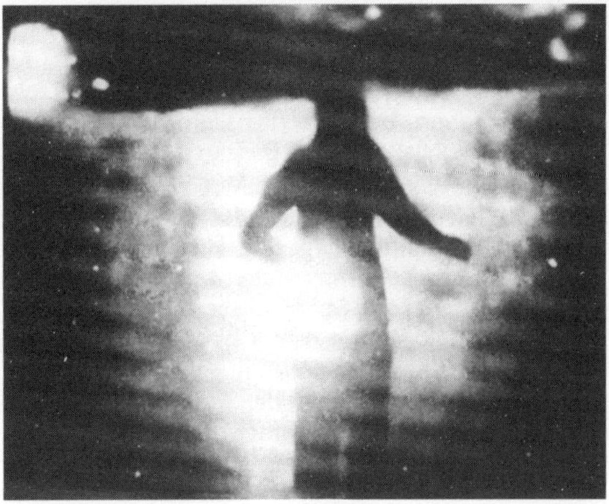

Abb.104: Szene aus Howard Mengers Begegnung vom Sommer 1957 mit einem *Scoutship*, welche er auf 8mm-Film aufnahm. In Hüfthöhe der Außerirdischen vor dem Schiff glänzt ein Licht, welches sich nach Angaben von Menger vergrößerte und die Gestalt einhüllte, bis sie optisch verschwunden war. Die Gestalt ist von einem Lichtkranz umgeben. Der Film wurde später von der Bundespolizei FBI beschlagnahmt.

welches strahlt), *und darauf* (auf dem Kuppeldach = Einstieg) *war eine Gestalt zu erkennen, die einem Menschen glich.*" (1,26)

„Oberhalb der Stelle, wo bei dem Menschen die Hüften sind, sah ich etwas, das wie helles Gold aussah, umgeben von Feuerflammen... Die Gestalt war von einem Lichtkranz umgeben..." (1,27)

Um sich dies zu verbildlichen, nehmen wir das oben eingefügte Kontaktfoto von Howard Menger zum Vergleich, welches die von ihm gefilmte Außerirdische vor einem „Scoutship" zeigt. Ein anderes Foto aus diesem Film können Sie weiter vorne im Buch sehen – neben der Haunebu/„Scoutship"-Fotografie von Uri Geller (Abb.91).

„Als ich diese Erscheinung sah, stürzte ich zu Boden. Ich hörte eine Stimme, die zu mir sagte: ‚Du Mensch, steh auf! Ich will mit dir reden!'" (1,28-2,1) Dann beginnt der Kontakt...

Nun folgt *jene* Szene, welche ich bereits zu Beginn nannte, mit: *„...Ich schaute auf und sah vor mir eine ausgestreckte Hand, die eine Buchrolle hielt*" und *„...nimm diese Buchrolle und iß sie auf*", was wir ebenfalls aus der Offenbarung kennen. Es liegt nun an Ihnen zu entscheiden, welches Objekt eher dem entspricht, was im Alten Testament vorzufinden ist.

Doch kommen wir nun wieder auf unser ursprüngliches Thema zurück: Was geschah im Dritten Reich? Möglicherweise gehören Sie, wie lange Zeit auch ich, zu den Leuten, welche über die UFO-Bilder eines Adamski & Co gelächelt haben, bis mir Dokumente gezeigt wurden, die ich woanders noch nie gesehen hatte.

Um nun einen Übergang von den Bibelzitaten zurück zum Dritten Reich zu schaffen, möchte ich zum Abschluß folgendes Zitat von Hesekiel wiedergeben, welches ausdrückt, was er beim Anblick der *„riesigen"* Räder empfand: *„Die Räder waren riesengroß... ein furchterregender Anblick"*. (Hesekiel 1,18)

Dies ist nicht unbedingt der Eindruck, der einem beim Anblick der Fotos der Adamski-„Haunebus" überkommt, da ein Größenvergleich fehlt. Dies ändert sich aber, wenn man Abbildungen aus dem Dritten Reich in die Hände bekommt, denn dort erkennen Sie, wie „furchterregend" eine fast 30 Meter im Durchmesser messende Haunebu-Flugscheibe wirkt (siehe Abb.105).

In einem Geheimbericht des Dritten Reiches, auf dem *„Internum"* und *„Vertraulich"* angegeben wird, lesen wir näheres zu jenem Flugprojekt:

„Im Oktober 1943 hatte die Entwicklungsstelle IV der Technischen Truppe der SS das Versuchsgerät „Haunebu II" so weit fertig entwickelt, daß an eine Serienherstellung gedacht werden konnte...

Auch wenn die Bewaffnungsfrage noch ungeklärt war, die Vorlage für die Serienproduktion war das Muster „Haunebu II V", das erst auf dem Papier existierte. Die Versuchsmuster V5 und V6 waren jedoch fertiggestellt und teilweise bereits flugerprobt. Diese Vorzeigemuster zeigten noch nicht ganz die charakteristische Form der späteren „Haunebu II Do Stra"...

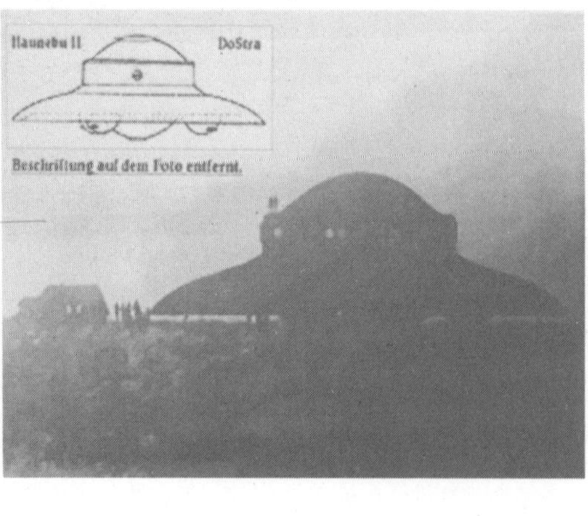

Abb.105: Abbildung einer *Haunebu II Do Stra* (*Dornier-Stratosphärenflugzeug*), gefertigt nach Angaben aus dem Dritten Reich. Wie groß eine fast 30 Meter große Haunebu wirkt, sieht man beim Größenvergleich mit den sich dort aufhaltenden Menschen sowie dem links im Hintergrund stehenden Wohnhaus. Nun kann man sich schon eher vorstellen, warum Hesekiel von *„furchterregend"* sprach und warum er an *„von Gott Gesandte"* glaubte.

Abb.106: Weitere Abbildung der *Haunebu II Do Stra*, basierend auf den Angaben von Zeugenaussagen.

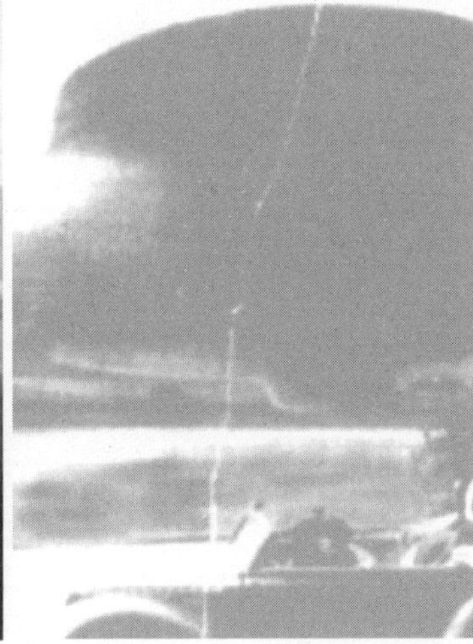

Abb.107: Bildmontage, um einen weiteren Größenvergleich zu bekommen: Ein PKW neben einer *Haunebu II-Vorversion*. Unter dem Flugobjekt sieht man den kreisrunden „Telleruntersatz" und die Geschützvorrichtung.

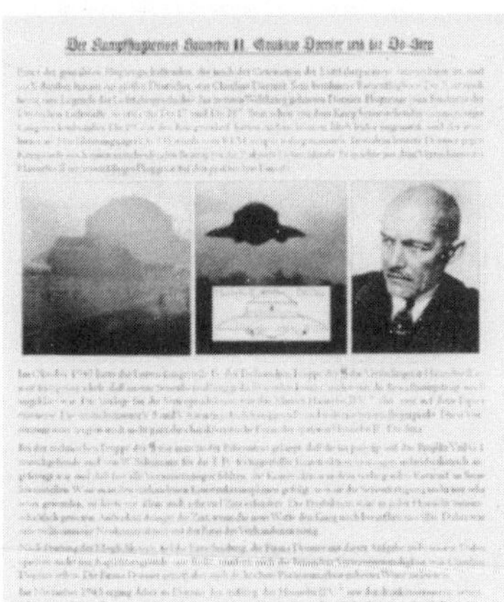

Abb.109: Abbildung des Berichtes *„Der Kampfflugkreisel Haunebu II"*, welcher die hier geschilderten Vorgänge wiedergibt.

Abb.108: Aufnahme der *Haunebu II-Vorversion*, welche oben (in Abb.107) im Größenvergleich mit dem PKW zu sehen ist und die auch in dem vorliegenden Bericht namentlich erwähnt wird.

Bei der Technischen Truppe der SS war man zu der Erkenntnis gelangt, daß die im Prinzip auf das Projekt „VRIL G1" zurückgehende und von W. Schumann für die „E IV" fertiggestellte Konstruktion sozusagen individualistisch angefertigt war und daß fast alle Voraussetzungen fehlten, die Konstruktion in dem vorliegenden Entwurf in Serie herzustellen...

Wäre man den vorhandenen Konstruktionsplänen gefolgt, so wäre die Serienfertigung nicht nur sehr teuer geworden, sie hätte vor allem auch sehr viel Zeit erfordert. Die Produktion wäre in jeder Hinsicht unwirtschaftlich gewesen. Außerdem drängte die Zeit, wenn die neue Waffe den Krieg noch beeinflussen sollte. Daher war eine vollkommene Neukonstruktion auf der Basis des Vorhandenen nötig.

Nach Prüfung der Möglichkeiten fiel die Entscheidung, die Firma Dornier mit dieser Aufgabe zu betrauen. Dabei spielen nicht nur Kapazitätsgründe eine Rolle, sondern auch die besondere Vertrauenswürdigkeit von C. Dornier selbst. Die Firma Dornier genoß aber auch den Ruf, höchste Präzisionsarbeiten in bester Weise zu leisten.

Im November 1943 erging daher an Dornier der Auftrag, die „Haunebu II V" neu durchzukonstruieren, serienfähig zu machen und vorerst vier Versuchsmuster zu bauen. Es wurde eine Zusammenarbeit zwischen E IV und der Firma Dornier vereinbart. Die administrative Federführung blieb in Wiener Neustadt, die Konstruktion verlagerte sich zu Dornier. Die Herstellung der einzelnen Baugruppen sollte in Duisburg, Dresden und Ludwigshafen erfol-

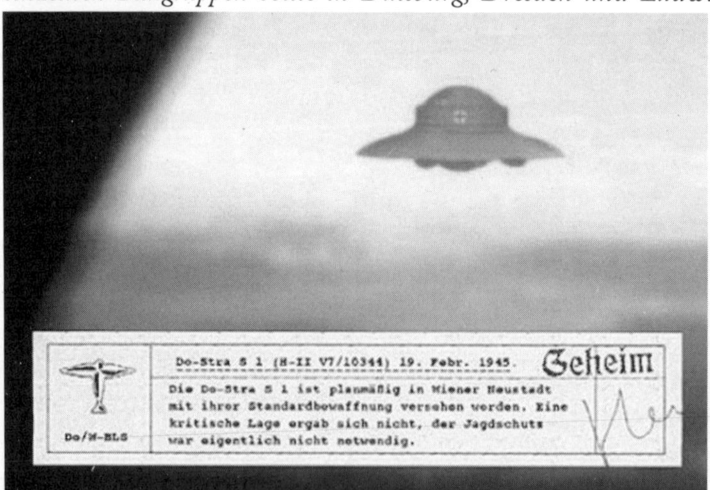

Abb.110: Abbildung einer *Haunebu-II Do Stra* nach Zeugenaussagen. Gefertigt wurden die Flugscheiben angeblich in Wiener Neustadt.

gen, die Endmontage in einer in der Nähe von Augsburg entstehenden Sonderanlage. Für die Erprobung hatte Dornier sich eine ungewöhnliche Lösung einfallen lassen. Es wurde dafür eine Anlage am Bodensee gebaut, da die Flugkreisel ohne weiteres auch unter Wasser starten konnten.

Es dauerte rund acht Monate, bis die Neukonstruktion abgeschlossen war. Der errechnete Herstellungszeitraum pro Flugkreisel betrug jetzt nur noch knapp drei Monate (anstatt über zwei Jahre wie bei der „SS E IV").

Bis Ende 1944 waren die ersten vier Maschinen fertiggestellt. Die Erprobung erfolgte durch Dornier, und zwar am Bodensee, wobei die Flugkreisel direkt aus dem Wasser starteten. Die Maschinen haben sich fast nie an Land befunden, sie konnten daher auch nicht von der feindlichen Luftaufklärung entdeckt werden..."

Lassen wir die Haunebus an dieser Stelle einmal so stehen und widmen wir unsere Aufmerksamkeit kurz einem anderen Thema. Diese Hintergründe sind wichtig auf unserer Reise durch das UFO-Labyrinth, um diverse Aspekte bezüglich der Haunebus und die Begegnung Hesekiels verstehen zu können.

Aleister Crowley, VRIL und das Montauk-Projekt

Kommen wir zur Auflockerung nochmals kurz zu *Al Bielek*, alias *Edward Cameron* zurück. Teile seiner Erzählungen über das Montauk- und Philadelphia-Experiment klingen logisch, andere „an den Haaren herbeigezogen". Wenn Sie bislang auch so dachten, dann könnten Sie recht haben, denn Jan van Helsing hat damals in seinen verbotenen Büchern schon geschrieben, daß Al nicht in allen Punkten die Wahrheit sagt. Einigen Wissenschaftlern fällt das erst heute auf – und sie schreiben dicke Bücher darüber. Laut Jans Aussagen von damals würde Al Bielek Ihnen gerne die absolute Wahrheit sagen, doch in manchen Punkten verschlüsselt er sie.

Warum dies so ist, erzählt Ihnen Jan van Helsing: *„Als ich im Oktober 1991 auf der UFO-Konferenz in Phoenix, Arizona war, traf ich dort auf Edward Cameron alias Al Bielek. Die Umstände, wie ich auf die Konferenz gelangte, waren auch alles andere als „normal" (es waren Naval-Intelligence-Kontakte vorausgegangen), jedenfalls saß ich im Publikum, als Al Bielek hereinspazierte und begann, seine Geschichte zu erzählen. Als er in den Saal geschritten kam, hatte ich das sonderbare Gefühl, diesen Mann sehr gut zu ken-*

nen. Diesen intuitiven Impuls konnte ich jedoch erfolgreich unterdrücken, indem ich mir einredete, Al könnte eine Ähnlichkeit mit meinem Großvater haben. Doch als er begann, seine Geschichte zu erzählen, wie man ihn in der Zeit „versetzt" und später auch hirngewaschen hatte, wurde mir immer unwohler zumute. Ich wurde immer kleiner in meinem Sitz. Die Geschichte kam mir verdammt bekannt vor. Ich kam in einen seltsamen Zustand, indem ich fast schon wußte, was er sagen würde. Das Ganze eskalierte insofern, daß mir irgendwann die Tränen herunterliefen, weil mir diese Geschichte so unheimlich vertraut war. Ich sah zwischenzeitlich sogar „Bilder" von Al als jungem Mann in Uniform, von dem Hafengelände, ich sah Schiffe und herumlaufende Personen...

Ich blickte auf die Ereignisse zurück, wie ich zu dieser Konferenz gekommen war. Mehrere tausend Kilometer von Zuhause weg, kannte ich außer ein paar UFO-Forschern niemanden dort, und dann erzählt ein alter Mann von Unsichtbarkeitsexperimenten und Zeitreisen. Was hatte das alles mit mir zu tun? Wieso kommen mir die Tränen in die Augen, und woher kannte ich diese Ereignisse? Mir war das alles zuviel! Mein erster Gedanke war: „Jetzt brauche ich erst einmal ein Bier auf den Schreck!" (mit der kleinen Zusatzinformation, daß ich seit Jahren keinen Alkohol mehr trank). Also ging ich, während Al noch erzählte, in die Lobby des Holiday Inn und bestellte mir ein Bier. Ich setzte mich an einen von etwa dreißig Tischen, an denen ich etwa drei Personen verteilt sitzen sehen konnte. Nun saß ich etwa zwei Minuten, als Al aus dem Saal kam, sich ebenfalls ein Bier holte und sich setzte – und raten Sie mal wohin? Natürlich genau vor mich hin! Welch seltsamer Zufall! Da saßen wir nun so und guckten uns an. Wir wechselten ein paar belanglose Worte wie „interessante Geschichte" und so, als plötzlich eine Art Stimme in meinem Kopf zu sprechen begann.

Es war ganz komisch, denn ich begann zu reden, obwohl ich gar nicht reden wollte, und hörte mir selber zu, wie ich Dinge erzählte, von denen ich gar nicht wußte, daß ich sie wußte. Und Al saß mir mit großen Augen gegenüber und bekam den Mund nicht mehr zu (ich ehrlich gesagt auch nicht). Ich darf Ihnen leider nicht erzählen, was ich sagte. Vom Sinn her ging es darum, daß Al der Öffentlichkeit nicht die Wahrheit erzählte. Wenn er dies tun würde, wäre er innerhalb von Stunden tot. Ich erzählte ihm Dinge über das Phoenix- und Philadelphia-Experiment, die er und Duncan während dieses Experiments erlebt hatten, die sie aber noch keinem Menschen auf dieser Welt erzählt hatten. Ich erzählte von Reisen in spezifische Zeiten, die in keinem Buch über dieses Thema noch in irgendwelchen Vorträgen erwähnt wurden usw...

Dieses Ereignis führte zu einer inzwischen engen Freundschaft zwischen ihm, zu Peter Moon, weniger zu Preston, aber vor allem zu Duncan, mit dem mich eine lange, lange Geschichte verbindet. Ich habe streckenweise bei Al und Peter Moon gewohnt. Al hat mir Dinge erzählt, vor allem spezielle Einzelheiten über die „VRIL"-Gesellschaft, die außer mir wiederum niemand kennen konnte. Er hat Foto-Material und anderes, was mir wiederum zeigt, daß er ganz bestimmt nicht plemplem ist.

Aus unserer Freundschaft gingen verschiedene Projekte hervor. Zum Beispiel hatte ich die Rechte des zu dieser Zeit frisch erschienenen Buches „The Montauk Project" erworben...

Der Film „Das Philadelphia-Experiment" wurde von der Firma EMI Thorne produziert. EMI Thorne gehört der Familie Crowley und Wilson, und bei der Gründung war auch die Familie Cameron beteiligt – Edward Camerons alias Al Bieleks Familie! Die Familie Aleister Crowleys stand mit den Camerons hinter dem Philadelphia Experiment, wie auch die Familien Parsons und Wilson. Cecilia Crowley ist eine gute Freundin von mir, die mir all die Informationen bestätigen konnte.

Man hat Al Bielek in bezug auf das Buch „Das Montauk-Project" erwähnt beziehungsweise sein Alter und seine Verfassung als Basis verwendet, die Ereignisse um Montauk als Phantastereien darzustellen. Doch das Buch ist von Peter Moon und Preston Nichols geschrieben, welcher der technische Leiter des Montauk-Projektes war. Weiterhin ist die Hauptperson des Montauk-Projektes mein lieber Freund Duncan Cameron... Auch war ich mit allen zusammen draußen auf der Montauk-Basis. Preston hatte seine Gerätschaften aufgebaut und Messungen vollzogen. Ich war dabei und habe gesehen, wie er ELF-Wellen empfangen hat!!!...

Preston wurde von NSA-Agenten mit der Waffe bedroht. Man hielt ihm vor, daß er sterben würde, falls er Vorträge über seine Erlebnisse halten würde. Wenn ich berichten würde, was wirklich geschehen ist und weiterhin geschieht, da die Basis seit 1985 wieder voll aktiviert ist, würde auch ich keine weiteren Bücher schreiben können. Auch ist eine sehr starke Verbindung mit der „Thule-Gesellschaft", der „Schwarzen Sonne" und Montauk vorzuweisen.

Auch haben mir alle Reichsdeutschen, wie auch der „Schwarze-Sonne-Kontaktmann (also eher das entgegengesetzte Lager) bestätigt, daß auch sie über das Montauk-Projekt Bescheid wissen und auch über die negativen E.T.-Kontakte der Amerikaner."

Was Jan van Helsing Ihnen hier vermittelt hat, ist eine mehr als interessante Verflechtung. Auch in bezug auf die von ihm genannten Verbindungen zur deutschen *VRIL*- sowie der *Thule-Gesellschaft*.

Betrachten wir uns hierzu auch die eben erwähnte Person *Aleister Crowley*. Jans Angaben über Crowley werden bestätigt durch ein Buch aus dem Jahre 1971 mit dem deutschen Titel „Aleister Crowley – das Tier 666", welches im „Sphinx-Verlag" erschienen ist. Darin steht zum Beispiel auf *Seite 278*: *„Den Sommer verbrachte Crowley größtenteils auf Long Island* (dort liegt der Montauk-Stützpunkt)*..."*

Falls es jemand noch nicht weiß: Crowley war *Hochgradfreimaurer*.

Glauben Sie tatsächlich, es ist ein Zufall, daß Crowley gerne mit dem Symbol der Illuminaten posierte („Allsehendes Auge" in einer Pyramide)?

Abb.111 links: Crowley um 1910 mit dem Symbol der Freimaurer/Illuminaten als Kopfbedeckung (auch Zeichen des „Horus" genannt; *Horus* = ein „Gott", der vom Himmel kam).
Abb.112 rechts: Crowley im Orden „Golden Dawn" um das Jahr 1900, ebenfalls mit der Pyramide und dem „Allsehenden Auge" auf dem Kopf. Er macht das Zeichen des Harpokrates (des Gottes des Schweigens), was die absolute Verschwiegenheit der Öffentlichkeit gegenüber symbolisiert.

Freimaurer und *Illuminaten* – was ist das?

Die Freimaurer sind eine geheime Verbindung, welche nach außen vorgibt, eine humanitäre und tolerante Gruppierung zu sein, welche angeblich im 18. Jahrhundert gegründet wurde. In Wirklichkeit versteckt sich hinter dem pyramidalen System der heutigen Freimaurer das Ziel, die Weltherrschaft zu erlangen. Die unteren Logen-Grade sind tatsächlich auf humanistischen Prinzipien aufgebaut, doch in den oberen Graden (Hochgraden) wird eine satanistisch-luziferianische Weltreligion angestrebt, welche die unteren Grade benutzt, um ihre Ziele durchzusetzen.

Die meisten amerikanischen Präsidenten der Vergangenheit waren Hochgradfreimaurer, ebenso wie der aktuelle Präsident George W. Bush. Unzählige Morde und Attentate stehen in Verbindung mit dem Freimaurertum. Die Freimaurerloge „P2“ (*Propaganda Due*) in Italien wurde vor einigen Jahren offiziell verboten, da man ihr kriminelle Strukturen, Verschwörung und unzählige Verwicklungen in den Terrorismus in Verbindung mit der italienischen Mafia und den Roten Brigaden nachweisen konnte. Doch dazu später mehr. Das Freimaurertum ist in seinen angeblich altägyptischen Ursprüngen später durch Einflüsse der Rosenkreuzer bereichert worden.

Die Illuminaten sind ein Geheimbund, welcher am 1. Mai 1776 von *Adam Weishaupt* in Ingolstadt gegründet wurde. Seine Ziele liegen ebenfalls im Erlangen der Weltherrschaft sowie im Errichten der sogenannten „Neuen Weltordnung“. Das Siegel der Illuminaten ist das „Allsehende Auge“, welches sich auch auf der amerikanischen Dollarnote befindet.

Nicht jeder Freimaurer ist in den Orden der Illuminaten einzuordnen, doch in den Gründungsjahren der Illuminaten war die Zugehörigkeit zu höheren Graden einer Freimaurerloge eine Grundvoraussetzung für die Aufnahme in den Orden der Illuminaten. Die Illuminaten sind unter anderem als Führungsgruppierung der Freimaurerlogen zu sehen und stehen symbolisch an der Spitze der Pyramide.

Zusätzliches über die Ziele des Illuminaten-Ordens wurde der Öffentlichkeit im Jahre 1875 bekannt, als ein Kurier der bayerischen Illuminaten auf seinem Ritt von Frankfurt nach Paris vom Blitz getroffen wurde und dabei ein Teil dieser Informationen bezüglich einer *weltweiten Verschwörung* sichergestellt werden konnte.

Darin heißt es:

„Durch die Kontrolle der Presse soll die Masse nach dem Willen der Illuminaten gelenkt werden...

Man muß die Schwächen der Menschen, alle schlechten Gewohnheiten, Leidenschaften und Fehler, auf die Spitze treiben...

Man wird die Völker daran gewöhnen, den Schein als wahre Münze zu nehmen, sich mit Äußerlichkeiten zu begnügen, nur dem Vergnügen nachzujagen, sich in der ewigen Sucht nach etwas Neuem zu erschöpfen...

Man muß in Europa persönliche und völkische Gegensätze, Rassen- und Glaubenshaß schüren, damit ein unüberbrückbarer Zwiespalt entsteht...

Als Präsidenten der Staaten sollen aus den Reihen der sklavisch untergebenen Günstlinge der Illuminaten jene gewählt werden, deren Vergangenheit irgendeinen dunklen Punkt aufweist, der sie zu getreuen Vollstreckern der Weisungen der Illuminaten macht. Dadurch wäre es den Illuminaten ermöglicht, Gesetze umzudeuten und Verfassungen zu ändern...

Durch die Käuflichkeit der höchsten Staatsbeamten sollen die Regierungen durch die Aufnahme auswärtiger Anleihen in die Schuldenknechtschaft der Illuminaten gestürzt werden, um ihre Staatsschulden empfindlich zu vermehren. Durch hervorgerufene Wirtschaftskrisen, indem alles erreichbare Geld plötzlich aus dem Verkehr gezogen wird, soll der Zusammenbruch der Geldwirtschaft der „Nicht-Illuminierten" bewirkt werden. Die Geldmacht muß die Alleinherrschaft in Handel und Gewerbe erringen, damit die Industriellen durch ihr Geld an politischer Macht gewinnen...

Durch diese Mittel sollen die Völker gezwungen werden, den Illuminaten die Weltherrschaft anzubieten. Die neue Weltregierung muß als Schirmherrin und Wohltäterin derer erscheinen, die sich ihr freiwillig unterwerfen (UNO, A.d.V.*). Widersetzt sich ein Staat, müssen die Nachbarn zum Krieg gegen ihn angestachelt werden. Wollen diese sich verbünden, muß man einen Weltkrieg entfesseln."*

Betrachten wir uns nun einmal etwas genauer, wer die „Illuminierten" heute sind und was es mit der *Neuen Weltordnung* auf sich hat.

Buchautor Bob Frissell formuliert es so: *„Ob man sie nun Bilderberger, Geheimregierung, die Trilaterale Kommission, den Council on Foreign Relations oder Illuminaten nennt – der Name spielt keine Rolle. Die Geheime Regierung besteht einfach aus den reichsten Leuten der Welt, und diese zirka*

richtig

zweitausend Magnaten haben unsere sogenannten Regierungen seit langer Zeit fest im Griff. Sie entscheiden wer, wann und wo gewählt wird; sie bestimmen, wann ein Krieg stattfindet und wann nicht. Sie kontrollieren die Nahrungsmittel-Verknappungen auf der Erde und setzen die Inflationsraten der einzelnen Währungen fest. All diese Bereiche sind in der Hand der Illuminaten. Sie haben zwar keine Macht über die Naturgewalten, aber wo sie zu ihrem Vorteil manipulieren können, tun sie es auch." (46)

Jan van Helsing erklärt zusätzlich: „*Das angestrebte Ziel der Illuminaten ist die Weltherrschaft, der sie den wohlklingenden Namen* **Neue Weltordnung** *gegeben haben. Diese hatte George Bush sen. erstmals am 11. September 1990, also „zufälligerweise" exakt elf Jahre vor dem Anschlag auf das WTC, öffentlich ausgerufen. Hauptbestandteil der Neuen Weltordnung ist neben einer Weltreligion der bargeldlose Zahlungsverkehr über Kreditkarten (die sogenannte Debit-Card) und später über einen unter der Haut implantierten Chip, der es „Big Brother" – wie George Orwell die Illuminati nannte –, ermöglicht, alle Menschen zu kontrollieren und zu beherrschen.*"(46)

Von Jan van Helsing haben wir zuvor im Bericht über Montauk wieder von den „negativen E.T.-Kontakten der Amerikaner" erfahren. Weiter vorne haben wir unter anderem von Al Bielek erfahren, daß damit die Greys gemeint sind.

Crowley selbst hatte in der Großen Pyramide in Ägypten seine „Offenbarung", wie er sagte. Dabei erschien ihm ein überirdisches Wesen mit dem Namen AIWASS und diktierte ihm angeblich das „*Buch des Gesetzes*" („*Tue, was du willst...*").

Ob Crowley damit einen Dämon oder etwa einen Außerirdischen meinte, beantwortete er selbst. Crowley redet in seinen Büchern stets so, daß man den Eindruck gewinnen könnte, er meine (aus unserer Sicht) einen *Dämon*? Und so zeigen die Zeichnungen, die er anfertigte, um was es *wirklich* geht, denn dort malte er explizit Wesen, welche doch eher die UFO-Forscher aufhorchen lassen sollten. Nicht nur dies – er nannte sie auch noch „außerirdisch".

So malte er zum Beispiel 1919 eine Kontaktperson, welche er *„Die außerirdische Intelligenz Lam"* (im Tibetischen „der Weg") nannte. Doch nicht nur die Titulierung spricht für sich, sondern auch das Aussehen dieser „außerirdischen Intelligenz".

In Crowleys Ordensarbeit finden wir des weiteren einen interessanten Symbolismus: Die Pyramide mit dem Allsehenden Auge (Zeichen des *„Horus"*), welche alles überstrahlt. Der Horus war als Vogel symbolisiert. Unter dieser Pyramide ist dann auch jener *Horus* in bildlicher Form dargestellt ein „Gott", der vom Himmel kam...) – und dieser fliegt auf einen äußerst interessantes Objekt zu: einen Kelch, in welchem ein Lorbeerkranz (Siegerkranz) liegt mit einem *deutschen Reichskreuz* in der Mitte.

Was wollte Crowley mit dieser Symbolik ausdrücken?

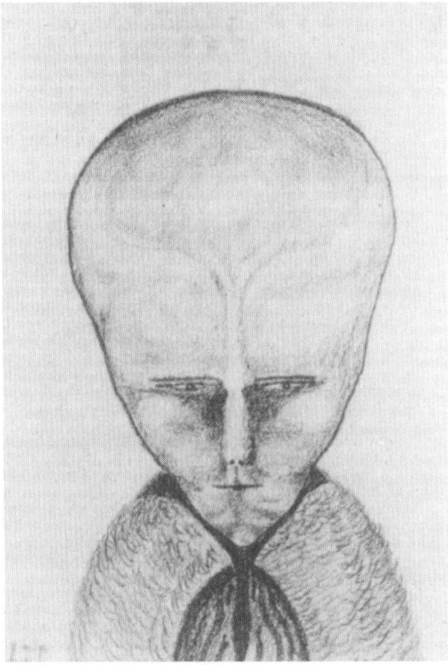

Abb.113: Zeichnung von Aleister Crowley aus dem Jahre 1919 mit dem Titel: „Die außerirdische Intelligenz Lam"..

Abb.114: Ordensarbeit von Crowley. Was will er mit diesem Bildnis ausdrücken? Warum malt er ein deutsches Reichskreuz und einen Vogel, welcher auf einen Siegerkranz zufliegt, als wolle er ihn entreißen. Und über der Szenerie das Zeichen des Horus („Gott", der vom Himmel kam) = *Allsehendes Auge*. Wird hier bereits das durch die Freimaurer geplante „Ende" des Dritten Reiches und des Thule-Ordens angedeutet?

Wenn die „Greys", die Grauen, hier durch Horus (den „Gott", der vom Himmel kam) symbolisiert werden – denn jene scheinen im Gesamtkontext die Verbündeten der *Freimaurer* und *Illuminaten* darzustellen (sowie die Verbündeten „Amerikas") –, dann könnte dieser Symbolismus bedeuten, daß hier dem deutschen Thule-Orden (die Gegenpartei zu den Illuminaten) der Sieg genommen werden soll, um so (wie geschichtlich geschehen) die Freimaurer in Deutschland wieder an die Macht zu bringen.

Ist die Verschleierung der Illuminaten deshalb so „perfekt", weil sie mit den Greys zusammenarbeiten? Zumindest perfekt aus Sicht der Illuminaten?

„Illuminaten" bedeutet übersetzt *„die Erleuchteten"*. Halten diese sich aufgrund dieser Zusammenarbeit und des ihnen durch die Greys gebrachten Wissens für „erleuchtet", weil sie – ebenso wie Aleister Crowley – im übertragenen Sinn das „Buch des Gesetzes" erhalten haben?

Um hierauf eine Antwort zu erfahren, wenden wir uns erst noch einmal jenen Orden zu, welche im Dritten Reich bekannt wurden.

Kapitel 7
VRIL und *Thule* in der Geschichte

Wenn ich Ihnen jetzt die einzelnen „Geschichten“ schildere, werden auch Sie über das hintergründige Zusammenpassen betroffen sein. Es beginnt mit Thule: Im Zeitraum von 1880 bis 1890 taten sich eine Reihe von Persönlichkeiten zusammen und gründete eine Verbindung, welche sich *„Hermetischer Orden der Goldenen Dämmerung“* (*„The Hermetic Order of the Golden Dawn“*) nannte. Die Mitglieder des „Golden Dawn“ rekrutierten in erster Linie aus der Großloge der englischen *Freimaurer* und der *Rosenkreuzer*-Gesellschaft.

Wer sind die Rosenkreuzer? Unter den Rosenkreuzern faßt man mehrere Geheimgesellschaften zusammen, die sich auf eine alte Tradition gleichen Namens berufen, zurückgehend auf einen Mythos, der Anfang des 17. Jahrhunderts in Deutschland entstand. Er hat die Existenz einer Geheimgesellschaft zum Inhalt, die Ende des 15. Jahrhunderts von einem gewissen *Christian Rosenkreuz* gegründet worden sein soll. Die Rosenkreuzer behaupten von sich, im Besitz geheimen Wissens und eines ungeheuren Dokumentenschatzes zu sein. Sie glauben ebenfalls an eine Art Endzeit, wie sie auch in verschiedenen „Heiligen Schriften“ gelehrt wird. Interessanterweise sind die Rosenkreuzer ebenfalls verbunden mit dem Orden *„Order of the Golden Dawn“*, in dessen Gründungsriege sich der Okkultist Aleister Crowley befand, welcher ebenfalls *Freimaurer* war.

Mitglieder des Golden Dawn waren unter anderem W. B. Yeats, Bram Stoker, Gustav Meyrink, Rudolf Steiner (Begründer der anthroposophischen Gesellschaft und Mitglied des Schottischen Ritus der Freimaurer) sowie *Aleister Crowley* (33. Grad Schottischer Ritus der Freimaurer).

Einige Leute, welche sich intensiv mit den Riten des „Golden Dawn“ auseinandergesetzt hatten, trafen sich 1917 in Wien. Der Okkultist Freiherr Rudolf von Sebottendorf, Karl Haushofer, Lothar Waiz, Prälat Gernot von der geheimen „Erbengemeinschaft der Tempelritter“ und eine Maria Orsic (auch *Ortisch* geschrieben). Was als Hauptteil des Gespräches bezeichnet werden kann, waren die Hintergründe einer Stelle aus dem Neuen Testament, als Jesus zu den Juden spricht: *„Das Reich Gottes wird von euch* *genommen und einem anderen Volk gegeben werden, das die erwarteten Früchte hervorbringt.*" (Matthäus 21,43)

Interessant ist dies vor allem, weil Jesus angeblich ganz konkret sagte, welches „andere" Volk gemeint ist. Er spricht – den Unterlagen der Templer zufolge – nämlich zu Germanen, die in einer römischen Legion Dienst tun, und sagt ihnen, daß es *ihr* Volk sein werde, das er *auserwählt* habe.

Eine andere Stelle aus der Bibel, die bei diesem Treffen behandelt wurde und zu heftigen Diskussionen anregte, war ein Zitat aus dem Johannes-Evangelium in dem Jesus zu einer Gruppe von Juden sagt: *„Wäre Gott wirklich euer Vater, dann würdet ihr mich lieben. Denn ich bin von Gott zu euch gekommen. Ich kam nicht aus eigenem Antrieb, sondern er hat mich gesandt. Warum versteht ihr denn nicht, was ich sage? Weil ihr es nicht ertragen könnt, meine Worte zu hören. Ihr seid Kinder des Teufels, der ist euer Vater, und nach seinen Wünschen handelt ihr. Er ist von Anfang an ein Mörder gewesen und hat niemals etwas mit der Wahrheit zu tun gehabt, weil es in ihm keine Wahrheit gibt. Wenn er lügt, so entspricht das seinem Wesen; denn er ist ein Lügner, und alle Lüge stammt von ihm.*" (Johannes; 8,42)

Von den *Thule-Gründern* wurde dies folgendermaßen interpretiert:

Jesus prophezeite dem jüdischen Volk, daß ihnen in den sogenannten „letzten Tagen", von welchen auch die „Offenbarung des Johannes" spricht, die „Auserwähltheit" genommen und an ein anderes Volk übergeben wird – an die Germanen. Hatte Adolf Hitler jene Worte ebenfalls fehlgedeutet und auf sich übertragen – was später in Größenwahn endete?

Diese Bibelstellen waren nicht nur für die Thule-Gründer Zündstoff für eine neue Ideologie, sondern auch Martin Luther hatte diese in seinen verbotenen Schriften behandelt. Es sind Texte, die leicht fehlinterpretiert und einseitig ausgelegt werden können, wenn sie aus dem Zusammenhang gerissen betrachtet werden...

Freiherr Rudolf von Sebottendorf formierte daher einen Kreis, der sich über den *Germanenorden* im Jahre 1918 in Bad Aibling in die *Thule-Gesellschaft* umbenannte. Diese übte auch Praktiken des *Golden Dawn* aus (u.a. Tantra, Okkultismus, Templerwissen und Astrologie).

Zweck war es, eine *Gegenpartei* zu den freimaurerischen Geheimlogen aufzubauen, obwohl unter den Gründungsmitgliedern selbst einige Freimaurer waren (die offenbar den Kurs wechselten). Mitglieder waren zu dieser Zeit: Sebottendorf (Ordenshochmeister), Guido von List, Lanz von Liebenfels, Adolf Hitler, Rudolf Hess, Hermann Göring, Heinrich Himmler, Alfred Rosenberg, Hans Frank, Julius Streicher, Karl Haushofer, Gottfried Feder, Dietrich Eckard, Rudolf Steiner, W. O. Schumann, Gräfin Westrap und viele andere.

Was bedeutet *Thule*?

Es soll einen Kontinent gegeben haben, der im Nordmeer vorzufinden war, dort, wo die Sonne niemals untergeht: *Hyperborea*. Die *Hyperboräer*, so die Thule-Experten, sollen ursprünglich unter anderem von einem Sonnensystem mit dem Namen „Aldebaran" stammen. Ihre Flugscheiben wurden von einer Energie angetrieben, die *„VRIL-ya"* genannt wurde. Die Hyperboräer hängen stark zusammen mit den mythischen Atlantern. Auf jenem Kontinent im Nordmeer soll es eine Hauptstadt gegeben haben mit dem Namen ***„Ultima Thule"***.

Karl Haushofer behauptete hingegen, daß *Thule* in Wahrheit *Atlantis* ist und ein Ort, an dem die Sonne niemals untergeht. Damit können an und für sich nur die Polargebiete gemeint sein.

Abb.115: Das Katapultschiff (Flugzeugträger) *Schwabenland*, welches am 17.12.1938 in die Antarktis auslief.

In diesem Zusammenhang müssen die Expedition „Neuschwabenland" und Admiral Byrd erwähnt werden, welcher versuchte, Thule zu finden.

Im Jahre 1938 annektierte Adolf Hitler einen Teil der Antarktis. Im gleichen Jahr kam Alfred Ritscher dort mit dem Schiff *Schwabenland* an und erklärte 600.000 Quadratkilometer zu deutschem Reichsgebiet, welches heute noch in jedem Atlas zu finden ist. Am 2. Mai 1945 liefen aus Kristiansund, Norwegen, 120 deutsche U-Boote aus und 13 aus Jakarta, die fast alle Neuschwabenland anliefen...

Im Jahre 1947 begann unter Admiral Byrd die „Operation Highjump" mit mehreren Zerstörern, 13 Schiffen (inklusive einer Art Katapultschiff für Flugzeuge) und insgesamt über 4.000 Mann Besatzung in der Antarktis, welche auf 6-8 Monate Dauer ausgelegt war. Offizieller Vorwand der Operation: eine geologische Expedition. In Wirklichkeit ging es darum, die

Abb.116 oben links: Foto bei der Ankunft in Neuschwabenland. Deutsche Truppen nehmen Teile der Antarktis in Besitz. (Das Hakenkreuz auf der Flagge wurde aus juristischen Gründen geschwärzt.)

Abb.117 unten: Deutsche Truppenverbände auf dem Weg durch die Antarktis. Mit U-Booten gelangten laut Aussagen verschiedener Zeitzeugen mehrere tausend Deutsche kurz vor Kriegsende in die Region Neuschwabenland.

Abb.118 rechts oben: Emblem der Expedition.

reichsdeutschen Stützpunkte in der Antarktis zu finden und zu vernichten. Bereits nach drei Wochen(!) scheiterte die „geologische Expedition", nachdem viele Flugzeuge im Gebiet Neuschwabenland verschwanden.

Admiral Byrd selbst behauptete nach seiner Rückkehr – so zum Beispiel auch in Chiles größter Zeitung *El Mercurio* –, daß sie in der Antarktis auf einen weit überlegenen Feind getroffen wären, der kreisrunde Flugapparate besäße, mit denen man ohne Zwischenstop von Pol zu Pol fliegen könnte. Aufgrund dessen zündeten die USA am 27. August, am 30. August und am 8. September 1958 Atomwaffen über der Region Neuschwabenland.

Hitler selbst soll in der genannten Nacht- und Nebelaktion im Mai 1945 viele U-Boote mit mehreren tausend Deutschen nach Neuschwabenland entsendet haben, um dort ein neues, geheimes, reichsdeutsches Gebiet aufzubauen. Ebenso soll unter anderem geheime, deutsche UFO-Technologie direkt nach Neuschwabenland in die neuen Gebiete verschoben worden sein. Seither kursieren Gerüchte von einer, der Öffentlichkeit unbekannten, sogenannten „*Dritten Macht*".

Interessant ist hierbei auch die Aussage von *Wendelle Stevens*, einem ehemaligen US-Piloten, welcher damals Zeugenaussagen seiner Piloten-Kameraden erhielt, welche von unbekannten Flugobjekten über Deutschland berichteten sowie Filmaufnahmen von ihren Einsätzen mitbrachten, welche sofort ans Pentagon geschickt wurden. Man hörte nie wieder davon, wie er sagte. Wendelle Stevens gab an, daß die amerikanischen Militärs damals eine merkwürdige Eigenart der sogenannten UFOs feststellten: Sie tauchten signifikant über den Polregionen (Arktis/Antarktis) auf beziehungsweise flogen über die Polregionen ein.

Wie auch immer man über diese Geschichten denken mag, Tatsache ist, daß die USA genau in jener Region, an der Westküste von Grönland, wo vor vielen Jahren entsprechende Expeditionen stattfanden, inzwischen tatsächlich eine Stadt mit dem Namen *Thule* sowie einen riesigen Militärstützpunkt gleichen Namens angesiedelt haben. Folgt man den Mythen, ist man dort auf eine militärische Kraft gestoßen, die der unseren um Tausende von Jahren oder Jahrzehnten voraus war. Doch diese Themen finden Sie in anderen Büchern und sollen hier nicht näher behandelt werden.

Haushofer und Hess übernahmen Hitlers politische Schulung, nachdem der junge Okkultist Hitler 1918 zur DAP (Deutsche Arbeiterpartei) kam, welche die „Keimzelle“ der Thule-Gesellschaft war. Sie war also nur nach außen hin eine politische Partei. Den Thule-Gruß „Heil und Sieg“ übernahm Hitler und machte „Sieg Heil“ daraus. Schon damals war bekannt, daß das Heben des Armes ein „magisches Ritual“ war.

Die Gegenseite – die Freimaurer –, insbesondere der Hochgradfreimaurer *Winston Churchill*, befürchtete 1940, daß England ein Opfer von Hitlers „Handmagie“, wie es in den Logen genannt wurde, zu werden drohte. Deshalb riet ihm der Magier und Hochgradfreimaurer *Aleister Crowley*, diesem mit einem anderen Symbol (und damit verbundenen Wirkungen) entgegenzuwirken – den gespreizten Fingern = „*Victory*-Zeichen“. Der Grund: Es soll das aufheben, was der „Gruß der Götter“ aufrichtet.

Crowley hatte diese Erkenntnisse angeblich von seinen außerirdischen Lehrmeistern (den *Greys*), die mit den Illuminati gemeinsame Sache machen sollen – sagt man...

Eines kann somit festgehalten werden, nämlich daß es eine fulminante Verbindung zwischen dem Dritten Reich und der Magie gibt, und beide bauen auf der Lehre des Darwinismus auf, derzufolge nur die Starken überleben werden!

Und hier kommen wir zur *VRIL-Gesellschaft*.

Die meisten Menschen wissen nicht, daß es UFOs wirklich gibt, sowohl außerirdische als auch aus der Schmiede des Dritten Reiches.

Die ersten Versuche, Flugscheiben zu konstruieren, waren eine Vermischung der alten irdischen Flugzeugkonstruktionen mit dem neu erlangten Wissen der „Besucher“. Der Konstrukteur *Arthur Sack* begann schon in den dreißiger Jahren des 20. Jahrhunderts mit verschiedenen Plänen für erste Flugscheiben, bevor dann das erste bemannte Versuchsmuster mit der Bezeichnung „A.S. 6 V1“ fertiggestellt war.

Nach dem Ende des Zweiten Weltkrieges verschwand jede Spur dieser Scheiben aus Deutschland. Interessant ist, daß es die Amerikaner waren, welche im April 1945 auf dem Luftwaffenstützpunkt *Brandis* einrückten, auf welchem ein Teil der Scheibenkonstruktionen stationiert war. Den offiziellen Angaben zufolge fanden sie „nichts Ungewöhnliches“ vor, doch bereits wenige Jahre später hob die erste amerikanische Version des „fliegenden Pfannkuchens“ ab.

All dies sind bereits Fluggeräte, welche offiziell nicht existiert haben, denn auch wenn sie noch halbkonventionelle Flugzeuge waren, zählten sie optisch schon zu den Flugscheiben.

Prof. James Hurtak arbeitete früher mit der NASA zusammen an verschiedenen Projekten. Mit den Jahren wurde auch ihm klar, was hier gespielt wird, und er begann offiziell von einer UFO-Vertuschung zu reden. Vor wenigen Jahren gab Professor Hurtak ein Interview bezüglich der deutschen Flugscheibentechnologie, nachdem er seine eigenen Erfahrungen mit jenen von ehemaligen CIA-Angehörigen verbunden hatte. Er wurde gefragt: ***„Wie sehen Sie die Rolle der Deutschen bei der Entwicklung von Raumschiffen?“***

Hurtak: *„Meiner Meinung nach waren sie die ersten im 20. Jahrhundert, die solche neuartigen Technologien entwickelten... Der Krieg kam zu schnell, und ich denke, daß diese Fluggeräte niemals so richtig zum Einsatz kamen, sonst wäre der Krieg anders ausgegangen. Doch ohne die Deutschen wären die Amerikaner niemals die ersten auf dem Mond gewesen.*

Im Grunde haben also die Deutschen das Tor zum Weltraum geöffnet.“

Abb.119 links und **Abb.120** rechts: Hier zwei Flugscheiben der „A.S.-Reihe“ von dem deutschen Konstrukteur *Arthur Sack* aus dem Deutschen Reich. Das Cockpit, der Pilotensitz und das Fahrwerk stammten aus ausgemusterten Flugzeugen, wie z.B. der „Bf 109 B“.

Abb.121 links: Foto einer deutschen „AS-Flugscheibe" in einem Hangar der deutschen Luftwaffe aus dem Jahre 1944.
Abb.122 rechts: Die amerikanische Version, welche nach dem Zweiten Weltkrieg auf der in Deutschland gefundenen Technologie aufbaute, die „V 173 / XF 5U-1", Spitzname *„Pfannkuchen"*.

„Stimmt die Geschichte, daß Präsident Eisenhower direkten Kontakt mit Außerirdischen hatte?"

Hurtak: *„Vor einigen Jahren konnte ich mit dem Piloten der Präsidentenmaschine reden, der Eisenhower zur Edwards Air Force Base flog – zu einer Zeit, da er offiziell beim Zahnarzt weilte. Er bestätigte mir, daß Eisenhower mit seiner Hand sogar ein außerirdisches Raumschiff berührt habe. Inoffiziell wird gesagt, der Präsident habe damals entschieden, das Volk nicht einzuweihen."*

Möglicherweise haben die Menschen verlernt, die Zusammenhänge zu sehen. Niemandem fiel auf, daß jenes Objekt, welches auf dem Jungfernflug der Concorde auftauchte und für einen Moment neben der Tragfläche herflog, dasselbe Phänomen war, welches im Zweiten Weltkrieg mit dem Namen *Krautballs* umschrieben wurde. Es war also möglicherweise ein Foo-Fighter!

Abb.123 links: Eine deutsche „AS-Flugscheibe" auf einem schneebedeckten Flugfeld auf dem Luftwaffenstützpunkt Brandis. Von den Piloten bekam sie den Spitznamen *„Bierdeckel"*.
Abb.124 rechts: Eine deutsche *Horten „Parabel"*. Aufnahme aus den vierziger Jahren vor einem Gebäude. Wie wirkte dieses Objekt am Himmel wohl auf den unwissenden Betrachter?

Abb.125 links: Originalaufnahme von Foo-Fightern im Zweiten Weltkrieg bei einem Einsatz alliierter Kampfflugzeuge über dem Deutschen Reich. **Abb.126** rechts: Originalaufnahme von einem Foo-Fighter beim Jungfernflug der Concorde. Dieser fliegt auf der Aufnahme an die Concorde heran, bleibt Foo-Fighter-typisch eine Zeitlang neben der rechten Tragfläche „stehen" und fliegt neben dem Jet her, bevor er unter dem Jet durchfliegt und dahinter am Horizont verschwindet.

Ein weiterer deutscher Flugscheibenkonstrukteur zu jener Zeit war *Viktor Schauberger*. Sein Ausspruch *„Ihr bewegt falsch"* ging in die Analen der UFO-Geschichte ein. Aufbauend auf seinen Levitations-Theorien konstruierte er zu Beginn einige etwas merkwürdig anzuschauende Flugkreisel.

Im Juni 1934 trat Adolf Hitler an Viktor Schauberger heran, da ihm mitgeteilt wurde, daß Schauberger nicht nur an *Flugkreiseln* forschte, sondern zudem an einer neuen Technologie, die im Einklang mit der Natur steht (Wasserstoff).

Adolf Hitler begann das Gespräch mit der Bemerkung, *„daß sowohl er als auch Viktor Schauberger Oberösterreicher seien und somit eine gewisse Verbundenheit vorliege."*

Er sagte, er habe ihn geholt, um einige Dinge zu erfahren, die ihm zugespielt worden seien. Hitler fragte ihn, was sein Plan und sein Hintergrund wären. Der Wissenschaftler antwortete: *„Ich vertrete eine Technik, die mit der Natur wieder in Übereinstimmung kommen muß..."*

Zwei Reichsbeauftragte wurden hinzugezogen. Hitler war von dieser Idee angetan und teilte dies auch den Reichsbeauftragten mit.

Doch das ist nicht die ganze Geschichte. Verborgen blieb, warum und durch welche Vorfälle Hitler überhaupt auf Viktor Schauberger aufmerksam geworden war. Zudem verhielt sich Herr Schauberger doch zum Teil äußerst merkwürdig, denn er teilte (*damals im Jahre 1934!*) Hitler bereits mit, *„daß sein Plan von einem Tausendjährigen Reich nicht gelingen würde und er im Jahr 1945 am Ende sei..."*

Er betonte dies mehrmals und sagte: *„Ich muß Ihnen dies sagen! Im Jahre 1945 ist Ihr Ende!“*

Es liegt auf der Hand, daß es *kein* „Zufall“ ist, daß sich in Deutschland in dieser Zeit eine Unzahl von Wissenschaftlern fast zeitgleich an die Konstruktion von „fliegenden Untertassen“ machte – zu einer Zeit, in welcher dieses Phänomen in der Welt noch gar nicht existierte.

Und warum verhielten sich diese Personen alle etwas „abnormal“ und merkwürdig? Was veranlaßte einen Herrn Schauberger zum Beispiel dazu, Hitler 1934 bereits dessen Ende im Jahre 1945 anzukündigen? War all dies nur ein „Zufall“, oder gab es einen Hintergrund?

Nach dem Zweiten Weltkrieg war es unter anderem der Flugscheibenkonstrukteur *Andreas Epp*, der von einer Vertuschung und einem Verbot durch die Alliierten (Siegermächte) für Deutschland sprach, an solchen Technologien weiterzuarbeiten.

Hierbei ist es übrigens interessant zu wissen, daß der Flugscheibenkonstrukteur Epp bei *Dornier* gearbeitet hat, jener Firma, welcher die „Haunebu“-Konstruktionen zugeschrieben werden.

Als Andreas Epp später mit seinen Modellentwicklungen und Plänen um eine Umsetzung bat, wurden seine Erfindungen einbehalten. Man sagte ihm, man hätte keine Verwendung dafür. *Nach* dem Zweiten Weltkrieg traf *Andreas Epp* auf *Wernher von Braun* bei einem durch den amerikanischen Geheimdienst organisierten Treffen, wo führende Köpfe der Wissenschaft die Möglichkeit bekamen, in die Staaten überzuwechseln (*„Operation Paperclip“*).

Abb.127 links: Flugscheibe von Viktor Schauberger mit elektromagnetischem Antrieb.
Abb.128 Mitte und **Abb.129** rechts: Die *„Repulsine“* – eine Scheibe mit nur 65cm Durchmesser, welche 1940 fertiggestellt wurde. Die Teile dazu wurden bei der Firma *Kertl* in Wien gefertigt. Eine echte deutsche Variante eines „Krautballs“ am Himmel über Deutschland?

Bei diesem Treffen fragte Andreas Epp Herrn Braun, ob er wüßte, was aus seinen Flugscheiben geworden sei. Braun antwortete, er hätte davon gehört und wüßte, daß Tests mit ihnen gemacht wurden. Er fragte Epp, da er solche Erfindungen gemacht habe, ob er nicht auch Lust hätte, mit ihm zusammen nach Amerika überzusiedeln, denn er würde dort *seine* Forschungen für die Amerikaner weiterentwickeln, doch Epp lehnte ab. Es war erst ein Jahr nach Ende des Zweiten Weltkriegs, und die Erinnerungen waren für ihn noch zu frisch.

Aber nicht nur die Amerikaner holten Wissenschaftler und Flugscheibenkonstrukteure, um sie für sich arbeiten zu lassen. Auch die Russen bemühten sich. Zum Beispiel ging der Flugscheibenkonstrukteur *Habermohl* nach Rußland. Dies berichtet auch Andreas Epp.

So lesen wir über die russische Seite zum Beispiel in der *Kasseler Zeitung* vom Donnerstag, dem 18. März 1954 folgendes unter der Überschrift „COW 7, der geheimnisvolle Flugkörper – Heimgekehrter Junkers-Flugzeugkonstrukteur erzählt von seiner Arbeit in der Sowjetunion“:

„Nach achtjähriger Arbeit für die Russen in nur mit Zahlen bezeichneten Fabrikstätten südlich Kasslinsk am Aral-See in Sibirien ist jetzt der ehemalige Dr.-Ing. Wilhelm St. der deutschen Junkers-Flugzeugwerke heimgekehrt. Zu Hause zerriß er die Durchschrift der Schweigeerklärung, die er den Russen abgegeben hatte. „An erpreßte Versprechen fühle ich mich nicht gebunden“, sagte er... „Ich bin in der Lage, über das geheimnisvollste Flugzeugprojekt zu berichten, von dem die Welt wohl je gehört hat“... Russische Spezialisten sagten den 174 deutschen Konstrukteuren und Wissenschaftlern, daß sie jetzt an einem Scheibenflugzeug... arbeiten würden... Aus einigen Kilometern Entfernung beobachteten sie, wie kreisrunde Flugkörper senkrecht aufstiegen und in etwa zehn Sekunden eine Höhe erreicht hatten, in der sie dem menschlichen Auge entschwanden... Ihre Aufstiegsgeschwindigkeit soll tausend, ihre Geschwindigkeit im Waagerechtflug fünfzehnhundert Kilometer in der Stunde betragen haben...“

Viele Menschen auf der Welt sind überhaupt nicht informiert. So wissen diese nicht einmal, daß auch der *erste Düsenjäger*, dessen Antrieb heute bei konventionellen Flugzeugen gang und gäbe ist, damals in Deutschland entwickelt wurde und den Amerikanern zur Beute fiel.

Natürlich waren zur damaligen Zeit auch „UFO-Abstürze“ konventioneller Art nicht zu vermeiden, wie bei jeder Neuentwicklung in der Erprobungsphase, sowohl bei den Alliierten als auch schon zuvor bei den Deutschen. So existieren Zeitungsberichte mit Fotos, wie zum Beispiel über den Absturz der *Gray Goose*, einen diskusförmigen Flugkörper aus dem Jahr 1947, etwa zwölf Kilometer südlich von Baltimore.

Eine weitere Konstruktion, welche von Amerikanern wie *Sikorsky* später kopiert wurde, war der von *Andreas Epp* konstruierte *„Flugring 1946“*. Im Mittelpunkt der Konstruktion befanden sich zwei gegenläufig drehende Propeller. Auch diese Nachbauten demonstrierten später in Versuchen ihre Flugtauglichkeit.

Über die Horten-Konstruktionen in Deutschland, welche die Vorläufer der amerikanischen *YB*- und *Northrop*-Maschinen waren und zum Mißverständnis der *„Kenneth-Arnold-Sichtung“* führten, habe ich ja bereits berichtet. Wie weit die Produktion allerdings damals im Deutschen Reich auch in jenen Bereichen vorangetrieben wurde, zeigen die in diesem Buch publizierten Originalbilder.

Abb.130: Zeitungsbericht über den Absturz einer irdischen Flugscheibenkonstruktion „Caldwell“ im Jahre 1947 etwa zwölf Kilometer südlich von Baltimore, welche den Spitznamen „Gray Goose“ trug.

Möglicherweise sind Sie etwas verwundert, in diesem Buch Bilder aus einer Vergangenheit zu sehen, die es „offiziell“ gar nicht gab. Dann sind Sie genau in der richtigen Stimmung, wenn wir uns nun wieder der *Thule-Gesellschaft* und ihren Anfängen zuwenden...

Offiziell gab es keine *VRIL-Gesellschaft*, so wie es offiziell auch keine UFOs gibt...

Abb.131 links: Der amerikanische „Dragon Warrior", auf Grundlagen deutscher Pläne aus dem Dritten Reich konzipiert. **Abb.132** Mitte: Die amerikanische militärische fliegende Plattform *„MSSMP"* auf den Grundlagen Andreas Epps auf einem Testflug. **Abb.133** rechts: Auf ihrer Oberseite war zeitweise zu Testzwecken eine Kamera installiert.

Karl Haushofer gründete 1919 einen zweiten Orden mit der Bezeichnung *Brüder des Lichts*, welcher später in *VRIL-Gesellschaft* umbenannt wurde. Ebenfalls waren in der VRIL-Gesellschaft die 1917 aus dem Germanenorden hervorgegangene Templer-Neugründung *Die Herren vom Schwarzen Stein* sowie die Thule- und SS-Elite *Schwarze Sonne* vertreten.

Die *Thule-Gesellschaft* widmete sich mehr den „greifbaren" und materiellen Dingen, während die *VRIL-Gesellschaft* sich mit dem Mythologischen auseinandersetzte, dem Jenseitigen und all den Dingen, die „offiziell" nicht existieren.

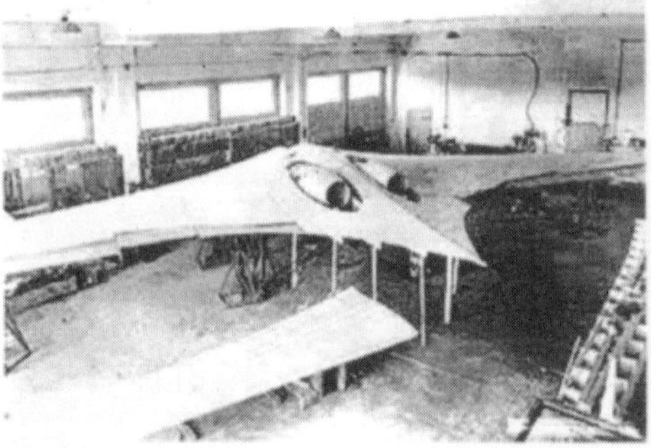

Abb.134 links: Produktionsstätte einer „Horten HIX". **Abb.135** rechts: Eine weitere Horten auf einem Stützpunkt der deutschen Luftwaffe. Auch hier schon erkennbar: die Ähnlichkeit zu Kenneth Arnolds Bericht (*Beginn der offiziellen „UFO"-Ära*) über UFOs über Mount Rainier Jahre später, welche auf amerikanische Flugzeuge ähnlicher Bauweise zurückzuführen war.

Abb.136 links: Bild der Externsteine südlich von Detmold in der Nähe von Paderborn, wo auch das Machtzentrum der *SS-Schwarze Sonne* und der *Thule-Gesellschaft* lag – die Wewelsburg.
Abb.137 rechts: Bild aus Heinrich Himmlers Externstein-Forschungen: *Hymirs Höhle*. Diese ist in die Externsteine hineingehauen.

Beide verbanden jedoch Dinge wie die „*Atlantisforschung*", aber auch Heiligtümer wie die *Externsteine* bei Paderborn. So erfahren Sie nun womöglich auch zum erstenmal, wo der Ursprung folgender Namensgebung liegt: ***Die Herren vom Schwarzen Stein***. Die Externsteine bei Paderborn wurden für diese Gruppierung das geheime „Aushängeschild" (so wurde es mir von einer Person berichtet, welche angab, vor einigen Jahren auf geheime Informationen über die alten Geheimgesellschaften gestoßen zu sein).

Aus den nachfolgenden Überlieferungen erfahren wir etwas mehr über diese: „*Aus den wogenden Wellen der reißenden Brandung, vom knirschharten Sockel der Insel geborgen, des Meeres Wüten mit Kühnheit entrissen, so wollt gewonnen er sein, der machtvolle Stein. Schwarzglänzend geschliffen, nicht von menschlicher Hand, einst verloren aus Grünlands fernen Gefilden, von Isais Atem zu Leben erweckt, ist der köstliche Stein, der nach Grünland läßt ein.*

Wer ihn sich gewonnen, ist Herr seiner Macht, wer seiner Kraft dient, dem dienen die Geister. Durch den schwarzen Stein werden Wunder vollbracht, durch seinen Glanz werden Meister gemacht. Heut loben wir uns, die Meister zu sein, wir, die Herren vom schwarzen Stein! Denn wir haben den Stein uns gewonnen, aus tobender Meerestiefe. Gefunden nach Weisung jenseitiger Stimmen, durch Forschen und Schürfen nach Verstorbenenwort, das zu uns gesprochen. Wir haben den Bann des Sterblichen gebrochen.

Abb.138 links: Bildnis der Isais mit Runenschrift. **Abb.139** rechts: Mystische Region auf dem Untersberg bei Salzburg in Österreich. Mit dem Untersberg verbinden sich Mythen, daß Menschen in ihm verschwanden und Jahre später, ohne gealtert zu sein, wieder auftauchten.

So sind wir geworden und werden stets sein, die unsterblichen Herren vom Schwarzen Stein. Wo Geschlechter vergehen, wo Zeiten verstreichen, wo die Welten des Jenseits verschlingen die anderen, die auf Erden starben – wir werden unsichtbar da weiter wandern.

Gehorsam der Herrin, der Schwester Isais, die uns leitet aus Grünlands Weiten, durchschreiten wir die verwehenden Zeiten, zu suchen, zu fassen den Speer, der Herrin Isais verlorene Wehr. Isais' Palast, an Grünlands Gestaden, ward uns zum heimlichen, bergenden Ort.

Wir gehen dort ein, wir gehen dort aus, so wandeln wir zwischen den Welten. Die Gesetze des Irdischen uns nimmermehr gelten.

Die Brüder Isais werden niemals sterben, nichts da könnt' sie verderben, unverwundbar werden immer sie sein – wir, die Herren vom schwarzen Stein.“

Wer war *Isais*?

Man findet Bruchstücke von Erklärungen in alten mesopotamischen Überlieferungen, in Fragmenten von Keilschriften. Es war die Geschichte von Isais' Höllenreise im Auftrag der Ischtar. Es geht um eine ***Offenbarung dieser Isais*** – welche übrigens auch *„die Göttin vom Untersberg“* genannt wird. Isais ist den Geschichten zufolge eine Außerirdische gewesen. Deshalb auch die Bezeichnung „Göttin“. Sie diente auch in gewisser Weise der „VRIL-Gesellschaft“ als Vorlage. Doch dazu später mehr...

Betrachtet man die Verse aus den Schriften der *Herren vom Schwarzen Stein*, dann fällt ein verbindendes Element auf: Dem Untersberg werden laut Überlieferungen und Mythologie zeitverschiebende Eigenschaften nachgesagt. Menschen sollen dort verschwunden und Jahre später, nicht gealtert, wieder aufgetaucht sein. Selbst an der Bergbahn zum Untersberg werden Geschichten um diese Mythen zum Verkauf angeboten. Interessant ist hierzu eine Erzählung, welche der Autor *Walter Ernsting* in seinem Roman „Die unterirdische Macht" wiedergibt. Ernsting erzählt, absichtlich in Romanform, eine angebliche Tatsachengeschichte, welche besagt, daß im Massiv des Untersberges die *verschollene Technologie von Atlantis* verborgen ist, und unter anderem auch Zeitreiseapparaturen einer *außerirdischen Hochtechnologie*. Dies wiederum paßt mit den Mythen um den Untersberg zusammen, welche von *Zeitverschiebungsphänomenen* berichten. Von den weit über 240 dort bekannten Höhlensystemen sind nur sehr wenige erforscht – und diese unvollständig.

Interessant ist in diesem Zusammenhang wiederum die Aussage der Geheimverbindung der *„Herren vom Schwarzen Stein"*: *„...So sind wir geworden und werden stets sein, die unsterblichen Herren vom Schwarzen Stein... Wo Geschlechter vergehen, wo Zeiten verstreichen, wo die Welten des Jenseits verschlingen die anderen, die auf Erden starben – wir werden unsichtbar da weiter wandern..."*

In dem Roman von Walter Ernsting, welchen *Jan van Helsing* in seinem Ama Deus Verlag herausgegeben hat, schreibt Ernsting über einen *Geheimbund der Weltenlenker*, der diese geborgene Technologie vor dem Rest der Welt geheimhält. Um welchen Geheimbund handelt es sich dabei wohl...?

Der Graf von St. Germain soll ursprünglich Mitglied dieser Geheimgesellschaft gewesen sein, wird aber nun von jener durch die Jahrhunderte gejagt, da er, im Gegensatz zu jenem Geheimbund, das alte Wissen schrittweise an die Weltbevölkerung zurückgeben will – um den Prozeß geistiger Reifung zu beschleunigen. Der Graf von Saint Germain ist eine der mysteriösesten Figuren der westlichen Welt, da er nachweislich über 250 Jahre gelebt hat und dabei nicht alterte. Offiziell wurde er am 28. Mai 1696 in Siebenbürgen geboren, und man sagt, er sei auf eine Technologie gestoßen, welche das Reisen in der Zeit erlaubt und sei in Wirklichkeit nie gestorben. Er war zur damaligen Zeit Freimaurer und gründete nachweislich in Frankreich eine Loge, welche auch Frauen als Mitglieder zuließ. Man behauptete des weiteren von ihm, daß er über Wundergaben und Zauberkräfte verfügte und Silber in Gold verwandeln konnte. Seit damals tauchte er anscheinend immer wieder zu unterschiedlichen Zeiten in verschiedenen Ländern auf, um unter anderen Namen der Menschheit Tips zu geben und Erfindungen zu überreichen, um die Seelen-Entwicklung zu beschleunigen; dies jedoch nur auf eine Art und Weise, daß der Reifungsprozeß, sprich die *ethische Reife*, im Einklang mit den neuen Erkenntnissen heranwachsen kann.

Auch der Graf von St. Germain ist dadurch bekannt geworden, daß er angeblich durch die Jahrhunderte reist und in verschiedenen Zeitepochen wieder auftaucht. Walter Ernsting behauptet in seinem Buch „Die unterirdische Macht", den Grafen getroffen zu haben. Er (der Autor) selbst sollte in diesen Geheimbund der Weltenlenker aufgenommen werden, ist jedoch an einem bestimmten Punkt ausgestiegen, da seine Interessen sich mehr mit denen des Grafen verbanden, so daß er ebenfalls verfolgt wurde. Eine schöne Romangeschichte, oder vielleicht gerade deshalb kein Sachbuch...?

Jan van Helsing behauptet in seinem Werk „Hände weg von diesem Buch!" ebenfalls, mit dem Grafen von St. Germain „in Kontakt" zu stehen. Auch schreibt er in seinem Buch: „*...Erst in den dreißiger Jahren des letzten Jahrhunderts erklang sein Name wieder in vielen Ohren. Da erschien er einem Amerikaner am Berge Mount Shasta in Nordkalifornien, doch eher in der Art, daß er sich vor dessen Augen materialisierte und später auf diese Weise auch wieder verschwand. (Diesen Berg besuchte ich inzwischen viermal, habe ihn auch mehrfach umwandert und viele Menschen dort interviewt, doch keiner wußte etwas Genaues über Saint Germain zu sagen.) Diesem Amerikaner gegenüber behauptete Saint Germain, Mitglied der „Weißen Bruderschaft" zu sein. Die „Weiße Bruderschaft" ist seinen Worten nach eine Gruppe von Wesen höherer Dimension, welche die Entwicklung auf unserem Planeten überwacht und die Seelen bei ihrer spirituellen Ausbildung unterstützt.*"

Das ist eine interessante, wenn auch abgehobene Geschichte. Doch auch ich konnte inzwischen meine eigenen Erfahrungen am Untersberg machen. Als ich im Oktober 2003 dort weilte, fiel mir zunächst eine große Anzahl von Militärlastwagen auf, welche die gewundenen Straßen des Untersberges herabkamen. Als wir zu dritt ein weiteres Mal zu diesem mystischen Berg fuhren, spielte die Zentralverriegelung an dem Auto meines Bruders verrückt, Löffel verbogen sich in einem Lokal, und das Navigationssystem des Wagens zeigte in die entgegengesetzte Richtung.

Glücklicherweise (merkwürdigerweise?) kam just in diesem Moment ein Mann aus einer Tankstelle zu unserem Auto, welcher uns darüber aufklärte, wie wir als Ortsunkundige trotzdem wieder nach Hause kommen würden, und uns klarmachte, daß das Navigationssystem spinnen würde und wir in die falsche Richtung gefahren seien. Möglicherweise ist auch dies nur eine Ansammlung von Zufällen?

Doch kommen wir in diesem Zusammenhang nochmals auf Jan van Helsings Bestseller „Hände weg von diesem Buch!“ zurück. Er schreibt darin über den hier schon mehrmals erwähnten *Al Bielek*: „*...Der zuvor erwähnte Al Bielek, der behauptet, daß es gegenwärtig ein geheimes Projekt in den USA geben würde – das* ***Montauk-Projekt*** *–, bei dem Menschen durch die Zeit verschickt werden...*

Mein Freund Al Bielek, der wie sein Bruder und auch sein Vater über Jahrzehnte hinweg für den US-amerikanischen Geheimdienst tätig war, befaßte sich ebenfalls intensiver mit dem Grafen und ist mit großer Sicherheit davon überzeugt, daß dieser heute noch lebt... Al Bielek selbst behauptet von

Abb.140 links und **Abb.141** rechts: Aufnahmen vom Montauk-Stützpunkt auf Long Island. Hier sollen Zeitreise-Experimente stattfinden. Die dazu notwendigen Anlagen wurden dem Militär angeblich von Außerirdischen geliefert.

sich, daß er während eines Experimentes der US-NAVY im Jahre 1943 – dem sogenannten Philadelphia-Experiment, bei dem das Schiff USS Eldridge radar-unsichtbar gemacht werden sollte – in der Zeit versetzt wurde.

Al Bielek behauptet nicht nur, damals in der Zeit versetzt worden zu sein, sondern auch, daß nach diesem unglücklichen Vorfall erst die richtigen Forschungen begannen und man bis heute mit Zeitreisen experimentieren würde."

Laut den Mythen soll *Isais*, die Göttin des Untersberges, sich im Auftrag der Lichtgöttin *Ischtara* (Ischtar/Ostara) als Knabe verkleidet in den – so wörtlich – *Pfuhl der Finsternis*, die Hölle des „Shaddain", geschlichen haben, um den magischen Stein zurückzuholen, den der Teufel aus Walhalla gestohlen hatte.

Offiziell war der *Schwarze Stein* am Fuße des Untersberges. Doch wenn die deutschen *Herren vom Schwarzen Stein* sich rühmten, jenes geheime Wissen erlangt zu haben, dann kommt der von ihnen angewendeten *„Sage der Isais"* die Bedeutung zu, daß der Stein an eine andere Stelle gelangen sollte. In die Region der Externsteine vielleicht? Oder standen diese aus einem anderen Grunde mit dieser Gesellschaft in Verbindung?

Betrachten wir uns nun Auszüge aus den transmedialen Protokollen der VRIL-Gesellschaft, welche durch deren spirituelle Medien „empfangen" worden sind. Diese berichten mit teils verblüffender Genauigkeit über die Geschichte einer fernen Welt *Aldebaran*, über deren Gesellschaft und Religion, auch über Kleinigkeiten. Dabei sind nur kleine Bruchstücke dieser Schriften erhalten geblieben – leider, denn in den Jahrzehnten sind viele Stellen unleserlich geworden, da die Protokolle aus dem Zeitraum von 1919 bis zirka 1949 stammen: *„Das Reich Sumeran* (nach irdischer Sternkarte das Sonnensystem „Aldebaran") *ist seit langer Zeit eine Theokratie. Das heutige Staatswesen steht unter Priesterinnenherrschaft, ist aber nicht so fest geformt wie die irdischen Staaten. Es gibt halbfreie Fürstentümer.*

Die davorliegende, sehr lange währende Periode wird die „Großkönigzeit" genannt. Damals herrschten Imperatoren, die eine Art Universalimperium anstrebten und wohl auch zeitweilig weitgehend aufzurichten verstanden. Dieses Imperium wurde – nach der Machtübergabe durch einen sehr religiösen Großkönig an die Priesterinnen – weitgehend aufgegeben. Es folgte mit der „Priesterinnendynastie" eine Epoche des „Isolationismus", die im wesentlichen noch immer anhält. Vor der „Großkönigzeit" gab es auf dem aldebaranischen Hauptplaneten „Sumer" verschiedene Völker, die auch untereinander Krieg führten. Im letzten dieser Kriege besiegte König Derger von Ogre Tdan alle anderen Völkerschaften und ließ sie rigoros auf den Nachbarplaneten „An" verbringen. Seither gibt es auf Sumer nur noch ein einheitliches Volk. König Derger wurde der erste Großkönig.

Aldebaran steht heute (etwa 1943 der Erdenzeit) *im Krieg mit zwei anderen Welten, „Nanut"* (vermutlich Regulus) *und „Godonos"* (vermutlich Kapella). *Dieser Krieg währt schon sehr lange, da die „Priesterkaiserinnen" es für ausreichend hielten, die Feinde auf Distanz zu halten. Erst in jüngster Zeit ist diese Auffassung geändert und der Krieg mit vollem Einsatz geführt und beendet worden."*

Angeblich sollen zwei deutsche Weltraumunternehmen aus der Zeit des Dritten Reiches in der zweiten Aprilhälfte 1945 gestartet sein. Das eine soll das 71m große Raumschiff *Haunebu III Thor* zum Mars betreffen, das andere das 45m große Raumschiff „Odin" nach Aldebaran.

Über den Flug nach Aldebaran durch den Dimensionskanal sollen nun ein paar Auszüge aus den transmedialen Protokollen der VRIL-Gesellschaft wiedergegeben werden: „*‚Odin' hat Mutter Erde verlassen. Ein plötzliches Gefühl unbeschreiblicher Verlorenheit hat wie gleichzeitig von der gesamten Besatzung Besitz ergriffen. Es wird wenig gesprochen. Die Erde sieht von außen nicht wie ein Schulglobus aus, sondern blau, hellblau und weiß. Deutlich sind die Wolken zu erkennen und auch Teile des Lands, in seltsam vertraut wirkenden Umrissen. Aber wir fliegen so schnell, daß die Erde bald wie ein immer kleiner werdender Ball wirkt.*

Umrundung der Erde im tiefen Flug nicht vorgenommen, um Gefühlsaufwallungen nicht zu verstärken. Den Mond verhältnismäßig nahe passiert, etwa 12.000 Kilometer. Er wirkt kalt...

Erde-Mond jetzt schon sehr fern. Kleinmütige Sentimentalität abgeschüttelt. Wir nähern uns dem Eintrittspunkt (in den Dimensionskanal). XXX hat Transmed-Verbindung zu Aldebaran hergestellt. Besatzung ist wieder hoffnungsfroh. Technisch alles reibungslos. ‚Odin' fliegt störungsfrei. In siebeneinhalb Stunden Eintritt (in den Dimensionskanal).

Eintritt (in den Dimensionskanal) ging sehr einfach. Kurzes Empfinden wie eine Art Hauch von Betäubung bei allen Besatzungsmitgliedern. Aber nur wenige Augenblicke. Umformung geht viel zu schnell, um sie richtig zu begreifen... (ca. 12 Zeilen unleserlich)... überall grünliches Schimmern...

Im Kanal ruhiger Flug. Manchmal kommen wir an helleren oder dunkleren Stellen vorbei. Wissen nicht, ob sie etwas zu bedeuten haben. Überall grün-gelbliche Lichtspiralen, in der Mitte fast orange. Größe und Entfernung schwierig zu sagen. Eventuell mehrere Kilometer Gesamtdurchmesser des Spiralgebildes, das sich sehr langsam dreht. Vielleicht bewirkt das Gebilde einen Sog, wenn man näher kommt. Überlegen, ob das Spiralgebilde vielleicht draußen fliegende Gegenstände ungewollt in den Kanal hineinziehen kann? Der Kanal ist keine Röhre, bloß in eine Richtung, er ist ja sozusagen grundsätzlich überall...

XXX im Kanal (Dimensionskanal). Flug verläuft reibungslos. Besatzung hat sich an den grünen Überkosmos gewöhnt. Durch die wolken- und nebelartigen Schleier, die hier häufig sind, starkes Geschwindigkeitsempfinden. Dann wieder nur das Licht irgendeiner grünen Sonne... Es ist das Jenseits oder wenigstens eine Art diesseitig-jenseitiges Grenzland. Technisch keine Schwierigkeiten. Moral gut. Keine...

Nähern uns jetzt langsam dem Austrittspunkt. Hoffentlich geht alles gut. Keine merkbaren Störungen...

Austritt (aus dem Dimensionskanal) gelungen. XXX bemüht sich um Aldebaran-Verbindung. Technisch wegen Ausfall der Alpha-Antenne nicht möglich. Wieder unser altes Weltall. Lauter fremde Sternbilder - natürlich. Halten vereinbarten Kurs. Keiner hat Angst.

Die Dunkelheit hier ist ungewohnt. Zwar Sterne zu sehen, aber keine Sonne nahe genug, um Licht zu geben. Wir sehen außer fernen Sternen nichts. Nicht einmal unseren ‚Tellerrand'. Sehr merkwürdig. Alles finster wie im Bärenwanst. Die Sonne Aldebaran-Sumi ist noch verhältnismäßig weit. Wir werden den Rest des Weges zusammen mit den auf dieser Position zu erwartenden Aldebaranern fliegen. Hoffentlich kommen sie bald. Wir sind leicht zu früh dran, aber die entdecken uns vermutlich...

Die aldebaranischen Raumkreuzer kommen schnell näher. Beeindruckende Geräte. Länge sicher über 1.000 Meter. Sie sind riesenhaft, sehen aber sonderbarer Weise nicht so fremdartig aus, wie wir uns ausgemalt hatten. Erinnern an unsere V2, obwohl sie keine Raketenantriebe haben, und natürlich sehen sie doch anders aus...

Wir werden von den beiden Aldebaranern in die Mitte genommen. Ihre Raumkreuzer sind taubenblau, hellblau und lila lackiert. Eine Art von halb Verzierung und halb Tarnanstrich. Die aldebaranischen Hoheitszeichen sind schwarz-silbern.

Das Flagschiff dreht uns die Breitseite zu. Eine große Luke wird im hinteren Rumpfdrittel geöffnet. Wir steuern dort glatt hinein. Die große Spannung, erstmals Menschen von einer anderen Sternenwelt kennenzulernen, ist merkwürdigerweise gar nicht so da. Wir haben das Gefühl, uns schon zu kennen. Fr. XXX hat Verbindung zu einer an Bord des Flagschiffs befindlichen Aldebaranerin. Alles geht unglaublich glatt und einfach. Hinter der Luke brennt gelbliches Licht. Unser ‚Odin' geht auf der Landefläche (drinnen) nieder, die wie aus Sandstein gefertigt zu sein scheint...

Es dauert knapp fünf Minuten, die uns sehr lange vorkommen, dann gehen die roten Lampen aus, und in der Wand links von uns geht eine ziemlich große Tür mit geschwungenem Oberteil auf. Menschen kommen, als ob dieser Augenblick gar nichts Außergewöhnliches sei. Es sind acht Aldebaraner. Sie sind wirklich Menschen. Sie sehen fast aus wie wir. Vielleicht etwas größer, schlanker und blasser. Ihre Kleidung sieht eher altmodisch aus, also so, wie man sich das in utopischen Romanen ausmalt. Fast ein bißchen wie Krieger aus der Antike. Auch hier drinnen fallen uns jetzt Verzierungen auf. Die neuzeitliche Technik scheint bei den Aldebaranern in verschnörkelten Hüllen zu stecken. Es sind aber keine barocken Formen, sondern eher solche, die an die Verzierungsarbeiten und Schnitzereien der Germanen erinnern.

Man begrüßt uns mit dem deutschen Gruß. Wir sind überrascht. Später erfahren wir, daß dieser Gruß unter den Aldebaranern üblich ist, jedoch nur unter Männern. Zu unserem großen Erstaunen sprechen zumindest drei der Aldebaraner unsere Sprache. Wir werden also begrüßt.

Jener aldebaranische Offizier, der in diesem Raumschiffbereich das Kommando zu haben scheint, versichert uns, unser ‚Odin' werde gut betreut. Er kann allerdings nicht Deutsch, das junge Mädchen übersetzt für ihn. Sie ist sehr hübsch, wenn auch ein bißchen fremdartig auf uns wirkend. Ihre Haare sind hellrot und erstaunlich lang. Die Männer wirken auf uns weniger fremdartig. Sie sind in der Mehrheit hellblond, einige auch dunkel. Auffallend sind ihre länglichen, schmalen und für unser Empfinden blassen Gesichter. Auch das Mädchen wirkt blaß, hat aber keinen so langgestreckten Schädel. (eine Zeile unleserlich) Durch transmediale Kontakte wußten wir ja schon, daß der

Unterschied zwischen Männern und Frauen der aldebaranischen Rasse größer ist als bei uns. Trotzdem könnte man die Aldebaraner durchaus für einen unmittelbaren Zweig der germanischen Rasse halten. Wenn man bedenkt, welche enormen räumlichen und entwicklungszeitlichen Abstände zwischen ihnen und uns liegen, ist die Ähnlichkeit ganz erstaunlich. In ihrer Art, sich zu geben, zeigt sich der Unterschied dann größer als im Äußeren. Sie scheinen nicht so lebhaft zu sein wie wir, sie wirken sehr ruhig und würdebetont. Aber das können wir jetzt noch nicht richtig beurteilen.

‚Odins' Flug war erfolgreich! Jetzt wird unser braves Gefährt im Bauch eines riesenhaften aldebaranischen Raumschiffs zur Heimatwelt der Aldebaraner geflogen. Die Besatzung von VRIL-‚Odin' hat sich der Gastfreundschaft des aldebaranischen Reiches „Sumeran" anvertraut und wird, soweit jetzt überschaubar ist, auf der Welt „Sumer" ein zwischenzeitliches Quartier beziehen, wo auch ein Hangar für unser Weltraumschiff ‚Odin' zur Verfügung stehen wird...

Wir können sagen, hier Freunde... gefunden zu haben...

Kapitän Hleddor erklärt uns einiges über die Bauart, Bewaffnung und Kampftechnik seines Flagschiffs. Das kleine Mädel übersetzt alles. Wir fühlen uns wie Könige. Dieses eine Schlachtschiff allein könnte die ganze Erde erobern. (ca. zehn Zeilen unleserlich) Wir fliegen jetzt an einem Verband aldebaranischer Kampfschiffe vorbei, der uns entgegenkommt. Das zu sehen, ist ein großartiges Gefühl. Wir stellen uns schon vor, wie wir so mit denen zur Heimat zurückkehren. Allen guten Göttern sei Dank!

XXX nach dem Austritt aus dem Dimensionskanal. VRIL-‚Odin' hat ein Quartier auf einem alten, aber malerisch gelegenen Weltraum-, Luft- und Seehafen gefunden, der „Ogre Tdan" heißt und zu dem Gebiet Ogre Tduant gehört, einer historisch bedeutsamen großen Insel nordwestlich der Großinsel Schuschadane.

Hier haben vor langer Zeit die Imperatoren des früheren aldebaranischen Universalreiches ihre Paläste gehabt. Die Ruinen der alten Hauptstadt Malkrea sind noch immer auffindbar.

Ogre Tdan gehört zum Einflußgebiet der Suscharen. Die ‚Odin'-Besatzung, die sehr angenehme Quartiere bei Ogre Tdan bezogen hat, unterliegt keinen Beschränkungen. Sie kann mit ‚Odin' nach Belieben herumfliegen. Es ist uns auch ein aldebaranisches Fluggerät angeboten worden. Die Besatzung bewog jedoch den Kapitän, das Anerbieten von Suscharen-Leuten anzunehmen, an unserem ‚Odin' etwas verbessernd herumzubasteln. Es gibt auf der nahen Großinsel Schuschadane eine kleine Hafenstadt namens Älde. Dort befindet sich auch eine Art Sonderwerkstatt der Suscharen-Sippe, der ‚Wachtdan', mit der wir uns näher angefreundet haben. Hier wird unser ‚Odin' nun gründlich umgebaut und verbessert...

Die Suscharen unterscheiden sich von den Aldebaranern. Sie sind eine besondere Händler- und Kriegerkaste und leben viel auf großen Weltraumschiffen. Sie haben auch eine eigene Tracht, bei der Mädchen und Frauen kurze Röcke und kurze Haare haben dürfen, denn beides gilt sonst als unschicklich... Sie haben auch eine eigene Hauptgottheit, die Göttin „Illa", während sonst „Malok" der Hauptgott ist und die Hauptgöttin „Orfa" heißt.

Die Suscharen sind viel lustigere Leute als die anderen Sumeraner. Das Leben hier ist völlig schwierigkeitslos. Keiner könnte sich dies auf der Erde vorstellen. Es ist möglich, daß wir, falls unser Aufenthalt auf ‚Sumer' noch länger andauert, an einer Jagdkreuzerunternehmung teilnehmen und dabei ‚Odins' neue Fähigkeiten erproben werden. Der Kapitän ist schon an Bord eines großen Schlachtkreuzers, der allerdings in der Nähe bleibt.

Wie es aussieht, geht alles sehr gut. Allein mit der merkwürdigen Frömmigkeit der Aldebaraner kommen wir noch nicht ganz mit. Ihre Götter und Göttinnen sind ihnen ungeheuer wichtig und Glaubenszweifel kennen sie keine.

Es gibt eine Art Allgeist-Übergott, und dann viele Göttinnen und Götter dazu. Die Religion ist nicht ganz einheitlich...

Haben einen sogenannten „freien Fürsten" mit seinem Flagschiff landen sehen. War wie der Besuch eines Weltraumsultans aus 1001-Nacht. Ganz anders als die bodenständigen Aldebaraner. Man hat den Eindruck, daß es hier noch viel Merkwürdiges gibt. Zum Beispiel auch, daß überall Tiere frei herumlaufen. Es ißt hier niemand Fleisch. Die Tiere sind sehr zutraulich...

Wahrscheinlich kommt doch alles aus einer Schöpfungsquelle. Es gibt viele Ähnlichkeiten mit der Erde, und nichts ist wirklich gänzlich fremdartig...

Die Aldebaraner haben uns ein nagelneues Raumschiff geschenkt. Es ist ein leichter Kreuzer, mit dem man so ziemlich alles anstellen kann. Unser ‚Odin' soll nicht unnötigen Gefahren ausgesetzt werden, weil er ja ein historisches Stück darstellt. (ca. 5 Zeilen zerstört)... uns an die Lebensweise hier gewöhnt. Besonders die Frauen leben sich leicht ein. Sie kommen mit allem zurecht. Die Männer halten sich gerne bei den Suscharen auf..."

Meiner Meinung nach spielt es nach Kenntnis dieser „Durchgaben" nicht mehr so sehr die Rolle, ob nun die Externsteine oder der Untersberg jene Region ist, in welcher der *„Schwarze Stein"* zu finden ist. Denn nehmen wir die Geschichten um den Untersberg und auch jene von Walter Ernsting in „Die unterirdische Macht" ernst, dann paßt die Beschreibung der *Herren vom Schwarzen Stein* in deren eigenen Texten wie die *„Faust aufs Auge"*. Dort heißt es: *„...Isais' Palast, an Grünlands Gestaden, ward uns zum heimlichen, bergenden Ort. Wir gehen dort* ***ein****, wir gehen dort* ***aus****, so wandeln wir zwischen den Welten...!"*

Vergleichen wir hierzu noch die Ausführungen von Jan van Helsing: *„...Diesem Amerikaner gegenüber behauptete Saint Germain, Mitglied der „Weißen Bruderschaft" zu sein. Die „Weiße Bruderschaft" ist seinen Worten nach eine Gruppe von Wesen höherer Dimension, welche die Entwicklung auf unserem Planeten überwacht und die Seelen bei ihrer spirituellen Ausbildung unterstützt."*

Bedenken wir: In der VRIL-Gesellschaft vereinten sich *„Die Herren vom Schwarzen Stein"*, der *„Thule-Orden"* und die SS-Elite *„Schwarze Sonne"*.

1934 mietete die *SS*-Elite für eine symbolische Gebühr von einer Reichsmark die *Wewelsburg* bei Paderborn im Kreis Büren an. Im Jahre 1936 wurde sie zu einer Kult- und Repräsentationsstätte der SS ausgebaut. Jene Wewelsburg liegt in unmittelbarer Nähe der „Schwarzen Steine" – **der Externsteine!**

Abb.142 links: Die Wewelsburg bei Paderborn – Macht- und Kultstätte der SS.
Abb.143 rechts: Blick von der Wewelsburg. Laut alten Sagen soll *hier* die Endschlacht beginnen. Dies könnte auch symbolisch gemeint sein mit „Deutschland" – oder *„durch bestimmte mit der Wewelsburg verbundene Sachverhalte"*.

Abb.144 links: Der Obergruppenführersaal – in der Mitte als Bodenornament die *Schwarze Sonne*. Der Raum ist umgeben von zwölf Steinsäulen.
Abb.145 rechts: Unter dem „Obergruppenführersaal“ befindet sich die sogenannte „Gruft“ (Walhalla). In ihr wurden die Rituale abgehalten. Um die Opferstätte herum befinden sich zwölf Steinsockel (Sitze). Über jedem der Steinsockel befindet sich eine Lampe, welche die Person darunter sowie auch den *„göttlichen Bereich darüber“* beleuchtet.

Der Boden im sogenannten *„Obergruppenführersaal“* wurde mit einer riesigen „Schwarzen Sonne“ versehen. Die Seiten des runden Saales zieren zwölf Säulen. Unter dem Obergruppenführersaal befand sich die sogenannte „Gruft“. In ihr wurden die Rituale ausgeführt.

Ich habe bereits erklärt, daß die NSDAP aus der DAP entstanden ist und hinter beiden Namen eine religiöse Vereinigung steht: der *Thule-*

Abb.146 links: Eine Statue von Caesar des Römischen Reiches der Vergangenheit. Caesar in bekannter Geste („Heil Caesar“) mit dem gehobenen rechten Arm, der damals dort der „Gruß der Götter“ war. Das Römische Reich verehrte verschiedene Gottheiten. **Abb.147** rechts: Hitler übernahm den „Gruß der Götter“ für „sein“ Drittes Reich. Ein Beweis für seinen Glauben an außerirdische „Gottheiten“?

Orden. Wir wissen aus den Überlieferungen auch, daß „Thule“ laut den alten Mythen die Hauptstadt von Atlantis war.

Ebenfalls unumstritten ist, daß Hitler uralte Symbole und Rituale für sein Drittes Reich benutzte, unter anderem das Hakenkreuz, ebenfalls laut Mythologie das Symbol einer uralten „untergegangenen“ Kultur – jener von Atlantis. Und wir kennen den „Hitler-Gruß“, welcher nach den Sagen der alten Zeit der „Gruß der Götter“ war. Bekannt ist ebenfalls, daß Hitler bereits in seiner Jugend eine geradezu euphorische Faszination für Mythen und Sagen hatte. Bereits damals sah der junge Hitler Wagners Grals-Saga „Lohengrin“ zehnmal.

Dieser „Gruß der Götter“ soll, wie wir wenige Seiten zuvor aus den transmedialen Protokollen über den VRIL-Odin-Flug erfahren haben, seinen Ursprung bei einer außerirdischen Hochzivilisation, von der auch die Atlanter abstammen sollen, haben – den Aldebaranern.

Abb.148-152: Beim Betrachten von Bauwerken und Gebäuden des Dritten Reiches wird deutlich, welches Vorbild diesen zugrunde lag: das Römische Reich, welches den Götterglauben (eine Fehlinterpretation außerirdischer Kontakte als „Übermenschen“?) huldigte.

Für den Normalbürger mag das eine geradezu provokante Behauptung sein. Nicht so für den geschichtskundigen Fachmann. Adolf Hitler hat den sogenannten „Hitler-Gruß“ („Heil Hitler!“) nämlich aus dem Römischen Reich übernommen. Die Römer glaubten an verschiedene Gottheiten, und bei jenen war dies tatsächlich der „Gruß der Götter“! Wenn man dies weiß, dann wird die Behauptung, daß der Führer des Dritten Reiches damit den „Gruß der Götter“ übernommen hat, zur Erkenntnis. Sie sehen, daß es wichtig ist, den wahren Ursprung zu kennen.

Daß Hitler das Römische Reich zum Vorbild hatte, wird allerdings auch in anderen Punkten mehr als deutlich. So wurde die monströse Bauweise, vor allem umgesetzt beziehungsweise geplant durch Albert Speer, zu einer einzigen Huldigung des römischen „Götter“-Imperiums!

Werfen wir zum Vergleich einen Blick auf die Originalbauten des Römischen Reiches. Die Übereinstimmung ist eindeutig:

Abb.153-156: Eindrücke aus einem untergegangenen Reich: römische Monumentalbauten aus Caesars Zeiten. Kann die Anlehnung Amerikas sowie die des ebenfalls untergegangenen Dritten Reiches als „Zufall“ bezeichnet werden? Beurteilen Sie selbst...

Doch nicht nur das Dritte Reich scheint dem Römischen Reich sowie den ägyptischen Gottheiten mehr als verbunden zu sein. Auch in der Architektur der monumentalen amerikanischen Regierungs- und Gerichtsgebäude sowie Tempelanlagen scheint der Hintergrund deutlich und klar. Eine zufällige Übereinstimmung – oder identische Glaubensphilosophie?

Abb.157 links: Zufällige Geste von Präsident George Bush – oder mehr?

Abb.158-161: Eindrücke aus Washington. Ist das hier wahrnehmbare Vorbild rein zufällig gewählt, oder steckt eine tiefere Wahrheit dahinter?

Natürlich könnte man mit den Spekulationen noch viel weiter gehen. Einige behaupten ja trotz aller Kritik, daß hinter der Hollywood-Saga *„Star Wars“* (*„Krieg der Sterne“*) eine tiefere Realität versteckt sein könnte. Nicht nur, daß die militärische Führungsriege des „Imperiums“ dort Kostümierungen trägt, welche an das Dritte Reich erinnern – es wurden inzwischen auch schon verschiedene Technologien der damals noch als „Science Fiction“ geltenden Sternensaga in die Realität übernommen; beispielsweise die Laser-Technologie und Laserwaffensysteme.

Noch interessanter wird es jedoch, wenn man den augenscheinlichen „Zufall“ ins Visier nimmt, daß der vermeintliche Feind des Imperiums eine Kultur ist, welche auf dem fiktiven Planeten „Alderaan“ lebt und dessen Bauwerke wie jene unserer untergegangenen Hochkulturen wirken – trotz der dort vorhandenen Hochtechnologie.

Kann man es als einen Zufall betrachten, daß hier eine Verbundenheit zur vermeintlichen Realität des Sonnensystems *„Aldebaran"* besteht, in welchem laut der transmedialen Überlieferungen angeblich ebenfalls eine weit entwickelte Kultur mit Hochtechnologie lebt, welche auf uns optisch geradezu monumental wirkt und an vergangene Hochkulturen unseres eigenen Planeten erinnert (siehe dazu auch die vollständigen transmedialen Protokolle in Jan van Helsings Buch „Unternehmen Aldebaran")?

Oder ist die (bewußte?) ähnliche Namensgebung (Aldebaran – *Alderaan*) ebenfalls nur ein „Zufall", ebenso wie die verwendete Farbgebung der Flaggen und Symbole? Ohne Frage ist dies eine phantastische Behauptung, doch sie brannte mir provokativ unter den Nägeln...

Hitler glaubte also an die Überlieferungen, nach denen sich die „Götter" (Atlanter/Außerirdische) mit den Menschen einließen und sich die Rassen vermischten (siehe auch die Genesis im A.T.). Und falls ein außerirdischer Kontakt Anfang der dreißiger Jahre in Deutschland tatsächlich stattgefunden haben sollte, welcher die Konstruktion der „Deutschen UFOs" anregte, wissen wir nun auch, warum...

Wenn man nun noch weiß, daß der Graf von St. Germain Freimaurer, und die Thule-Gesellschaft die Gegenpartei zu den Freimaurern war, dann bekommen einige Dinge eine neue, unerwartete Bedeutung. So könnte dies beispielsweise so interpretiert werden, daß jener Geheimbund, in welchem der Graf ursprünglich war – und vor welchem er nun auf der Flucht ist (siehe „Die unterirdische Macht") – **die *Freimaurer* und *Illuminaten* sind!**

Dann würde jene Technologie im Untersberg (der magische „Stein" von Atlantis) *derzeit* in den Händen der Freimaurer und Illuminaten sein.

Doch was ist mit diesem „Stein" gemeint?

Die Sage der ISAIS, der Göttin vom Untersberg, berichtet darüber, was geschehen wird, wenn ISAIS *„den magischen Stein zurückholt"* – also vom Freimaurer- und Illuminatentum entwendet und zurück in die Hände der Thule-Gesellschaft bringt!

Laut jener Sage hat der Teufel (Freimaurer/Illuminaten) den Stein aus Walhall gestohlen. Er war also zuvor im Besitz der „Gegenseite" (welche nun als „*Thule-Gesellschaft*“ betitelt wurde). Auf der Wewelsburg, der Kultstätte der SS-Schwarze Sonne existiert seit dem Jahre 1934/36 in unmittelbarer Nähe zu den „*Schwarzen Steinen*“ – den Externsteinen – eine Räumlichkeit, die auch „Walhalla“ genannt wird. Und in „*Walhall*“ soll laut Sage der Teufel den Diebstahl begangen haben...

Dies ist sicherlich keine direkte Verbindung in der Form, daß jener „Stein der Weisen“ (den der Graf von St. Germain gefunden haben will) aus dieser Gruft gestohlen worden war, sondern ein symbolischer Hinweis der Thule-Gesellschaft und der SS-„Schwarze Sonne“.

Der „*Stein der Weisen*“ wäre aus dieser Sicht gesehen der „*Schwarze Stein*“!

Eine genauere Erklärung folgt...

In dem Roman „*Die schwarze Sonne von Tashi Lhunpo*“ des Autors *Russell McCloud* trifft in einer Schlüsselszene die Hauptperson Hans Weigert in Tibet einen Aussteiger und ehemaliges Mitglied des „Schwarzen Ordens der SS“, Karl Steiner genannt. Der Roman ist ebenfalls alles andere als reine Fiktion – bis auf seine Rahmengeschichte.

Weigert fragt dort den Aussteiger, was die SS in Tibet gesucht hätte. Dieser erklärt ihm, daß an jener Expedition neben Heinrich Himmler auch Karl Haushofer beteiligt gewesen war. Der SS-Mann erzählt, daß Haushofer während des Ersten Weltkriegs Kontakte mit Eingeweihten der tibetischen Gelbmützen knüpfte (einer 1409 gegründeten Geheimgesellschaft). Die Kontakte wurden gehalten. *Nach* 1933 wurde dann aufgrund des „Ahnenerbes“ eine Expedition nach Tibet durchgeführt.

Danach berichtet der Aussteiger des SS-Ordens „Schwarze Sonne“, „*daß vor etwa zwölftausend Jahren ein Reich in einer riesigen Katastrophe endete*“.

Hier liege die „Legende von Atlantis“ oder die „Wahrheit von Thule“, meint dieser Mann. Der Mensch der Gegenwart sei degeneriert. Diese Wesen, die wir heute als *Atlanter* kennen und die angeblich einst von einem anderen Planeten auf die Erde kamen, wurden in der Welt als Götter verehrt, und ihre Fähigkeiten faszinierten die Menschen. Die „Götter“ stritten sich, ob man die Menschheit an diesem Reifungsprozeß beteiligen oder sie in ihrer jetzigen Evolutions- und Glaubenslinie zurücklassen solle. So spalteten sich die Wesen von Thule in zwei Gruppen:

1. Jene, welche keine Einmischung und lieber weiterhin als Götter angesehen werden wollten, waren die *Shamballah*.
2. Jene, welche der Menschheit helfen wollten, werden die *Agarthi* genannt.

Trotzdem vermischten sich beide Gruppen über die Jahrtausende mit den Menschen. Nach der Katastrophe von Atlantis kam eine der größten Gruppen Überlebender nach Tibet. Deshalb war die SS-Expedition dort.

Als die Überlebenden von Atlantis später in jener Region von Tibet auf Menschen stießen, entschieden sie sich dort für den Weg von Agarthi. (Der Graf von St. Germain soll ein Verfechter dieses Weges sein.)

Als Weigert *in Gedanken* einen Satz formulierte, sprach der ausgestiegene SS-Mann den angedachten Satz seines Gegenübers zu Ende, was Weigert mit Erschrecken erfüllte! Und er fragte sich, ob dies „Zufall“ gewesen sein konnte...

Dietrich Eckard war ein Eingeweihter der Thule-Gesellschaft. Als er am 26. Dezember 1923 starb, sagte er angeblich: *„Folgt Hitler! Wir haben ihm die Mittel gegeben, mit IHNEN in Verbindung zu treten... Hitler wird tanzen, aber die Musik zu seinem Tanz haben wir komponiert...“*

Wen meinte Dietrich Eckard mit „IHNEN“? Die Kräfte von Agarthi?

Kapitel 8
Das Geheimnis um den schwarzen Stein

Blicken wir noch einmal kurz zurück: Im Jahre 1917 trafen sich in Wien im Café Schopenhauer vier Männer und eine Frau. *Maria Ortisch*, ein Medium aus Zagreb; der Jagdflieger *Lothar Waiz*; der Okkultist *Karl Haushofer*; *Rudolf von Sebottendorf* sowie *Prälat Gernot* von der Erbengemeinschaft der Tempelritter. Themen und Anlaß des Treffens waren das neue heranbrechende Zeitalter, geheime Offenbarungstexte, der mythische *„schwarz-violette"* Stein sowie, damit verbunden, transmediale Kontakte zu den babylonischen und germanischen Gottheiten *Ischtar*, *Ostara* und *Isais*.

Dieses Treffen war die Geburtsstunde der *Thule-Gesellschaft*, woraus später die *DAP*, die *NSDAP*, die *SS-Schwarze Sonne* sowie die *VRIL-Gesellschaft* hervorgingen. Der Hauptsitz der *Thule-Gesellschaft* war zu jener Zeit München.

Zur Symbolerklärung:

„SS" wurde entgegen der bekannten Landmeinung in den eingeweihten Kreisen mit „Schwarze Sonne" übersetzt. Sie war der verlängerte Arm und das Werkzeug des Thule-Ordens, ohne daß deren Einheiten es wußten. Das Zeichen der „Schwarzen Sonne" war bereits in babylonischen und assyrischen Tempeln zu sehen. Phoenizier und Kartager kannten das Symbol und den dahinterstehenden Glaubensgedanken.

Nun wird es spannend: Im babylonisch-assyrischen Kulturraum wurde die „Schwarze Sonne" oft in Form eines Kreuzes dargestellt, gleich dem Deutschen Reichskreuz. Dies bedeutet, all die Jagdflieger und Bomber des Dritten Reiches trugen die „Schwarze Sonne" als Symbol – als *bewußt eingesetzte Symbolik* der Thule-Gesellschaft und deren darin verwurzelten Glaubensgedanken!

Dieses gleichschenklige Kreuz ist Jahrtausende älter als das Christentum, wurde bereits von assyrischen Königen getragen und symbolisiert das Zentrum unserer Galaxis – den großen, unbekannten Kraftquell.

Die „Schwarze Sonne" wiederum ist symbolisch unmittelbar verbunden mit dem *„Stein der Weisen"* – welcher als *schwarz* oder *schwarz-violett* angegeben und dargestellt wird.

Denken wir dabei daran, daß es hier um Symbolik geht, mit der vieles ausgedrückt wird – für Wissende.

Im Dezember des Jahres 1919 traf sich in einem angemieteten Forsthaus in der Ramsau bei Berchtesgaden ein enger Kreis aus Thule-, angehenden *„VRIL"*- und angehenden *„Herren vom Schwarzen Stein"*-Mitgliedern. Unter diesen waren die Medien (*medial* begabten Menschen) *Maria Ortisch* und *Sigrun*, ein damals gerade mal achtzehn Jahre junges Medium.

Maria Ortisch kann als die Chefin der VRIL-Gesellschaft angesehen werden. Erstmals trat bei diesem Treffen *Dr. W. O. Schumann* in den Vordergrund. Er war, so besagen Quellen, der *Mitbegründer* der angehenden *„Herren vom Schwarzen Stein"*. Bei diesem Treffen sprach er hauptsächlich über alternative Energien.

Maria Ortisch präsentierte an diesem Abend medial empfangene Texte in sumerischer Sprache und der Geheimschrift einer Templersektion: angebliche Texte und Botschaften einer außerirdischen Zivilisation von Aldebaran, welche eine Art *„Bauanleitung"* enthielten.

Denken wir in diesem Kontext nochmals an die „Göttin" Isais, welche wir als Außerirdische identifizierten. Ihr Aussehen inspirierte die Damen der VRIL-Gesellschaft. Doch dazu kommen wir noch.

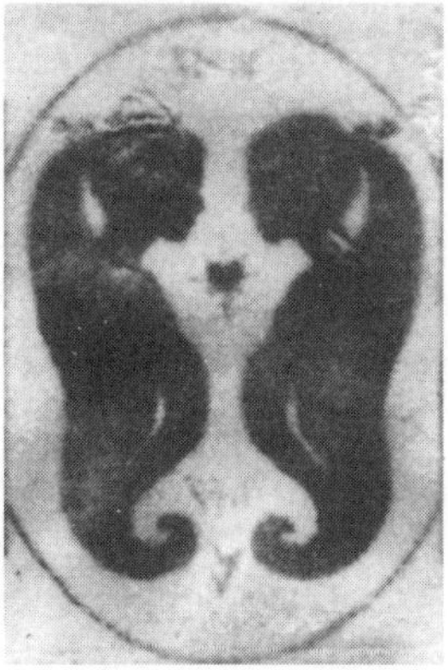

Abb.162 links: Das Medium Maria Ortisch.
Abb.163 Mitte: Symbol der VRIL-Gesellschaft, welches auch „Seepferdchen" genannt wurde.
Abb.164 rechts: Das Medium Sigrun.

Es ist kein „Zufall“, daß die Flagge der VRIL-Gesellschaft die Farben Schwarz und Violett aufweist. Viele mystische Kreise verwenden heute noch die Farben Schwarz und Violett in ihrem Umfeld, ob nun bei der Kleidung oder auch bei der Farbwahl der Räumlichkeiten. Damit integrieren sie oft unbewußt die Symbolik der VRIL-Gesellschaft in ihr Leben, denn die Macht dieser Farben öffnet den Geist und erleichtert es, das „Unfaßbare“ wahrzunehmen wie „übernatürliche“ Phänomene, Kontakte zum Jenseits oder Kontakt in die Astralebene.

In dem bereits erwähnten Buch „Unternehmen Aldebaran“ von Jan van Helsing wird neben den Flugscheiben-Entwicklungen im Dritten Reich und dem Flug nach Aldebaran auch die Kleidung der Aldebaraner beschrieben, welche auf uns teilweise eher mittelalterlich wirken würde. Natürlich gibt es auch dort die verschiedensten Nuancen, doch zwei Farben scheinen dort vermehrt aufzutreten: *Schwarz* und *Violett*.

Auch einige der Raumschiffe der Aldebaraner sollen untypisch auf uns wirken, sowohl von der Formgebung als auch von den Farben her. So sollen die VRIL-Leute dort von einem großen aldebaranischen Raumschiff in Empfang genommen worden sein – in den Farben *Schwarz* und *Violett*.

Lassen wir diesen Bericht als Spekulation stehen, doch es gibt bei diesem noch etwas Interessantes. Manche behaupten, die deutsche „Expedition“ soll in einer *Haunebu*-Flugscheibe mit dem Namen „Odin“, welche nach den Durchgaben transmedialer Texte konzipiert worden war, stattgefunden haben, da zu dieser Reise eine Technik notwendig war, welche man nicht besaß und von der die Öffentlichkeit keine Ahnung hatte.

Abb.165 links: Flagge der VRIL-Gesellschaft. Im Original in den Farben *Schwarz* und *Violett,* in der Farbgebung identisch mit dem *schwarz-violetten Stein*. Die weiße Symbolik in der Mitte zeigt einerseits eine graphische Umsetzung des Wortes „VRIL“, andererseits verbirgt sie zudem noch eine geheime (bildliche) Bedeutung, welche mit Aldebaran in Verbindung steht. **Abb.166** rechts: Darstellung von *Traute*, einem Mitglied der VRIL-Gesellschaft.

Ich habe mich vor einigen Jahren mit einer Person unterhalten, welche felsenfest zu dieser Äußerung stand. Sie selbst behauptete, transmediale Kontakte zu jenen Mächten zu haben, welche damals auch die VRIL-Gesellschaft kontaktierten. Die VRIL-Gesellschaft war eng verbunden mit dem *Thule-Orden*, welcher hinter der NSDAP stand, wie wir inzwischen wissen. Die Thule-Gesellschaft war es auch, welche mit ihren enormen finanziellen Mitteln die auf außerirdischen Grundlagen konzipierten „Haunebu"-Flugscheiben durch Dornier bauen ließ.

Mein Kontaktmann behauptete, daß die VRIL-Gesellschaft die sogenannte „Jenseitsflugmaschine" erfolglos aufgab, und der Flugversuch nach Aldebaran mit den eigenen, nicht mehr ausreichenden finanziellen Mitteln und Möglichkeiten eingestellt wurde.

Der Kontaktmann erzählte mir, daß man deshalb entschied, für dieses große Projekt die Hilfe der großen Thule-Gesellschaft in Anspruch zu nehmen, welche ja letztlich Zugriff auf Regierungs- und Staatsvermögen hatte.

Dies paßt zusammen mit der offiziellen Berichterstattung, daß die Thule-Gesellschaft erst Anfang der vierziger Jahre damit begann, die riesigen Haunebu-Flugscheiben *„aus dem Stahl zu hauen"*.

Die erste Haunebu wurde im Oktober 1943 fertiggestellt. Dies wurde notwendig, um einen möglichst sicheren und erfolgreichen Flug über eine solche Distanz überhaupt erst in Betracht ziehen zu können. So soll damals ein erster Testflug zum Mond und danach zum Roten Planeten durchgeführt worden sein. Dabei wurde bereits damals festgestellt, daß auf dem Mars nur noch Ruinen standen, aber keine höhere Zivilisation mehr ansässig war – und das offiziell erst Jahrzehnte später durch die Viking-Sonden fotografierte Marsgesicht wahrscheinlich nur eine optische Täuschung gewesen ist. Die erste Enttäuschung war groß.

Die Deutschen waren, so mein Gegenüber, die ersten Menschen auf dem Mond. Sie begannen schon in den vierziger Jahren damit, eine ständige Mondbasis auf der erdabgewandten Seite zu bauen.

Das scheint natürlich eher an den Haaren herbeigezogen, aber wenn wir berücksichtigen, daß wir total falsche Atmosphärenwerte von unserer Wissenschaft gelehrt bekommen, dann bleibt ein schaler Geschmack im Munde zurück. Und wenn wir dann noch all die Sichtungen von Astronauten berücksichtigen, welche dort merkwürdige Lichtblitze und UFOs sahen, dann kann man natürlich darüber spekulieren, ob wirklich *alle* dieser Sichtungen einen außerirdischen Hintergrund haben – oder manche doch eher einen irdischen.

Es gibt hierzu noch eine sehr interessante Geschichte: Bei einem der offiziellen Mondlandeflüge der Amerikaner wurde ein UFO von den Astronauten gesichtet, welches sich im nachhinein identisch zeigte mit einer deutschen Flugscheibe – dem *„VRIL-Jäger"* (siehe hierzu Abb.172).

Man kann das Problem natürlich auch von der **anderen** Seite angehen und sich fragen, warum **alle** Dinge, die Uri Geller ausführt, real zu sein scheinen – aber ausgerechnet seine („Haunebu-"/Scoutship-) UFO-Fotos und Berichte gelogen sein sollten.

Nehmen wir nur für einen kurzen Moment lang an, diese Geschichte wäre so, wie sie hier wiedergegeben wird, dann würde dies sicherlich auch die alles entscheidende Frage erklären, warum laut unzähligen Prophezeiungen und Überlieferungen, einschließlich der bereits erwähnten Aussagen von Jesus im Neuen Testament, ausgerechnet hier in Deutschland die sogenannte Endschlacht ihren Anfang nehmen soll.

Laut vielen Prophezeiungen soll es gerade *dann* losgehen, wenn alle denken, es sei Frieden...! (Möglicherweise, weil die dumm gehaltene Bevölkerung bis zum Beginn der *„letzten Tage"* überhaupt keine Ahnung hat, was los war?)

Kommen wir nun wieder zurück zu den „Haunebu"-Flugscheiben: In bezug auf die „Haunebu"-Flugscheiben würde es bedeuten, daß jene „Haunebu"-Technologie und deren Optik auf aldebaranischen Grundmustern beruht. Und tatsächlich wirkt – vom Skeptiker bis zum „Gläubigen" – das Aussehen der „Haunebus" auf Fotos für die Betrachter oft geradezu mittelalterlich (was wiederum mit den Berichten von Jan van Helsing in seinem Buch „Unternehmen Aldebaran" übereinstimmt!) und ist bezüglich unserer Vorstellung, wie ein UFO „zu sein hat", untypisch.

Bis zuletzt war noch unklar, ob der geplante Raumflug nach Aldebaran in einer VRIL-7 oder in einer Haunebu stattfinden würde, denn keiner wußte zu jener Zeit, wie die Testflüge der ersten Haunebu-Flugscheiben im Oktober 1943 verlaufen würden. Und tatsächlich erfüllten die ersten Test-Versionen noch nicht die notwendigen Bedingungen!

Erst die Weiterentwicklung der „Haunebu II" wurde solchen hohen Ansprüchen teilweise gerecht.

Zu diesem Weltraum-Unternehmen gibt es einen interessanten Vortragsausschnitt von *Prof. Dr. Schumann*, eben jenem Herrn *Dr. W. O. Schumann*, welcher an besagtem Treffen im Jahre 1919 in einem angemieteten Forsthaus in der Ramsau bei Berchtesgaden teilnahm – und den wir als Mitglied der *„Herren vom Schwarzen Stein"* „geoutet" haben –, der um Weihnachten 1943 bei einem Treffen der VRIL-Gesellschaft im *Ostseebad Kolberg* sagte: *„...Es gibt aber ein Jenseits! Und es gibt folglich Naturgesetze des Jenseits, die über dem Diesseitigen stehen!... Mit dem Wechsel in das Jenseits unterliegt unser Fluggerät nicht mehr den diesseitigen Naturgesetzen, sondern den Naturgesetzen des Jenseits! Dort gibt es aber eine andere Zeit! Dort ist das schnellste, was fliegt, keineswegs das Licht, sondern der Gedanke! Der Geist! Ist das jetzt, wie manche vielleicht meinen, Okkultismus? Keineswegs!... Alles beruht auf Schwingungen. So wie – um ein schon benutztes Beispiel nochmals zu verwenden – die Rundfunkwellen. Der Drehkondensator bestimmt die Wellenlänge und so den Sender. Die Umformung der einen Frequenz zur anderen bewirkt den Wechsel. Im Höheren ist es nicht viel anders, grundsätzlich gesehen. Es gibt diesseitige und jenseitige Schwingungsnetze und Schwingungsebenen. Wenn es gelingt, eine bestimmte Schwingung hervorzurufen, so setzt der Magnetismus des Affinitätsgesetzes* (Gesetz der Resonanz; A.d.V.) *ein. In der obersten Stufe kommt es dabei zu einer* ***völligen Umformung****: der Transmutation! Und das ist der technische Hintergrund unserer VRIL-Geräte. Sie erheben sich diesseits in die Luft und verlassen darüber hinaus den unmittelbaren Erdeinflußraum. Dann setzt die Transmutation ein. Das VRIL-Flugzeug hört auf, ein diesseitiger Körper zu sein. Es verschwindet dabei auch für das außerhalb des VRIL-Flugzeugs schauende Auge. Das VRIL-Flugzeug wird ein interkosmisches Weltraumschiff.... Auf diese Weise wird unsere VRIL-7 das Sonnensystem Aldebaran erreichen... Das klingt jetzt wie aus einem utopischen Roman, aber es hat sehr greifbare*

Hintergründe. In der transmedialen Tätigkeit lag der Anfang des VRIL-Schaffens und der Schlüssel zu den Erfolgen... Das Geheimnis des Sternenfluges liegt also in der Erkenntnis der Verwobenheit von Diesseits und Jenseits, im Erfassen der unterschiedlichen, aber einander zu klingenden diesseitigen und jenseitigen Gottes- und Naturgesetze..."

Ursprünglich sollte die Reise nach Aldebaran in einer *VRIL-7* stattfinden. Nun sind, wie gesagt, Berichte aufgetaucht, welche darauf hindeuten, daß für den Flug am Ende ein anderes Schiff verwendet wurde. Jedoch ist es im Grunde ziemlich unerheblich, ob die wirkliche Reise nun in einer *VRIL-7* oder einer *Haunebu* stattfand, denn ausschlaggebend ist die Tatsache zu wissen, daß die VRIL-Gesellschaft und die Thule-Gesellschaft zusammenhängen und somit beide, VRIL- und Haunebu-Flugscheiben, letztlich auf denselben Ursprung zurückgehen.

Die Jenseitsflugmaschine

Bei den Durchgaben, welche *Maria Ortisch* 1919 in Berchtesgaden vortrug, ging es um eine Maschine, welche unter dem Namen *„Jenseitsflugmaschine"* in die Geschichte einging.

Die *VRIL-Gesellschaft* an sich bestand zum Großteil aus jungen Frauen. Der wirkliche Beginn der VRIL-Gesellschaft als solcher fand aber noch nicht im Jahre 1919 statt. Zur Jahreswende 1921/22 löste sich aus benannter Gruppierung unter der Schirmherrschaft des Thule-Ordens eine kleine Gruppe heraus, die, wie gesagt, vorwiegend aus jungen Damen bestand.

Dieser Zirkel junger Damen, geleitet von *Maria Ortisch* und *Traute*, einer Münchnerin, trat nach außen hin *nicht* als esoterische (okkulte) Vereinigung auf! Die Damen schufen sich einen „Firmenmantel", so daß der Zirkel 1941 nicht vom „offiziellen" Verbot der esoterischen Vereinigungen in Deutschland betroffen war. Ihre Firma trug den bodenständigen Namen *Antriebstechnische Werkstätten VRIL.* Die *„Antriebstechnischen Werkstätten VRIL"* entwickelten sich zu einem florierenden Unternehmen, das unter anderem für die *„Adam Opel AG"* tätig war.

Die Damen der VRIL-Gesellschaft pflegten eine „gute Verbindung" zu hohen Offizieren der Wehrmacht, unter anderem zu *Erich von Manstein*, *Adolf Galland*, *Carl Dönitz* und insbesondere zu *Wilhelm Canaris*, dem Chef der deutschen Abwehr.

Dreht man das Doppelsignet der VRIL-Gesellschaft auf den Kopf, so könnte man möglicherweise eine Idee bekommen, auf welche Weise jene „guten Verbindungen" gepflegt und herbeigeführt wurden. Es zeigt dann eine weibliche Person mit gespreizten Beinen, welche eine Art Phallus zwischen den Beinen hat.

Wilhelm Canaris unterstütze die Arbeiten, und so wurde schon Anfang der vierziger Jahre zwischen diesen „Verbindungen" der Geheimbund *„Die Kette"* gegründet, in dessen Rahmen neue Technologien gefördert wurden.

Die *VRIL-Gesellschaft* selbst war – trotz ihrer Ursprünge und Verbindungen – nicht nationalsozialistisch. Sie hatte andere Interessen, wobei allerdings „gute Beziehungen" das „A" und „O" waren. Bedingt durch die transmedialen Kontakte der früheren Jahre hatte die VRIL-Gesellschaft es sich zum Ziel gesetzt, eine Art „Weltraumtechnologie" zu schaffen. Dafür engagierte sie Männer. Und wer könnte hierfür passender sein als der damals noch an der TH München tätige *Prof. Dr. Ing. W. O. Schumann* – jener Mensch, welchen wir dem Kreise der „Herren vom Schwarzen Stein" zuordnen.

Maria Ortisch und *Traute* werden mit eher dominantem Charakter beschrieben. Vermutlich war dies auch eine Grundvoraussetzung, um damals als Geschäftsführerinnen der „Antriebstechnischen Werkstätten" die notwendigen Kontakte zu halten. Allerdings sprechen dafür auch noch andere Tatsachen: So war ihr Anliegen unter anderem der Kulturkampf gegen die zunehmend aufkommende Mode kurzer Frisuren bei Frauen, was diese als „kulturlos" und regelrechte Entwürdigung der Frauen verstanden. Ihr Hauptsymbol war auch das Signet spiritueller Vereinigung, auch „Seepferdchen" genannt – eine Frau im „Scherenschnitt" mit Pferdeschwanz.

Abb.167 links: Logo / offizielles Firmenschild der VRIL-Gesellschaft „Antriebstechnische Werkstätten".
Abb.168 rechts: Das offizielle Doppelsignet der VRIL-Gesellschaft, allerdings auf den Kopf gedreht. So zeigt es eine weibliche Person mit gespreizten Beinen, welche eine Art Phallus zwischen den Beinen hat.

Abb.169 links: Cover des Buches *„Hitler's Flying Saucers"* von dem Autor Henry Stevens. Es zeigt jenen scheibenförmigen Flugapparat der Deutschen, der als sogenannte *„Jenseitsflugmaschine"* identifiziert wurde. Allerdings funktionierte sie nicht als solche.

Abb.170 rechts: Die ersten „Großkonstruktionsversuche" einer „VRIL-7", fotografiert während des Dritten Reichs. Vermutlich *nicht ohne weiteres flugtauglich*... Es war eine erste Modellkonzeption, wie man bestimmte Bereiche der „VRIL-7" bauen wollte; zu Testzwecken.

Jene Idee, die langen Haare als *Symbol* zu verwenden, geht zurück auf die Göttin Isais. Jedoch nun soweit zu gehen – wie es manche „Forscher" tun –, alle Abbildungen der Isais mit kurzen Haaren als „Fälschungen" zu beurteilen, kann nicht ernstgenommen werden. Wie wir wissen, war Isais eine Außerirdische, ein Wesen aus Fleisch und Blut wie Sie und ich.

(Meiner Meinung nach laufen die Forschungen in die falsche Richtung, wenn man die Launen einer jungen Frau in bezug darauf, wie sie ihre Haare trägt, zur Wahrheitsfindung mit heranzieht.)

Damals wurde von der Flugzeugfabrik *Arado* ein Gelände in Brandenburg übernommen. Durch die „Kontakte" der Damen der VRIL-Gesellschaft wurden dort die ersten Entwicklungen und Konstruktionen geschaffen.

Auf telepathischem Wege hatte Maria Ortisch 1919 von den Aldebaranern neben Berichten über Aldebaran und seine Bewohner auch die Bauanleitung für ein Transportvehikel durch Raum und Zeit erhalten. Damals wurde der Begriff *Jenseitsflugmaschine* in die Welt gesetzt. Warum? Weil die Berichte eine Technologie beschrieben, durch welche es möglich war, zwischen den Dimensionen zu wechseln, um Distanzen zu überbrükken, welche mit herkömmlicher, bekannter Technologie unüberbrückbar waren. Die Begriffe *„UFO"* oder *„fliegende Untertasse"* gab es im Jahre 1919 noch nicht im Sprachgebrauch.

Es wurde zwar eine Version der *Jenseitsflugmaschine* konzipiert und gebaut, doch sie erfüllte nicht die Erwartungen – und war noch weit davon entfernt, in „andere Dimensionen" vorzudringen...

Es wurde zudem klar, daß man mit einer „konventionellen" Flugtechnik keine Chance hatte, ein anderes Sternensystem für einen „kurzen Besuch" zu erreichen.

Aus diesem Kontext geht hervor, was diese Gemeinschaft damals schon herausfand, nämlich daß „UFOs" generell (wenn sie aus mehreren Lichtjahren Entfernung zu uns kommen) eine Art Zeit- und Dimensionsmaschine darstellen – früher wie heute. Es scheint also so zu sein, daß nicht *hier* die *UFOs* (im Sinne außerirdischer Flugobjekte) und *dort* die *Zeitmaschinen* (damals Jenseitsflugmaschine), sondern UFOs von außerhalb unseres Sonnensystems höchstwahrscheinlich **gleichzeitig auch Zeitmaschinen** sind!

Nun kommen wir zurück zur entscheidenden Frage: Was ist der besagte „schwarz-violette Stein"?

Einerseits soll er am Untersberg bei Salzburg eingelagert sein und dort für „Zeitverschiebungsphänomene" sorgen. Seine Farbe wird mit „schwarzviolett" angegeben, und seine Herkunft soll auf einer Technologie beruhen, die „nicht von dieser Erde ist" und mit dem mythischen Atlantis in Zusammenhang stehen.

In dem zuvor aufgeführten transmedialen Protokoll über den Aldebaran Flug war zu entnehmen, daß unter anderem auch ein (schwarz-)violettes Raumschiff die bei der Ankunft stark beschädigte „Odin" zu dessen Heimatplaneten eskortierte. Nimmt man dies alles als gegeben an, dann könnte dies eventuell bedeuten, daß sich in den verzweigten Höhlensystemen des Untersberges eine solche Zeitmaschine (UFO oder Raumschiff) der vor etwa 12.000 Jahren untergegangenen Zivilisation um Thule (Atlantis) verbirgt. Womöglich wird dies von den Illuminati geheimgehalten!

Auch von anderen Autoren wurde bereits vermutet, daß die Zeitphänomene des Untersberges (von denen ich später noch einige aufführen werde) darauf zurückzuführen sind, daß dort eine Art hochentwickelter Technologie verborgen ist. Ist es eventuell ein Raumschiff? Könnte dies der sogenannte *Stein der Weisen* sein?

Mit dem *Stein der Weisen* ist, wie man annimmt, kein materieller Stein gemeint. Und so ist es natürlich auch mit dem schwarzen (schwarz-violetten) Stein. Es soll symbolisch ein *direkter* Bezug zur Formulierung *Stein der Weisen* geschaffen werden; und ein Geheimnis verborgen werden, wobei seine Farbgebung der Hinweis auf das Geheimnis ist.

Jan van Helsing schreibt über den Grafen von St. Germain, dieser habe den „Stein der Weisen" *gefunden*! Spannender aber noch ist ein Ausschnitt aus einem Brief des berühmten französischen Philosophen Voltaire an den Graf von Saint Germain. Aus Voltaires letztem Brief an den Grafen vom 6. Juni 1761, dem eine längere Korrespondenz vorausgegangen war, lesen wir folgende überaus revolutionäre Zeilen:

„Ich beantworte Ihren Brief, Monsieur, den Sie mir im April geschrieben haben, worin Sie schreckliche Geheimnisse offenbaren, einschließlich des schlimmsten aller Geheimnisse, das es für einen alten Mann, wie mich, geben kann – die Stunde des Todes. Danke Germain, Ihre lange Reise durch die Zeit wird von meiner Freundschaft für Sie erhellt werden, bis zu dem Moment, wenn sich Ihre Offenbarungen um die Mitte des 20. Jahrhunderts erfüllen werden. Die sprechenden Bilder sind ein Geschenk für die mir noch verbleibende Zeit, darüber hinaus könnte doch Euer ***wunderbares, mechanisches Fluggerät*** *Euch zu mir zurückführen. Adieu, mein Freund. Voltaire, Edelmann des Königs."* [(46)]

Aus dem Tatsachen-Roman „Die unterirdische Macht" von Walter Ernsting erfahren wir, daß sich im Untersberg eine Zeitreisetechnologie befinden soll. Wäre dem so, dann ist anzunehmen, daß diese dort nicht erst seit einhundert Jahren liegt, sondern womöglich seit Jahrtausenden – und somit auch zu Zeiten eines Grafen von St. Germain!

Spinnen wir diese Theorie noch ein wenig weiter, dann stellt sich als nächstes die Frage, warum dann einige behaupten, der *„schwarz-violette"* Stein („Stein der Weisen") wäre im Jahre 1919 in den Händen derjenigen gewesen, welche sich in dem angemieteten Forsthaus bei Berchtesgaden trafen? Die Antwort darauf fällt ziemlich einfach aus, wenn man den überlieferten Erzählungen Glauben schenkt. Diesen zufolge saßen die genannten Personen dort und betrachteten einen Bauplan einer außerirdischen „Jenseitsflugmaschine" (Raumschiff) der Aldebaraner, den sie übermittelt bekommen hatten.

Wenn es tatsächlich so war, dann war der „schwarz-violette Stein“ (der „Stein der Weisen“) der Bauplan für ein UFO beziehungsweise eine Jenseitsflugmaschine, den ISAIS dem Teufel (Illuminaten) stahl – oder gar die Maschine selbst!

Ich gebe zu, daß das eine recht abgefahrene Theorie ist...

Lassen wir diese hier einmal als solche bestehen und schauen wir, ob sie sich im Verlaufe des Buches bestätigt. Aber unabhängig davon, ob diese Geschichte nun wahr ist oder nicht, so muß doch eines festgehalten werden: Hinter der Namensgebung der „Herren vom Schwarzen Stein“ und hinter dem „schwarz-violetten Stein“, welcher diese Gesellschaften verband, muß ein Geheimnis verborgen liegen.

Wenden wir uns noch einmal der *nicht funktionstüchtigen* „Jenseitsflugmaschine“ zu: Der Baubeginn war im Jahre *1922*. Sie bestand aus einer Scheibe mit acht Metern Durchmesser, über der sich eine parallelgelagerte Scheibe von sechseinhalb Metern Durchmesser befand, und darunter eine weitere Scheibe von sieben Metern Durchmesser. Diese drei Scheiben, so wird es angegeben, wurden in der Mitte von einem 1,50-1,80 Meter großen Loch durchbohrt, in dem das Antriebsaggregat montiert war. Eine der wenigen Zeichnung von dieser „Jenseitsflugmaschine“ wurde unlängst von den US-Behörden freigegeben! Vermutlich, weil diese wußten, daß jene nie wirklich funktioniert hat.

Interessant ist dabei, daß jene Zeichnung von einem gewissen *Viktor Schauberger* unterzeichnet war. Damit liegt nämlich auf der Hand, daß Viktor Schauberger irgendwann Kontakt zur VRIL-Gesellschaft bekommen hatte, welche die *Jenseitsflugmaschine* anhand medialer Durchgaben von Außerirdischen konstruieren wollte – also lange vor dem ersten physischen Kontakt mit Außerirdischen in Deutschland, nämlich Anfang der dreißiger Jahre.

Als Schauberger zum erstenmal Adolf Hitler traf, sagte der Führer zu diesem, daß dies (die Arbeit Schaubergers an unkonventionellen Projekten) an ihn „herangetragen“ wurde. Auch dieses „Herantragen“ wird verständlich, wenn man die Verbindungen zwischen Thule- und VRIL-Gesellschaft beachtet.

Doch gehen wir gedanklich noch einmal zurück: Die VRIL-Gesellschaft behauptete, transmediale Kontakte zu einer außerirdischen Zivilisation zu haben. *Viktor Schauberger*, welcher – wie wir eben feststellten – höchstwahrscheinlich Anfang der zwanziger Jahre mit der VRIL-Gesellschaft zusammenarbeitete, sagte Hitler bei deren erstem Treffen im Juni 1934 ins Gesicht: *„Ich vertrete eine Technik, die mit der Natur wieder in Übereinstimmung kommen muß... Das Tausendjährige Reich wird nicht gelingen. 1945 wird Ihr Ende sein!“*

Woher wußte er das? Aus den medialen Durchgaben der Außerirdischen?

Finanzierungshilfen für die Jenseitsflugmaschine (wir erinnern uns an die von den VRIL-Damen geknüpften „Beziehungen“) tauchen unter dem Code „JFM“ (Jenseitsflugmaschine) in den Buchhaltungen mehrerer deutscher Industriebetriebe auf. Mit Sicherheit ging aus der „Jenseitsflugmaschine“ das VRIL-Triebwerk hervor, das jedoch als *„Schumann SM-Levitator“* geführt wurde. Anfang 1924, nachdem die Versuche bezüglich Dimensionsüberwindungen fehlschlugen, wurde die Jenseitsflugmaschine laut verschiedenen Angaben demontiert und in den Augsburger Messerschmidt-Werken eingelagert.

Nachdem dieser erste Versuch fehlgeschlagen war, tat man sich mit anderen Erfindern zusammen und begann etwas „konventioneller“:

Der erste „Einsatz“ unter der *VRIL*-Leitung auf dem Gelände der Flugzeugfabrik „Arado“ war das Rundflugzeug „RFZ-1“. Bei seinem ersten und auch gleichzeitig letzten Flug stieg es senkrecht auf eine Höhe von circa 60 Metern, begann dann aber minutenlang in der Luft zu taumeln und zu tanzen. Das zur Steuerung angebrachte Leitwerk „Arado 196“ erwies sich als völlig wirkungslos. Mit Mühe und Not gelang es dem Piloten Lothar Waiz – jener Lothar Waiz, welcher im Jahre 1917 dem Treffen in Wien beiwohnte, bei welchem über den „schwarz-violetten Stein“ geredet wurde –, das „RFZ-1“ wieder auf den Boden zu bringen, herauszuspringen und davonzurennen, bevor es anfing, sich wie ein Kreisel zu benehmen, dann umkippte und regelrecht zerfetzte. Das war das Ende der „RFZ-1“, aber der Anfang der VRIL-Flugkörper.

Noch Ende 1934 war das „RFZ-2“ fertiggestellt, das einen VRIL-Antrieb und eine „Magnet-Impulssteuerung“ hatte. Es hatte bereits folgende Flugmerkmale: Optisches Verschwimmen der Konturen bei zunehmender Geschwindigkeit und das für UFOs typische farbige Leuchten. (Es ist eine Tatsache, daß viele Jahre später, im Jahre 1941, das „RFZ-2“ über dem Südatlantik fotografiert wurde.) Nach diesem Erfolg bekam die VRIL-Gesellschaft ein *eigenes* Testgelände in Brandenburg.

Das erste Projekt, welches unter der Leitung von Ingenieur Dr. W. O. Schumann im Auftrag der VRIL-Gesellschaft gefertigt wurde, war das „VRIL-1“ („VRIL-1-Jäger“).

Ebenfalls zu jener Zeit entstand unabhängig von der VRIL-Gesellschaft ein eigenes Projekt der Thule-Gesellschaft – die **V-7**. Unter dieser Bezeichnung wurden mehrere Flugscheiben gebaut, jedoch mit konventionellem Düsenantrieb.

Auf den **Grundlagen** von *Andreas Epp* entstand jetzt auch das „RFZ-7“, eine Kombination einer levitierenden Scheibe mit Düsenantrieb. An dieser arbeiteten die Entwicklungsgruppen *Schriever/Habermohl* und *Miethe/Belluzo*. Eine RFZ-7 wurde Jahre später über Prag fotografiert. Es folgten noch einige andere Projekte von Schriever/Habermohl, Miethe/Belluzo, unter anderem das „RFZ-7 T“.

Der schon benannte **„VRIL-1-Jäger“** wurde als alternatives Kampfflugzeug gesehen. Er hatte einen Durchmesser von etwa 11,50 Meter und konnte bis zu drei Mann Besatzung aufnehmen.

Interessant ist auch die Tatsache, daß jenes Objekt optisch identisch ist mit Astronautensichtungen auf dem Mond, von welchen *Edwin Aldrin* (*Apollo-Astronaut*, geboren am 18.8.1938 in Houston, Texas) berichtete.

Abb.171: Aufnahme des *RFZ-1* auf dem Gelände der deutschen Flugzeugfabrik *Arado* in Brandenburg.

Dies könnte ein Hinweis darauf sein, daß eventuell auch jenes Gefährt *„abgekupfert“* war. Doch nicht nur dies. Inzwischen kursieren Bilder von UFOs in angeblichen amerikanischen Hangars, welche unmißverständlich klarmachen, wo diese „VRIL-1-Jäger“ nach dem letzten Weltkrieg gelandet sind (siehe Abb.173).

Wie bereits erwähnt, gab es in der SS eine Gruppe, die sich mit der Gewinnung von alternativer Energie befaßte, die „SS-E-IV“. Übersetzt bedeutet dies ***„Entwicklungsstelle IV der Schwarzen Sonne“***, deren Hauptanliegen es war, Deutschland von ausländischem Rohöl unabhängig zu machen.

Die „SS-E-IV“ entwickelte aus den bestehenden „VRIL-Triebwerken“ und dem Tachyonenkonverter von Kapitän *Hans Coler* das „Thule-Triebwerk“, das später als „Thule-Tachyonator“ bezeichnet wurde.

Im August 1939 startete das *„RFZ-5“*, ein mittelschwer bewaffneter Flugkreisel mit dem Namen *„Haunebu I“*. Es hatte eine Besatzung von bis zu acht Mann. Ende 1942 war zusätzlich die „Haunebu II“ ausgereift mit einem Durchmesser zwischen 26 und 32 Metern und einer Höhe von 9-11 Metern. Nähere Angaben zu diesem Objekt und den Umständen wurden bereits in einem der vorangegangenen Kapitel gemacht. Wenn man sich die Bilder in dem auf die „Haunebu II“ bezogene Kapitel dieses Buches betrachtet, dann fällt einem die immense Größe erst richtig auf.

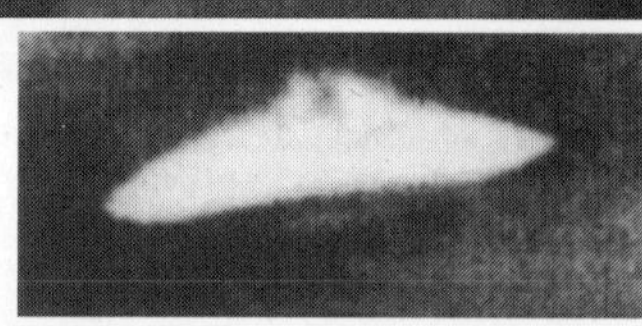

Abb.172 links: Plan des „VRIL-1-Jägers“ aus dem Dritten Reich. **Abb.173** rechts oben: Illustration einer Flugscheibe in einer hochgeheimen, unterirdischen Anlage in den USA. Wir sehen ein Objekt, welches mit dem deutschen „VRIL-1-Jäger“ identisch ist. „Zufall“? **Abb.174** unten: Vergrößerte Aufnahme eines UFOs, welches von Augenzeugen gefilmt wurde.

Wie muß dann erst das „Haunebu III" gewirkt haben, mit einem Durchmesser von 71 Metern, welches tatsächlich fertiggestellt und auch gefilmt wurde.

Das sogenannte *„Andromeda"*-Gerät, welches ebenfalls einem außerirdischen Flugobjekt – einer riesigen „Zigarre" – nachempfunden werden sollte, existierte nur auf dem Papier, auch wenn manche Autoren anderes behaupten. Die fotografierten, angeblich „deutschen Zigarren" in der Luft sind meines Wissens nach aber ohne Ausnahme (falls keine Zeppelin- oder Ballonverwechslung vorliegt) außerirdischen Ursprungs!

Es soll aber nicht verschwiegen werden, daß die Deutschen tatsächlich vorhatten, in den ehemaligen Zeppelinwerften solche „Nachbauten" (wie sie es auch bei der „Haunebu" machten) zu bauen. Möglicherweise schob der Zweite Weltkrieg diesem Unterfangen einen Riegel vor...

Glaubt man den medialen Durchgaben der VRIL-Gesellschaft, dann haben die Aldebaraner in unserem Sonnensystem als erstes einen Planeten mit dem Namen *Mallona* kolonisiert, auch bekannt unter dem Namen *Maldek*, *Marduk* oder *Phaeton*. Jener befand sich dort, wo nun der Asteroidengürtel zwischen Mars und Jupiter ist. Dieser Planet wurde bei einer tragischen Katastrophe zerstört. Danach bildete man auf dem Mars, welcher damals der Erde viel ähnlicher war, einige Kolonien. Diese Aussagen werden auch durch unzählige Fotos von ausgetrockneten Flußebenen auf dem Roten Planeten belegt, welche ja irgendwann einmal mit dem flüssigen „Naß" gefüllt gewesen sein müssen.

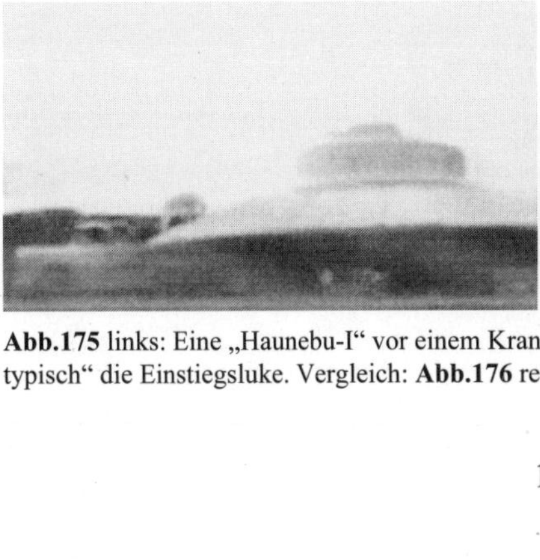

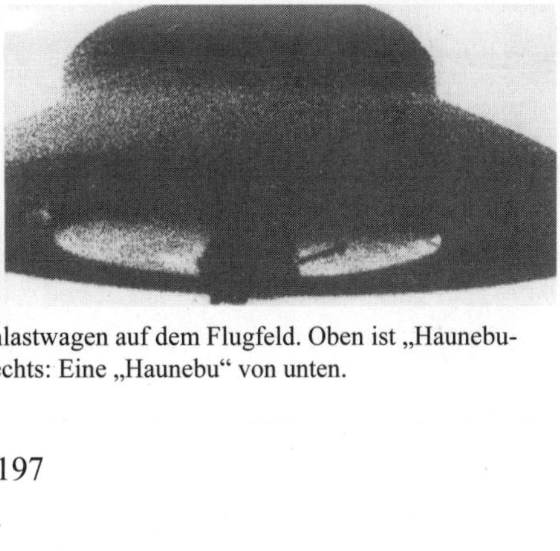

Abb.175 links: Eine „Haunebu-I" vor einem Kranlastwagen auf dem Flugfeld. Oben ist „Haunebu-typisch" die Einstiegsluke. Vergleich: **Abb.176** rechts: Eine „Haunebu" von unten.

 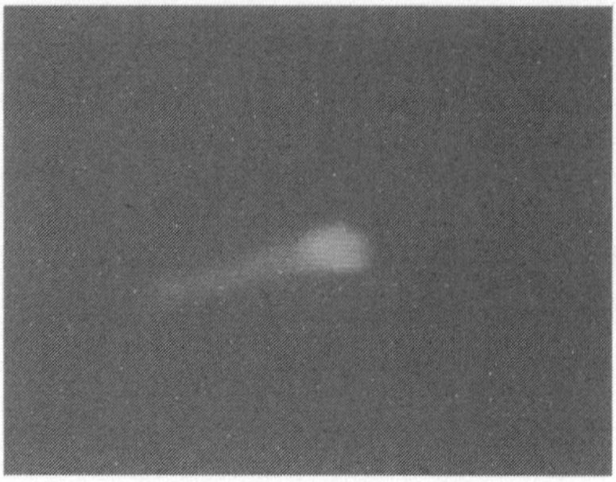

Abb.177 links: Originalaufnahme eines außerirdischen „Mutterschiffes" aus dem Jahre 1967 über Cumberland. **Abb.178** rechts: Originalaufnahme der Kosmonauten Manarov und Strekhalov eines zigarrenförmigen Flugobjektes im Erdorbit, aufgenommen von der Raumstation MIR im Jahre 1991.

Laut den medialen Kontakten haben die Aldebaraner auch noch andere Stützpunkte in unserem Sonnensystem, so zum Beispiel auf der erdabgewandten Seite des Mondes. Aus Zeugenaussagen geht hervor, daß die menschlich aussehenden Aldebaraner mit anderen außerirdischen Rassen in eine Art „Raumföderation" eingegliedert sind und der Weltraum in verschiedene „Sektoren" eingeteilt ist. Die Aldebaraner wurden selbst einst „besiedelt". Es wird von Wesen einer reptiloiden Rasse gesprochen (nicht die Greys), welche eher wie Echsen aussehen („Drakonier"). Entgegen unseren wissenschaftlichen Verbreitungen, ist in unserem Sonnensystem angeblich unter anderem eine riesige Weltraumkolonie über der Venus stationiert, jedoch geschützt durch eine Art *„Zeitfenster"*.

Dies klingt für uns sicherlich alles sehr nach Science Fiction, und wir fragen uns bestimmt, was wir von solchen Geschichten halten sollen. Stimmen diese Geschichten aber, dann bekommen andere Dinge wieder mehr Gewicht. So gibt es zum Beispiel die Aussagen einer „Omnec Onec", welche mit dem Buch *„Ich kam von der Venus"* schon alleine durch den Buchtitel für allgemeine Belustigung sorgte.

Geht man aber über diesen Titel hinweg und beginnt das Buch zu lesen, dann eröffnet sich eine ganz andere Welt. So schreibt Omnec Onec ebenfalls, daß in der Umlaufbahn der Venus eine riesige Raumstation ist, welche durch eine Art „Zeit- und Dimensionsfenster" geschützt ist. Sie berichtet, daß sie als kleines Mädchen mit ihrem Onkel hier auf die Erde kam, in einem riesigen Raumschiff. Sie landeten in einer Region in Tibet. Dort lebte sie in einem Kloster der *Gelbmützen*, welches angeblich eine Art „Verbindungsstelle" zu den Außerirdischen ist. Ihr Onkel wollte ihr eine Heimat außerhalb einer Raumstation geben. Man brachte ihr dort irdische Sitten und Gebräuche bei und lehrte sie verschiedene Sprachen. Sie ging dort zur Schule, und nachdem diese „Ausbildung" zu Ende war, konnte sie das Kloster verlassen. (Interessanterweise heißt der Großvater von Omnec Onec *„Odin"* und die Hauptstadt der Venus *„Teutonia"*...)

Möglicherweise ist das ebenfalls nur eine schöne Geschichte, allerdings gibt es da noch ein paar andere Fakten: So erinnern wir uns zum Beispiel an Adamski und Menger, welche beide behaupteten, „ihre" Außerirdischen würden von der *Venus* kommen... Und Menger selbst gab an, er glaube, *„sie leben dort in einer Art Raumstation – und unsere Astronauten hätten ja auch gesagt, sie kämen vom Mond (und nicht von der Erde), wenn man sie auf dem Rückflug über ihre „Herkunft" befragt hätte"*.[31]

Nehmen wir auch dies als Märchen hin, dann stoßen wir allerdings bereits auf das nächste Puzzleteil. Erinnern wir uns an die Aussagen des „SS-Mannes" in Tibet („Die schwarze Sonne von Tashi Lhunpo"), welcher angab, daß die *Gelbmützen* das Wissen über die Außerirdischen besitzen! Dann nehmen wir noch die falschen Angaben, welche uns über den Planeten Venus gelehrt werden und rühren es einmal um...

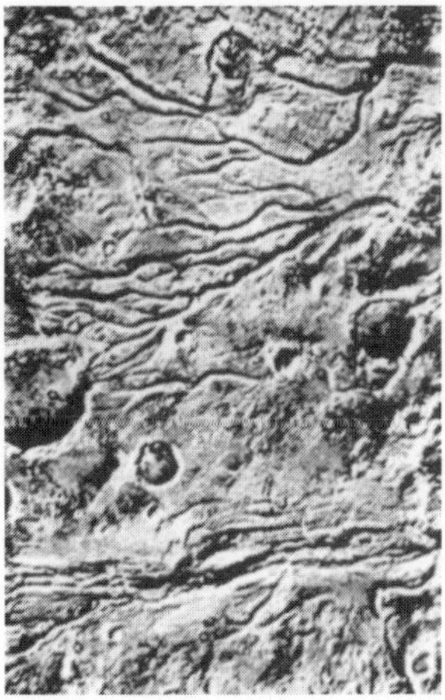

Abb.179 links und **Abb.180** rechts: Originalaufnahmen der NASA von ausgetrockneten Flußtälern auf dem Mars. Wissenschaftler behaupten, daß durch diese vor weniger als 10.000 Jahren Wasser geflossen ist.

Wenn Hitler damals tatsächlich die Symbolik einer außerirdischen Hochkultur benutzt hat, dann ergibt es vielleicht einen Sinn, daß ein Herr Adamski angibt, *„auf dem Absatz des Außerirdischen hat sich ein Hakenkreuz befunden“* und daß er ausgerechnet jene Flugobjekte sieht und beschreibt, welche wir durch die deutschen Pläne kennen: Haunebu-Flugscheiben, zigarrenförmige Mutterschiffe, ja sogar runde, kleine Sonden in der Größe eines Basketballs, welche ganz offiziell als „Foo-Fighter“ und „Krautballs“ in die Geschichte Deutschlands eingingen.

Doch nun kommen wir zu einem weiteren wichtigen Punkt:

Erinnern wir uns an das, was *Al Bielek* bei seinem ersten Treffen zu *Jan van Helsing* sagte: *„Ich kann der Öffentlichkeit nicht die Wahrheit über das Montauk-Projekt sagen, sonst wäre ich innerhalb weniger Stunden tot...!“*

Ähnliches würde wohl auch ein *George Adamski* zu Jan gesagt haben. Dies impliziert, daß bewußt eine Irreführung stattfindet (unter Umständen auch durch falsche Bilder), aber dahinter ein realer Hintergrund existiert. Wenn dies so ist, dann könnte ein Adamski noch so viele UFO-Modelle fotografieren – ich bin mir sicher, alleine die Auswahl der „Modelle“ würde einige Geheimdienst- und obere Logenangehörige dann stutzig machen. Sie würden niemals wirklich nachweisen können, ob George Adamski einen echten Kontakt hatte oder ob seine Phantasie mit den deutschen UFOs durchgegangen ist.

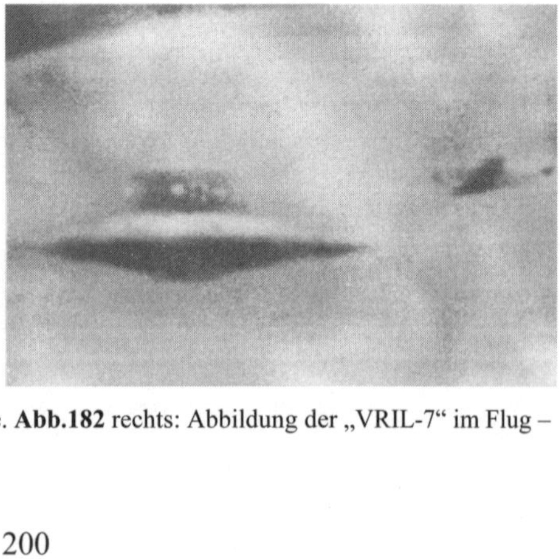

Abb.181 links: Gelandete „VRIL-7“-Flugscheibe. **Abb.182** rechts: Abbildung der „VRIL-7“ im Flug – daneben ein konventionelles Flugzeug.

Wenn es aber tatsächlich jene Treffen Anfang der dreißiger Jahre in Deutschland und Amerika (bei welchem die Amerikaner eine spirituelle Hilfe ablehnten) gegeben hat, dann weiß das Militär das ganz genau. Und was wäre der Effekt der Sache? Adamski hätte einen lebensrettenden Freibrief als Spinner, doch für die Militärs wäre es wie ein erhobener Zeigefinger, der ihnen sagt: *„Wir sind hier!"*

Dies wiederum deckt sich mit den Texten des bereits erwähnten *Lehrbuches der Luftwaffe*, welches angab, *„daß Kontakte durchaus im Verborgenen stattgefunden haben könnten mit Einzelpersonen..."*, und welches ebenfalls (unter anderem) den Planeten Venus als Herkunftsort einer außerirdischen Rasse nannte – nein, so ein „Zufall"!

Und die Formen der angeblich gesichteten – und durch Adamski veröffentlichten – Flugobjekte könnten den Militärs irgendwann Probleme bereiten, wenn dies alles tatsächlich auf realen Begebenheiten beruht.

Daß Letzteres tatsächlich der Fall ist, können wir an den auf Film festgehaltenen Aufnahmen unserer Astronauten sehen. Ja, wir konnten es sogar bereits bei der „Foo-Fighter-Problematik" im Dritten Reich erkennen und nicht zuletzt bei der UFO-Sichtungswelle in Mexiko Anfang der neunziger Jahre.

Ist es nicht merkwürdig, daß ein Billy Meier, ein UFO-Kontaktler aus der Schweiz, ebenfalls von riesigen zigarrenförmigen Raumschiffen spricht und von kleinen, fußballgroßen Sonden – sogenannten *Telemeterscheiben*?

Die VRIL-Gesellschaft war zudem der Meinung, daß die Rasse der Aldebaraner vor vielen tausend Jahren in Mesopotamien gelandet ist und die Herrscherkaste der Sumerer bildete, die als helle, weiße „Gottmenschen" bezeichnet wurden. Zudem kamen die VRIL-Telepathen zu der Erkenntnis, daß das Sumerische nicht nur mit der Sprache der Aldebaraner identisch ist, sondern auch, daß das Aldebaranisch-Sumerische wie ein unverständliches Deutsch klingt und auch die Sprachfrequenz beider Sprachen fast gleich ist.

Nachfolgend lesen Sie nun eine Zusammenfassung weiterer angeblich telepathischer Kontakte der VRIL-Gesellschaft mit den Aldebaranern:

„Das Sternsystem Aldebaran ist 68 Lichtjahre von der Erde entfernt, und deren Stern wird von zwei bewohnten Planeten umkreist, die das Reich ‚Sumeran' bilden. Die Menschheit des Sternsystems Aldebaran ist in verschiedene

Rassen unterteilt. Trotz dieser Rassen- und Entwicklungsunterschiede respektieren sich diese verschiedenen Rassen absolut und greifen nicht in des anderen Lebensraum ein.“

War Ihnen bekannt, daß die USA am 27. August 1958, am 30. August 1958 und am 8. September 1958 Atomwaffen (auch in der Ionosphäre) über der Region Neuschwabenland in der Antarktis zündeten? (Aufnahmen dieser „Tests“ wurden erst vor wenigen Jahren vom Militär freigegeben und liegen dem Autor vor.) Heute sind sich viele Wissenschaftler nicht sicher, worin nun wirklich die genaue Ursache des Ozonlochs liegt. Tatsache ist, daß es genau in jenen Regionen zum erstenmal festgestellt wurde. Die Ionosphäre ist jene Schicht im oberen Teil der Atmosphäre, welche uns vor den gefährlichen UV-Strahlungen schützt.

Ebenfalls ist bis heute unklar, warum der US-amerikanische Admiral Byrd im Jahre 1946 seine „Pol-Expedition“ (mit einer ganzen Flotte Schiffen und Flugzeugträger), welche auf sechs bis acht Monate angesetzt war, nach nur wenigen Tagen – und mit einer zweistelligen Zahl verlorener Flugzeuge – überstürzt abbrach.

Erinnern wir uns des weiteren an den heutigen amerikanischen Militärstützpunkt **„Thule“** an der Westküste von Grönland! In jener Region gab es auch eine vorgeschichtliche Eskimokultur (900-1300 n.Chr.), von der

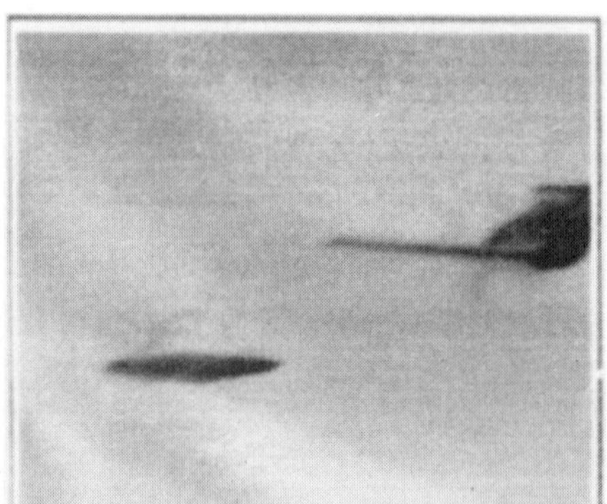

Abb.183 links: Aufnahmen aus dem Dritten Reich. Außerirdischer Kontakt oder deutsches UFO?
Abb.184 rechts: Aufnahme aus einer „P-51“, welche neben einer anderen „P-51“ auf ein kuppelförmiges Objekt über Deutschland zufliegt.

sich die meisten historischen Eskimokulturen ableiten lassen – in der Arktis zwischen Sibirien, Alaska und Grönland. Ihr Name in unseren Geschichtsbüchern lautet: ***Thule!***

Bereits der Entdecker *Pytheas* beschrieb in der Antike eine Hochkultur mit dem Namen „Thule", welcher heute die Region Island zugeordnet wird. Das ist sehr interessant, da UFO-Forscher angeben, daß jene Außerirdischen bevorzugt mit *isländischen* Pässen reisen. Jenes Thule, welches Pytheas entdeckte, wurde sprichwörtlich für den *Rand der Welt* gehalten.

Zurück in die Gegenwart

Es ist noch gar nicht allzu lange her, da packte der ehemalige „UFO-Beauftragte" im Sekretariat (Air Staff) des britischen Verteidigungsministeriums, *Nick Pope*, aus. Dieser war der offizielle Ansprechpartner für die Bevölkerung den Zeitraum von 1991 bis 1994 betreffend. Jener Mann, der ursprünglich vom britischen Verteidigungsministerium dafür eingesetzt wurde, die Anfragen der Bevölkerung „natürlich" zu erklären, glaubt inzwischen **selbst** an UFOs und eine Vertuschung (siehe das Buch *„Die UFO-Akte – Die X-Files des britischen Verteidigungsministeriums"*).

Sein 1998 erschienenes Buch geht auch auf die Realität der belgischen UFO-Welle Anfang der neunziger Jahre ein, welche sich auch über Großbritannien ergoß (sowie natürlich über alle an Belgien angrenzenden Staaten, inklusive der Bundesrepublik Deutschland). So erfuhr Nick Pope, als er am 31. März 1993 in sein Büro kam, drei Tage nach einem spektakulären belgischen Zwischenfall, daß es über Großbritannien eine noch größere UFO-Sichtungswelle gegeben hatte, welche unter anderem von der Polizei und vom Militär beobachtet worden war. Dabei ging es um die gleichen deltaförmigen Objekte, wie sie über Belgien beobachtet wurden. Nick Pope spricht von der größten UFO-Welle über England.

Abb.185: Abbildung einer „VRIL-7" nach Zeugenaussagen. Davor wurde eine der Damen der „VRIL-Gesellschaft" in Szene gesetzt (kein Original), welche ja bekanntlich teilweise mediale Kontakte zu den Aldebaranern hatten.

Pope bekam zu dieser Zeit auch eine Meldung vom Militär herein, von der *RAF Cosford* bei Wolferhamptom, welche laut seiner eigenen Aussagen einen Bericht *„wie Dynamit"* ablieferte! Ein UFO unmittelbar neben einer militärischen Hochsicherheitseinrichtung!

Ein weiterer Bericht kam von der Militäreinrichtung *RAF Shawbury* in Shropshire. Ein Objekt, welches zuerst am Himmel verharrte, flog nun im Zickzackkurs mit einer Geschwindigkeit von wenigen hundert Kilometern pro Stunde auf das Gelände zu. Es wurde von den Soldaten beobachtet, wie das Objekt einen Lichtstrahl zum Boden schickte. **Die Sichtung dauerte ganze fünf Minuten, und das Objekt hatte die Größe eines Jumbo-Jets!**

Nick Pope ließ einige Radarbänder sicherstellen und sich ins Verteidigungsministerium schicken. Ergebnis: Jenes Objekt, das von der RAF Shawbury gemeldet wurde und sich im Zickzackkurs auf sie zu bewegte, tauchte nicht auf dem Radarschirm auf!

Vor wenigen Jahren gab Nick Pope dem Nachrichtenmagazin *„Taff"* ein Interview, in dem er unter anderem einen Vorfall aus dem Jahr 1990 ansprach: *„Es geschah im Jahr 1990, als Tornado-Jets über der Nordsee zu ihrer Basis zurückfliegen wollten. Diese Tornados sind die besten und schnellsten Kampfjets der Royal Airforce, doch die UFOs überflogen die Tornados mehrmals, und das mit einer unglaublichen Geschwindigkeit – viel schneller, als unsere Jets je fliegen könnten..."*[(32)]

Und auch der Roswell-Fall bekam eine *neue* Wendung, als der ehemalige US-Colonel *Philip J. Corso*, welcher zu seinen Dienstzeiten einen Schreibtisch im Weißen Haus hatte, begann auszupacken. Corso hatte eine 21-jährige Militärkarriere hinter sich, war unter anderem als Geheimdienstoffizier in Korea und als Nationaler Sicherheitsberater des US-Präsidenten *Dwight D. Eisenhower* tätig.

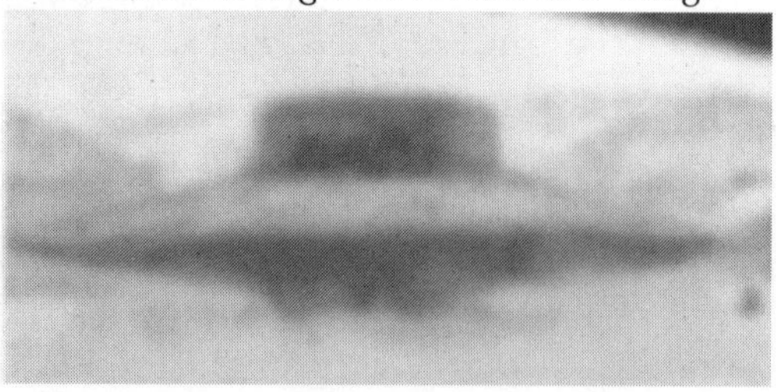

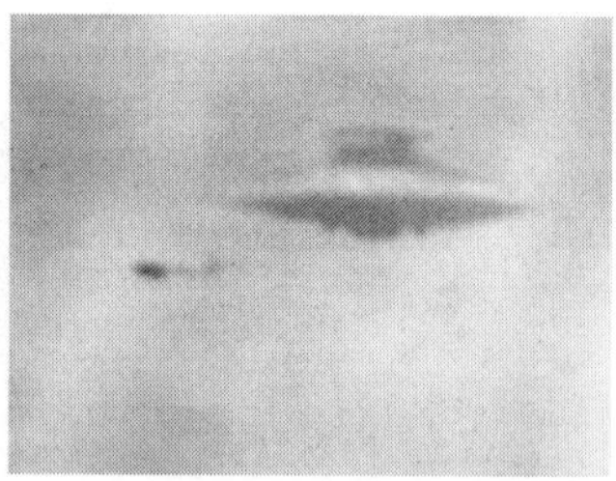

Abb.186 links: Eine „VRIL-7" ist gelandet (Aufnahme angeblich aus der Antarktis). **Abb.187** rechts: Abbildung der „VRIL-7" während eines Testfluges im Jahre 1944. Die Flugscheibe wird von mehreren Militärflugzeugen eskortiert. Aus einer dieser Begleitmaschinen wurde diese Aufnahme gemacht.

Wenige Tage, nachdem er seine Aussagen, welche er in dem Buch *„The Day after Roswell"* gemacht hatte, beeidete, war er tot – ebenso wie der Kongreßabgeordnete *Steven Schiff*, welcher als einziger Parlamentarier eine Untersuchung des Roswell-Vorfalls vor dem amerikanischen *„General Account Office"* (einer Art Bundesrechnungshof) einleitete.

In einem Interview wurde Corso gefragt: ***„Können Sie den Inhalt Ihres Buches kurz zusammenfassen?"***

Corso: *„Im Kern geht es darum, wie wir 1947 Trümmerteile und Hinterlassenschaften von der Absturzstelle in der Wüste bei Roswell bargen. Wir machten uns die überlegene Technologie der Außerirdischen zunutze und stellten sie der Industrie zur Verfügung. Nur aus diesem Grunde konnte die Technologie in den sechziger Jahren einen so großen Sprung nach vorne machen. Denken Sie zum Beispiel an die Faseroptik.*
Als ich das zum erstenmal sah, hatte ich keine Ahnung, worum es dabei ging. Heute steht und fällt damit fast unsere gesamte Kommunikation.
Es geht in dem Buch auch um die Analyse und Weiterentwicklung dieser Technologie – etwa Laser, integrierte Schaltkreise und Nachtsichtgeräte. Manche wenden ein, daß zum Beispiel die Deutschen bereits im Zweiten Weltkrieg Nachtsichtgeräte besaßen..."

„Wie konnte diese außerirdische Technologie eingeschleust werden, ohne daß dumme Fragen gestellt werden?"

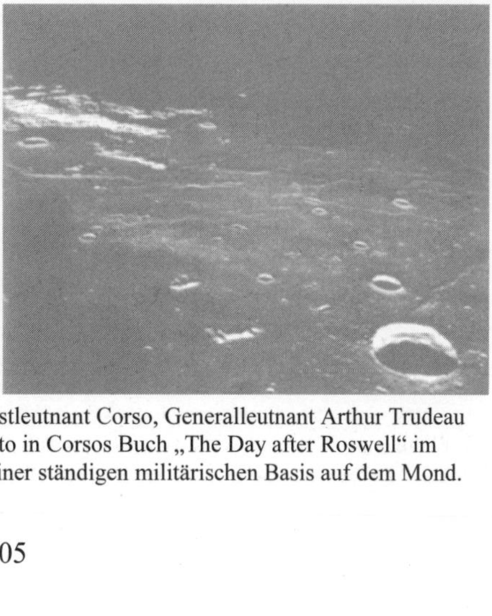

Abb.188 links: von links: Edward O'Connor, Oberstleutnant Corso, Generalleutnant Arthur Trudeau und Viktor Fediay. **Abb.189** rechts: Aufklärungsfoto in Corsos Buch „The Day after Roswell" im Rahmen des Projektes „Horizont" zur Errichtung einer ständigen militärischen Basis auf dem Mond.

Corso: *„Die Technologien wurden Laboratorien privatwirtschaftlicher Unternehmen zur Verfügung gestellt, die bereits an ähnlichen Projekten arbeiteten. Die einzige Bedingung war: Unsere Akten durften keine Angaben darüber enthalten, woher die Technologien stammten...*
Die Unternehmen erhielten ihre Forschungsgelder und die außerirdischen Artefakte, erfuhren aber nicht, woher sie stammten. Sie beantragten die Patente und hatten dann alle Vorteile davon."

„Was für Erkenntnisse konnten Sie aus ‚Roswell' noch gewinnen? Hat die US-Regierung versucht, Sie nach der Veröffentlichung Ihres Buches zum Schweigen zu bringen?"

Corso: *„Nein..."*

„Waren US-Präsidenten über Roswell informiert?"

Corso: *„Ich kann nur für die Präsidenten sprechen, die ich kenne. Eisenhower wußte jedenfalls Bescheid, ebenso Reagan und wohl auch Truman...*
An Bord des Raumschiffs gab es beispielsweise weder Nahrungsmittel noch Wasser, Toiletten... Insider sehen darin die Vermutung, das Schiff könnte nur ein Aufklärungsflieger von einem Mutterschiff sein..."

„Gab es überlebende Außerirdische?"

Corso: *„Nein, sie waren alle fünf tot. Ich sah eines der Wesen. Es war etwa 1,20 Meter groß und von menschenähnlicher Gestalt... hellgrauer Haut und einem übergroßen, birnenförmigen Kopf. Es hatte keine Ohren und keinerlei Körperbehaarung. Der Mund war nur ein schmaler Schlitz, dafür waren die Augen mandelförmig und überproportional groß...*
Ich bin übrigens davon überzeugt – und das lege ich auch in meinem Buch dar –, daß die Aliens ***feindliche Absichten haben!***
Aber ich denke, daß wir bereits die nötigen Schritte unternommen haben, um diese unwägbare, außerirdische Bedrohung abzuwenden...
Mit Hilfe der Technologie, die wir aus dem Roswell-UFO gewonnen haben, könnten wir diese Wesen bereits morgen mit ihren eigenen Waffen schlagen – etwa mit Hochenergielasern und zielsuchenden Teilchenwaffen... Wir (die USA und Rußland) wußten, wer die eigentlichen Ziele des „SDI"-Projektes waren – nicht die gegnerischen Atomraketen: Es waren UFOs, außerirdische Intelligenzen."(33)

Corso behauptete, daß jene Technologie hinter der „Stratetic Defense Initiative“ (SDI), welche in den Medien als „Star Wars“-Projekt bekannt war, unmittelbar auf das Roswell-UFO zurückzuführen sei – so wie auch der „Saturn“-Teilchenbeschleuniger zur Erzeugung hochenergetischer, gepulster Röntgenstrahlen. Möglicherweise sehen wir auf dem Video der Discovery-Mission „STS-48“ zum erstenmal, was aus diesem Waffensystem geworden ist.

Bei der im vorderen Teil des Buches bereits geschilderten Mission ist ein Objekt zu sehen, welches auf einen grellen Lichtblitz mit einer prompten Richtungsänderung reagiert und im 90°-Winkel davonrast. Kurz darauf schießen zwei von der Erde kommende Strahlen in Richtung des fliehenden Objekts (siehe Abb.12).

Es soll hier vermerkt sein, daß andere Insider behaupten, auch der bekannte „Roswell“-Absturz wäre in Wahrheit ein „Abschuß“. Als Beleg werten sie zum einen die unmittelbare Nähe der Absturzstelle zu einer Militärbasis sowie zum anderen die inzwischen aufgetauchten Aussagen von einem Mitglied einer geheimen Einheit, welche bereits *vor* dem Eintreffen der offiziellen Stellen nach der Absturzstelle suchte – siehe die Aussagen von *Frank Kaufmann („UFO: Der Roswell Vorfall“*, Wissen auf Video).

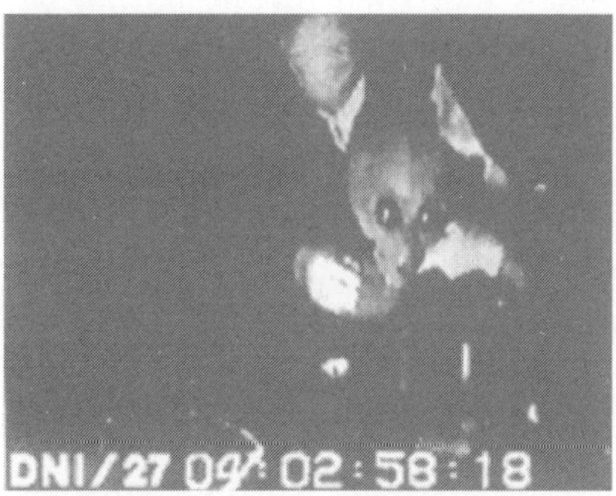

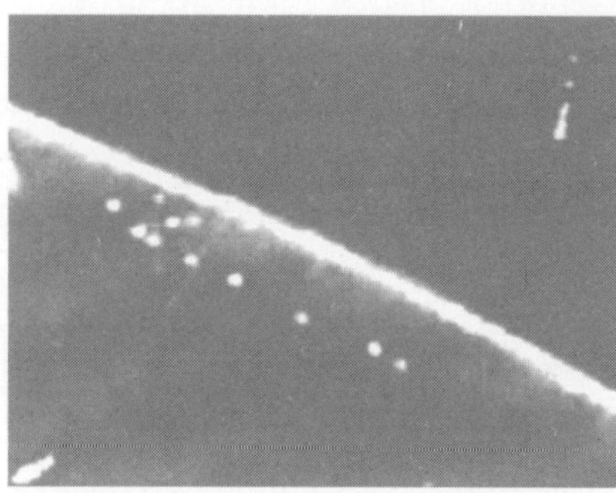

Abb.190 links: Echt oder gefälscht? Von einem angeblich in der *Area 51* beschäftigten Sicherheitsmann nach draußen geschmuggelter Filmstreifen, welcher einen Grey zeigt, der dort möglicherweise freiwillig oder unfreiwillig untergebracht sein soll. Der NATO-Kommandant Seargant Major *Robert O'Dean*, welcher damals in Deutschland stationiert war, hält die Aufnahmen für echt, und gab an, bereits damals (auf die Optik der Greys bezogen) identische Bilder eingesehen zu haben.

Abb.191 rechts: Aufnahme der NASA Discovery-Mission STS-48 aus dem Jahr 1991, als ein unidentifiziertes Flugobjekt auf einen Lichtblitz reagiert, im 90°-Winkel seine Richtung ändert, extrem beschleunigt und im Raum verschwindet. Danach schießen zwei „Lichtstrahlen“ von der Erde kommend in Richtung des UFOs. Sehen wir hier, was aus *SDI* geworden ist?

Viele Insider sehen den Grund für das Vorgehen darin, daß sich die USA möglicherweise bereits nach den ersten Kontakten Ende der dreißiger Jahre von den Greys hintergangen fühlten – auch wenn diese offiziell zuvor einen Vertrag mit ihnen eingegangen sein sollen. Diese Gerüchte hören bis heute nicht auf.

So wird inzwischen des öfteren darüber geredet, daß die Greys unvollständige „abduction"(Entführungs)-Listen an die USA abliefern und womöglich mehr ihre eigenen Ziele verfolgen als die der Vereinigten Staaten, was wiederum logisch klingt, wenn man bedenkt, welche evolutionären Unterschiede angeblich zwischen uns „Neandertalern" und den Greys vorherrschen würden. Es wurde sogar ganz klar offengelegt, daß die Greys die USA in einigen Punkten regelrecht angelogen haben! Trotzdem gibt es offensichtlich noch eine Art Vertrag und „Zusammenarbeit" in verschiedenen Bereichen – womöglich jenen Bereichen, welche für beide Seiten Vorteile bringen? Auch dies ist verständlich. Von seiten der USA geht es hier letztlich um einen Kontakt zu einer *„Super"*-Spezies, welche unserer technischen Entwicklung zigtausende von Jahren voraus ist. Ein totaler Kontaktabbruch wäre möglicherweise mit gravierenderen Folgen verbunden als eine Art „Zweckgemeinschaft".

Unter diesem Gesichtspunkt stellt sich natürlich die Frage, ob wir noch von unseren eigenen „Führern" regiert werden oder nicht?

Haben Sie sich einmal die Frage gestellt, warum die Greys in den Medien oftmals als so nett dargestellt werden, obwohl sie anscheinend – glaubt man den Entführten – *gegen deren Willen* in ihre Schlafzimmer eindringen, diese entführen, Operationen durchführen, Implantate einsetzen, Narben zurücklassen und Babies vor der Geburt entwenden?

Sind Sie sicher, daß hier nicht vielmehr der beeindruckende Auftritt, die hypermoderne Technik und die Tatsache, daß sie die Entführten in der Regel wieder zurückbringen, die aufgetretenen Eingriffe in das Privatleben bei den Entführten überlagern? Und viele vielleicht nur deshalb imposant davon reden? Und falls es nicht so ist, warum verwenden selbst diese den Greys positiv gestimmten *abducties* dann unterbewußt fast generell den Ausdruck „Entführung"?

Ich will hier auch nicht in Frage stellen, daß jene Greys den Entführten möglicherweise Geschichten erzählen, die jene denken lassen: „*Oh – toll!*"

Aber – haben Sie etwas gemerkt? Es gibt offensichtlich einen gravierenden Unterschied in der Vorgehensweise der „menschlichen" außerirdischen Rassen (Aldebaraner, Plejadier/Plejaren usw.) und den Greys!

Haben Sie schon einmal eine Kontaktgeschichte gehört, daß die Erstgenannten jemanden gegen seinen Willen entführten, ihm schmerzhafte Operationen zumuteten oder Implantate einsetzten? Unabhängig davon, ob man an das Phänomen glaubt oder nicht, muß einem hier bei den Erzählungen der angeblichen „Kontaktler" *jene* Signifikanz ins Auge fallen.

Und „zufälligerweise" paßt dies wiederum mit den Aussagen zusammen, welche über die Regierungstreffen in den dreißiger Jahren berichtet werden, sowohl was die Greys angeht als auch in bezug auf die menschlichen Außerirdischen... Wieder ein „Zufall"?

Doch man sollte nicht alle Greys in einen Topf werfen, denn man hört auch immer wieder von den menschlichen Rassen, daß wir uns hüten sollten, ein Volk nach seinen Führern zu beurteilen... Es gibt sogar Berichte, die besagen, daß es Greys gibt, die sozusagen „übergelaufen" sein sollen!

Aber denken wir daran: Vorausgesetzt, daß dieses Phänomen real ist, haben wir hier nicht den Normalbürger Grey XY vor uns, sondern ausgewählte Leute für eine ausgewählte Mission – so wie vermutlich auch Sie nicht unbedingt morgen in ein Space Shuttle steigen können, um zu sehen, was da oben los ist.

Sie fragen sich womöglich, *warum* hier Menschen entführt werden. Möglicherweise habe ich eine ganz andere „Theorie" als verschiedene Entführte. Im nächsten Kapitel werde ich Sie darüber aufklären, was hinter Ihrem Rücken in riesigen unterirdischen Anlagen der Regierung los ist.

Und möglicherweise sind es Geschichten, die Sie noch nie zuvor gehört haben...

Kapitel 9
Regierungsverwicklungen mit den Greys?

Um Ihnen verständlich zu machen, worum es geht, wenden wir uns dem Thema mit einer hintergründigen Frage zu: Wenn es hier tatsächlich Außerirdische gibt, wer fliegt dann *welche* UFOs?

Das mag auf den ersten Blick eine „*Was soll das denn jetzt?*"-Frage sein. Doch gehen wir ins Detail: Es gab schon immer verschiedene Formen von unbekannten Flugobjekten, welche als UFOs außerirdischer Natur bezeichnet wurden. Fliegende „*Schilde*" und „*Räder*" sind schon in unserer frühesten Geschichte zu finden sowie natürlich auch in unseren Heiligen Schriften. Im Gegensatz zu diesen wird das Phänomen der „dreieckigen", *delta*-förmigen Flugobjekte allgemeinhin als „neuzeitliches" Phänomen betrachtet.

„Neuzeitlich" ist in der UFO-Literatur auch eine gewisse Spezies, welche besonders in Amerika für relativ große Entführungsszenarien sorgte: **die Greys.** Gibt es hier eine Verbindung?

Die Welle der Sichtungen Außerirdischer vom Typ „*Grey*" ist tatsächlich von Amerika zu uns herübergeschwappt – ob man das Phänomen nun anzweifelt oder auch nicht.

Was wissen wir denn über die Greys? Sie haben mit den Amerikanern ein „Abkommen" geschlossen, welches unter anderem einen Technologietransfer mit einschloß, um Amerikas Vormachtstellung in der Welt zur Supermacht auszubauen. Sagt man...

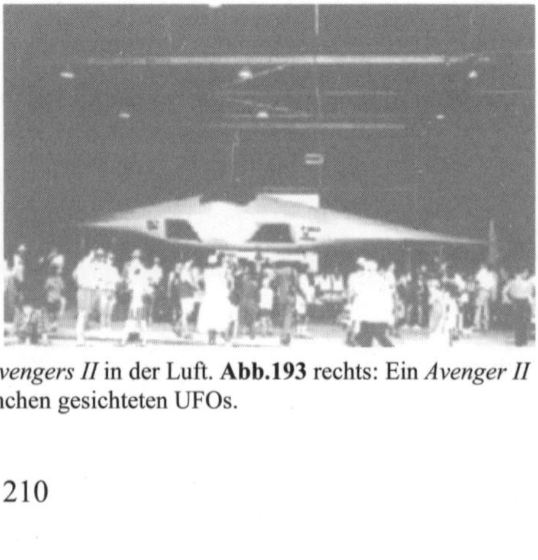

Abb.192 links: Illustration des amerikanischen *Avengers II* in der Luft. **Abb.193** rechts: Ein *Avenger II* in einer Halle. Er ähnelt optisch doch sehr so manchen gesichteten UFOs.

Auch wenn Sie es bislang nicht wußten – die amerikanische Regierung besitzt neben den bekannten Stealth-Bombern weitere deltaförmige Flugobjekte, welche den Objekten der Sichtungswellen über Belgien und anderen Staaten doch gespenstisch ähneln, was die Optik angeht.

Man könnte hier natürlich auf den ersten Blick darüber spekulieren, ob jene „Avenger II" für die UFO-Sichtungswellen über Belgien und anderen Ländern verantwortlich ist. Allerdings spricht hierfür nur die Optik. Weder die gemessenen Beschleunigungswerte sprechen dafür (40 G), noch die Flugeigenschaften (rechtwinklige Abbiegemanöver, stillstehendes Verharren über einer Straße, Lautlosigkeit etc.). Außerdem wurden bei den UFO-Sichtungswellen in Belgien zum Beispiel auch andere Objekte Teil der Aktionen, so zum Beispiel kleine runde Sonden, welche sich von dem Hauptobjekt ablösten und ihre eigenen Erkundungen machten.

Hat hier etwa einer vom anderen abgeschaut, so wie es auch im Dritten Reich bei den Deutschen geschah? Ist das hier vielleicht etwas *zu* spekulativ? Aber ich habe diese Anmerkung nicht ohne Grund gemacht.

Dies wird nämlich unter anderem bestätigt durch *Harry Hartsell*, Ex-Chef des Computergiganten *IBM*, welcher in seiner Biographie unverblümt schrieb, daß die Entwicklung des Computers die Folge von Patentvergaben ist, und durch die Vergabe von Technologien *„nichtirdischen Ursprungs"* durch die US-Regierung an einige der größten Unternehmen der fünfziger Jahre zustande kam. Das wurde auch bestätigt durch *Philip Corso*, welcher, wie bereits erwähnt, zur damaligen Zeit unter Präsident Eisenhower einen Schreibtisch im Weißen Haus hatte.

Im *Gegenzug*, so hieß es halboffiziell, sollte die amerikanische Regierung die Entführung von Menschen ignorieren, welche von den Greys zu „internen" Zwecken vorgenommen wurde – mit der Auflage, daß die US-Regierung vollständige Listen über die entführten Bürger bekommen sollte und die „Opfer" sich an nichts erinnern.

Diese Theorie wird wiederum indirekt bestätigt durch die „Entführungswelle", welche dann wohl nicht „zufällig" größtenteils von den USA zu uns herüberkam.

Von den „menschlichen“ Außerirdischen wird angegeben, die Greys seien erst seit relativ kurzer Zeit auf unserem Planeten. Spricht dies dafür, daß wir jene mit dem ebenfalls „neuzeitlichen“ Phänomen der dreieckigen UFOs in Verbindung bringen können?

Bud Hopkins war mehr oder weniger Co-Autor des Spielfilms „Intruders“, welcher in Deutschland auch unter einem anderen Namen in einem Mehrteiler über die Bildschirme flimmerte. Er untersucht bereits seit Jahrzehnten dieses Phänomen und hält seither einen regen Kontakt zu angeblichen Entführten, deren „reale“ Geschichten somit den Stoff für diesen etwa dreistündigen Film gaben. Interessanterweise ist das UFO, welches hier von den Greys geflogen wird, *dreieckig*. Ein „Zufall“?

Gehen wir weiter: Auch in anderen angeblich realitätsnahen Filmen der neunziger Jahre, in welchen das Entführungsphänomen durch die Greys behandelt wird, sieht man diese signifikant in dreieckigen Objekten.

Worauf will ich hinaus? Amerika hat angeblich mit jener Rasse einen Technologie-Transfer, welcher ihnen von den „menschlich“ aussehenden Außerirdischen verweigert wurde.

Robert Morningsky ist ein Indianer, welcher in seiner Kindheit in einem Reservat in New Mexiko gelebt hat und der behauptet, daß einer dieser Greys nach einem von mehreren UFO-Abstürzen in New Mexiko jahrelang bei den Indianern gelebt hat und diesen viel von der eigenen Kultur berichtete. Er wurde dort vor der amerikanischen Regierung versteckt.

Unter Robert Morningskys Aufzeichnungen „Terra Papiere – die verborgene Geschichte des Planeten Erde“ finden wir folgende Aussagen:

„Ich heiße „Morningsky“. Während ich aufwuchs, hörte ich immer wieder die Geschichte meines Großvaters von einem außerirdischen Wesen, das er zu retten half. Mein Großvater war einer von sechs jungen Indianern, die 1947 Zeugen eines UFO-Absturzes wurden, kurz nach dem inzwischen berühmt gewordenen Roswell-Absturz. Als die Jungen damals die Absturzstelle erreichten, fanden sie einen Außerirdischen noch lebend vor. Sie nahmen ihn mit zu ihrem Lager, wo sie ihn versteckten und sich um ihn kümmerten. Sie nannten ihn aus Respekt „Sternen-Ältesten“; doch nach einiger Zeit vertraute er ihnen seinen Namen an: er hieß Bek'Ti. Er erklärte ihnen die Geschichte der Menschheit und des Planeten Erde.

Die Geschichte, die Bek'Ti den Jungen anvertraute, ist einerseits spannend und furchterregend zugleich. Die Erschaffung des Menschen und sein Platz in der Galaxis wird klar erklärt, doch im Entwicklungsprozeß des Menschen wurde seine Würde und sein Stolz verletzt. Das „Entführungs-Phänomen" und die dies durchführenden Greys, die grauen Wesen, sind ein fester Bestandteil der menschlichen Geschichte, ebenso wie Wesen, die uns heute als Minotauren, Osiris, Zeus, Isis oder als andere „Götter" bekannt sind.

Zur Erschaffung des Menschen sagte er folgendes:

In unserer Galaxis existieren Milliarden von Sternenwesen. Humanoide Rassen sind die Regel, nicht die Ausnahme. Diese Rassen entstanden aus vielen Lebensformen: Reptilien, Insekten, Dinosauriern, Vögeln und anderen Lebensformen, die sich der menschlichen Vorstellung momentan noch entziehen.

Eine der ältesten Sternenrassen in diesem Sektor des Universums sind die reptiloiden Ari-An, deren Vorfahren die Dinosaurier waren und die ursprünglich aus dem Orion-Gestirn stammen. Beherrscht von Königinnen, haben sich diese das mächtigste Imperium in dieser Galaxis geschaffen. Die Krieger der Ari-An waren bislang unvergleichbar, was deren Mut und Wildheit angeht, und deren Imperium ist ebenso unvergleichbar in Größe und Macht. Millionen Jahre der zahllosen Kriege haben es ermöglicht, daß deren Imperium unglaublich weit entwickelte Kriegsstrategien hervorbrachte. Darunter finden sich auch solche der „Konditionierung" und „Reprogrammierung", um sich auflehnende Populationen gefügig zu machen und diese zu beherrschen. Feinde wurden so zu Dienern der Reptiloiden-Königinnen. Auf diese Weise eliminierten die Ari-Ans jeglichen Widerstand.

Eine unerwartete Evolution einer anderen Rasse aus dem Sternensystem Sirius wurde dann aber zu einer ernsten Gefahr für die Ari-An. Obwohl die Rasse der Kanus, einer hundeähnlichen Wesensform, jünger als die Ari-An und auch in der Entwicklung hinterher war, so war sie jedoch weitaus grausamer und brutaler als die Reptiloiden. Sogar der mutigste der Ari-An fürchtete sich vor den barbarischen sirianischen Kriegern, die das Fleisch ihrer Feinde noch auf dem Schlachtfeld verzehrten.

Die überraschend schnelle Entwicklung der sirianischen Krieger bedrohte die Existenz der Ari-An, was dazu führte, daß die Königinnen den sirianischen Königen eine Allianz vorschlugen. Es wurde eine Vereinbarung getrof-

fen, aufbauend auf einer Einteilung der Galaxis in Sektoren, wobei festgelegt wurde, wer das jeweilige Imperium beherrschen durfte. Es gab aber auch Sektoren, in denen die Ari-An und die Sirianer Seite an Seite kämpften.

Als ein neues Sonnensystem entstand – das unsrige – war der sirianische König gleich zur Stelle, dies zu dem seinigen zu erklären. Als die Sirianer damit begannen, die Rohstoffe und Bodenschätze auszubeuten, wurde dieses Sonnensystem zu einem Außenposten für beide – die Ari-An wie auch die Sirianer –, und die Macht und der Einfluß beider Imperien wuchs weiter.

Jedoch kam es erneut zum Krieg, diesmal unter den sirianischen Königen. Schließlich schlossen sich die reptiloiden Ari-An dem sirianischen König Anu an. Sogar ganze Welten, die von der Opposition kontrolliert waren, wurden zerstört, deren Monde und Kolonien mit eingeschlossen.

Lange Zeit später entsandte König Anu seinen Sohn Prinz Ea und seine Tochter Prinzessin Nin-Hur-Sag – beide Wissenschaftler –, um die zerstörte Welt Eridu (Erde) wieder aufzubauen, um die immer noch zur Genüge vorhandenen Bodenschätze nutzen zu können. Sie reparierten die Atmosphäre, füllten die Meere wieder mit Lebewesen, züchteten neue Pflanzen, Bäume und Blumen, und erschufen etliche verschiedene Hybridwesen. Dies war die Entstehung der Erde und der Geschöpfe, wie wir sie heute kennen.

Es wurden neue Geschöpfe erschaffen, um den Planeten zu bewohnen. Eine dieser Kreaturen, der Apa-Mus, war ein Hybrid aus Affe und Biest, dessen einzige Existenzgrundlage das Dienen und Arbeiten auf den Feldern und in den Mienen war – ein Sklave. Doch dieses Wesen unterschied sich von den anderen Neuschöpfungen, denn es verstand die anderen und kommunizierte. Prinzessin Nin-Hur-Sag hatte bei dieser Hybrid-Mischung ihre eigene DNS mit hinzugezogen, was zur Folge hatte, daß dieses Wesen an Intelligenz zunahm und sich selbst fortbildete.

Als eine andere, genetisch erschaffene Rasse anfing zu revoltieren – die im Untergrund arbeitenden Echsenwesen „Shenti" –, flohen die Sternenwesen von der Erde und ließen diese sowie einen Teil ihrer eigenen Leute zurück. Nachdem diese sich entfernt hatten, nutzten die Echsenwesen die Gehirnwäsche- und Manipulationsmethoden ihrer „Meister" und Herrscher, um die zurückgebliebenen Sternenmenschen zu programmieren. Das Wissen der Menschheit über ihren Ursprung und ihre Schöpfer wurde so in deren Gedächtnis durch Mythen und Legenden ersetzt.

Die Dominanz der Echsenwesen auf der Erde war immer wieder eine Herausforderung für andere Sternenvölker, um diese selbst zu kontrollieren – und die Menschheit – und für ihre eigenen Zwecke zu benutzen. Der Kampf um Macht hält weiter an...

Die reptiloiden Ari-An haben immer wieder Versuche unternommen, die Macht auf der Erde an sich zu reißen. Zu Beginn des 20. Jahrhunderts war die arische Bewegung weltweit fast erfolgreich, die gesamte „fügsame" Welt an sich zu reißen. Sollten diese ihr Anliegen weiter fortsetzen, so wird es in Zukunft neue Bewegungen auf der Erde geben: Reptilien werden in allen möglichen Aspekten des öffentlichen Lebens erscheinen, als freundliche und heldenhafte Wesen aus Sicht des Menschen; reptiloide Superhelden werden die Stars der Kinder sein.

Das Entstehen religiöser Bewegungen wurde während der gesamten Menschheitsgeschichte durch die Sirianer hervorgebracht. Die Inquisition, die päpstlichen Kriege, die zahlreichen „Messiase" und „Wunder", die gesehen wurden, waren von diesen erschaffen, um die Menschheit wieder zurück unter deren Kontrolle zu bringen. Wenn diese, wie ich annehme, ebenfalls die Erde unter ihre Kontrolle bringen wollen, so wird der Fundamentalismus ebenfalls zunehmen, so wie auch das Erscheinen von Engeln und wunderhaften Ereignissen.

Es vollzieht sich auf Erden ein Krieg verschiedener Welten und Völker, wobei der Mensch nur ein Spielball darin zu sein scheint. Dennoch sollte ein wichtiger, oft nicht erwähnter Aspekt beachtet werden: die Blutlinie der Sirianer! Im Menschen, genauer gesagt in dem Teil der Menschen, die von der Prinzessin Nin-Hur-Sag abstammen – auch wenn er einst nur als Sklave geschaffen wurde –, strömt immer noch sirianisches und vor allem königlich-sirianisches Blut.

Diese königliche Blutlinie bevollmächtigt die Erdenmenschen, die Erde als ihren Besitz anzusehen und auch zu verteidigen. Dieser Teil der Wahrheit ist lange unterdrückt worden. Solange der Mensch diese „Außerirdischen" als „Übermenschen" und „Götter" ansieht, erkennt er sein Sklavendasein an und akzeptiert es. Wenn wir uns daran erinnern, daß uns unser eigenes Königreich genommen wurde, wenn wir endlich uns selbst als Übermenschen und Götter ansehen, erst dann, und nur dann werden wir endlich frei sein – und auch frei von Außerirdischen!"

Soweit der Bericht Robert Morningskys.

Zu diesem möchte ich anmerken, daß ich davon überzeugt bin, daß die von dem Grey überlieferte Schöpfungsgeschichte **falsch** ist, und auf bewußte Desinformation baut. Zu diesem Schluß komme ich deshalb, da die Greys dafür bekannt sind, daß sie Desinformationen säen, und die amerikanische Regierung sogar gezielt hinters Licht führen.

Diese Behauptung wird durch die Aussagen *Virgil Armstrongs* untermauert, einem EX-CIA-Agenten, welcher selbst bei der Bergung eines außerirdischen Raumschiffes der Greys beteiligt war und ihnen negative Absichten unterstellt. Virgil Armstrong gibt an, er habe telepathischen Kontakt zu einem Grey in der Untergrundbasis *Dulce* erhalten, welcher in etwa die selben Angaben machte wie Morningsky, und die Geschichte der Bibel und der Person Jesu auf die Manipulation der Greys zurückführte.

Armstrong fragte den Grey, wie man seine Rasse vernichten könne und bekam eine Antwort, welche mit den Erkenntnissen und nachfolgenden Aufdeckungen in diesem Buch im Widerspruch steht, nämlich daß *„sie keine Hitze vertragen würden"*.

Welche außerirdische Rasse, die negative Absichten in einem solch großen Programm verfolgt, würde auf die Frage eines „primitiven Erdlings" die Wahrheit sagen und offenbaren, wie man seine eigenen Mannen vernichtet...?

Auch über die Aussagen des in der *Area 51* festgehaltenen Grey *EBE* ist bekannt geworden, daß er viele Lügen verbreitete und immer jene Antworten gab, welche man ihm in den Mund legte.

Meinen Erkenntnissen nach ging der Samen der menschlichen Rasse *überall* im Universum hernieder und die menschliche Rasse ist ***keine*** genetische Kreation der Greys.

Hinter den Religionen der Weltgeschichte steht zum Großteil eine andere menschliche Zivilisation, die hinter den Geschichten von VRIL und sicherlich auch jenen der Plejadier zu finden ist. Es gehört zum Plan einer negativ auftretenden Rasse – in diesem Falle den Greys –, die Wahrheit zu verdrehen.

Doch kommen wir zurück zur Kernaussage – die Verbindung zu den dreieckigen Flugobjekten:

Robert Morningsky behauptet jedenfalls, die amerikanische Regierung würde echtes außerirdisches Material aus Abstürzen und Technologie-Transfers als *„Triangular-Material"* bezeichnen.

Dieselben Aussagen machte auch *Cathy O'Brien*, welche behauptet, eine Sex-Sklavin der US-Regierung im *Monarch-Projekt* gewesen und dabei Zeuge und Opfer dieser satanischen Verschwörung geworden zu sein. Nach eigenen Angaben wurde sie als Kind von ihrem Vater an die Regierung „verkauft", so wie auch ihre Geschwister, nachdem dieser wegen *Kinderpornographie* einer Anzeige ins Auge sehen mußte. Cathy wurde bereits seit frühester Kindheit von ihrem Vater sexuell mißbraucht. Man stellte ihren Vater vor die Wahl, entweder ein wohlhabender Mann zu werden und die Kinder an ein Regierungsprojekt mit dem Namen *„MK-Ultra"* abzugeben oder die nächsten Jahre im Knast zu verbringen.

Cathy behandelt in ihrem Buch *„Tranceformation of America"* das Thema UFOs und Außerirdische nur am Rande. Und gerade dies macht es so spannend. Denn sie sagte aus, ihr wäre damals in einer militärischen Hochsicherheitsanlage ein Flugobjekt gezeigt worden, von dem ihr gesagt wurde, es sei *außerirdisch*. Jahre später stellte sich jedoch heraus, daß ihr *irdische* Technologie gezeigt wurde. Sie schließt nicht aus, daß es Außerirdische gibt, aber jene Technologie, welche ihr gezeigt und als *außerirdisch* tituliert wurde, war irdischen Ursprungs.

Mir persönlich gab Cathy einige überaus interessante Hintergrundinformationen, die ich möglicherweise in einem anderen Buch behandeln werde. Tatsache ist jedenfalls, daß auch *sie* angab, daß man jenes Material, welches als *„außerirdisch"* bezeichnet wurde, *„Triangular-Material"* nannte.

Frank Kaufmann war angeblich in einer geheimen US-Militäreinheit der Amerikaner – wie im vorigen Kapitel kurz angedeutet wurde. Er war nach eigenen Angaben einer der ersten am Ort des bekannten „Roswell-Absturzes". Unabhängig davon, ob wir diesem glauben oder nicht, beschreibt er die toten Außerirdischen nahezu identisch mit jenen, die wir als die „Greys" kennen. Doch dies ist nicht alles: Er hat eine Zeichnung des abgestürzten Objektes angefertigt, und entgegen vielen Spekulationen und Presseberichten ist dieses Objekt auf seinen Zeichnungen nicht etwa untertassenförmig und rund, sondern **deltaförmig**!

Die menschlich aussehenden Außerirdischen behaupten, die Greys seien uns zwar technisch weit überlegen, aber im Vergleich zu *ihrer* (der menschlich aussehenden Außerirdischen) Technologie noch geradezu in den Kinderschuhen.

Möglicherweise erklärt dies, warum in allen Presseberichten über UFO-Abstürze und Abschüsse (wie zum Beispiel in der Kalahari-Wüste 1981 durch einen amerikanischen Jet mit einer zu Testzwecken an Bord befindlichen „*Thor II*-Laserkanone“) immer wieder Außerirdische auftauchen, welche nicht etwa menschengleich aussehen, sondern dem Bild der Greys entsprechen. Und möglicherweise erklärt dies auch die andere Einstellung bei verschiedenen Verhaltensweisen, wie zum Beispiel das Einwilligen in einen „Technologie-Transfer“ ohne die notwendige geistige Reife des „Vertragspartners“, welchen die menschlichen außerirdischen Rassen kategorisch ablehnten.

Zwar wird von einem Vertrag gesprochen zwischen den Greys und der US-Regierung, aber, wie bereits beschrieben, scheinen jene sich nicht immer besonders darum zu kümmern, da sie wohl doch mehr ihre eigenen Interessen vertreten als die der „Eingeborenen“ (die vertragliche Gegenseite).

Da die Greys vermutlich nun also die ersten waren, die trotz allem einem Technologie-Transfer mit den USA zustimmten und die ersten „eingefangenen“ Objekte außerirdischer Natur (wie *Roswell*) *delta*-förmig waren, wurde beschlossen, jenen Inhalt der Asservatenkammern mit extraterrestrischer Technologie diesen Umständen entsprechend als *Triangular-Material* zu bezeichnen.

Dies ist ein Hintergrund der kurzgefaßten Geschichte.

1981 gab es angeblich einen Abschuß, welcher sich in der Kalahari-Wüste zutrug. Allerdings wurde das abgeschossene Objekt nicht von den Afrikanern abtransportiert, sondern – wen wundert‘s – vom **US-Militär**.

Zehn Jahre später, im Jahre 1991, zeichneten die Kameras der Raumfähre Discovery bei der *STS-48-Mission* einen ähnlichen Abschußversuch auf. Und siehe da: Nach diesem „angeblich nicht geschehenen“ Abschußversuch fing die Kamera dann auch gleich in voller Bildgröße ein riesiges deltaförmiges Objekt ein. Und dies geschah „zufällig“ zu einer Zeit Anfang der neunziger Jahre, in der dieselben Objekte über Belgien und Rußland das jeweilige Militär in Alarmbereitschaft versetzten.

Und „zufälligerweise“ waren diese Jahre auch die „Hoch-Zeit“ der Entführungswellen durch die „Greys“.

Möglicherweise sehen wir hier die Auswirkungen von Unstimmigkeiten – wie es „Insider“ benannten –, welche bereits an unsere Ohren drangen.

Kommen wir zu einem anderen Fakt:

Die Greys fallen bei fast allen Entführungsberichten stets dadurch auf, daß die angeblichen Entführungsopfer von Untersuchungen sprechen, welche an ihnen durchgeführt wurden, und von Babies, welche man den Frauen vor der Geburt entwendete und welche diese später in riesigen Anlagen vorfanden, die aus unzähligen röhrenförmigen Behältern bestanden, in denen die Babys in einer Art Flüssigkeit schwebten, ohne zu ertrinken. Diese Berichte erreichen uns bereits seit Anfang der achtziger Jahre – ob wahr oder nicht.

Nun wurde vor wenigen Jahren auf unserer Welt ein Verfahren entwickelt, die Lungenstabilität von sogenannten „Frühchen“ zu stärken (und dies ist nun mit Sicherheit kein *Science Fiction*). Dabei wurde eine Flüssigkeit entwickelt, welche durch eine Apparatur mit großen Mengen Sauerstoff angereichert wird. Diese Flüssigkeit wird den Säuglingen mit jener Apparatur und in einem Verfahren gegeben, das offiziell „Künstliches Ertrinken“ genannt wird. Dabei wird die Flüssigkeit in die Lungen gefüllt, so daß die Frühchen normalerweise ertrinken müßten. Durch die hohe Konzentration an Sauerstoff in der Flüssigkeit können diese aber ganz normal atmen. Durch die Flüssigkeit wird die unausgebildete, schwache Lunge des Frühchens gestärkt und im hohen Maße unterstützt. Das bedeutet, die kleinen, teilweise noch zu schwachen Lungen werden nicht der Belastung ausgesetzt, welche sie andernfalls ertragen müßten, weil die Babys zu früh aus dem Mutterleib geholt wurden. Und somit wird deren Überleben in einer Situation gesichert, die bislang bei vielen Babys den Tod bedeutete.

Die ersten Tests dieser Art wurden mit weißen Mäusen durchgeführt. Diese wurden über mehrere Tage in einen Tank mit jener Flüssigkeit gesteckt, ohne daß sie die Möglichkeit hatten, mit dem Kopf an die Wasseroberfläche zu gelangen. Durch den hohen Sauerstoffanteil überlebten sie unter Wasser und trugen, nachdem man sie nach Tagen herausholte, keinerlei Schäden davon.

Glauben Sie tatsächlich, daß dies ein „Zufall" ist? Glauben Sie, daß sogenannte „Entführte" bereits Anfang der achtziger Jahre unbeabsichtigt in ihren „Phantasien" ihre angeblich vorgeburtlich entnommenen Kinder in röhrenförmigen Behältern wiederfanden, wo jene in einem mit Flüssigkeit gefüllten Tank schwebten, ohne zu ertrinken...? Nie im Leben!

Und jetzt wissen Sie auch, warum die Greys dies tun! Die Greys machen das aus dem gleichen Grund, aus dem *wir* es nun fast fünfzehn Jahre später machen: um das Überleben der Frühchen zu sichern und die für die vorgeburtliche Entnahme noch nicht ausgebildeten Lungen zu entlasten und zu stabilisieren! Auch das Militär macht bereits Tests mit dieser Flüssigkeit, aber aus anderen Gründen. Man will das sogenannte Kollabieren der Lungen durch den Druckunterschied beim Tauchen verhindern – die sogenannte „Taucherkrankheit" bei zu schnellem Aufsteigen an die Wasseroberfläche. Denn die besagte Flüssigkeit in der Lunge bewirkt hier einen Druckausgleich, der Tieftauchgänge bisher ungeahnten Ausmaßes ermöglicht – sowie ein schnelles Aufsteigen.

Und hier kommen wir auch schon zu unserer nächsten Verbindung! Wer von Ihnen kennt den Fall *„Andreasson"*? Im Jahre 1967 wurde die spirituelle und gläubige Frau *Betty Andreasson* von Außerirdischen besucht – nicht von irgendwelchen, sondern von jenen, welche wir als die *Greys* kennen (siehe das Buch *„Der Fall Andreasson"* von Raymond E. Fowler).

Sie berichtet, daß ihr auf dem Raumschiff gesagt wurde, sie hätten vor, mit ihr unser Sonnensystem zu verlassen, doch aus bestimmten Gründen und zu ihrer gesundheitlichen Vorsorge müßte sie diesen Flug in einem mit Flüssigkeit gefüllten Tank verbringen. Sie mußte in eine Art Glasbehälter steigen, der verschlossen wurde. Dann begann sich der Tank mit einer Flüssigkeit zu füllen. Betty bekam Panik, denn die Flüssigkeit stieg und stieg! Nach kurzer Zeit blieb ihr nichts anderes übrig, als die Luft anzuhalten! Sie schaffte es einige Sekunden. Als sie nicht mehr konnte, öffnete sie den Mund und befürchtete zu ertrinken! Die Flüssigkeit drang in ihre Lungen, doch – sie ertrank nicht! Sie konnte ganz normal atmen, obwohl sie sich „unter Wasser" befand!

Nach dem ersten Schock, ertrinken zu müssen, und der darauffolgenden Verwunderung, atmen zu können, begann sie, sich wohlzufühlen in diesem Tank. Soweit dieser Abschnitt des Berichtes.

Nun fragt man sich natürlich, zu welchem Zweck dies geschah? Doch wenn man weiß, warum unser Militär diese Flüssigkeit erforscht, welche bereits bei Frühchen erfolgreich eingesetzt wird, dann wird es deutlich: für den Druckausgleich, um die immens hohen Belastungen des Raumfluges zu überstehen!

Sicherlich erlaubt es die Technik der Greys, einen Großteil der Belastungen durch ihre Kenntnisse und Technik auszugleichen. Aber möglicherweise ergibt sich aus der Tatsache, daß sie den menschlichen außerirdischen Rassen technisch erheblich unterlegen sind, eine Art „Restrisiko", das es zu vermeiden gilt.

Natürlich bin ich mir sicher, daß auch die Greys in Flugobjekten anderer Form fliegen bis hin zur Untertasse. Was aber die deltaförmigen Flugobjekte angeht, so scheint es nahezuliegen, daß diese fast ausschließlich auf die Greys zurückzuführen sind – und *nicht* auf jene menschlich aussehenden Außerirdischen.

Einige Leute behaupten, es hätte erst im Jahre 1967 eine Vereinbarung zwischen den Greys und der US-Regierung gegeben. Ich behaupte, daß der erste Kontakt in den dreißiger Jahren stattfand. Andere behaupten wiederum, es würde die Greys überhaupt nicht geben, und all dies wäre auf den Film „*Unheimliche Begegnung der Dritten Art*" von Steven Spielberg zurückzuführen.

Das kann nur jemand sagen, der absolut keine Ahnung hat, was zuerst hier war – die Henne oder das Ei. Als *Steven Spielberg* 1977 mit seinem Film herauskam, existierte das Phänomen der Greys bereits seit Jahrzehnten, wie Beispiele wie *Betty Andreasson* aus dem Jahre 1967, der Fall *Travis Walton* sowie die Entführung von *Betty* und *Barney Hill* aus dem Jahre 1961 zeigen.

Betty und *Barney Hill* wurden am 20. September 1961 entführt. Dabei wurde Betty ein sehr dünnes, stabähnliches Objekt in den Bauchnabel eingeführt. Als sie den Grey fragte, was er mache, sagte er, dies sei ein Schwangerschaftstest. Betty antwortete ihm, dies würde es bei uns nicht geben. Sie hatte recht. Im Jahre 1961 gab es so etwas noch nicht. Aber Anfang der siebziger Jahre wurden zwei Verfahren entwickelt, die den Beschreibungen von Betty Hill entsprechen.

Es ist wohl kaum möglich, daß Betty bei ihren „angeblichen" Entführungsszenarien Techniken erfand, die zehn Jahre später tatsächlich entwikkelt wurden. Zudem besitzt Betty Hill einen Radarbericht des Peace-Luftwaffenstützpunktes. Dieser hatte am gleichen Tag um etwa vierzehn Minuten nach zwei ein unbekanntes Flugobjekt auf dem Radar – zu jener Zeit und an jenem Ort, wo Betty und Barney Hill entführt wurden.

Nehmen wir die bisherigen Ereignisse zusammen: das Einführen des dünnen, stabförmigen Objektes bei Betty Hill während deren Entführung im Jahre 1961 und die Tatsache, daß etwa zehn Jahre später tatsächlich solche Verfahren zur Schwangerschaftserkennung eingeführt wurden, sowie die Entführung von Betty Andreasson aus dem Jahre 1967, bei welcher sie in einen Behälter geschlossen wurde, der sich mit einer Flüssigkeit auffüllte, damit sie den Raumflug unbeschadet überstehen konnte – eine

Abb.194 links: Ein angeblich außerirdisches Implantat der Greys (kein Original). Würde unsere Technik tatsächlich aus einem Technologie-Transfer mit den Greys stammen, dann wäre die Ähnlichkeit mit „irdischen" Technologien die logische Folge. **Abb.195** rechts: „Welcome on earth"... Der Kontakt zweier Welten (inszeniert). Kann man sich so die Wahrheit vorstellen?

Technik, welche nun – wieder Jahre später – tatsächlich eingeführt wird. Und nun frage ich Sie: Spricht dies nun für einen Technologie-Transfer mit einer außerirdischen Spezies – oder dagegen?

In den siebziger Jahren begann nun auch ein anderes Phänomen überhand zu nehmen: das der *animal-mutilation*, der *Viehverstümmelungen*.

Dachte man zuerst an satanische Kulte oder Verrückte als Verursacher, änderte sich die Meinung schnell, als man die Art der Verletzungen analysierte: Die Verletzungen waren eindeutig mit einer Art *Laser* zugefügt (und dies bereits Anfang der siebziger Jahre). Zudem waren die Körper der Tiere oft nahezu blutleer. Es waren keine äußeren Verletzungen zu erkennen, außer den skalpellartigen Laserwunden, bei welchen das Fleisch bis auf die blanken Knochen entfernt worden war oder wo man an einer anderen Stelle des Körpers durch eine Öffnung ein inneres Organ herausgeholt hatte.

Es existieren auch Berichte, in denen die Rede davon ist, daß die Greys in einigen Fällen in unmittelbarer Nähe gesehen worden sein sollen.

Doch auch hier sind die Berichte oftmals falsch, denn es handelte sich keinesfalls um ein Phänomen, welches auf Rinder beschränkt war (der erste bekannte Fall war zum Beispiel der eines Pferdes), sondern es betraf auch Katzen, Füchse und selbst Menschen. Aus verständlichen Gründen wurde dies lange Zeit geheimgehalten.

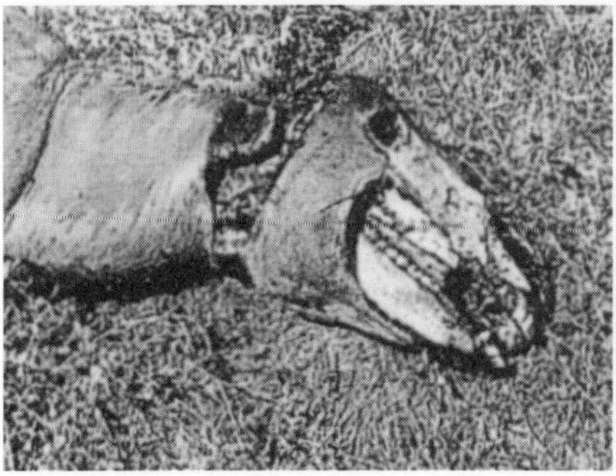

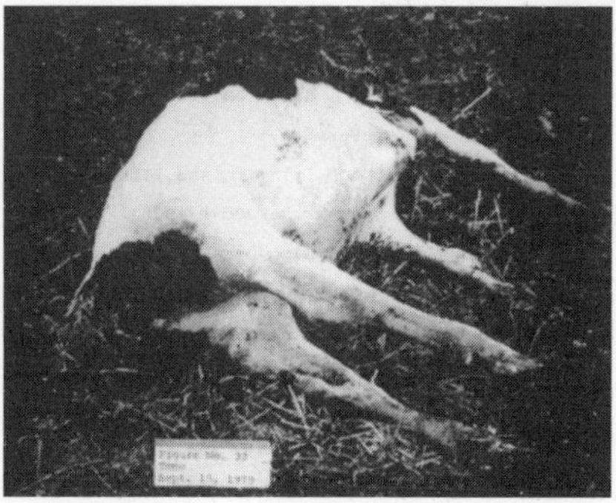

Abb.196 links: Der erste *offizielle* Fall in der Geschichte des Verstümmelungs-Phänomens war, ähnlich wie bei dem hier abgebildeten Fall, ein Pferd. **Abb.197** rechts: Eine Kuh, welche dem Phänomen zum Opfer fiel. Die ausgestreckte Beinhaltung deutet darauf hin, daß das Tier in einer gewissen Höhe in die Leichenstarre fiel. Vor dem Abwurf aus einem Flugobjekt?

Was den meisten Forschern unbekannt ist, ist die Tatsache, daß ein großer Anteil der Vieh- und Tierverstümmelungen in der Nähe der geheimnisumwitterten Untergrundeinrichtung *Dulce* in New Mexico stattfindet. Mitarbeiter von Dulce sprachen von schrecklichen Szenarien in dieser unterirdischen, hochgeheimen Militäranlage. Ein unterirdisches Zug- und Tunnelsystem soll unter anderem *Dulce* mit *Los Alamos* und der berüchtigten *Area 51* verbinden.

Die ersten Bauarbeiten in Dulce begannen 1947/48. Dies wurde von den Bewohnern bemerkt und bestätigt. Es herrschte zu jener Zeit ein reger Baubetrieb. Selbst der örtliche Sheriff von Dulce gab an, er hätte jede Nacht UFOs über der Region beobachtet.

Im Juli 1987 berichtete eine Zeugin, wie sie angeblich von den Greys verschleppt worden sei. Sie wurde in einem UFO zu einem geheimen Ort gebracht, an welchem bereits ein Mann mit militärischer Kleidung wartete. Er führte sie in einen Tunnel, der mit zahlreichen Sicherheitskameras ausgerüstet war. Von hier aus wurde sie mit einem Fahrzeug in einen entlegenen unterirdischen Bereich gefahren. Sie mußte sich, das Gesicht einem Monitor zugewandt, auf eine Art Waage stellen. Die eingeschüchterte und verängstigte Frau erhielt eine Identitätskarte und wurde darüber informiert, daß sie die „Ebene 1" einer unterirdischen Basis betreten habe. Sie wurde auf „Ebene 5" hinabgefahren. Dort sah sie weitere Greys sowie Raumfahrzeuge. Sie sah computergesteuerte Meßvorrichtungen, welche an große „Container" angeschlossen waren. Es roch nach Formaldehyd.

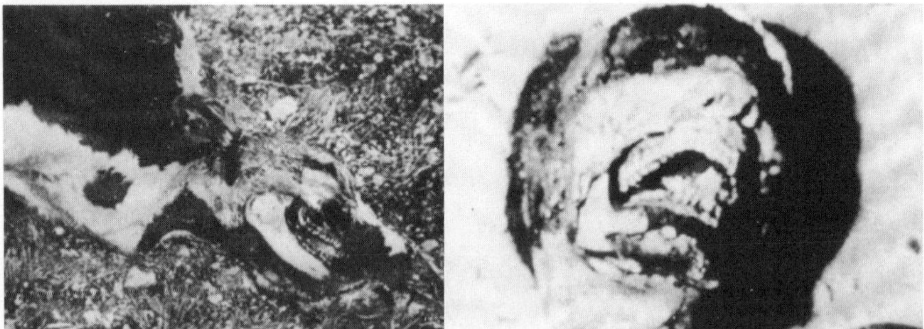

Abb.198 links: Ein Tier, bei dem unter anderem der Kiefer bis auf die Knochen chirurgisch präzise freigelegt wurde. **Abb.199** rechts: Ein Mann, dessen Kiefer freigelegt wurde. Die Augen wurden herausgenommen. Die Stirnpartie wurde mit einem Laser entfernt.

Als diese Zeugin für einen Forscher Zeichnungen der Container anfertigte, fiel diesem auf, daß jene mit den Skizzen eines *Thomas Edwin Castello* übereinstimmten – eines ehemaligen Sicherheitsoffiziers des Dulce-Stützpunktes. Dulce liegt in der Nähe des Jicarilla-Indioreservats im Norden von Mexico.

Castello war angeblich bis 1979 in Dulce beschäftigt. Dann flüchtete er. Danach fühlte er sich seines Lebens nicht mehr sicher und beschloß, seine Familie an einen unbekannten Ort zu bringen. Doch als er diese abholen wollte, warteten bereits Regierungsbeamte vor seinem Haus. Er konnte in letzter Minute fliehen. Seine Familie hat er laut eigenen Angaben nie wieder gesehen. Thomas Edwin Castello behauptete auch, daß er in einer Untergrundbasis in West Virginia eine Ausbildung als Fotograf erhalten habe, unter höchster Geheimhaltung. Danach war er sieben Jahre für die Luftwaffe tätig, bevor er 1971 zur *Rand Corporation* in Santa Monica überwechselte. 1977 kam er schließlich zur Dulce-Basis. Nach Castellos Angaben umfaßte die Basis sieben unterirdische Stockwerke, in welcher nicht nur Greys tätig waren, sondern auch reptilienartige Außerirdische.

Die Greys hatten die „Ebene 5“ als Unterkunft. Tätig waren sie hauptsächlich in Ebene sechs und sieben. Über der unterirdischen Pendelbahn war ein Schild angebracht mit der Aufschrift *„nach Los Alamos“*.

„In Dulce wurden sehr viele Traumexperimente durchgeführt“, so Castello, *„auch Versuche mit Telepathie- und Hypnosetechniken“*. „Ebene 6“ nannte er die *„Alptraumebene“*. Auf der *„Alptraumebene“* wurden nach seinen Angaben verschiedenste Spezies, darunter Fische, Robben, Vögel,

Abb.200: Echte Aufnahme eines scheibenförmigen, *irdischen* Flugkörpers – der *VZ-9 AV* auf einer Kranvorrichtung. Im Hintergrund die tunnelartige Öffnung eines Windkanals, um entsprechende Tests an dem Objekt ausführen zu können. Viele fragen sich, warum im „Blue Book“ der US-Regierung behauptet wird, es gäbe keine UFOs, wenn dieselbe Regierung scheibenförmige Flugkörper testet. Diese Lüge aus höchsten Kreisen stimmt bedenklich und läßt Absicht vermuten.

Mäuse sowie auch Menschen genetischen Versuchen unterzogen. In unzähligen Behältern würden sich Menschen mit mehr als zwei Armen und Beinen befinden und in großen Käfigen würden übergroße, *fledermausähnliche Humanoide* – genetische Mischwesen(?) – gefangengehalten.

Dies erinnert doch stark an die angeblich reale Hintergrundgeschichte zu dem Film „*The Mothman Prophecies*" (*Die Prophezeiungen des Mottenmannes*). Jener Film beruht auf Zeugenaussagen, und nicht etwa auf reiner Fiktion – ebenso die „Tatsache", daß der Mothman in die Träume der Menschen eindringen kann und sie vor zukünftigen Ereignissen warnt.

Das deutet auf die Tatsache hin, daß in jener Ebene auf Dulce unter anderem hauptsächlich Traum- und Telepathieexperimente durchgeführt werden sollen.

Hat es etwa solch ein fledermausartiges Mischwesen geschafft, aus der unterirdischen Hochsicherheitseinrichtung zu fliehen? Oder ist dies doch nur eine „zufällige" Ähnlichkeit...?

Castello betont, daß sowohl die Greys als auch die reptilienartigen Wesen, welche dort „*Drakos*" genannt werden, *keine* feindlichen Absichten verfolgen würden. Ihm zufolge haben diese es weder auf Land, noch auf Mineralien oder Brennstoffe abgesehen. Beunruhigend ist nur der Aspekt, daß sie Hand in Hand mit der amerikanischen Regierung arbeiten, wobei auch dies nicht auf die Gesamtheit der jeweiligen Rassen, sondern auf Einheiten und Individuen bezogen werden sollte. Es gibt genügend Anhaltspunkte dafür, daß andere Teile dieser Rassen mit jenen menschlichen Außerirdischen zusammenarbeiten, welche den Technologie-Transfer Ende der dreißiger Jahre ablehnten, so wie es auch bei uns Menschen mit verschiedenen Ansichten und Lebenseinstellungen gibt.

Auch die Geschichten über den *Mothman*, den Mottenmann, stellen diesen keineswegs als Bösewicht, sondern als gutes und hilfsbereites Wesen dar, welches kurz vor einer riesigen, ortsbezogenen Katastrophe die betroffenen Regionen aufzusuchen scheint, um die Anwohner vor etwas zu warnen.

Bevor Sie diese „*Mothman*"-Geschichte nun lächelnd abtun, rate ich Ihnen, sich einmal eingehend über die Hintergründe zu informieren, welche zur Verfilmung der Geschichte führten!

Im Jahre 1966 begannen in *Point Pleasant* in West Virginia eine regelrechte UFO-Welle sowie das Auftreten des Mothman, eines Mischwesens, halb Mensch, halb Vogel oder Fledermaus, mit roten Augen in der Nacht (fledermaustypisch!). Hierzu gibt es auch eine hervorragende Dokumentation, in welcher die unzähligen Augenzeugen und Beteiligten der Vorfälle zu Wort kommen („*The Mothman Prophecies – Die Hintergründe*").

Seinen Namen bekam der Mothman von einer Figur aus den „Batman"-Comics, welche den Beschreibungen nach dem Erscheinungsbild sehr nahe kam. Der Schriftsteller *John A. Keel* begann damals in Point Pleasant, diesen mysteriösen Vorgängen nachzugehen. Seine Recherchen, dargelegt in einem Sachbuch, waren die Grundlage für die gleichnamige Hollywood-Verfilmung („*The Mothman Prophecies*", John A. Keel).

Viele Vorgänge geschahen in der Nähe des sogenannten „TNT"-Gebiets – ein Spitzname der Bevölkerung für eine militärische Sperrzone. Die Erscheinungen begannen am 15. November 1966 und endeten, dreizehn Monate später, am 15. Dezember 1967 mit einer großen Tragödie.

Zu dieser Zeit gab es auch Leute in der Stadt, die sich hauptsächlich mit den gleichzeitig auftretenden dortigen UFO-Phänomenen beschäftigten: große, schwebende Objekte in der Nacht, welche die Regionen lautlos nach etwas abzusuchen schienen, den Augenzeugen nach unheimlich wirkten und mit merkwürdigen Beleuchtungen über der Stadt hinwegflogen.

Wichtig ist die Anmerkung, daß der Mothman niemandem etwas tat. Im nachhinein kann er sogar als eine Art Engel bezeichnet werden, der die Bewohner vor einer großen Tragödie warnen wollte – auch wenn er in einem Fall durch sein Erscheinungsbild einen Autounfall verursachte.

Ein weiterer merkwürdiger Fakt ist jener, daß zu dieser Zeit eine Serie von *Viehverstümmelungen* über die Region hereinbrach, welche ansonsten nur von anderen Orten her bekannt waren. Bei diesen Viehverstümmelungen waren, wie bei den Opfern der anderen realen Viehverstümmelungs-Fälle, die Tierkörper nahezu „ausgesogen" und blutleer. Den Tieren wurden mit einer Art Laser der After und andere Körperteile entfernt.

Eine Stimme, die weder hundertprozentig als weiblich noch als männlich identifiziert wurde und eher mechanisch-künstlich erzeugt klang, rief in jenen Tagen bei Bewohnern der Stadt an und prophezeite Ereignisse, welche kurze Zeit später dann tatsächlich eintraten.

Zeugen wurden bedroht. Männer in dunklen Anzügen suchten die Personen auf. Nachdem sie diese befragt hatten „legten sie ihnen nahe", die Sache zu vergessen.

Die UFOs lösten dieselben Phänomene aus wie sie andernorts UFO-typisch sind: Die Radios der PKWs gingen aus, und die Zündanlagen versagten (siehe zu den Ereignissen auch als Hintergrundinformation: www.TheMothmanlives.com). Zeugen erwachten am Morgen mit UFO-typischen Blessuren – geschwollenen Augen, mysteriösen Wundmalen und anderen Dingen, welche am Tage zuvor nicht da waren.

Auch der Schriftsteller *John Keel* wurde schließlich Augenzeuge der UFOs und gab an, er hätte die mysteriösen Lichter mit einer Taschenlampe angeblinkt, worauf diese ebenfalls mit einem Blinken antworteten. Die Zeitungsredakteurin *Mary Hyre* aus Point Pleasant ließ sich weder von den dunkel gekleideten Männern, noch von anderen Umständen von ihren Ermittlungen abbringen. Sie starb, bevor sie ihre Recherchen abschließen konnte.

Der Mothman erschien den Menschen sogar in den Träumen. Und viele Menschen träumten zu jener Zeit das sich anbahnende Unglück voraus.

Eine junge Frau, *Charlene Wood*, träumte beispielsweise von unzähligen Geschenken, welche auf einer Wasseroberfläche schwammen. Sie konnte sich dies nicht erklären. Bis zum 15. Dezember 1967. An diesem Tag, kurz vor Weihnachten, wollte sie mit ihrem Wagen über die *Silver Bridge* fahren, auf welcher sich bereits viele PKWs befanden – als die Brücke anfing zu schwanken. Sie legte den Rückwärtsgang ein und schaffte es gerade noch rechtzeitig, sich aus der unmittelbaren Gefahrenzone zu bringen, als die riesige Brücke vor ihren Augen einstürzte.

Der Einsturz der Silver Bridge ist bis heute die größte Katastrophe jener Art in der Geschichte der USA, und 45 Menschen bezahlten dieses Unglück mit ihrem Leben. Es war ein Bild des Grauens. Als die Brücke eingestürzt war und die auf jener befindlichen Autos mit ihr in die Tiefe gestürzt waren, schwammen auf der Wasseroberfläche verpackte Weihnachtsgeschenke, welche die Opfer kurz vor Weihnachten besorgt hatten – ein Anblick, welchen die Zeugin Charlene Wood wohl nie vergessen wird, da sie es vorausgeträumt hatte.

Nach diesem Ereignis wurde der Mothman nie wieder in Point Pleasant gesehen. Auch die UFO-Erscheinungen endeten so plötzlich, wie sie dreizehn Monate zuvor begonnen hatten.

Einige Zeugen gaben an, einen Tag vor dem Brückeneinsturz zwei Männer in dunklen Anzügen auf der Brücke herumklettern gesehen zu haben. Als offizielle Unglücksursache wurde später ein Bolzen angegeben, welcher defekt (oder bearbeitet worden?) war.

Das Auftauchen der beiden Männer auf der Brücke trug zu der Legende bei, der Einsturz der Silver Bridge sei ein riesiges Ablenkungsmanöver gewesen. Während alle ihre Aufmerksamkeit auf die Brücke richteten, sollen unzählige rot-orangefarbene Lichter über dem „TNT-Gelände" „gestanden" haben – bevor sie verschwanden, und das Phänomen mit ihnen.

Eine weitere Legende besagt, daß der Mothman auch andernorts große Unglücke ankündigte, so zum Beispiel 1985 in *Mexico City* kurz vor einem schweren Erdbeben oder in Tschernobyl vor der Reaktorkatastrophe.

Abb.201 links: Der Buchumschlag von John Keels „The Mothman Prophecies" mit Bezugnahme auf das UFO-Phänomen in diesem Zusammenhang. **Abb.202** rechts: Die „Silver Bridge" in Point Pleasure, West Virginia, welche im Dezember 1967 zusammenbrach, nach den geschilderten Vorgängen, Sichtungen und Wahrträumen der Bewohner, welche das Ereignis ankündigten. „Zufall"?

Was auch immer wir davon halten sollen – es bleibt die Tatsache bestehen, daß dieser *Mothman* optisch mit jenen Wesen identisch ist, welche angeblich auf der Dulce-Basis in großen Käfigen gehalten werden.

Folgendes ist dabei laut *Thomas Castello* über Dulce bekannt:
Ebene 1: *Sicherheit und Kommunikation*;
Ebene 2: *Unterkunft für Menschen*;
Ebene 3: *Management, Büros und Laboratorien*;
Ebene 4: *Mind-Control Experimente an Menschen* (sowie andere „ungewöhnliche" Experimente in entsprechenden Versuchseinrichtungen);
Ebene 5: *Unterkunft der Aliens – sowie Zugang zu extraterrestrischen Raumschiffen*;
Ebene 6: *Genetische Experimente/„Zoo"*;
Ebene 7: *Cryo-Genetic-Gefrierlager für fehlgeschlagene Experimente*.

Beenden wir dieses Thema mit der Anmerkung, daß das offizielle Tierverstümmelungs-Phänomen ebenfalls (!) im September 1967 – in jenem Jahr, in welchem die Vorgänge in Point Pleasure begannen – mit einem Pferd namens *Snippy* in Colorado begann (siehe hierzu die Dokumentation *„A Strange Harvest"* von Linda Moulton Howe, welche sich mit den Verstümmelungsfällen auseinandersetzt).

Das US-Militär streitet, trotz der Zeugenaussagen der Anwohner in jener Region, das Vorhandensein einer Militärbasis in Dulce ab. Eine ähnliche Militärbasis mit genetischen Experimenten an Tieren und Menschen wurde übrigens von einem *Remote Viewer* (jenes Projekt, das, wie beschrieben, nachweislich auf die Erfahrungen und Erfolge mit Uri Geller aufbaute), *Ingo Swan*, gefunden und inzwischen aufgelöst (siehe dazu auch das Interview mit Ingo Swan in der Dokumentation „Technical Remote Viewing – *The Real X-Files*", Channel 4, 1995).

Kommen wir nochmals kurz auf die Verbindung *„Greys – deltaförmige Flugobjekte"*. Interessant ist, daß nach Angaben von Zeugen folgende Symboliken vorherrschen:

Symbol und Embleme der Greys sollen sein:
Schwarzes Dreieck auf rotem Grund in Kreisform.
Symbol der *Dulce-Basis*:
Schwarzes Dreieck mit der Spitze nach unten und einem griechischen „Tau“ in der Mitte in einer Kreisform.
Symbol der *Trilateralen Kommission*:
Dreieck in einem Kreis.
Symbol der *Illuminaten*:
Dreieck (Pyramide) mit abgehobener Spitze sowie einem „Auge“ darin.

Die *Trilaterale Kommission* zum Beispiel ist eine Elitegruppe von etwa 300 sehr prominenten Geschäftsleuten, politischen und intellektuellen Entscheidungsträgern aus Westeuropa, Nordamerika und Japan. Ihr Ziel ist die „Neue Weltordnung“. Die Trilaterale Kommission entstand nach einer Idee des Bankmagnaten David Rockefeller, und das wahre Motiv für ihre Gründung war der Niedergang der Macht des *„Council on Foreign Relations“* (Rat für auswärtige Angelegenheiten). Der *Council on Foreign Relations* (*CFR*) wurde im Jahre 1921 gegründet. Ziel des CFR ist die Durchsetzung der *Einen-Welt-Regierung*. Die Kontrolle erfolgt durch das Rokkefeller-Syndikat.

Diese Gruppierungen sind es, die solche unterirdische Anlagen wie Dulce oder Los Alamos steuern und auch finanzieren!

Glauben wir *Frank Kaufmann*, so hat bereits im Juli 1947 eine hochgeheime Eingreiftruppe existiert, welcher er angehörte und die als erste die Absturzstelle des bekannten Roswell-Absturzes erreichte, nachdem jener auf Radar geortet worden war. Aus dieser Gruppierung hat sich später unter neuem Namen eine andere Einheit gebildet, um in Zukunft noch besser und schneller eventuelle Absturzstellen abriegeln und erreichen zu können.

Wie diese Einheiten heißen, wissen wir seit dem *Kecksburg-Absturz* im Jahre 1965: *Delta*-Force!

Der Keckburg-Absturz

Im Jahre 1965 stürzte in dem kleinen amerikanischen Städtchen Kecksburg ein unbekanntes Flugobjekt ab. Laut Angaben von Augenzeugen machte das Objekt eine kontrollierte Landung und ging in den dortigen Wäldern nieder. Ich bin mir sicher, daß wir hier *kein* außerirdisches Objekt vor uns haben, denn ein Bildvergleich mit dem zur selben Zeit im Jahre 1965 zurückerwarteten russischen Weltraumsatelliten *Cosmos 96* zeigt deutlich, daß hier eine genaue Übereinstimmung mit den Zeichnungen der angeblichen UFO-Sichtung besteht. Zwar geben einige Augenzeugen an, die *Cosmos 96* könne es nicht gewesen sein, weil sie Antennen und ähnliches an der Außenseite montiert hatte, jedoch würden diese bei einem derartigen Aufprall sicherlich nicht am Objekt bleiben, sondern irgendwo in der Umgebung liegen. Wahrscheinlich sind diese schon durch die Hitzeeinwirkung beim Eintritt in die Erdatmosphäre verglüht. Die Geschwindigkeit einer auf die Erde fallenden Sonde ohne Eigenantrieb täuscht sicherlich und wirkt kontrolliert.

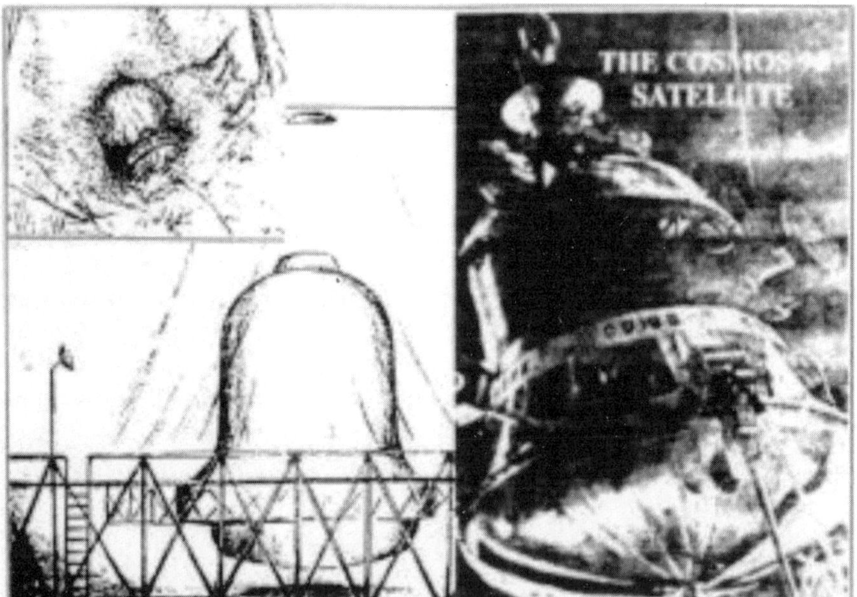

Abb.203 links: Zeichnungen der Augenzeugen des abgestürzten „UFOs" in den Wäldern von Kecksburg. **Abb.204** rechts: Der russische Satellit *Cosmos 96*, welcher sich im Jahr 1965 über der Region von Kecksburg befand. Die Ähnlichkeit ist so deutlich, daß man hier keinen außerirdischen Zusammenhang vermuten kann.

Viel wichtiger in diesem Zusammenhang ist jedoch, daß die Stadt Kecksburg nachweislich komplett vom Militär abgeriegelt wurde, und zwar von der Spezialeinheit *Delta-Force*. Diese setzte die Augenzeugen unter Druck und trichterte ihnen ein, in den Wäldern sei nur ein Meteor niedergegangen. Glaubt man den Augenzeugenberichten, so wurden sogar Todesdrohungen ausgesprochen für den Fall, man würde etwas anderes behaupten.

Man muß sich zum Verständnis vergegenwärtigen, daß der Kecksburg-Absturz in die Ära des offiziellen „Kalten Krieges" fällt und man beim Absturz selbst möglicherweise noch nicht sicher war, was hier seinen Niedergang fand. Nationale Interessen standen hier im Vordergrund!

Für mich ist der Fall geklärt, auch wenn sich einige Ufologen partout nicht von der „außerirdischen Verbindung" entfernen wollen – eine Vorgehensweise, die – wie auch bei der bereits erwähnten Fehleinschätzung der Kenneth-Arnold-Sichtung – nicht unbedingt dazu beiträgt, die Wahrheit zu finden.

Fakt ist, daß aufgrund der nachweislichen Abriegelung der Stadt durch das amerikanische Militär – namentlich der *Delta-Force* – aber deutlich wird, daß diese tatsächlich für die Bergung von UFOs eingesetzt wurde!

Die *Delta-Force* war nach dem bekannten Roswell-Absturz vom Juli 1947 ins Leben gerufen worden, nachdem dort eine Reihe von Pannen geschehen waren. Gefordert wurde diese bereits in den Papieren der *Majestic 12*, welche für Spekulationen über ihre Echtheit sorgten.

So war es zum Beispiel alleine dem Umstand, daß es Wochenende war und die zuständigen hochrangigen Militärs daher nicht im Dienst waren, zu verdanken, daß die Nachricht über die Bergung einer *„fliegenden Untertasse"* 1947 durch die Pressestelle des Militärs an die Öffentlichkeit gelangte. Einen Tag später, am darauffolgenden Montag, starb diese Mitteilung dann auch relativ sang- und klanglos, als verkündet wurde, es handele sich bei der „fliegenden Untertasse" lediglich um einen Wetterballon...

Fakt ist auch, daß beim Kecksburg-Absturz 1965 als „schnelle Eingreiftruppe" die *Delta-Force* eingesetzt wurde, um das Gebiet abzuriegeln. Dies geht aus den Unterlagen des Militärs hervor. Es wurde auch *nie* geleugnet, daß in Kecksburg an besagtem Tag ein Objekt abgestürzt ist – was in Anbetracht der vielen Zeugen auch nicht möglich gewesen wäre.

Augenzeugen wurden allerdings von der *Delta-Force* mit dem Tode bedroht, sollten sie über die wahren Hintergründe sprechen. Trotz dieser Drohungen sind inzwischen Aussagen dieser Zeugen vor laufender Kamera veröffentlicht worden.

Offiziell barg das Militär natürlich kein UFO, sondern einen Meteor...

Diese Aussage sorgte bei den Augenzeugen für Belustigung, da das Objekt angeblich eine *„kontrollierte Landung“* vollführte und auf diesem Schriftzeichen vorzufinden waren, welche von den Beobachtern nicht zugeordnet und identifiziert werden konnten. Da allerdings nicht täglich irgendwo irgendwelche UFOs abstürzen, erfüllt die offiziell zu diesem Anlaß gegründete Einheit auch noch andere Aufgabenbereiche: So zettelte die Delta-Force zum Beispiel den Panama-Konflikt an und wird überall eingesetzt, einschließlich dem Irak, wo „Spezialaufgaben“ notwendig sind – überregional und weltweit.

Kommen wir zu einem weiteren „Zufall“!

Den „Beinahe-Abschuß“ eines Flugobjekts, gefilmt von der Discovery-Mission STS-48, haben wir bereits behandelt (siehe Abb.12). Die Discovery befand sich zu dieser Zeit in 600 Kilometern Höhe über Südostasien, hatte gerade *Burma* überflogen, *Java* lag vor ihr, am Horizont Nordaustralien. Verfolgt man die „Schüsse“ auf das fliehende Objekt, welche von der Erde kommend in den Orbit strahlen, zurück, so gingen sie von *Pine Gap* in Nordaustralien aus, unweit von Alice Springs, einem hochgeheimen US-Militärstützpunkt, an dem tatsächlich mit SDI-Technologie experimentiert wurde.

Ein ähnlicher Vorgang ereignete sich am 24. November 1992 gegen 19.12 Uhr. Doch diesmal traf man. Die „Schüsse“ kamen aus den *„Brookhaven Labors“*, Long Island, New York, und das Objekt stürzte unweit der Labors in die „South Haven Parks“.

Kurze Zeit später, im Jahre 1996, geschah genau dort der Absturz des TWA-800 Jumbos; und wieder sahen Dutzende Augenzeugen einen Abschuß. Absturzregion: New York!

Dies behauptete *John Ford*, ein seriöser und anerkannter UFO-Forscher. Ein Zeuge, welcher zu diesem Zeitpunkt unmittelbar in der Nähe

Abb.205 links: Der oberirdische Teil der hochgeheimen militärischen Untergrundanlage *Pine Gap* in Australien, wo unter anderem an „SDI" und „Star-Wars-Waffensystemen" geforscht wurde. Berechnungen nach Standortbestimmung des Shuttles ergaben, daß jene Strahlen, welche 1991 von der Discovery-Mission STS-48 gefilmt wurden und auf das fliehende Objekt schossen, von dieser Region aus abgefeuert wurden.
Abb.206 rechts: Oberirdischer (unscheinbarer) Teil der amerikanischen, hochgeheimen unterirdischen Basis *Transvaal* in Südafrika. In dieser Region stürzte im Mai 1989 in der Kalahari-Wüste ein UFO ab, welches von den Greys geflogen wurde. Es ist von einem Abfangjäger mit einer zu Testzwecken installierten „Thor-II-Laserwaffe" heruntergeholt worden. Es wurde von den Amerikanern abtransportiert und geborgen (nicht von den Afrikanern). Befindet es sich in dieser hochgeheimen amerikanischen Untergrundanlage?

der Absturzstelle war, fand eine taghell erleuchtete Absturzstelle vor. Er hatte den Eindruck, als ob das Objekt *brennen* würde, wie er später angab. Bereits kurze Zeit später bemerkte er vier Militärhubschrauber, welche sich der Absturzstelle näherten. Die *Delta-Force* rückte laut seinen Aussagen an. Er sah Militärpersonal in schwarzen Kampfanzügen – und selbst fünf New Yorker Polizeiwagen mußten umkehren.

Nun raten Sie mal, welche Form dieses Objekt, welches dort abgestürzt war, laut dem UFO-Forscher *John Ford* hatte? Es war deltaförmig!

Ford hatte lange an jenem brisanten Fall gearbeitet. Doch dies war nur einer von zwei „Abschüssen". Auch das andere Objekt war dreieckig und mit dem beschriebenen identisch. Für diese Vorfälle gab es hunderte Augenzeugen.

Am 15. Juni 1996 wurde John Ford verhaftet. Man behauptete, er habe vorgehabt, einen republikanischen Stadtrat zu vergiften, indem er Radium in dessen Zahnpasta gemischt hätte. Und tatsächlich fand man auf der Ladefläche seines Pick-Up, zu der jeder Zugang hatte – was für ein „Zufall" – Radium...!

Abb.207 links: Die „Brookhaven Laboratories", Long Island, New York. Insider behaupten, daß von hier aus der „South Haven"-UFO-Absturz im Jahre 1996 herbeigeführt wurde sowie der dort geschehene Absturz des TWA-800-Fluges, als Dutzende Augenzeugen ein zigarrenförmiges Objekt sahen, welches auch gefilmt wurde und den Jumbo traf. Das Beweisfoto wurde später vom Geheimdienst eingezogen.

Abb.208 rechts: Aufnahme des „South Haven"-UFO-Absturzes bei New York. John Ford, ein Ermittler, welcher der Sache nachging, behauptete, die „Brookhaven Laboratories" würden hinter dem Abschuß stecken. Er wurde aufgrund seiner Nachforschungen verhaftet und 1996 in eine psychiatrische Klinik eingewiesen. Man behauptete, er wolle den republikanischen Stadtrat umbringen.

John Ford war 17 Monate lang in Untersuchungshaft. Danach wurde er für prozeßunfähig erklärt und in eine psychiatrische Anstalt eingewiesen. Begründung: Er hatte bei den Psychiatern, darunter auch *Robert Berger* vom *„New Yorker Bellevue Hospital Center"* angegeben, daß hinter allem eine Verschwörung der CIA stecke, die gegen ihn arbeite – weil er seine Forschungen an der *South Haven-Bergung* trotz „Bitte" nicht aufgegeben habe. Man diagnostizierte paranoide Schizophrenie. Danach wurde John Ford – ohne Verhandlung – in das „Mid-Hudson Psychatric Center" in New Hampton verlegt.

Nur kurze Zeit nach John Fords unglaublichen Behauptungen, *„das Brookhaven Laboratorium hätte jene Objekte abgeschossen"*, und nachdem er zudem noch einen Film der angeblichen Absturzstelle veröffentlicht hatte, welcher ihm zugespielt wurde, woraufhin man ihn im Juni 1996 dann verhaftete, startete am Abend des 17. Juli 1996 die Boeing 747, *TWA-Flug 800*, vom John F. Kennedy Airport in New York in den Tod. Und wieder sahen Dutzende von Augenzeugen einen „Abschuß" über jener Region, und nicht etwa, wie offiziell angegeben, einen Absturz durch technisches Versagen! Auch diesmal erschienen Fotos in der normalen Tagespresse, auf welchen sich ein zigarrenförmiges Objekt der Boeing 747 nähert, doch die

Fotos wurden vom FBI beschlagnahmt. Das zylindrische Flugobjekt, welches sich dem TWA-800-Flug näherte, „identifizierte" das FBI als *„wohl eine Zigarre, die ein Partygast weggeworfen hatte"*.

Hatte das *„Brookhaven Laboratorium"*, aus dessen Richtung die „Party-Zigarre" geflogen kam, versehentlich geglaubt, bei der Boeing 747, welche um 20.47 Uhr vom Radarschirm verschwand, handle es sich um eines *jener* deltaförmigen Objekte, von denen sie bereits wenige Wochen zuvor zwei „vom Himmel geholt" hatten? Oder war auch dies alles „Zufall"?

Auch in den *„Brookhaven Laboratories"* wurden damals laut den Berichten offizieller Stellen „SDI-Waffensysteme" getestet.

Kommen wir wieder zurück auf die Untergrundeinrichtung *Dulce*:

Für uns ist es „normal", wenn Blumenzüchter verschiedene Rassen „kreuzen" oder Hunde- und Katzenzüchter neue Rassen „kreieren", ohne daß es jemanden kümmert. Warum sollte vor Menschen haltgemacht werden? Ein Sprichwort besagt: *„Alles, was denkbar ist, wird auch irgendwann geschehen..."*

Es ist wohl davon auszugehen, daß in hochgeheimen Militäreinrichtungen wie *Dulce* die Ethik zweitrangig ist, um in der Forschung den „anderen" einen Schritt voraus zu sein. Eine der Hauptcharakteristiken des angeblichen Entführungsphänomens durch die Greys ist, daß den Entführten Spermaproben entnommen werden. Nahezu alle Entführten sprechen in ihren Schilderungen von sogenannten „Mischwesen", welche ihnen gezeigt wurden – halb Mensch, halb Außerirdischer. Und ihnen wurde gesagt, *„dies sei wichtig und notwendig"*.

Die Regierungsinstitution hinter diesen Experimenten ist die *„Defense Advanced Projects Agency"*. Ihr hauptsächliches Betätigungsfeld liegt darin, Personen in Krankenhäusern oder anderen Einrichtungen gegen ihren Willen *Transponder* (Ortungs- und Übermittlungsgeräte) zu implantieren.

Die Greys rebellieren

Die Dulce-Basis wird durch ein Komitee geführt. Es bestehen Verbindungen zur CIA. Es wurden Menschen getötet, um diese Informationen geheimzuhalten (siehe Hamilton Lecture, CBR UFO Br., 3.3.1990, Seite 2/b).

Die Operation mit den Greys wurde von einer geheimen Abteilung der U.S.-Navy durchgeführt, auch wenn im „offiziellen" *Project Blue Book* behauptet wird, die *Air Force* sei die treibende Kraft.

William Cooper, welcher inzwischen ebenfalls ermordet wurde, gehörte zum Geheimdienst der Marine. Er informierte bestimmte Kreise über gewisse Vorgänge. William Cooper meinte zu diesen Vorgängen: *„Wir befinden uns in einer Zeit, in der die Kontrolle über den menschlichen Verstand technisiert ist. Wenn wir nichts tun beziehungsweise diese Informationen nicht ernstnehmen, ist die Menschheit verloren... In Dulce kam es 1969 zu einer Konfrontation zwischen unseren Wissenschaftlern und den Außerirdischen. Die Aliens nahmen viele Wissenschaftler als Geiseln. Delta-Teams wurden eingesetzt zu ihrer Befreiung, jedoch waren ihre Waffen denen der Außerirdischen unterlegen. Bei dieser Aktion wurden insgesamt 66 „unserer" Leute getötet. Für wenigstens zwei Jahre wurden alle gemeinsamen Projekte unterbrochen. Schließlich fand eine Versöhnung statt, und die amerikanische Regierung nahm die Zusammenarbeit wieder auf – bis heute."*

Abb.209 links und **Abb.210** rechts: Eine weitere irdische Untertassenkonstruktion: Die Flugscheibe „RC-360" aus dem Jahre 1952. (Der Konstrukteur *René Couzinet* starb kurze Zeit später einen mysterösen Tod.) Ein weiterer Beweis dafür, daß etwas existent ist, was es „offiziell" nicht gibt.

Abb.211 links: Anlagenkomplex der *Area 51* in Nevada – auch *Dreamland* genannt.
Abb.212 rechts: Ausschnittsvergrößerung der linken unteren Seite von Abb.211 – ein scheibenförmiger Flugkörper im Außenbereich der Anlage?

Project Redlight

Das „Project Redlight“ wurde formiert, und Vorbereitungen zu Testflügen mit außerirdischen Flugkörpern wurden getroffen. Ein Projekt, welches auf Grundlagen herauskopierter Technologieerkenntnisse der außerirdischen Schiffe zustande kam, war das einstufige Schiff „*TAV*“. Dies bedeutet „*Trans Atmospheric Vehicle*“. In den Medien geisterte es vor einigen Jahren unter dem Spitznamen „*Aurora*“ durch Zeitungen und Dokumentationen.

Die Basis der Aliens, auf welcher auch der Technologie-Transfer stattfindet, liegt in dem Gebiet *S-4* in der *Area 51*. *S-4* hat laut Cooper den Decknamen „*Die dunkle Seite des Mondes*“.

Cooper: „*Man hat uns über die wahre Natur des Mondes und der Planeten Mars und Venus belogen sowie über den Stand der Technologie, den wir heute besitzen. Es gibt Gebiete auf dem Mond, in denen pflanzliches Leben gedeiht... Auf dem Mond hat man künstliche Seen und Teiche angelegt, und es konnten Wolkenformationen beobachtet werden. Es ist ein Schwerefeld vorhanden, und der Mensch kann sich an der Oberfläche frei bewegen, ohne einen Raumanzug tragen zu müssen, nachdem er sich einer Dekompression, ähnlich der bei Tiefseetauchern, unterzogen hat... Ich habe entsprechende Fotografien sehen können.*“

Inzwischen wurde Cooper erschossen...

In seinem Buch „Die apokalyptischen Reiter" gab er an: *„...Von diesem Moment an wurden ich und meine Frau Annie verfolgt und belästigt. Es wurden Todesdrohungen auf unseren Anrufbeantworter gesprochen. Das Telefon klingelte mehrfach während der Nacht, aber niemand meldete sich, wenn wir den Hörer abnahmen. Manchmal sprach ein Mann eine weitere Todesdrohung aus. Regierungsfahrzeuge parkten vor unserem Haus, und gut gekleidete Männer beobachteten das Gebäude. Die seltsamsten Leute kamen an unsere Haustür, manchmal mitten in der Nacht. Ich erwarb eine 380-Automatik für Annie und eine 9-mm für mich. Ich brachte Annie das Schießen bei, und sie würde nicht zögern, jeden zu töten, der mir, ihr oder unserer kleinen Tochter Leid zufügen möchte."*[(34)]

Die *Area 51* ist unterirdisch mit *Dulce* verbunden, ebenso wie die US-Militärbasis *Guam* der Marine sowie die *Nellis-Luftwaffenbasis* in Nevada und *Los Alamos*. Dies bestätigten Arbeiter von Tunnelbohrmaschinen in Amerika (siehe dazu auch das Video *„Geheimnisse der schwarzen Welt"* von M. Hesemann, in dem Aussagen von Arbeitern der Tunnelbohrsysteme festgehalten wurden, welche in der Region der *Area 51* an diesen Projekten beteiligt waren). Die Schwesterbasis von *Guam* ist *Pine Gap* in Australien.

Pine Gap wird von der US-Regierung finanziert und unterliegt der Verantwortung der *„US-Defense Advanced Research Projects Agency"*, welche 1966 gegründet wurde und offiziell *„Joint Defense Space Research Facility"* genannt wird. Auch hier wurden Gehirn- und Gedächtnislöschungen vorgenommen. Eine weitere Einrichtung dieser Art ist *Transvaal* in Südafrika.

Das in *Pine Gap* arbeitende Personal besteht angeblich aus mehr als 1.200 US-Konsulatsangestellten. Alleine in den Vereinigten Staaten befinden sich heute über 75 solcher unterirdischer Einrichtungen – gebaut mit den Geldern aus sogenannten „Notfonds" sowie aus Umschichtungen anderer Projekte.

Hierzu ein Beispiel: Der US-Tarnkappenbomber „B2" kostet den Steuerzahler angeblich über 1 Milliarde US-Dollar pro Stück. Es wird behauptet, daß ein großer Anteil dieser Summe durch schwarze Kanäle für „andere" Projekte umgeschichtet wird (zum Vergleich: Für diese Summe bekommen Sie 25 bis 30 Jets vom *Typ F-15 / 16*), denn der Hersteller des „B2" ist niemand anderes als *Northrop*. Und welche Projekte *Northrop*

Abb.213: Ein angeblich nicht existierendes Phänomen: Illustration einer fliegenden Untertasse der „USAF“ aus dem Jahre 1967 – stationiert auf der „MacDILL Air Force Base“.

hinter Ihrem Rücken für die USA durchführt, ohne daß es Ihnen je zu Ohren kam, soll hier gezeigt werden: *Northrop* ist eine jener Installationen, welche maßgebend an den *„Backengineering“*-Programmen der US-Regierung beteiligt ist, was außerirdische Flugkörper angeht.

So wurde bereits im Projekt „Blue Book“ der US-Regierung angegeben, daß es *keine* untertassenförmigen Flugobjekte gibt – so sind auch keine Verwechslungsmöglichkeiten mit geheimen Regierungsprojekten dieser Art möglich, ist die simple Schlußfolgerung.

Zusätzlich baute die Atomenergie-Kommission mindestens 32 weitere unterirdische Anlagen. *MJ-12* wird die Top-Organisation genannt, die das Alien-Projekt überwacht und koordiniert. Doch der Name der Organisation spielt letztlich keine Rolle. Wichtig ist, daß es eine solche Instanz gibt.

In Fällen, in denen vom Kongreß keine Gelder zu bekommen sind, wird das Geld Insidern zufolge auch durch Drogenschmuggel, größtenteils von Süd- nach Nordamerika, sowie durch ein weltweites Netzwerk besorgt.

Hinter der CIA soll demnach der größte Drogenlieferant der Welt stecken. George Bush sen., Mitglied des CFR, zur damaligen Zeit US-Präsident und Direktor der *Zapata Oil* in Texas, war maßgeblich an diesen Geschäften beteiligt. Bush war es damals, der die Zusammenarbeit mit der

CIA bewilligte und organisierte. Manche behaupten sogar, *„die CIA kontrolliere inzwischen alle Drogenmärkte der Welt...“*

Das Sicherheitssystem von Dulce

In der Untergrundbasis herrschen, wie in allen dieser Hochsicherheitsbereiche, die strengsten Sicherheitsvorkehrungen. Die Mitarbeiter bekommen einen Sicherheitsausweis, auf welchem jene Region oder Ebene, zu welcher sie Zugangsberechtigung haben, vermerkt ist. *Iris-Scan* und das *Ablesen ihrer Handstruktur* sind dort schon seit Jahrzehnten gang und gäbe.

Über Dulce ist bekannt, daß dort sogar Wiegevorrichtungen vorhanden sind und Röntgendurchleuchtungen stattfinden, denn in sogenannte *„sensitive“* Bereiche dürfen normalerweise keine Gegenstände mitgenommen werden.

Anfang der fünfziger Jahre wurde von der Geheimen Weltregierung ein Plan entwickelt, welcher *„COG“* (*Continuity of Government*) genannt wurde. Die „Civil Defense Administration“ entwickelte 1951, durch Präsident *Harry S. Truman* ins Leben gerufen, die ersten Evakuierungspläne für den Regierungssitz in Washington. Hierzu gehörte auch der *Mount Weather* – eine gigantische Bunkeranlage in ländlicher Gegend bei Virginia. Des weiteren gibt es eine riesige unterirdische Anlage mit der Bezeichnung *Raven Rock* oder *Site R*, etwa fünf Meilen nördlich von *Camp David*. *Camp David* ist mit dieser Anlage unterirdisch verbunden.

Bereits 1957 hatte Eisenhower einen geheimen Fond ins Leben gerufen, mit welchem Dutzende solcher Anlagen gebaut werden konnten. Betrachtet man die Unsumme an Mitteln, welche dafür notwendig sind, kommt man wieder auf den sogenannten „Not-Fond“.

Auch in der Sowjetunion gab es damals Bemühungen, das Geschehen *„unter die Erde“* zu verlegen. So errichtete man dort mindestens 70 Einrichtungen – jede von ihnen durch eine 130 Meter dicke Erddecke geschützt. Der Bau dieser Anlagenkomplexe in Rußland verschlang damals schätzungsweise 600 Milliarden US-Dollar. Auch China ist seit langem dabei, ein unterirdisches Tunnelnetzwerk auszubauen.

In den USA war hauptsächlich die *Rand Corporation* für den Bau der unterirdischen Tunnelanlagen zuständig. In einem geheimen Bericht, welcher an die Öffentlichkeit gelangte, wurden diese Behauptungen bestätigt. Ebenfalls maßgeblich beteiligt war der US-Baukonzern *Bechtel Corporation*. Aufgrund der Quasi-Monopolstellung bildet die Lobby der Bechtel-Manager eine Art Schattenkabinett. Der Konzern wird auch als der *„industrielle Arm der CIA“* bezeichnet.

In den *Los Alamos Laboratories*, ebenfalls in das unterirdische Tunnelnetzwerk integriert, laufen supergeheime Forschungsarbeiten, die wiederum eng mit der *Area 51* verbunden sind. Zwei Luftwaffenfotografen der Norton-Luftwaffenbasis berichteten ausführlich über ihren Einsatz am 10. Juli 1973. Sie kamen in verdunkelten Limousinen, mit welchen sie eine lange Zeit zu dem Bestimmungsort unterwegs waren, in einen großen Aufzug. Mit diesem fuhren sie nach unten. Sie mußten in einem riesigen, unterirdischen Hangar fremdartige Gerätschaften und Wesen fotografieren – allem Anschein nach in der Region mit dem Namen *29 Palms*.

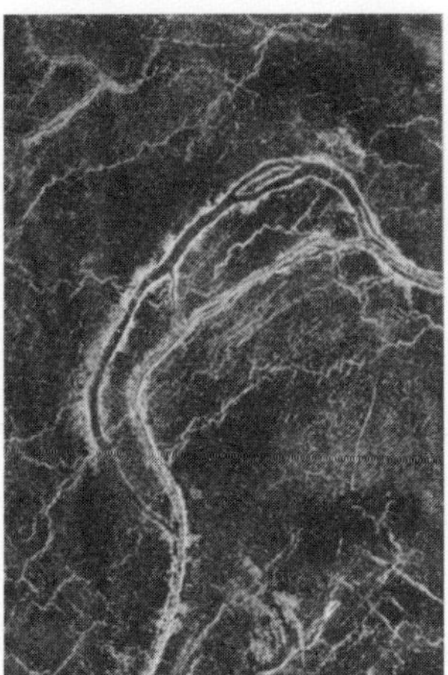

NASA-Originalaufnahmen von der Venus
Abb.214 links: Flußlauf, welcher sich verzweigt. Ist es Lava? **Abb.215** rechts: Spuren von riesigen Lava-Bächen auf dem Planeten. Bereits William Cooper gab an, daß wir über die Beschaffenheiten unserer Nachbarplaneten, wie auch der Venus, belogen werden.

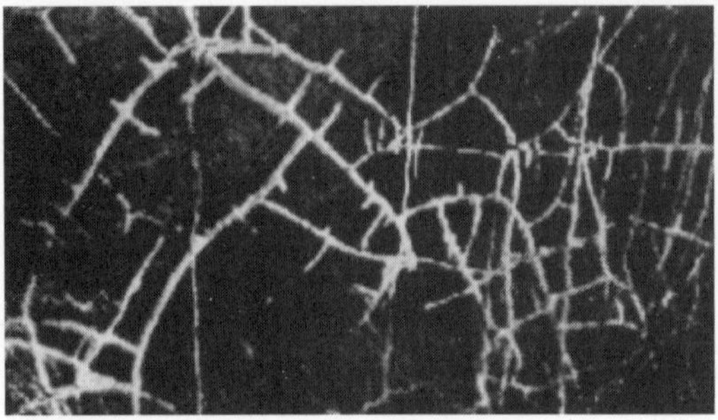

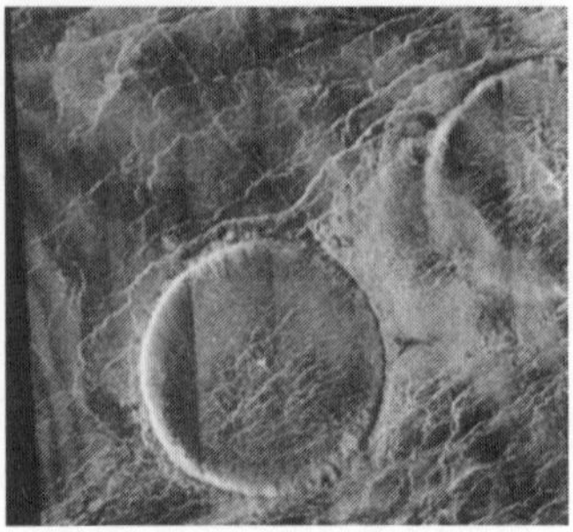

NASA-Originalaufnahmen von der Venus
Abb.216 links: Eine künstlich geschaffen wirkende Region, welche Ähnlichkeiten mit alten Straßen aufweist. **Abb.217** rechts: Möglicherweise merkwürdiges Naturereignis auf der Venus? – Zwei symmetrische Krater-Wölbungen nebeneinander mit demselben Umfang. Das Phänomen hinterläßt durch seine Symmetrie einen (täuschenden?) künstlichen Eindruck auf den Betrachter.

Capt. *W. B. Robertson* berichtete unlängst über seine Tätigkeit als Ingenieur in derartigen Untergrundprojekten. Er sagte, Eingänge in diese Einrichtungen seien meist in Wohnhäusern versteckt. Oft würden die umliegenden Bereiche auch als „landwirtschaftliche Versuchsstationen" getarnt. In diesen „Wohnhäusern" existiert eine versteckte Aufzugsanlage, durch die man in die unterirdische Welt hinabgelangt.

Die *Pine-Gap*-Anlage in Australien liegt am Fuß der *McDonnel Berge* in der Mitte des Kontinents. Der Direktor während der anfänglichen Bauphase in den sechziger Jahren war *Stephen J. Lukasik* (Direktor der DARPA). Mitglieder seines Stabes waren *David E. Mann*, Bereich Strategische Technologie; *Lt. Col. Austin W. Kibler*, Bereich Erforschung menschlicher Ressourcen; *Erich H. Willis*, Forschung für nukleare Überwachung; *Lawrence G. Roberts*, Informationsverarbeitung; *Kent Kresa*, Technologie der Unterwasser-Kriegsführung.

Der ursprüngliche, offiziell genannte Zweck der *Pine-Gap*-Einrichtung war die Erforschung und Entwicklung zur Weltraum-Verteidigung.

Von dieser Region tauchten, wie bereits angemerkt, die Strahlenbeschüsse auf den Aufnahmen der Discovery-Mission STS-48 auf.

So gibt es dort zum Beispiel die tiefste Wasserbohrung, die je in Australien gemacht wurde. Die Tiefe dieser Bohrung beträgt über 8.000 Meter. Außerdem soll es dort eine riesige nukleare Anlage geben, die dazu benutzt wird, einen gigantischen Sender zu betreiben, welcher zu Experimenten auf elektromagnetischer Basis herangezogen wird.

Es schrieb zum Beispiel die australische Zeitung *„National Review"* in ihrer Ausgabe vom 17. Mai 1974: *„Die Pine-Gap-Forschungsstation in der Nähe von Alice Springs hat es bis jetzt geschafft, eines der unglaublichsten Forschungsprojekte der Welt geheimzuhalten. Die Vereinigten Staaten haben seit der Gründung der Basis 1966 ununterbrochen Forschungen für elektromagnetische Antriebe in Pine Gap durchgeführt. Der frühere amerikanische Präsident Nixon nannte letztes Jahr 1975 als Datum für den geplanten Abschluß des Projekts, um der zu jener Zeit bestehenden Energiekrise zu begegnen. Schwierigkeiten in letzter Minute in Design und Betrieb der EMP-Fahrzeuge (**E**lectro-**M**agnetic-**P**ulse-Vehicles) haben aber die Freigabe um mindestens vier bis fünf Jahre zurückgeworfen. Sicherheitsaspekte des EMP-Projekts haben hypnotische und posthypnotische Schlüssel umfaßt, die dem Personal implantiert wurden, bevor es zu dem Projekt zugelassen wurde..."*

Also auch hier – wie in *Dulce* und *Montauk* – Gehirnwäsche beim Personal...

Auf Navigationskarten für die Luftfahrt ist *Pine Gap* als „R233" ausgewiesen. „R233" ist jener Code für *„Gesperrter Luftraum – reserviert für die Raumforschung"*. Das Sperrgebiet ist kreisförmig und hat einen Radius von neun Kilometern.

Betrachten wir uns nun auch noch die riesige südafrikanische Basis *„Transvaal"*. „Zufällig" stürzte hier, wie im vorderen Teil des Buches bereits angemerkt, im Mai 1989 in der Kalahari-Wüste ein UFO ab, welches von einem Jet mit einer zu Testzwecken an Bord befindlichen *„Thor-2-Laserkanone"* ausgerüstet war – ein UFO, welches laut NORAD mit angeblich über 10.000 Stundenkilometern in den südafrikanischen Luftraum eindrang. Auch aus diesem Raumschiff torkelten keine menschlichen Außerirdischen heraus, sondern den Berichten zufolge Greys. Und wie bereits mitgeteilt, wurden die Überreste des Flugobjektes nicht etwa vom afrikanischen Militär, sondern von den Amerikanern geborgen und abtransportiert. Wäre es allzu spekulativ, jene „Überreste" im nahegelegenen Stützpunkt sowie in der Untergrundvorrichtung „Transvaal" zu vermuten...?

Alternative 3

Ich will Ihnen keine Angst machen, aber vieles deutet darauf hin, daß auch die Angaben in dem erschreckenden Buch *„Alternative 3"* Realität sind – oder zu werden scheinen. Es geht um jenes Buch, nach welchem eine gewisse „Weltelite" drei Alternativen entwickelte, da deren Berechnungen vorhersagten, daß unser Planet in etwa 100 Jahren angeblich durch einen globalen Wetterumschwung größtenteils unbewohnbar sein wird.

Um ein Überleben für die „Elite" zu sichern, wurden von ausgesuchten Top-Wissenschaftlern drei Alternativen angeboten. *Jan van Helsing* erklärt uns, welches diese drei Alternativen sind:

„ALTERNATIVE 1: Detonation eines Nuklearsprengkopfes in der Stratosphäre, um dem CO_2 die Möglichkeit zu geben, sich in den Weltraum zu verflüchtigen.

ALTERNATIVE 2: der Bau von riesigen, unterirdischen, selbstversorgenden Städten, in welche die ‚Elite der Gesellschaft' evakuiert wird und dort so lange leben könnte, bis das Leben auf der Erdoberfläche wieder möglich wäre.

ALTERNATIVE 3: die Kolonisierung eines anderen Planeten, zum Beispiel Mars.

ALTERNATIVE 1 wurde später für zu gefährlich erklärt und aus dem Programm entfernt. Die anderen beiden Alternativen wurden dagegen langsam, aber sicher in Bewegung gesetzt.

ALTERNATIVE 2 hat nach meinen bisherigen Forschungen einen Umfang von 75 unterirdischen Städten, allein 65 davon auf dem nordamerikanischen Kontinent, eine in den Schweizer Alpen, eine in Transvaal, Südafrika, und eine in Pine Gap in Australien. (Die weiteren sind mir entfallen, da es mir nur kurz gewährt wurde, eine diesbezügliche Liste zu betrachten.) Zu den amerikanischen subterranen Städten zählen die unterirdischen Basen Dulce Base, New Mexico; Area 51, Groom Lake, Nevada; der „Country-Club" in Maryland und Los Alamos, genannt „Dreamland", in Kalifornien, wo auch genetische Experimente an Menschen (Klonen) durchgeführt, Testflüge gemacht und Nachbauten abgestürzter Untertassen und auch Entwicklungen wie Pulsartriebwerke getestet werden.

Im April 1992 interviewte ich eine Dame in Sidney, Australien, die namentlich nicht genannt sein möchte, die für eine australische Putzkolonne gearbeitet und in deren Auftrag den unterirdischen Luftwaffenstützpunkt „Pine Gap" betreten hatte. Sie berichtete, trotz der Androhung enorm hoher Strafen, daß Pine Gap zirka 13 km tief sei, auf „Freier Energie"-Basis funktioniere, unterirdische Seen, Hängezüge und eigenen Anbau von Gemüse und Obst usw. habe. Nach offiziellen Informationen kann Pine Gap einen direkten Atombombenabwurf problemlos überstehen.

ALTERNATIVE 3 soll dann 1959 in Angriff genommen worden sein. Schon in den späteren fünfziger Jahren hatte man durch die Hilfe deutscher Wissenschaftler, die mit an den deutschen Untertassen gebaut hatten, unter anderem Viktor Schauberger (VRIL-7), und der Technologie aus den abgestürzten Untertassen im Westen der USA amerikanische Untertassen gebaut. Man begann, ein geheimes, parallel zum öffentlichen Weltraumprogramm laufendes Projekt einzuleiten, durch das man, mit Hilfe der Untertassentechnik, die Mondoberfläche zu erforschen begann. Ab 1960 startete man damit, zwei Mondbasen, die von Amerikanern und Russen zusammen besetzt waren, aufzubauen, und zwar auf der östlichen Seite des „Mare Imbrium". Diese waren die „Archimedes Base" und die „Cassini Base", benannt nach den Kratern, in denen sie errichtet wurden. Die Mondbasen waren als Zwischenstationen auf dem Flug zum Mars gedacht.

Am 22. Mai 1962 soll es dann zu der ersten bemannten Marslandung gekommen sein. Diese Landung sowie der Flug über die Marsoberfläche mit den Kommentaren der amerikanischen und russischen Besatzung wurden aus der Untertasse heraus aufgezeichnet.

Im Januar 1977 gelangte dieser Film über den NASA-Mitarbeiter Harry Carmell an Sir William Ballantine, einen prominenten Radio-Astronomen.

Am 6. Februar 1977 hatte Ballantine ein Treffen mit John Hendry, dem Manager einer internationalen Tageszeitung, vereinbart, um die Veröffentlichung dieses Filmes zu besprechen. Er starb auf dem Weg zu Hendry durch einen mysteriösen Autounfall. Durch die Hilfe von Ballantines Frau und Carmell gelangte der Film schließlich an das Fernsehteam des „Science Report" des englischen Fernsehsenders „Scepter TV" und wurde bei der folgenden Sendung des „Science Report" ausgestrahlt. Die Fernsehstation bekam daraufhin den „Hinweis", daß sie ihre Lizenz entzogen bekomme, falls sie weiterhin über dieses Thema moderieren würde. Der Film, der aus dem Cockpit des Flugschiffes heraus aufgenommen worden war, enthält auch einen kurzen Blick auf die Instrumente vor den Piloten. Sie zeigen den äußeren Luftdruck mit 700 Millibar und die Außentemperatur mit 4 Grad Celsius an. Die Astronauten, deren Stimmen mit aufgenommen sind, jubeln und rufen unter anderem: „Es ist der 22. Mai 1962, wir sind auf dem Mars – und wir haben Luft!""

Es muß hier betont werden, daß der Film *„Alternative 3"* eine *fiktive Geschichte* erzählt, *welche aber auf Fakten beruht*. So werden im Abspann des Filmes auch unverblümt die Namen der Schauspieler aufgelistet. Man sollte also die Bezeichnung „Alternative 3" nicht unbedingt wirklich wörtlich nehmen, wenn man nach der *echten* Geschichte sucht. Es wurde in diesem Film ein fiktives Szenarium geschildert.

Der Grund hierfür war, die Menschheit an die Wahrheit heranzuführen, ohne wirklich etwas gesagt zu haben. Der einzig wahre Abschnitt in dem Film, so wurde von verschiedenen Seiten angegeben, sei die Sequenz einer gefilmten Landung auf dem Mars im Jahre 1962(!), welche möglicherweise der Anlaß für die ganze Aktion war, die Öffentlichkeit auf diesem Wege indirekt zu informieren. Man hört dort eine euphorische Stimme die sagt: *„Das war's! Wir haben's... wir haben's! Junge, wenn sie das jemals veröffentlichen, wird es das großartigste Datum der Geschichte! 22. Mai 1962. Wir sind auf dem Mars – und wir haben Luft!"*

Interessant ist, daß sich am Ende der Filmsequenz in „Alternative 3" unterhalb des Flugobjekts ein *riesiger Wurm* durch das Bild schlängelt. Kann das ein „Zufall" sein, wenn wir die hier im Buch abgebildeten Aufnahmen der NASA betrachten (siehe Abb.276 und 277), welche wurmartige Gebilde auf dem Mars erkennen lassen, die sich in die Mars-Erde zu graben scheinen und an anderer Stelle durch große Löcher ins Innere des Planeten verschwinden? Ist diese detailgetreue Übereinstimmung eine „Zufälligkeit" eines Fälschers der damaligen Zeit für den benannten Film oder der Beweis für die Echtheit der dahinterstehenden Geschichte?

Ob Vorgänge der letzten Jahre unser Wetter betreffend für oder gegen die *Alternative 3* stehen, überlasse ich dem Leser. Es geht mir nicht darum, ob *Alternative 3* existiert oder nicht, sondern darum, ob in den letzten Jahren Ereignisse eingetreten sind, welche diese Aussagen belegen, oder ob wir das Thema getrost abhaken und in die Ecke „Märchenstunde" stellen können.

In *Alternative 3* wird unter anderem erwähnt, daß sich auf dem Mond in der Nähe des Kraters *Archimedes* eine durchsichtige Kuppel befindet, unter der sich ein Camp für durchreisende Umsiedler für den Mars befinden soll. Das klingt zwar sehr witzig, ist es aber vielleicht nicht. Möglicherweise ist *Alternative 3* ein Hinweis auf die Realität.

All das mag *sehr* phantastisch klingen für jene, welche nachfolgende Aufnahmen der NASA nicht kennen. Berichten des Militärpersonals zufolge soll in *Fort Hood*, Texas, in einem Hügel der Gegend ein gewaltiger, unterirdischer Gebäudekomplex errichtet worden sein. Einer der Informanten behauptete sogar, daß die zum Bau verwendete Technologie an einen Science-Fiction-Thriller erinnerte. In dem bereits beschriebenen, an die Öffentlichkeit gelangten Bericht der *Rand Corporation* sagt dieser: *„So wie heute Flugzeuge, Schiffe und Autos es dem Menschen ermöglicht haben, die Oberfläche der Erde zu beherrschen, werden Tunnelbohrmaschinen ihm Zugang zur unterirdischen Welt eröffnen."*

An diesem Symposium, welches dem Bericht zugrunde lag, nahmen über 650 Repräsentanten großer Konzerne teil wie *General Electric*, *Sandia Corporation*, *Colorado School of Mines* und andere (Notes from the Hangar, Vol. 1, No. 1, 1991, Seite 27).

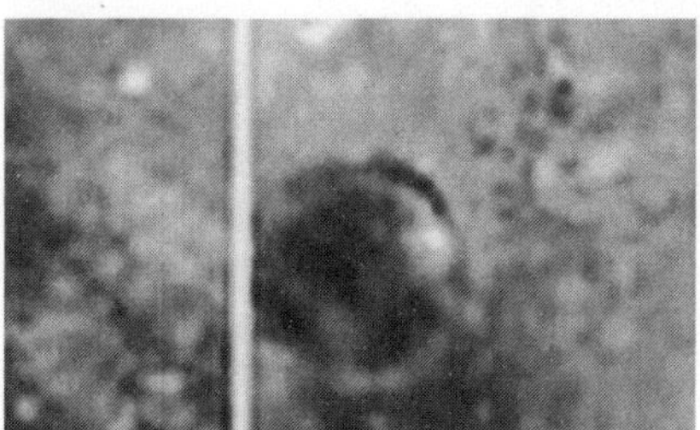

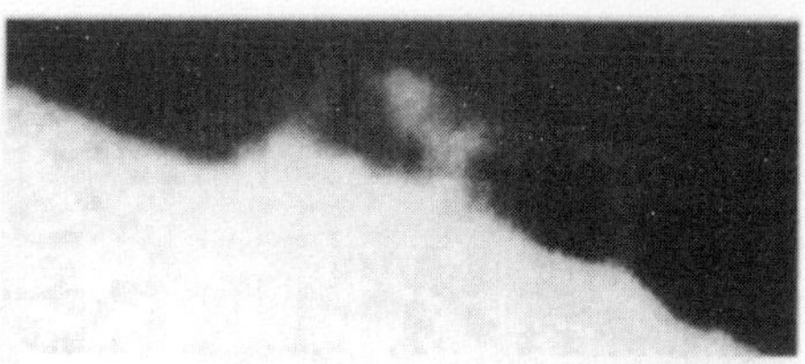

Abb.218 links: Ein kuppelförmiges Gebilde – wie in *Alternative 3* beschrieben – auf der Mondoberfläche. **Abb.219** rechts: Ein kuppelförmiges Gebilde auf der Mondoberfläche in der Seitenansicht.

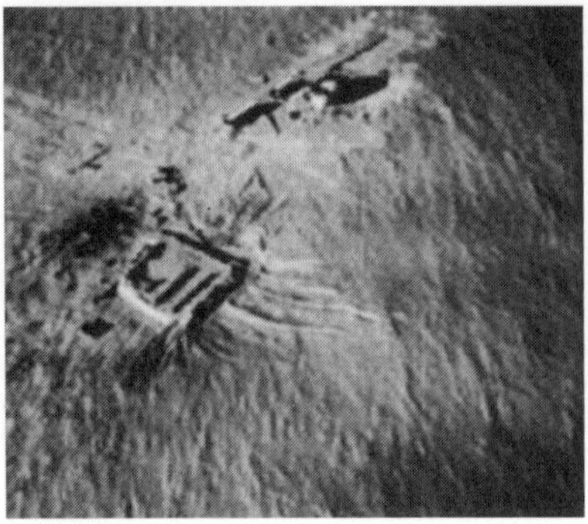

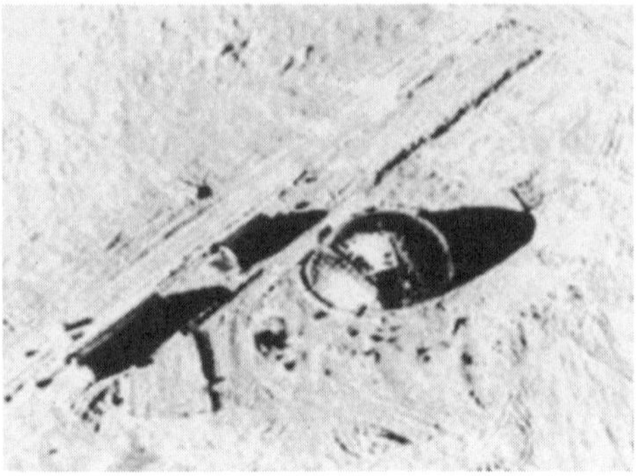

Abb.220 links: Kein Mondgebilde, aber der Bau einer Südpolstation im Jahre 1972/73 in der Antarktis auf dem Planeten Erde. **Abb.221** rechts: Die fertige Südpolstation in einer lebensfeindlichen, unwirtlichen Region. Ist ihre Optik nur zufällig indentisch mit jenen Gebilden auf dem Mond, oder diente die Antarktis einmal mehr als Vorlage für Tests unter Lebensbedingungen außerhalb der Erde? Die Antarktis wird von der NASA des öfteren benutzt, um realitätsnahe Bedingungen, zum Beispiel bezüglich des Planeten Mars, zu haben.

Atomgetriebene Tunnelbohrmaschinen (siehe Abb.234) sind das Arbeitswerkzeug, welches in der Lage ist, durch härteste Felsen zu bohren, indem die Steine zu Magma verflüssigt werden, das bei der Weiterbewegung des Bohrers wieder abkühlt und sich verfestigt. In solchen unterirdischen, künstlichen Röhren zirkulieren elektromagnetisch angetriebene „Subshuttle-Vehicles“ mit großer Geschwindigkeit. Sie verbinden die unterirdischen Komplexe des geheimen Imperiums miteinander. Code-Name der Bunker und Unterschlupfanlagen ist... ***Arche-Noah*!**

Möglicherweise ist *ein* Grund für das Schreiben dieses Buches, Ihnen mitzuteilen, daß wir als Normalbürger von der Geheimen Regierung nicht vorgesehen sind für die „Arche Noah“!

Dies wäre auch ein plausibler Grund für die immense Geheimhaltungspolitik! Denn *wir* werden die Opfer der klimatischen Katastrophe sein (falls die Angaben stimmen sollten) – geht es nach der *Neuen Weltordnung* und letztlich auch gemäß *Alternative 3*...

Man wird uns solange Honig um den Mund schmieren und sagen, daß *„es schon irgendwie klappt“* mit der Rettung der Welt – bis es auch für den Normalbürger bemerkbar wird, daß hier etwas nicht stimmt und unsere Krankenhäuser aus allen Nähten platzen infolge von Hautkrebspatienten, Kreislaufzusammenbrüchen und anderem.

Wenn Sie sich beispielsweise in einer Garage einschließen und den Motor ihres PKWs anstellen, um sich umzubringen, dann ist es nur eine Frage der Zeit, *wann* Sie sterben. Es ist eine einfache Rechenaufgabe, bei welcher die Größe der Garage und der Ausstoß ihres PKWs hochgerechnet werden. Und Sie werden vermutlich auch dann sterben, wenn Sie sich bis zuletzt einreden, daß es schon nicht so schlimm sein und vielleicht doch nichts passieren wird.

Ein ähnliches mathematisches Prinzip liegt auch *jenen* Berechnungen zugrunde, nach welchen festgestellt wurde, daß es bereits zu spät ist – für die Erde! Dabei wird der Zeitraum gemessen, wie lange es dauert, bis die erzeugten Treibhausgase (den Verbrauchsanstieg durch die Bevölkerung eingerechnet – inklusive der Region China und anderer) in den oberen Atmosphärenschichten, der sogenannten „Ionosphäre", angelangt sind, von dem Zeitpunkt ihres Ausstoßes an (etwa zehn Jahre) sowie die Größe des „Raumes" (in diesem Fall keine Garage, sondern jene Zone, welche wir Atmosphäre nennen).

Man kam zu der erschreckenden Erkenntnis, daß wir praktisch zu den Zivilisationen gehören, welche sich bereits jetzt – ohne daß es die breite Masse registrierte – selbst vernichtet haben! (Das klingt lächerlich, schließt aber mit ein, daß wir unser Verbrauchsverhalten nicht grundlegend von heute auf morgen ändern – und so kommt man zu dieser „lustigen" Erkenntnis.)

Da es etwa zehn Jahre dauert, bis die Schadstoffe, welche unsere schützende Atmosphärenhülle zersetzen, in der Ionosphäre angelangt sind, erleben wir unseren Untergang praktisch „zeitversetzt". Es ist also wie ein Zug, der auf einer Bahnlinie fährt und von dem wir wissen, daß er in einer Stunde auf eine Brücke gelangen wird, welche eingestürzt ist... Bis der Zug auf der Brücke angelangt ist, wird nichts auf ein offensichtliches Unglück hindeuten. Doch für uns, die wir das Geschehen von außen betrachten, ist das Grauen vorprogrammiert.

Und diese Erkenntnisse waren die Grundlage für Alternative 1-3!

Riesige Anlagen wie der Ionosphären-Erhitzer HAARP in Alaska können es einrichten, daß es für Sie/uns nicht unbedingt auf Anhieb bemerkbar ist, denn es kann unser Wetter beeinflussen. Und was sich über den Wolkenfeldern abspielt, bekommen wir nicht mit... (Mehr zu HAARP im nachfolgenden Kapitel.)

Im Sommer 2003 haben Sie es vielleicht einmal mitbekommen. Alles nur Panikmache?

Dies bedeutet, daß der immense Anstieg der Treibhausgase im weltweiten Verbrauch von heute sich in etwa **zehn Jahren auf unsere Ionosphäre auswirkt**, wenn diese dort angelangt sind. Bis dahin wird es einen allmählichen Anstieg der Temperaturen weltweit geben, welcher natürlich in der sogenannten „Anfangsphase", in der die Temperaturunterschiede noch nicht so gravierend sind, und in Bereichen, in denen es für manche unter uns im Sommer noch schön ist, als *natürliche Wetterschwankung* interpretiert wird, wie sie eben alle paar tausend Jahre einmal vorkommt.

Ich bin mir sicher, daß es schon heute, im Jahre 2005, Menschen unter den Lesern gibt, die spüren, daß das hier Beschriebene vielleicht doch mehr als eine schlimme Legende ist, wenn man alle Fakten berücksichtigt, anstatt sie zu verwerfen. Eines Tages wird es wohl – macht man eine Hochrechnung – zu spät sein; auch für die Erklärungsversuche der letzten standhaften Kritiker. Dann wird aber eine gewisse selbsternannte „Elite" bereits nicht mehr wirklich hier sein, während Sie im Krankenhaus zum Beispiel an Hautkrebs sterben...

Die größte Bedrohung der sogenannten „Elite" ist ein Volksaufstand, bevor die Pläne der Illuminaten bis zur letzten Instanz umgesetzt wurden – und die „Arche Noah" ihre „Türen verriegelt"!

Erinnern Sie sich an die Lügen bezüglich des Waldsterbens in den achtziger Jahren, nach denen es heute kaum mehr Grün auf der Erde geben dürfte, und an die Hochrechnungen der künstlichen Aids-Statistiken, nach welchen wir heute bereits alle tot sein müßten?

Auch diese Lügen sind Teil des Illuminaten-Plans. Diese inszenierten Katastrophen sollten in der Weltbevölkerung die Überzeugung hervorrufen, daß wir die Katastrophen besiegen können: „*Der Wald lebt!*“ Und Aids? „*Ist alles nicht in der angekündigten Tragweite eingetroffen... Also überstehen wir auch die Klimakatastrophe – und ihre angeblich fatalen Auswirkungen, welche uns Wissenschaftler anpriesen, die damals den Tod unserer Wälder angekündigt haben...*“

Das hält Sie in Ihrer Überzeugung und in Ihrem Glauben so lange ruhig, bis die Folgen der Klimakatastrophe auch Sie heimgesucht haben – den Rest erledigt die Natur. Und die Elite schwimmt mit der „Arche Noah“ davon...

Selbstreinigung:

Die Klimakatastrophe und die anschließend notwendige „Selbstreinigung“ des Planeten ist jenes Ereignis, welches den UFO-Kontaktlern bekanntlich angekündigt wurde.

Als der Wissenschaftler *Stephen Becker* gefragt wurde, was ihn an seiner Arbeit in Los Alamos reizen würde, sagte er freimütig, „*...es fasziniert mich, weil keine andere Universität vergleichbare Möglichkeiten bietet. Dort stehen die leistungsfähigsten Supercomputer, und in der Bibliothek habe ich Zugang zu geheimer Literatur, welche mir an anderen Universitäten verschlossen bleibt.*“

In seiner Arbeitsgruppe „X2“ über thermonukleare Anwendungen wird auch in bezug auf nicht-militärische Einsätze geforscht. Auch die Russen arbeiten an solchen Programmen, bei der die Strahlung kein Problem ist. Es gebe „*Aggregate, die sehr wenig strahlen – sogenannte saubere Bomben. Diese werden mit geringsten Mengen Uran und Plutonium gezündet. Ihre Sprengkraft entfaltet sich in einer thermonuklearen Fusion. Die Strahlung, die dabei frei wird, ist sehr kurzlebig, also kein großes Problem*“.(35)

John Lear, der Sohn des Flugzeugkonstrukteurs und Erfinders des Lear-Jets, ist mit 10.000 Flugstunden einer der erfolgreichsten und erfahrensten Piloten weltweit. Dieser gab an, daß ihm „*von vier unabhängigen Quellen bestätigt wurde, daß in unterirdischen Basen modernste Forschungsarbeiten im Bereich der Gentechnologie betrieben werden – die teilweise in Kooperation mit Außerirdischen geschieht...*“

Das Zentrum dieser Aktivitäten, so Lear, soll sich tief unter dem Berg Archuleta in der Nähe des unscheinbaren Ortes *Dulce* befinden, der in einem Indianerreservat liegt, das sich zweitausend Meter über dem Meeresspiegel befindet und nicht einmal tausend Einwohner zählt. *Lear* gab weiter an, daß die Dulce-Basis *„mit Los Alamos, wo die erste Atombombe gebaut wurde, durch eine unterirdische Röhre verbunden ist...“*

John Lear selbst war Kurierflieger der CIA in Vietnam und besitzt unschätzbares Wissen über die Geheimdienste. Anfang 1990 hat Lear einem Luftwaffen-Ingenieur, der für die Air-Force arbeitete und intensiv beim Space-Shuttle-Programm tätig war, bestätigt, daß die unterirdischen Anlagen in *Dulce* tatsächlich existieren. Dieser sei selbst für einen technischen Auftrag in der *Sektion B* tätig gewesen. Ein Bauarbeiter, welcher unzufrieden war, verglich die Anlage mit einem *„unterirdischen Ameisenhaufen“*. Nach solchen Zeugenaussagen haben die Tunnel in Dulce runde Gänge. Direkt bei den Eingängen befinden sich Sicherheitsanlagen mit roten und grünen Lichtern. Außerdem sind in den Pfosten zylinderförmige Geräte installiert, welche ein Energiefeld projizieren, das den Zeugen unbekannt war.

Nachdem die Gerüchte um Dulce nicht abrissen, bekam der Fall eine neue Tragweite, als der Polizeioffizier *Gabe Valdez* von der Staatspolizei Neu-Mexiko versuchte, den Dingen auf die Spur zu kommen. Valdez wurde durch die in jener Region vermehrt auftretenden Tierverstümmelungen aufgeschreckt, und er fand deutliche Hinweise dafür, daß hier eine *„große Sache“* läuft. Der Bruder von Valdez fand nach einiger Zeit auf dem Plateau eines Berges in der Nähe von *Dulce* sogar rechteckige, zehn Meter breite Ventilationsschächte.

Dem CIA-Mitarbeiter *Marion Leo Williams*, welcher inzwischen tot ist, wurde es ermöglicht, die *Area 51* in Nevada zu besuchen. Er gab kurz vor seinem Tod zu, daß die Luftfahrtfirma *Lockheed* regelmäßig Ausrüstungsflüge zu einem supergeheimen Labor in Nevada flog. Die Aufgabe dieses Labors sei es, in einer Art *„Reverse-Engineering“* die Antriebs- und Energiesysteme der außerirdischen UFOs zu erforschen.

Was es in Europa an unterirdischen Städten gibt, ist derzeit noch weniger bekannt. Als Beispiel sei hier eine Bohrung der Amerikaner unter strengster Geheimhaltung erwähnt, inoffiziell seit 1984, unter einem der berühmtesten Bergmassive Österreichs.

Und hier kommt nun der bereits genannte *Untersberg* wieder ins Spiel.

Eine Chemikerin aus *Seibersdorf*, die für die Amerikaner eine unbekannte Gesteinsmasse und Bohrkerne aus dem unterirdischen Abbau der Berge in Österreich untersuchte, informierte die Journalisten über das sensationelle Ergebnis ihrer Untersuchungen der Bohrkerne.

Einer dieser Journalisten schrieb für ein bekanntes österreichisches Wochenpolitmagazin. Er fand die Pläne der Amerikaner ungeheuerlich und skandalös! Der Plan war, neben dem Bau eines unterirdischen Reiches durch die USA selbst, die dabei gewonnenen wertvollen Mineralien und Rohstoffe heimlich von Österreich nach Amerika zu bringen, wo man sie weiterverarbeiten wollte. Die Technologie für die Verarbeitung der gewonnenen Mineralien halten die Amerikaner bis heute streng geheim. Die österreichische Regierung war *„mit von der Partie"*, so der Journalist. Dafür garantierten sie den Amerikanern absolutes Schweigen über das Projekt. Einige der Politiker kassierten dafür angeblich Millionen von Dollar in ihre eigene Tasche!

Der Journalist versuchte damals, diesen ungeheuerlichen Betrug der Mächtigen am Volke öffentlich zu machen. Sowohl die Chemikerin als auch der Journalist erhielten daraufhin ernsthafte Morddrohungen.

Man erkaufte sich die absolute Geheimhaltung über dieses Projekt von den höchsten Regierungsstellen in Österreich. Zu jener Zeit war F. Vranizky Bundeskanzler in Österreich.

Zur weiteren Information sei hier angemerkt, daß auf dem Untersberg hauptsächlich Marmor abgebaut wird.

Die Chemikerin wurde innerhalb weniger Tage und ohne Angabe von Gründen aus dem atomaren Forschungszentrum Seibersdorf fristlos entlassen.

Warum wird ein *atomares Forschungszentrum* damit beauftragt, hier aktiv Untersuchungen für die Amerikaner anzustellen? Entdeckte man dort eventuell ähnliche Verschmelzungsprozesse wie in Gabun, West Afrika, im Jahre 1972? Dort fand man Uranverschmelzungen, die auf natürlichem Wege kaum zustandegekommen sein konnten und über welche die UNO zwei dicke Bücher schrieb. Die Funde deuteten auf eine ehemalige Hochzivilisation hin!

Nicht nur Erich von Däniken berichtete damals über diese Vorkommnisse. Oder gab es in Österreich doch andere Ursachen als in Gabun?

Anmerkung des Autors

Am Ende dieses Kapitels sei nun eine kleine Abschweifung erlaubt.

Der Leser mag sich nun fragen, ob die Entwicklung auf der Erde tatsächlich so stattfindet, wie von den Wissenschaftlern um die *Alternative 3* wie auch um den *Global 2000-Report* vorhergesagt, der in den achtziger Jahren des letzten Jahrhunderts vom *Club of Rome* erstellt wurde und dieselbe Prognose bestätigt: eine dramatische Klimaveränderung und ein Ansteigen der Weltbevölkerung mit gleichzeitigem Rückgang der Erdressourcen und Nahrungsmittel!

Tatsache ist, daß diese Prognosen schon seit mindestens zwei Jahrzehnten existieren, und wenn diese Realität werden, dann müßten seit damals bereits bestimmte Dinge, sowohl das Klima, als auch die Einschränkung der Bürgerrechte betreffend, eingetroffen sein. Und sind sie das?

So geht es hier nun erst einmal nur darum, ein Resümee zu ziehen und nachzuschauen, welche der damaligen Horrorszenarien nun seither *tatsächlich* in der Realität eingetreten sind, oder ob alles nur schizophrener Mumpitz ist.

Nehmen wir nur für einen kurzen Moment an, es wäre so, und all die Vorgänge, was die unterirdischen Städte und Anlagen angeht, wären tatsächlich im Gange; und nur einmal theoretisch angenommen, unser Wetter würde inzwischen wirklich merklich verrückt spielen, dann wäre es doch denkbar, daß nicht nur die Absicht der sogenannten „Elite“, zu gegebener Zeit in unterirdische Anlagen zu flüchten, Realität würde, sondern daß sich womöglich auch die uralten Prophezeiungen zu erfüllen beginnen.

Tatsache ist, daß es nicht nur etwa zehn Jahre dauert, bis jene Treibhausgase, welche wir heute ausstoßen, in der Ionosphäre gelandet sind. Es gibt noch eine andere Hochrechnung. So wurden verschiedene Wissenschaftler hinsichtlich der Frage interviewt, wie lange es dauern würde, bis sich eine für Mensch und Tier lebensunwirtlich entwickelte Atmosphäre wieder soweit „neutralisiert“ hat, bis wir hier wieder „normal“ leben könnten (natürlich unter dem Gesichtspunkt, daß die Schadstoffverursachung von heute auf morgen aufhören würde). Die Wissenschaftler kamen zu unterschiedlichen Ergebnissen. Doch man kann sagen, die meisten rechneten mit einer Zeitdauer von etwa 800 bis 1.200 Jahren.

Nun kommen wir zurück zu unserer *theoretischen Annahme*, all dies würde *wirklich* so geschehen – die unterirdischen Städte würden inzwischen tatsächlich existieren (oder wären im Bau) und wären auch für eine lange Zeit autark überlebensfähig.

Was würde dann geschehen, wenn das Horrorszenarium ins Endstadium tritt? Die sogenannte „Elite" würde sich dort unterirdisch verbarrikadieren (müssen). Für lange, lange Zeit...

Und was lesen wir in der Offenbarung des Johannes im Neuen Testament? Dort heißt es in Kapitel 20.2: *„Er packte den Drachen, die alte Schlange, die auch Teufel und Satan genannt wird, und fesselte ihn für tausend Jahre. Der Engel warf ihn in den Abgrund, schloß den Eingang ab und versiegelte ihn. So konnte der Drache tausend Jahre lang die Völker nicht mehr verführen..."*

Und was würde – dieser Theorie entsprechend – geschehen, wenn jene Zeit (800 bis 1.200 Jahre) um ist und unsere Mutter Erde sich wieder selbst gereinigt hat? Der alte „Drache" würde wohl wieder an die Erdoberfläche kommen.

Die Offenbarung des Johannes, Kapitel 20.3, sagt dazu: *„Wenn sie* (die tausend Jahre) *um sind, muß er für eine kurze Zeit freigelassen werden..."*

Und in 20.7 lesen wir: *„Wenn die tausend Jahre um sind, wird der Satan aus seinem Gefängnis freigelassen. Er wird ausziehen, um die Völker an allen vier Enden der Erde zu überreden – das sind Gog und Magog... Dann wurde der Teufel, der sie verführt hatte, in den See von brennendem Schwefel geworfen, in dem schon das Tier und der falsche Prophet waren..."*

Ein „Zufall" – oder mehr?

Kapitel 10
Die Verschwörung

Möglicherweise halten Sie vieles von dem Genannten für Hysterie und falsche Auslegungen. Aus diesem Grund wenden wir uns nun kurzzeitig einem offiziellen Bericht des Europaparlamentes vom 14. Januar 1999 zu.

Haben Sie schon einmal etwas von der „HAARP"-Anlage in Alaska gehört? Stefan Erdmann wird uns kurz erläutern, was sich hinter diesen fünf Buchstaben verbirgt. In seinem Verschwörungs-Bestseller „Banken, Brot und Bomben" erklärt er: *„Der Name HAARP bedeutet: „High-frequency Active Auroral Research Program". Die riesige Forschungsstation befindet sich in der Wildnis von Alaska, in Gakona, 320 Kilometer nordöstlich von Anchorage. Die Anlage wird von der US-Navy und der US-Air-Force finanziert. Die gigantische Sendeanlage dient angeblich dazu, das Polarlicht und neue Wege der Nachrichtenübermittlung zu erforschen. Doch in Wirklichkeit ist HAARP der größte Ionosphären-Erhitzer der Welt und bereits seit Anfang der neunziger Jahre in Betrieb. Das Herzstück dieser Anlage ist das IRI (Ionospheric Research Instrument), das aus 360 Antennen-Paaren besteht, genaugenommen sind es 180 gewaltige Antennentürme, bestehend aus jeweils zwei Paaren sogenannter Kreuzdipolantennen – je ein Teil für Niedrigfrequenz- und ein anderer für Hochfrequenz-Radiowellenübertragung. Diese zehn Kilometer lange Antennenanordnung sendet Strahlungen in die Ionosphäre. Die Ionosphäre wird somit aufgeladen, und es entstehen ELF-Wellen, die zur Erde zurückgestrahlt werden. Durch diese konzentrierte Bestrahlung der Ionosphäre wird diese somit selber zu einer Sendeantenne, Hunderte von Kilometern lang. Einfach ausgedrückt bestrahlt der Ionosphären-Erhitzer die äußere Schutzschicht mit Energie. Er schießt einen Hochfrequenz-Strahl mit einer Leistung von bis zu zehn Milliarden Watt(!) in die Ionosphäre."*

Es ist davon auszugehen, daß HAARP nicht nur für die sogenannte *Wetterkontrolle*, sondern auch zur *Verstandeskontrolle* eingesetzt wird. Es gibt inzwischen unzählige Berichte, Bücher und Filme über dieses Projekt. So dachte sich das *Europaparlament*, daß vielleicht doch etwas dran ist an diesen Behauptungen, und verlangte von den USA Aufklärung. Das Ergebnis finden Sie in einem Bericht über Umwelt, Sicherheit und Außenpolitik. Ich werde hier Ausschnitte daraus wiedergeben.

Abb.222 links: Bildausschnitt der HAARP-Einrichtung in Alaska. Solche Anlagen existieren inzwischen nicht nur dort. Mit ihnen ist es möglich, das Wetter zu beeinflussen, Erdbeben auszulösen, Löcher in die Ionosphäre zu reißen oder Verstandeskontrolle durchzuführen.
Einige behaupten, die sogenannten „Red Sprites" (rote Blitze, welche von der Erde kommend durch die Ionosphäre tief in den Weltraum schießen), welche vor einigen Jahren zum erstenmal von einer Space-Shuttle-Crew über Alaska gefilmt wurden, seien von HAARP oder HAARP-ähnlichen Anlagen verursacht worden.
Abb.223 rechts: US Air Force Transmitting Array „OTH-B". Der Angriff auf die Psyche des Menschen wird in Militärkreisen als der „Krieg der Zukunft" bezeichnet.

14. Januar 1999 A4-0005/99

Bericht über Umwelt, Sicherheit und Außenpolitik

Ausschuß für auswärtige Angelegenheiten, Sicherheit und Verteidigungspolitik

Berichterstatterin: Frau Maj Britt Theorin

Verfasser der Stellungnahme: Herr Olsson, Ausschuß für Umweltfragen, Volksgesundheit und Verbraucherschutz („Hughes" - Verfahren)

INHALT

A Entschließungsantrag

B Begründung

Anlage 1

Stellungnahme

In der Sitzung vom 13. Juli 1995 gab der Präsident des Europäischen Parlaments bekannt, daß er den gemäß Artikel 45 der Geschäftsordnung von Frau Rehn Rouva eingereichten Entschließungsantrag zum potentiellen Einsatz militärisch genutzter Ressourcen für Umweltstrategien (B4-0551/95) an den Ausschuß für auswärtige Angelegenheiten, Sicherheit und Verteidigungspolitik als federführenden Ausschuß sowie den Ausschuß für Umweltfragen, Volksgesundheit und Verbraucherschutz als mitberatender Ausschuß überwiesen hatte...

Klimaänderung

Durch erhöhte Emissionen von unter anderem Kohlendioxid ist die Durchschnittstemperatur auf der Erde in unserem Jahrhundert um 5 Grad gestiegen. Die Wärme ist auch intensiver geworden. Wissenschaftler haben festgestellt, daß die Luftfeuchtigkeit in den letzten 20 Jahren um mehr als 10% zugenommen hat. Die höhere Feuchtigkeit kann stärkere und häufigere Unwetter in bestimmten Gegenden verursachen, gleichzeitig werden andere Gebiete von Trockenheit heimgesucht. Möglicherweise bedarf es bis zu 20 Jahren intensiver Forschung über die globalen Klimaänderungen, bevor auf fundierter Grundlage entschieden werden kann, welche Maßnahmen notwendig sind...

HAARP – Ein klimabeeinträchtigendes Waffensystem

Am 5. Februar 1998 führte der Unterausschuß für Sicherheit und Abrüstung des Europäischen Parlaments eine Anhörung u.a. über HAARP durch. Vertreter der NATO und der USA waren eingeladen worden, nahmen jedoch an der Anhörung nicht teil. Der Ausschuß bedauert es, daß die USA keinen Vertreter entsandt hatten, der auf Fragen hätte antworten und die Gelegenheit nutzen können, zu dem vorgelegten Material Stellung zu nehmen.

HAARP, Forschungsprogramm für hochfrequente Strahlenforschung (High Frequency Active Auroral Research Project), wird gemeinsam von der Luftwaffe der USA und dem Geophysikalischen Institut der Universität Alaska, Fairbanks, durchgeführt. Auch in Norwegen laufen ähnliche Untersuchungen, ebenfalls in der Antarktis und auch in der früheren Sowjetunion. HAARP ist ein Forschungsprojekt, bei dem mit einer bodengestützten Anlage mit einem Netz von Antennen, die alle mit einem eigenen Sender ausgestattet sind, Teile der Ionosphäre mit starken Radiowellen erwärmt werden. Die erzeugte Energie heizt bestimmte Teile der Ionosphäre auf, was auch Löcher in der Ionosphäre und künstliche „Spiegel" herbeiführen kann.

HAARP ist für viele Zwecke einsetzbar. Durch Manipulation der elektrischen Eigenschaften in der Atmosphäre lassen sich gewaltige Kräfte kontrollieren. Wird dies als militärische Waffe eingesetzt, können die

Folgen für den Feind verhängnisvoll sein. Durch HAARP läßt sich ein fest umrissenes Gebiet millionenfach stärker mit Energie aufladen als mit irgendeiner anderen herkömmlichen Energiequelle. Die Energie läßt sich auf ein bewegliches Ziel ausrichten, u.a. feindliche Raketen.

Das Projekt ermöglicht eine bessere Kommunikation mit U-Booten und die Manipulation der globalen Wetterverhältnisse. Aber auch das Gegenteil, eine Störung der Kommunikation, ist möglich. Durch Manipulation der Ionosphäre kann man die globale Kommunikation stören, gleichzeitig bleiben die Kommunikationsverbindungen des Anwenders erhalten. Eine weitere Nutzungsmöglichkeit des Systems ist eine Röntgenaufnahme der Erde bis in eine Tiefe von mehreren Kilometern (erddurchdringende Tomographie), um Öl- und Gasfelder aufzuspüren, aber auch unterirdisch stationierte Militäranlagen. Eine weitere Nutzung des HAARP-Systems ist Radar, das über den Horizont blicken und Objekte in großer Entfernung erfassen kann. Dadurch lassen sich nähernde Objekte jenseits des Horizonts ausmachen...

HAARP kann Veränderungen der klimatischen Bedingungen bewirken. Das System kann auch das Ökosystem beeinträchtigen, insbesondere in der empfindlichen Antarktis.

Eine weitere schwerwiegende Folge von HAARP sind die Löcher in der Ionosphäre, die durch die nach oben gerichteten, starken Wellen entstehen. Die Ionosphäre schützt uns vor einfallender kosmischer Strahlung. Es besteht die Hoffnung, daß die Löcher sich wieder schließen, aber die Erfahrung mit den Veränderungen der Ozonschicht deuten in die entgegengesetzte Richtung. Die schützende Ionosphäre weist also große Löcher auf...

HAARP ist wegen der umfassenden Auswirkungen auf die Umwelt eine globale Angelegenheit, und es ist zu bezweifeln, ob die Vorteile dieses Systems wirklich die Risiken aufwiegen. Die ökologischen und ethischen Auswirkungen müssen vor weiteren Forschungsarbeiten und Versuchen untersucht werden. HAARP ist der Öffentlichkeit fast nicht bekannt, und es ist wichtig, daß die Bevölkerung davon Kenntnis erhält.

HAARP steht in Verbindung mit 50 Jahren intensiver Weltraumforschung für eindeutig militärische Zwecke, beispielsweise als Teil des „Kriegs der Sterne", um die obere Atmosphäre und die Kommunikation zu kontrollieren. Solche Forschungsarbeiten sind als schwerwiegend umweltschädigend anzusehen, sie können unübersehbare Auswirkungen auf das Leben der Menschen haben. Niemand weiß heute mit Sicherheit, welche Auswirkungen HAARP haben kann. Der Geheimhaltung in der militärischen Forschung muß entgegengewirkt werden. Das Recht auf

Öffentlichkeit und demokratische Kontrolle militärischer Forschungsprojekte und die parlamentarische Kontrolle müssen gestärkt werden.

Eine Reihe internationaler Übereinkommen (Übereinkommen über das Verbot der militärischen oder sonstigen feindseligen Nutzung umweltverändernder Techniken, der Antarktis-Vertrag, der Vertrag über die Grundsätze zur Regelung der Tätigkeit von Staaten bei der Erforschung und Nutzung des Weltraums einschließlich des Mondes und anderer Himmelskörper sowie das UN-Seerechtsübereinkommen) lassen HAARP nicht nur unter humanen und politischen Aspekten, sondern auch unter rechtlichen Aspekten als äußerst zweifelhaft erscheinen. Der Antarktis-Vertrag schreibt vor, daß die Antarktis nur für friedliche Zwecke genutzt werden darf. Dies würde bedeuten, daß HAARP eine Verletzung des Völkerrechts darstellt. Alle Auswirkungen der neuen Waffensysteme müssen von unabhängigen internationalen Einrichtungen untersucht werden. Es sind weitere internationale Vereinbarungen anzustreben, um die Umwelt im Krieg vor unnötiger Zerstörung zu schützen...

Stellungnahme

(Artikel 147 der Geschäftsordnung)

für den Ausschuß für auswärtige Angelegenheiten, Sicherheit und Verteidigungspolitik...

Anmerkungen

11. betrachtet das ionosphärische Manipulationssystem des US-Militärs (HAARP), das in Alaska stationiert ist und einen Teil der Entwicklung und Anwendung elektromagnetischer Waffen für den externen und internen Bereich der Sicherheit ausmacht, als ein Beispiel einer höchst gefährlichen neuen militärischen Bedrohung der gesamten Umwelt wie auch der menschlichen Gesundheit, da dieses Projekt zum Ziel hat, zu militärischen Zwecken in den höchst sensiblen energetischen Bereich der Biosphäre einzudringen, obwohl die Konsequenzen dieses Vorgehens in keinster Weise abzusehen sind; fordert die Kommission, den Rat und die Mitgliedsstaaten auf, Druck auf die US-Regierung, Rußland und jeden anderen in solche Aktivitäten verwickelten Staat auszuüben, damit diese Tätigkeiten eingestellt und ein umfassendes Abkommen gegen derartige Waffen geschlossen werden kann;

12. fordert vor allem ein internationales Übereinkommen über ein generelles Verbot von Forschungs- und Entwicklungsprojekten – ob militärisch oder zivil –, die die Anwendung der Erkenntnisse auf dem Gebiet chemischer und elektrischer Vorgänge oder von Schallwellen oder anderen Funktionen des menschlichen Gehirns zur Entwicklung von Waffen beinhaltet, die jeder beliebigen Form der Manipulation des Menschen Tür und Tor öffnen könnten; dieses Übereinkommen sollte auch ein Verbot aller derzeit bekannten sowie aller erdenklichen Anwendungsmöglichkeiten solcher Systeme umfassen..."

Soweit der Auszug aus dem Bericht über Umwelt, Sicherheit und Außenpolitik des Europaparlaments vom 14. Januar 1999.

Wenn man diesen kennt, stellt sich die Frage: Hatte es vielleicht ganz andere Gründe und Ursachen, als George Bush auf dem Umweltgipfel in Johannesburg sagte: „*Wir steigen aus!*"?

Wir wissen zumindest eines: Die in dem Bericht aufgeführten, vom Europaparlament 1999 geforderten Verträge kamen nicht zustande.

Einige Spekulanten behaupten, die sogenannten *Red Sprites* (auch *Rote Kobolde* genannt = rote Blitze, welche von der Erde kommend tief durch die Ionosphäre in den Weltraum dringen) seien durch HAARP oder „HAARP-ähnliche" Anlagen verursacht worden. Können wir diesen glauben?

Tatsächlich wurde der erste *Red Sprite* von einer Space-Shuttle-Crew im Jahre 1990 „zufällig" über jener Region in Alaska gefilmt, in der sich die HAARP-Anlage befindet (siehe „www.ufologie.net/htm/sylphes.htm"). Ist es auch „Zufall", daß die Phänomene in Alaska in einem geologischen Institut untersucht werden? Und ist auch nur „zufällig" ein Institut, welches mit der HAARP-Anlage gekoppelt ist, das *Geophysikalische Institut der Universität Fairbanks* in Alaska?

Die HAARP-Anlage kann auf jeden beliebigen Punkt unserer Erde ausgerichtet werden. Merkmale dieser neuen Technologie sind merkwürdige Leuchtphänomene, wenn das „Waffensystem" gebündelt wird (zum Beispiel um ein Erdbeben auszulösen). Falls Sie dies zu phantastisch finden, dann sollte ich Ihnen verraten, daß bereits vor über einhundert Jahren *Nikola Tesla* – unter anderem der Erfinder des Wechselstroms, der Fernsteuerung und der drahtlosen Übertragung – mit einem selbstgebauten Oszillator in seinem Hotelzimmer ein Hochhaus ins Wanken brachte. Dieses kleine Gerät ist heute im Tesla-Museum in Belgrad ausgestellt (siehe hierzu auch „www.bboxbbs.ch/home/bassman/tesla/n_tes2e.htm").

Es ist bekannt, daß HAARP auch als die „Büchse der Pandora" bezeichnet wird – nicht zuletzt, weil die Anlage zur Wetterkontrolle (Klimabeeinflussung) benutzt werden kann, um Erdbeben hervorzurufen, Löcher in die Ionosphäre zu reißen (mit unabsehbaren Folgen) oder zur Verstandeskontrolle; siehe hierzu auch der vorangegangene Bericht über „Umwelt, Sicherheit und Außenpolitik" vom „Ausschuß für auswärtige Angelegenheiten, Sicherheit und Verteidigungspolitik".

Gedanken wie „***Warum einen Krieg führen? Schicken wir unserem Feind doch ein Erdbeben oder eine Flutkatastrophe***", könnten möglicherweise in bestimmten Kreisen das Denken mit beeinflussen. Tatsache ist, daß Naturkatastrophen inzwischen ebenso wie Kriege zu den größten Einnahmequellen der Banken gehören, aufgrund von Wiederaufbau, Kreditaufnahmen, Reparaturarbeiten, Erhöhungen der Staatsverschuldung und so weiter – Einnahmen in Milliardenhöhe!

Warum hört man zum Beispiel in der gängigen Presse heutzutage nichts mehr über eine Technologie, die bereits vor einem Jahrhundert ausgereift war und von Nikola Tesla in ein kleines, handliches Gerät gepackt wurde? Nicht minder gefährlich ist die damit verbundene Forschung von Verstandeskontrollexperimenten. Auch diese haben eine lange Tradition...

Stimmen im Kopf

Um bei dieser Aufdeckung in Ihrem Bewußtsein voranzuschreiten, werden wir uns nun einem Thema zuwenden, welches für viele nicht existiert.

Beginnen wir zuerst mit folgenden Fakten: Zigtausende von Menschen behaupten von sich, Stimmen in ihrem Kopf zu hören. In vielen Fällen beginnen diese Stimmen den Betreffenden zufolge, die Person zu beleidigen, sie zum Selbstmord zu treiben oder sie zu negativen Handlungen – bis hin zum Mord – zu bewegen. Wir nennen diese Menschen allgemeinhin „verrückt". Wer sich für Hintergrundmaterial über dieses Thema interessiert, dem empfehle ich zum Beispiel den Film „*Das weiße Rauschen*".

Bei der Tochter des Volksmusik-Stars *Heino* wurden diese Stimmen, trotz psychiatrischer Behandlungsversuche in einer Klinik, so stark, daß sie immer wieder Rückfälle erlitt und sich schließlich umbrachte. Unzählige Attentate der Weltgeschichte wurden begangen, weil die Täter von Stimmen in ihrem Kopf sprachen, die sie zu den Taten überredeten. So kennen wir diese Berichte von Schulmassakern sowie viele, viele Einzelberichte der Geschichte, in deren Verlauf Künstler, Politiker und andere Persönlichkeiten ihr Leben lassen mußten.

Meist werden diese Stimmen von den Betroffenen personifiziert. Viele benennen sie mit *„Satan"*, *„Gott"* oder auch einer verstorbenen, nahestehenden Person – bis hin zu selbsternannten Außerirdischen.

Als Beispiel sei hier das Attentat auf die schwedische Politikerin *Anna Lindh* im Jahre 2003 genannt, welche von einem Mann ermordet wurde, der angab, eine Stimme in seinem Kopf habe ihm den Mord befohlen – oder das Attentat auf den Musiker *John Lennon*.

Abb.224: Hochgeheime Anlage in der Region von Long Island mit dem Namen „GATR". Auch hier wird sogenannte „HAARP"-Technologie zur Beeinflussung von Klima, Naturgewalten und zur Verstandeskontrolle angewendet. Der Normalbürger hat von solchen weltweiten Anlagen keine Ahnung. Interessant ist ihr Standort – auf Long Island befindet sich auch die berüchtigte Montauk-Basis, welche laut Berichten mit angewandter Zeitreisetechnologie und dem damaligen Philadelphia-Experiment in Verbindung steht.

Betrachten wir uns diese Morde – unabhängig von der Tatsache der *„Stimmführung"*, welche die Mörder zu den Anschlägen trieb – einmal näher: *Anna Lindh* wurde im Jahre 2003 in Stockholm ermordet, und zwar am 11. September, dem zweiten Jahrestag der Anschläge von New York.

Die am 19. Juni 1957 in Enskede geborene Politikerin setzte sich immer wieder mit anders akzentuierten Erklärungen von ihrem Chef ab, etwa durch deutlich schärfere Kritik an der israelischen Palästina-Politik, der US-Invasion im Irak oder der Rolle des italienischen Regierungschefs Silvio Berlusconi. Sie war also eine scharfe Gegnerin der *Neuen Weltordnung*!

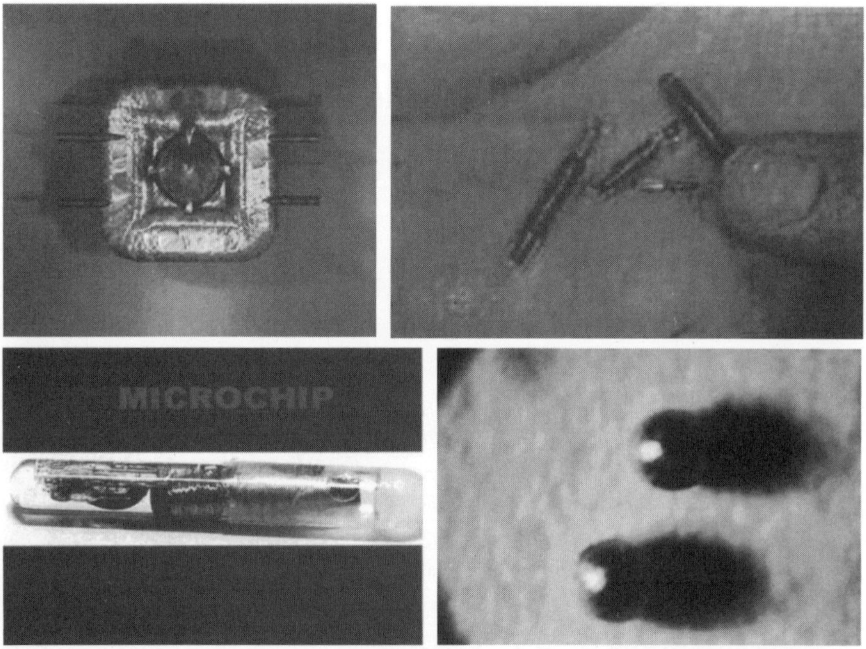

Abb.225-228: Implantate aus irdischer Produktion. Die Forschung läuft auf Hochtouren. Sie können heute schon Ihr Haustier mit einem Implantat ausstatten, damit man es wiederfindet, wenn es verloren geht. Weitere derzeitige Einsatzmöglichkeiten: Kranke, Straftäter und Kinder (damit man diese lokalisieren kann, wenn sie entführt werden)! Derzeit wird an Implantaten gearbeitet, die sich mit dem Nervensystem verbinden, so wie es den außerirdischen Vorreitern nachgesagt wird. Möglicherweise finden wir die Realität bereits seit längerem darin, daß durch *White-Noise*-Übertragungen Worte und Sprachfetzen in unser Gehirn gelangen können, die wir als Stimme wahrnehmen. Die Tests dazu wurden schon vor Jahrzehnten erfolgreich abgeschlossen, wie in diesem Buch beschrieben. (Sie wollen sich einen Bio-Chip bestellen? Noch heute? Kein Problem, hier ist die Adresse: „http://home.wanadoo.nl/henryv/biochiptecheng.html" – eine von vielen...)

  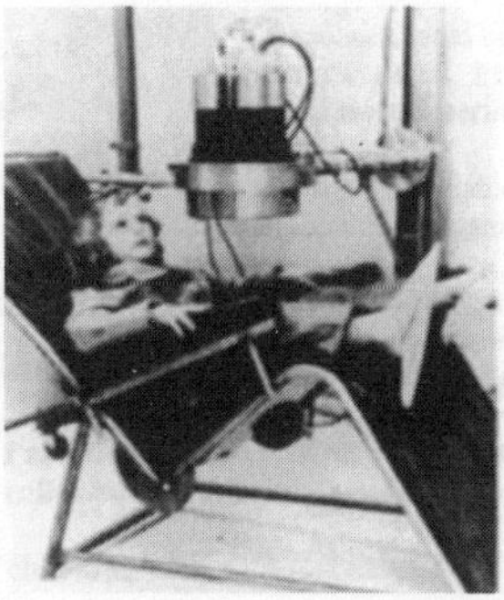

Abb.229 links: Cathy O'Brien. Sie wurde als Kind an das Projekt *Monarch* der US-Regierung verkauft. Dort wurde sie für Verstandeskontrollexperimente mißbraucht, um sie für Regierungsoperationen einzusetzen. Ihre Klagen wurden abgewiesen – mit der Begründung: „Betreff *Nationale Sicherheit*".
Abb.230 Mitte: Künstlerische Darstellung eines Menschen unter *Mind-Control.*
Abb.231 rechts: Experimente an einem kleinen Mädchen im Projekt *MK Ultra* der US-Regierung.

John Lennon wurde 1980 vor dem Dakota-Building erschossen. Sein Attentäter nannte als Beweggrund ebenfalls eine Stimme, welche er als „*Satan*" identifizierte, die ihm befahl, den Rockstar zu eliminieren.

Interessant ist hierbei, daß John Lennon vor jenem Gebäude umgebracht wurde, in welchem *Roman Polanski* Jahre zuvor den Horrorstreifen „*Rosmaries Baby*" drehte. In diesem Film spielte der Satanist und Gründer der „Church of Satan", *Anton La Vey*, die Rolle des Teufels.

Polanskis Ehefrau *Sharon Tate* wurde wenig später von dem Satanisten Charles Manson umgebracht, welcher zudem ein Anhänger der „Scientology" war. Der Gründer der „Scientology" war kein Geringerer als *L. Ron Hubbard*, jener „ehemalige" Mitstreiter von Aleister Crowley, mit dem er damals den *Ordo Templi Orientis* (O.T.O.) gründete. Ein Thema, das merkwürdigerweise in fast allen Dokumentationen über diesen okkulten Orden fehlt...

Wenige Tage vor seiner Ermordung bekannte sich John Lennon dazu, in Zukunft politischen Einfluß nehmen zu wollen. In einer vor wenigen Jahren veröffentlichten, raren Materialsammlung des Ausnahmemusikers griff Lennon das Establishment hart an und nannte Nelson Rockefeller einen Mörder, ebenso die CIA.

Die Beispiele könnten endlos fortgesetzt werden – vom kleinen Mann bis hin zum Präsidenten... So stach beispielsweise ein 35-jähriger Bosnier im September 2004 seine Ehefrau mit einem Messer nieder, weil er „*Stimmen in seinem Kopf hörte*", welche ihn zu der Tat anstachelten.

Für den sogenannten „Fachmann" wird dieses Thema mit dem Krankheitsbild „MPS" (multiple Persönlichkeitsstörung) diagnostiziert. Der Attentäter der schwedischen Politikerin Anna Lindh, *Mijailovic*, gab später in der Verhandlung an, er habe die Politikerin nicht töten wollen. Mijailovic erklärte, plötzlich auftretende Stimmen in seinem Kopf hätten ihn dazu gebracht, Lindh mit einem Messer anzugreifen. Lindh wurde zuvor in Schweden als *künftige* Regierungschefin gehandelt.

Dieses Phänomen ist inzwischen so weit verbreitet, daß es in vielen Ländern sogenannte Hilfsgruppen wie das „Netzwerk Stimmenhören e.V." gibt, welche regelmäßige Zeitungen mit aktuellen Presseberichten zum Thema herausbringen.

„MPS" ist allerdings nur die halbe Wahrheit...

Begonnen hatte alles mit der Forschung von *Dr. Allan Frey* vom *General Electric Advanced Electronic Center* der Cornell-Universität. Frey fand in den sechziger Jahren heraus, daß das Gehörsystem eines Menschen auf eine bestimmte elektromagnetische Frequenz reagiert. Personen, die von Dr. Frey mit niederfrequenten elektromagnetischen Wellen bestrahlt wurden, hörten Summen und Klopfen in ihren Köpfen. Selbst taube Menschen nahmen diese Töne wahr – ein Hinweis darauf, daß das Gehirn ein leistungsstarker Empfänger ist.

1973 führte *Dr. Joseph Sharp* Versuche mit gepulsten Mikrowellenaudiogrammen durch. Ein Audiogramm ist die computerisierte Umwandlung von gesprochenen Wörtern. Er ließ Versuchspersonen in eine Isolierkammer sperren und mit diesen Wellen bestrahlen. Danach berichteten sie Dr. Sharp, daß sie Wörter in ihrem Kopf hören würden. Ein Kollege von ihm vertrat die Ansicht, daß die künstlich erzeugten Stimmen im Kopf eines Feindes diesen verrückt machen könnten. Eine andere Möglichkeit besteht darin, durch Mikrowellen übertragene posthypnotische Befehle für politische Killer auszugeben. Der Betroffene wird dann robotergleich losgehen und den Tötungsauftrag ausführen, ohne daß er danach von unseren Medien und Gerichten mit seiner Behauptung über Stimmen in seinem Kopf ernstgenommen wird.

Die Opfer dieser Mind-Control-Versuche werden von den Verursachern „*Wavies*" genannt.

Ein weiteres Beispiel: Der Amerikaner *D. Bader* wurde 1992 von einer Firma als Computerspezialist eingestellt. Seither hörte dieser Stimmen in seinem Kopf. Am Anfang sagten diese, daß sie seine Freunde sind. Danach wollten sie ihn überzeugen, daß sie von religiösen Personen oder von Außerirdischen stammen. Sätze wie: „*Mach Deine Hausaufgaben*", „*Sei ein Mann*", „*Kaufe eine Waffe*" wurden für Bader zum Alltag.

Der Finne *Martin Koski*, dem ähnliches widerfuhr, erlitt nach solchen Erlebnissen einen Herzanfall. Koski war ein harter Gesellschaftskritiker. Er selbst vermutete die CIA als Verursacher.

Man kann aber Mikrowellen nicht nur für die Erzeugung von synthetischer Telepathie verwenden. Sie können auch Verhaltensveränderungen – sogar bei einer ganzen Menschenmasse – herbeiführen. Die Einsätze betreffen das Auflösen von Menschenansammlungen oder Demonstrationen oder Einsätze gegen sogenannte Terroristen und taktische Kriegsführung.

Dr. *John St. Clair Akwei* prozessiert seit 1996 gegen den US-Geheimdienst NSA. Er hat die USA verklagt wegen der verdeckten Überwachung von amerikanischen Bürgern mit Hilfe genau solcher Neuronal-Monitoring-Technologien. Zum erstenmal ist es einer gefolterten Person gelungen, eine Klage gegen die mutmaßlichen Peiniger anzustrengen.

Mein persönlicher Rat an Sie

Wenn Sie also in Zukunft Stimmen in Ihrem Kopf hören sollten, dann erinnern Sie sich an diese Zeilen! Lassen Sie sich unter keinen Umständen zu Gewalt- und Straftaten auffordern! Lassen Sie sich nicht von diesen Stimmen beeinflussen, besonders, wenn diese Sie nach einiger Zeit psychisch terrorisieren. Unterlassen Sie es, in den Stimmen sogenannte „Außerirdische", „Verstorbene" oder gar „Gott" oder den „Teufel" zu „sehen"! Behalten Sie Ihre ethischen Werte. Die Chance ist groß, daß man irgendwann von Ihnen abläßt, wenn die „Behandlung" nicht anschlägt – da sie Zeitverschwendung ist –, um sich einem neuen Opfer zuzuwenden!

Fordern Sie die Stimmen auf, deren Behauptungen zu beweisen: Wenn diese angeben, sie seien Wesen einer außerirdischen Hochkultur, dann antworten Sie damit, daß diese als Beweis mit einem Raumschiff in Ihrem

Garten landen sollen! Das klingt vielleicht lächerlich, aber nur so können Sie die Spreu vom Weizen trennen!

Sollte dies nicht geschehen, was in 99% aller Fälle anzunehmen ist, dann nennen Sie diese beim Namen: Lügner und Betrüger – und beginnen Sie damit, das Phänomen zu ignorieren und sich wieder dem „normalen" Alltag zu widmen, selbst wenn diese Stimmen zu Beginn noch wie ein eingeschaltetes Radio im Hintergrund „trällern" sollten! Nur auf diese Weise stellen Sie sehr schnell fest, ob Sie einen echten außerirdischen Kontakt haben – oder in die Räder einer anderen Organisation geraten sind.

Klären Sie Ihre Mitmenschen darüber auf! Und hören Sie in Zukunft zweimal hin, wenn Sie in den Medien entsprechende Berichte lesen.

Zum Abschluß sollte ich noch anmerken, daß Verstandesbeeinflussung auch mit Halluzinogenen und verschiedensten Drogen künstlich erzeugt werden kann. Also sollten Sie möglicherweise nicht außer Acht lassen, was Sie zuvor gegessen und getrunken haben beziehungsweise wo, oder ob ein Ereignis stattgefunden hat, bei dem es anderen Menschen möglich war, Ihnen bestimmte Dinge, ohne daß Sie es merkten, zuzuführen (Arztbesuche etc.).

Auch diese Realität wird von unseren Regierungen wohlweislich totgeschwiegen – und Menschen werden ohne Rücksichtnahme auf ihre Erzählungen in psychiatrische Anstalten gesperrt, wenn sie mit jener Thematik beginnen. Sicherlich würde kein Arzt derzeit ernsthaft in Erwägung ziehen, sie *nicht* medikamentös ruhigzustellen und in einer Psychiatrie unterzubringen, anstatt alternativ Anklage gegen den Staat oder die Geheimdienste zu erheben.

Das wissen Jene auch, und deshalb ist es eine wirklich effiziente Waffe.

Kommen wir zu einer anderen Technologie der *Neuen Weltordnung*:

Für viele war flächendeckende Überwachung von Emails im Internet bislang nur ein Gerücht. Am 6. Januar 1998 berichtete nun aber eine Studie des Europäischen Parlaments von einem entsprechenden Abhörsystem der NSA!

Sie sehen: Einige als „Verschwörungsbücher" angesehene Texte der letzten Jahre sind in Wirklichkeit schon immer Tatsachenberichte gewesen, wurden aber wegen des Mangels an Glauben in der Normalbevölkerung in die esoterische Ecke geworfen oder sogar als sogenannte „Hetzschriften" deklariert.

Bleiben wir deshalb noch ein wenig in der Welt der Tatsachen. Wenige Tage nach Bekanntwerden dieser Studie beschloß die Mehrheit im Deutschen Bundestag eine weitere Verschärfung der Telekommunikations-Überwachung durch Strafverfolgungsbehörden und Geheimdienste.

In Bad Aibling existierte lange Zeit ein Abhörposten der Amerikaner mit dem Namen „*Echelon*" (2004 ist er in die Nähe von Darmstadt verlegt worden). Dieser diente der NSA seit Anfang der achtziger Jahre zur Überwachung von elektronischer Kommunikation – weltweit! Ob es allerdings verboten und ein Angriff auf *deren* Privatsphäre ist, wenn Sie in diesem Bewußtsein Emails und SMS mit dem Inhalt „*Fuck the NSA*" (oder ähnliches) durch die Netze schicken, konnte noch nicht geklärt werden.

Das oben Dargestellte basiert auf der UK-USA-Vereinbarung, die 1948 zwischen Großbritannien, USA, Kanada, Australien und Neuseeland getroffen wurde. In den siebziger Jahren war der „Echelon-Vorläufer" von einer britischen Forschungsgruppe erstmals aufgedeckt worden. Die Forscher hatten offizielle Quellen benutzt – wurden aber später verhaftet.

Die NSA-Zentrale ist seit 1957 auf einem etwa 1.600 Hektar großen Gelände der Armee-Basis „Fort Meade" in Maryland. Sie ist von einem drei Meter hohen Elektrozaun gesichert. Dort leben 29.000 Zivilisten und zirka 9.200 Militärs; rund 1.670 Gebäude sind über 150 Kilometer lange Straßen verbunden. Das zentrale Gebäude ist das „*Operations Building I*". Es wurde in den achtziger Jahren aufwendig abgeschirmt, um elektromagnetische Abstrahlungen zu vermeiden. Knapp 13 Millionen Dollar wurden dafür investiert.

NSA-Kuriere transportierten bereits in den achtziger Jahren jährlich etwa 30.000 Tonnen geheimer Akten zwischen Fort Meade und den Ministerien in Washington hin und her. Rund 24.000 Tonnen streng geheimen Archivmaterials fielen jährlich an, welches in eigenen Gebäuden eingelagert wird.

Intelink, ein eigenes, auf dem Internet basierendes Informationssystem der NSA, wird von mehr als 35 Geheimdiensten mit Informationen versorgt. Das Computersystem in Langley speichert mehr als vier Terabyte geheimer Daten. Vor allem das Internet liefert der CIA und anderen US-

Geheimdiensten wertvolles Material. So ist es kein Geheimnis, daß unsere offenen Suchmaschinen, wie beispielsweise „Google", eine Informationsquelle der Geheimdienste darstellen. Es wird geschätzt, daß rund 40 Prozent des gesamten Aufklärungsmaterials, das zum Präsidenten gelangt, aus „offenen Quellen" stammt.

Wir halten somit fest: Über ein hierarchisches, mit zahlreichen Sicherheitsbarrieren ausgestattetes Überwachungssystem wird seit Jahrzehnten Kommunikation weltweit abgehört und ausgewertet.

Anfang der achtziger Jahre wurde noch ein verteiltes Netz von 52 Supercomputern – genannt *„Plattform"* – eingerichtet, um Nachrichten zu entschlüsseln und zu verarbeiten. Zeitgleich wurden die Computer der UK-USA-Stationen miteinander verbunden und in die „Plattform" integriert, Codename: ***ECHELON!***

Ob Telefonate, Emails, Faxe oder Telex – Echelon hört den gesamten über Satelliten geleiteten Kommunikationsverkehr ab, auch von Ihnen! Koordiniert wird das Echelon-System von der NSA.

Im wesentlichen besteht das Abhörsystem aus drei Komponenten, um möglichst den kompletten Kommunikationsverkehr zu erfassen:

Zum einen dient es der Überwachung von internationalen Telekommunikations-Satelliten (Intelsat), die von den Telefongesellschaften in den meisten Ländern benutzt werden. Weiterhin belauscht es regionale Kommunikationssatelliten, die nicht von *Intelsat* getragen werden, sowie Kabelverbindungen und Mikrowellen-Türme.

Eine der *Echelon*-Schlüsselstationen steht in Morwenstow, Cornwall (England), um Europa, den Atlantik und den Indischen Ozean abzuhören. Eine weitere NSA-Station ist in *Sugar Grove*, etwa zweihundertfünfzig Kilometer südwestlich von Washington D.C.. Sie deckt neben dem Atlantik selbstverständlich auch Nord- und Südamerika ab. Der Pazifik wird von einem Armeestützpunkt aus dem Yakima Firing Center, etwa zweihundert Kilometer südwestlich von Seattle, abgehört. Was in Yakima nicht erfaßt werden kann, wird durch Stationen in Australien und Neuseeland registriert. Die neuseeländische Station in Waihopai sowie die westaustralische Geraldton Station überwachen den gesamten Südpazifik und den Indischen Ozean.

Kommen wir aber wieder zurück zu den Umwelt- und Klimaveränderungen, welche vielerorts noch immer angezweifelt werden. Die *Universität Stuttgart*, Institut für Geographie, brachte eine offizielle Studie heraus unter dem Titel *„Naturkatastrophen und Versicherungswirtschaft 2002/2003“*. Darin gibt die Universität bekannt, was ich bereits im vorderen Teil des Buches beschrieb: Die weltweiten Schadenszahlungen der Versicherungen sind in den letzten Jahren geradezu ins *Astronomische* gesteigert worden! So erwartet man bis zum Jahre 2010 eine jährliche Schuldenbelastung von 25-30 Milliarden Dollar! Die enorme Höhe dieses Wertes wird klar, wenn man bedenkt, daß im Jahr 1960 die jährliche Schuldenbelastung durch Umweltkatastrophen noch bei 1 Milliarde Dollar lag!

Im Sommer 2003 starben, wie bereits angedeutet, alleine in Frankreich etwa 11.000 Menschen den Hitzetod! In Deutschland schwieg man sich diesbezüglich aus. Die positive Temperaturabweichung betrug im Sommer 4,5 Grad (im Vergleich dazu als Wert der sehr kühle August 1978 mit einer Durchschnittstemperatur von 15 Grad weniger). Nach Ansicht der Wetterdienste ist dies aber noch nicht das Ende. Eine Klimaverschiebung von 13 Grad wurde hier prognostiziert (*Ostthüringer Zeitung* „OTZ“ vom 10.9.2003).

Und vergessen wir eines nicht: Eine Klimaverschiebung macht sich nicht nur im Sommer bemerkbar! So wurde in den letzten 15 Jahren ein immenser Temperaturanstieg der Durchschnittswerte festgehalten. Das Wetter ist eine *globale* Angelegenheit. So kann es im nächsten Jahr zum Beispiel über Deutschland einen merklich kühleren Sommer geben, aber die *weltweite Erwärmung* der Atmosphärenwerte sich trotzdem nach oben verschieben – wie bereits geschehen.

Kommen wir in diesem Zusammenhang wieder auf ***Alternative 3*** zu sprechen:

Eine Forschungsgruppe aus dem Umfeld des *CFR*, dem *Council on Foreign Relations* (der von einigen Autoren als *„Schattenregierung der USA“* bezeichnet wird), gab nach eingehenden Forschungen im Jahre 1957 in Huntsville, Alabama, bekannt, daß die Erde aufgrund des Treibhauseffektes in absehbarer Zeit unbewohnbar sein wird. Zur Lösung des Problems wurden – wie bereits betrachtet – *drei* Alternativen vorgeschlagen:

Alternative 1:
„Durch Nuklearbomben Löcher in die Atmosphäre reißen, so daß die überschüssige Wärme in den Weltraum entweichen kann. Dies soll 1957/58 über dem Südatlantik, am Rande der Antarktis ausprobiert werden."

Tatsächlich wurden zu jener Zeit in dieser Region mehrere atomare Sprengköpfe in der Ionosphäre gezündet!!!

Alternative 2:
„Menschen, die „wertvoll" sind, rechtzeitig unterirdisch ansiedeln, um dadurch das Überleben der Menschheit zu sichern."

Mit jenem Thema haben wir uns bereits beschäftigt, und es gibt zu viele Zeugen, als daß man diese Geschichten inzwischen generell als „Blödsinn" abtun könnte.

Alternative 3:
„Die „Auserwählten" auf einem anderen Planeten (Mars war in deren Plänen die realistischste Möglichkeit) *anzusiedeln."*

Was aus diesen Angaben und den Entwicklungen der letzten Jahre hervorgeht, ist die Tatsache, daß man sich wohl für eine Kombination aller drei Alternativen entschieden hat – allerdings ohne die Weltbevölkerung über die bevorstehenden Klimaauswirkungen und Pläne zu informieren. Dies geschah, um eine Panik zu verhindern sowie letztlich auch die Tatsache zu berücksichtigen, daß jene unterirdischen Anlagen – so groß sie auch sein mögen – möglicherweise Millionen von Menschen Platz bieten, aber in keinem Falle Milliarden... Da es auch nicht möglich ist – aus irdischer Sicht –, Milliarden von Menschen auf andere Planeten umzusiedeln, wurden uns unter anderem falsche Angaben und Atmosphärenwerte über die benachbarten Planeten geliefert.

Erinnern wir uns, wann dies begann:
Zu Beginn des 20. Jahrhunderts wurde von den Wissenschaftlern noch lauthals verkündet, daß die Atmosphärenwerte auf dem Mars und Mond ähnlich denen der Erde seien. Mitte des 20. Jahrhunderts wurde noch offiziell von Marsmenschen gesprochen, und Orson Wells' Hörspiel „Krieg der Welten" konnte aufgrund dessen die Welt in Panik versetzen!

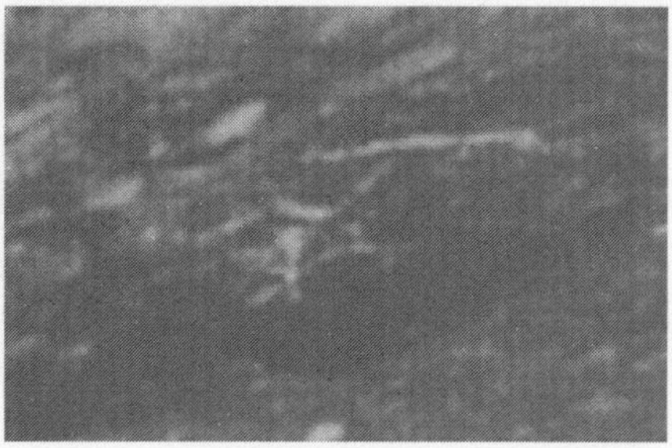

Abb.232 links: Originalaufnahme von Apollo 13 der *Astronauts Bay*. Erinnern Sie sich an *Alternative 3* und die Angaben, auf dem Mond solle eine Basis an einem Kraterrand erbaut werden? Beachten Sie den oberen rechten Bereich und jene kreisrunde, künstlich wirkende Anlage.
Abb.233 rechts: Die künstlich wirkende Anlage aus dem rechten oberen Bildrand in der Vergrößerung.

Doch durch die neue, die „moderne Wissenschaft" wissen wir es besser: Das erste UFO-Projekt der Amerikaner (*Project Sign: Erforschung des UFO-Phänomens*) kam Mitte des letzten Jahrhunderts offiziell zu der Erkenntnis, daß wir von außerirdischen Raumschiffen besucht werden (1947)!

Natürlich paßte diese Stellungnahme nicht in die Pläne einer selbsternannten „Weltelite", welche in der Mitte des zwanzigsten Jahrhunderts *Alternative I-III* ausarbeiten ließ. Danach wurde *Project Sign* abgelöst von *Project Grudge* (Grudge = *Groll*), in welchem nun plötzlich alle, welche die Thesen von *Project Sign* stützten, als Spinner und Psychopathen abgetan wurden.

Und nun möchte ich Sie über eine weitere Besonderheit aufklären, die in der UFO-Szene bekannt ist, aber in diesem Kontext eine ganz neue Bedeutung bekommt! Laut den offiziellen Angaben und Untersuchungen wird über die *Greys* folgendes verbreitet: Man spekulierte über die Tatsache, warum diese so große und schwarze Augen besitzen, und kam nach Interviews und Untersuchungen zu dem Ergebnis, daß dies daher rührt, daß auf ihrem Heimatplaneten eine sehr viel höhere Sonneneinstrahlung (und somit auch Temperatur) vorherrscht. Die schwarzen Augen filtern das Sonnenlicht – ähnlich einer starken Sonnenbrille –, um ein Sehen zu ermöglichen, ohne daß die Netzhaut Schaden nimmt.

Die Körper der Greys werden als „halb pflanzlich" angesehen, und man sagt, sie nähmen auch Flüssigkeit über die Haut auf (und sondern ihre Abfälle auf dem selben Wege aus). Das ist ebenfalls ein Aspekt, der – unabhängig davon, ob die Greys Ihrer Meinung nach existieren oder nicht – auf eine Lebensumgebung schließen läßt, in der es sehr viel heißer ist als bei uns und Wasser in flüssiger Form kaum vorkommt.

Ich möchte Ihnen in diesem Zusammenhang erklären, wie ein *Chamäleon*, welches in der Wüste lebt, Flüssigkeit aufnimmt: Chamäleons legen sich unter eine Wüstenpflanze und warten, bis durch die Morgensonne kondensierte Wassertropfen auf sie herabfallen. Diese Wassertropfen treten *durch die Haut* ein und werden so vom Körper aufgenommen.

So finden wir auch in der Zuchtanleitung des *Pantherchamäleons (furcifer pardalis)* folgenden Hinweis auf die Wasserversorgung: *„Das tägliche Besprühen genügt zur Wasseraufnahme...“*[(36)]

Ist es ein „Zufall“, daß die Greys geradezu signifikant oft in Wüsten- oder wüstenähnlichen Regionen abstürzen oder nach Abschüssen dort zu finden sind (Kalahari-Wüste, Nevada etc.)? Sind dies etwa Regionen, welche ihrem Heimatplaneten am ähnlichsten sind?

Absturzstellen sind beispielsweise: am 4. Juli 1947 in der **Wüstenregion** von New Mexiko bei Roswell; am 13. Februar 1948 in der **Wüstenregion** bei Aztek, New Mexiko; ein weiterer Absturz am 7. Juli 1948 in der **Wüste** von New Mexiko; 1949 wiederholt ein Absturz in der **Wüste** (angeblich) bei Roswell, New Mexiko; am 14. August 1952 in der **Wüste** von Nevada bei Ely; am 10. September 1950 wiederholt in der **Wüstenregion** von New Mexiko bei Albuquerque; am 18. April 1953 in der **Wüste** von Arizona; am 20. Mai 1953 ebenfalls in der **Wüste** von Arizona der bekannte „Kingman“-Absturz; am 10. Juli 1953 in Südafrika bei Johannesburg; am 18. Juli 1957 bei Carlsbad, New Mexiko; am 12. Juli 1962 in der Region der Holloman AFB in der **Wüstenregion** von New Mexiko; am 27. Oktober 1966 in der **Wüste** von Arizona; am 18. Juli 1972 in der **Sahara**, Marokko; am 10. Juli 1973 in der **Wüste** von Arizona; am 12. Mai 1976 in der australischen **Wüste**; am 22. Juni 1977 in Nordwest Arizona; im November 1988 in der Menegeti-**Wüste** in Afghanistan; im Mai 1989 in Südafrika, Botswana und im Juni 1989 in der Kalahari-**Wüste** in Südafrika – glaubt man den UFO-Forschern...

Ist auch diese Tendenz rein „zufällig“?

Und ist es ein weiterer „Zufall", daß ausgerechnet jene Basen, in welchen die Greys auf der Erde eine Station in Zusammenarbeit mit den Amerikanern besitzen sollen, in einer Wüstenregion liegen (*Area 51*, Nevada und *Dulce*, New Mexico)?

Man sagt über die *Area 51*, daß die Greys in jenen Basen *„ihre eigene Atmosphäre haben"*, *„habitate"* genannt. Und man berichtete, als man von dieser Notwendigkeit noch nicht wußte, daß der erste Grey, welchen man in Gefangenschaft hielt, nach etwa einem Jahr krank wurde und man aufgrund seiner Physiognomie einen Botaniker hinzuzog. Dieser konnte dem Wesen jedoch nicht wirklich helfen (aus Unkenntnis), so daß der Grey kurze Zeit darauf verstarb.

Pflanzen werden oftmals sehr viel älter als Menschen. Dasselbe behauptet man auch von den Greys.

Kann es sein, daß hinter den Entführungen durch die Greys – und der angeblichen Mischrasse, die hier laut den Berichten Entführter herangezüchtet werden soll – in Wahrheit ein Aspekt der *Alternative 3* steckt und die Tatsache, daß jene Greys sich in einer erheblich heißeren Atmosphäre zu Hause fühlen? Kann es vielleicht sein, daß hier eine Mischrasse herangezüchtet wird, um hier eine in diesen Atmosphärenwerten überlebensfähige Spezies anzusiedeln, welche den uns bevorstehenden klimatischen Veränderungen gewachsen ist? Oder ist diese Hypothese nur Fiktion?

Einer der ersten Astronauten, der das Schweigen brach, war der am 27. Januar 1940 in Boston, Massachusetts, geborene Physiker *Brian O'Leary*. Er hatte damals als der einzige planetarische Wissenschaftler im NASA-Astronauten-Korps des Apollo-Programms gedient. O'Leary gab offen zu verstehen, daß er davon überzeugt ist, ***„die Menschheit ist das Opfer einer riesigen Vertuschung"***. Dies beschrieb er unter anderem in seinen später veröffentlichten Büchern *„Erforschen des Inneren und des Weltraums"* und *„Das zweite Kommen der Wissenschaft"*.

Brian O'Leary übernachtete vor einigen Jahren bei dem UFO-Kontaktler und Buchautor *Whitley Strieber*, welcher angab, von den Greys Besuch zu bekommen (was er in seinem Buch *„Communion"* ausführlich darlegte). O'Leary ist sich noch heute sicher, daß in jener Nacht merkwürdige Dinge im Haus vorgingen. Andere hatten dort in jener Nacht einen offenen Kontakt mit den Greys und sprachen von *„einem blauen Licht, das sie geweckt hatte“.*

Der Astronaut *Harrison Schmitt*, geboren am 3. Juni 1935 in Santa Rita, New Mexiko, hielt am 20. April 1979 eine Pressekonferenz in Albuquerque, New Mexiko, ab. Er selbst hatte diese Konferenz zum Thema „Viehverstümmelungen“ einberufen. Schmitt war damals kein Geringerer als der **Senator von New Mexiko**! Das FBI in Washington erhielt einen fünfseitigen Abschlußbericht der Konferenz. Bei jener Konferenz wurden die verschiedenen Möglichkeiten diskutiert, welche das Phänomen zur Ursache haben könnte. Unterstützt wurde dies vom Bundesstaatsanwalt *R. F. Thompson*.

Dabei kam zutage, daß am Ende nur zwei Möglichkeiten realistisch waren: Verdeckte militärische Gründe oder noch eher eine *außerirdische Realität*. Die Wahrheit liegt wohl irgendwo dazwischen.

Zu Beginn des Buches habe ich über einen NASA-Mitarbeiter, *Professor Dini*, gesprochen, welcher offiziell zugab, daß die Astronauten auf dem Mond außerirdischen Kontakt hatten und die Funkfrequenz für Angaben zu diesem Phänomen gewechselt wurde. Doch er war nicht der einzige...!

Otto Binder war Mitglied des *NASA-Weltraumteams*. Er gab offiziell folgendes zu: *„Bestimmte Quellen mit eigenen UKW-Empfängern, die nicht auf die Radioübertragungen der NASA angewiesen waren, behaupteten, daß ein Teil des Erde-Mond-Dialogs vom NASA-Kontrollstab abgeschnitten wurde. Das war vermutlich, als die beiden „Mondbegeher“ Aldrin und Armstrong in einiger Entfernung von Raumschiffen die Runde machten.“*

Was den meisten Menschen, besonders hier in Deutschland, *nicht* bewußt ist, ist die Tatsache, daß bereits unzählige Länder auf der Welt existieren, deren Regierungen zugeben, daß das UFO-Phänomen ***Realität*** ist. Da wir nicht zu diesen Ländern gehören, sondern unter einer Vertuschungspolitik leben, wissen die Menschen hier nichts davon. Zu jenen Regierungen, welche die Existenz von UFOs öffentlich anerkannt haben, gehören unter anderem *Brasilien*, *Argentinien*, *Venezuela*, *Mexiko*, *Indien*, die *Philippinen*, *Peru* und *Grenada*.

Wie bereits zuvor erklärt, baute der von der *Anglia Television Film* in England produzierte Film-Beitrag *Alternative 3* auf einer reellen Geschichte auf. Das Drehbuch stammt von *David Ambrose*, Regie führte ein *Christopher Miles*. Der damalige Nachrichtensprecher von ITV, *Simon Butler*, gab vor der Sendung, welche um 21 Uhr ausgestrahlt wurde, bekannt: *„Die Sendung wird in mehrere andere Länder übertragen. Die Fernsehchefs dort möchten erst die Wirkung auf die britischen Zuschauer abwarten."*

Die Sendung dauerte eine Stunde und endete somit um 22 Uhr. Natürlich muß man nun davon ausgehen, wenn etwas ähnliches wie „Alternative 3" existiert, daß die Mitarbeiter der Raumfahrtagentur NASA darüber Bescheid wissen und vielleicht irgendwann ihr Schweigen brechen.

Und tatsächlich führt die Beweisführung der *Alternative 3* unter anderem jenen Fakt mit an, daß es bei der NASA eine große Anzahl von „unerklärlichen" Todesfällen gab.

Informiert über die *Alternative 3* waren unter anderem: *James Riggford*, Einsatzleiter der NASA, wohnhaft in Houston, Texas. Er wurde am 2. Februar 1976, zwei Tage nachdem er seinen Job bei der NASA beendet hatte, tot aus dem Golf von Mexiko gefischt. *Rodger Smith*, Physiker und Mitarbeiter der NASA, wurde am 7. September 1976 um 1 Uhr nachts brennend im Treppenhaus vorgefunden. Offiziell wurde angegeben, er habe seine Kleidung mit Terpentin überschüttet und sich angezündet. *James Charmichael*, Raumfahrttechniker der NASA, stürzte am 15. Januar 1977 auf unerklärliche Weise aus dem 16. Stock eines Hotelzimmers in Washington. Er trug noch seinen Schlafanzug.

Doch in den Berichten über *Alternative 3* gibt es einen Fehler, den ich bereits benannte und teilweise auch widerlegt habe: In den Verschwörungsschriften wird angegeben, daß *Alternative 1* und 2 abgelehnt worden wären. Dies ist jedoch falsch – behaupte ich –, denn die Realität liegt in einer Verknüpfung aller drei Alternativen. Auch die Illuminaten haben nicht wirklich ein Interesse daran, die Erde zugrunde zu richten. Schließlich verlieren sie dadurch Teile ihres Reichtums, ihrer Freiheit und ihrer Macht.

Ich möchte mich sicherlich nicht als Sprecher der Illuminaten hervortun, wenn ich sage, daß jene nachweislichen, geheimen Atomexplosionen im Jahre 1957 in der Ionosphäre über den Polkappen ein gutgemeinter Versuch waren, das drohende Unheil aufzuhalten – durch *Alternative 1* –, doch scheint es so gewesen zu sein.

Lassen Sie mich in diesem Kontext noch einen anderen Gedanken anknüpfen: Wenn die Greys tatsächlich eine Art *Mischrasse* züchten, welche hier etabliert werden soll, wenn wir selbst als menschliche Spezies hier nicht mehr überlebensfähig sind, so sehe ich auch darin generell keine negativen Machenschaften. Es mag sein, daß die Greys hier durchaus ihre eigenen Interessen mit einbauen – wie wir es doch generell auch als Spezies gerne tun –, schließlich gibt es Angaben über eine ähnliche zu erwartende Katastrophe in deren eigenem Sternensystem. Aber möglicherweise haben sie gar nicht die technischen Möglichkeiten, Milliarden von Menschen von der Erde zu retten. Und wie wir bereits festgestellt haben, scheint es so zu sein, daß diese technisch – wenn uns auch weit voraus (schließlich beherrschen sie das Reisen durch die Zeit) – noch immer weit von der Perfektion entfernt sind.

Sie sehen, daß Gut und Böse möglicherweise nicht wirklich so getrennt voneinander sind, wie wir es uns vorstellen bei der Symbolisierung von *Teufeln* und *Engeln* oder bei der Trennung in politisch „rechte“ und „linke“ Lager. Möglicherweise ist die Realität ein *Yin* und *Yang*. Wir finden auch Gutes im augenscheinlich Schlechten und umgekehrt – so wie auch bei uns die Menschen nicht wirklich in Gut und Böse unterteilt werden können.

Der Wissenschaftler *Robert Lazar* gab an, ebenso wie unzählige Entführte (siehe auch *Betty* und *Barney Hill*), daß er seinen Einweisungspapieren auf der *Area 51* entnommen hatte, daß die Greys vom Doppelsternsystem *„Zeta Reticuli“* kommen würden. Aufgrund zweier benachbarter, bewohnter Planeten hatte sich dort die Raumfahrt erheblich schneller entwickelt als andernorts.

Was bedeutet das: Doppelsternsystem? Dies bedeutet, daß Sie dort am Himmel nicht eine Sonne sehen, sondern zwei. Doch logischerweise ist dies nicht nur eine optische Schönheit, sondern es bedeutet logischerweise auch: die WÄRME von ZWEI Sonnen!

Und hier kommen wir wieder zu der angeblichen Physiognomie der Greys (wüstenartige Lebensgefilde als Lebens- und Heimatort) – und sie deckt sich eins zu eins mit den Behauptungen der *Area-51*-Mitarbeiter und ihren Einweisungspapieren.

Angenommen es wäre so und die Greys würden somit auch einen Teil unserer Nachkommen am Leben erhalten, so würde das bedeuten, daß Entführte wie *Reiner Feistle* davon ausgehen könnten, daß deren Gene durch die Kinder, die in den Brutstätten der Außerirdischen aus den entnommenen Spermien der Entführten herangezüchtet werden, real „wiederbelebt" werden in einer neuen Welt. Sollte dies tatsächlich so sein, so bekommen bestimmte Textzeilen der *Offenbarung des Johannes* in der Bibel eine *weitere*, neue Bedeutung.

Gingen wir bislang davon aus, daß ein Großteil der Menschheit die Klimakatastrophe nicht überleben wird, so wissen wir nun – glaubt man *Alternative I-III* –, daß ein Teil der Menschheit (die „Auserwählten", *Illuminierten*) unter der Erde in Untergrundbasen und an anderen Stellen überleben wird. Ein anderer Teil der Menschheit scheint, wenn die notwendige geistige Reife vorhanden ist, von einer menschlich aussehenden, außerirdischen Rasse evakuiert und gerettet zu werden und solange außerhalb der Erde in Raumschiffen und auf anderen Planeten zu überleben, bis die Erde sich gereinigt hat und die Atmosphäre wieder menschliches und verschiedenes tierisches Leben zuläßt. Dies ist die nahezu einhellige Aussage der UFO-Kontaktler.

Und eine weitere Rasse, welche den hohen Temperaturen trotzt, wird in dieser für uns unwirtlichen Zeit auf der Erde von den Greys angesiedelt – die sogenannten „Mischwesen" (halb Mensch, halb Grey).

Zudem wird ein Drittel der Erdbevölkerung, wie in den Heiligen Schriften beschrieben, der Katastrophe zum Opfer fallen und sterben.

Angenommen es wäre so, dann würden die „Illuminierten", wenn sie nach *„eintausend Jahren"* wieder an die Erdoberfläche kommen, anstelle einer unbelebten Welt sogar *zwei* Völker auf der Erdoberfläche antreffen:

1. Die *Mischwesen der Greys* – und
2. die *Zurückgekehrten*, welche einst durch die menschlich aussehenden Außerirdischen von der Erdoberfläche gerettet wurden.

Das ist natürlich reine Theorie. Oder etwa nicht? Stimmt diese „Annahme“ etwa mit der Offenbarung des Johannes überein? Dort lesen wir: *„Wenn die tausend Jahre um sind, wird der Satan aus seinem Gefängnis freigelassen. Er wird ausziehen, um die Völker an allen vier Enden der Erde zu überreden – das sind* ***Gog*** *und* ***Magog****. Sie sind so zahlreich wie der Sand am Meer...“* (Offenbarung des Johannes, 20.7-8).

Übersetzen wir *Gog* mit *Menschen*, dann wird deutlich, daß es hier zum einen nach den tausend Jahren den normalen Menschentyp gibt, und zum anderen Mischwesen der Menschen, die *Ma-Gog*!

Das wäre sicherlich eine phantastische Geschichte!

Illuminiertes Denken

Doch ich werde Sie auf noch ganz andere Dinge aufmerksam machen. Ich werde mich nun bei vielen UFO-Forschern noch unbeliebter machen. Und dies wird geschehen beim Thema „Illuminaten“.

Die Illuminaten selbst halten sich keineswegs für „schlechte Menschen“. Illuminaten bedeutet übersetzt die „Erleuchteten“ (lat.: illuminare; *erleuchten*). Sie halten sich für eine Eliteorganisation, was letztlich ja auch stimmt. Sie kontrollieren die Medien, die Finanzmärkte, die Regierungen und die Völker. Doch sie sind wahrlich davon überzeugt, der Menschheit im ganzen mit ihrem Tun zu helfen.

Ich möchte dies kurz erläutern: Die Illuminaten wollen den evolutionären Zyklus in ihrem Sinne voranbringen. Sie haben Kontakt zu mehreren außerirdischen Zivilisationen, und sie haben von den menschlichen Außerirdischen bereits eine Abfuhr bekommen, was einen Technologie-Transfer betrifft, weil uns offensichtlich die geistige Reife fehlt. Damit gaben sie sich nicht zufrieden und wandten sich an die Greys.

Ich will Sie nun für ein paar Momente mit dem Denken der Illuminaten vertrauter machen: Wenn die Illuminaten eine Ethno-Waffe einsetzen, die Millionen Menschen den Tod bringt, so sind sie letztlich der Überzeugung, daß das *notwendig* ist, um dem Rest der Menschheit das Überleben zu sichern. Die Tatsache, daß tatsächlich in den fünfziger Jahren über den Polen Atombomben riesige Löcher in die Atmosphäre rissen, zeigt den verzweifelten Versuch dieser Leute, möglicherweise nicht nur ihr eigenes Leben zu retten und auf einen anderen Planeten umzusiedeln, sondern der erkannten Gefahr einer massiven Klimaveränderung durch *Alternative 1* entgegenzuwirken.

Die Illuminaten wollen die Menschheit möglichst schnell in eine Art Weltraumgesellschaft verwandeln – jene Menschen zumindest, welche deren Meinung nach „würdig“ sind. Und dabei handeln sie nach dem Prinzip, das besagt, daß sich der Mensch am schnellsten einem Wandlungsprozeß unterzieht, wenn er von Kummer, Leid und Krieg geplagt wird; nach dem Prinzip: „*Wenn es allen gut geht, warum sollte man sich dann verändern?*“

Sie schaffen „Böses“ in dem Glauben, daß die Menschheit am Ende möglicherweise *schneller* reift, als sie es ohne die schrecklichen Erlebnisse tun würde. Sie wollen eine „Eine-Welt-Regierung“, weil sie meinen oder überzeugt sind, daß dies letztlich die *einzige* Möglichkeit ist, als Weltraumzivilisation auf Dauer zu überleben. Sie versuchen, möglichst diejenigen auszurotten, welche ihrer Meinung nach am wenigsten zu diesem Projekt beizutragen haben und nur „unnütze Esser“ darstellen – untere soziale Schichten, Schwarzafrikaner, Alte, Schwache, Kranke und so weiter.

Wenn ein Mensch eine schreckliche Krankheit durchläuft, dann wird er nach den Jahren des Schmerzes ein anderer sein – falls er diese überlebt und wieder gesund geworden ist. Dies ist das Prinzip, nach welchem die Illuminaten auf globaler Ebene verfahren, um möglichst viele Menschen zu verändern – durch künstlich erzeugte Kriege, Terror, Seuchen und Katastrophen. Eine Bevölkerung, welche vom Krieg gebeutelt ist, wird letztlich den Krieg hassen. Das erfahrene Leid wird in die Geschichte eingehen und

Abb.234: Tunnelbohrmaschine der US-Air-Force, mit welcher die unterirdischen Röhren und Verbindungen zwischen den Untergrundbasen gebohrt werden, von welchen die Normalbevölkerung nichts erfährt. Von dieser Sorte gibt es noch erheblich größere.

als Mahnmal über späteren Generationen ruhen. Ohne diese Kriege, so glauben die Illuminaten, werden sich die Menschen nicht schnell genug ändern, um den raschen Einzug in eine Art Weltraumföderation zu schaffen.

Ich würde darauf wetten wollen, daß jene Mörder und Attentäter, welche *heute* das Werkzeug der Illuminati sind – als Mittel zum Zweck –, in Wirklichkeit deren Verachtung sicher sein können, da die Illuminati diese wegen ihrer primitiven Art verabscheuen. Doch sie brauchen diese – noch. Ich bin mir ebenso sicher, daß die *„oberen Dreihundert"* der Weltverschwörung diese Handlanger als *„dumme"* Menschen bezeichnen und in ihnen nicht mehr als einen Hammer oder eine Sichel sehen, um den rauhen Stein zu bearbeiten – ebenso wie sie unsere militärischen Einheiten und Polizeikräfte lenken und leiten, damit ihr Staatssystem aufrechterhalten bleibt.

Angenommen, es würde hunderttausend Attentäter auf der Welt geben, so bin ich überzeugt, wird es auch nur noch zwanzigtausend von ihnen geben, sobald die geheime Weltregierung mit nur noch zwanzigtausend Verrückten auskommt. Wenn diese ihre Aufgabe erfüllt haben, werden sie die ersten sein, welche wie eine heiße Kartoffel fallengelassen werden!

Die Illuminaten bezeichnen sich auch eher als „Luziferianer", was mit dem *„Lichtbringer"* in Verbindung gebracht wird. Diese sehen die Geheimhaltung all dieses Wissens – vor allem über außerirdische Kontakte – als absolute Notwendigkeit an. Denn glauben Sie, daß der normale Arbeiter in der Fabrik ab morgen noch zur Arbeit gehen würde, wenn er erfährt, daß es außerirdische Rassen gibt, welche die Erde besuchen? Glauben Sie tatsächlich, wenn er wüßte, daß Telepathie und der Blick in die Zukunft reale, erlernbare Fähigkeiten sind, daß dieser sich noch bis zur Rente hinter seine Maschine stellen würde, um *„rote Schachteln wegzuräumen"*, welche das Fließband auf ihn zurattern läßt?

Vor einiger Zeit kam ein Film in die Kinos: *„Paycheck"*. In diesem ging es letztlich um eine Art Zeitmaschine und einen Blick in die Zukunft. Aussage des Filmes war es, daß wenn die Menschheit ihre Zukunft kennen und das Geheimnisvolle verschwinden würde, diese die Illusion und die Hoffnung verlieren würde.

Sie können sich natürlich denken, daß ich all diese Ansichten *nicht* teile...

Als erstes ist die Zukunft eine Variable, die wir selbst gestalten. So gibt es nicht *eine* Zukunft, sondern viele Möglichkeiten. Ich glaube nicht daran, daß es den Untergang unserer Zivilisation bringen würde, wenn die Menschen sich über die außerirdische Präsenz im klaren wären und von der Realität über Telepathie und andere Dinge erfahren würden. Nach der ersten Euphorie, die sicherlich eintreten würde, gäbe es eine natürliche Umstrukturierung. Ganz sicher...

Einige Arbeitszweige würden auf kurz oder lang verschwinden (und Arbeitsplätze kosten) und andere würden neu geschaffen. Würde tatsächlich Telepathie an den Schulen gelehrt, dann würde bald die Kriminalität gegen Null gehen, denn keiner würde seine negativen Gedanken vor dem anderen verbergen können, und niemand würde sich mehr über den Tisch ziehen lassen. Damit würden allerdings auch alle heutigen Geheimgesellschaften für immer ihre Geheimnisse verlieren.

Ich glaube auch nicht, daß man, um ein guter Mensch zu werden, einen Krieg durchleben muß. Bildung ist die beste Waffe der Vernunft. Ich glaube auch nicht, daß man Ethno-Waffen braucht, um die Bevölkerung zu dezimieren, sondern Aufklärung!

Den Beweis dafür haben wir direkt vor unserer Nase:

Es ist eine Tatsache, daß die Bevölkerungszahl in vielen Ländern in Europa, nicht nur in Deutschland, allgemein rückläufig ist – ganz ohne Massenvernichtungswaffen und Druck –, während sie in den Dritte-Welt-Ländern zunimmt. Wenn es den Menschen besser geht, sie genug zu Essen haben und sich Existenzängste minimieren, dann wird es auch keine Überbevölkerung mehr geben auf der Welt. Die Weltbevölkerung wird sich dann selbst regulieren, so wie es auch in Europa geschieht.

Wir erleben eine künstlich erzeugte Ungerechtigkeit. Wenn wir in den Supermarkt gehen, dann bekommen wir eine Gurke heute schon für 25 Cent oder darunter, ebenso 500g Nudeln; und in der westlichen Welt landen jährlich Millionen Tonnen an Nahrungsmitteln auf dem Müll.

In anderen Ländern müssen die Menschen einen ganzen Tagesmarsch durch die glühende Hitze laufen, um ein Glas dreckiges Wasser zu bekommen, und können deshalb keine Schule besuchen.

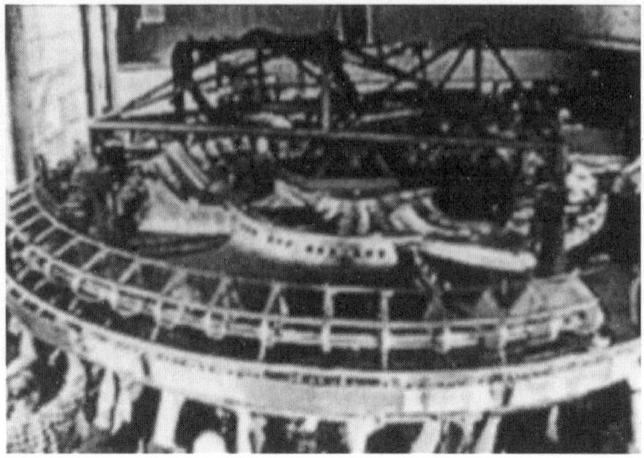

Abb.235 links: Ein Eingang in die unterirdische Welt der *Neuen Weltordnung*. Diese Anlage trägt den Namen *Shadow* und liegt etwas außerhalb von Washington. Laut Spekulanten soll die unterirdische Anlage auch mit dem Weißen Haus und dem Pentagon verbunden sein. Gebaut wurde sie während der Eisenhower-Ära (1953 bis 1961) – also genau in jener Zeit, in welcher bekanntlich die angebliche Studie um *Alternative 3* (1957) angefertigt wurde und vorschlug, jene unterirdischen Anlagen zu bauen. Zufall? **Abb.236** rechts: Montage einer irdischen „fliegenden Untertasse" der Amerikaner auf den Grundlagen deutscher Technologie, welche nach dem Zweiten Weltkrieg erbeutet wurde.

Die „Dritte Welt" ist eine künstlich erzeugte Institution durch Staatsverschuldung und Nahrungsmittelverknappung sowie andere Faktoren – ebenso wie bei uns zum Beispiel der „Zweite Arbeitsmarkt".

Meine persönliche Meinung dazu ist ziemlich radikal: Wenn in Deutschland oder anderswo ein Betrieb nur existieren kann, indem er Hilfskräfte für 1 bis 3 Euro in der Stunde anstellt, dann ist er nicht rentabel. Meistens ist es aber nicht einmal dies, sondern die Wirklichkeit sieht so aus, daß es dem Konzern natürlich finanziell besser geht, wenn er das Geld, welches er für eine ordentliche Bezahlung an seine Mitarbeiter weitergeben sollte, damit diese normal leben können, nur noch in die Kapitalbildung steckt (siehe die Firmenpolitik einiger großer Automobilkonzerne in Deutschland im Jahre 2004).

Und wie bereits beschrieben, ist die sogenannte „Überbevölkerung" kein unabwendbares Übel. So gab es laut Statistik zum Beispiel im Jahr 2000 in Deutschland, Italien, Griechenland und Schweden mehr Sterbefälle als Geburten.

Haben Sie sich nie gefragt, warum die ganze Welt von „Überbevölkerungsszenarien" geplagt wird?

Es ist vielleicht noch nicht bis zu jedem vorgedrungen – und ich darf dies wohl auch nur als Behauptung in den Raum stellen –, daß es überhaupt kein wirkliches Überbevölkerungsproblem gibt und nie gegeben hat!

Verwechseln Sie ein Bevölkerungswachstum in manchen Ländern nicht mit dem, was das Wort „Überbevölkerung" aussagt. Natürlich gibt es in manchen Regionen einen Bevölkerungsanstieg und in anderen, so wie bei uns und vielen anderen Wohlstandsländern, einen Bevölkerungsrückgang. Doch Bevölkerungs*anstieg* ist nicht gleich *Über*bevölkerung!

„Überbevölkerung" bedeutet – wie der Name schon sagt –, daß mehr Menschen in einem Land leben, als Arbeitsmöglichkeit vorhanden ist. Die Armut und Nahrungsmittelknappheit in Regionen wie beispielsweise der sogenannten „Dritten Welt" sind aber keine Folge einer Überbevölkerung, sondern das Resultat von Kolonialismus, bewußter Staatsverschuldung, Unterdrückung, Währungspolitik und Machtmißbrauch!

Vielleicht fragen Sie sich jetzt, von wem dann all diese Informationen gestreut werden? Wer ist der Verursacher? Haben Sie zum Beispiel schon einmal etwas vom *Club of Rome* gehört?

Dahinter verbergen sich jene netten Menschen, welche uns Anweisungen geben, wie wir uns am besten einschränken, damit diese Horrorzukunft für uns so „glimpflich" wie möglich verläuft...

Was genau ist der Club of Rome?

Jan van Helsing erklärt dazu: *„Der Name ‚Club of Rome' (COR) hat weder etwas mit der Stadt Rom oder dem Vatikan, noch mit den Katholiken zu tun. Er besteht aus den ältesten Familien des erwähnten „Schwarzen Adels", plus den 13 Top-Illuminati-Familien Amerikas. Man könnte den Club of Rome als einen gigantischen sozialistisch-illuministischen „Think-Tank" bezeichnen, der so ziemlich aus den besten Wissenschaftlern der Welt zusammengesetzt ist. Der COR könnte als der wissenschaftliche Zweig der Illuminati bezeichnet werden. Er wurde vom Rockefeller-Clan gegründet (auf dem Privatbesitz der Rockefellers in Bellago, Italien) und wird von ihm finanziert.*

Als Hauptziel wird von ihm wiederum eine Weltregierung durch die Elite angegeben. Der ‚Club of Rome' hat des weiteren eine Welteinheitsreligion ausgearbeitet und hatte den Irrglauben der ‚Energiekrise' und einer Übervölkerung der Erde durch die Medien verbreiten lassen. Nach William Coopers Aussage soll von ihm auch das AIDS-Virus entwickelt (mit Heilung natürlich) und unters Volk gebracht worden sein, um das große Rassensanierungsprogramm für die Weltregierung der Elite einzuleiten.

Es ist sehr interessant zu betrachten, wie der COR anfing zu arbeiten: Als er begann, seine Aspekte für die Neue Weltordnung neu zu koordinieren, sandten sie ihren Gründer und Kopf der Organisation, Aurellio Peccei, nach England, um ein Training im Tavistock-Institut, der Mutter aller Gehirnwäsche-Institute der Welt, zu vollziehen.

Zu dieser Zeit war Peccei der älteste Vorsitzende des Fiat-Konzerns, einem gigantischen Multi-Konglomerat des ‚Komitees der 300', einer weiteren Top-Elite-Geheimgesellschaft. Dieser Konzern ist sehr berüchtigt durch seinen hohen Anteil an ‚Schwarzer Adels'-Mitglieder, unter anderem den Agnellis.

Das Tavistock-Institut war zu dieser Zeit unter der Leitung des Major-Generals John Rawlings Rees, der seine Unterstützung durch Lord Bertrand Russell, die Huxley-Brüder, Kurt Lewin, Eric Trist und seine Wissenschaftler erhielt. Das Tavistock-Institut hatte ich ja bereits im ersten Buch genügend erwähnt.

Nachdem Peccei durch die Machenschaften des TAVISTOCK-Instituts ‚trainiert' und geschult worden war, wurde er von diesem als ‚qualifiziert' bezeichnet und an das Hauptbüro der NATO weitergereicht. Die NATO als eine Einheit aus Komitee-der-300-Mitgliedern und von diesem geschaffen, dient in erster Linie als politischer Körper, natürlich aber auch als militärische Verteidigungs-Gruppe für Europa (aus Sicht der europäischen Illuminaten). Bei der NATO wählte Peccei Top-Mitglieder aus, um mit ihnen den ‚Club of Rome' zu gründen.

Mit diesem sind gleichzeitig neben der NATO auch die Bilderberger, die Trilaterale Kommission und weitere Organisationen der Illuminati-Gruppe verbunden.

Die europäischen Königsfamilien sind prominente Mitglieder des COR, dessen Ziel unter anderem die Zerstörung der wirtschaftlichen und landwirtschaftlichen Macht der USA ist.

Bei einem Treffen des COR im März 1982 in Paris machte Aurelio Peccei, der Gründer des COR, folgende Aussage: „Menschen sind wie Insekten. Sie profilieren zu viel... Die Zeit ist reif, das Konzept der Nationen, ***welche Hindernisse auf dem Weg zur Weltkultur darstellen****, auf die Probe zu stellen. Das Christentum bringt stolze Menschen und eine kaufmännische Gesellschaft hervor, die nichts weiter als tote Kultur, klassische Musik und erdrückende Zahlen auf dem Papier schafft."*

Die Einstellung des COR ist daher: „Immer weniger Menschen konsumieren immer weniger und benötigen auch immer weniger Dienste, egal unter welchen Umständen."

Dies ist die totale Umstellung der derzeitigen Ist-Zustände, in unserer Gesellschaft, in der immer mehr Menschen mehr und mehr Güter, Dienste und Lebensstile verlangen. Pecceis Ansicht nach ist die Menschheit eine Art Unfall innerhalb der Schöpfung und die Mehrheit der Bevölkerungsgruppen wird auf diesem Planeten nicht gebraucht – ist also nutzlos –, und deren Meinung zählt daher nicht!

Hier wird also sehr deutlich, was die Hauptziele der COR-Treffen sind: die industrielle Entwicklung zu verringern; wissenschaftliche Forschungen zurückzuhalten; Städte zu entvölkern, besonders die ehemaligen Industriestädte Nordamerikas; die Bevölkerungen in ländliche Gebiete zu verlagern; etwa 2.5 Milliarden Menschen oder mehr zu eliminieren; politische Gegenkräfte zum COR zu verhindern; die Wirtschaften zu destabilisieren; Klassen- und Rassenkriege anzustiften, und so weiter...

Am 5. Dezember 1980 akzeptierten die Teilnehmer in Washington den ‚Global 2000-Report' des COR – den Plan für einen globalen Völkermord. Dieser Report beschreibt die gezielte Ausrottung von 2,5 Milliarden Menschen durch Kriege, Hungersnot und künstlich erzeugte Seuchen bis zum Jahr 2010.

Dieses Treffen akzeptierte ebenfalls die Verwendung der Euthanasie als Mittel, um die stetig wachsende Zahl der alten Menschen zu verringern, und verwendete enthusiastisch den von Russell entworfenen Begriff der ‚unnützen Esser' – eine Bezeichnung für Millionen von Menschen, die in den Augen des ‚Club of Rome' als nichts weiter als ‚Überschuß des Erforderlichen' angesehen werden.

Diese Ansicht wird auch von anderen Personen öffentlich geteilt. Der ‚Plebs' ist das moderne Sklaventum dieser Leute. Und so werden sie auch behandelt. Doch nur so lange, bis man sie nicht mehr braucht. Dann werden sie dezimiert.

Lord William Rees-Mogg, ehemaliger Herausgeber der ‚Times', ehemaliger stellvertretender Vorsitzender des Board of Governors von BBC und heutiger Direktor der ‚J. Rothschild Holdings' schreibt in seinem neuesten Buch ‚Die große Abrechnung – Wie die Welt sich in der Depression der 90er Jahre verändern wird', daß es zu einem Zusammenbruch der Weltwirtschaft kommen wird, der die Welt nach einem großen Chaos von der Industrie- zur Informationswirtschaft führt. Dann sei auch Massenbildung überflüssig, denn nur noch eine Elite von fünf Prozent der Bevölkerung zähle, weil sie gesunden Wohlstand erwirtschafte.

Also wird man die Menschen dezimieren, da man keine ‚useless eaters', also keine ‚unnützen Esser' braucht."

Der Club of Rome besteht also aus den ältesten Familien des sogenannten *Schwarzen Adels* sowie den Illuminati-Familien. Und somit steht hinter dem Club of Rome nichts anderes als das Imperium unserer Privatbanken sowie der Herrscherfamilien, also der oberen 300...

Im Jahre 1995 hat der Club of Rome eine weitere Studie herausgebracht mit dem Titel *Faktor 4*. In diesem Werk finden wir alle titulierten Urängste aufgeführt. Dort lesen wir: „*Ohne eine weltweite Verdoppelung des Wohlstands sind die bedrohlichen, politischen Spannungen und die auf andere Weise ebenso bedrohliche, weltweite Armut nicht zu überwinden.*"

Beim *Faktor 4* geht es um die Vervielfältigung der Ressourcenproduktivität: aus einem Faß Öl oder einer Tonne Erdreich wollen wir viermal soviel Wohlstand herausholen; dann können wir den Wohlstand verdoppeln und gleichzeitig den Naturverbrauch halbieren.

Das ist „*neu, einfach und aufregend*", schallt es dort durch die Buchseiten. Das ist wirklich „*neu, einfach und aufregend*", wenn auch aus einem anderen Grund, als vermutlich von dem Club-of-Rome-Mitglied in diesem Bericht gemeint ist.

Inzwischen sind nun zehn Jahre vergangen, und weder das Benzin ist billiger geworden für Sie als Verbraucher – im Gegenteil – noch die Lebenshaltungskosten, geschweige denn Ihre Heizkostenabrechnung...

Daß dieses Projekt dennoch gewirkt hat, können Sie an anderer Stelle feststellen. Was den finanziellen und Wohlstandsabstieg Deutschlands angeht, weiß der Club of Rome, daß dies ein „natürlicher Prozeß" ist.

Polen und Ungarn werden aufsteigen, und wir (Deutschland) werden absteigen! Für die *Oberen 300* ändert sich nichts, außer daß sich deren Wohlstand noch weiter vermehrt.

Man wird Ihnen das aber sicherlich nicht so verkaufen, sondern eher nach dem Motto: *„Das wird schon wieder, krankes Kind!"* Doch es wird nicht mehr...

Sie werden sich womöglich fragen: *„Warum könnte man nicht alle Menschen in den Wohlstand bringen?"* Aus folgendem Grund: Wenn Sie mehr haben (sowie der Rest der Welt), so haben diejenigen weniger, die momentan 90 Prozent allen Kapitals halten – die 300 reichsten Familien...

Und glauben Sie, daß diese ihr Geld einfach so hergeben werden, für Menschen, die diese als „nutzlose Esser" und „Gesindel" ansehen?

Diese reichsten Familien sind deshalb so reich, weil sie von der Verschuldung der anderen leben. Sie geben den Politikern die Macht, für Sie Schulden zu machen.

Der Club of Rome hat teilweise auf den ersten Blick wirklich humanistische Ansätze. Doch er wurde einzig und alleine aus dem Grunde heraus geschaffen, den Wohlstand dieser Oberschicht zu sichern und deren langfristiges Überleben. Dies schließt zwangsweise mit ein, daß der „kleine Sklave" auch bessere Luft bekommt, aber dann soll er wenigstens die Rechnung zahlen.

Kommen wir nun aber nach diesem Ausflug wieder zurück zu unserem Ausgangspunkt: NASA-Physiker *Brian O'Leary*, der von der Existenz Außerirdischer hier auf der Erde überzeugt ist, sagte zu diesem Thema – darauf angesprochen, warum so wenige Astronauten über ihre Sichtungen sprechen – folgendes: *„Es ist ein Paradoxon! Wenn man es weiß, darf man nicht darüber sprechen – wenn man es nicht weiß, weiß man es sowieso nicht...*

Es wird beinahe peinlich, darüber zu sprechen! Selbst vor dem eigenen Ehepartner!"[37]

Doch die Zeiten ändern sich – und die Beweise auch!

Dies hörten wir auch aus dem Munde von *Ed Mitchell*, US-Astronaut – einer von gerade mal zwölf Menschen, welche offiziell den Mond betreten haben: „*Ich bin ein amerikanischer Astronaut und ausgebildeter Wissenschaftler. Deswegen vertrauen mir Leute in den höchsten Positionen. Und ich habe keinen Zweifel, daß Außerirdische diesen Planeten besucht haben. Die Militärangehörigen, die dazu Zugang haben, sind mir als ehemaligem Astronauten gegenüber eher bereit, darüber zu sprechen, als zu Leuten, die sie nur als komische Käuze ansehen. Das, was ich nun von diesen Militärs gehört habe, die sicher qualifizierter sind als ich, um über UFOs zu sprechen, hat bei mir keinen Zweifel hinterlassen, daß Außerirdische die Erde bereits besucht haben.*

Mich überraschte es nicht allzu sehr, als ich von diesen erfuhr, daß Außerirdische existieren. Was mich jedoch schockte, als ich vor Jahren begann, Berichte über Außerirdische zu studieren, war das Ausmaß, in welchem die Beweise hierüber vertuscht worden waren...

Es ist nicht nur die amerikanische Regierung, die über die außerirdischen Besuche Stillschweigen bewahrte. Es wäre arrogant von mir als Amerikaner anzunehmen, sie hätten sich nur die USA ausgesucht. Tatsächlich erfuhr ich aus Berichten von Regierungen in aller Welt, die über die Aliens Bescheid wissen, die britische Regierung mit eingeschlossen ...

Selbst wenn mir keine Beweise für extraterrestrische Landungen auf der Erde gezeigt worden wären, müßte die Annahme gelten, daß es irgendwo im Universum Planeten gibt, auf denen fremdes Leben möglich ist... Es ist die Art von Desinformation, die glaubwürdige Leute davon abhält, zuzugeben, daß auch sie eigentlich an die Realität von Außerirdischen glauben. Glücklicherweise ändern sich die Dinge jetzt zum Besseren...“[38]

Möglicherweise spielte *Ed Mitchell* damit auch auf die neue Aussagefreudigkeit seiner Kollegen an, welcher wir uns nun nochmals intensivst zuwenden, damit Sie verstehen, daß nicht nur Präsident John F. Kennedy das Opfer einer Verschwörung geworden ist.

Kapitel 11
Die Wahrheit im All

„Alle Welt weiß davon, aber bisher hat niemand darüber gesprochen."

Dieser Satz stammt nicht von *Fox Mulder* aus der Serie „Akte X", sondern von *Maurice Chatelein*, dem ehemaligen NASA-Kommunikationschef, und war die Antwort auf die Frage nach außerirdischen Kontakten.

Inzwischen ist es schon lange nicht mehr so, daß man behaupten kann, niemand würde zu diesem Thema aussagen. Während seines knapp fünfmonatigen MIR-Aufenthaltes hat NASA-Astronaut *Jerry Linenger* laut eigenen Bekundungen *„mehrfach UFOs gesehen"*. Auf der *BurJuman Retail Konferenz* im „Emirates Towers Hotel" berichtete er, daß er im Orbit einige Male unbekannte Flugobjekte sah – darunter sogar ein löffelähnliches Gebilde, das sich kontrolliert durchs All bewegte.

Als am 21. Oktober 1995 die US-Astronautin *Catherine Coleman* während der STS-73-Mission für jedermann hörbar den lapidaren Satz *„We have an unidentified flying object"* über die Funksprechanlage von sich gab, hatte die NASA Mühe, den Vorfall offiziell als einen Irrtum abzustempeln.

Doch das ganze Ausmaß der Ereignisse ist wohl bislang nur den absoluten Insidern bekannt gewesen. So sind die meisten Space-Shuttle-Missionen mit UFO-Begegnungen in Verbindung zu bringen – unter anderem die Missionen STS-37, STS-48, STS-51, STS-73, STS-75, STS-80, STS-84, STS-92, STS-93, STS-96, STS-97, STS-98, STS-100, STS-101, STS-102, STS-103, STS-105, STS-106, STS-108, STS-111, STS-112, STS-113, um nur einige zu nennen.

Wir wollen manche dieser Fälle näher betrachten, damit Sie das Ausmaß der Angelegenheit besser verstehen.

Als die Raumfähre *Atlantis* auf ihrer Mission STS-37 Aufnahmen machte, erschien plötzlich ein merkwürdiges, metallisches Objekt vor der Linse. Es bewegte sich intelligent gesteuert von links nach rechts und von oben nach unten.

Das Objekt ist absolut identisch mit jenem, welches die Raumfähre der Mission STS-51a im November 1984 im Erdorbit filmte.

Ein ähnliches Objekt filmte auch die Besatzung der Mission STS-75 – ein Fall, auf welchen wir nun nochmals zurückkommen werden.

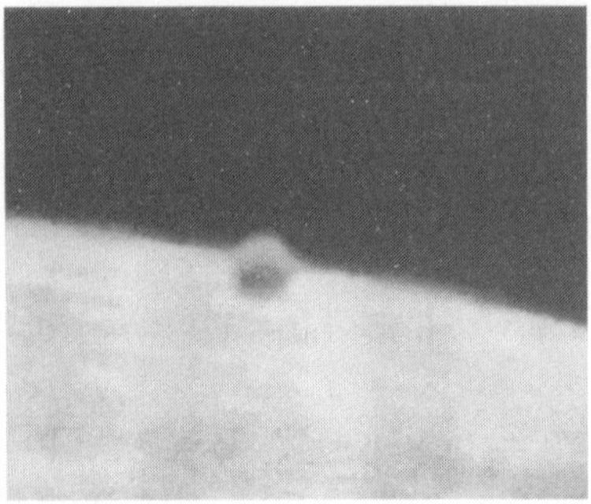

Abb.237 links: Original NASA-Aufnahme der Raumfähre Atlantis während der STS-37-Mission eines unbekannten, manövrierenden Objekts. **Abb.238** rechts: Original NASA-Aufnahme der STS-51a-Mission vom November 1984, bei welcher das gleiche Objekt gefilmt wurde, wie zuvor unter anderem bei der STS-37-Mission.

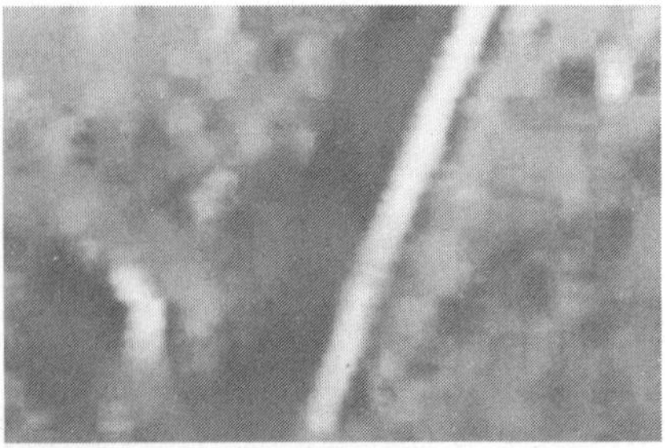

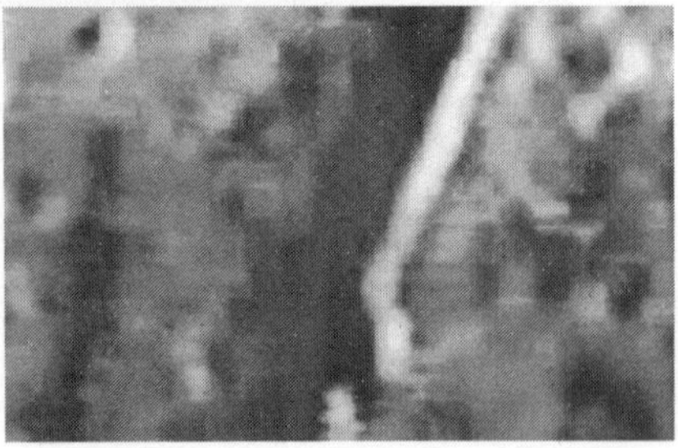

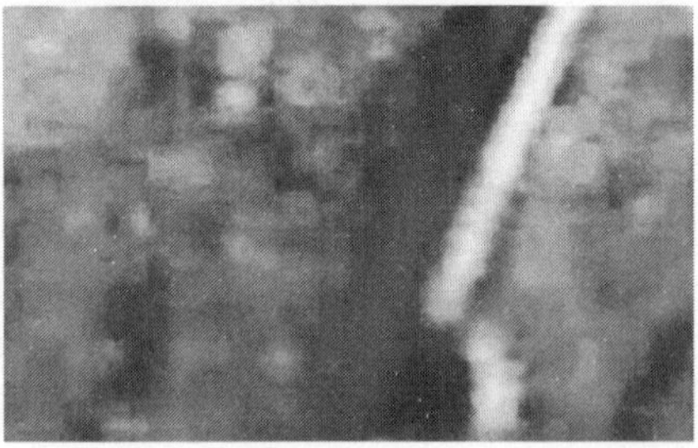

Abb.239 links oben, **Abb.240** rechts oben, **Abb.241** links unten, **Abb.242** rechts unten: Verlauf von Originalaufnahmen der NASA der Mission STS-75. Ein Objekt bewegt sich in gerader Linie hinter dem zylinderförmigen Gegenstand vorbei.

Am 3. September 2002 fotografierte der Astronom *Bill Yeung* ein etwa sechzig Fuß langes, zylinderförmiges Objekt im Weltraum. Er nannte es *„J002E3"*. Laut Angaben des NASA-Mitarbeiters *Paul Chodas* war das Objekt in jener Zeit gerade dabei, sich von der Erde zu entfernen. Der NASA-Mitarbeiter antwortete: *„J002E3 drehte sich um die eigene Achse..."*

Als am Morgen des 19. Oktober 2000 die Besatzung der Raumfähre *Discovery* in der Mission STS-92 einige Arbeiten an der Raumstation *ISS* filmte, kam es zu einer Reihe spektakulärer Ereignisse. Eine der dabei enstandenen Aufnahmen zeigt ein Objekt, welches sich hinter der Raumstation in gerader Linie vorbeibewegt. Insgesamt kam es zu vier unerklärlichen Zwischenfällen.

Etwa zwanzig Minuten nach dem ersten Vorfall tauchte wieder ein Objekt auf und wurde von der Kamera eingefangen. Vierzehn Minuten später tauchte der gleiche Gegenstand dann erneut auf und „inspizierte" die Operation.

Die letzte Sichtung fand kurze Zeit später statt, als die Raumfähre über dem Südatlantik war. Die Astronauten beobachteten einen geheimnisvollen Schatten, der sich der westlichen Küste von Südafrika näherte. Insgesamt war das eine äußerst merkwürdige Stunde für die Beobachter – begleitet von der Kamera.

Dr. Jerry Linenger, der von 1992 bis 1998 als aktiver NASA-Raumfahrer zweimal im Orbit weilte, war der erste Amerikaner, der mit einer Sojus-

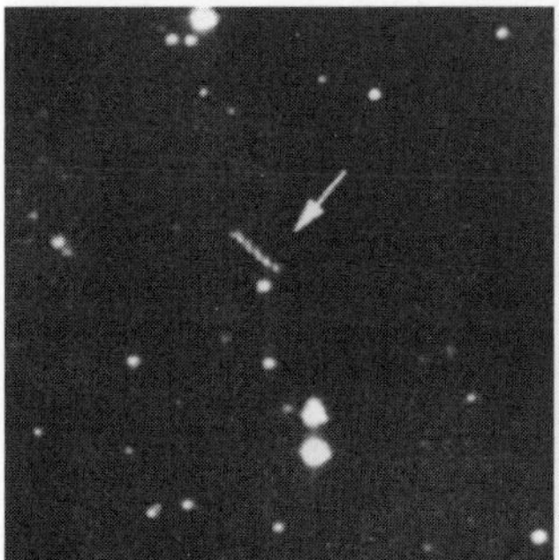

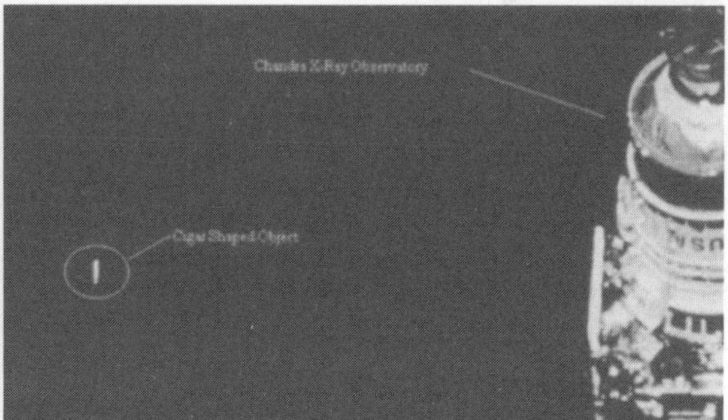

Abb.243 links: Das zylinderförmige Objekt *J002E3*, aufgenommen am 3. September 2002 von dem Astronomen *Bill Yeung* im Erdorbit.
Abb.244 rechts: NASA-Aufnahme der Mission STS-93 – ein identisches, zigarrenförmiges Objekt im Hintergrund neben dem amerikanischen *Chandra X-Ray Observatory* im Orbit.

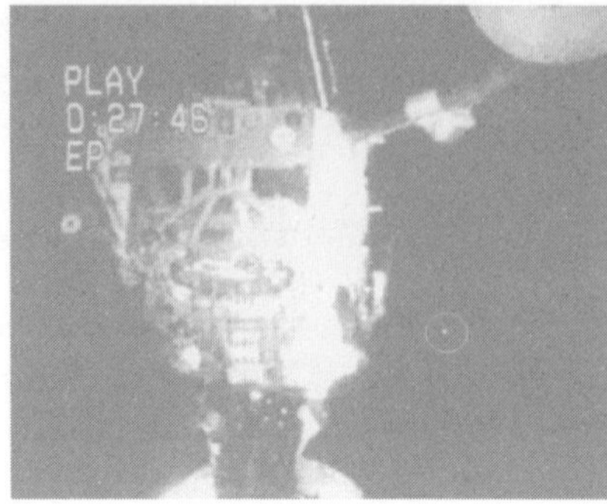

Abb.245 links: Ein rundes Objekt taucht während der Mission STS-92 hinter der Raumstation ISS auf.
Abb.246 rechts: Es fliegt hinter der Raumstation vorbei und taucht wenig später wieder auf.

Kapsel den Hin- und Rückflug zur damaligen Raumstation MIR bewältigte, und zugleich der erste Astronaut, der einen Weltraumspaziergang in einer russischen Raumfahrtmontur durchführte. Abgesehen davon war er bereits 1994 mit der STS-64-Mission für fast elf Tage im All. Einer breiten Öffentlichkeit wurde er bekannt, als er zusammen mit zwei Kosmonauten am 24. Februar 1997 verzweifelt gegen die starke Rauchentwicklung kämpfte, die als Folge eines Brandes auf der MIR entstanden war.

Als *Linenger* von einem Reporter gefragt wurde, ob die UFO-Kontroverse seines Erachtens einen wahren Kern enthalte, nahm das Interview eine unerwartete Wendung. Anstatt das delikate Thema einfach zu übergehen oder wegzudiskutieren, gestand der promovierte Epidemologe den sichtlich verdutzten Journalisten in aller Öffentlichkeit, daß er mit UFOs so seine eigenen Erfahrungen gemacht habe: *„I have been asked that question so many times. In five months in space, I have seen unidentified fly-*

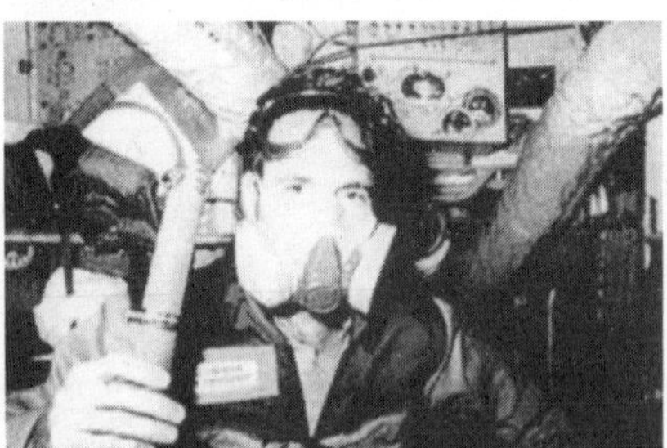

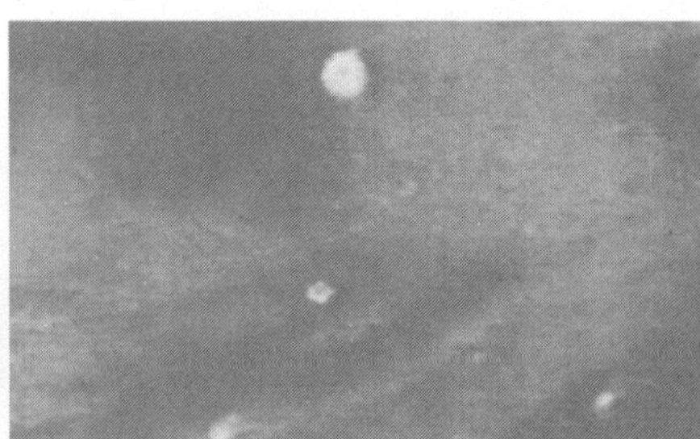

Abb.247 links: Der Astronaut *Jerry Linenger* sprach offen über seine realen UFO-Sichtungen im All.
Abb.248 rechts: Unbekannte Objekte während der Mission „STS-80“ vom 1. Dezember 1996.

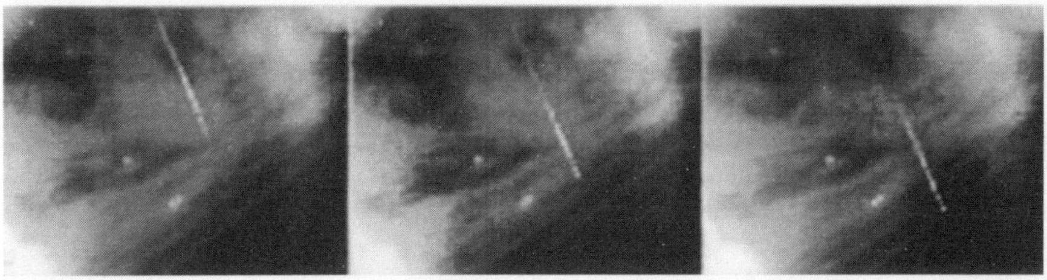

Abb.249-251: Wie bei der Mission STS-48, schießt bei der Mission STS-80 wieder eine Art Waffensystem, von der Erde kommend, auf die Objekte, welche dort zuvor von den Kameras bei der Aufführung spektakulärer Manöver eingefangen wurden.

*ing objects **for sure**.*" (*„Diese Frage wurde mir oftmals gestellt. Innerhalb von fünf Monaten im Weltraum habe ich **ganz sicher** unidentifizierte Flugobjekte gesehen.*")

Doch damit nicht genug. Linenger berichtete sogar von einer speziellen, recht ungewöhnlichen Begegnung mit einem Objekt, das eine höchst ungewöhnliche Form aufwies und einer gezielten Flugbahn folgte: *„Sometimes I looked out of the window and I could see a metallic thing like a spoon flying methodically. The biggest problem in space is that it is very hard to judge the distance.*" (*„Manchmal sah ich aus dem Fenster und konnte ein metallisches Objekt sehen, einem Löffel ähnlich, dessen Flug gesteuert verlief. Das größte Problem im Weltraum ist es, die Entfernung zu schätzen.*")

Während der Mission STS-80 im Jahre 1996 kam es zu einer Art *„Showdown*". Das Video beginnt mit vielen leuchtenden Punkten, vergleichbar mit den Aufnahmen der Mission STS-48, welche im vorderen Teil des Buches näher beschrieben wird. Es tauchen über ein Dutzend Objekte auf – wie Lichtstreifen –, welche von der Erde aus in den Raum schießen. Es scheint eine Art Waffensystem zu sein.

Es ist interessant, daß jene Lichtstreifen immer dann in Erscheinung treten, wenn vor den Projektilen der Kamera gleichzeitig sogenannte UFOs auftauchen. Zunächst sieht man auf dem Video nichts Ungewöhnliches. Plötzlich beginnt dann das Schauspiel, und diese Objekte sind schlagartig überall! Manche Objekte kreisen unter den Wolken, um dann über die Wolken zu rasen. Die Konturen und die Farben ändern sich dabei. Einige Objekte dringen aus dem All in die Erdatmosphäre ein, und während ein Objekt sich unter die Wolkendecke bewegt, schießt ein Lichtstreifen schnell an diesem vorbei.

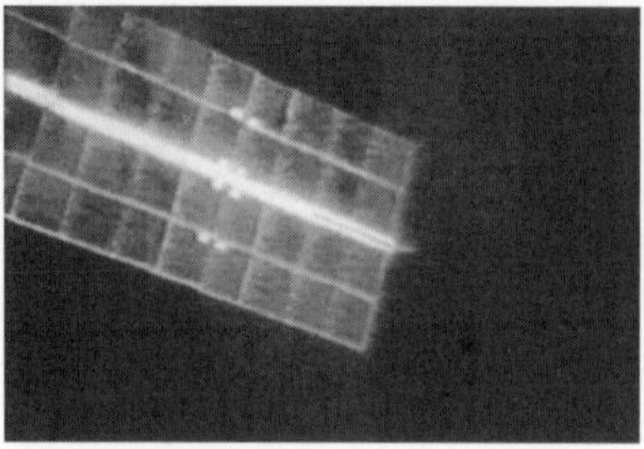 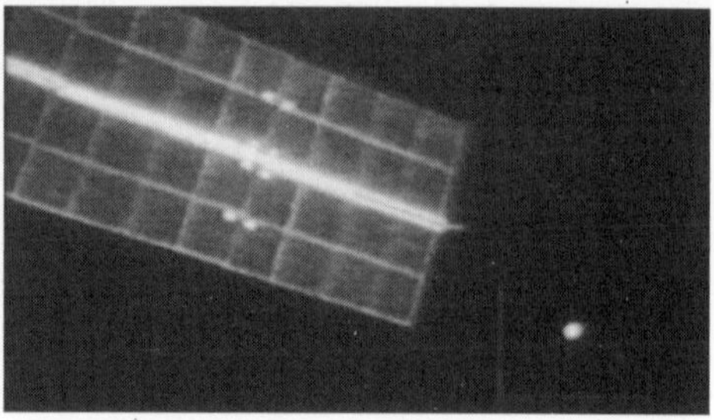

Abb.252 links: Sonnensegel der Raumstation ISS – aufgenommen während der Mission STS-96 im Jahre 1999. **Abb.253** rechts: Ein Objekt erscheint neben dem Sonnensegel und beobachtet die Aktion.

Ein weißes Objekt kommt aus den Wolken hervor. Dieses ist größer als das Hauptobjekt und scheint einige Kilometer tiefer zu sein. Wenn man genau hinsieht, kann man einen schwarzen Punkt in der Mitte des Gefährts ausmachen.

Was auch immer das war, es existierte wirklich, und es hatte eine kreisrunde Kontur mit einem deutlich zu erkennenden inneren, etwas kleineren Ring, mit jenem „schwarzen Punkt" in der Mitte. Es kann nicht nur ein optischer Effekt gewesen sein, denn in dem Umfeld geschahen unglaublich viele Flugmanöver verschiedenster Objekte in diesen Minuten. Ein großes, weißes Objekt und ein weiteres bewegten sich horizontal und trafen das Hauptobjekt.

Die Beispiele für reale Begegnungen im All in den Archiven sind geradezu endlos. Nehmen wir nur die Mission STS-96 aus dem Jahre 1999, als bei Arbeiten an der Raumstation ISS plötzlich ein unbekanntes Objekt neben der Raumstation auftauchte und diese beobachtete.

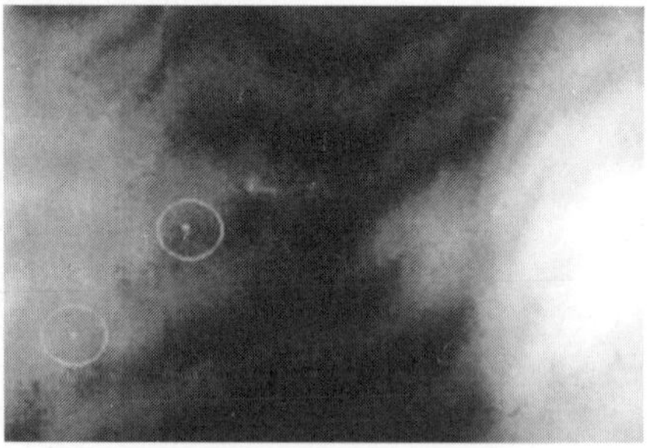 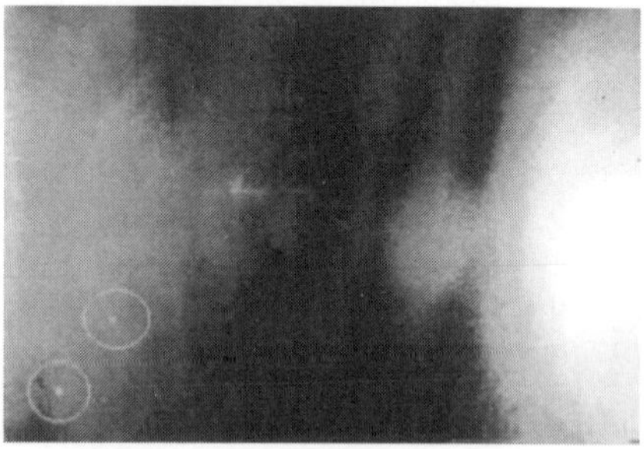

Abb.254-255: Bilder der NASA Mission STS-102 vom 8. März 2001. Zwei Objekte verschwinden links aus dem Bild. Im nachfolgenden Verlauf wird oben rechts ein weiteres Objekt erscheinen, das den anderen nachfolgt.

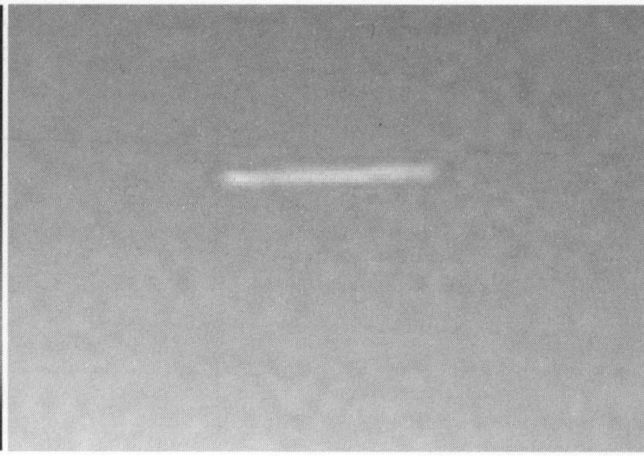

Abb.256 links: Originalaufnahme der NASA vom März 2004 des Mars-Rovers *Spirit*: Ein riesiges, zigarrenförmiges Flugobjekt am Marshimmel! **Abb.257** rechts: Größerer Bildausschnitt der Abb.256.

Doch es blieb nicht bei einem Objekt. Später wurden mehrere gefilmt, wie sie – mit der Erde im Hintergrund – in Formation verschwanden!

Während der Mission STS-106 filmte die Crew der Raumfähre Atlantis am 10. September 2002 eine riesige „Zigarre" neben dem Raumschiff. Ein identisches Objekt filmte unterdessen der Mars-Rover *Spirit* in der Marsatmosphäre, kurz bevor die Verbindung zu ihm zeitweise abriß.

Das obige Bild zeigt eine Originalaufnahme vom März 2004 – und dies ist erst der Anfang...

Auf den nachfolgenden Seiten sehen Sie weitere Originalaufnahmen vom Mars.

Auf der ersten Bildfolge der NASA-Bilder sehen wir ein merkwürdiges Objekt, welches in der Wüste des Roten Planeten möglicherweise unfreiwillig heruntergekommen ist. Es ist schwarz und deltaförmig. Um das Objekt herum sehen Sie die Spuren im Sand, die jenes bei der Landung hinterlassen hat (siehe Abb.258-261).

Eines ist sicher erkennbar – auch für jene, welche dieses Objekt als eine Art Meteor zu erklären versuchen: Es ist ein Objekt mit klar umrissenen Außenlinien, und es ist exakt symmetrisch. Auf seiner Oberseite scheint eine Art Kanzel oder Luke zu sein oder etwas, was man dafür halten könnte.

Bleiben wir noch etwas auf dem Mars: Den meisten Menschen ist in keiner Form bewußt, was die NASA-Sonden hier in den letzten Jahren zur Erde gefunkt haben. Deshalb auch hier ein kleiner Aufklärungsrundgang: Allein die Mars-Sonde *Global Surveyor* hat bislang annähernd 70.000 Bilder zur Erde gefunkt. Darunter befinden sich einige hochinteressante Aufnahmen, die das *Malin Space Science System* (*MSSS*) im Auftrag der NASA zwar veröffentlicht hat, die aber bislang von der Forschung ignoriert wurden.

Derweil rätseln die Wissenschaftler über einige seltsame Strukturen, die tatsächlich den Eindruck erwecken, künstlichen Ursprungs zu sein. So laden ungewöhnliche, monolithartige Felsformationen zu Spekulationen ein (siehe Abb.262 und 263).

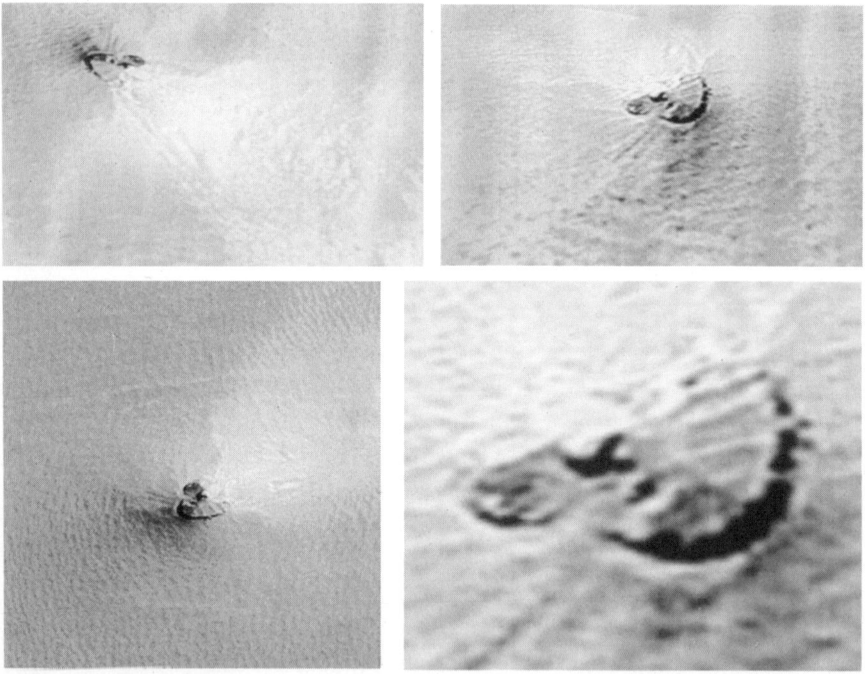

Abb.258-261: Originalaufnahmen eines deltaförmigen Objektes, welches in einer wüstenartigen Region des Planeten Mars niedergegangen ist. Zeigen diese Bilder einen Meteoriten oder das, was die Spuren im Sand zu verraten scheinen: ein unbekanntes Flugobjekt mit symmetrischen Außenformen und einer Art Kanzel oder Luke?

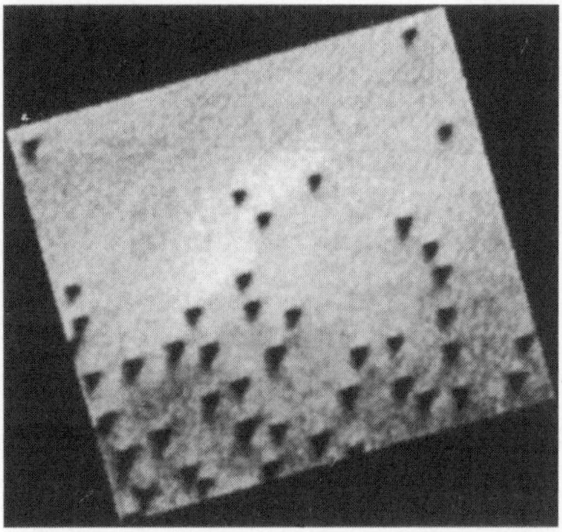

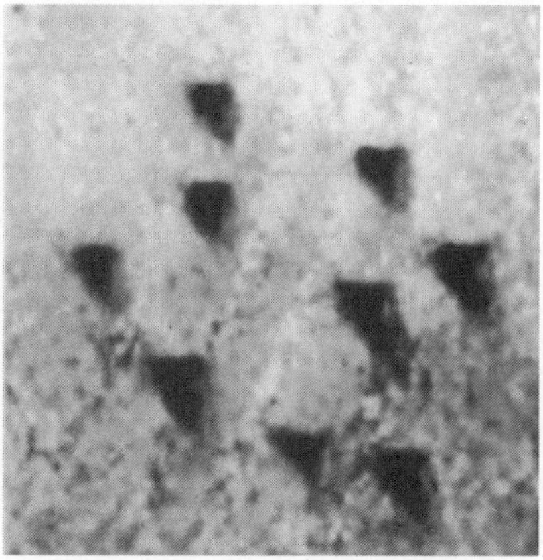

Abb.262 links: Dies ist keine Aufnahme eines Kunstwerkes, sondern das offizielle NASA-Bild *M01-02950* vom Mars. Was stellen diese schwarzen, dreieckigen Gebilde auf dem Roten Planeten dar? Sind sie natürlichen Ursprungs? **Abb.263** rechts: Aufnahme der schwarzen Gebilde aus derselben Region.

Behandeln wir in diesem Zusammenhang nun auch das Objekt, welches inzwischen durch die Medien entmystifiziert wurde: das sogenannte „Marsgesicht" (siehe Abb.264). Die Mars-Sonde *Global Surveyor* zerstörte im Jahre 2001 mit ihren Aufnahmen einen ganzen Mythos – oder haben wir etwas übersehen? Wenn wir die neuesten Nahaufnahmen dieser Sonde betrachten (siehe Abb.265), dann fällt uns als erstes – trotz der „Entmystifizierung" – die unglaublich geometrische Außenform dieses Objektes auf; und dieses Objekt wurde, vermutlich durch die Zeit oder Naturgewalten, auf der rechten Seite zerstört. Dort sieht man bei näherer Betrachtung deutlich, daß das „Gesicht" an jener Stelle eingestürzt ist – sprich: die „Decke" kam herab. Vielleicht sollten wir die sogenannte *Cydonia-Region* doch nochmals näher unter die Lupe nehmen?

In Fernsehdokumentationen hieß es, es seien *„keine Relikte einer alten, marsianischen Zivilisation, sondern nichts weiter als Steingebilde"*. Man versprach uns, auch Bilder der sogenannten Pyramiden in der dortigen Region zu machen mit besserer Qualität und höherer Auflösung. Doch dann wurde die Nachricht verbreitet, die Mars-Sonde habe diese leider um wenige Meter verfehlt. Schade... Allerdings war das nicht die *ganze* Wahrheit. Möglicherweise erkennen Sie das *Warum*, wenn Sie nachfolgende Bilder der Mission aus dem Jahr 2003 sehen, die dann doch von der NASA gemacht wurden, als die Presse ihr Interesse verloren hatte.

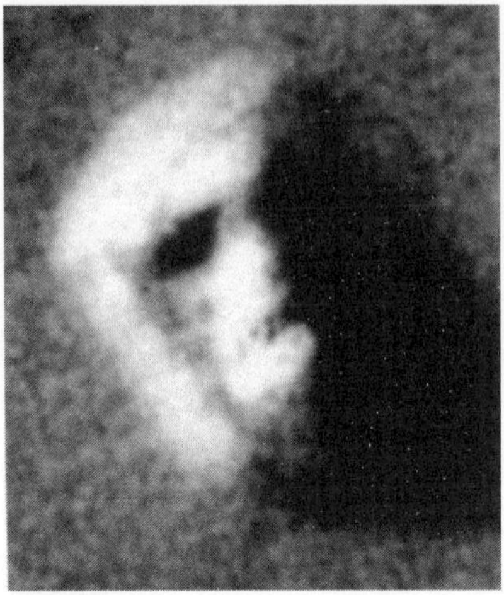

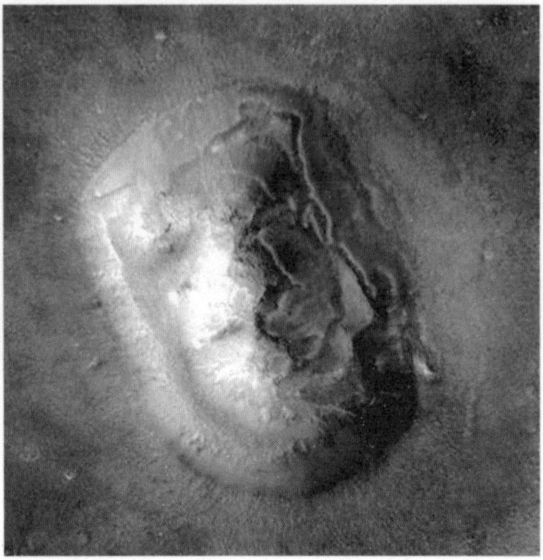

Abb.264: Das sogenannte *Marsgesicht*, welches die US-Sonde *Viking 1* im Jahre 1976 zur Erde schickte und zu zahlreichen Spekulationen anregte. **Abb.265**: Erneute Aufnahme des *Marsgesichts* der Mars-Sonde *Global Surveyor* vom 8. April 2001. Das Objekt besitzt eine verblüffend geometrische Außenform. Die rechte „Gesichtshälfte" ist eingestürzt, als wäre die Decke „nach unten gekommen". War dies eine Festungsanlage oder ein künstlicher Berg? Befand sich darunter ein Hohlraum?

Denn auch auf dem Mars scheinen – wie auf der Erde – Pyramiden ein *globales* Phänomen zu sein...

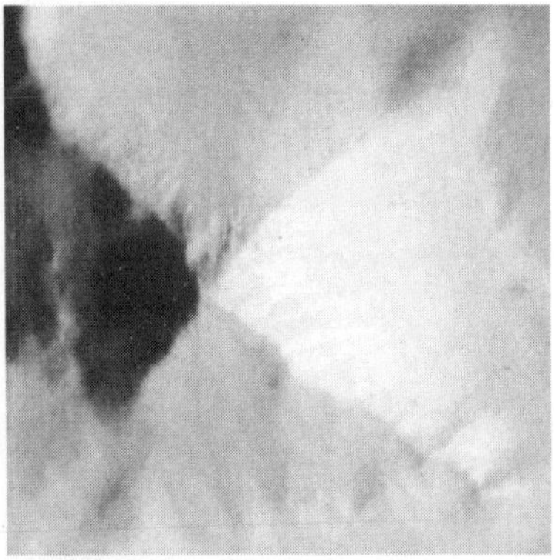

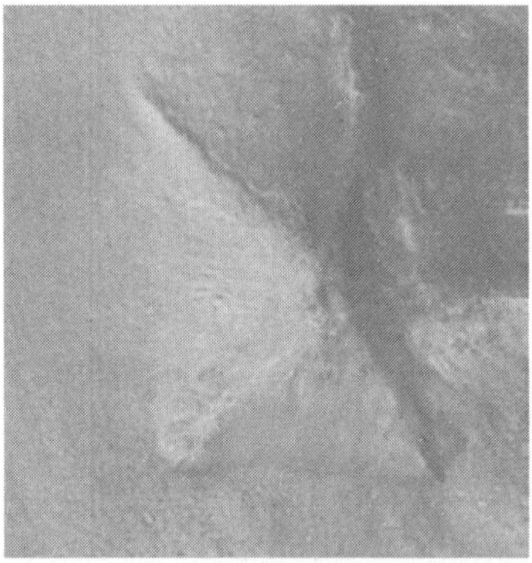

Abb.266 links: Neue Aufnahme einer Pyramidenstruktur in der Cydonia-Region auf dem Mars. Entgegen den Meinungen der Skeptiker, welche behaupteten, jene Pyramiden würden sich bei näherer Betrachtung als Fehldeutungen erweisen, belegen die neuen Nahaufnahmen die Pyramidenform. **Abb.267** rechts: Die sogenannte „D&M-Pyramide" in der Cydonia-Region – aufgenommen von der Mars-Sonde *Global Surveyor* am 15. September 2003.

Fakt und Fiktion

Trotz all der frommen Wünsche und Bilder von UFOs und angeblichen Bauwerken auf anderen Planeten sollte eines für Sie immer im Vordergrund stehen: die Skepsis, der realistische Blick und das Abnehmen der rosaroten Brille.

Möglicherweise unterscheidet sich dieses Buch letztlich auch dadurch von anderen dieser Art, daß mir dies eines der wichtigsten Kapitel und Anmerkungen überhaupt ist, denn ich behaupte, daß ein überwiegender Großteil der Bilder in der heutigen und damaligen UFO-Literatur **nicht echt ist.**

Dabei spielt es vorrangig erst einmal überhaupt keine Rolle, ob dies bewußte Schwindel sind, Fehldeutungen oder Bildfehler. Ich glaube, daß die meisten UFO-Forscher im guten Glauben arbeiten und daß es bei einem solchen Thema zudem sehr schwer ist, bei der Auswahl von Fotos immer den richtigen Griff zu tätigen. Allzu oft ist auch ganz einfach der Wunsch, *„daß es wahr ist"*, größer als die Echtheit des vor einem liegenden „Bildbeweises". So ist es oft selbst für den Fachmann sehr schwer, eine Lüge oder eine Fehldeutung als solche zu beweisen – die Bilder in dem vorliegenden Buch nicht ausgenommen. Auch hier sollten Sie kritisch sein.

Ich behaupte, daß es kaum einen Forscher gibt, der absichtlich lügt. Aber sicherlich gibt es genügend Menschen, die einfach zu unkritisch sind, nur weil ihnen eventuell ein Augenzeuge sympathisch ist, während ihnen eine andere Geschichte „spanisch" vorkommt, weil sie beispielsweise von einem Arbeitslosen oder einem Alkoholiker stammt. Trotzdem kann die Wahrheit so aussehen, daß wir dadurch dem glauben, der uns belügt – und jenen fortschicken, der *wirklich* etwas gesehen hat.

Ich könnte Ihnen etliche sogenannter UFO-Fotos zeigen, bei denen ich mir sicher bin, daß sie gefälscht sind oder nicht richtig überprüft wurden und es sich um Fehldeutungen handelt. Dazu kommt die Tatsache, daß die meisten von uns nicht wissen, wie ein außerirdisches Raumschiff überhaupt aussieht – und selbst wenn wir es wüßten, würden wir womöglich nur *eine* Variante von vielen kennen.

Daher behaupte ich, daß ein großer Teil der Fotos in den UFO-Medien zu diesen *Fehl*-Einschätzungen gehört – und nicht echt ist! Ich behaupte des weiteren, daß einige Aufnahmen der NASA, welche die Apollo-

Missionen dokumentieren, alles andere als UFOs zeigen, sondern Lichtspiegelungen sind – verursacht durch die Tatsache, daß jene Astronauten vom Inneren des Raumgefährts in das Dunkel des Weltraums filmten, während im Inneren Teile der Beleuchtung angeschaltet waren, die reflektierten. Möglicherweise war es auch das Licht einer roten Schaltbeleuchtung, wer weiß...

Hierzu möchte ich zwei Beispiele stellvertretend für Hunderte nennen und aufzeigen, welche heute in UFO-Kreisen noch oftmals als *„echt"* bezeichnet werden, sowohl in Dokumentationen als auch in Büchern.

Ich würde jeden ernsthaft anzweifeln, der mir erzählt, er wäre bei unten aufgeführten Ereignissen dabei gewesen und habe eine Armada UFOs über dem Capitol in Washington oder über der dänischen NATO-Basis gesehen, bei welchem jene Bilder als Zeitzeugnisse gemacht wurden, denn die sogenannten „UFO-Flotten" sind in beiden Fällen nur Lichtreflexionen der Beleuchtungsanlagen im unteren Teil der Bilder. Trotzdem werden diese noch heute in vielen Publikationen als „echt" bezeichnet und in Fernsehdokumentationen als „Beweis für außerirdische Raumschiffe" angegeben. Das macht aber auch eines deutlich: Es sind im Grunde keine Bildfälschungen, sondern einfach nur Fehlinterpretationen. In anderen Fällen sind es reale Flugkörper irdischen Ursprungs, welche als „außerirdisch" fehlgedeutet wurden.

Ich glaube, auch diesbezüglich habe ich für Sie als Leser hier eine gute Grundlage geschaffen, welche dies deutlich macht – wobei ich hier den Regierungen eine Art „Mitschuld" gebe. Denn hier werden UFO-Bilder als solche stehen gelassen, obwohl sie eindeutig irdischen Ursprungs sind.

Abb.268 links: **Fehldeutung 1**: Die angeblichen „UFOs über Washington" auf diesem Foto sind eine Lichtreflexion der Beleuchtungsanlage im unteren Teil des Bildes vor dem Capitol. **Abb.269** rechts: **Fehldeutung 2**: Die angebliche UFO-Flotte über einer dänischen NATO-Militärbasis ist nichts anderes als die Reflexion der Straßenbeleuchtung, welche im Bild unten links zu sehen ist.

Dann gibt es natürlich noch jene Leute, welche Ihnen eine Geschichte einer „außerirdischen Zusammenkunft“ auftischen, weil sie in die Presse wollen. Daß es Hunderte solcher Personen gibt, beweisen die „Talkshows“ im Fernsehen, wo Menschen sich einen Spaß daraus machen, anderen Leuten einen Bären aufzubinden (sogenannte „Talkshowtouristen“, wobei Ihnen ein Augenzeuge in der Sendung „XYZ“ erzählt, daß der Weihnachtsmann lebt, und derselbe Augenzeuge in der Sendung „ZYX“, daß UFO-Gläubige Verrückte sind).

Ein weiterer Punkt ist, daß die Amerikaner vor wenigen Jahren damit begannen, sondenartige kleine Raumflugkörper im All zu testen, die optisch nicht unbedingt großartig von den in den Berichten der UFO-Zeugen auftauchenden Objekten zu unterscheiden sind (baseball- oder fußballgroß und rund). Wohlgemerkt: im All, denn die Flugeigenschaften und Technik der Objekte läßt es nicht zu, daß diese innerhalb einer Atmosphäre agieren könnten – was UFO-typische Flugphänomene wie Lautlosigkeit, extrem hohe Geschwindigkeit und rechtwinklige Kursänderungen angeht.

Auch dieser Punkt wird von den heutigen UFO-Forschern gerne absichtlich ignoriert, denn es macht die Angelegenheit noch unüberschaubarer und würde möglicherweise bedeuten, daß einige Sichtungsaufnahmen in der Nähe von STS-Missionen zwar real – aber nicht „außerirdisch“ sind.

Die Technik hierfür wurde bereits vor Jahrzehnten entwickelt und getestet. So gibt es durchaus auch Tests mit ähnlichen Flugkörpern wie jenen von der NASA, die *innerhalb* der Atmosphäre fliegen. Und auch hier scheint eine bewußte Ignoranz der UFO-Forscher an den Tag gelegt zu werden, um das Bild von angeblichen Außerirdischen nicht „zu gefährden“.

Abb.270 links: Ein kreisrunder, irdischer Flugkörper der ersten Generation aus Rußland – der *KA-137*. **Abb.271** Mitte: Andere Ausführung des „KA-137“, welcher ebenfalls auf drei „UFO-typischen“ Landebeinen stand und zwei Propeller an der Oberseite hatte. **Abb.272** rechts: Weitere Aufnahme dieses irdischen Flugkörpers.

Zu den Prototypen jener Flugkörper für inneratmosphärische Flüge zählte unter anderem auch der russische „KA-137", an dessen Oberseite zwei Rotoren befestigt waren.

Ich halte es allerdings für mehr als fraglich, ob man der Wahrheit auf die Spur kommen kann, wenn man nur *die* Details berücksichtigt, welche einem „genehm" sind – diese Kritik richtet sich im übrigen an *beide* Seiten: die *UFO-Gläubigen* und die *Kritiker-Gläubigen*, also diejenigen, die das UFO-Phänomen zu widerlegen versuchen. Es geht hier wieder um die Frage, was zuerst da war: Die *Henne* oder das *Ei*?

Und hierbei ist folgendes nachweislich festzuhalten beim Beispiel der oben genannten kleinen, fußballgroßen Objekte: Diese tauchten nicht erst vor drei oder vier Jahren auf, sondern wurden schon auf den ersten Apollo-Flügen – ja, sogar den ersten bemannten Flügen der Russen – fotografiert, gefilmt und beobachtet.

Wir können *inneratmosphärisch* sogar noch Jahrzehnte weiter zurückgehen, wenn wir unter anderem an die sogenannten „Foo-Fighter"-Sichtungen über Deutschland im Zweiten Weltkrieg denken, die sogenannten „Krautballs".

Kommen wir auf diesem Wege nochmals auf die Mission STS-106 der Raumfähre *Atlantis* aus dem Jahre 2000 zurück, welche wir schon in Verbindung mit den Aufnahmen von einer riesigen „Zigarre" aufgeführt haben.

Am 17. September 2000 filmte die Crew der Atlantis erneut zwei sonderbare leuchtende Objekte über der Erde. Die Abb.273-275 demonstrieren die Flugbahn.

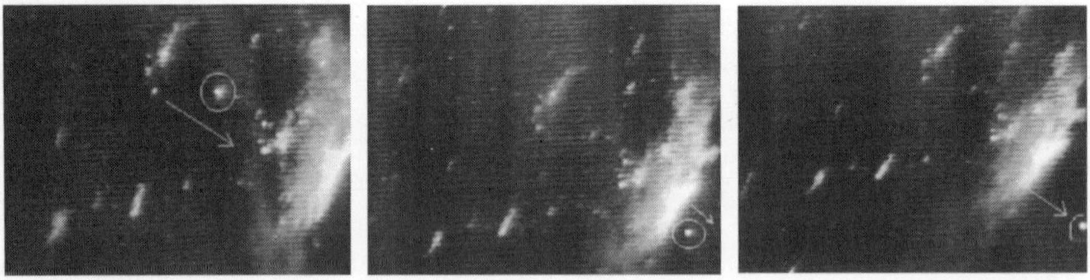

Abb.273–275: Original NASA-Aufnahmen der Mission STS-106 vom 17. September 2000 der Raumfähre *Atlantis*. Ein Objekt bewegt sich über die Erde. Die Aufnahmen verdeutlichen die Flugbahn. Wenige Tage zuvor, am 8. September 2000, filmte die Crew eine riesige Zigarre neben der Raumfähre *Atlantis*.

Warum glaube ich persönlich trotz allem an einen *außerirdischen* Hintergrund? Dies hat mehrere Gründe: Einer ist sicherlich der, daß wir belogen werden. Ich möchte hierzu ein paar Beispiele aufführen. UFO bedeutet übersetzt „Unidentifiziertes Fliegendes Objekt" („*Unidentified Flying Object*"). Dieser Begriff impliziert überhaupt keinen außerirdischen Hintergrund, sondern er gibt lediglich an, daß man ein Objekt sah, welches man sich nicht erklären konnte. Im Projekt „Blue Book", einem Regierungs-„Aufklärungsprogramm", lesen wir aber als Endergebnis, daß *„es keine fliegenden Untertassen gibt..."* – also auch keine irdischen. Und das ist definitiv gelogen!

Menschen, die solche Flugkörper sehen, werden als „Verrückte", „psychisch labil" und „Betrüger" abgestempelt. Das ist ein Verbrechen, da es tatsächlich irdische Flugscheiben gibt, von denen die Regierungen wissen.

Und die in diesem Buch abgebildeten, irdischen Flugkörper sind nur die Spitze des Eisberges!

Bis heute haben die meisten Menschen auf diesem Planeten immer noch keine Ahnung, daß diese Entwicklungen existierten und auch weiterhin existieren. Dies an sich beweist eine riesige Lüge, welche besagt, es hätte nie scheibenförmige Flugobjekte irdischer Natur gegeben – abgesehen von der Ausnahme des *AVRO-Car*, welches nie wirklich geflogen sei.

Weitere scheibenförmige Flugobjekte realer Natur finden Sie auch in den nachfolgenden Kapiteln – und das beweist die große Lüge.

Viele hochrangige Zeugen, welche zur damaligen Zeit eindeutige UFO-Sichtungen an die Aufnahmestelle des Projektes *Blue Book* weiterleiteten, gaben verärgert an, daß *„ausgerechnet ihr Fall"* nicht ins *Blue Book* aufgenommen wurde.

Dies bedeutet, daß wir dort nur den „Müll" der Sichtungsmeldungen finden, oder?

Ich möchte dazu eine weitere Behauptung aufstellen – und ich kann damit leben, wenn es Menschen gibt, die glauben, anderer Meinung sein zu müssen: Die Greys unterscheiden sich, wie beschrieben, vom technologischen Standpunkt aus extrem von den sogenannten „menschlich aussehenden, außerirdischen Rassen". Sie sind im Verhältnis relativ dicht an *unserer* Technik, nimmt man als Meßwert Jahrtausende als Grundlage.

Die Technik der menschlichen Außerirdischen dahingegen ist damit überhaupt nicht zu vergleichen – so viele Millionen von Jahren ist sie der unseren voraus. Sie würde Ihnen erscheinen wie Magie!

Stellen Sie sich einmal vor...

Ich möchte Ihnen nun ein – möglicherweise fiktives – Beispiel nennen: Angenommen, Sie laufen durch die Fußgängerzone Ihrer Heimatstadt und bekommen plötzlich das Gefühl, daß sich die Realität um Sie herum verändert – als ob jemand eine Käseglocke über Sie stülpte. Alles wirkt plötzlich unwirklich, denn Sie können mit einem Mal die Gedanken der Menschen lesen, welche Ihnen entgegenkommen.

Sie wissen nicht, was geschehen ist, aber plötzlich ist alles anders: Sie beobachten die Menschen und hören deren Gedanken zu. Und in diesem Moment haben Sie das Gefühl des „Erwachens". Sie wissen plötzlich, daß jene Welt, in der Sie bisher gelebt haben, nur eine unterentwickelte Ebene ist, in welcher Menschen und andere Lebewesen einen Lernprozeß durchlaufen. Sie denken an ein Auto und schauen dabei ein kleines Kind an, und plötzlich spricht dieses Kind von einem Auto. Sie merken, daß dieses Kind Ihre Gedanken verstanden hat, aber als seine eigenen interpretiert und sie vor seiner Mutter ausspricht.

Angenommen, dies wäre ein Test, und Sie müßten nun in dieser veränderten Realität eine Aufgabe bewältigen, so wären Sie sicherlich überrascht, da in Ihrer Umgebung plötzlich Dinge geschehen, die Ihnen zuvor unmöglich erschienen. Sie bekommen Hinweise, und diese bewahrheiten sich. Sie verlieren augenscheinlich alles, um es dann zurückzubekommen – als wären Sie der Hauptdarsteller in einem riesigen Computerspiel. Und die Spielfläche ist jene „Realität", in welcher Sie sich zuvor so sicher fühlten, als es augenscheinlich nur drei Dimensionen gab und ihre Gedanken niemanden beeinflußten oder niemand sie verstand.

Zum erstenmal in Ihrem Leben sehen Sie möglicherweise reale UFOs direkt über Ihnen, doch niemand außer Ihnen nimmt sie zur Kenntnis...

Angenommen, Sie wären nun drei Tage in diesem „Spiel", ohne Unterbrechung, und in diesen drei Tagen passierten die verrücktesten Dinge – immer vor dem Hintergrund, daß Sie in einer Testphase sind und andere möglicherweise sehen wollen (vielleicht Ihr Schutzengel), wie Sie in bestimmten Situationen reagieren, wie Sie mit der neu erlangten Macht umgehen, wenn Sie Gedanken lesen können und hören, wie andere diese als ihre eigenen auffassen.

Sie würden sich vermutlich furchtbar einsam und hilflos fühlen, denn Ihnen würde klar werden, daß die ganze Menschheit unbewußt in einer Illusion lebt, die ihr die Sicherheit der „drei Dimensionen" vorgaukelt.

Sie begegnen in diesen drei Tagen *echten* Außerirdischen, die sich aber optisch nicht von den „normalen" Menschen unterscheiden. Sie erkennen sie daran, daß diese auf ihre Gedanken verbal oder durch Gestik antworten – und sie scheinen unter der normalen Bevölkerung zu leben wie Sie und ich.

Nach drei Tagen endet der Test – und alles ist wieder wie früher. Die Wände sind wieder „fest", Ihre Gedanken sind wieder die „Ihren" – und die Ihres Gegenübers wieder die seinen. Doch für Sie hat sich alles verändert. Sie können das Erlebte nicht wegerklären. Sie können nicht drei Tage einfach so aus Ihrer Erinnerung streichen wie einen Traum. Und beim Blick in die Augen Ihres Gegenübers würden Sie etwas suchen – Sie würden danach suchen, ob auch dieser einen realen Kontakt – und die Wirklichkeit – erleben konnte oder nicht.

Obwohl Sie drei Tage nicht zu Hause waren, stellen Sie im nachhinein fest, daß Sie während der gesamten Dauer nicht aufs WC mußten, obwohl Sie zuvor normal gegessen hatten. Sie stellen fest, daß Sie sich drei Tage nicht rasiert haben, aber ihr Kinn trotzdem keinerlei Bartwuchs zeigt. Und Sie spüren, daß es wohl irgend etwas mit der intuitiv wahrgenommenen „Käseglocke" zu tun hat, welche man in jener Zeit über Sie stülpte.

Danach gehen Sie in den Supermarkt. Sie denken sich: „*Wenn dies alles wahr ist*" – und Sie wissen, daß es wahr ist –, dann sind die Außerirdischen möglicherweise noch in Ihrer Nähe. Aus diesem Grund sprechen Sie in Gedanken eine junge Frau vor Ihnen an der Kasse an, und Sie stellen ihr eine Frage – nur in Gedanken. Die junge Frau dreht sich zu Ihnen um und nickt...

Angenommen, so etwas würde auf dieser Welt vorkommen, dann würden Sie sich doch von den „normalen" Menschen in Ihrer Umgebung nichts mehr vormachen lassen, oder? Sie würden auch keine wirkliche Angst mehr vor einer illuminatischen Weltverschwörung haben, denn das

Erlebte wird Sie nie verlassen. Sie würden ehrfürchtig werden jener Macht gegenüber, die es geschafft hat, die komplette Realität um Sie herum zu verändern, ohne daß es auch nur ein Mensch in ihrer Nähe mitbekam.

Es ist ein Szenarium, das wie Magie auf Sie wirkte, wie ein Eingreifen einer göttlichen Macht. Und offensichtlich haben Sie in diesen drei Tagen Dinge über die Welt erfahren, die sonst niemand zu wissen scheint.

Dies war nun eine fiktive Geschichte. Aber stellen Sie sich dies einmal vor. Glauben Sie tatsächlich, daß eine Zivilisation, welche der unseren vielleicht zehntausend Jahre voraus wäre, in einem aus Eisen und Stahl konstruierten Flugkörper vor Ihnen landet und *„Hallo“* sagt? Welche Entwicklungen geschahen denn bei uns alleine schon in den letzten einhundert Jahren?

Auf Eingeborene wirkt allein dieser Fortschritt schon wie Magie. Stellen Sie sich einen Eingeborenen vor, der sieht, daß Sie ein Gerät an Ihr Ohr führen und mit jemanden sprechen, der zehntausend Kilometer weit entfernt ist; oder daß Sie ein metallisches Gerät einschalten und eine Stimme daraus ertönt; oder daß Sie einen viereckigen Kasten einschalten und es erscheint ein bewegtes Bild darauf; oder daß Sie in ein Flugzeug steigen und aus der Wahrnehmung des Eingeborenen wie ein junger Gott damit verschwinden...

Es ist für uns nicht wirklich faßbar, was diese Zivilisation, welche uns zehntausend Jahre voraus wäre, für eine Technologie und ein Wissen hätte. Sie würde auf uns wirken wie das persönliche Eingreifen Gottes in unsere Realität! Stellen Sie sich vor, Sie gelangen in unserer unterentwickelten Form aus Haß und Eintracht, Unwissenheit und Sturheit auf einen „Raumkreuzer“ *dieser* Zivilisation. Und plötzlich spricht jemand mit Ihnen telepathisch und antwortet Ihnen direkt in Ihren Kopf. Dinge tauchen aus dem Nichts auf und verschwinden wieder.

Sie und Ihre Sünden wären somit vollkommen nackt vor jenen, da es nichts mehr zu verheimlichen gäbe. Möglicherweise würden Sie sich nach kurzer Zeit wie ein Aussätziger fühlen, weil Sie nicht verstehen, daß es hier um einen Kontakt zu einer anderen (Hoch-)Zivilisation geht und was dies bedeutet.

Sie würden dort niemanden verstehen, weil diese Wesen eine andere Sprache sprechen. Aber einige von diesen würden Sie verstehen. Man würde Ihnen ein Übersetzungsgerät geben, das es Ihnen leichter macht, da Ihre telepathischen Fähigkeiten nicht entwickelt sind. Doch auch so würden Sie sich möglicherweise irgendwann zurückziehen und sich unendlich winzig und unwichtig vorkommen. Wenn Sie mit jemandem sprechen würden, dann würde es immer in Ihnen aufleuchten, daß Sie ein „Neandertaler" sind.

Mit Sicherheit wird dies Ihre persönliche Interpretation sein – aber solche Gedanken werden Ihnen kommen. Hier auf der Erde haben Sie sich womöglich eine Art Scheinwelt aus Lügen und Halbwahrheiten aufgebaut, damit Sie ein respektierter, angesehener Mensch sind. Doch dort fällt all dies weg. Hier sind Sie nur noch „Karl-Heinz Schmidt", der kleine Erdenmensch.

Vielleicht werden Sie sich zurückwünschen in Ihre alte Scheinwelt, in der Sie ein angesehener Mann oder eine angesehene Frau waren – und möglicherweise wissen jene das bei einem gewissen „Reifegrad" schon vorher. Machen Sie sich das bewußt.

Dies ist einer der Gründe, warum es augenscheinlich keine wirklichen außerirdischen Kontakte zu geben scheint. Denn jene Zivilisationen, welche unbeholfen irgendeinen sondenartigen Gegenstand aus Nieten und Blech auf unserem Planeten absetzen würden, wie wir es zum Beispiel auf dem Mars tun, die haben nicht die nötige Technik, um uns zu erreichen. Und jene, welche die nötige Technik besitzen, haben durch Jahrtausende oder Jahrmillionen lange Erfahrung auch die Schattenseiten davon kennenlernen müssen, was es bedeutet, in eine fremde Welt vorzudringen.

Womöglich haben sie sich deshalb entschieden, so vorzugehen, daß jemand, der nicht die notwendige geistige Reife hat, um damit umgehen zu können oder zu wollen, nichts von ihrer Anwesenheit erfahren wird – nicht zuletzt deswegen, um Machtmißbrauch zu vermeiden und diesen unreifen Wesen zusätzlich, wenn auch unfreiwillig das Gefühl zu geben, sie seien etwas Besonderes, obwohl sie morden, stehlen und andere ausnutzen.

In solch einem Moment hilft es einem, sich neue Ziele zu stecken. Anstatt in Verdruß zu geraten über die eigene Unfähigkeit in vielen Dingen, kann es mit Sicherheit helfen, sich von diesen erlebten Dingen faszinieren zu lassen und sich zu sagen: *„Ich möchte auch..."*

Möglicherweise ist es auch kein Nachteil, sich jetzt schon Gedanken über ein *„Was wäre wenn...“* zu machen, bevor ein solcher außerirdischer Kontakt eintrifft und einem den Teppich unter den Füßen wegzieht, denn die meisten Menschen reagieren in der Praxis ganz anders als in ihrer Phantasie – sie laufen weg, wenn sie ein UFO in ihrer Nähe landen sehen, anstatt die womögliche „Chance ihres Lebens“ anzugehen; sie reagieren mit Angst und Panik, wenn sie das erste Mal real telepathisch angesprochen werden, obwohl sie zuvor möglicherweise immer sagten: *„Ja, laß sie nur kommen – ich freue mich darauf...“*

Würde sich wirklich eine außerirdische Gestalt in ihrem Zimmer manifestieren, dann würden manche sich unter der Bettdecke verkriechen, obwohl sie womöglich ihr Leben lang dafür gebetet haben. Ist es nicht so?

Vielen würde auch erst dann bewußt, wenn sie tatsächlich auf einem außerirdischen Schiff wären, daß diese Unterlegenheit ihnen so sehr Angst macht, daß sie sich zurück wünschen in ihre schöne, kleine Welt der Dreidimensionalität.

Viele verschließen sich also schon dadurch vor einem Kontakt, daß sie durch ihre Lebenseinstellung verraten, daß sie nicht wirklich bereit sind. Und dies wird möglicherweise respektiert – so daß es zu keinem Kontakt kommt. Denn nur um mal *„Hallo“* zu sagen, dafür ist bei einem möglichen Auftrag hier in unserem Sonnensystem mit Milliarden von Menschen keine Zeit, und womöglich besteht auch kein Interesse daran.

Vielleicht vergrößern Sie Ihre Chance auf Kontakt, sobald Sie eine erweiterte Sicht der Dinge bekommen und sich sozusagen öffnen? Natürlich setze ich hier Fragezeichen, denn ich vermute ja nur...

Zurück zum Mars...

Wenden wir uns nun erneut für einen kurzen Ausflug dem Roten Planeten zu – auf eine Weise, die den meisten von Ihnen neu sein wird. Die Mars-Sonde *Global Surveyor* funkte mit der Bildnummer „MGS-26004“ ein äußerst merkwürdiges Bild zur Erde: Auf diesem Bildausschnitt sieht man schwarze, wurmartige Gebilde mit einer Länge von bis zu 500 Metern – manchmal auch etwas größer.

Was diese schwarzen Strukturen hervorruft, ist bislang offiziell nicht bekannt. Möglicherweise geben jene geriffelten Strukturen Aufschluß darüber, welche *ebenfalls* auf dem NASA-Bild zu finden sind. Deutlicher werden diese – welche von manchen Forschern schon enthusiastisch mit *„raupenartigen Gebilden"* tituliert wurden – auf der Ausschnittsvergrößerung „M04-00291". Tatsächlich erinnert die Betrachtung des Bildes an Filme wie *„Dune – Der Wüstenplanet"* oder *„Mission to Mars"*, in welchen riesige wurmartige Gebilde die Gegend unsicher machen.

Dieser Eindruck entsteht nicht zuletzt dadurch, daß in der letzteren Bildausschnittsvergrößerung tatsächlich erkennbar ist, wie jenes wurmartige, geriffelte Gebilde den Boden aufgebrochen hat und – gleich einem grabenden Wurm – dazwischen zu liegen scheint. Handelt es sich hier nur um eine optische Täuschung?

Es gibt Aufnahmen **ganzer Regionen**, welche von diesen „grabenden Gebilden" durchzogen werden. Der amerikanische Forscher *Richard Hoagland* nannte sie aufgrund ihres Aussehens bereits „Glastunnel".

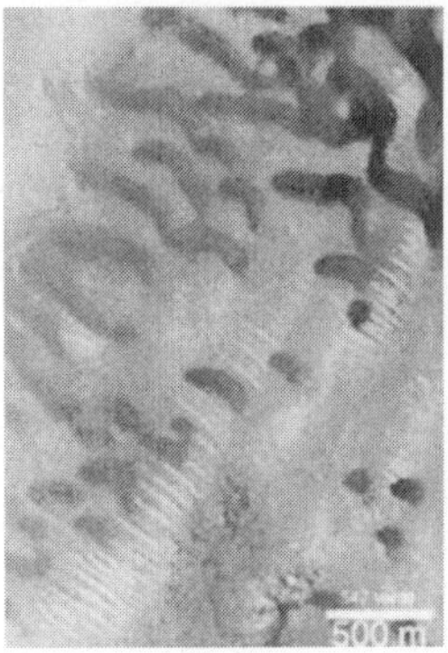

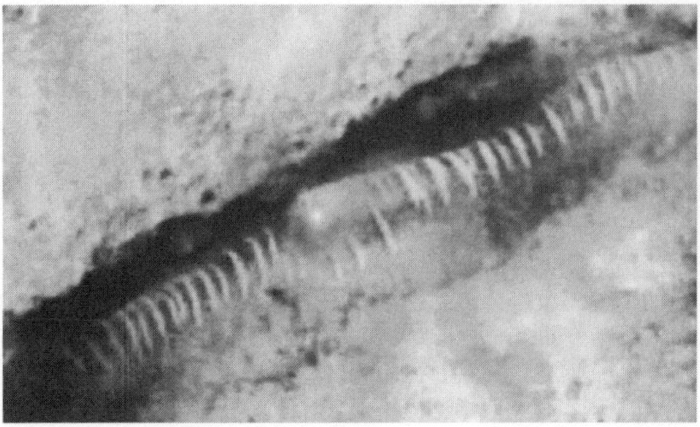

Abb.276 links: NASA-Originalaufnahme MGS-Bild Nr. 26004. Merkwürdige Strukturen sehen wir hier auf dem Mars. Die Größenangabe unten bezeichnet einen Abschnitt von 500m. Es ist bislang nicht geklärt, was diese schwarzen, wurmartigen Gebilde sind. Sie könnten in Verbindung stehen mit den merkwürdigen geriffelten Querlinien, welche ebenfalls auf dem Bild zu sehen sind. Sie sehen aus wie „Baby-Würmer".
Abb.277 rechts: Eine Nahaufnahme einer solchen geriffelten Struktur aus einem anderen Bildausschnitt der Originalaufnahme „M04-00291". Plötzlich erweckt diese den möglicherweise trügerischen Eindruck von Lebendigkeit – und erinnert stark an Filme wie *„Dune – Der Wüstenplanet"*, in welchem sich riesige Würmer durch die Erde graben.

Aufnahmen der sogenannten „Inca City“ der Raumsonde *Global Surveyor* geben Anlaß zu weiteren Spekulationen.

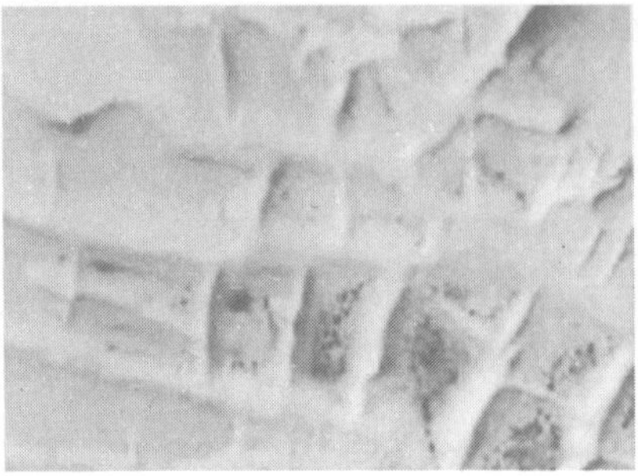

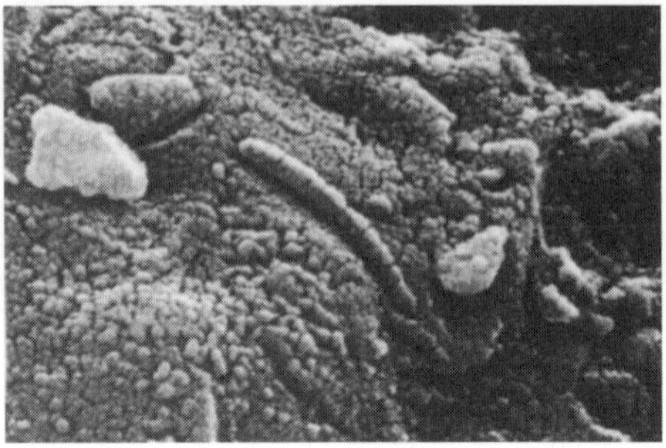

Abb.278 links: Die „Inca City“ – neu aufgenommen von der Mars-Sonde Global Surveyor. In ihr scheint sich jetzt eine Art Pflanzenwuchs zu befinden, welcher sich als dunkle Punkte zeigt. Bei älteren Aufnahmen fehlten die Flecken.

Abb.279 rechts: Vor wenigen Jahren eine kleine Sensation: In dem Marsmeteoriten „ALH84001“ wurden Strukturen gefunden, die auf Leben hindeuten: kleine, wurmähnliche Gebilde.

Man sieht auf dem Foto dunkle Flecken, welche an Pflanzenwuchs erinnern. Kann denn das sein? Befinden sich auf dem Mars riesige, kilometerlange Raupen oder Würmer und ein nichtirdischer Pflanzenwuchs? Waren die Drehbücher zu den Filmen „Dune“ und „Mission to Mars“ eine „Schnapsidee“ oder eine „Eingebung“; oder einfach nur „Zufall“ – und es ist nur unsere Phantasie, die mit uns durchgeht?

Nun, offensichtlich ist letzteres gar nicht möglich, denn die schwarzen Flecken in der sogenannten „Inca-City“ sind ja nun tatsächlich dort.

Auf den Aufnahmen „M03-04937“ und „M15-01228“ finden wir im Inneren der Krater eine Art riesige Pflanze (siehe Abb.280 und 281). Sie wirkt wie eine Art Kaktus oder Bovist. Beide Aufnahmen liegen in derselben Klimazone auf dem Roten Planeten. Oder handelt es sich doch nur um Gestein?

Der erste „Kaktus“ liegt bei 37° und der zweite bei 29° nördlicher Breite – aufgenommen von der Mars-Sonde *Global Surveyor* im Jahr 2001!

Die Größenangabe macht deutlich, welche Dimension die Gebilde haben, ebenso wie zuvor die wurmartigen Gebilde.

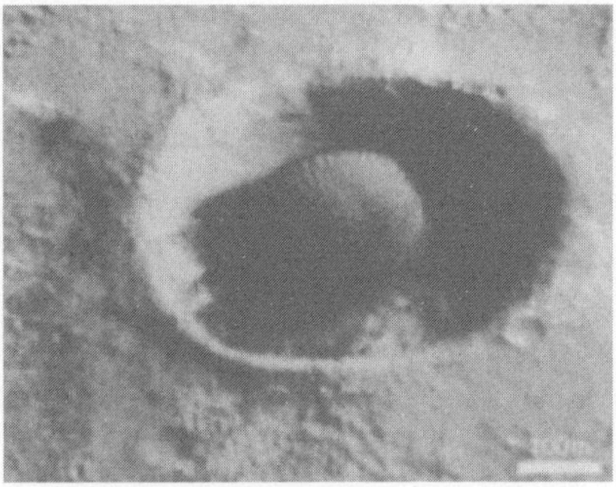 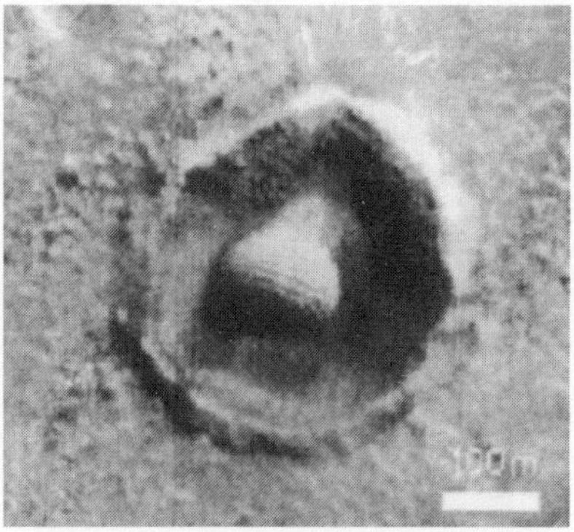

Abb.280 links: Original NASA-Aufnahme „M03-04937". Krater der mittleren, nördlichen Breiten im Sommer. Man sieht ein riesiges Objekt im Innern des Kraters. Seine Oberfläche wirkt definitiv pflanzlich. Es wirkt wie eine außerirdische Lebensform, eine Art Kaktus – oder ist es doch nur Gestein?
Abb.281 rechts: Original NASA-Aufnahme „M15-01228". Dasselbe Phänomen: Die Größenangaben geben uns eine Vorstellung davon, wie groß diese Gebilde sind. Ebenso wie bei den vorangegangenen, wurmartigen Körpern.

Auf den ersten Blick wirkt dies wohl unrealistisch, doch vergessen wir nicht: Auch auf unserem Planeten gab es einst Lebewesen, welche durch ihre Größe unheimlich wirkten – die Dinosaurier!

Wir wissen heute, daß Meteoriten die Bausteine des Lebens enthalten. Auch bei uns wird offen darüber spekuliert, daß sie das Leben auf die Erde brachten. Ist es daher ein „Zufall", daß jene Objekte sich augenscheinlich ausgerechnet im Inneren der (Meteoriten-)Krater gebildet zu haben scheinen?

Doch dies ist noch nicht alles!

Es gibt noch viel detailliertere, neue Bilder vom Mars, die durch die Nahaufnahmen um so spektakulärer wirken: Flechtenartige Pflanzen finden wir beispielsweise auch auf den Nahaufnahmen der Südpolregion des Mars, aufgenommen von der Mars-Sonde *Global Surveyor* im Dezember 2001. Oder zeigen sie Strukturen *im* Eis?

Wer weitere faszinierende Bilder aus diesen Regionen sehen will, der kann sich diese im Internet betrachten unter http://mars-news.de.

 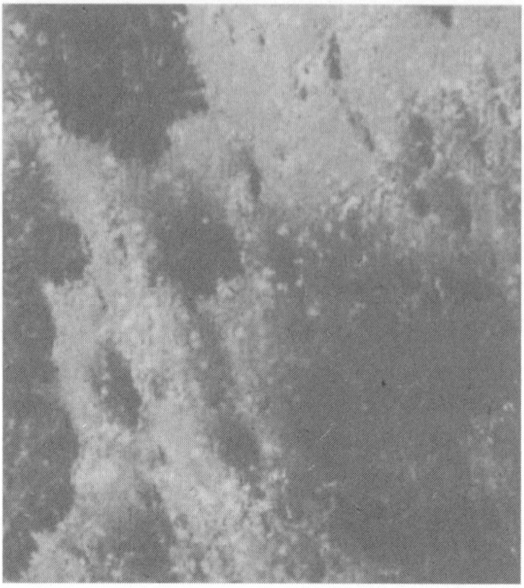

Abb.282 links: NASA-Originalaufnahme „M08-04688" der Raumsonde *Global Surveyor* vom Mars-Südpol aus dem Jahr 2001. Der Anblick wirkt eindeutig: baum- und gebüschartige Gewächse und Sträucher, welche sich in die Höhe ranken... Die Schlagschatten verraten die Dreidimensionalität der Gebilde. Oder sind es Strukturen im Eis? **Abb.283** rechts: Weitere NASA-Aufnahme derselben Region am Mars-Südpol.

Die Raumsonde *Global Surveyor* hat bis zum Jahr 2001 fast 70.000 Bilder zur Erde gefunkt. Doch in den normalen, jedem zugänglichen Massenmedien werden lieber jene Bilder der Mission ausgestellt, welche karge Felslandschaften zeigen.

Mit diesem Wissen kommen wir nun zurück zu jenen Technologien, welche vor Ihnen verborgen wurden, und widmen unsere Aufmerksamkeit nun dem irdischen Traum – dem Weltraum.

Sie werden staunen, was es noch alles zu entdecken gibt – hinter Ihrem Rücken!

Kapitel 12
Der irdische Traum

Bevor wir uns wieder den außerirdischen Strukturen und Zusammenhängen widmen, gehen wir in der Zeit zurück und wenden uns dem Beginn der irdischen „fliegenden Untertassen" zu! Denn auch dieser liegt irgendwo in der Versenkung der Geschichte versteckt.

Cathy O'Brien ging in ihrem aufsehenerregenden Buch „*Tranceformation of America*" nebensächlich darauf ein, daß der wahre technische Fortschritt vor der Welt geheimgehalten wird und dieser der bekannten Technik bereits *mindestens* ein viertel Jahrhundert voraus ist. Die irdische Komponente des UFO-Phänomens wird von den Regierungen gerne benutzt, um ihre Ziele zu verfolgen. Dies möchte ich als nächstes in diesem Buch beweisen.

Beginnen wir also am Anfang des irdischen UFO-Traums: Im Jahre 1911 wurde das erste Mal der Versuch gestartet, sich mit einem scheibenförmigen Gebilde in die Lüfte zu erheben – mit dem sogenannten *Vought Disk*, einem drachenähnlichen Objekt.

Wenige Jahre zuvor, am 17. Dezember 1903, starteten die Gebrüder *Orville* und *Wilbur Wright* ihren ersten bekannten Motorflug der Geschichte – mit der Flugkonstruktion *Flyer*.

Abb.284: Die erste bekannte untertassenförmige Flugkonstruktion aus dem Jahre 1911. Eine drachenähnliche Konstruktion, deren Flugversuche nicht unbedingt von überragendem Erfolg gekrönt waren.

Die Geschichte der *offiziellen* Luftfahrt herkömmlicher Modelle und Technologien ist bekannt. Wenden wir uns deshalb gleich wieder jener Komponente zu, welche sich Anfang des zwanzigsten Jahrhunderts von der „normalen" Luftfahrtgeschichte abspaltete und im geheimen durchgeführt und vorangetrieben wurde.

Die Entwicklungen der Zeppeline Ende des neunzehnten Jahrhunderts sowie die aufkommenden Motorflüge zu Beginn des zwanzigsten Jahrhunderts beflügelten die Techniker und Konstrukteure, nahezu *alles* zum Fliegen bringen zu wollen – was ihnen auch gelang, wie wir noch sehen werden.

Nähern wir uns zuerst der bekannten Frage, was zuerst da war: die *Henne* oder das *Ei*? Was bewog zum Beispiel Ferdinand Graf von Zeppelin (8.7.1838 – 8.3.1917) dazu, im Jahre 1900 offiziell seinen ersten Zeppelin zu konstruieren? Bereits aus dem Jahr 1561 liegen Flugblätter aus Nürnberg mit Sichtungsberichten vor, welche von riesigen, zigarrenförmigen Objekten und Kugeln über der Stadt berichteten.

Man begann nun also zu Beginn und Mitte des zwanzigsten Jahrhunderts damit, möglichst alles zum Fliegen zu bringen – mit dem Menschen im Mittelpunkt. Hierzu zählten auch fliegende Plattformen, auf denen der Pilot stand – mit Erfolg.

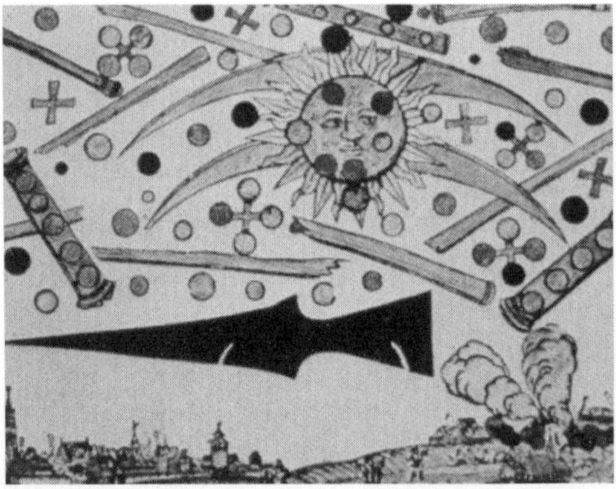

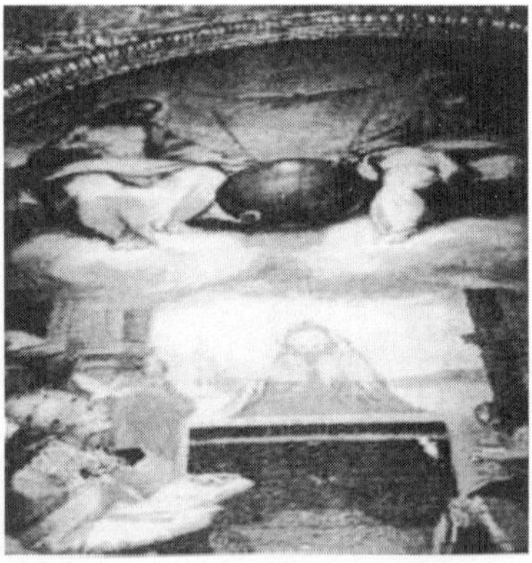

Abb.285 links: In einem Flugblatt aus dem Jahre 1561 wird beschrieben – wie auf dem hier abgebildeten Zeichnungsabschnitt dargestellt –, was die Bewohner von Nürnberg kurz zuvor im selben Jahr über der Stadt gesehen hatten.
Abb.286 rechts: Die runde Kugel auf dem Kirchenfresko oben in der Mitte wirkt wie ein Hinweis auf einen gänzlich anderen Hintergrund der Heiligen Schriften. Oder täuscht der Eindruck?

Abb.287 links: Fliegende „Korbkonstruktion“ mit Pilot. **Abb.288** Mitte: De Lackners *„Helivektor DH-4“*. **Abb.289** rechts: Helivektor mit Soldat.

Es war eine Art „Aufbruchsstimmung“ in der Welt, welche dazu führte, daß man noch daran glaubte, *„alles, was man sich vorstelle, sei am Ende auch möglich“*.

Das Militär arbeitete unermüdlich daran, jene Visionen in die Wirklichkeit umzusetzen, welche zuvor nur Träumereien von Verrückten waren. Doch wie man sieht, glaubte das Militär an diese „Verrückten“. Es wurden Konstruktionen gebaut, welche doch sehr absonderlich wirkten. Trotzdem waren sie in der Vergangenheit Realität.

Die Aufnahmen des *Helivektors* und der *Flying Plattform* sind für viele Zeitzeugen vom Beginn jener Periode, in der man damit anfing, den wahren Fortschritt vor der Bevölkerung möglichst geheimzuhalten.

Mitte des zwanzigsten Jahrhunderts begannen nun auch Automobilhersteller wie *Ford* sowie private Forscher damit, den neugehegten Traum von fliegenden „Autos“ in der Werbung und Entwicklung umzusetzen. Damals glaubte die Menschheit noch, dies sei „ihre“ Zukunft...

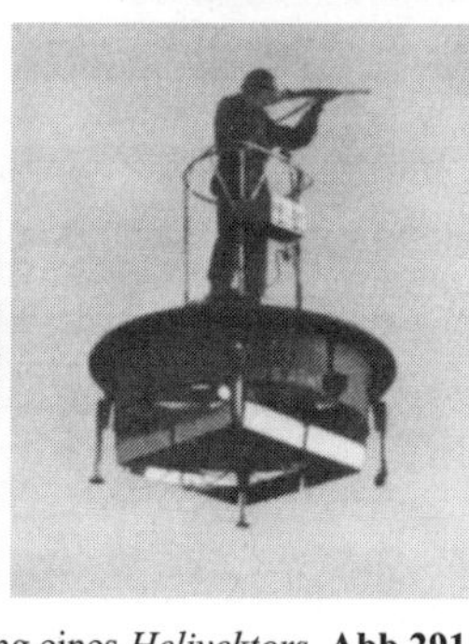

Abb.290 links: Schlittenartige Ausführung eines *Helivektors*. **Abb.291** Mitte: Von Gladys Pippin entworfene fliegende Plattform *ONR* der US Army mit Soldat. **Abb.292** rechts: Ebenfalls Aufnahme einer fliegenden Plattform *ONR*.

Abb.293 links: Eine Version des deutschen Konstrukteurs Lippisch einer *Aerodyne*, welche in Amerika gebaut wurde. **Abb.294**: Eine fertige Konstruktion.

Abb.295: Ein Traum wird Realität. Die US Army testet die fertige Konstruktion der *ONR* auf einem Versuchsgelände.

Abb.296 links: Werbezeichnung des *M-400 Skycar*. Solche Bilder regten besonders in den sechziger Jahren die Phantasie der Leute an. **Abb.297** rechts: Foto des Skycars *XM-2* aus dem Jahre 1965.

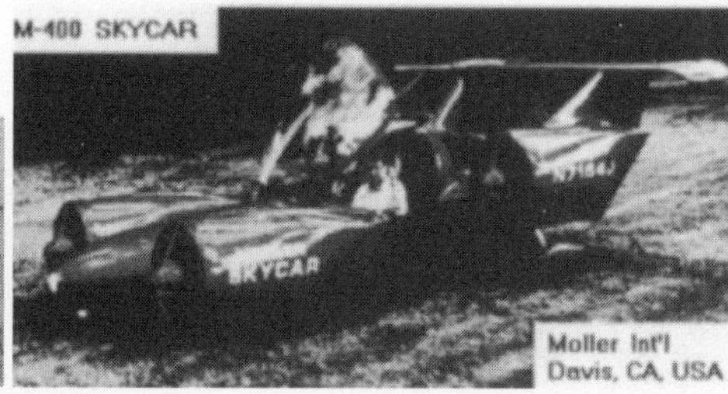

Abb.298 links: Foto des Skycars *M-150*. **Abb.299** rechts: Aufnahme des Skycars *M-400* in Kalifornien, USA. Auch Henry Ford baute ähnliche „Skycars", welche an Luke Skywalkers Luftkissenfahrzeug in „Star Wars" erinnerten und möglicherweise *George Lucas* als Vorlage dienten.

Abb.300 links: Der Skycar *M-200 X* im Flug. **Abb.301** rechts oben: Skycar *Skyrider XR2* von Marco Industries. **Abb.302** rechts unten: Ein Mollers *Skycar* im Flug. Gut sichtbar: die neigbaren Turbinen.

Abb.303 links: Weiteres Modell eines *Skycars* aus unserer Vergangenheit.
Abb.304 rechts: Skycar *City Hawk*, welcher ebenfalls vertikal landen und starten kann.

Ein großer Traum schien in Erfüllung zu gehen: Man steigt in sein privates Auto und fliegt damit von London nach Paris... Der wichtigste Fakt: Dies war kein Traum, der nur auf dem Papier lebte! ***Sie flogen wirklich!***

Szenerien, wie wir sie heute aus dem Kino kennen – und welche sich daran anlehnten (zum Beispiel „*Das Fünfte Element*") –, schienen damals in greifbare Nähe zu rücken. Doch irgendwie starb dieser Mythos in den siebziger Jahren. Und obwohl nun Fotos und Zeichnungen der sogenannten Skycars Ende der sechziger und Anfang der siebziger Jahre in den Medien auftauchten, wurden diese in unserem Stadtbild nie Realität.

Doch warum? Warum wollte man damals diese technische Entwicklung nicht in unser Stadtbild aufnehmen? Wäre es nicht wunderschön gewesen, wenn sich jene Entwicklungen der sechziger Jahre durchgesetzt hätten? An der fehlenden Nachfrage kann es nicht gelegen haben. Und was für Fortbewegungsmittel hätten wir dann heute, vierzig Jahre später? Wären wir dem „Fünften Element" nicht schon viel näher?

Abb.305 links: Der Skycar *XM-4* im Flugtest. **Abb.306** rechts: Der Skycar *XM-4* als praktischer Zweisitzer genutzt, um mal eben ein wenig Sightseeing mit der Freundin zu machen...

Möglicherweise erkennen Sie beim Betrachten der vorangegangenen Bilder die Antwort auf diese Fragen: Wäre dies damals die Realität in unseren Städten geworden, so hätte der Normalbürger zuviel Einsicht in den aktuellen Stand der Technik bekommen. Kein Mensch würde beim Anblick solch fliegender Objekte noch ernsthaft in Frage stellen, daß es „fliegende Untertassen“ gibt...

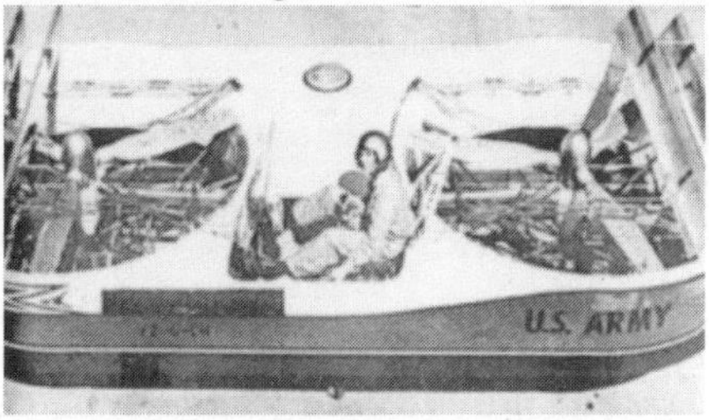

Abb.307 links: Aufnahme des Chrysler *VZ-6* der US Army aus dem Jahre 1958/59.
Abb.308 rechts: Eine Chrysler *VZ-7* der US Army.

Diese Entwicklung wurde damals hinter dem Rücken der Öffentlichkeit weiter vorangetrieben. Und ich kann mir vorstellen, daß ein Großteil der Normalbürger jene nachfolgenden Aufnahmen vor der Veröffentlichung dieses Buches möglicherweise nicht gekannt hat: Es ist davon auszugehen, daß es dem Militär nicht unbedingt recht war, als in den sechziger Jahren private Unternehmen und die Industrie des „Normalbürgers“ diese Gedanken und Entwicklungen der Geheimen Weltregierung aufnahmen und zu vermarkten versuchten.

Man nannte diese Vehikel in der US Army auch *Flying Jeeps*.

Die VZ-8P B wurde 1962 gebaut und hatte den vollen Namen „Piasecki 59H/VZ-8P (B)“ *Airgeep II*.

Abb.309 links: Die *VZ-8P* („P“ für *„Piasecki“*) – vom Militär auch *Skycar* genannt.
Abb.310 rechts: Die Weiterentwicklung der *VZ-8P* – die *VZ-8P B* der US Army.

Eine einfache Konstruktion eines sogenannten Skycars der US Army war der zu Testzwecken gebaute „Curtiss-Wright VZ-7“ aus dem Jahre 1958:

Abb.311 links: Foto der einfach gehaltenen *„VZ-7“* aus dem Jahre 1958. **Abb.312** rechts: Weitere Aufnahme der fliegenden „VZ-8 Airgeep“ auf einem Luftwaffenstützpunkt in den USA.

Jetzt, wo wir diese Bilder kennen, können wir uns der nächsten Stufe nähern – *Flugzeugen*, in welche die Technik der sogenannten Skycars mit integriert wurde, damit diese aus dem Stand starten und landen können, wie zum Beispiel die „Bell X-22“:

Abb.313: Aufnahme der geheimen Maschine „Bell X-22“ mit verstellbaren Turbinen, um ein Starten und Landen aus dem Stand zu ermöglichen, identisch zu der Technologie, welche wir bei verschiedenen Skycars finden. Für den Horizontalflug besitzt sie zudem einen zuschaltbaren Düsenantrieb.

Abb.314 links und **Abb.315** rechts: Weitere Aufnahmen einer geheimen *Bell X-22* – Bilder wie aus einem Science-Fiction-Film.

Ich gebe zu, dieses Buch ist mit viel Bildmaterial gefüllt, doch es gab bislang genügend Bücher, die nur Wörter aneinandergereiht haben, ohne die notwendigen Bildnachweise abzudrucken. Deshalb besteht etwas Nachholbedarf bei dem bewußt unwissend gehaltenen Normalbürger unserer Zeit. Ich hoffe, ich kann wenigstens einen kleinen Teil dazu beitragen, auch wenn es nur die Spitze des Eisberges ist.

Doch wie *Cathy O'Brien* bereits sagte, genau diesen Mystizismus will die Geheime Weltregierung für sich nutzen – und inszeniert deshalb bewußt auch sogenannte „außerirdische Phänomene". Warum und zu welchem Zweck, das werden wir im nachfolgenden Kapitel etwas näher beleuchten. Ich bitte um noch etwas Geduld.

Wir werden die Wahrheit womöglich niemals ganz erfassen und unser Verstand wird sie niemals für möglich halten, wenn wir nicht einmal jene Technologien kennen, welche schon ***vor einem halben Jahrhundert*** in der Geheimen Weltregierung gang und gäbe waren.

Geheime Entwicklungen in Rußland

Es ist in gewissen Kreisen eine bekannte Tatsache, daß der *Kalte Krieg* zwischen Amerika und Rußland nur eine gut inszenierte Medienkampagne war, um immense Geldsummen zu mobilisieren, mit denen man unter anderem die Schere zwischen der Ihnen bekannten, offiziell zugänglichen Technologie und jener der Geheimen Weltregierung weiter auseinandertreiben konnte. Ursache waren unter anderem die Abkommen mit den Außerirdischen (Greys), welche den „Illuminierten" Technik zur Verfügung stellten, die erforscht werden mußte und – soweit es eben ging –

Schritt für Schritt in die irdische Technologie mit einfließen sollte. Bevor man diese unbezahlbaren Technikfragmente der Außerirdischen kopieren konnte, mußte man ihre Funktion verstehen und Verfahren entwickeln, um diese mit unseren Mitteln zu reproduzieren. Eine *immense* finanzielle und technische Herausforderung... Allgemein gilt: Die Greys stellten den Regierungen in den unterirdischen Basen Personal zur Verfügung, um dieses Ziel zu erreichen.

Betrachten wir uns hierzu geheime russische Entwicklungen:

Das „kaspische Seemonster" beispielsweise wog mehr als 550 Tonnen und war über 100 Meter lang. An seinem Bug waren acht Düsen angebracht. Heutzutage sind zwei von solchen Düsen an normalen Passagiermaschinen angebracht und befördern Hunderte von Menschen mit circa 1.000 Stundenkilometer durch die Luft.

Ein Objekt ähnlicher Art, wenn auch etwas kleiner, hatte nicht nur acht Turboaggregate, sondern zehn – und fiel durch seine immens langen Stabilisatoren am Leitwerk hinten auf. Die zwei zusätzlichen Düsen waren direkt über der Kabine der Piloten angebracht. Ein anderes Bild des „Seemonsters" (Abb.318) gibt Ihnen einen noch deutlicheren Eindruck über die Gewaltigkeit und Größe.

Ein weiteres Ungetüm jener Zeit war ein 400 Tonnen schweres Gefährt, welches *Moskit* genannt wurde, mit einer Länge von 74 Metern und einer Breite von 44 Metern. Die Gefährlichkeit des Objektes muß dem Betrachter wohl nicht erklärt werden.

Abb.316: 550 Tonnen schwer und über 100 Meter lang – ein Objekt, welches den Namen *Das kaspische Seemonster* trug. An seinem Bug waren acht riesige Düsen angebracht, welche es ihm ermöglichten, mit Geschwindigkeiten von fast 500 km/h über das Wasser zu rasen.

Abb.317: Dieses Objekt der KM-Reihe hatte nicht nur acht Düsen, sondern zehn. Auffallend sind die langen seitlichen Ausläufer am Leitwerk der Maschine – ebenfalls ein Objekt aus längst vergangenen Tagen, von dem die meisten Menschen heute nicht einmal wissen, daß es je existiert hat.

Abb.318: Foto des „Seemonsters“. Bei diesem Bild wird die Größe des Objektes deutlich. Die Militärs und Auserwählten haben sich bei schönem Wetter gerne auf den Turbinen und den riesigen Tragflächen des Ungetüms gesonnt.

Abb.319 links oben: Streng geheimes Objekt, welches auch den Namen *„Moskit“* trägt. Es hat eine Länge von 74 Metern und eine Breite von 44 Metern und ist dem Normalbürger natürlich unbekannt.
Abb.320 rechts oben: Aufnahme bei Nacht. Das Raketensystem wird getestet, während das Objekt über dem Wasser fliegt.

Abb.321 unteres Bild: Die Moskit „in Fahrt“.
Abb.322 (Einfügung in Bild 321): Die „Moskit“ im Bau.

Fremdartigkeit muß nicht immer gleich „außerirdisch“ sein – dies galt schon vor vielen Jahrzehnten. Da diese Objekte der Normalbevölkerung allerdings vorenthalten wurden – und jene bislang größtenteils *„dumm starb“* –, wurden auch die Fluggeräte der nachfolgenden Seiten ohne Zweifel für den unwissenden Betrachter schnell zu *„außerirdischen Flugobjekten“...*

Sehen wir uns in diesem Zusammenhang auch ein Objekt an, welches *„Have Blue“* genannt wird: Das hochgeheime Flugobjekt mit dem Codenamen „HAVE BLUE“ ist eines der neueren Spielzeuge der Geheimen Weltregierung. Der Name ist möglicherweise kein „Zufall“. Das größte offizielle UFO-„Aufklärungsprogramm“ heißt *„BLUE BOOK“*. Curtis Lee May verweigerte Senator Barry Goldwater damals den Zugang zum sogenannten *„BLUE ROOM“* – jenem Ort, an welchem die Regierung außerirdische Technologie aufbewahrt. *„HAVE BLUE“* heißt übersetzt *„Hat Blaues in sich“*. Einheiten, welche sich im Auftrag der Regierung hauptsächlich mit Außerirdischem beschäftigen, werden sogenannte *„BLUE TEAMS“* genannt.

Abb.323 links: Das hochgeheime Projekt der Geheimen Weltregierung „XST" der aktuellen Art: Es trägt den Namen „HAVE BLUE". Muß ich Ihnen als inzwischen „Teilinsider" erklären, was dies bedeutet? „Have Blue" – der Name des Objektes sagt aus, daß in ihm außerirdische Technologie verbaut wurde.
Abb.324 rechts: 5 Milliarden Dollar später... Ein radarunsichtbarer, supergeheimer neuer Stealth-Bomber?

Vergleichen wir dieses mit einem Flugobjekt aus den späten vierziger Jahren: mit der damals hochgeheimen *„Northrop XB-35 Flying Wing"*. Ein Laie würde diese Flugmaschine sicherlich als ein „UFO" bezeichnen.

Sie wurde jedoch nach dem Zweiten Weltkrieg gebaut und nach in Deutschland „geklauten" Vorlagen – den Horten-Maschinen.

Northrop und andere amerikanische Firmen schauten allerdings nicht erst seit der Zeit nach dem Zweiten Weltkrieg bei den Deutschen ab. Sie begannen schon frühzeitig, die geheimen Entwicklungen zu studieren, welche in Deutschland mit immenser Geschwindigkeit vorangetrieben wurden – und übten sich an Nachbauten der deutschen Produktionen.

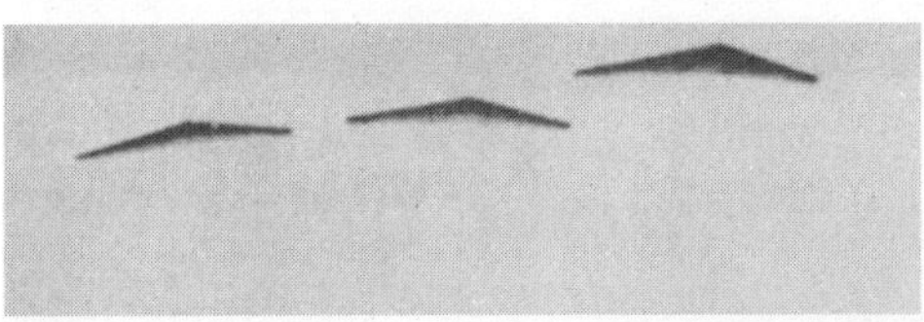

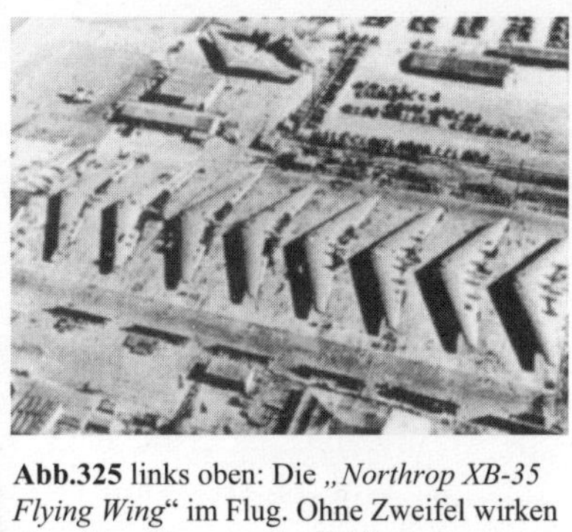

Abb.325 links oben: Die *„Northrop XB-35 Flying Wing"* im Flug. Ohne Zweifel wirken diese Maschinen aus der Entfernung wie außerirdische Objekte. **Abb.326** links unten: Produktionsstätte der „XB-35". **Abb.327** rechts: Diese Aufnahmen zeigen die Serienfertigung.

Abb.328: Die *Colani* – sie wirkt ohne Zweifel auf den ersten Blick wie ein außerirdisches Objekt auf den Betrachter.

Für weitere „außerirdische Verwirrung" sorgte vielleicht auch die merkwürdig wirkende *Colani*. Sie hatte für den Betrachter schon fast überhaupt nichts Irdisches mehr in ihrem Erscheinungsbild und wirkte geradezu unheimlich und böse. Sie erscheint futuristisch für einen zufälligen Beobachter – man wäre geradezu unglaubwürdig, würde man zu seinem Nachbarn gehen und davon berichten (siehe Abb.328).

Ähnliches galt mit Sicherheit auch für die „Rotary Rocket" – ebenfalls ein „fliegendes Monstrum" in Kegelform, welches bis heute bei der Normalbevölkerung nicht bekannt ist. Auch sie muß auf den Betrachter schon vor all den Jahrzehnten in ihrer Größe und Struktur wie ein nichtirdisches Objekt gewirkt haben.

Doch anstatt jenen Bürgern, welche von solchen Begegnungen berichteten und diese fälschlicherweise für außerirdische Gefährte hielten, die Realität ihrer Sichtungen zuzugestehen, kündigten Fluggesellschaften ihren Piloten bei etwaigen Äußerungen den Job; oder man stellte die Personen, welche die Sichtungen hatten, in der Öffentlichkeit bloß, ja sperrte sie sogar in Irrenanstalten und machte ihre *wahren* Berichte lächerlich.

Ich halte es für ein Verbrechen, wenn Augenzeugen solcher Begegnungen in Irrenanstalten geschickt werden und man sie für verrückt erklärt. Ein Verbrechen ist es deshalb, weil die Regierungen, das Militär und die Geheime Weltregierung im Hintergrund ihre eigenen Technologien in der Öffentlichkeit ad absurdum führen, ohne bei den „Opfern" für Aufklärung zu sorgen. Stattdessen lassen sie zu, daß jene ihren Job und anderes verlieren. Das ist für *mich* ein Verbrechen am Volk.

Abb.329 (Einfügung oben links) und **Abb.330**: Die *Rotary Rocket* – der Normalbevölkerung bislang ebenfalls unbekannt. Auch sie wirkt futuristisch und kann beim unwissenden Betrachter für Irritierung sorgen.

Nun kommen wir zu einem anderen Fall, dessen Ursprung nach Zeugenaussagen in Deutschland zu finden ist: eine fliegende Untertasse der USAF. Sollte dies den Tatsachen entsprechen, dann könnten auch diese am Himmel beim Beobachter für Irritationen gesorgt haben. Hier die bisher bekannten Fakten:

Abb.331: Illustration einer der irdischen fliegenden Scheiben, welche laut Berichten in den sechziger Jahren real existierten und auf verschiedenen AFBs stationiert waren – etwas, das es laut dem offiziellen „UFO-Aufklärungsprogramm" *BLUE BOOK* nicht gab, wie man der „dummen" Öffentlichkeit eintrichterte.

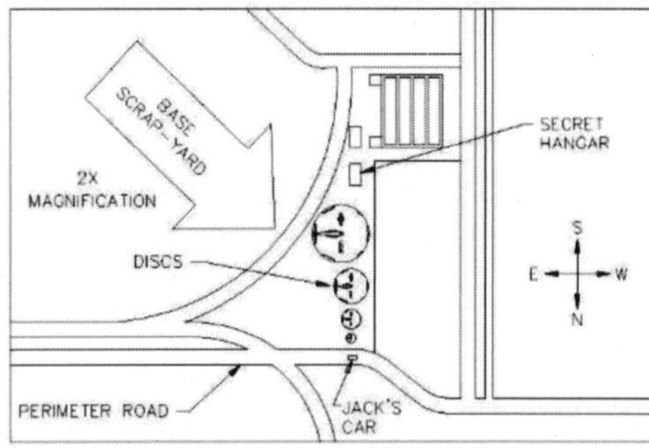

Abb.332 oben links: Luftaufnahme der MacDill Airforce Base, auf der unter anderem die USAF-Scheiben stationiert gewesen sein sollen. **Abb.333** oben rechts: Hangar auf der MacDill AFB, in dem ebenfalls Flugscheiben derselben Baureihe gestanden haben sollen. **Abb.334** unten links: Der Augenzeuge *Warren Botz*, welcher auf der MacDill AFB eine Flugscheibe der USAF gezeigt und erklärt bekam. **Abb.335** unten rechts: Zeichnung des Bereichs, in dem die Scheiben aufbewahrt wurden.

Die Geschichte der hier abgebildeten USAF-Flugscheibe beginnt, wie bereits angemerkt, ebenfalls in Deutschland. Deutschland erregte bereits während des Dritten Reichs Aufsehen in der Welt durch seine fortschrittliche Flugzeugtechnologie, wie zum Beispiel den Me-262-Jäger, den Horten-Konstruktionen oder das raketenangetriebene Flugzeug Me-163. Unter der Leitung von General *Hans Kammler*, mitverantwortlich für die Leitung in Peenemünde, sowie *Dr. Wernher von Braun* wurde im Jahre 1942 unter strengster Geheimhaltung und Mitwirkung von Dr. Richard Miethe ein Flugscheibenprojekt gestartet.

Glaubt man den Angaben der Augenzeugen, so gab es auch jene Scheibenkonstruktionen, welche später im Jahre 1967 von einem gewissen *Jack Pickett* auf der MacDill AFB entdeckt wurden. Er schrieb einen Artikel darüber in einer amerikanischen Zeitung. Er behauptete damals, daß vier dieser Scheiben noch existieren würden.

Nach dem Zweiten Weltkrieg wurden viele deutsche Wissenschaftler, so Pickett, nach White Sands in Nevada gebracht.

Der erste Flug der in diesen Illustrationen gezeigten Scheibe war angeblich im Jahre 1955. Es war eine fast detailgetreue Kopie einer Scheibe, welche Miethe 1947 bereits in Deutschland fertiggestellt hatte. Laut Pickett wurden die Scheiben in verschiedenen Größen gebaut. Der Durchmesser betrug zwischen 20 und 108 Fuß.

Im Jahre 1978 wurde die Geschichte von *Jack Pickett* von einem amerikanischen Piloten mit dem Namen *Warren Botz*, welcher im Zweiten Weltkrieg gedient hatte, bestätigt. Es wurde damals angeblich geplant, eine der Scheiben für ein Luftfahrtmuseum herzurichten. Dazu kam es leider nicht. Botz bestätigte aber, daß er in einem Wiederherrichtungslager eine Scheibe von jenem Typ vor sich hatte – zwölf Jahre nach der Geschichte von Pickett.

Pickett kann sich bis heute nicht erklären, warum die irdische Flugscheibentechnologie noch immer geheim ist und warum sie unter dem Vorwand der „Nationalen Sicherheit" bis heute offiziell nicht existiert. Wenn man sich vorstellt, welchen Eindruck jene Scheibe am Himmel auf den unbedarften Betrachter hinterläßt, findet man schon eher eine Erklärung, denn ohne Frage wäre auch sie ein Projekt am Himmel, welches aus

Abb.336: Illustration einer konventionellen fliegenden Untertasse. Sie startet von einem Militärstützpunkt (neben einem der „ersten" Düsenjäger).

Abb.337: Scheiben irdischer Bauweise sind schon lange keine Seltenheit mehr, wie diese Kapsel demonstriert, welche hier bewacht auf einer Hängevorrichtung gezeigt wird.

der Entfernung nicht ohne weiteres von angeblich außerirdischen Flugobjekten zu unterscheiden ist.

Doch die meisten Menschen glauben nur das, was in den Massenmedien als „Wahrheit" verbreitet wird, während ein paar Kilometer weiter, hinter ihrem Rücken, die unglaublichsten Dinge existieren. Die Wahrheit hat sich noch nie um die Meinung derer gekümmert, welche sie anzweifeln.

Viele Dinge sind so „Top-Secret", daß sie in keiner Form der Öffentlichkeit bekannt sind.

Daß die Amerikaner in der *Area 51*, genannt „Dreamland", scheibenförmige Flugobjekte testen, ist schon lange kein Geheimnis mehr – was Originalaufnahmen belegen.

Abb.338: Transport des geheimen Spionage-Flugzeugs *A-12* zum Groom-Lake, *Area 51*, für das Projekt *Oxcart* – eine Region in Nevada, in welcher auch die berüchtigte Anlage *S-4* liegt, deren Namensgebung auf die deutschen Anlagen *S I - S III* zurückgeht. Existiert hier eine Verbindung zu Deutschland?

Abb.339 rechts oben: Aufnahme einer Hebevorrichtung in der *Area 51*, von welcher es mehrere gibt. Man sieht auf der Spitze der Hebevorrichtung eine Flugscheibe. **Abb.340** links oben: Nähere Einstellung des Objekts. **Abb.341** links unten: Eine weitere Vorrichtung dieser Art in der *Area 51* – ohne Flugscheibe. **Abb.342** rechts unten: Eine Hebevorrichtung in der *Area 51* – aber verschlossen.

Man sieht auf Originalaufnahmen verdeckte Silos, durch welche die Scheiben an die Oberfläche transportiert werden. Auf manchen der Aufnahmen sind die Silos geschlossen, auf anderen sieht man zum Beispiel ein scheibenförmiges Flugobjekt auf einer Hebevorrichtung. Andere Fotos zeigen wiederum die Hebevorrichtungen ohne Flugscheiben.

Eine der interessantesten Aufnahmen der *Area 51* bringt sicherlich einen ganz anderen Beweis: So zeigt ein nach draußen gelangtes Bild einer Überwachungskamera jenen Bereich, in dem zylinderartige Behälter aufgestellt und mit einer Flüssigkeit gefüllt sind. Laut Aussagen unabhängiger Augenzeugen befinden sich in diesen Tanks die konservierten Leichen von echten Außerirdischen.

Abb.343: Ein Bild, aufgenommen von einer Überwachungskamera in der hochgeheimen militärischen Anlage *Area 51*. Es zeigt mit Flüssigkeit gefüllte Tanks, welche angeblich für die Konservierung von Außerirdischen vorgesehen sind.

Nähere Filme und Fotos zu den hier behandelten Themen die *Area 51* betreffend finden Sie auch in der schon etwas älteren Video-Dokumentation „Geheimnisse der schwarzen Welt".

In dieser werden auch ehemalige Mitarbeiter der *Area 51* interviewt, welche in diesen Hochsicherheitsbereichen gearbeitet haben. Einer der Zeugen spricht von einer Reihe von Tanks, die für die außerirdischen Greys vorgesehen sind. Ein anderer Mitarbeiter beschreibt nicht nur die Tanks mit den Greys, sondern auch Tanks gleicher Bauart, in denen sich Lebewesen befunden haben, welche optisch nicht von Menschen zu unterscheiden gewesen wären. Ihm wurde aber gesagt, *„dies seien Außerirdische"*.

Ein Indiz bringt aber sicherlich ein Bildvergleich. Vor einigen Jahren wurde von einem ehemaligen Mitarbeiter der Anlage ein Filmstreifen (Ausschnitt) nach draußen geschmuggelt, auf dem angeblich ein echter *Grey* zu sehen ist, welcher interviewt und medizinisch behandelt wird. Damals gab es unzählige Spekulationen über die Echtheit der Aufnahmen, weil es ohne Frage in der heutigen Zeit kein Problem ist, Filme von angeblichen Außerirdischen zu fälschen.

Robert O'Dean, ehemaliger Major der alliierten Streitkräfte, bestätigte allerdings damals, daß die Aufnahmen seiner Meinung nach echt seien, da ihm während seiner Dienstzeit identische Aufnahmen von Aliens gezeigt wurden. Dies überzeugte jedoch nicht alle.

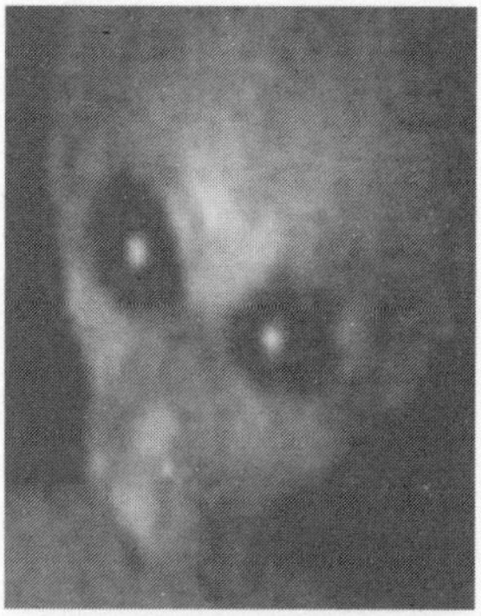

Abb.344 links: Vergrößerung eines Tanks auf dem Video einer Überwachungskamera in der *Area 51*, in dem sich, wie von den Augenzeugen berichtet wurde, ein Grey zu befinden scheint. **Abb.345** rechts oben: Bildausschnitt eines angeblichen Greys, welcher auf dem Film, der dem Bildausschnitt zugrunde liegt, in der *Area 51* interviewt und ärztlich behandelt wird. Der Filmstreifen wurde von einem Mitarbeiter der *Area 51* heimlich nach draußen geschmuggelt. **Abb.346** rechts unten: Gesichtsausschnitt der Vergrößerung jenes Wesens, das sich in dem Tank befindet.

Vergleicht man allerdings – *hier zum ersten Mal* – die Aufnahmen des damals interviewten Greys mit jenem Wesen, das sich auf den Aufnahmen der Überwachungskamera in einem der Tanks befindet, so stellt man eine geradezu gespenstische Übereinstimmung fest (Abb.344-346).

Kann das noch ein „Zufall“ sein – oder täuscht der Eindruck?

Und damit kommen wir von Amerika wieder zurück nach Deutschland...

Kapitel 13
Deutschland – die verborgene Realität

„UFOs deutscher Bauart – was soll das denn sein?“ Das ist ein Ausspruch, den ich mir in meinem Leben des öfteren anhören mußte und der bezeugt, daß hier offenbar Aufklärungsbedarf besteht.

Beginnen wir mit einer geheimen Flugscheibenkonstruktion, welche nach dem Zweiten Weltkrieg ebenfalls von den Amerikanern nachgebaut wurde: das sogenannte Schnellflugzeug *Focke Wulf VTOL*, ein Fluggerät mit einem Rotor in seiner Mitte, das vertikal aufsteigen konnte wie ein Hubschrauber. 1939 ließ sich die Firma jene Konstruktion patentieren.

Abb.347–349: Die Focke Wulf Flugscheibe *VTOL* während der Fabrikation im Dritten Reich. In der Mitte des Schnellflugzeuges befand sich ein Rotor, welcher es der Flugscheibe erlaubte, vertikal in die Höhe zu steigen wie ein Hubschrauber.

Abb.350 links: Illustration einer Focke Wulf *VTOL* aus dem Dritten Reich, auf welcher das BMW-Emblem prangt, da BMW den Motor lieferte. **Abb.351** rechts: Die *VTOL* in der Seitenansicht.

Nachfolgend sehen Sie weitere Fotos aus der Produktionsstätte der fliegenden Untertasse von Focke Wulf:

Abb.352-355: Weitere Originalaufnahmen aus dem Focke Wulf Werk von der Herstellung der ersten flugtauglichen Version der *VTOL*.

Abb.356 links: Focke Wulf Konstruktion *VTOL*, wie sie im Dritten Reich hergestellt wurde.
Abb.357 rechts: Die Einfältigkeit der Amerikaner Jahre später...

Abb.358 Horten „Ho XIII“ im Flug über Deutschland. Sie wirkt unverkennbar wie ein UFO – und zugleich wie eine fortschrittliche moderne Maschine, jedoch sind die Aufnahmen etwa sechzig Jahre alt. **Abb.359** rechts: Horten „Ho III“ bei einer Luftschau. (Hakenkreuz wurde geschwärzt.)

Kommen wir wegen des imposanten Bildmaterials nochmals kurz auf die deutsche Luftwaffe und die geheimen Projekte zurück, welche ebenfalls nach dem Zweiten Weltkrieg von den Amerikanern mitgenommen und kopiert wurden. Die meisten Deutschen haben nicht die geringste Ahnung davon, welche Technik damals bereits hier in Deutschland im geheimen vorhanden war. Und die meisten reiben sich die Augen bei jenen modern anmutenden Fluggeräten, welche ebenfalls in der Form Teilen der heutigen UFO-Sichtungsbilder entsprechen – sie sind deltaförmig.

Die Aufnahmen zeigen Flugmaschinen, welche sich optisch locker in die aktuelle Maschinerie einreihen könnten – und dort immer noch zukunftsweisend wirken würden, doch die Aufnahmen sind etwa *sechzig Jahre* alt...

Abb.360: Horten „Ho III“ auf einem Flugfeld im Dritten Reich. Die Pilotenkanzel ist geöffnet. Daneben zwei deutsche Soldaten.

Auch diese Kenntnis ist wichtig, wenn man auf das UFO-Phänomen im Dritten Reich eingeht, denn es beweist, daß hier tatsächlich im Verborgenen etwas gebaut wurde, wovon der Normalbürger nichts mitbekam. Dies ist ein weiteres Indiz dafür, daß es in Deutschland nach dem Zweiten Weltkrieg *mehr* zu finden gab, als uns weisgemacht wird...

Abb.361: Horten *HO Vc* und Horten *HO IIe* am Rande eines Flugfeldes im Deutschen Reich. Viele Menschen kennen diese Fakten nicht.

Abb.362 links: Deutsche Horten *Ho VII* im Bau während des Zweiten Weltkriegs.
Abb.363 rechts: Horten *Ho IV* – ein Flugzeug mit einer geradezu *unglaublich* wirkenden Spannweite. Im Hintergrund sieht man eine „normale“ Begleitmaschine.

Diese Fotos belegen, daß Deutschland dem Rest der Welt in der Flugtechnik um eine Nasenlänge voraus war...

Am 25. Oktober 1955 hielt der US-Air-Force Secretary *Donald Quarles* eine Pressekonferenz im Pentagon ab, bei welcher er verkündete, daß die USAF ein Projekt betrieb, um eine vertikal aufsteigende und landende fliegende Untertasse zu bauen, bei der Air Force bekannt unter der Nummer *MX-1794* – oder unter dem Code-Namen *Silver Bug*. Das Fluggerät wurde aufgrund der in Deutschland gestohlenen Pläne innerhalb von zwei Jahren in Toronto konstruiert.

Abb.364 links: Die Northrop *NS-97*. Sie ähnelt sehr stark dem Modell *Silver Bug*.

Abb.365 rechts: Die Flugscheibe *MX-1794* der USAF – auch bekannt als *Silver Bug*. Sie entstand ebenfalls auf der Grundlage von Plänen, welche nach dem Zweiten Weltkrieg von den Amerikanern in Deutschland gestohlen wurden.

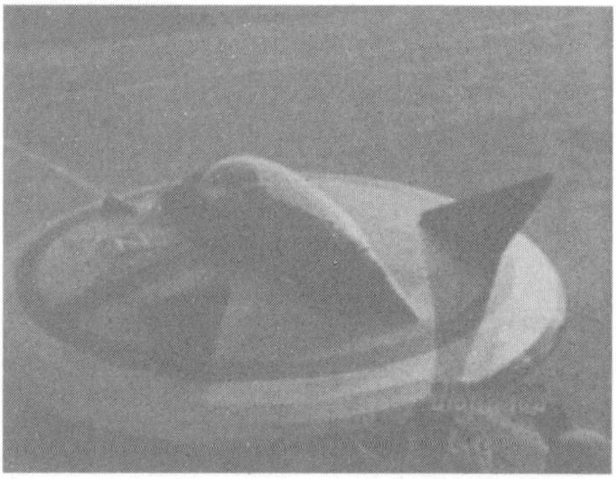

Abb.366 links: Der *Silver Bug* im Hangar, geschützt vor neugierigen Blicken.
Abb.367 rechts: Blick auf die Pilotenkanzel des *Silver Bug*. Northrop gehört zu jenen Firmen, die heute die geheimsten offiziellen und inoffiziellen Fluggeräte, wie den *B2-Bomber* oder den *XST-HAVE BLUE* fabrizieren. *Ein Schelm, wer Böses dabei denkt...*

Doch nicht nur *Northrop* war bereits damals daran beteiligt, erste Flugscheiben zu konstruieren – auch deren Kontrahent *Lockheed*, welcher heute für den *Stealth Fighter*, den *Tarnkappen-Bomber*, bekannt ist. Am 30. Juli 1957 ließ sich die Firma Lockheed eine Flugscheibe patentieren, welche sie *Saucer Shaped Aircraft* nannte.

Kann es tatsächlich ein Zufall sein, daß jenes Objekt auf dem Lockheed-Patent aus dem Jahr 1957 fast identisch ist mit den von Billy Meier gemachten Aufnahmen angeblicher realer UFO-Kontakte?

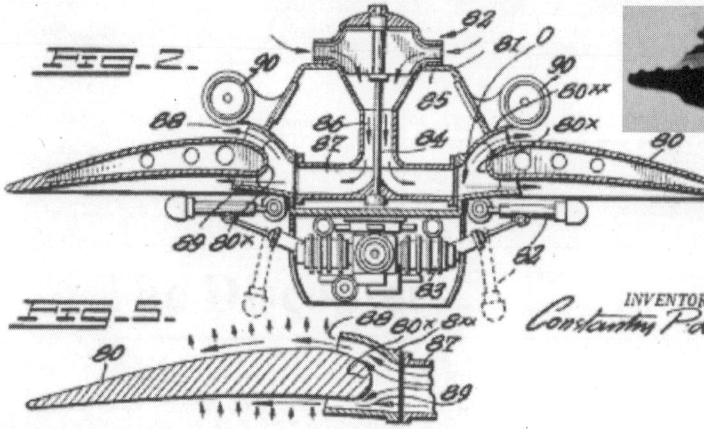

Abb.368 großes Bild: Auszug aus dem Patent 2.801.058 der Firma *Lockheed* betreffend ihres *Saucer Shaped Aircraft* vom 30. Juli 1957. Ist es ein „Zufall“, daß jenes Objekt in der Seitenansicht fast identisch ist mit den Flugscheiben von UFO-Kontaktler *Billy Meier*?
Abb.369 rechts oben: UFO-Foto von *Billy Meier*. Die menschlich aussehenden Piloten der Flugscheiben, die Meier auch fotografiert hat, behaupteten, von den Plejaden zu kommen. Ist das wirklich so? Was wird hier gespielt – und vor allem, warum?

Steckt hier eventuell ein geheimes Regierungsprojekt hinter dem Fall Billy Meier, der behauptet, mit Plejadiern Kontakt zu haben? Oder haben die Amerikaner 1957 genau das gemacht, was einige UFO-Forscher den Wissenschaftlern im Dritten Reich „vorwerfen“, nämlich den Versuch unternommen, Kopien echter fliegender Untertassen zu bauen – auf den Grundlagen von Beweismaterial in den Archiven der Regierung?

Dies ist eine berechtigte Frage. Um der Antwort etwas näherzukommen, nehmen wir einen anderen Fall zur Hilfe.

Die nachfolgenden Bilder wurden während der US-Raummission STS-75 im März 2002 aufgenommen. Es sind also Original NASA-Bilder! Sie sehen hier auf Abb.370 und Abb.371 zwei, den UFO-Forschern bekannte, immer wiederkehrende Aspekte der UFO-Forschung: ein zylindrisches Objekt im Orbit sowie eine diskusförmige Scheibe.

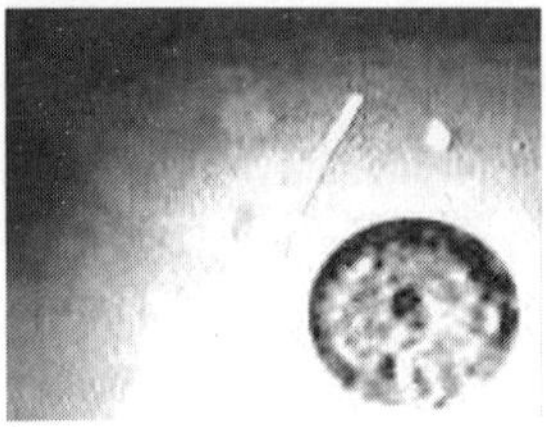

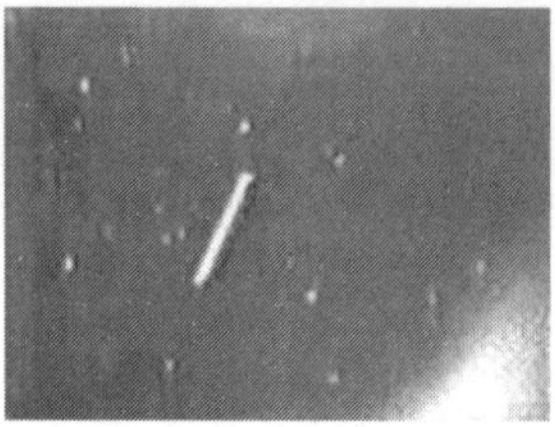

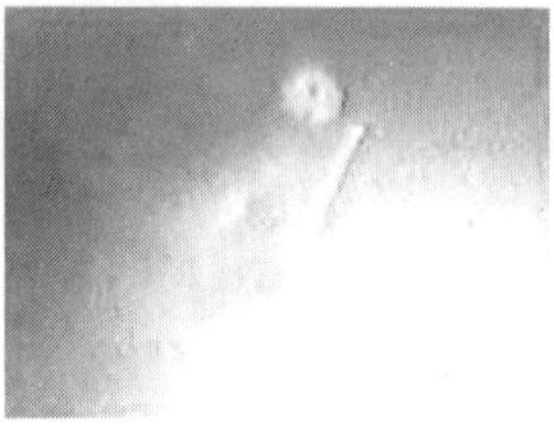

Abb.370 links, **Abb.371** Mitte und **Abb.372** rechts: **Originalaufnahmen der NASA** während der Space-Shuttle-Mission STS-75 mit einigen sehr merkwürdigen Objekten und Begebenheiten. Beachten Sie das diskusförmige Objekt oben auf Abbildung 372.

Behalten Sie dies für einen Moment im Hinterkopf, und kommen wir nun kurz zu einem anderen Fall der UFO-Geschichte: dem angeblichen UFO-Absturz bei *Sverdlovšk* in Rußland.

Ich brauche nicht zu betonen, daß die Bilder des abgestürzten Objektes in Sverdlovsk natürlich von offizieller Seite als Fälschung angegeben werden – wie im übrigen natürlich alle Bilder von angeblichen UFO-Abstürzen, denn so etwas gibt es ja bekanntlich nicht in unserer Welt. Machen wir trotzdem eine kurze Gegenüberstellung jenes diskusförmigen abgestürzten Objektes – *nur zum „Spaß" natürlich*: Man sieht auf den Aufnahmen des Sverdlovsk-Absturzes ein scheibenförmiges Objekt, welches sich tief in den Erdboden gegraben und dabei einige Bäume umgeknickt hat (siehe Abb.373). Es besitzt in der Mitte eine ringförmige Anordnung.

Vergleicht man diese Aufnahmen mit den Originalbildern der NASA sowie den Aufnahmen über Derbyshire (Abb.374), so erkennt man beim Betrachten des diskusförmigen Objektes dort eine verblüffende Übereinstimmung. „Zufall"?

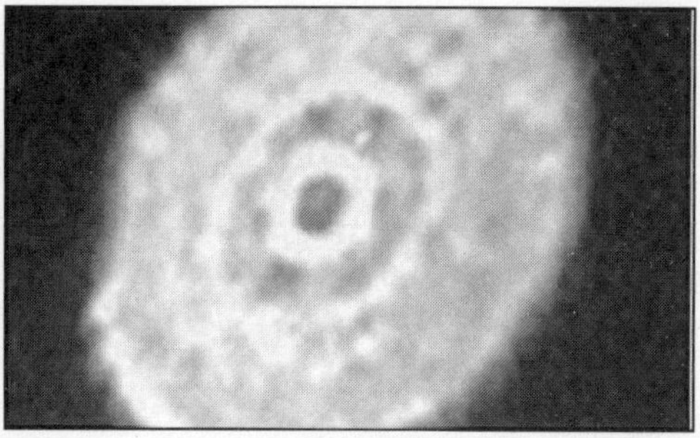

Abb.373 links: Aufnahme vom angeblichen UFO-Absturzort in *Sverdlovsk*, Rußland. Eine diskusförmige Scheibe hat sich durch den Absturz in den Erdboden gegraben und dabei einige Bäume im Hintergrund umgeknickt. **Abb.374** rechts: Originalaufnahme eines diskusförmigen Objektes über Derbyshire, welches ebenfalls nahezu identisch ist mit dem Objekt aus dem NASA Film der STS-75-Mission aus dem Jahre 2002 sowie einem Objekt der Mission STS-80.
Ist die Ähnlichkeit mit dem Sverdlovsk-Objekt „zufällig“?

Waffensysteme an Bord der UFOs

Inzwischen kommen über die verschiedensten Kanäle Relikte in Form von Fotos und Material an die Öffentlichkeit, welche nicht nur das Fluggerät an sich zeigen.

So tauchten unlängst sogar Aufnahmen auf, welche die an Bord der riesigen Flugschiffe befindlichen Waffensysteme zeigen: die Donar-Kraftstrahlkanone. Ob diese Aufnahmen das zeigen, was von ihnen behauptet wird, soll jeder für sich entscheiden.

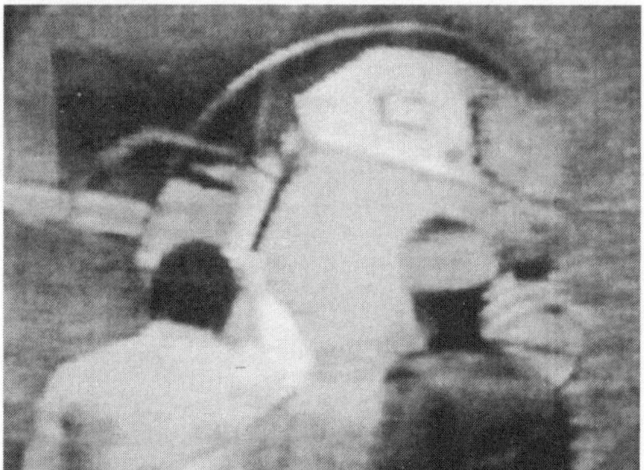
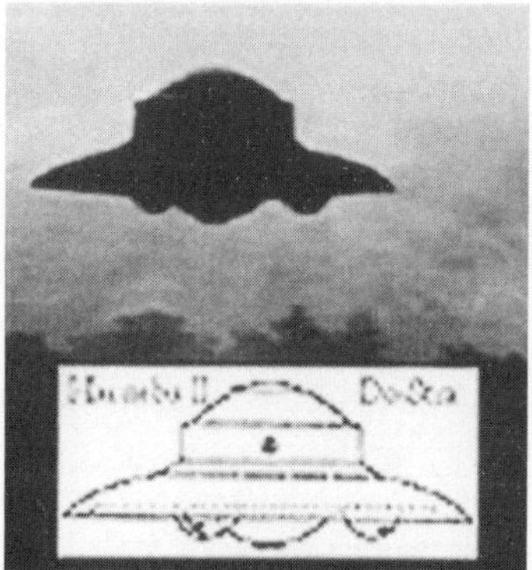

Abb.375 links: Angeblich Donar-Strahlkanone im Test. Davor steht ein ranghoher Offizier des Deutschen Reiches. **Abb.376** rechts: Weitere Illustration einer *Haunebu II* im Flug. (Das Hakenkreuz auf der Zeichnung darunter wurde aus juristischen Gründen unkenntlich gemacht.)

Nachfolgend sehen wir einige angebliche Originalteile aus einer „Haunebu“.

Abb.377 und **378**: Der sogenannte „Peiltochterkompaß“, welcher in den *Haunebu*-Flugscheiben auf der „Brücke“ der Flugscheibe montiert gewesen sein soll. (Das Hakenkreuz auf dem Kompaß in Abb.377 wurde geschwärzt.)

Abb.379 links und **Abb.380** rechts: Links sehen wir wieder den sogenannten „Peiltochterkompaß“ und rechts eine antiquierte *„High-voltage Tesla tuning coil“* – aufgebaut auf den Grundlagen des Erfinders *Nikola Tesla*.

Abb.381 links und **Abb.382** rechts: Deltaförmiges Flugobjekt aus dem Dritten Reich. Die meisten Deutschen haben heute nicht einmal mehr das Wissen, daß hier etwas in dieser Richtung vor sich ging.

Abb.383: Eine *Horten* über Deutschland während des Dritten Reiches – vor über sechzig Jahren... Könnten wir dieses Flugobjekt über uns sehen, so würden wir noch heute an eine ultramoderne geheime Maschine glauben, ohne möglicherweise zu ahnen, daß wir Deutschen vor über einem halben Jahrhundert diese Technik schon längst hatten.

Einige Seiten zuvor habe ich Ihnen die Focke-Wulf-Flugscheibe mit BMW-Antrieb gezeigt. Mit diesen Erinnerungen kommen wir auch zu unserem nächsten Objekt: Ein weiteres UFO, welches wir aus dem Dritten Reich kennen, ist das *BMW Flügelrad* (I V-1, V-2, II V-1, V-2 und V-3, III).

Abb.384 links: Illustration des BMW Flügelrades „I V-2". **Abb.385** rechts: Aufnahme eines UFOs ähnlich dem Typ „II V-2" im Flug, angeblich aufgenommen im April 1945.

Vor vielen Jahren tauchte ein UFO-Foto in der Presse auf, welches von manchen Quellen als *BMW Flügelrad* vom Typ „II V-2" identifiziert wurde. Aber können wir dies so stehen lassen? Ein ähnliches „UFO" wurde vor einiger Zeit gefilmt und als Inventar einer Disko identifiziert. Sind die Übereinstimmungen *zufällig*?

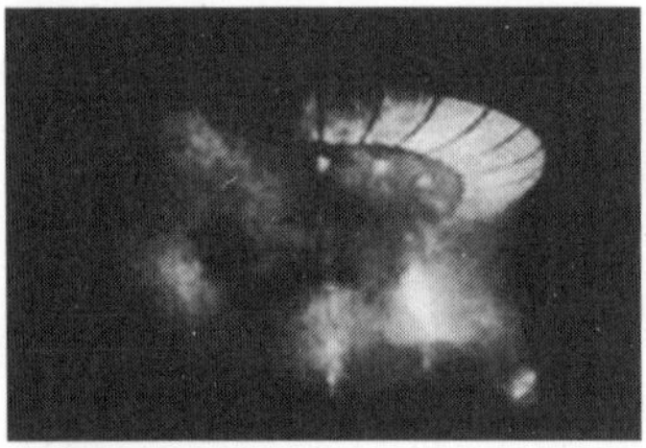

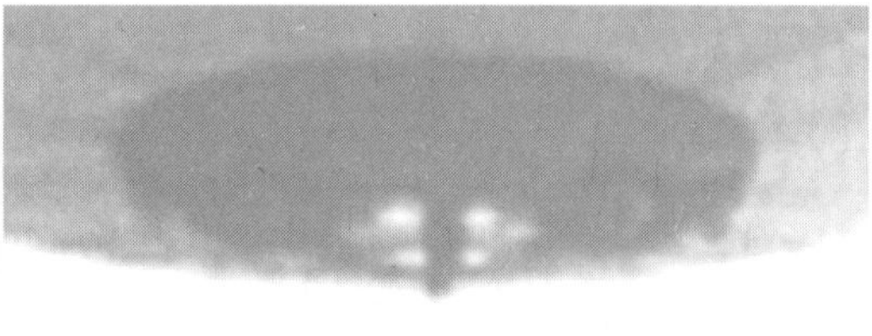

Abb.386 links: Aufnahme eines „UFOs", welches als Inventar einer Diskothek identifiziert wurde. **Abb.387** rechts: Ausschnittsvergrößerung von Abb.385. Man erkennt unten um den inneren Kreis jene Lampen, welche auf dem Foto links angeschaltet waren und leuchten! Dienten diese als Vorbild für das Objekt rechts oder umgekehrt?

Im Jahre 1943 entstanden die ersten Entwürfe für das Flügelrad „I V-1" bei BMW. Der erste Testflug fand im August und September auf dem *Czech Aerodome* in Prag statt. Dabei machte das Objekt wegen technischer Unausgereiftheit eine harte Landung. Es hatte ein vierbeiniges Landegestell und wurde von einem BMW 003 Jet-Motor angetrieben.

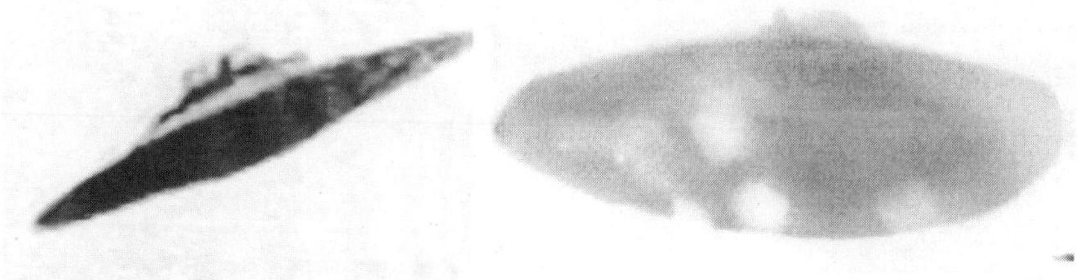

Abb.388 links: Aufnahme einer VRIL-1 im Flug. In der Kanzel sieht man den Piloten.
Abb.389 rechts: Ebenfalls eine Aufnahme des gleichen Objektes im Flug. Auch hier ist der Pilot in der Kanzel zu erkennen.

Im Jahr 1944 entwarf BMW das Flügelrad „I V-2". Das Cockpit war vergrößert worden und konnte nun *zwei* Personen befördern. Das Objekt war in gelber Farbe angemalt und hatte seinen ersten Testflug im Herbst 1944 auf dem *Neubiberg Aerodrome* neben dem BMW-Werk in München. Die Untertasse wies im Flug immer noch Stabilitätsprobleme auf.

Im Jahre 1945 testete BMW den nächsten Prototyp – das Flügelrad „II V-1". Es hatte dasselbe Chassis wie sein Vorgänger, war aber technisch verbessert. Der erste Flug fand im Februar 1945 in Kbely, Prag, statt. Drei

Abb.390 links: Bilder, die Erinnerungen wecken... Unzählige Abstürze von fliegenden Scheiben wurden in den UFO-Analen festgehalten – darunter sicherlich auch einige irdische.
Abb.391 rechts: Die Impression aus einem anderen Winkel. So ähnlich könnte man sich eine irdische fliegende Scheibe nach einem Absturz vorstellen.

Abb.392 links: Flugscheibenkonstruktion von Miethe im Dritten Reich aus dem Jahr 1943. Miethe ging nach dem Zweiten Weltkrieg in die USA.
Abb.393 rechts: Plan des Flugdiskus von Miethe.

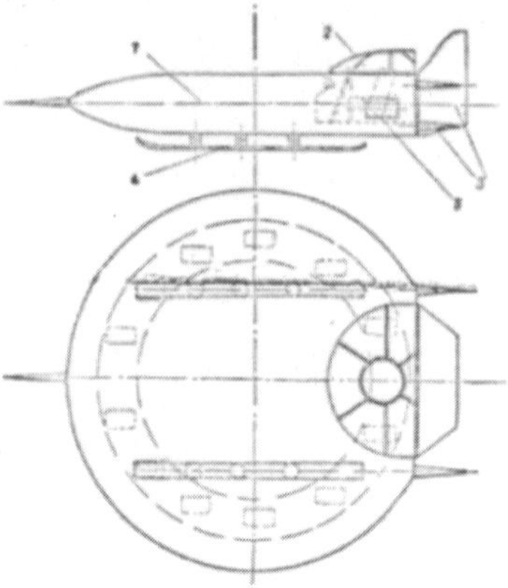

weitere Flügelräder wurden Anfang 1945 erprobt: Das BMW Flügelrad „II V-2", das BMW Flügelrad „II V-3" und das BMW Flügelrad III.

Beide, die BMW Flügelräder „II V-2" und „V-3" wurden von BMW-003-Maschinen angetrieben. Das Flügelrad „III" hingegen wurde von zwei BMW-018-Maschinen angetrieben, welche übereinander angeordnet waren. Es hatte Platz für sechs Besatzungsmitglieder. Nach dem Zweiten Weltkrieg wurden die *BMW Flügelräder* von den Russen entdeckt und gingen damit auch in deren Besitz über. Manche Quellen behaupten, die Russen hätten diese zerstört. Dies klingt aber wenig glaubwürdig.

Kommen wir nochmals auf *Richard Miethe* zu sprechen. Dr. Ing. Richard Miethe arbeitete bis 1943 in Peenemünde. 1943 entwickelte er einen Flugdiskus mit innenliegendem, rotierendem Düsentriebwerk. Der Führer-

Abb.394 links: Das unter der Mitwirkung von *Miethe*(!) gebaute *AVRO-Car*.
Abb.395 rechts: Testflug des scheibenförmigen *AVRO-Car* in Amerika.

stand liegt am Heck der Flugscheibe. Miethe ging nach dem Mai 1945 erst einmal nach Ägypten, wo er zusammen mit anderen Deutschen seine Flugscheibenideen weiterentwickelte.

Wer immer noch an der Realität dieser Geschichten zu zweifeln vermag, der sollte nun gut zuhören, denn später arbeitete eben dieser Miethe für die USA – **und war am Bau des AVRO-Cars beteiligt**. Dies wird von amerikanischer Seite offiziell angegeben!

An Entwicklung und Bau von Flugscheiben in Peenemünde war auch der Strömungsspezialist *Heinrich Fleissner* beteiligt. In den achtziger Jahren berichtete er erstmals über die Flugscheibenkonstruktionen in Peenemünde. Eine einzelne Flugscheibe kostete 40 Millionen Reichsmark. Nach dem Krieg hatte Fleissner eine Flugscheibe zum Patent angemeldet. Im Jahre 1954 habe er, so Fleissner, *„das Patent kostenlos an die USA abtreten müssen"*. Dieses ist seitdem unter der Nr. 2.939.648 als *„Rotating Jet Aircraft with lifting Disc Wind and centrifuging Tanks"* registriert.

Das nächste Beispiel ist der deutsche Flugscheibenkonstrukteur *Alexander Lippisch*. Lippisch arbeitete 1913 am sogenannten *„Projekt 13"*. Das Projekt 13 erforschte völlig neuartige alternative Antriebssysteme. Das Projekt wurde während des Dritten Reiches von Oberst *Friedrich Geist*, der aus *Albert Speers* Ministerium stammte, gefördert. Das Flugobjekt selbst hatte eine sehr spezifische Form – eine UFO-artige Konstruktion, welche den meisten völlig fremdartig erschien.

Die Forschungen am *Projekt 13* wurden nach 1945 von den Alliierten (Siegermächten) weitergeführt.

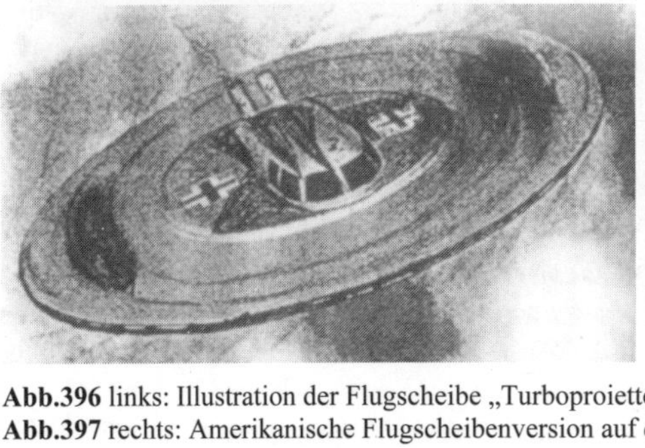

Abb.396 links: Illustration der Flugscheibe „Turboproietto" von *Miethe* und *Belluzzo*.
Abb.397 rechts: Amerikanische Flugscheibenversion auf deutschen Grundlagen: Eine UFO-Konstruktion, welche flog – die sogenannte *„Flying Machine"*-„XM-2" aus dem Jahre 1965.

Abb.398 links unten: *Projekt 13* von Konstrukteur *Alexander Lippisch*, welches im Dritten Reich betrieben wurde.

Abb.399 rechts unten: DMSP original Satellitenaufnahme eines UFOs (!) im Erdorbit. Belegt die Aufnahme die Realität von *Projekt 13* – und was daraus geworden ist...?

Abb.400 rechts oben: Vergrößerung des Objekts auf der Satellitenaufnahme.

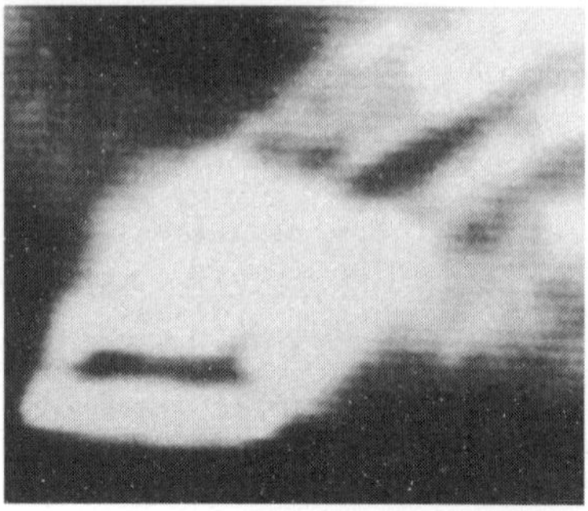

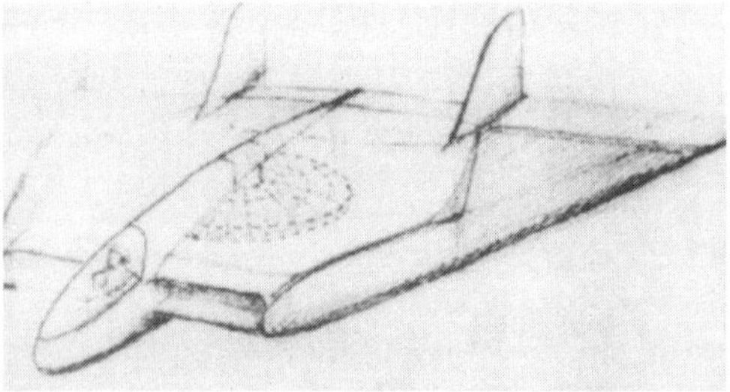

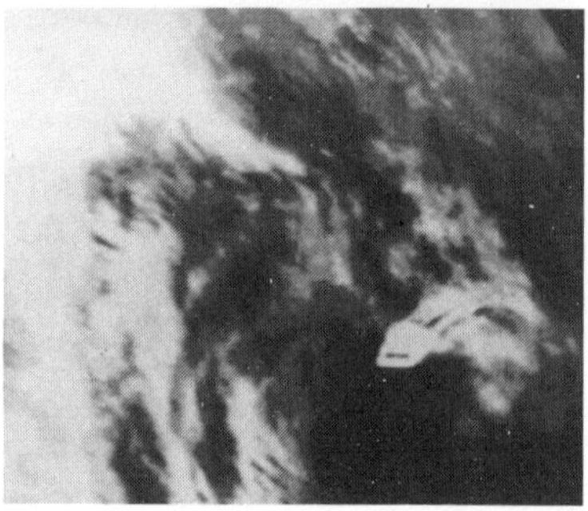

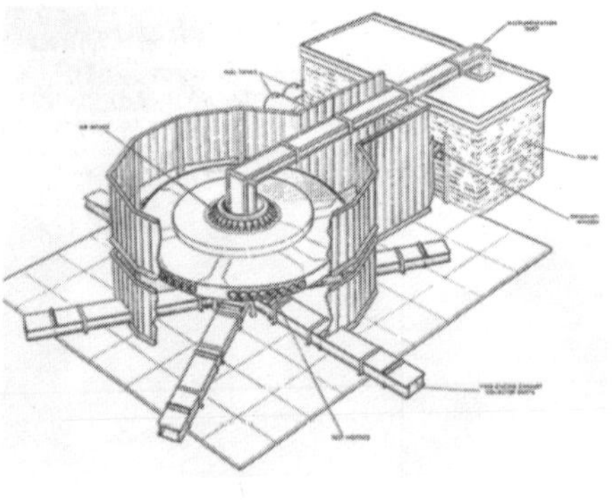

Abb.401 links: Plan der Testvorrichtung für das Antriebssystem der Flugscheibe *P.V.704*.
Abb.402 rechts: Originalaufnahme der Testvorrichtung für den sechsmotorigen *Viper 8* der Flugscheibe *P.V.704* in den USA.

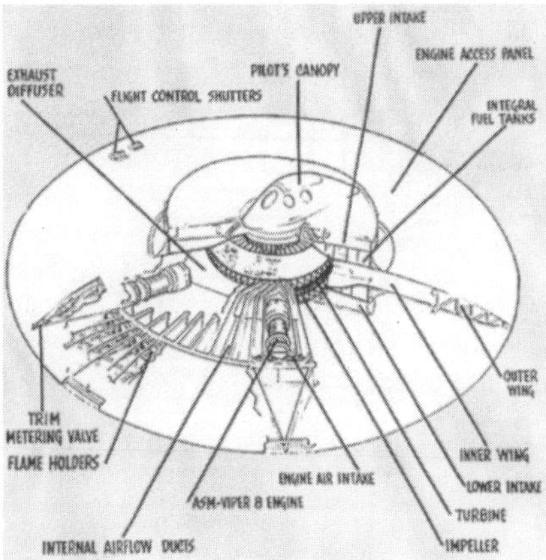

Abb.403 oben: Plan der amerikanischen Flugscheibe *P.V.704*. Der Pilot befand sich in der Mitte der Flugscheibe unter einer sogenannten „Kanzel". **Abb.404** rechts oben und **Abb.405** rechts unten: Bauteile der Konstruktion.

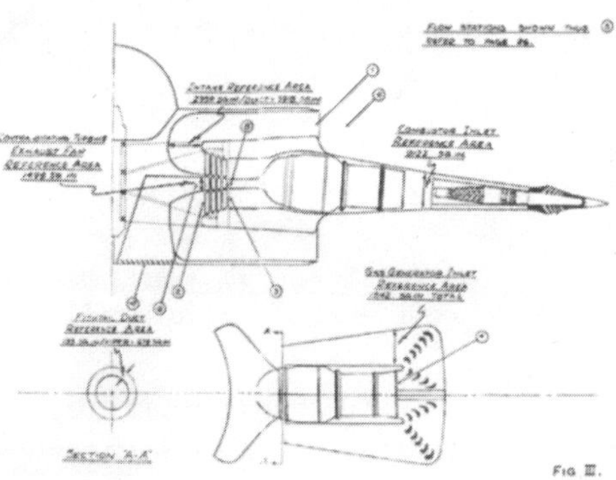

Abb.406 links: Plan der Seitenansicht der Flugscheibe *P.V.704*. Man kann hier auch gut erkennen, wo das düsenartige Gebilde (Abb.404) in den Seitenpartien der Scheibe eingesetzt ist.
Abb.407 rechts: Die Innenpartie der *P.V.704* wird in das Konstrukt eingesetzt.

Ein weiteres Projekt, an dem nach dem Zweiten Weltkrieg der Flugscheibenkonstrukteur Miethe in den USA mitwirkte, war die Flugscheibe „*P.V.704*". Dies geschah offiziell in den Jahren 1956 bis 1958. Man baute zuerst eine Anlage, um den Antrieb der Flugscheibe zu testen. Dieser bestand aus sechs kleinen „*Armstrong Siddeley Viper 8*"-Turbojets.

Die Anlage bestand aus einem abgeschotteten, runden Bereich, welcher mit einem Backsteinhaus verbunden war. Weitere Fotos zeigen den Bau der Flugscheibe sowie Einzelteile der Konstruktion. Nachfolgend sieht man, wie Mitarbeiter den inneren Einsatz (siehe Konstruktionsplan) in die Scheibe einbauen. Der Bereich, in welchem dies geschieht, ist durch einen Zaun vom äußeren Gelände abgeschirmt.

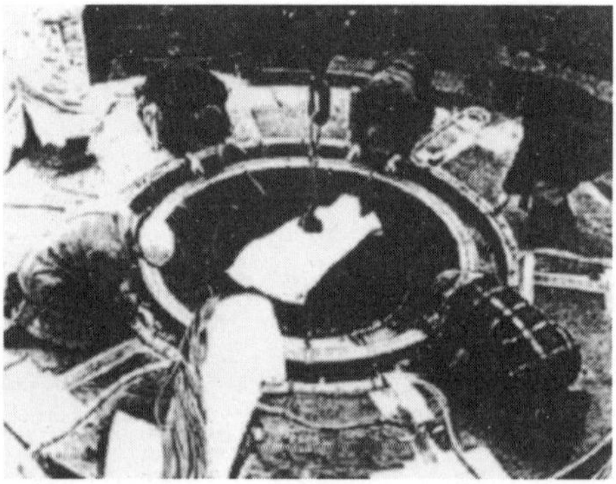

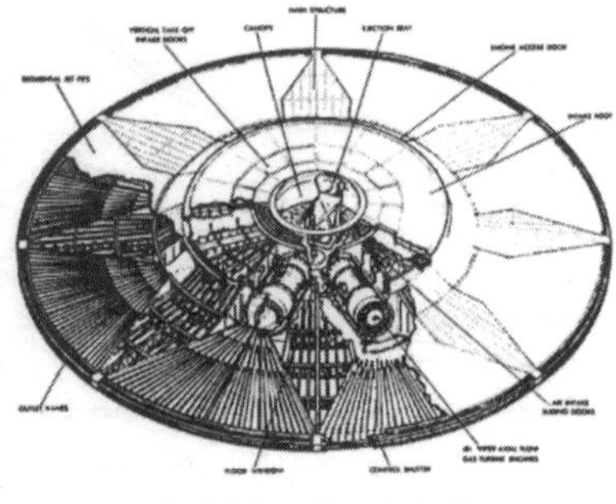

Fig. 2 Cut Away of Research Aircraft

Abb.408 links: Einbau des inneren Rings in die Flugscheibe *P.V.704*.
Abb.409 rechts: Querschnitt durch die Flugscheibe *P.V.704*, bei welchem man ebenfalls gut die einzelnen Komponenten der bereits gezeigten Fotos erkennt.

Mit diesen Eindrücken werden wir unsere unglaubliche Geschichte über die Verschwörung hinter Ihrem Rücken fortsetzen. Und vielleicht fragen Sie sich schon jetzt: „***Warum wird offiziell etwas gänzlich anderes behauptet?***"

Viele bekannte UFO-Sichtungen der Geschichte sind möglicherweise irdischen Ursprungs zu erklären, was jedoch nicht minder spektakuläre Erkenntnisse nach sich zieht.

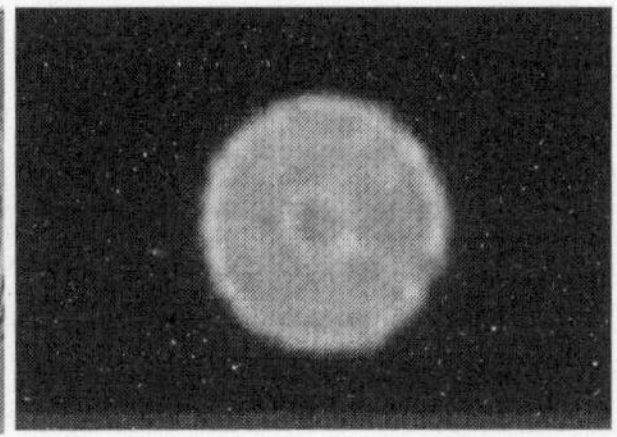
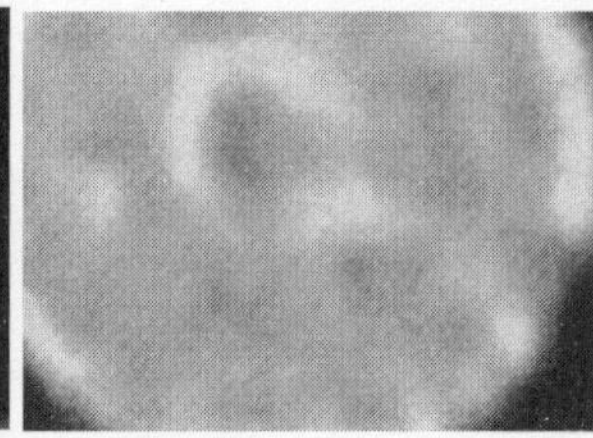

Abb.410 links: Originalbild aus dem Dritten Reich, welches den *Omega-Diskus* bei seiner Testfertigung zeigt. **Abb.411** Mitte: UFO-Aufnahme aus dem Frühjahr 2002 über Bonsall, England. Man erkennt bei genauem Hinsehen eine sehr ähnliche Optik wie beim *Omega-Diskus*.
Abb.412 rechts: Vergrößerung von Abb.411. Man erkennt so etwas wie die kreisförmigen Anordnungen des *Omega-Diskus* – oder täuscht der Eindruck?

Hier nochmals einige Beispiele: Im Jahre 2002 filmte ein Augenzeuge ein Objekt über Bonsall, Derbyshire, England, das bei näherer Betrachtung eine doch sehr ähnliche Optik bietet wie der Omega-Diskus aus dem Dritten Reich. Sehen wir hier eine deutsche, irdische Flugscheibe im Jahre 2002 über England? Oder entspricht sie eher jenem Objekt in Rußland beziehungsweise der NASA-Missionen STS-75 und STS-80?

Zu gewagt? Gut. Wie wäre es dann hiermit:
Das AVRO-Projekt *P.V.704*, offiziell 1956 bis 1958. Dieselbe Firma, die das weltbekannte AVRO-Car konstruierte, baute 1956 unter anderem eine weitere irdische Flugscheibe, auf deutschen Erkenntnissen basierend – die *P.V.704*. Eine der bekanntesten UFO-Fotoreihen, welche von Ed Kessel im August 1954 über Rio de Janeiro, Brasilien, aufgenommen wurde, zeigt „zufälligerweise" das gleiche Objekt.

Auch dieses Rätsel wäre hiermit gelöst!

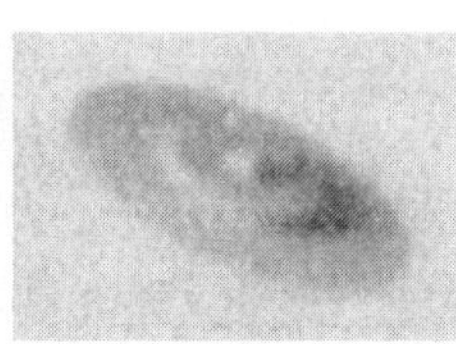

Abb.413 links: Zeichnung der AVRO-Flugscheibe *P.V.704*. **Abb.414** Mitte: UFO-Aufnahme vom August 1954 über Rio de Janeiro, Brasilien, zeigt das gleiche Objekt!
Abb.415 rechts: Plan der Seitenansicht der AVRO *P.V.704*.

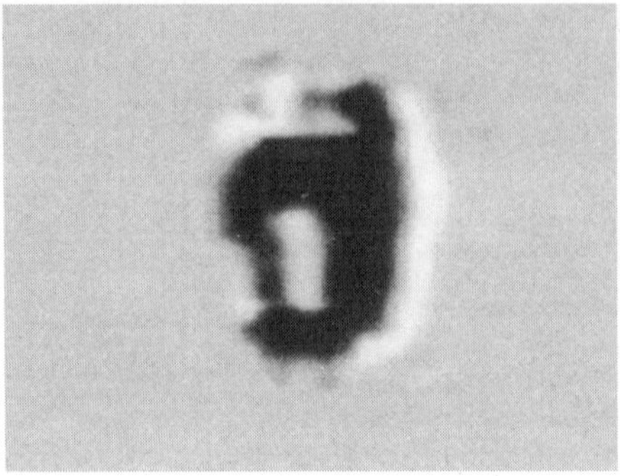

Abb.416 links: Ein bekanntes Objekt aus den Archiven der UFOlogie. Ein Amateurfilmer machte diese Aufnahmen eines spektakulären Objekts, welches über einem See schwebte. Der Film ist Teil vieler UFO-Dokumentationen. **Abb.417** rechts: Die Realität dahinter: ein hochgeheimes amerikanisches Forschungsprojekt – hier die Originalaufnahme.

Das Interessante ist sicherlich die Tatsache, daß jene „*Adamski*-UFO-Variante", welche mit den Haunebu-Flugscheiben des Dritten Reiches identisch ist, überall auf der Welt auftauchte und gefilmt wurde.

Carlos Diaz hat im Jahre 1981 einige aufregende Aufnahmen von leuchtenden Flugobjekten gemacht, welche in einer Art Plasmafeld zu schweben scheinen. Betrachtet man die Filmaufnahmen, dann fällt einem als erstes auf, daß die Flugbewegungen dieser Flugobjekte trotz ihrer optischen Differenz mit jenen der Adamski-Flugscheiben übereinstimmen. Was mich wundert, ist jedoch ein anderer Fakt, der hier bislang noch nicht betrachtet wurde. Vermutet man nun in dem Plasmafeld ein Objekt, dann fragt man sich natürlich, wie dieses aussehen würde. Nimmt man nun ein Foto der Haunebu- oder Adamski-Flugscheiben, malt eine Art Plasmafeld um jene, und vergleicht das mit einer der Aufnahmen von Carlos Diaz, so ist eine gewisse Ähnlichkeit nicht zu leugnen.

Beachtet man nun Angaben über Flugobjekte, welche zwar vorhanden, aber für das menschliche Auge unsichtbar am Himmel sind, dann kommen wir der Antwort auf die Frage, was das „Plasmafeld" um jene Objekte für Wirkungen erzeugen könnte, noch ein Stückchen näher: eben jene Unsichtbarkeit!

Carlos Diaz hat seine Aufnahmen übrigens über *Mexiko* gemacht...

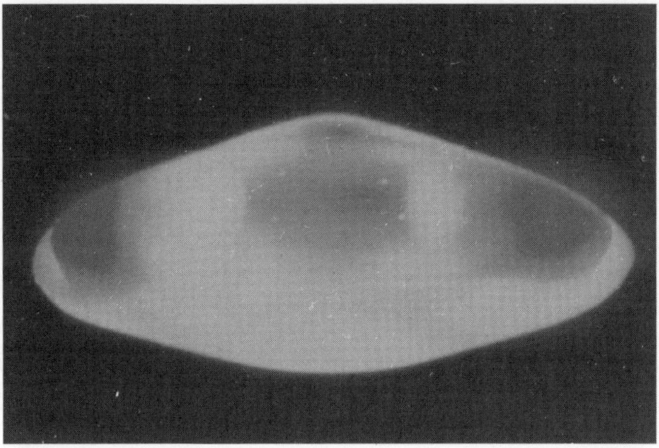

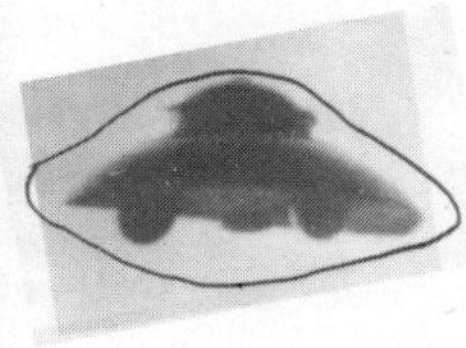

Abb.418: Aufnahme von Carlos Diaz aus Mexiko: ein leuchtendes UFO in einer Art Energie- oder Plasmafeld. **Abb.419** rechts oben: Aufnahme eines Schiffs Typ *Adamski-Scoutship/Haunebu*, aufgenommen am 28. Februar 1965 in Maryland. Handelt es sich um das gleiche Flugobjekt?

Warum ich das betone?

Weil im Januar 2004 über Mexiko eine ganze Flotte UFOs vom mexikanischen Militär gefilmt wurde, welche zwar teilweise auf Radar erschienen, aber ansonsten nur auf den Wärmebildkameras der Jets auftauchten – obwohl diese die Jets begleiteten und sie umringten, um dann wieder Abstand zu nehmen. So bekommt dieser Vorfall natürlich eine gänzlich neue Dimension. Der RTL-Sprecher kommentierte in einem Bericht zu letztgenanntem Vorfall somit auch zu Beginn die Kameraeinstellung auf einen normalen, wolkenbehangenen Himmel mit folgendem Wortlaut: *„Wieviele UFOs sehen Sie auf diesem Bild? Keine? Dies muß noch lange nicht bedeuten, daß auch keine da sind... Wir werden diese Frage am Ende des Beitrages nochmals aufwerfen...“*

Oder erinnern wir uns nochmals an Uri Geller, welcher im Jahre 1972 über Deutschland eine Flotte *Haunebu*-UFOs filmte. Interessant ist die Tatsache, daß Uri eine Art innere Stimme hörte, die sagte, er solle *„aus dem Flugzeug heraus fotografieren“*.

Die UFOs selbst waren zu jener Zeit nicht sichtbar neben der Linienmaschine. Sie tauchten erst auf dem entwickelten Film auf. Ist das in diesem Fall ein Beweis für die Sichtung eines (außerirdischen) „Originals“ anstelle von reichsdeutschen Nachbauten? Wer weiß?

Dr. Andrija Puharich beschloß 1970, Geller zu hypnotisieren, um mehr über seine Kindheitserlebnisse zu erfahren. Unter dieser Hypnose schilderte Geller mehr über jenes Ereignis vom 25. Dezember 1949, als ihn beim Spielen im Garten dieses Licht am Himmel irritierte. Plötzlich sprach er mit einer nahezu „metallischen" Stimme, welche später auch auf Tonband war, und sagte (Auszug):

„Wir waren es, die Uri im Garten gefunden haben, als er drei Jahre alt war. Er ist unser Helfer, der gesandt wurde, um der Menschheit zu helfen. Wir programmierten ihn damals im Garten für die kommenden Jahre, aber er wurde auch programmiert, sich daran nicht näher zu erinnern. An diesem Tag begann seine Arbeit..."

Zwei Jahre nach dieser Hypnose filmte Uri 1972 über Deutschland die drei UFOs, welche bei näherer Analyse mit denen des Adamski-Typs (und den „Haunebu"-Nachbauten des Dritten Reiches) **identisch** sind.

Und wie war das damals noch bei George Adamski? Er filmte neben den Scoutships, die wie die deutschen Haunebus aussahen, auch riesige, zigarrenförmige Mutterschiffe. Nicht nur, daß diese, wie bereits mehrfach im Buch belegt, auf unzähligen Aufnahmen unserer Astronauten tatsächlich auftauchen, auch hier existieren wieder Pläne des Deutschen Reiches, wo man genau solche zigarrenförmigen Mutterschiffe in den ehemaligen Zeppelinwerften nachbauen wollte – ein weiteres Indiz für einen außerirdischen Kontakt mit Deutschland zur damaligen Zeit, wie er bereits geschildert wurde?

Jan van Helsing zeigt in seinem Buch „Unternehmen Aldebaran" einige Originalaufnahmen echter außerirdischer Raumschiffe in Zigarrenform (siehe Abb.420 und 421).

Mich selbst haben vor vielen Jahren, als mich zum erstenmal die Filme eines George Adamski und anderer erreichten, die *„trudelnden"* und *„unsicheren"* Bewegungen der Objekte auf manchen Aufnahmen doch geradezu zu einem müden Grinsen veranlaßt.

Ich habe mich immer wieder gefragt, wie man nur so idiotisch sein kann, diese amateurhafte Fälschung als Realität zu verkaufen. Ich dachte, diese Typen sind doch wirklich *mehr* als dreist – und glauben womöglich am Ende auch noch ihre eigenen Lügen.

Abb.420: Nahaufnahme eines riesigen, außerirdischen, zigarrenförmigen Mutterschiffes in den Wolken, die Sonne im Hintergrund. Ein gewaltiger Anblick...
Abb.421: Weitere Aufnahme eines riesigen Mutterschiffes in Nahaufnahme.

Dies war meine Meinung, bis ich vor einiger Zeit den Flug eines irdischen UFOs sah: den des *AROD* (Abkürzung für *„Airborne Remotely Operated Device“*). Als ich diesen Flug beobachtete, welcher im August 1985 stattfand und auf Video gebannt wurde, da wurde mir mit einem Schlag bewußt, daß ich – was Adamski anging – falsch lag!

Unabhängig von der Tatsache, daß der ***AROD*** ein *weiteres* Beispiel für ein untertassenförmiges Flugobjekt aus menschlicher Hand war, das entgegen der Beteuerungen aller UFO-Skeptiker existierte und zudem noch

Abb.422 links: Aufnahme der irdischen Flugscheibe AROD aus den achtziger Jahren.
Abb.423 rechts: Sequenz aus einem Video, welches AROD im Flug zeigt. Die taumelnden Bewegungen auf dem Film erinnern doch sehr stark an jene von George Adamski gefilmten Scoutships.

ohne Zweifel flog, waren es doch die leicht taumelnden Flugbewegungen, welche mich staunen ließen, als dieses hinter einem Hochhauskomplex verschwand und über eine Lichtung flog – es waren genau **jene Flugbewegungen**, die auch bei den Scoutships, die George Adamski filmte, zu sehen sind.

Der AROD war Teil des *US-Marine-Corps-Exploration-Development-Surveillance-Program* in den frühen achtziger Jahren, was wohl auch erklärt, warum die meisten nichts davon wissen. (Wer sich den Flug des AROD ansehen will, kann dies derzeit noch unter der Internet-Adresse „www.nosc.mil/robots/air/arod/arod.html" tun. Sie werden vermutlich ebenso verblüfft sein, wie ich es damals war, wenn Sie sich im Vergleich dazu die Flüge der Adamski-UFOs betrachten. Geben Sie dazu bei einer Internet-Suchmaschine den Begriff *George Adamski* ein...)

Man sagte mir (in bezug auf den AROD) als Begründung, es sei bei den niedrigen Geschwindigkeiten fast unmöglich, ohne elektronische Unterstützung ein Fluggerät dieser Art zu steuern, ohne daß es für den Betrachter taumelnd wirkt, da sich jede kleinste Korrektur sofort auf die Lage des Flugobjektes am Himmel auswirkt und diesen Effekt erzielt.

Folgen Sie mir auf dieser unglaublichen Reise nun ins nächste Kapitel.

Abb.424: Eine weitere Flugscheibe – im Mittelteil befindet sich eine Glaskanzel, in welcher der Pilot sitzt.

Kapitel 14
Hinter den Mauern der Macht

Eine weitere Flugzeugbaufirma hat bereits zu Zeiten des Dritten Reiches sowie in den darauffolgenden Jahren, basierend auf deutschen Kenntnissen, außerhalb Deutschlands Flugscheiben gebaut: die Firma ARUP. Doch ARUP war bei weitem nicht die einzige Firma, welche sich diesen Entwicklungen verschrieben hatte.

Eine ebenfalls auf die deutsche Technologie aufbauende irdische UFO-artige Konstruktion, übereinstimmend mit A. M. Lippisch, ist die amerikanische *„Aerodyne E1“*, welche auf Studien des damaligen deutschen Verteidigungsministeriums zurückgeht und am 30. November 1972 erfolgreich getestet wurde.

Nachfolgend sehen Sie weitere untertassenförmige und andere futuristisch aussehende Konstruktionen, die flugtauglich waren – und immer noch sind...

Abb.425-427 links: Aufnahmen einer frühen *ARUP*-Konstruktion. **Abb.428** rechts oben und **Abb.429** rechts unten: Eine *ARUP S-1*.

Abb.430 links: Aufnahme der Scheibenkonstruktion *ARUP S-2*. **Abb.431** rechts: Foto einer Horten H 9 V 1 im Bau, aufgenommen durch eine US-amerikanische Einheit am 20. April 1945 in Brandis.

Abb.432 links: Die nach aus dem Deutschen Reich stammenden Erkenntnissen konstruierte amerikanische *„Aerodyne E1"* auf einem Testgelände. **Abb.433** rechts: Die *„Aerodyne E1"* im Flug. Aufnahmen aus dem Jahre 1972...

Abb.434: Foto der Flugscheibenkonstruktion „GEOBAT". Nur eine UFO-artige Flugscheibenkonstruktion von vielen, welche zeitweise ihre Runden über unseren Köpfen zieht.

Abb.435 links: Eine scheibenartige Modellkonstruktion aus privater Hand.
Abb.436 rechts: Ein weiteres *UFO-artiges* Gerät, voll flugtauglich, auf einem Startfeld.

Abb.437: Die Flugscheibenkonstruktion „RED WING“. Die Flugscheibe wurde von dem deutschen Konstrukteur *Karl Dehn* gebaut. *Dehn* arbeitete bis zu seinem Tod mit 67 Jahren an dem Projekt. Man findet diesen Flugkörper heute im *Airworld Museum* in Australien.

Abb.438 links und **Abb.439** rechts: Seltene Aufnahmen der Flugscheibe *RFZ-2* aus dem Dritten Reich. Oben auf der Kanzel sind deutlich die Panzerrohre des Waffensystems zu erkennen. Bei späteren Konstruktionen wurden diese an die Unterseite der Flugscheiben verlagert.

Bei so vielen Artefakten und Beweisen stellt sich natürlich die Frage, warum es heute immer noch Menschen gibt, zu welchen der Großteil der Bevölkerung gehört, die an der Realität der deutschen UFOs (einschließlich im Dritten Reich) zweifeln, wo doch alles nachweislich hier in Deutschland begonnen hat – von der Raketentechnologie bis hin zum ersten Düsenjäger – und das zu Zeiten, als die Alliierten noch auf altertümliche Weise über den Himmel eierten.

Das auf der Vorseite abgebildete *RFZ-2* wurde unter anderem auch im Jahre 1941 über dem Südatlantik fotografiert, als sie auf dem Weg zu dem Hilfskreuzer „Atlantis" über antarktischem Gewässer war. Wie bereits an anderer Stelle beschrieben, waren das *RFZ-1* und das *RFZ-2* Vorläufer der VRIL-Flugscheiben.

Eine weitere fliegende Untertasse aus irdischer Produktion ist die russische „*EKIP*". Auf den ersten Blick wirkt sie wie ein Unterseeboot. Inzwischen wird das Projekt in Zusammenarbeit mit den Amerikanern erstellt, und im Jahr 2007 sollen die ersten Flugtests der Großraumvariante stattfinden. Kleine Versionen der EKIP haben bereits erfolgreich abgehoben (siehe Abb.441).

Ganz nebenbei: Glauben Sie, die „EKIP" wäre weniger flugtauglich, wenn sie die Form einer „Haunebu" hätte? Das außerirdisch anmutende Fluggerät wurde ab 1992 entwickelt. Doch aufgrund mangelnder Zuschüsse wurde das Projekt 1995 erst einmal wieder „auf Eis" gelegt. Nun besteht ein Vertrag mit der *US-Naval-Air-Systems-Command*. Im Jahre 2007 wird laut Plan die erste neue Testreihe der „EKIP" starten, und fünf Jahre später soll dieses Gerät möglicherweise in Serie gehen.

Abb.440 links: Russische Flugscheibenkonstruktion *EKIP*. **Abb.441** rechts: Testversion der *EKIP* im Flug.

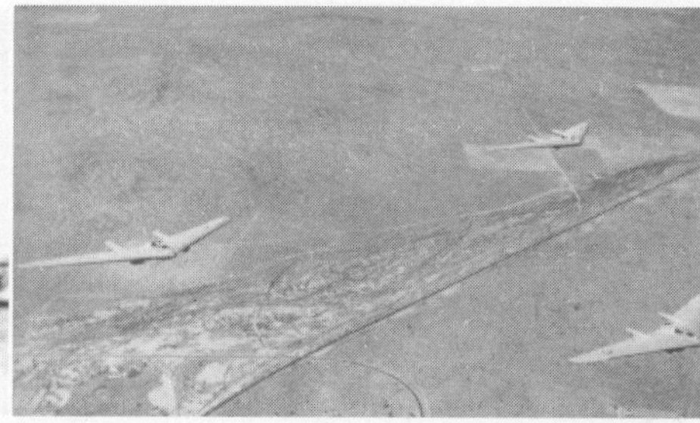

Abb.442 links: Die deutsche Lippisch *DM-1* wirkte ebenfalls nahezu „außerirdisch“ auf den Betrachter. **Abb.443** rechts: Drei amerikanische Northrop *N-9M* im Formationsflug. Ein Anblick, von dem sich *Kenneth Arnold* vermutlich irritieren ließ...

Leider ist der Normalbevölkerung bisher immer noch nicht wirklich bewußt, daß man mit der richtigen Technik *alles* zum Fliegen bringen kann! Besonders den Flugzeugkonstrukteuren im Dritten Reich war dies *sehr wohl* bewußt. Die Firma *Lippisch* nutzte diese Erkenntnis ebenfalls zu immer atemberaubenderen, neuen Flugkörpern, welche den Himmel hinter dem Rücken der Normalbevölkerung eroberten. Eines dieser UFO-artigen Geräte am Himmel war auch die Lippisch *DM-1*.

Mit all diesen Fotografien verschiedener Flugkörper möchte ich Ihnen vor allem nahelegen, daß nicht alles, was am Himmel herumfliegt und nicht als „bekannt“ angesehen wird, gleich *außerirdisch* sein muß. Stellen Sie sich auch bei den nachfolgenden metallenen, fliegenden Geräten einfach einmal vor, wie diese mit einer ***scheibenförmigen Verkleidung*** aussehen würden (Abb.444-448). Ich hoffe, Sie verstehen, was ich meine – denn verkleidet mit einem runden Gehäuse, welches in diesem Fall wirklich nur optisch einen Unterschied bietet, würde das Gerät am Himmel über Ihnen zu manch angeregten Spekulationen führen.

Der Columbia-Absturz

Wagen wir hier erneut einen kleinen Abstecher ins Reich der Spekulationen: Am 1. Februar 2003 stürzte die amerikanische Raumfähre *Columbia* ab; laut offizieller Lesart durch einen Schaden an den Hitzekacheln. Viele kritisieren die Tatsache, daß das einzige nicht vom Geheimdienst konfiszierte Video über den Absturz für eine angebliche Amateuraufnahme viel zu perfekt war und bereits *wenige Minuten* nach dem Absturz von CNN gesendet wurde. Dies erinnerte einige an den „Zufall“ der Aufnah-

Abb.444 oben: Eine fliegende Plattform. Ohne Frage würde diese optisch verkleidet mit einem scheibenförmigen Gehäuse auf den Betrachter noch etwas „interessanter“ wirken. **Abb.445** links unten: Eine ähnliche fliegende Plattform in einem Hangar. **Abb.446** rechts unten: Weitere Konstruktion dieser Art von *Rolls Royce*.

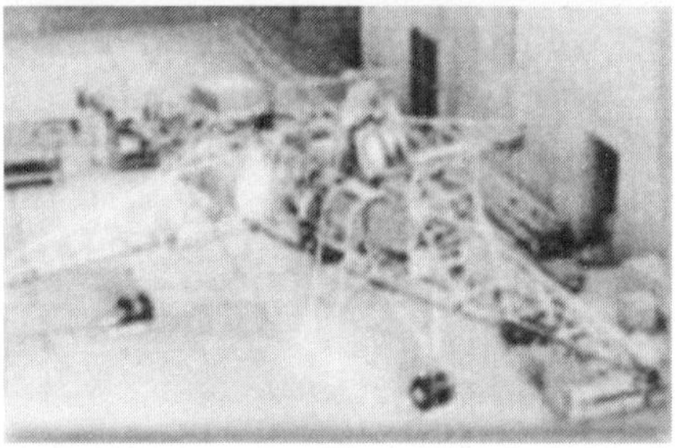

men vom ersten Einschlag ins World Trade Center, der heute kaum mehr von jemandem geglaubt wird.

Mag das an dieser Stelle noch etwas abgehoben wirken, so wird es schon etwas merkwürdiger, wenn man weiß, daß *vor* dem Unglück der Columbia laut Augenzeugenberichten zwei fremde Flugobjekte (zwei *„leuchtende Körper“*) in großer Höhe zu sehen gewesen sein sollen und es danach zu der Explosion kam. Viele Insider, die ich kenne, gaben an, die offiziellen Bilder des angeblichen „Augenzeugenvideos“ der Columbia zeigten in Wirklichkeit den kontrollierten Absturz der Raumstation MIR über dem Pazifik, da jene Aufnahmen identisch zu sein scheinen.

Auch wenn man dies als Unsinn verwirft, sollte man sich nochmals die offiziellen Daten der Columbia *vor* dem „Unfall“ ansehen, denn bei der Columbia waren kurz vor dem Absturz die Meßinstrumente ausgefallen. Ist dies ein Hinweis darauf – *glaubt man den Piloten, welche mit UFOs in Kontakt waren* –, daß sich in der Nähe Flugscheiben aufgehalten hatten? Zurückzuführen wäre die Beeinträchtigung der Instrumente dann auf magnetische Antriebe oder sogenannte EMP-Waffen, welche die elektrischen Geräte von Flugzeugen und anderen Maschinen außer Kraft setzen.

Abb.447 links: Die *LLRV 100F* auf dem Testgelände in Nevada – konzipiert bekanntlich für den Weltraum. Im Vordergrund sieht man die Erbauer. **Abb.448** rechts: Die *LLRV 100F* im Flug über dem Testgelände in Nevada.

Einige Stunden nach den Meldungen über den Absturz der Columbia erschien laut einer N24-Meldung auf allen NASA-Bildschirmen merkwürdigerweise plötzlich die Meldung *„No war on Iraq!"* (*Kein Krieg gegen den Irak!*) Wem war es möglich, eine solche Meldung beziehungsweise Forderung auf die Bildschirme im NASA-Hauptquartier zu befördern?

Die offizielle Stellungnahme dazu war, daß wohl Hacker ins NASA-System eingedrungen wären. Glauben Sie das?

Und wie war es CNN gelungen, bereits *wenige Minuten*(!) nach dem schrecklichen Absturz ein Amateurvideo zu senden? Die Aufnahmen vom kontrollierten Absturz der MIR befanden sich jedenfalls bereits im Besitz von CNN...

Als weiteres Beispiel soll hier angemerkt werden:

Als im November 1969 *Apollo 12* startete, fiel kurz nach dem Start die Elektronik aus. Nach etwa einer Minute lief wieder alles normal. Was viele nicht wissen, ist die Tatsache, daß Zeugen blauweiße Lichtblitze in der Wolke sahen, in welche die Rakete hineinflog. Ein NASA-Mitarbeiter gab an, daß zur selben Zeit UFO-Meldungen eingegangen waren.

Interessant ist weiterhin, daß zum Beispiel im Jahr 1978 gemeldet wurde, daß in den vorangegangenen 24 Monaten sage und schreibe zwanzig russische Militärsatelliten spurlos verschwunden seien!

Kapitel 15
Der Untersberg und seine Mythen

Es wird an dieser Stelle Zeit, sich nochmals den Mythen um den *Untersberg* zuzuwenden sowie den Sagen um eine sogenannte „Endschlacht".

Lassen Sie mich hierzu erklären: Die Geschichte der Zeitphänomene dort ist geradezu überwältigend. Ich habe bereits von eigenen Erfahrungen am *Untersberg* berichtet und werde nun nochmals in die Vergangenheit gehen, was die Geschichte dieses Bergmassives betrifft.

Im Jahre 1858 schrieb ein Herr Vernaleken über folgenden mysteriösen Vorfall. Eine Hochzeitsgesellschaft war damals von St. Leonhard nach Grödig unterwegs. Von dieser erfuhr man später: *„Auf einmal öffnete sich der Berg, und ein grau gekleideter Mann erschien, der diesen eine Türe in das Innere zeigte. Die ganze Gesellschaft folgte ihm nach... Als sie erwachten, führte sie der Berggeist hinaus. Bei Tage kamen sie an die Erdoberfläche, allein sonderbar – alles hatte sich ihnen während dieser Zeit ganz verändert. Die in dieser Gegend Wohnenden verstanden ihre Sprache nicht, und überhaupt schien es ihnen, als seien sie in einem ganz fremden Lande. Nach mehreren Tagen kamen sie in ein Dorf. Sie fragten, wie es heiße, und erhielten den Namen ihres Heimatortes zur Antwort. Aber auch hier schienen sie nicht zu Hause zu sein. Sie suchten ihre Wohnhäuser und fanden sie nicht, denn an deren Stelle standen ganz andere, neugebaute Häuser. Sie begaben sich zum Pfarrer und erzählten ihm alles. Dieser schlug seine Bücher auf und fand wirklich, daß vor einhundert Jahren ein junges Brautpaar nebst Menschen im Untersberg verschwunden sei..."*

So gibt es auch eine merkwürdige Geschichte um den *Hallturm* am Untersberg, an welchem man vorbeikommt, wenn man die Straße von Bad Reichenhall nach Berchtesgaden fährt. Laut einer Sage befindet sich in der Nähe des Hallturms eine eiserne Pforte, durch welche man in den Untersberg gelangt. *„Sie sei jedoch nur selten und dann nur für einige Augenblicke geöffnet."*

Laut einer anderen Sage trieb im 18. Jahrhundert ein Hirte von Grödig in der Nacht seine Schafe nach Hause, als ihm ein Mann zuwinkte, welcher in einer Öffnung in den Untersberg stand. Der Hirte folgte ihm und gelangte in das Innere des Bergmassives, in welchem laut Sage *Kaiser Karl der Große* und sein Hofstaat in einem großen Saal im Inneren des Berges schliefen – in einem tiefen, todesähnlichen Schlaf. Sodann war alles verschwunden und der Hirte plötzlich außerhalb des Berges und auf seinen Heimweg entrückt.

Was sucht aber diese „abgefahrene" Sage hier in diesem Buch? Warten Sie es ab! Der Untersberg trägt nämlich auch den Beinamen „*Wotansberg*".

Den ältesten germanischen Sagen nach wartet seit Jahrtausenden tief im verzauberten *Wotansberg* in einem unterirdischen Dom aus Gold, Silber und Edelsteinen *Wotan* oder *Odin*, der höchste Gott des germanischen Göttergeschlechts.

Menschen, welche teilweise nur kurz in den Höhlen und Gängen des Untersberges herumkletterten, kamen erst viele Jahre oder Jahrhunderte später wieder ans Tageslicht – hieß es bereits in den alten Sagen *des Mittelalters*. Und der kürzlich verstorbene Bestseller-Autor *Clark Darlton* (sein richtiger Name war *Walter Ernsting* und er war der Gründer der Science-Fiction Serie *Perry Rhodan*) schrieb dem Baron von Lex in ein Buch, welches sich mit dem Untersberg beschäftigte, folgende Widmung: „*Wenn du, Freund Hjalmar, die richtige Höhle im Untersberg findest, triffst du sicher alte Bekannte.*"

Was will uns das alles sagen?

Richten wir hierbei noch einmal einen Blick auf die Externsteine bei Paderborn. Warum? Weil sich merkwürdigerweise ähnliche Sagen auch um die Externsteine ranken!

In jener Region der Externsteine handelt die Sage von *König Widukind*: Der um etwa 750 nach Christus vermutlich in Wildeshausen bei Oldenburg geborene und angeblich 807 n.Chr. im Kampf gegen die Schwaben als sächsischer Nationalheld gefallene König Widukind (angeblich in der Pfarrkirche zu Eger bei Herford begraben) fiel 778 n.Chr. während eines Spanienfeldzuges *Karls des Großen* ins Rheinland ein, unterwarf sich dann jedoch 785 n.Chr. Karl dem Großen, welcher dann bei Widukinds Taufe in Attigny sein Pate war. In Westfalen in der Babilonie zwischen Lübbeke und Holzhausen soll König Widukind nun mit seinem Gefolge ebenfalls in einem unterirdischen Höhlensystem „schlafen". Interessant, nicht wahr?

Wir sprechen hier nämlich von *jenem Karl dem Großen*, welcher laut einer anderen Sage mit seinem Hofstaat innerhalb eines anderen Bergmassives schläft: im Untersberg bei Salzburg!

In der Gemeinde Holzhausen-Extern, Kreis Detmold, also genau in jenem Gebiet, wo sich laut Überlieferung die oben genannte *König-Widukind-Sage* zutrug, befinden sich auch die sagenumwobenen *Externsteine*. Diese weisen angeblich einen Eingang in die Unterwelt auf, der *„während der Zeit des ‚Himmelabsturzes' verschüttet wurde"*.

Spannend sind hierzu auch folgende historische Fakten, wiedergegeben aus dem Sagentext zum Untersberg: *„Der Kaiser schläft mit seinen Getreuen im Berg, bis des Reiches Not am höchsten gewachsen und die Raben nicht mehr um den Gipfel fliegen. Dann erwacht der Kaiser (Karl der Große) und reitet mit seinem Gefolge zur* ***letzten Schlacht*** *zwischen Gut und Böse. Nach siegreichem Kampf hält er unter dem Birnbaum Gericht.* ***Danach bricht das „Goldene Zeitalter" an, in dem es weder Not noch Tod gibt!***"(47)

Dies ist auch unter folgendem historischem Hintergund interessant: In den Sagen um den Untersberg wird von einem sogenannten *„Endkampf"*, einer ***„letzten Schlacht zwischen Gut und Böse"*** gesprochen, nach der das sogenannte ***„Goldene Zeitalter"*** beginnt!

Die Verbindung zu den Externsteinen und König Widukind haben wir bereits geschaffen. Die Externsteine liegen in der Nähe von Paderborn. In Paderborn steht die ebenfalls im Buch bereits behandelte *„Wewelsburg"*, später Weihe- und Kultstätte der SS sowie deren hintergründiger Thule-Gesellschaft.

Tatsache ist, daß sich um die Region der Wewelsburg eine ebensolche Sage rankt bezüglich einer alles entscheidenden Endschlacht zwischen Gut und Böse – eine letzte Schlacht!

Finden wir in diesen Sagen womöglich die Zusammenhänge und ersten ernstzunehmenden Hinweise darauf, daß hier ein und dasselbe Ereignis gemeint ist; festgehalten und niedergeschrieben in alten germanischen Sagen?

Ich habe Sie bereits über die hintergründige Verbindung der *Herren vom Schwarzen Stein* sowohl zu den Externsteinen als auch zum Untersberg aufgeklärt – jene Organisation, welche damals in dem alten Forsthaus bei Berchtesgaden mit der angehenden Thule- und VRIL-Gesellschaft zusammenkam. Und wir haben die merkwürdigen realen Vorgänge um den Untersberg angesprochen, welche die militärischen Aspekte betreffen, von denen ich mich selbst überzeugen konnte, als ich dort war.

Ist dies alles wirklich nur ein geschichtlicher „Zufall", oder bahnt sich hier tatsächlich das an, was sowohl in den Heiligen Schriften als auch in den alten Mythen und Sagen für jene Regionen angekündigt wurde: eine absolute Endschlacht?

So wurde dieses Szenarium um die *Wewelsburg* und die sogenannte alles entscheidende *Endschlacht* auch in der *Edda* (wörtlich übersetzt: *„Urgroßmutter"*) weitergegeben.

Die erste wohlbekannte Edda-Niederschrift, der sogenannte *Codex Ritius*, stammt aus dem Jahre 1271. Sie enthält 16 Götter- und 24 Heldenlieder der Wikinger. Sie sind in alt-isländischen Stabreimen geschrieben. Dies ist äußerst interessant, da sogenannte Ufologen immer wieder behaupten, daß menschliche Außerirdische in unserer Gesellschaft unerkannt leben und bevorzugt mit isländischen Pässen reisen.

Ist dies ein Hinweis auf die Realität der Sagenhintergründe?

Die Edda enthält hauptsächlich Geschichten aus dem Umfeld der Nibelungensage. Eine der beiden umfassendsten Quellen ist die *Snorra Edda* – niedergeschrieben um 1220 von dem Isländer *Snorri Sturluson* – in der die Welt und ihre Götter von deren Anfang bis zu deren Untergang beschrieben werden. Neben dem wahrscheinlich älteren Göttergeschlecht der *Vanen*, Fruchtbarkeitsgottheiten, lebt und wirkt das größere Geschlecht der *Asen*, vornehmlich als Götter des Krieges und der Herrschaft gedeutet.

Die Asen wohnen in Asgard, ehemals als *hoher Berggipfel*, später als *Himmel* übersetzt, ähnlich wie in einer großen Familie. *Frigg* – die Frau des Asen-Göttervaters *Odin* –, ist die Beschützerin der Frauen und der Liebenden (*Odin* war auch nicht „zufällig" der Name jenes Raumschiffes, welches laut der VRIL-Gesellschaft damals seinen Weg nach Aldebaran antrat?)

Odin hat mit *Frigg* den Sohn *Balder*, den Gott des Lichtes und Frühlings, den schönsten und edelsten Asen – so die Überlieferung.

Er ist gefährdet – und damit die Welten – durch die Mächte der Zerstörung, vor allem durch die Riesen (welche oftmals in Bibelversionen als die *Nefilim*, die *Gefallenen*, bezeichnet werden).

Loki, der Riesensohn, gilt als Vater der drei Weltfeinde, des *Fengriswolfes*, der *Midgardschlange* und der *Hel*. Er wird in die Gemeinschaft der Götter aufgenommen und später zum Anstifter von Balders Tod. Odin kennt die Gefahr, weiß aber nicht, wann die Weltfeinde angreifen werden. Das ist den *Nornen*, den Schicksalsfrauen vorbehalten, deren Entscheidungen sogar die Götter unterworfen sein sollen.

Trotz großer Taten gelingt es den Asen nicht, den Untergang der Welt abzuwenden. Es kommt zu dem *Ragnarök*, dem Götteruntergang, auch als *Götterdämmerung* verstanden.

Walhall war Odins Halle der gefallenen Krieger. In der Wewelsburg in Paderborn gibt es auch eine als „*Walhalla*" bezeichnete Räumlichkeit mit einem symbolischen Bezug zu den Göttersagen, welche – warum auch immer – in der Schulgeschichte unserer Welt trotz allem keinen Platz einnehmen.

In Deutschland kam es Anfang des 19. Jahrhunderts (zur Zeit der Romantik) zu einer umfassenden Beschäftigung mit der germanischen Literatur. Erste Edda-Übersetzungen inspirierten Wagner zu seinen Opern – und somit auch Hitler zu seinen Forschungen.

Wir haben die außerirdischen Hintergründe von Thule behandelt und daß dessen Namensgebung auf die Kultur von Atlantis zurückreicht (beziehungsweise dessen Hauptstadt mit dem Namen „Thule").

Der Dalai Lama höchstpersönlich gab an, daß die Leute von Agarthi immer noch auf dieser Welt leben. Was meinte er damit? Einen Bezug zu den schlafenden Heerscharen in deutschen Gebirgen und möglicherweise auch in den Bergen anderer Länder?

Hitler übernahm auch den atlantischen (Thule-)Gruß „Heil und Sieg" und machte daraus „Sieg Heil", wie ich bereits an früherer Stelle beschrieb.

Die SS und der Skull & Bones-Orden

Ist es tatsächlich nur eine Ironie oder ein weiterer „Zufall", daß der amtierende Präsident George W. Bush ständig in Posen aufgenommen wird, bei welchen er die Finger symbolisch zum Zeichen des Antichrists hält?

Als George Bush im Jahre 2001 ins Amt des Präsidenten der Vereinigten Staaten von Amerika eingeführt wurde, geschah etwas äußerst Skurriles: Während die Parade zu seinen Ehren noch an ihm vorbeizog, formte er die rechte Hand zum bekannten Teufelszeichen! Kann die Welt wirklich so blind sein?

Zu sehen war diese Szene unter anderem in dem ARD-Bericht *„Das Kartell"*, in welchem unabhängige Journalisten bekanntgaben, daß die Bush-Regierung inklusive *Donald Rumsfeld*, *D. Cheney* und der netten, dunkelhaarigen Dame *C. Rice ALLE* in Vorstandsetagen der texanischen Ölindustrie zu Hause waren beziehungsweise *sind.* Ebenso wurde darin nachgewiesen, daß George W. Bush, wie auch sein Vater und *Großvater tatsächlich Mitglieder* des Geheimbundes *„Skull & Bones"* sind, schon seit ihrer Zeit in Studentenverbindungen.

Der „Tempel" der *Skull & Bones* befindet sich noch heute auf dem Campus der *Yale-Universität*. Übrigens wurde aufgrund dieser Tatsachen und realen Hintergründe auch der Mehrteiler *„The Skulls"* gedreht, welchen Sie in jeder guten Video- oder Mediathek finden.

Abb.449: Ausschnitt aus dem Fernsehbericht „Das Kartell" des Fernsehsenders ARD, in welchem Bush sowie andere Familienangehörige sowohl deren Ölgeschäfte behandelt wurden – wie auch deren Mitgliedschaft in dem düsteren Orden „Skull & Bones".
Auf dem Bild sieht man George W. Bush in eindeutiger Pose.

Abb.450 links: Der „Tomb" – mysteriöser Hauptsitz der *Skull & Bones*.
Abb.451 rechts: Aufnahme des Zionberges aus den Heiligen Schriften.

Das Symbol der *Skull & Bones* (Schädel und Knochen), welches mit jenem identisch ist, das wir auf den Flaggen von Piraten sehen, geht laut manchen Äußerungen auf die *Hiram-Abif*-Legende zurück, den ermordeten Baumeister König Salomons.

Laut Überlieferungen soll am sogenannten *Zionsberg* (Jerusalem) die sogenannte *Endschlacht* beginnen. Laut unabhängigen Quellen resultiert diese Zuordnung allerdings aus einer *Fehleinschätzung*. Die Juden beziehen den Berg „Zion", den Berg, an dem das „Herrschervolk" wohnt, auf sich, was jedoch von manchen Autoren – wie Jan van Helsing beispielsweise – anders gesehen wird.

In der *Neuen Jerusalemer Bibel*, Psalm 48, heißt es: *„Groß ist der Herr und hoch zu preisen in der Stadt unseres Gottes. Sein heiliger Berg ragt herrlich empor, er ist die Freude der ganzen Welt. Der Berg Zion liegt weit im Norden, er ist die Stadt des großen Königs."*

Das Wort *Zion* ist falsch übersetzt. Im Hebräischen liest man *Sion* und beschreibt den Berg *Sin* (sumerisch), was den *Nordberg* meint – nach Templerschriften (Societas Templi Marcioni) den *Mitternachtsberg* –, das heutige Deutschland. So sagt es eben auch der Psalm 48: *„Der Berg Zion liegt weit im Norden!"*

Laut einer Freimaurerlegende soll *Hiram Abif* der Baumeister des Tempels von König Salomon in Jerusalem gewesen sein. Als er sich weigerte, die Geheimnisse der Baukunst und das Paßwort zu offenbaren, wurde er ermordet. Seine Schüler, die ihn suchten, fanden später seine Leiche unter einem Grabhügel, auf dem eine Akazie wuchs. Der Lehre der Freimaurer nach lebt Hiram Abif in jedem, der den Meistergrad innehat, weiter. Es wird behauptet, die Tatsache, daß die Freimaurer bei ihrer Logenarbeit weiße Handschuhe tragen, soll darauf hinweisen, daß sie ihre Hände nicht mit dem Blute Hiram Abifs befleckt haben.

Die *Skull & Bones* sind eng mit Freimaurern und Illuminaten verbunden. Der Autor *Antony Sutton*, welcher ebenfalls wie Jan van Helsing das „Privileg" genießt, daß einige seiner Bücher vom Markt genommen wurden, nennt den Orden *The Order*.

Der Großvater des jetzigen US-Präsidenten George W. Bush, *Prescott Bush*, der im Jahre 1917 initiiert und damit in den Orden aufgenommen wurde, wird gerühmt, eine der wichtigsten Trophäen der Skull & Bones gestohlen und in den Tomb gebracht zu haben: den Schädel des Apachen-Häuptlings *Geronimo*!

Später wurde jener *Prescott Bush* kein Geringerer als der Geschäftsführer der *„Union Banking Corp."* und der *„Hamburg-Amerika-Linie"* – einer der wichtigsten Finanziers und Unterstützer der Nationalsozialisten.
Daß die deutsche *SS* den *Totenkopf* und das *Knochenkreuz* der Skull & Bones in ihr Ordenssymbol übernahm, wird Bush und seinem Partner Harriman (1913 bei den Skull & Bones aufgenommen) gefallen haben.

Wie unzählige andere US-Investoren unterstützten sie die deutschen Nationalsozialisten nicht heimlich, sondern offen, so daß der deutsche US-Botschafter *William E. Dodd* 1937 einem Reporter der „New York Times" mitteilte: *„Eine Clique von US-Industriellen ist versessen darauf, unseren demokratischen Staat durch ein faschistisches System zu ersetzen, und arbeitet eng mit den Faschistenregimes in Deutschland und Italien zusammen. Ich hatte auf meinem Posten in Berlin oft Gelegenheit zu beobachten, wie nahe einige unserer amerikanischen regierenden Familien dem Naziregime sind.*

Sie trugen dazu bei, dem Faschismus an die Macht zu verhelfen, und sind darum bemüht, ihn dort zu halten.“

Der deutsche Stahlmagnat Fritz Thyssen hat später zugegeben, seit 1930 in das „Hitler-Projekt“ investiert zu haben. Seine Vermögensverwalter und Banker waren in dieser Zeit: Bush und Harriman. Selbst Hitler gab in späteren Gesprächen offen zu, daß er teilweise von der „Gegenseite“ mitfinanziert wurde – und nannte dieses Vorgehen *„teuflisch-genial“*.

Doch Hitler und die Thule-Gesellschaft wollten ihren ***eigenen*** Orden (Thule) auf denselben Grundlagen wie die anderen Geheimgesellschaften aufbauen und wendeten sich damit von ihren Ursprüngen und vorherigen Zielen ab – offenbar, um mit der eigenen Loge selbst an die Macht zu gelangen und damit zur Gegenpartei des freimaurerischen Logenverbundes zu avancieren.

Die Mentalität der *Skull & Bones* geht nicht nur von einer Überlegenheit der weißen Rasse aus, sondern auch von ihrem Recht, als elitäre Ritter dieser Rasse die Geschicke der Menschheit zu kontrollieren.

Antony Sutton, welcher Professor an der renommierten Stanford-University war, haben seine Veröffentlichungen über die Aktivitäten der Bruderschaft seine Karriere gekostet. Sutton waren von einem anonym gebliebenen Bonesman zwei Bände mit Dokumenten über den Orden zugespielt worden. Nach den Schwierigkeiten, die Sutton aufgrund seiner Veröffentlichung erfuhr, konnte er fortan nur noch in Kleinverlagen publizieren.

Wer sind die Freimaurer und was sind ihre Ziele?

Die Freimaurerei erklärt sich selbst als *„einen überstaatlichen Bund, der sich ein Wirken im Sinn der Menschlichkeit zur Aufgabe gemacht hat"*. Das mag für die einfachen Freimaurer auch zutreffen, für die unteren Grade. Doch welche Ziele haben die Hochgrade? Lassen wir ein paar Freimaurer selbst zu Wort kommen:

„Derjenige muß blind sein, der nicht sehen kann, daß hier auf Erden ein großes Vorhaben, ein großer Plan ausgeführt wird, an dessen Verwirklichung wir als treue Knechte mitwirken dürfen." (Winston Churchill)

„Alle Staaten müssen sich, vom hohen Roß heruntergeholt und diszipliniert, dem Gesetz des Weltstaates unterwerfen, wenn es in der Welt von morgen Frieden geben soll... Allumfassender Friede kann nur auf die Einheit des Menschen unter einem Gesetz und einer Regierung begründet werden." (Herbert Agar, Frank Aydelotte, G.A. Borgese, Hermann Broch, Van Wyck Brooks, Ada L. Comstock, William Yandell Elliott, Dorothy Canfield Fisher, Christian Gauss, Oscar Jászi, Alvin Johnson, Hans Kohn, Thomas Mann, Lewis Mumford, William Allan Neilson, Reinhold Niebuhr, Gaetano Salvemini: „The City of Man", A Declaration on World Democracy, New York 1940, S. 23 und S. 25)

„...es gibt eine Kraft, so organisiert, so subtil, so perfekt und so (alles) durchdringend, daß man besser nicht einmal darüber nachdenkt, wie man etwas dagegen tun könnte." (Woodrow Wilson)

„Die Staatsmänner dieses Jahrhunderts haben es nicht allein mit Regierungen, Kaisern, Königen und Ministern zu tun, sondern auch mit geheimen Gesellschaften, Elementen, denen man Rechnung tragen muß. Diese Gesellschaften können schließlich alle politischen Arrangements zunichte machen..." (Benjamin Disraeli am 12.9.1876)

„Für gewöhnlich sind die sorgfältig geheimgehaltenen „Hauptdarsteller" von einer kleinen Gruppe lange vor dem Wahltag ausgesucht, und zwar für beide großen Parteien, so daß das Risiko gleich null ist." (F. D. Roosevelts Schwiegersohn Curtis B. Dall, „Amerikas Kriegspolitik – Roosevelt und seine Hintermänner", S. 33f)

„Natürlich gibt jeder Bürger seine Stimme ab, und er denkt dabei, daß er für den, den ER will, stimme. Wir jedoch wissen, daß er für den, den WIR wollen, stimmt. Das ist das heilige Gesetz der Demokratie.“ (Ilja Ehrenburg in seinem 1931 erschienenen Buch „Die Traumfabrik“)

Als Henry Kissinger gefragt wurde, was wohl das nächste Jahrzehnt mit sich bringen würde, antwortete er: *„Alles wird anders sein: Viele werden leiden. Eine „Neue Weltordnung“ wird hervortreten. Es wird eine viel bessere Welt für die, die überleben werden. Auf lange Sicht hin wird das Leben besser werden. Die Welt, wie wir sie uns gewünscht haben, wird Realität!“*

„Man möchte den Weltstaat und die neue, ideale Gesellschaft bauen. Wie vielseitig die Menschheit bei der Errichtung des ungeheuren Gebäudes engagiert ist und welche bedeutenden Fortschritte man dabei macht, ist uns durchaus bekannt. Sie sind wert, bewundert und unterstützt zu werden.“ (Papst Paul VI. in seiner Predigt vom 17. Juni 1965, zitiert nach Georges de Nantes, Liber Accusationis in Paulum Sextum...1973, S. 23)

„US-Präsident George Bush und UdSSR-Präsident Michail Gorbatschow sind gestern auf dieser Mittelmeerinsel angekommen, für die Gipfelkonferenz, die heute beginnt, während der beide hoffen, die Suche nach einer „NEUEN WELTORDNUNG“ zu starten.“ (New York Times, 1.12.1989)

„Der Vorstandsvorsitzende des Auto-Konzerns Daimler-Chrysler, Jürgen Schrempp, erwartet als Folge der internationalen Unternehmensfusionen eine weitgehende Auflösung der Nationalstaaten. „Wir werden zu einer transatlantischen Union kommen“, sagte er dem Wirtschaftsmagazin ‚Forbes‘, „und dann sollten wir es weiterführen und schließlich eine Weltunion bilden – ohne Grenzen zwischen den Ländern.“ (BamS, 27, 1.12.1998)

„Menschen sind wie Insekten. Sie profilieren zu viel... Die Zeit ist reif, das Konzept der Nationen, welche Hindernisse auf dem Weg zur Weltkultur darstellen, auf die Probe zu stellen. Das Christentum bringt stolze Menschen und eine kaufmännische Gesellschaft hervor, die nichts weiter als tote Kultur, klassische Musik und erdrückende Zahlen auf dem Papier schafft.“ (Aurelio Peccei, der Gründer des Club of Rome, im März 1982 in Paris bei einem Treffen des COR)

„Die große Stärke unseres Ordens liegt in seiner Verborgenheit; laß ihn niemals an irgendeinem Ort mit seinem richtigen Namen in Erscheinung treten, sondern immer durch einen anderen Namen verdeckt und mit einer anderen Aufgabe, als die wirkliche. Nichts wäre dafür geeigneter als die drei niederen Grade der Freimaurerei... Als nächstes bietet sich die Form einer Gesellschaft von Schriftgelehrten als bestes Werkzeug für unsere Zwecke an... Durch die Einführung von Lesegesellschaften und durch, mit Abonnements geführte Bibliotheken, und durch die Übernahme der Kontrolle über diese, können wir die öffentliche Meinung drehen wie wir wollen, indem wir diese Zirkel durch unsere Arbeitskräfte ausstatten und wirken lassen..." (Adam Weishaupt)

„Meine Brüder! Im Jahre 1000 glaubte die alte abergläubische Welt, ihr Ende sei gekommen; in Wahrheit begann da erst recht ihre Herrschaft. Ihr Todeskampf nahm 1789 seinen Anfang. Ein Jahrhundert später haben wir Sie, meine Brüder, eingeladen, Zeuge ihrer letzten Todeszuckungen zu sein und zugleich die Morgenröte einer neuen Welt zu schauen, einer Welt, deren Entstehung unsere Weltausstellung ankündigt; es ist dies die Welt der Arbeit, der Wissenschaft, der Gerechtigkeit und des Friedens. Wir sind bessere Propheten als unsere Gegner, und als solche rufen wir letzteren zu: Ganz sicher wird das Jahr 2000 euer Ende besiegeln; die Anzeichen hierfür treten Tag für Tag untrüglicher in die Erscheinung...

Die soziale Revolution ist's, welche unseren gemeinsamen Feind zu Falle bringen wird, wie sie alle Tyranneien Europas und der Welt untergräbt, ganz wie Heinrich Heine mit Prophetenblick schon 1835 vorhersagte: „Ihr werdet demnächst bei unseren Nachbarn Zeuge eines Zusammenbruchs sein, im Vergleich mit welchem eure Revolution nur ein Kinderspiel war...

Der Tag wird kommen, an welchem bei den Völkern, die weder ein 18. Jahrhundert noch ein 1789 hatten, die Monarchien und die Religionen zusammenstürzen. Dieser Tag ist nicht mehr fern. Das ist der Tag, den wir erwarten. An diesem Tage werden alle Enterbten emanzipiert, alle Ungerechtigkeiten gesühnt, alle Privilegien beseitigt, alle vergewaltigten Provinzen (Elsaß-Lothringen, Polen, Galizien usw.) ihr Selbstbestimmungsrecht wieder erhalten. Dann werden Großlogen und alle Großoriente der ganzen Welt sich in einer Universalverbrüderung zusammenfinden. Die Spaltungen und die Landesgrenzen, durch welche die Freimaurerei getrennt ist, werden dann ver-

schwunden sein. Das ist das glanzvolle Zukunftsideal, das uns vorschwebt. Unsere Sache ist es, den Tag dieser allgemeinen Verbrüderung zu beschleunigen. Zur Bezeichnung dieses Zukunftsideals bedürfen wir eines universalen Losungswortes und Sammelrufes. Unsere Marseillaise gab die Losung aus: Zu den Waffen gegen alle Tyrannen!" (Freimaurer Francolin auf dem internationalen Freimaurer-Kongreß in Paris 1889, laut „Congrés maconnique international du Centenaire 1789-1889")

„Der Schwerpunkt unserer Arbeit liegt in den Hochgraden. Dort machen wir den Fortschritt, die Politik und die Weltgeschichte. Darum ungeschmälerte Aufrechterhaltung des Scozesismus! In ihm haben unsere Väter ihre glorreichen Taten vollbracht, die Tyrannen gestürzt, die Fremden verjagt usw. Aber noch ist das große Werk in Italien nicht vollbracht. Darum brauchen wir noch das Schottentum (Schottengrade 4.-33. Grad). *Was soll uns Johannes* (Johannesgrade 1.-3. Grad)*? Nichts anderes, als uns seinen friedsamen Namen leihen, damit wir unsere Feinde überrumpeln. Was soll uns das Symbol? Es soll uns Schild und Schirm sein am Tage des Kampfes. Nichts weiter. Was sollen uns alle Formen der Loge? Sie sollen uns verstecken vor unseren Feinden."* (Ein neapolitanischer Freimaurer in einer Logen-Festversammlung am 26.3.1875, laut „Freimaurer-Zeitung", Leipzig 1875, 28. Jahrgang, S. 150)

„Die Freimaurerei ist durchdrungen von der Bedeutung ihres Zieles, das in einem idealen, von dem Gesetz der Humanität beherrschten Weltreich gipfelt." (Freimaurer Hermann Settegast in „Die deutsche Freimaurerei, ihre Grundlagen, ihre Ziele", Berlin 1919, 9. Auflage, S. 44)

„Es soll nur eine einzige freimaurerische Regierung für die ganze Welt eingesetzt werden, es soll nur ein einziges unsichtbares Oberhaupt geben." („Freimaurer-Zeitung", Leipzig 1873, Nr. 25)

„Und wenn die ganze Welt des Ordens Tempel ist, dann werden die Mächtigen der Erde selbst sich beugen und uns die Weltherrschaft lassen." (Freimaurer Dr. Phillip George Blumenhagen in „Zeitschrift für Freimaurerei", Altenburg 1828, S. 320)

„Auf dem internationalen Freimaurerkongreß, der am 16. und 17. Juli 1889 zu Paris stattfand, wurde als das zu erstrebende Ziel ganz offen die Weltrepublik verkündet. Die Freimaurerei sei berufen, als die geeignete Dol-

metscherin des Willens der Volkssouveränität die Geschichte der Länder und der ganzen Menschheit zu bestimmen. Auf diesem Kongreß wurde die Hoffnung ausgesprochen, daß der Tag kommen würde, an dem die Monarchien Europas zusammenstürzen. Das ist der Tag, den wir erwarten, und dieser Tag ist nicht mehr fern.“ (Aufsatz „Weltrepublik“ im „Mecklenburger Logenblatt“, Jahrgang 1889, S. 197)

„Vernichtet den Feind, wer es auch sei, vernichtet den Mächtigen mittels übler Nachrede und Verleumdung, aber vernichtet ihn so frühzeitig, wie nur möglich. Man muß zur Jugend gehen: Die Jugend muß man verführen, sie muß, ohne daß sie es ahnt, unter den Fahnen der geheimen Gesellschaften gesammelt werden. Um sich mit vorsichtigen Schritten, aber um so sicherer, auf dem gefahrvollen Wege nähern zu können, sind vor allem zwei Dinge notwendig: Ihr müßt Euch das Ansehen geben, sanft wie Tauben zu sein, aber klug wie die Schlangen. Eure Väter, Eure Kinder, selbst Eure Frauen dürfen niemals das Geheimnis, das Ihr in Euch tragt, erfahren... Ihr wißt, daß derjenige, der sich freiwillig oder unfreiwillig verrät, damit sein Todesurteil unterzeichnet.“ (Aus einem Geheimdokument der italienischen Freimaurerei vom 20.10.1821, veröffentlicht von Crétineau-Joly in „L'Eglise Romaine contre la Révolution, Paris 1859, 2. Band, S. 86)

„Die Mitglieder des Schottischen Ritus (4.-33. Grad; A.d.V.) *sind aufs Strengste verpflichtet, in der Johannisloge* (1.-3. Grad; A.d.V.) *niemals anders als im Zeichen des Meistergrades aufzutreten, nur die „Bekleidung“ des Meisters zu tragen, niemals die farbenprächtigen Bänder und Schürzen der hohen und höchsten Grade; sie dürfen keinem Bruder, Lehrling, Gesellen oder Meister davon Mitteilung machen, daß sie den Hochgraden angehören. Nicht nur die Lehren und Riten der Schottischen Maurerei, sondern sogar die Namen der Hochgradbrüder bleiben demnach dem Durchschnittsfreimaurer unbekannt... Da sie die eigentlichen Träger der freimaurerischen Eingeweihten, die „Wissenden“ sind, besitzen sie die wahre Macht im Orden... Mehr als einmal hat es sich ereignet, daß sich Logen ziemlich einmütig gegen die unkontrollierbare Vorherrschaft der Hochgradmaurer in ihren Reihen aufgebäumt haben. Immer aber war dies vergeblich!“* (Der 33.-Grad-Freimaurer Konrad Lerich nach seinem Logenaustritt in dem Buch „Der Tempel der Freimaurer. Der 1. bis 33. Grad. Vom Suchenden zum Wissenden“, Bern 1937, S. 24f).

„Gewiß habt Ihr auch schon gehört, daß die Logen ‚viel Gutes tun'. Die profane Welt weiß von ihnen kaum mehr, als daß in den Logen Wohltätigkeit geübt wird. Nun, daran ist etwas Wahres, liebe Benjaminbrüder...

Doch Profane und Freimaurer täuschen sich gleichermaßen, wenn sie glauben, das sei die Hauptarbeit der Logen... Die Freimaurerei ist nicht dazu da, die Menschheit mit milden Gaben zu betören, das überläßt sie den Wohltätigkeitsvereinen, sondern sie trachtet als philosophische und progressive Institution danach, die profane Gesellschaftsordnung als letzte Ursache des Unglücks zu beseitigen, und daß ihren Platz die freimaurerische Staats- und Gesellschaftsordnung einnehme...

Brüder, vergesset also nie, daß die Loge kein Club oder Verein ist, in welchen wir wegen nichtiger Privatziele von untergeordneter Bedeutung gehen, sondern daß die Loge die Verkörperung des Staatssystems ist...

Wenn Euer Herz von vielem Leid erweicht, und Ihr in der Absicht hierher kamet, im Rahmen einer Wohltätigkeitsgruppe Eure Heller der Unterstützung einiger armer, vom Schicksal verfolgter Menschen zuzuwenden, und Ihr glaubet, daß damit Eure Berufung erfüllt sei, dann kehret um... Wenn nur das unser Ziel wäre, dann hätten wir das Geheimnisvolle keinesfalls nötig." (Zeitschrift „Kélet", Organ der symbolischen Großloge von Ungarn, 13. Jahrgang, Nr.9, Juli/August 1911 und Nr. 10, September 1911, S. 252, 256, 272)

„Der Freimaurerbund fordert von seinen Mitgliedern sein dogmatisch bestimmtes Gottesbekenntnis, und die Aufnahme der einzelnen Brüder wird nicht abhängig gemacht von einem religiösen Bekenntnis." (Grundsatz der Loge Royal York, §3, laut „Freimaurer-Lehrbuch für Br. Br. der unabhängigen deutschen Großloge: Freimaurerbund zur aufgehenden Sonne" von Br. Rudolph Penzig, Stuttgart, S.13)

„Deshalb aber ist es nicht etwa nötig, daß der Freimaurer parteilos bleibe. Er mag außerhalb der Loge seine Pflichten als Teil einer politischen Gemeinschaft erfüllen. Er sei als Parteimann stets ein guter Freimaurer, aber als Freimaurer unter Brüdern niemals ein Parteimann." (Der deutsche Hochgradfreimaurer Franz Carl Andres in seinem Buch „Das Geheimnis des Freimaurers", 1. Auflage 1949, S. 129)

„Wollen wir als ehrliche Freimaurer vorwärtskommen, so müssen wir mit Strauß resolut bekennen: Wir sind keine Christen mehr, wir sind Freimaurer, nichts mehr und nichts weniger – punktum! Wir müssen unsere Kraft konzen-

trieren auf das Eine, was der Menschheit nottut, auf den Menschheitsbund." (Freimaurer M. G. Conrad in „Die Bauhütte", Leipzig, Jahrgang 1874)

„*Ihr sollt in Reden und Betragen vorsichtig sein, daß auch der scharfsinnigste Fremde nichts zu entdecken vermöge, was nicht geeignet ist, ihm eröffnet zu werden. Zuweilen müßt ihr auch ein Gespräch ablenken und es klüglich zur Ehre der Ehrwürdigen Bruderschaft leiten.*" (Aus dem Grundgesetz der Freimaurer „Die alten Pflichten", VI. Hauptstück, 4. Punkt, laut „Internationales Freimaurerlexikon", S. 20)

„*Alle Mitglieder werden zu strengster Diskretion gegenüber Nichtmitgliedern über Einrichtungen und Vorkommnisse der Loge feierlichst verpflichtet...*

Bei der Aufnahme in den inneren Orient werden die Brüder zu strengster Diskretion über alle Verhandlungen desselben, auch gegenüber den Mitgliedern des Bruderkreises verpflichtet, soweit nicht die Bekanntgabe einzelner Beschlüsse obligatorisch ist oder offiziell beschlossen wurde." (Broschüre „Freimaurerbund zur aufgehenden Sonne, Nürnberg, Geschäftsordnung für die Logen", als Manuskript gedruckt, S. 5)

„*Sowohl den Logen als auch den einzelnen Freimaurern aller Grade und Rangstufen, den Großmeister und die Häupter der Riten allein ausgenommen, ist es untersagt, aus irgendeinem Grunde oder auf irgendeine Weise offizielle oder offiziöse Dokumente, Erlässe, Zirkulare, Briefe oder sonstige Schriftstükke, die sich auf die Freimaurerei beziehen, in der profanen Welt bekannt zu machen, wenn sie nicht vorher hierzu schriftlich die förmliche Genehmigung des Großmeisters erhalten haben.*" (Artikel 135 der Konstitutionen der italienischen Freimaurerei)

„*Das Geheimnis gehört zu den allerwirksamsten Faktoren unserer Tätigkeit. Was sich in unseren maurerischen Versammlungen vorbereitet, soll wie unter einem Siegel im Herzen der Brüder verschlossen bleiben.*" (Großmeister Adriano Lemmi in „La Rivista della Massoneria Italiana", 1890, S. 3)

„*Alle Bundespapiere haben die Mitglieder sorgfältig aufzubewahren und vor unbefugter Einsichtnahme zu schützen. Für entstehende Indiskretionen und deren eventuelle Folgen ist jeder Bruder der Loge und dem Bund gegenüber verantwortlich. Dies gilt ganz besonders in bezug auf die Mitglieder-Verzeichnisse, auf deren Geheimhaltung die größte Sorgfalt zu verwenden ist. Ferner hat jeder Bruder die Pflicht, seine Angehörigen dahingehend zu unter-*

richten, daß bei seinem Tode dem Meister vom Stuhl sofort Anzeige zu erstatten ist und alle freimaurerischen Bücher, Zeitschriften, Dokumente, Abzeichen und Korrespondenzen einem legitimierten Beauftragten der Loge unentgeltlich zuzustellen sind." (Broschüre „Freimaurerbund zur aufgehenden Sonne, Nürnberg, Geschäftsordnung für die Logen" als Manuskript gedruckt)

„*Ich verpflichte mich auf Ehrenwort zur strengen Geheimhaltung über alles mir Mitgeteilte.*" (Vorgedruckte Erklärung im „Aufnahme-Antrag" der Zürcher Loge „Libertas et Fraternitas")

„*Geheime Verbrüderungen, wie sie die Freimaurerlogen darstellen, bewerkstelligen ihr gegenseitiges sicheres Erkennen seit alten Zeiten nur durch ihnen allein bekannte eigenartige Mittel. Zumeist sind es unauffällige, gewöhnlich durch verschiedene Sinne wahrnehmbare Zeichen und Äußerungen, deren strengste Geheimhaltung bei der Aufnahme in den Bund gelobt beziehungsweise auch mit ernstem Eid bekräftigt werden muß. Es versteht sich denn auch ganz von selbst, daß diese Erkennungszeichen nur dann gegeben werden dürfen, wenn ihre Geheimhaltung nach allen Seiten hin gesichert oder, wie der Maurerausdruck besagt, wenn die „Loge gedeckt ist". Befürchtete man früher das Gegenteil, so warnte man einander mit der gesprächsweise hingeworfenen Bemerkung „es regnet".*" („Des Freimaurerbundes zur aufgehenden Sonne Aufnahme-Instruktion", herausgegeben von Bruder Zier in Erfurt, Manuskript für Freimaurer, S. 19)

„*Die Deutsche Bischofskonferenz (hat) im Auftrag des Heiligen Stuhles im Juni 1974 eine offizielle Gesprächskommission gebildet. Diese trat mit einer offiziellen Gesprächskommission der Vereinigten Großlogen von Deutschland zusammen... Niemals hat sich die freimaurerische Seite während der Gespräche über das Vorgehen beklagt, sondern bis an gewisse Grenzen bereitwillig mitgeholfen, die gestellte Aufgabe zu erfüllen. Sie antwortete auch auf wiederholte und insistente Fragen, wobei sie freilich die erbetene Auskunft über die freimaurerischen Hochgrade beharrlich verweigert hat.*" (Bischof Josef Stimpfle: Die Katholische Kirche und die Freimaurerei, zitiert nach: Im Dienst am Evangelium, Donauwörth 1988, S. 328-350, hier: S. 330)

„*Indirekt, wenn nicht gar tätigerweise, ist jeder Profane, der mehr von der esoterischen maurerischen Arbeit erfahren hat, als er sollte, ein Feind.*"

(Hochgradfreimaurer Carl H. Claudy in seinem Buch „Introduction to Freemasonry III – Master Mason“, 34. Auflage, Washington 1949, S. 147f)

„Die Größe Britanniens ist das Werk der Freimaurerei.“ („The Freemasons's Chronicle“, London, Jahrgang 1902, I, S. 319)

„Die französische Revolution von 1789 ist nur ein Werk der Freimaurer gewesen, denn alle hervorragenden Männer jener Zeit waren Freimaurer. Nachher hat der Freimaurerbund da selbst gleichfalls die Revolution der Jahre 1830 und 1848 geleitet. Alle italienischen Umwälzungen vom Jahre 1822 bis zu den letzten glorreichen Ereignissen, wem sollen sie anderes zugeschrieben werden als dem Bunde? Sind nicht die Carbonari seine Söhne? Wenn in vielen maurerischen Konstitutionen steht, daß die Maurer friedlich und den Staatsgesetzen ergeben sein müssen, so geschieht es nur, um den Argwohn der Tyrannen einzuschläfern.“ („Freimaurer-Zeitung“, Leipzig 24.12.1864)

„Die französische Regierung steht vollständig unter der Herrschaft der Loge... Seit MacMahon sind alle Präsidenten der Republik der Loge nicht bloß eingegliedert, sondern tätige Agitatoren, die in den Logen eine mehr oder minder hervorragende Stelle eingenommen haben... Ebenso gehören alle jene Männer, die in den Ministerien oder in wichtigen Staatsämtern eine Rolle spielen, der Freimaurerei an. Im allgemeinen bekommt in der französischen Republik niemand ein wichtiges Amt, wenn er nicht von der Loge empfohlen wird.“ (Freimaurer Ernst Freymann (Dr. Paul Köthner) in „Auf den Pfaden der internationalen Freimaurerei“, Berlin, S. 7)

„Ein Vorwurf gegen die Freimaurerei hat viele stutzig gemacht: Die Freimaurerei treibt zuviel Politik, sie treibt nichts anderes als Politik. Aber, großer Gott, wie sollte sie denn etwas anderes treiben als Politik? Man erklärte allerdings in einem gegebenen Zeitpunkte, nicht um eine Regel aufzustellen, sondern bloß der Form wegen, daß die Freimaurerei sich weder mit Religion noch mit Politik beschäftige. War das etwa Heuchelei? Vielmehr sahen wir uns unter dem Drucke der Gesetze und der Polizei genötigt, dasjenige zu verheimlichen, was zu tun, ja einzig zu tun, unsere Aufgabe ist.“ (Freimaurer Gonard am 18.9.1886 auf einem Bankett des französischen Großorients laut „Bulletin du Grand Orient de France“, 1886, S. 545, laut J. Linbrunner in „Freimaurer und Umsturz“, Regensburg 1919, S. 18)

„*Zögern wir nicht, unsere zerstörerischen Kräfte bis zum Übermaß zu gebrauchen... Wir haben nicht zu fragen, was wir an Stelle des Zerstörten zu setzen haben.*“ (Freimaurer Maurice Maeterlinck in „Der Zirkel“, Zeitschrift der österreichischen Freimaurerei, Wien, Jahrgang 1898, S. 65)

„*Entweder sind wir die Erzeuger und Lenker der öffentlichen Meinung oder wir haben überhaupt keine ernsthafte Existenzberechtigung.*“ („Rivista massonica“, Jahrgang 1889, S. 19)

„*Die Freimaurerei muß die Macht haben und sie hat sie: die öffentliche Meinung zu erzeugen und zu lenken.*“ („Rivista massonica“, Jahrgang 1892)

Falls Sie jetzt immer noch Zweifel haben, wie man auf die Idee kommen kann, die oberen Ränge der Freimaurer als „Verschwörer“ und darüber hinaus auch noch als satanistische und luziferische Gruppierung zu sehen (und somit auch die unteren – wenn es dort auch anders gelehrt wird, wie bei vielen Sekten; siehe *Scientology*), bitte ich Sie, sich als nächstes einmal die verwendeten Symbole der Freimaurer anzusehen:

Wir stellen fest: Die Freimaurer und der Skull & Bones-Orden sowie die SS haben dieselben Symbole! Was will uns das sagen? Wirken diese Symbole auf Sie wie die einer christlichen Vereinigung?

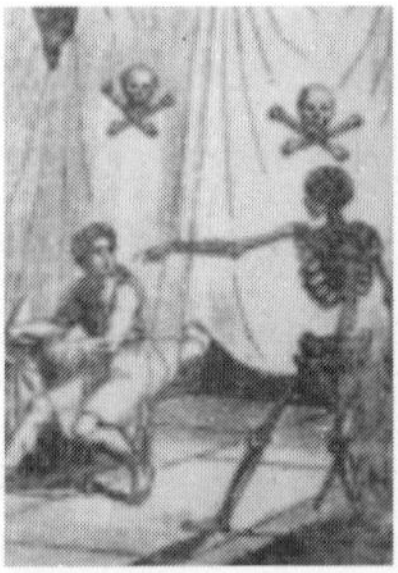

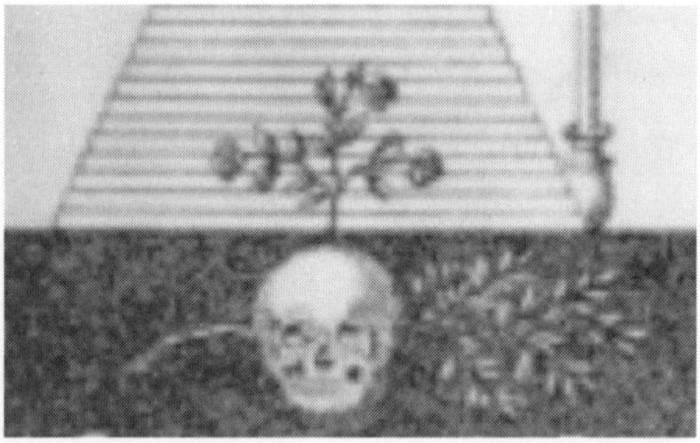

Abb.452 links: Abbildungsausschnitt von einem freimaurerischen Teller – ein Mann sitzt an einem Tisch, neben ihm der „Tod“. Über ihnen sieht man Totenschädel mit gekreuzten Knochen. **Abb.453** Mitte: Ein freimaurerisches Schwert – ebenfalls offensichtlich der Totenschädel als Knauf sowie die gekreuzten Knochen darunter. **Abb.454** rechts: Weiterer Ausschnitt eines freimaurerischen Tellers. Zu sehen sind ein Totenschädel und eine Blume – im Hintergrund eine Pyramide.

Blicken wir nun wieder auf Deutschland:

Adolf Hitler hatte seinen dritten Wohnsitz nicht „zufällig" gewählt. Außer in München und Berlin fühlte er sich auch in seiner Residenz auf dem Obersalzberg, an der Grenze zu Österreich, mehr als zu Hause. Gegenüber befand sich nämlich der geheimnisumwitterte Untersberg! Das berühmte, versenkbare Fenster am Berghof gab den Blick frei auf den Untersberg und Salzburg.

Hitlers Beziehung zum Untersberg war so eng, daß er sogar einmal den Wunsch äußerte, dort begraben zu werden. Zu Albert Speer sagte Hitler einmal: *„Sehen Sie den Untersberg dort drüben? Es ist kein Zufall, daß ich ihm gegenüber meinen Sitz habe."*[(39)]

In der päpstlichen Propaganda des Mittelalters erschien der Stauferkaiser *Friedrich II.* als Antichrist, als Luzifer, welcher sich in seinem Irrglauben und Wahn selbst als Gott darstellte. Diese Sage wiederum, welche an Kritik nicht geizte, wurde durch die *Watzmannsage* noch verschärft. Dies ist das *andere* mythenhafte Bergmassiv, welches den Obersalzberg umstellt.

Abb.455: Kein neuer amerikanischer Stealth-Bomber, sondern eine über ein halbes Jahrhundert alte deutsche, deltaförmige Horten im Dritten Reich auf einem Flugfeld. Eine geschichtlich verdrängte Realität!

Die Sage von Lazarus

Im Jahre 1529 stand *Lazarus Aigner* aus Bergheim bei Salzburg beim Stadtschreiber in Reichenhall zu Diensten. Eines Tages bestiegen er und ein gewisser Pfarrer Elbenberger den Untersberg. Sie fanden unterhalb des Hochthrons eine Art Felsenkapelle. Dort stand mit silbernen Buchstaben etwas eingehauen, was sie lange betrachteten, ohne den Sinn zu verstehen.

Wieder zu Hause, ging dem Pfarrer Elbenberger die Inschrift nicht aus dem Kopf, und so schickte er Lazarus, den Knecht des Stadtschreibers, nochmals auf den Untersberg, um jene Schrift abzuschreiben. Dieser tat wie ihm geheißen und schrieb dort folgendes ab:

„*S.V.R.G.E.T.S.A.T.U.M.*“ (in einer anderen Überlieferung heißt es „*S.O.R.G.E.I.S.A.T.O.M.*“).

Auf seinem Heimweg stand plötzlich ein Mönch vor ihm. Dieser sagte: „*Ich will Dir zu essen geben und Dir auch offenbaren, was Du in dieser Kapelle gesehen hast und was die Schrift bedeutet.*“

Er mußte dem Mönch versprechen, mit niemandem über das zu reden, was ihm offenbart wurde. Sie kamen an eine eiserne Tür. Der Mönch vermochte diese zu öffnen. Lazarus trat ohne Furcht durch diese in das Innere. Er sah einen großen Turm mit einer goldenen Uhr. Der Mönch sagte zu ihm: „*Schau auf die Uhr, auf welcher Stunde der Zeiger steht und um welche Stunde es ist.*“ Es war sieben Uhr. Lazarus wurden viele Dinge gezeigt.

Abb.456 links: Der obere Teil einer deutschen Flugscheibenkonstruktion im Dritten Reich auf einem Hebewagen. **Abb.457** rechts: Eingang zu *S-III*, Jonastal, im Dritten Reich, der Produktionsstätte von Waffen und anderen „Dingen“.

Nachdem ihm verschiedene unglaubliche Dinge gezeigt wurden, kamen sie wieder an jenen Turm, wo sie in den Untersberg eingetreten waren. Zu beiden Seiten in demselben gab es sechs, zusammen also *zwölf* Türen.

In den folgenden fünf Nächten wurden ihm weitere Dinge gezeigt. Der Mönch sagte zu ihm: *„Der Kaiser, der dort geht, ist Kaiser Friedrich, welcher einst auf dem Waiser Felde verzückt wurde. Schau Dir ihn wohl an, denn er trägt noch dasselbe Gewand wie damals, als er von der Erde verschwand."*

Weiter sah Lazarus noch andere Fürsten und Herren. Warum waren sie verschwunden und nun alle hier? Danach führte der Mönch Lazarus durch jene Tür, durch welche sie einst gekommen waren. Als der Mönch auf die Uhr zeigte, war es genau dieselbe Stunde wie als er gekommen war – sieben Uhr. Er mußte nun versprechen, 35 Jahre lang zu schweigen, wenn ihm sein Leben lieb wäre.

Nach genau 35 Jahren verstarb Lazarus!

Wir haben also auch bei dieser Sage um den Untersberg das Zeitphänomen präsent; zudem einen Symbolismus um die Zahl 12.

In dem Berg sollen ausgewählte Könige und Herzöge gewesen sein, was Lazarus verwunderte. Er wurde zur Verschwiegenheit verdonnert mit einer Frist von 35 Jahren, wenn ihm sein Leben lieb wäre. Als diese Frist ablief, starb er „zufälligerweise".

Es gibt inzwischen weit über 100 Sagen und mysteriöse Geschichten um dieses Bergmassiv. So auch diese: *„Zu einem Bauernknecht am Untersberg kam im Jahre 1847, zu welcher Zeit auch der dürre Baum auf dem Waiser Felde wieder zu grünen begann, ein Bergmännlein. Es forderte ihn auf, ihm zu folgen, was dieser mit Furcht auch tat. Er wurde in den Felsen geführt, von dem aus er das ganze Tal mit Soldaten überfüllt sah. Sie stiegen an eine höhere Stelle und von dieser aus sah der Knecht das Tal voll Blut.*

Der Untersberger wies ihn zur höchsten Spitze. Was er von hier erschaute, trieb dem Knecht die Haare zu Berge. Er vertraute es keinem Menschen an und blieb von Stund an traurig und niedergeschlagen."

Die „Untersberger" konnten also schauen, was sich in ferner Zukunft zutragen würde, und ließen den Bauernknecht einen Blick in diese Zukunft werfen.

Etwas Ähnliches geschah einem Zimmermann, wie in der *„Bergheimat"* überliefert wird: *„Ein Zimmermann von Hallein traf auf der Niederalmbrücke um Mitternacht die Untersberger, denen er sich anschloß. Am Berge angekommen, öffnete sich das Tor, und sie gingen hinein. Den Zimmermann führten zwei Mönche in eine Höhle, zeigten ihm ein Buch, in welchem alles aufgezeichnet ist. Vor mehreren tausend Jahren wurde die erste Zeile geschrieben.*

Auch findet sich in diesem Buche das Zukünftige verzeichnet. Ein heißer Krieg wird ausbrechen, so schnell, daß der Bauer vom Acker und die Bäuerin vom Herde weg in das Gefecht rennt. Wer während dieses Krieges auf die Flucht geht, braucht nur einen einzigen Laib Brot mitzunehmen... Nach all dem Gesehenen erblickte er wieder die Pforte und kehrte um."[40]

Auch dies ist ein deutlicher Hinweis auf die sogenannte „Endschlacht", und ebenso wie in den anderen Schriften wird diese als ungemein heftig aber ebenso kurz beschrieben. So heißt es beispielsweise bei dem deutschen Seher Mühlhiasl (geb. 1825) wie folgt:

- *„Die Mannsbilder werden statt der Waldlertracht rote und farbige Hüte tragen und mit gewichsten Stiefeln in der Miststatt stehen."*
- *„Die Weibsbilder werden wie die Rabenköpfe daherkommen und man wird sie wie die Gesen spüren."*
- *„Wenn die Rabenköpfe aus der Mode kommen und die Weiberleut Hüte tragen wie die Mannsbilder, dann ist die erste Zeit vorbei und es kommt die andere mit dem großen Krieg."*
- *„Die Mannsbilder werden sich tragen wie die Weiberleut und die Weiberleut wie die Mannsbilder, man wird sie nimmer mehr auseinander kennen."*
- *„Den Herrgott werden sie aus dem Winkel reißen..."*
- *„Der Wald wird so licht werden wie des Bettelmanns Rock."* (Das Waldsterben und die Ausforstung.)
- *„Sieben geistliche Herren werden in Zwiesel eine Messe lesen, und bloß sieben Leute werden sie anhören."* (Der Rückzug der Kirchen aus der Gesellschaft.)
- *„Die hohen Herren machen Steuern aus, die keiner mehr zahlen wird."*
- *„Man wird den Bauer nicht vom Bürger, den Bürger nicht vom Edelmann und die Magd nicht von der Frau kennen."*

- *„Es werden in die wilden Waldungen viele große Häuser und Paläste eingebaut, daß Fürsten und hohe Herren darin wohnen könnten."*
- *„Es werden die großen Herren Sachen befehlen, wo alle Menschen darüber lachen und spotten, und dem gemeinen Volk zur Last sein."*
- *„Groß wird das Mißtrauen und die Angst unter den Menschen sein."*
- *„Leute, die aus der Stadt aufs Land kommen, um den Bauern zu sagen, geh, laß mich ackern, werden von den Bauern mit dem Pflugreitel erschlagen werden."*
- *„Die Bauern werden die Häuser mit hohen Zäunen umgeben und aus den Fenstern auf die Leute schießen."*
- *„Nachher geht's an! Das größte Aufräumen beginnt. Da wird der Bruder den Bruder und die Mutter die Kinder nicht mehr kennen."*
- *„Kein Mensch will's glauben."*
- *„Dann wird das Bayernland verheert und verzehrt, das Böhmerland mit eisernen Besen ausgekehrt."*
- *„Auf der Straße von Cham über Stallwang nach Straubing kommen sie einmal heraus, die Rotjankerl..."*
- Auf die Frage, ob dies etwa Franzosen seien, erwiderte der Mühlhiasl: *„Nein, Franzosen sind's nicht, rote Hosen haben's auch nicht an, aber die Roten sind's! – Wenn sie kommen, muß man davonlaufen, was man kann, und als Mundvorrat Brot mitnehmen. Wer drei Laib Brot dabei hat, und beim Laufen einen verliert, darf sich nicht bücken darum: so eilig ist es. Und wenn man den zweiten verliert, muß man ihn auch hinten lassen, denn man kann's auch mit einem Laib aushalten, weil es nicht lange dauern wird. – Die Berge werden ganz schwarz von Leuten – in einem Wirtshaus an einer Brücke werden viele Menschen beieinander sein, und draußen werden die Soldaten vorbeireiten* (mit Panzern)."
- Grauenvoll ist die in unsere Sprache übersetzte Schau des Waldpropheten: *„Auf Autobahnen westwärts werden mehr kriechende als fahrende und schließlich stockende Autoschlangen von den einrückenden Panzerkolonnen niedergewalzt... So viel Feuer und so viel Eisen hat noch kein Mensch gesehen – Wer's überlebt, muß einen eisernen Schädel haben."*
- *„Zuletzt kommt der Bankabräumer, eine alles dahinraffende Krankheit... In dieser Zeit holen die Leute den Herrgott wieder aus dem Kasten und hängen ihn in die Stuben, aber es hilft nichts mehr."*
- *„Die Leute werden krank, aber niemand kann ihnen helfen."*

- *„Wer zur Nacht auf einem hohen Berg steht, wird im ganzen Waldland kein Licht mehr erblicken, als ob der Wald ausgestorben wäre."*
- *„Nur die Leute werden verschont bleiben, soweit die schwarzen Bäche gehen und bis zur verkehrten Kirche."*
- *„Anderwärts werden die Leute ganz gehörig geläutert werden."*
- *„Wer das letzte Aufräumen besteht, wird zu jedem fremden Menschen sagen: Bruder, wo hast Du gesteckt? Schwester, wo hast Du Dich verborgen gehalten?"*
- *„Es wird nur noch ein Gruß gelten: Gelobt sei Jesus Christus!"*
- *„Wenn man jenseits der Donau eine Kuh findet, der soll man ein silbernes Glöckl umhängen."*
- *„Danach gibt es im Waldland soviel Grund, daß sich jeder ein Haus wählen kann und Land soviel er will."*
- *„Auch jenseits der Donau ist alles wüst und leer. Dort werden sich die Waldleute ansiedeln, trotzdem es im Wald auch wieder ganz schön sein wird."*
- *„Danach ist das Schlimme vorbei und alles Böse überstanden."*
- *„Die Berg- und Waldleute werden ins Flachland ziehen und in den Dörfern im Wald werden die Brennesseln aus den Fenstern wachsen."*

Sind all dies nun Märchen, oder steckt in diesen Geschichten tatsächlich die Wahrheit verborgen? Prophezeiungen und „Sagen" unterscheiden sich von Märchen insofern, daß sie auf reale Begebenheiten zurückführen sein sollen, welche mündlich überliefert wurden. Dann wäre dies alles *kein* „Zufall"!

Insgesamt mag das sehr verblüffend auf Sie wirken. Aber so soll es sein, um die nächste Überraschung zu verarbeiten.

Vor einiger Zeit stolperte ich über ein sonderbares Foto. Auf diesem schüttelt George Bush jun. einem außerirdischen Wesen die Hand. Gefunden habe ich es während meiner Recherche über die *Skull & Bones*. Amüsiert legte ich es beiseite und dachte mir: Was den Fälschern nicht so alles einfällt, wenn der Tag lang ist!

Trotzdem ließ dieses Bild mich nicht los, denn es erinnerte mich unbewußt an die Erzählungen jener durch die *Greys* Entführten. Diese sprachen bei ihren Erzählungen fast einheitlich von Wesen, welche erheblich größer waren als die kleinen Greys und die „Operationen" zu leiten schienen – zirka 1,80 bis 2 Meter groß. Sie wurden beschrieben als eine Art Mischwesen zwischen den Greys und uns. Jene hätten ähnlich längliche, auf uns überdimensional wirkende, haarlose Köpfe und wären schlank und dünn. Ungeachtet der Tatsache, daß es sich bei diesem Bild mit ziemlicher Sicherheit um eine Fälschung handelt, bleibt also zumindest die Ähnlichkeit mit jenen Wesen, welche laut der Entführten die Operationen auf den Raumschiffen zu leiten scheinen.

Bei der nächsten Betrachtung des Bildes fiel mir dann der ehrfürchtige Blick von George W. Bush auf „das Wesen" auf – und daß die Fälscher *zumindest* darauf geachtet hatten, daß der Präsident nach oben in dessen Gesicht zu blicken scheint.

Auf meiner Suche stieß ich auf eine weitere Website. Auf dieser fand ich zu meiner Überraschung eine E-Mail-Verknüpfung zum amerikanischen Geheimdienst CIA und einer Mitteilung vom 9. März 2003.

Darauf fand ich außerdem ein äußerst merkwürdiges Bild von dem ehemaligen US-Präsidenten George Bush sen., auf welchem er neben einem Außerirdischen herläuft, der optisch jenem ähnelt, welchen ich Tage zuvor auf dem oben genannten Bild mit Sohnemann Bush vorfand. George Bush sen. wirkt dabei, als würde ihm etwas erzählt werden, denn er schaut andächtig zu Boden, während dieses Wesen neben ihm steht und seinen linken Arm auf der Schulter des Ex-Staatsoberhauptes hat. Darunter stand der Satz: *„Bush sen. (ex-CIA-Chef und ex-US-Präsident) wird ständig von Außerirdischen besucht."*

Abb.458: Fälschung mit Bezug zur Realität? George W. Bush gibt einem Außerirdischen die Hand, welcher den Berichten der Entführten bezüglich der großen Mischwesen aus Grey und Mensch entspricht.

 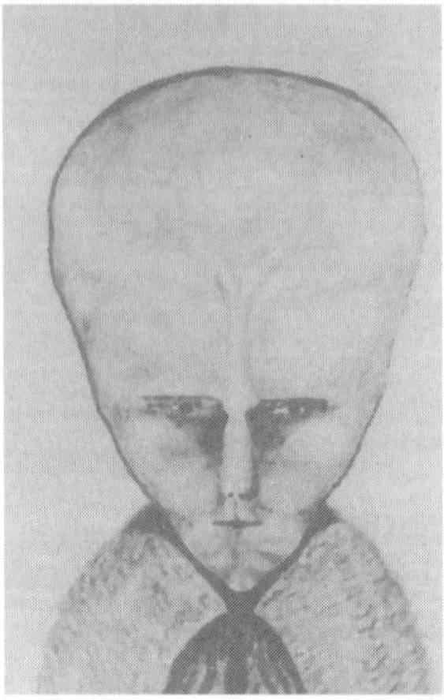

Abb.459 links: George Bush sen. unterhält sich mit einem Außerirdischen, welcher offenbar mit jenem Typ identisch ist, welchen die Aufnahme zuvor mit seinem Sohnemann zeigt. Eine Fälschung? Wenn ja: Können wir uns so die Realität vorstellen? **Abb.460** rechts: Nochmals die künstlerische Interpretation von Aleister Crowleys Bild aus dem Jahre 1919, als er die *„außerirdische Intelligenz LAM"* zeichnete, zu welcher er angeblich Kontakt hatte. Alle drei Bilder scheinen die gleiche Rasse zu zeigen – jene Mischwesen, von welchen die Entführten uns berichten und welche die Operationen der Greys zu leiten scheinen.

Hatte sich hier jemand einen Scherz erlaubt? Womöglich. Vielleicht ist aber doch etwas dran an der Geschichte, denn diese ist hier noch nicht zu Ende: Vor einigen Jahren berichtete nämlich der ehemalige NASA-Mitarbeiter *Bob Oechsler* von einer geplanten Aufklärungskampagne der US-Regierung über echte außerirdische Kontakte unter der Bezeichnung *„Cosmic Journey"*. Oechsler erklärte, daß er mit einem Hubschrauber auf eine NORAD-Militärbasis geflogen worden sei, um dort an den Details des geplanten Projekts mitzuwirken. Er berichtete unter anderem, daß auf dem riesigen Bildschirm ständig irgendwelche Objekte über den USA auftauchten und verschwanden, es aber niemanden kümmerte, als sei es das normalste der Welt. Diese Objekte wurden von den diensthabenden Mitarbeitern „ASCs" genannt, was soviel heißen würde wie *„Alternative Space Crafts"*.

Oechsler wurde auch ein Bild eines Aliens gezeigt, welches für die Ausstellung verwendet werden sollte, das Ähnlichkeiten mit den „Greys" hatte – wohlgemerkt „Ähnlichkeiten", denn es zeigte wohl jene humanoiden Wesen, welche ich bereits zuvor auf den zwei beschriebenen Bildern vorgestellt habe! *Wieder* ein „Zufall"?

Blicken wir zurück: *Bob Oechsler* ist jener Mann, welcher ein Telefongespräch mit Admiral *Inman* mitgeschnitten hatte, in welchem es um die geborgenen UFOs ging (siehe Kapitel 2). *Inman* war einstmals bei der *CIA* in gehobener Position.

Abb.461: Bob Oechsler

Als nächstes stellt sich natürlich folgende Frage: Wenn wir den Entführungsopfern glauben, dann haben jene 1,80 bis 2 Meter großen Mischwesen die Operationen geleitet.

Wenn dies stimmt, mit wem würde dann die Regierung wohl Kontakt aufnehmen – mit den Greys oder mit den Leitern der Mission?

Und wie war das nochmal bei Aleister Crowley? Dieser malte 1919 ein außerirdisches Wesen, welchem er die Bezeichnung *„außerirdische Intelligenz LAM"* gab. Dieses Wesen erinnert irgendwie an einen Grey. Die Kopfform stimmt überein, aber die Augenpartie nicht. Könnte es ein Mischwesen zwischen den Greys und uns sein?

Ich persönlich meine: Wenn man die zuletzt gezeigten Bilder betrachtet und sie mit jenem Bild vergleicht, welches Crowley damals malte, dann stellt man fest, daß diese sich sehr ähnlich sehen!

Dies bedeutet, daß Aleister Crowley offenbar ein *Kontaktler* war, und das zu einer Zeit, als die amerikanische Regierung noch nicht mit jener Rasse in Berührung gekommen war! Was meinen Sie?

Wer das Phänomen der durch die Greys Entführungen bislang als real betrachtet hat, muß sich doch ernsthaft fragen, warum in den UFO-Medien zwar die Greys behandelt wurden, jene Mischwesen, welche die Vorgänge nach den einstimmigen Aussagen der Entführten zu leiten scheinen, jedoch nicht?

Und wenn diese einstimmige Meinung über die federführende Rolle dieser großen Mischwesen auf Tatsachen beruht, warum sollen die Amerikaner dann mit den Greys Kontakt haben und nicht mit deren *Führern*?

Abb.462 rechts: Bush stellt sich seinen Kritikern...
Abb.463 links: ...in jeder Form...

Haben diese zuletzt gezeigten Fotos also möglicherweise doch einen realen Hintergrund...?

Ob nachfolgende Bilder echt sind, darüber will ich nicht spekulieren. Sie stammen von einem angeblichen UFO-Absturz in Jugoslawien. Interessant sind sicherlich die optischen Übereinstimmungen mit den hier beschriebenen Wesen, welche in den UFO-Entführungsfällen durch die Greys die Operationen leiten sollen.

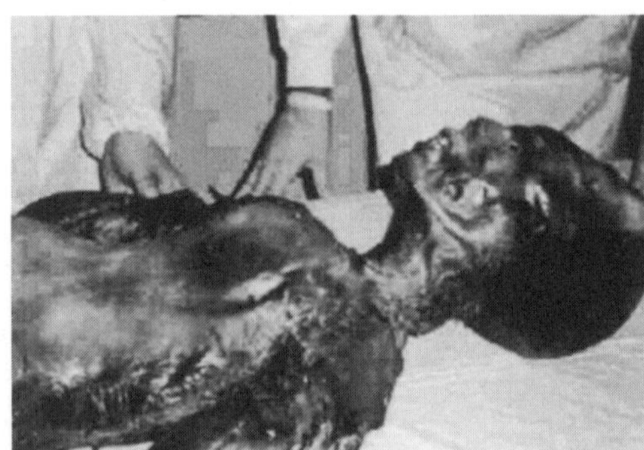

Abb.464: links: Künstlerische Interpretation eines UFO-Entführungsfalles durch die Greys. Der Entführte unterhält sich mit einem der „Leiter" der Mission, welche nach übereinstimmenden Zeugenaussagen erheblich größer als die Greys selbst sind und eine Art *Mischwesen* zwischen Menschen und Greys zu sein scheinen.
Abb.465 rechts: Angebliches Originalfoto eines toten Außerirdischen von einem UFO-Absturz im ehemaligen Jugoslawien. Interessant ist es, weil es optisch identisch ist mit dem Wesen, das karikaturreif neben George Bush posiert sowie mit jenen, welche bei Entführungsfällen der Greys als die „Leiter der Mission" beschrieben werden.

Glaubt man dem Bericht zu den Fotos, dann sehen wir hier ein Wesen, welches 1966 nahe der jugoslawischen Kleinstadt *Otocet* bei einem UFO-Absturz ums Leben kam, wobei über diese Geschichte aufgrund der hohen Sicherheitsstufe, welche diesen Fall betraf, sofort ein absoluter Vorhang des Schweigens gezogen wurde.

Einer der obduzierenden Ärzte soll *Dr. Andrej Zobol* gewesen sein und die zwei Pathologen *Nikola Jullic* und *Zoran Frederic*. Im Jahre 1999 wurden die Bilder von einem der drei in dieser Regierungsoperation beteiligten Ärzte veröffentlicht. Dieser soll heute in Slowenien leben, sehr nahe an der italienischen Grenze. Angeblich hat damals weder die USA noch die UDSSR von diesem Absturz etwas erfahren.

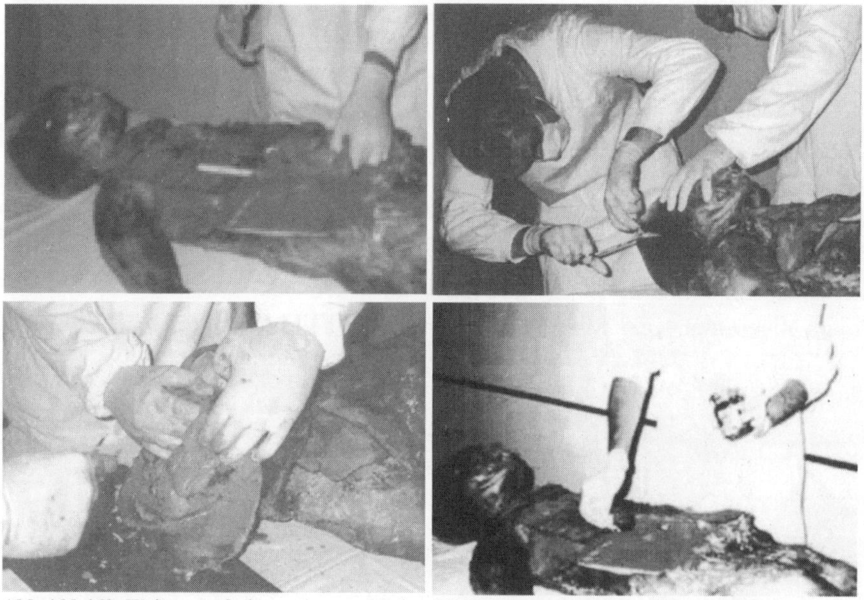

Abb.466-469: Weitere Aufnahmen des angeblichen UFO-Absturzes im ehemaligen Jugoslawien. Fälschungen?

Die Dropas

Kommen wir von dieser Spekulation zur nächsten – zur Geschichte der *Dropas*. Vor 12.000 Jahren, so die Dropas, sind ihre Vorfahren hier auf der Erde, in einer Region in China abgestürzt. Seitdem leben sie auf unserem Planeten.

Diese Geschichte beginnt für die Öffentlichkeit im Jahre 1940: Professor Chi-Pu-Tei fand einige sehr mysteriöse Knochenfunde, welche er sich nicht erklären konnte und deshalb einer ausgestorbenen Affenart zuordnete.

Merkwürdig war jedoch für die „Affen“: Man legte ihnen Grabbeigaben in ihre letzte Ruhestätte, die uns heute Erstaunliches berichten. Auch an den Wänden der Höhlen sollen sich sehr interessante Zeichnungen befunden haben, auf denen Wesen mit rundlichen Helmen dargestellt waren und gleich daneben Darstellungen von Sternen und Monden (siehe dazu auch die Dropas-Website „members.aol.com/pgrsel2/dropas/“).

Interessant ist vor allem, daß jene angeblich außerirdischen Wesen, welche dort tot gefunden wurden, ebenfalls mit jenen identisch sein könnten, welche wir als die Anführer der Greys bezeichnet haben.

Doch dies ist noch nicht alles:

Interessant ist, daß ein Dropa auf einer Abbildung einen Hut trägt, der von der Form her identisch ist mit jenem, welchen wir weiter vorne in diesem Buch auf dem Haupt von Aleister Crowley sahen – und auf welchem dort das „Allsehende Auge“ zu sehen ist. Interessant ist weiterhin, daß Crowley im Jahre 1919 ein außerirdisches Wesen – ebenfalls in diesem Buch abgebildet – zeichnete, welches optisch identisch ist mit den Dropas.

Abb.470 links: Illustration der Dropas. Beachten Sie die Ähnlichkeit mit jenem Wesen, welches zum Beispiel die „Karikatur“ eines Außerirdischen neben George Bush sen. zeigt. Beachten Sie den Hut des Dropas. Er ist in der Form identisch mit jenem, welchen *Aleister Crowley* auf Abb.111 trägt, und in den das „Allsehende Auge“ eingearbeitet ist.

Abb.471 Mitte: Foto von *Aleister Crowley* in ägyptischer Tracht. Er zeichnete 1919 – wie im Buch abgebildet – ein Wesen, welches mit den Dropas identisch ist.

Abb.472 rechts: Foto von einer der Pyramiden in den verbotenen Zonen Chinas. Sie hat die doppelte Größe der Cheops-Pyramide. Der „Abschlußstein“ beziehungsweise die Spitze der Pyramide fehlt. Die Mythologie Chinas erzählt von Göttern, die vom Himmel kamen.

Doch noch viel interessanter ist jene Tatsache, daß Crowley diesem Wesen auch noch einen fernöstlichen Namen („LAM“) gab!

Zu weit hergeholt, meinen Sie? Gut! Dann wollen wir sehen, ob es nicht noch weitere Fakten gibt, welche auf diese Geschichte hindeuten könnten:

Zum einen ist bekannt, daß die chinesische Mythologie tatsächlich (wie zum Beispiel auch die ägyptische, griechische, germanische, sumerische wie auch hebräische) von „Göttern“ spricht, die vom Himmel kamen. Zum anderen finden wir in den verbotenen Zonen Chinas riesige Pyramiden, welche teilweise die doppelte Größe der ägyptischen Cheops-Pyramide haben. Wenn wir das hier abgebildete Foto der „Großen Weißen Pyramide“ betrachten (Abb.472), fällt uns als erstes auf, daß die Spitze – wie bei der Großen Pyramide in Kairo, fehlt!

Offenbar waren hier die gleichen „Götter“ am Werk. Waren es Außerirdische oder Atlanter, also die Hochzivilisation des untergegangenen Kontinents, die in andere Regionen der Welt flüchteten? Mal sehen, ob wir dem Geheimnis noch auf die Spur kommen!

Ein Beispiel bewußten Schwindels!

Nun mag es sein, daß der ein oder andere Leser denkt: „*Warum sollte ich dieses Buch zu Ende lesen?*“

Ich sage es Ihnen: „*Weil Sie bislang immer nur belogen wurden.*“ Und dies möchte ich zum Abschluß dieses Kapitels nochmals eindeutig beweisen.

Viele von Ihnen haben sich gefragt, ob hinter dem Anschlag vom 11. September 2001 tatsächlich eine Verschwörung steckt – oder nicht. Nachdem George W. Bush den Irak – aufgrund falscher Tatsachen – „platt“ gemacht hatte, waren zwar viele gegen ihn, *aber beweist dies wirklich jene bizarren Theorien der Weltverschwörungsgemeinde?*

Hierfür sprechen nachfolgende Indizien:

Tatsache ist, daß genau *der* Teil des Pentagons, in den das Flugzeug flog, gerade renoviert wurde und deshalb dort niemand anwesend war.

Das ist ja schon ein starkes Stück.

Doch wenn wir uns die nachfolgenden Aufnahmen der Überwachungskamera des Absturzes des Flugzeugs ins Pentagon ansehen, so fragen wir uns: *„Ja, wo ist denn hier das Flugzeug?“* Es gibt nämlich keines zu sehen...

Man sieht eine Explosion, doch kein Flugzeug!

Sieht man diese Aufnahmen als Film, dann hat es den Anschein, als würde sich *in Bodennähe* ein Objekt auf das Pentagon zubewegen. Es sieht aus wie ein Flugzeug. Allerdings ist der eventuelle Einflugwinkel so nah über dem Boden, daß ich mir die Mühe machte, die Aufnahme etwas näher zu betrachten.

Abb.473-477: Eine Sicherheitskamera am Pentagon filmte die Explosion. Man fragt sich nur, wo das Flugzeug bleibt – bis man einen Schatten im ersten Bild über der Schranke betrachtet.
Abb.478 unten rechts: Das Pentagon nach dem Anschlag. Es gibt keine Trümmerteile eines Flugzeugs und auch keine Leichen!

Abb.479 links: Ausschnittsvergrößerung: Ein Objekt, das wie ein Flugzeug aussieht, scheint sich in Bodennähe dem Pentagon zu nähern. Hier sieht man den Bereich hinter der Schranke auf Foto 1 der Serie kurz vor der Explosion.
Abb.480 rechts: Vergrößert man den gleichen Ausschnitt auch bei dem letzten Bild der Serie, auf dem die Explosion eindeutig schon stattgefunden hat, dann erkennt man, daß viele der Details, welche man irrtümlich für ein Flugzeug halten könnte, gar kein Flugzeug darstellen. Die Theorie, welche von manchen verbreitet wurde – hier ein knapp über dem Boden fliegendes Passagierflugzeug zu sehen –, ist somit falsch! Die Frage bleibt also bislang noch unbeantwortet: Wo ist das Flugzeug, wo sind die Trümmerteile, wo sind die Leichen der Passagiere?

Dabei vergrößerte ich die besagte Stelle auf dem ersten Bild, welches das Pentagon kurz vor der Explosion zeigt, und zwar jenen Ausschnitt hinter der Schranke, den manche für das Flugzeug hielten. Dann vergrößerte ich denselben Bildausschnitt aus dem letzten hier vorliegenden Bild der Serie, und siehe da: Viele der Details, welche fälschlicherweise im ersten Bild dem Flugzeug zugeordnet wurden, befanden sich immer noch auf dem Ausschnitt – und dies, als die Explosion schon im Gange war! Selbst das angebliche „Leitwerk" ist noch größtenteils zu sehen, wenn man die einzelnen Abschnitte vergleicht. Nimmt man beim Bildvergleich dann noch zur Kenntnis, daß der Hintergrund bei allen Bildern während der Explosion „vernebelt" ist – also auch die Gebäudekomplexe im Hintergrund nur noch schemenhaft zu erkennen sind –, dann ist die Theorie mancher – hier womöglich ein knapp über dem Boden fliegendes Passagierflugzeug zu sehen – falsch.

So bleibt dann die Frage offen: Wo ist das Flugzeug? (Siehe auch die Originalbilder unter: „www.cyberspaceorbit.com/penhit.html")

Dies ist Realität! Und was ich Ihnen jetzt erzählen werde, wird sicherlich bei vielen die allerletzten Zweifel beseitigen.

Seien Sie gespannt!

Kapitel 16
Die letzten Tage

Ist das nicht interessant: Wer sich die offizielle aktuelle Homepage des *Church of Satan*-Ablegers *Temple of Seth* in San Francisco ansieht, findet sich dort plötzlich ausgerechnet mit dem Hintergrundbild der Wewelsburg bei Paderborn in Deutschland konfrontiert. Warum verwendet eine amerikanische Satans-Loge Fotos der Wewelsburg für ihre Homepage?

Der Gründer des *Tempel of Seth* war der amerikanische Colonel für psychologische Kriegsführung, *Dr. Michael Aquino* (seine Doktorarbeit handelte von der Neutronenbombe), der zuvor ein ranghohes Mitglied der *Church of Satan*, der *Kirche Satans*, war.

Jan van Helsing hat diesen Fall in seinem ersten Buch ebenfalls kurz angesprochen – nur wurde sein Buch damals verboten. Tatsache ist, daß Dr. Michael Aquino auf der Wewelsburg in Deutschland eine schwarze Messe abhielt. Ist das nicht merkwürdig? Warum ausgerechnet dort? Warum ausgerechnet an jenem Ort, an dem laut Überlieferungen die alles entscheidende Endschlacht stattfinden soll? Wieder „Zufall"?

Doch wo sehe ich eine Verbindung zwischen den offiziellen Satans-Logen und anderen Geheimgesellschaften wie der Freimaurerei?

Abb.481 links: Bild von Aleister Crowley als Freimaurer. **Abb.482** rechts: Ebenfalls eine Originalaufnahme aus einer Freimaurerloge beim Ritual der „Recreation", der Wiederauferstehung.

Meiner Meinung nach nutzt die Hochgradfreimaurerei die Satans-Logen ebenso wie die Rotary- und Lions-Clubs sowie die Mafia als Werkzeuge oder zur Anwerbung neuer Mitglieder.

Sichtbar wird diese Verbindung beispielsweise durch ein Skull & Bones-Mitglied und den ehemaligen Präsidentschaftskandidaten *John Kerry*, der Kontakte zu Anton La Vey pflegte (siehe Abb.484), oder wenn man weiß, daß zum Beispiel der Gründer des O.T.O. (*Ordo Templi Orientis*), Aleister Crowley, gleichzeitig auch Freimaurer war.

Des weiteren ist es eine Tatsache, daß der Großmeister des Schottischen Ritus der Freimaurer, *Albert Pike*, nicht nur **bekennender Luziferianer**, sondern auch der Gründer des *Ku Klux Klan* war.

Betrachten wir uns hierzu, was Jan van Helsing in seinem neuen Bestseller „Hände weg von diesem Buch!" über diesen zutage gefördert hat:

„Lesen wir zusammen einmal den Brief des damaligen Großmeisters des Schottischen Ritus der Freimaurer und Gründers des Ku Klux Klans Albert Pike (1809-1895) aus den USA, den dieser am 22. Januar 1870 an Guiseppe Mazzini, den damaligen Führer der bayerischen Illuminaten sandte. Pike war ein schwarzmagischer Großmeister, Experte in sechzehn antiken Sprachen, Luziferverehrer und Genie:

> *„Wir müssen allen Verbänden gestatten, wie bisher weiterzuexistieren mit ihren Systemen, ihren zentralen Organisationen und den verschiedenen Arten der Korrespondenz zwischen den hohen Graden desselben Ritus, in ihren gegenwärtigen Organisationsformen. Aber wir müssen einen* ***Superritus*** *schaffen, der unbekannt bleiben soll und in den wir die Maurer hoher Grade nach unserer Wahl berufen werden. Aus Rücksicht auf unsere Mitbürger müssen sich diese Männer der strengsten Geheimhaltung unterwerfen.* ***Mit diesem obersten Ritus*** *werden wir das gesamte Freimaurertum regieren; er wird die internationale Zentrale werden, die um so mächtiger ist, weil seine Leitung unbekannt sein wird."*

Interessant, nicht wahr? Wollen wir uns nun auch betrachten, welchen Geist er den neuen Mitgliedern einhauchen wollte. Dazu liegt uns ein weiterer

Brief Albert Pikes vom 15. August 1871 vor, der vor einigen Jahren im britischen Museum ausgestellt war und uns einen unzweifelhaften Einblick in die Gedankenwelt Pikes liefert:

> *„Wir werden die Nihilisten und Atheisten loslassen; wir werden einen gewaltigen gesellschaftlichen Zusammenbruch provozieren, der in seinem ganzen Schrecken den Nationen die Auswirkungen von absolutem Atheismus, dem Ursprung der Grausamkeit und der blutigsten Unruhen, klar vor Augen führen wird. Dann werden die Bürger – gezwungen, sich gegen die Minderheit der Revolutionäre zur Wehr zu setzen – diese Zerstörer der Zivilisation ausrotten. Die Mehrheit der Bürger wird, gottgläubig wie sie ist, nach der Enttäuschung durch das Christentum und daher ohne Orientierung, besorgt nach einem neuen Ideal Ausschau halten, ohne jedoch zu wissen, wen oder was sie anbeten soll. Dann sind die Menschen reif, das reine Licht durch die weltweite Verkündung der reinen Lehre Luzifers zu empfangen, die endlich an die Öffentlichkeit gebracht werden kann. Sie* [diese Verkündung] *wird auf die allgemeine reaktionäre Bewegung folgen, die aus der gleichzeitigen Vernichtung von Christentum und Atheismus hervorgehen wird."*

Und weiter heißt es darin:

> *„Folgendes müssen wir der Menge sagen: ‚Wir verehren Gott, aber unser Gott wird ohne Aberglauben angebetet.' Euch, den großen Generalinstruktoren, sagen wir, was ihr den Brüdern der 32., 31. und 30. Grade wiederholen sollt: Die Maurer-Religion sollte von uns allen, die wir Eingeweihte der höchsten Grade sind, in der Reinheit der luziferischen Doktrin erhalten werden. ...Luzifer ist Gott; unglücklicherweise ist Adonai auch Gott. Denn nach dem ewigen Gesetz gibt es Licht nicht ohne Schatten, Schönheit nicht ohne Häßlichkeit, Weiß nicht ohne Schwarz. Das Absolute kann nur in Gestalt zweier Gottheiten existieren: Das Dunkel dient dem Licht als Hintergrund..."*

Leider hatte dieser Plan Mazzinis und Pikes Erfolg, und der luziferische Geist hatte bereits sehr schnell bei den obersten Graden der Logen Wurzeln geschlagen (die unteren wissen nichts davon), die einst im Namen Christi kämpften und das Gesetz der Resonanz und der Liebe als oberstes Gebot hatten.

Doch dem nicht genug: Noch im gleichen Jahr entwarfen die beiden einen Plan, wie sie durch drei Weltkriege die Welt in ihre Gewalt bringen könnten. Auf dem Weg zu ihrer „Neuen Weltordnung" (Novus Ordo Seclorum) sollte der **Erste Weltkrieg** *inszeniert werden, um das zaristische Rußland in die Hände des bayerischen Illuminaten-Ordens zu bringen. Rußland sollte dann als „Buhmann" benutzt werden, um die Ziele der bayerischen Illuminaten weltweit zu fördern.*

Der **Zweite Weltkrieg** *sollte über die Manipulation der zwischen den deutschen Nationalisten und den politischen Zionisten herrschenden Meinungsverschiedenheiten fabriziert werden. Daraus sollte sich eine Ausdehnung des russischen Einflußbereiches und die Gründung des Staates Israel ergeben.*

Der **Dritte Weltkrieg** *sollte sich, diesem Plan zufolge, aus den Meinungsverschiedenheiten ergeben, die man zwischen den Zionisten und den Arabern hervorrufen würde. Es wurde die weltweite Ausdehnung des Konfliktes geplant.*

Teil des Dritten Weltkrieges sei es ebenfalls, Nihilisten und Atheisten aufeinander loszulassen, um einen sozialen Umsturz, der durch noch nie dagewesene Brutalität und Bestialität erreicht werden würde, zu provozieren. Nach der Zerstörung des Christentums und des Atheismus würde man jetzt die wahre luziferische Doktrin entgegenbringen und damit zwei Fliegen mit einer Klappe schlagen.

Die Erfüllung des Planes bezüglich der beiden ersten Weltkriege können wir nun im nachhinein alle bestätigen. Was den Dritten Weltkrieg angeht, so sieht die ganze Welt via CNN/n-tv live dabei zu, wie dieser durch die Krisenherde im Irak und in Israel/Palästina künstlich und voll bewußt herbeigeführt wird."

Abb.483: Albert Pike

John Kerry erwähnte ich bereits. Dieser ist nicht nur Freimaurer und Mitglied der *Skull & Bones*, sondern er kümmerte sich wohl selbst auch rege um „gute Kontakte".

So traf sich Kerry laut verschiedenen Aussagen im Sommer 1982 mit dem Gründer der „Church of Satan", *Anton La Vey*. La Vey verteidigt in einem Artikel der Tageszeitung *„S.F."* im *Chronicle* seine religiöse Einstellung zum Satanismus (es soll jedoch nicht unerwähnt bleiben, daß Kritiker behaupten, dieser unten abgebildete Artikel sei gefälscht).

Davon unabhängig hatte *John Kerry* bei dem Treffen der Organisation „CISPES" öffentlich unterstrichen, *„daß er alle Formen der religiösen Freiheit unterstützt"* (laut der Tageszeitung „SF").

Die Numerologie

Bei den Freimaurern wie auch den Illuminaten und den Skull & Bones gibt es immer eine Art Numerologie. Man fragt sich natürlich, was hier dahintersteckt...

Tatsache ist, daß im Alten wie auch im Neuen Testament, vor allem aber in der jüdischen Lehre der Kabbalah, Ereignisse sowie Namen mit Zahlen belegt sind, wobei die Zahl 7 beispielsweise für „das Gute" und „den Sieg" steht.

Fundraiser: Strange Bedfellows

Abb.484: Artikel, welcher unter einer falschen Datumsangabe bereits Schlagzeilen machte.

Eine andere Zahl, die wir in der Bibel finden, ist die Zahl 666 aus der Offenbarung des Johannes (Kapitel 13, Vers 18), welche auch die Zahl des *Tieres* oder des *Antichristen* ist.

Betrachtet man sich das Symbol der *Skull & Bones*, dann findet man dort einen Totenschädel mit zwei im Hintergrund gekreuzten Knochen. Darunter prangt die Zahl **322**. Was bedeutet das?

Daß diese Zahlenkombination nicht „zufällig“ gewählt wurde, ist wohl „einleuchtend“.

Ein möglicher Deutungsversuch ist folgender:

Nimmt man die Quersumme von 322 (3+2+2), so erhält man die biblische Zahl 7 für das Gute. Daher könnte man es eventuell so deuten, daß hier jemandem der Kampf angesagt wird – dem Guten.

Diese Zahl wird unter einem Totenschädel mit gekreuzten Knochen angegeben. Betrachtet man dies im Detail, so sind dies **1** Totenschädel und **2** Knochen. Ordnet man diese der Zahlenkombination zu, dann würde die 3 für den Schädel stehen und die 2 für den Knochen beziehungsweise die 22 für zwei Knochen. Nimmt man dies wörtlich, dann steht die 3 (Schädel) für den *Kopf = Intelligenz*, und die 2 (Knochen) für das *Körperliche*. Die positive Zahl 7 wird also, bildlich ausgedrückt, *„in ihre Bestandteile zerlegt“*. Das *Gute* soll also zerstört werden!

Reine Spekulation und Zurechtschusterei? Möglicherweise – doch wäre es dann von noch größerer Bedeutung, wenn man berücksichtigt, daß diese Symbolik (Schädel mit zwei Knochen) auch von der Freimaurerei verwendet wird.

Betrachten wir nun im hinteren Teil des Buches im *Anhang* unter anderem die Adressenlisten von diversen Logen, so stellen wir fest, daß dort gerne die Zahl 3 angewendet wird (zum Beispiel „Freimaurerloge zu den *drei* Wurten“, „Selene zu den *drey* Türmen“, „Pythagoras zu den *drei* Strömen“ etc.).

Dies würde bedeuten, daß hiermit tatsächlich das geistige (Geheim-) Wissen gemeint ist. Nicht umsonst haben sich die sogenannten „magischen Freimaurer“ vor vielen Jahren von der Zunft der handwerklichen Freimaurer abgespalten.

In der Zeitschrift „Aufklärungsarbeit – Ausgabe 15“ wird noch eine andere Zuordnung gewagt. Der Autor des Buches „Skull & Bones“, *Andreas von Retyi*, spekuliert hier in einem Artikel, daß der Beginn des Kriegs gegen den Irak im geheimen nicht für den 20. März 2003, sondern für den 22. März festgelegt wurde – im Englischen ergibt dies die Schreibweise 3.22.. Allerdings überzeugt mich diese Theorie nicht wirklich.

Zum einen existieren die *Skull & Bones* inzwischen seit über 170 Jahren, und zum anderen würde eine okkulte Gruppierung immer eine Zahlenkombination wählen, welche in Verbindung mit ihrer Bruderschaft steht.

Würde die Theorie von Retyi stimmen, dann hätte der Angriffskrieg auf das biblische Babylon tatsächlich am 22. März stattgefunden. Außerdem wird inzwischen behauptet, daß zu jener Zeit, als man dem Irak offiziell den Krieg erklärte, bereits ein Drittel des Landes von den amerikanischen Streitkräften kontrolliert wurde. Dies wäre sicherlich kaum innerhalb von zwei Tagen zu realisieren gewesen – und wenn doch, dann wäre die Übereinstimmung „322" allerhöchstens ein verwendeter Symbolismus der *Skull & Bones* (so wie George Bush sen. auch im ersten Golfkrieg am 11. September 1990 die *Neue Weltordnung* ausrief...), nicht aber der Ursprung und der Hintergrund jener Zahl, welche diese vor mehr als eineinhalb Jahrhunderten für ihre Bruderschaft annahmen.

Eine weitere Zahl, welche eine wichtige Rolle bei den Geheimgesellschaften spielt, ist die Zahl 12. Sie taucht überall auf, wo jene Hintergrund-Mächte ihre Finger im Spiel haben (*Majestic 12*, die *12 Jünger Jesu*, selbst

Abb.485 links: Die „Recreation" hat nichts genutzt... Freimaurer bei „ihrer" Beerdigung.
Abb.486 rechts: Originalaufnahme während eines Freimaurerrituals nach den Riten der Bruderschaft. Bei der „Recreation" schwört man, die Geheimnisse der Freimaurer, welche man erfahren wird, zu wahren. Man beginnt ein neues Leben – für und mit der Geheimgesellschaft (oder wie man es Cathy O'Brien deutete: *„Hotel California – Du kannst jederzeit einchecken, aber niemals aus..."*). Einer der Sprüche in den Logen lautet: *„Wenn du als Maurer die Geheimnisse, welche dir offenbart werden, nach außen preisgibst, dann wird man dir die Eingeweide herausreißen und sie den Tieren auf dem Felde zum Fraß vorwerfen."*

die *12 Geschworenen*, *Rat der 12* etc.), und auch in der Wewelsburg bei Paderborn, dem damaligen geheimen Machtzentrum der *SS-Schwarze Sonne* und der Thule-Gesellschaft, säumen im *Obergruppenführersaal* 12 Säulen den runden Raum. In der darunterliegenden Weihestätte, der *Gruft*, säumen ebenfalls 12 steinerne Sitze die Wandseite des runden Raumes.

Nimmt man die Quersumme von 12 (1+2), dann landet man unweigerlich bei der schon beschriebenen 3, welche wir nun durch die Aufschlüsselung des Ordenszeichens der *Skull & Bones* mit „Kopf" oder, allgemeiner formuliert, „geistigem Wissen" entschlüsselt haben.

Ein weiterer, schwerwiegender Punkt wird auch in dem Buch „Enter your Matrix" von *David Simon* ausführlich mit behandelt, nämlich die Tatsache, daß die Zahl 3 auf einen *außerirdischen Hintergrund* – welcher ohne Frage für die Eingeweihten „geheimes", geistiges Wissen bedeuten würde – hinweist.

Wie dort ausführlich beschrieben wird, findet sich diese Symbolik überall: Eines der Hauptzeichen der Illuminaten und Freimaurer ist die Pyramide – auf Englisch heißt *Dreieck „triangle"*. Überall, wo die Zahl 3 in die-

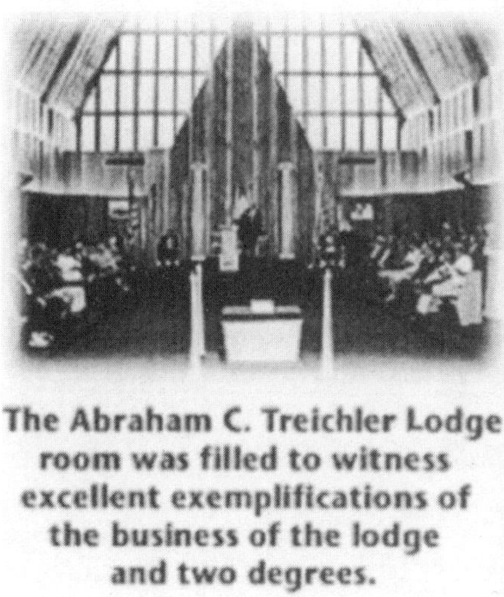

Abb.487 links: Die *„Abraham C. Treichler Lodge"* der Freimaurer. Im Hintergrund sieht man eine Pyramide. **Abb.488** rechts: Freimaurertempel. Hinter dem Altar eine symbolische Pyramide. Rechts und links vom Altar je eine ägyptische Statue.

sen Kreisen vorkommt, kann sie auf irgendeine außerirdische Verbindung hinweisen („*Trilaterale Kommission*“ *etc.*). Die Beispiele hierzu finden Sie in oben genanntem Buch.

Würde nun also hinter der Bibel tatsächlich eine außerirdische Urheberschaft liegen (siehe hierzu die Genesis und das Buch Henoch), dann ist es eventuell kein „Zufall“, daß die Zahl des Tieres dort verschlüsselt „*Drei* mal Sechs“ lautet. Wäre diese von einer menschlich aussehenden, außerirdischen Macht geschrieben worden, welche uns vor der Übergabe von Technologie eine ethische Reife vermitteln will, dann wäre die *Offenbarung des Johannes* logischerweise eine Art Hologramm gewesen, welches Johannes die Zukunft zeigte. Ich persönlich interpretiere dies so: Wäre es tatsächlich so, wie ich es gerade dargestellt habe – nämlich, daß die Illuminati, Trilaterale Kommission und Hochgradfreimaurerei wußten und wissen, daß es die Greys gibt und daß mit diesen ein Technologieaustausch stattfindet –, dann würde das bedeuten, daß diese auch wissen, was in der Zukunft passieren wird – nämlich die „Endzeit“ im Sinne der Offenbarung des Johannes!

Interessant ist unter diesem Aspekt auch, daß die Bibelübersetzungen vom Inhalt her stark variieren! Dies fällt jedem auf, der verschiedene Ausführungen des Werkes zu Hause hat. Es liegt auf der Hand, daß die Bedeutung von aus dem Hebräischen und Aramäischen ins Griechische und dann in andere Sprachen übertragenen Worten und Sätzen eine bestimmte Variationsbreite hat, bei der die Persönlichkeit des Übersetzers und seine Weltanschauung mit einfloß – bis hin zu gezielten Fehlübersetzungen.

Möglicherweise sollten wir durch dies alles irgendwann auf die Spur der Wahrheit geführt werden. Steht nicht in der Bibel, Offenbarung 13.18.: *„Hier geht es um Weisheit! Wer Verstand hat, der überlege die Zahl des Tieres; denn es ist eines Menschen Zahl, und seine Zahl ist 666.“*

Diesen Textausschnitt entnahm ich einer Bibel nach der deutschen Übersetzung *Martin Luthers* der Bibelanstalt Stuttgart. Und bereits hier fallen Differenzen zu manch anderen „Heiligen Schriften“ auf. Jedoch finde ich bei der Übersetzung Luthers diesen Textabschnitt besonders detailliert, denn er sagt: *„Wer Verstand hat, der* ***überlege*** *die Zahl des Tieres;“*

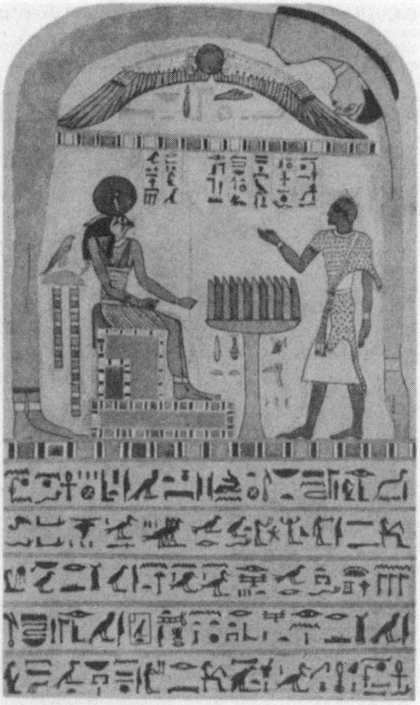

Abb.489: Die „Stele 666“ im ägyptischen Boulak-Museum in Kairo, zu welcher Aleister Crowley, Satanist und Freimaurer, nach einer Vision seiner Frau geführt wurde, welche ihn dazu veranlaßt hat, sie die *„Stele der Offenbarung“* zu nennen, da er sich selbst nun als das dort beschriebene Tier in Verkörperung sah.

Viele sehen bei ihren Überlegungen die Verkörperung *Aleister Crowleys* (Satanist und Freimaurer!) hinter dieser Zahl, da Crowley damals im ägyptischen Boulak-Museum in Kairo durch *eine Vision* seiner damaligen Frau zu einer Stele geführt wurde, welche den Gott Horus verkörperte. Als sie dort ankamen, stand im Hintergrund eine Vitrine. Seine Frau lief zielstrebig darauf zu und sagte: *„Da ist er!“* Die Vitrine enthielt ein Bildnis des Horus in der Gestalt des *Ra-Hoor-Khut* – und jene Stele trug die Nummer ***„666“***! Crowley erstarrte...

Doch wenn dies tatsächlich so war, dann sollten wir uns jene Stele des ägyptischen Museums einmal näher anschauen, denn dann müßte es hier noch ganz andere Hinweise geben!

Interessant ist die Tatsache, daß die mit dem Freimaurertum verbundenen *Skull & Bones* für ihren „Tomb“ auf dem Gebäude der Yale-Universität ebenfalls eine Verbindung zu Horus symbolisieren – wie man ohne Zweifel sehen kann, wenn man den Tempel des Horus betrachtet (siehe Abb.493).

Des weiteren ist der Umstand, daß Crowley *„durch eine Vision“* zu der Stele geführt wurde, sicherlich bezeichnend! Denn dies legt nahe, daß hier *tatsächlich* durch eine „überirdische Macht“ eine Beziehung Crowleys zu der Zahl „666“ herbeigerufen werden sollte, damit dies auch in das Bewußtsein der Menschheit tritt. Doch wir sollten auch nicht vergessen, was wir in einem vorangegangenen Kapitel gesehen haben: Crowleys Zeichnung aus dem Jahr 1919, auf welcher er eine außerirdische Intelligenz zeichnete, der er den Namen *Lam* gab. Ebenso bezeichnend ist die Tatsache, daß Crowley nach eigenen Angaben sein Hauptwerk, das *„Buch des Gesetzes"*, nicht etwa von irgendeinem Dämon empfangen hat, sondern es ihm von einer außerirdischen Person diktiert wurde, als er eine Nacht in der Königskammer der *Großen Pyramide in Gizeh* verbrachte!

Ist das nicht ein „Zufall"? Ausgerechnet in der Großen Pyramide, dem Wahrzeichen der Weltverschwörer, welches sogar auf dem „Ein-Dollar-Schein" prangt, mit dem Gründungsjahr nicht nur der USA, sondern auch dem der Illuminaten! Und wo wurde dieser Illuminatenorden gegründet?

Nicht etwa irgendwo in den USA; nein: in Ingolstadt – in Deutschland!

Abb.490:
Dieser Pyramidenstein wurde vor rund dreißig Jahren in Ecuador entdeckt. Es ist exakt die Darstellung der Pyramide, die auf dem Dollar-Schein abgebildet ist.
Einem Gerücht zufolge soll es drei davon geben: einen im Besitz der Familie Rothschild, den zweiten im Hexenmuseum in Brüssel und den hier gezeigten.
Auf der Unterseite des Steins ist das Sternbild des Orion abgebildet und der Satz: *„Von hier kommt der Sohn des Schöpfers."*

Abb.491 und **492**:
Die Dollar-Note mit der Pyramide des bayerischen Illuminatenordens; am Fuß der Pyramide findet sich die Jahreszahl 1776 – das Jahr, in dem der Illuminatenorden in Ingolstadt gegründet wurde.

Abb.493 links: Der Tomb der Skull & Bones auf dem Gelände der Yale-Universität.
Abb.494 Mitte: „Tempel des Horus" in Ägypten. Die Ähnlichkeit der Front ist eindeutig: Der Tempel diente dem Orden der Skull & Bones als Vorlage für die Front ihres „Tombs". Warum...?
Abb.495 rechts: Eine Statue des Pharaos Chephren. Hinter seinem Kopf symbolisiert der Horus-Falke die göttliche Berufung. Die *Horus-Diener* waren für die Ägypter ein Göttergeschlecht, das einst *„vom Himmel"* kam.

Doch kommen wir nun zurück zu der „Stele 666", jener „Stele der Offenbarung" aus dem Museum in Kairo. Betrachten wir uns diese Stele nochmals: Über der Szenerie ist ein großer Vogel, der seine Schwingen ausbreitet. Ein Ägypter beugt sich wie ein Torbogen über die ganze Szenerie und küßt die Schwinge des Vogels (Abb.489). Der Vogel selbst wird in fast allen Schriften der Ufologie als die „außerirdische Macht" bezeichnet – von den Ägyptern ganz einfach deshalb so dargestellt, da ein Vogel für sie das naheliegendste Erklärungsmodell für etwas war, das vom Himmel kommt und am Himmel fliegt. Der Ägypter küßt die Schwinge des Vogels. Dies könnte gleichbedeutend sein damit, daß er „das Wissen" bekommt.

„Könnte", sagen Sie nun vielleicht. Gut, dann zeige ich Ihnen etwas anderes: Eine Hand unter dem Flügel deutet in Richtung der Stelle, wo der Ägypter den Flügel küßt! Dies bedeutet, daß jener Aspekt sehr wichtig und von Bedeutung ist!

Der Kopf des großen Vogels wird auf jener Stele einfach nur als ein Kreis dargestellt. Gehen wir weiter nach unten, dann sehen wir dort auf der linken Seite einen Menschen mit einem Vogelkopf, der einem Ägypter, welcher rechts steht, etwas mitteilt.

Doch wir finden noch mehr Indizien: Über dem Kopf des „Vogelmenschen" sehen wir einen Kreis, identisch mit jenem, welcher etwas weiter oben den Kopf des Vogels darstellt! Zudem sitzt neben dem „Vogelmenschen" auch noch ein Vogel, so wie wir ihn kennen. Dieser Vogelmensch sitzt auf einem Thron, im Gegensatz zu dem Ägypter, der ihm gegenüber steht.

Dies zeigt meiner Meinung nach auf, daß hier mit dem Vogelmenschen ein *ägyptischer Gott* (wahrscheinlich *Horus*) gemeint ist, wobei *Götter* übrigens auch nach der traditionellen Meinung *„vom Himmel kamen"*.

Man könnte nun über weitere Details des Bildes sprechen, doch dies ist an dieser Stelle nicht unbedingt wichtig, denn worauf es ankommt, ist der Umstand, daß hier tatsächlich davon auszugehen ist, daß mit der Abbildung ein außerirdischer Kontakt gemeint ist!

Tatsache ist, daß das „Allsehende Auge", welches als Symbol auf dem „Ein-Dollar-Schein" in der Pyramidenspitze und ebenso in der Symbolik der Freimaurer und Illuminaten vertreten ist, *ebenfalls ein ägyptisches Symbol darstellt.* Findet es sich vielleicht auch auf der „Stele 666". Man könnte eventuell die oberen Schwingen des Vogels auf der Stele als das „Allsehende Auge" *selbst* interpretieren...

Betrachten wir nun, welche Art von Symbolen wir in diesem „Allsehenden Auge" zusätzlich finden, und sehen, ob uns diese weitere Hinweise geben: Zum einen hätten wir einmal hier die bereits beschriebene Hand, welche in die Richtung deutet, an welcher der Ägypter den Vogel küßt. Deren möglichen Sinn und Zweck haben wir bereits beschrieben.

Aber wir finden dort eindeutig Waffen in Form von einem Beil oder einer Axt. Auch dies könnte man übereinstimmend zuordnen, wenn hier die Übermittlung von Negativem und kriegsfördernden Kenntnissen bedacht wird. Zudem finden wir in dem „Auge" ein *assyrisches* (gleichschenkliges) *Kreuz* (unterhalb der Hand und zweimal bei den Hyroglyphen unter dem Bild). Ein solches verwendeten die Nationalsozialisten – genauer gesagt die Okkultisten der Thule-Gesellschaft – als Wehrmachtskreuz.

Die Herkunft und Symbolik *dieses* Objektes wurde bereits im Buch beschrieben und ist also nicht nur in einem nationalsozialistischen Zusammenhang zu sehen – für die Thule-Männer natürlich später schon.

Wenn wir jetzt noch bedenken, daß Crowleys Frau nach ihrer Vision zu diesem sagte, ihr wäre mitgeteilt worden, er habe *„den ägyptischen Gott Horus beleidigt"*, dann wird das Bild vollständig; denn der ägyptische Gott Horus wird in den ägyptischen Schriften als Vogel dargestellt. (Horus ist der ägyptische Gott des Lichts, des Himmels und der Güte!)

Wie ignorant muß ein Mensch sein...

Ich frage mich immer wieder, wie die Menschheit sich so hinters Licht führen und von den öffentlichen Medien einlullen lassen konnte. Denn nicht nur mir schrie die Wahrheit schon förmlich ins Gesicht, bevor ich Leute kannte, welche behaupteten, diese für sich zu beanspruchen.

Jeder, der einmal ein Freimaurerbuch in der Hand hatte und deren Symbolik dort sah, muß sich doch wirklich fragen, warum dort jenes Symbol zu sehen ist, welches sich auf der Dollarnote befindet (Auge in der Pyramide)? Und die ganze zivilisierte Welt sieht keinen Zusammenhang, obwohl inzwischen ein regelrecht undurchdringliches Netzwerk aus Logen gesponnen wurde und die eigenen Freimaurerbücher dieser Zunft sich rühmen, wieviele bekannte Persönlichkeiten dort zugehörig waren – so wie fast jeder Präsident der Vereinigten Staaten.

Wer „zum Teufel" glaubt denn tatsächlich, daß es ein „Zufall" ist, daß so gut wie alle bekannten Leute der Vergangenheit, was Schriftsteller, Komponisten und Persönlichkeiten angeht, Mitglieder irgendeiner Freimaurerloge waren, angefangen bei Goethe, Schiller, Nietzsche, Wagner, Mozart usw.?

Abb.496 links: Freimaurer Prinz Edward, der Herzog von Kent, vor einer Freimaurertafel mit symbolischer „Handgeste" der Freimaurer.

Abb.497 rechts: Der 33. Grad ist der höchste Grad und ehrenhalber – und der einzige Grad der Maurer, welcher in seinem offiziellen Maurer-Emblem das „Allsehende Auge" zeigt. Eine komplette Auflistung der Strukturen und Embleme der Maurer – sowie die Namen der einzelnen Grade – ist im hinteren Teil des Buches zu finden.

Es liegt doch absolut auf der Hand, warum deren Werke Berühmtheit erlangten und andere nicht, denn sie hatten die notwendige, unsichtbare Macht im Hintergrund, welche sie nach oben brachte.

Schon damals waren es die Medien und die Netzstruktur, welche das System zusammenhielten. Seit „Big Brother" (hier ist ausnahmsweise die Fernsehshow gemeint) und „Superstars" wissen wir, daß es durch die richtige Medienunterstützung möglich ist, wirklich jeden, unabhängig von irgendeinem Talent, hochzupuschen – oder auch fertigzumachen...

Da ich eben *Wolfgang Amadeus Mozart* erwähnt habe, möchte ich zu seiner Person kurz ein paar interessante Besonderheiten anmerken: Gibt es womöglich einen Hinweis darauf, daß er in seiner Oper „Die Zauberflöte" auf einen außerirdischen Hintergrund bezüglich der Freimaurer hinwies?

Wolfgang Amadeus Mozart war nicht nur ein *„begnadeter Komponist"*, sondern obendrein Freimaurer der Loge *„Zur neugekrönten Hoffnung"*. Bereits im Sommer 1791, angeblich bei bester Gesundheit, vermutete Mozart: *„Ich glaube, ich bin vergiftet worden."* Auch die Tatwaffe glaubte er zu kennen: das populäre *Toffana*, eine farb-, geruch- und geschmacksneutrale Mischung aus Arsen, Bleiweiß und Antimon. Seit September 1791 mußte er des öfteren tagelang das Bett hüten. Anfang November gestand er seiner *Konstanze* bei einer Fahrt in den Prater: *„Mit mir dauert es nicht mehr lange, gewiß hat man mir Gift gegeben."* Weitere sicher belegte Symptome waren: Kopfschmerz, Schlaflosigkeit, Vergiftungsgefühl und Erbrechen.

Mathilde Ludendorff, die fanatische Ehefrau des Ersten-Weltkriegs-Feldherrn und späteren Hitler-Förderers, behauptete, Freimaurer hätten Mozart auf hinterhältige Weise ermordet! Der Grund: Er habe in seiner 1791 uraufgeführten Oper *„Die Zauberflöte"* in nur leicht verschlüsselter Form zuviel über die Freimaurer „ausgeplaudert". Womöglich hat er aber auch nicht so „gespurt" wie Goethe, Schiller und andere...

Franz Hofdemel (ebenfalls *Freimaurer*) wurde als Hauptverdächtiger gesehen. Am 6. Dezember 1791 fand man den 36-jährigen Hofdemel mit durchgeschnittener Kehle auf seinem Bett.

Abb.498 links: Aufnahme aus Mozarts Oper „Die Zauberflöte", aufgenommen in der Wiener Staatsoper. Im Hintergrund als Bühnenbild das „Allsehende Auge", das „Auge des Horus".
Abb.499 rechts: Plakat der Oper „Die Zauberflöte" für die Aufführung in Ravensburg, aufgemacht in der optischen Form einer Pyramide mit „Allsehendem Auge".

In Abbildungen von Logenräumen der Freimaurer erkennt man immer wieder *ägyptische Statuen* und andere Symbolik aus Ägypten, denn die Glaubensphilosophie der Freimaurer ist eng verbunden mit dem Götterglauben der Ägypter, die der Ansicht waren, daß die Götter aus dem Himmel kamen. Vor allem der auf Statuen und Stelen als Vogelmensch dargestellte Gott Horus steht hier im Vordergrund.

Das *Allsehende Auge* der Dollarpyramide wird, wie schon erwähnt, mit dem *Auge des Horus* gleichgesetzt. Können wir es von daher als einen „Zufall" abtun, daß Mozart in seiner Oper „Die Zauberflöte" und der Geschichte von „Papageno und Papagena" (ebenfalls Zuordnung namentlich auf „Papagei" = Vogel) eine bildliche Umsetzung von einem Vogelmenschen inszeniert hat?

Dem englischen Autor *Francis Carr* fallen ebenfalls Merkwürdigkeiten bei der Geschichte bezüglich Mozart auf. *Rolf Hochhuth* schreibt dazu: *„Carr... unterbaut seinen sehr überzeugenden Krimi mit zahllosen Fakten, die nicht als Gerede und Gerüchte abgetan werden können... Wenn ein so begnadetes Mitglied der Loge stirbt, darf man doch normalerweise einen ausführlichen Nekrolog erwarten. Doch im Falle Mozarts veröffentlichte der Thea-*

terdirektor Karl Hensler in den Logenblättern lediglich einen kurzen Lebenslauf. War Mozart vergiftet worden, so konnten die Freimaurer dies zu verantworten haben und wäre dies ein gravierender Grund dafür. Da Hofdemel selber Mitglied derselben Freimaurerloge war wie Mozart, wäre auch hier die merkwürdige Zurückhaltung der Logenbrüder verständlich. Jason Otis trifft sich mit allen bedeutenden Männern der Loge dieser Zeit um Nachforschungen zum Tod Mozarts anzustellen. Er wurde mit seiner Ehefrau in die Donau geworfen. Beide ertranken."

Soviel zu Mozart. Vielleicht achten Sie bei einem zukünftigen Opernbesuch nun auch etwas mehr auf die Requisiten...

Kommen wir nochmals kurz auf die Symbolik zurück, die im Dritten Reich verwendet wurde: Nur wenige wissen – vor allem in Deutschland –, daß beispielsweise das deutsche Wehrmachtskreuz babylonisch-assyrischer Herkunft ist und bereits von den Tempel- und Kreuzrittern verwendet wurde – und heute auch vom Roten Kreuz.

Viele Menschen wurden kritisiert, weil sie andeuteten, daß Deutschland nach dem Zweiten Weltkrieg nie wirklich kapituliert hat. Viele haben mich gefragt, ob es die Thule-Gesellschaft heute noch gibt. Dem kann ich nur entgegnen, daß wir in einem Siegerland der Alliierten leben, doch das Zeichen der *SS-Schwarzen Sonne* (schwarzes Balkenkreuz auf weißem Grund) ziert noch immer jeden Kampfjet und jeden Panzer unserer Streitkräfte. Ist Ihnen das aufgefallen?

Nun fragen Sie mich sicher, warum. Und ich antworte Ihnen: „*Ich weiß es nicht.*" Doch ich weiß, daß jenes assyrische Zeichen auch von der *Gegenseite* benutzt wird. So, wie ja auch *Freimaurer*, *Skull & Bones* und die *SS* einen Totenkopf mit gekreuzten Knochen verwenden.

Die Erklärung hierfür liegt sicherlich in der Bedeutung der Symbole. Erinnern wir uns an die Tatsache, daß einige Gründungsmitglieder der Thule-Gesellschaft ehemalige Freimaurer waren und daß diese irgendwann ihr eigenes Süppchen kochen wollten und sich abgespalten haben. So kamen sie auch zu dem Wissen über die Freimaurer – und so bekommt auch die Aussage der Thule-Gesellschaft einen Sinn, daß jene eine *Gegenpartei* zu den Maurern, aber nach demselben Aufbau und System wollten.

Dies wird auch in der Zahlensymbolik deutlich. Denn auch die Thule-Gesellschaft verwendete zum Beispiel den Symbolismus bezüglich der Zahl „12“ (siehe Wewelsburg in Paderborn). Sie haben also im Prinzip an die gleiche Sache geglaubt.

Doch wo könnte der Unterschied liegen?

Erinnern wir uns an den Psalm 48: *„Der Berg Zion liegt weit im Norden!“* Von diesem Berg, dem Mitternachtsberg (Deutschland), soll das Armageddon, die letzte Schlacht, ausgehen.

Angenommen, jenes satanische Netzwerk aus Freimauren und Illuminaten würde in der beschriebenen Form existieren, hätten diese sich nicht durch die Offenbarung *direkt* als Verkörperung des Tieres angesprochen gefühlt?

Wollte man mit der Thule-Gesellschaft eine *Gegenpartei* gründen, um so Gott zu täuschen – nach dem Motto „Einer möge gewinnen“ (die *Thule-Gesellschaft* oder das *Freimaurertum*)?

Dies würde auf jeden Fall erklären, warum Hitler sich, zum Unverständnis aller Historiker, am Ende des Zweiten Weltkrieges von der Vorsehung verlassen fühlte. Hat Hitler tatsächlich seine Feldzüge geführt, weil er glaubte, dies wäre die Offenbarung und *er selbst* derjenige, welcher die Welt vom Satan erlöst?

In dem derzeit bei uns verbotenen Buch *„Mein Kampf“* beschreibt Hitler, wie er nach einer Erblindung plötzlich wieder sehen konnte. Er sah dies als Beweis für die Vorsehung, daß *er* derjenige wäre, welcher die Menschheit erlösen würde.

Wir wissen, daß dies nicht die Offenbarung war, doch Hitler hatte offenbar daran geglaubt. Hieß es nicht in den Heiligen Schriften: In nicht ganz 2000 Jahren werden jene geboren, welche den Endkampf, die letzte Schlacht, führen werden?

Für viele waren Hitlers Feldzüge krankhaft und verrückt. *„Ein größenwahnsinniger Feldherr, der es mit der gesamten Welt aufnehmen wollte...“*, bewertet man. Doch wäre die eben aufgeführte These richtig, daß er sich selbst als *den Auserwählten* ansah, der gegen die Illuminati – die Vertreter des Bösen auf Erden – vorgeht und somit die Prophezeiung erfüllt, so wäre sein Denken und Handeln am ehesten nachvollziehbar.

Die *Schwarze Sonne* symbolisiert das *innere Licht,* das esoterische Geheimwissen. So steht sie im Gegensatz zum *exoterischen* (Allgemein-) Wissen, welches durch die normale Sonne, die wir am Himmel sehen, symbolisiert wird. Wie wir wissen, hat die NSDAP das Hakenkreuz für sich gebraucht, obwohl sein Ursprung viele Jahrtausende älter ist. Ebenso ist es mit dem assyrischen Kreuz, dem Wehrmachtskreuz, der Schwarzen Sonne!

Somit hat sie dieselbe Bedeutung für die maurerischen Geheimlogen – das *esoterische Geheimwissen.*

Es geht sogar noch etwas weiter: Betrachtet man sich die Schwarze Sonne in der Wewelsburg im Detail (siehe Abb.144), dann wird man feststellen, daß die Strahlen an ihren Enden gewunden sind, das heißt gezackt auslaufen. Dies bedeutet: *„Die Sonne dreht sich."*

Woher kennen wir das bereits? Betrachten wir uns das Hakenkreuz. Es heißt, daß es rechtsdrehend den aufsteigenden Zyklus symbolisiert, und linksdrehend den Abstieg.

Man sagt, die Atlanter verwendeten das Symbol (laut Mythologie) in der aufsteigenden Form; die NSDAP wiederum hat es in der *absteigenden Form* – also linksdrehend – zu ihrem Wappen gemacht.

Aufsteigend bedeutet hier: Das geheime Wissen aufsteigen zu lassen. *Absteigend* bedeutet: Das geheime Wissen nur den Eingeweihten zugänglich zu machen.

Im Dritten Reich hat Hitler in Deutschland das Freimaurertum verboten. Erst nach Ende des Zweiten Weltkrieges faßte es in Deutschland wieder Fuß. Heute scheint es umgekehrt: Der deutsche Geheimbund Thule ist wie vom Erdboden verschwunden. Aber ist er das tatsächlich?

Eine Frage möchte ich Ihnen nun stellen: Welche Werte vertritt der Ku Klux Klan? Eine Rassentrennung – Schwarze und Andersgläubige sind für sie nicht ebenbürtig. Sie verwenden sogar das Hakenkreuz bei ihren Beschmutzungen von Häuserwänden. Zudem gibt es Verbindungen vom Ku Klux Klan zu den Freimaurern beziehungsweise ist der KKK sogar vom damaligen Großmeister des Schottischen Ritus, *Albert Pike*, gegründet worden!

Wir wissen auch, daß einige Gründungsmitglieder der Thule-Gesellschaft Freimaurer waren, und es ist auch seit der Veröffentlichung diverser

Bücher (siehe *Antony Sutton*) bekannt, daß Hitler von vermögenden Privatpersonen als auch von internationalen Privatbanken – aus den USA und England – bei seinem Aufstieg mitfinanziert wurde. Des weiteren fanden sich unter den Unterstützern der US-amerikanische Großmagnat *Harriman* sowie *Prescott Bush*, der Großvater des jetzigen US-Präsidenten – womit wir wieder bei welcher Organisation sind? *Skull & Bones*, denen die beiden nämlich angehörten! „Zufall“ – oder Absicht?

Kann es sein, daß die Thule-Gesellschaft nur eine Farce war?

Werden deshalb dieselben Symbole von den Freimauren (sowie den *Skull & Bones* und den anderen Geheimlogen) verwendet (Totenschädel mit gekreuzten Knochen, deutsches Wehrmachtskreuz in Freimaurertempeln)? Und ist *dies* der Grund, warum wir heute noch bei der Bundeswehr das Symbol der Schwarzen Sonne (schwarzes Balkenkreuz mit weißem Hintergrund) verwendet sehen? Hat hier etwa eine Partei zwei Seiten finanziert und gegeneinander aufgebracht, nach dem Prinzip *divide et impera* (*teile und herrsche*)? Oder war die Thule-Gesellschaft etwa wirklich die „eigenständige“ Loge, welche sich gegen das Freimaurer- und Illuminatentum aufbegehrte, für die man sie doch hielt?

Warum wurden viele Größen des Deutschen Reiches ***nicht*** verurteilt, sondern erhielten erstklassige Jobs in den USA (*Operation Paperclip*), und wieso wurden viele Gestapo-Größen direkt in das OSS (Office of Stratetic Services) übernommen, den Vorgänger der CIA?

Abb.500 links: Zeichen des Ku Klux Klans: in der Mitte das Zeichen der schwarzen Sonne – identisch mit dem Wehrmachtskreuz. **Abb.501** Mitte: Der Mann hält eine Schrift des Ku Klux Klans hoch. Auf ihr sehen wir das Totenkopfabzeichen mit gekreuzten Knochen – identisch mit jenem der SS, der Skull & Bones und der Freimaurer. „Zufall“? **Abb.502** rechts: Emblem der Freimaurer – in der Mitte sieht man wieder den Totenkopf und die gekreuzten Knochen.

War es tatsächlich der großangelegte Kampf gegen die Offenbarung des Johannes? Wollte *„das Tier“* die Offenbarung erzwingen – die Endschlacht –, um ihr eine neue Wendung zu geben? Wären *Thule-Gesellschaft* und *Freimaurertum* am Ende derselbe Wagen? Könnte es dann die Absicht gewesen sein, eine Institution zu gründen – als offizielle „Gegenpartei“ –, um am Ende immer als Sieger hervorzugehen?

Dürfen wir ein solches Vorgehen gegen die Menschlichkeit ausschließen, wenn wir wirklich hinter den Attentaten auf das World Trade Center das Logentum vermuten?

Und wie steht es mit jenen Freimaurern, welche nachweislich oder angeblich auf die Gegenseite, zur Thule-Gesellschaft, wechselten, wie beispielsweise der Mitgründer der Thule-Gesellschaft Freiherr *Rudolf von Sebottendorf*, der zuvor Mitglied einer türkischen Freimaurerloge war?

Sind wir etwa auf eine furchtbare Realität gestoßen, an die bislang niemand wirklich denken wollte?

Wer weiß? Man kann hier viel spekulieren, aber einige Dinge bleiben als Fakten stehen und lassen uns *grübelnd* zurück...

Zum Beispiel werde ich hier eine Tatsache ansprechen, welche vorher meines Wissens noch niemand genannt hat: Im sogenannten Nordturm der Wewelsburg befindet sich der Obergruppenführersaal, welcher von 12 Säulen gesäumt wird und auf dessen Boden das Ornament der Schwarzen Sonne prangt. Darunter liegt die sogenannte Gruft, welche ebenfalls von 12 Steinsockeln gesäumt wird, welche die Weihestätte in der Mitte umringen.

Diese Tatsache hat schon vielen Kopfzerbrechen bereitet, denn die Symbolik der Zahl 12 war bislang nur aus den freimaurerischen Kreisen und dem Illuminatentum sowie vom Skull & Bones-Orden bekannt.

Nun frage ich mich, wieso die Thule-Logenmitglieder dieselbe Symbolik wie die Freimaurer benutzen?

Klären würde sich dies sicherlich, wenn man davon ausginge, daß die Thule-Gesellschaft eine Farce war und in Wirklichkeit von der Gegenseite geschaffen und finanziell aufgebaut wurde. Weist noch etwas anderes darauf hin?

JA! – und zwar hat die Wewelsburg die besondere Eigenart, wie ein Dreieck auszusehen. Das ist sehr ungewöhnlich, oder?

Wenn wir uns diese genau betrachten, fällt uns aber noch etwas anderes auf: Das Symbol der Freimaurer und Illuminaten ist eine Pyramide. Betrachten wir unter diesem Gesichtspunkt die Wewelsburg einmal von oben, dann befindet sich ausgerechnet an jener Stelle, wo bei den freimaurerischen und illuministischen Pyramiden das *Allsehende Auge* und die abgehobene Spitze ist, der bereits beschriebene Nordturm, welcher sich durch seine Kulträume und die Symbolik der Zahl 12 auszeichnet.

Das ist schon ein seltsamer „Zufall", oder?

Die Wewelsburg verkörpert also tatsächlich baulich die freimaurerische, illuministische Pyramide mit der abgehobenen Spitze. Das ist wahrscheinlich anderen Forschern bisher nicht aufgefallen, da sie die Wewelsburg immer in Verbindung mit der Gegenseite – mit *Thule* – sahen.

Glauben Sie an so viele Zufälle?

Wenn es so wäre, dann würden sicherlich nicht viele davon wissen; vielleicht eine Handvoll Menschen, mehr nicht. Womöglich wußte nicht

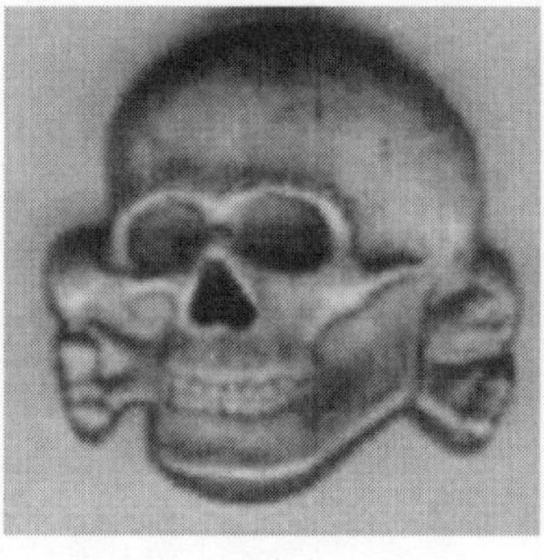

Abb.503 links: Die Wewelsburg bei Paderborn, die Kult und Weihestätte der SS-Schwarze Sonne und der Thule-Gesellschaft.
Abb.504 Mitte: Emblem der SS-Schwarze Sonne – „zufällig" ebenfalls ein Totenkopf mit gekreuzten Knochen.
Abb.505 rechts: Die Wewelsburg verkörpert die illuministische Pyramide mit der abgehobenen Spitze baulich durch den Nordturm, welcher durch die 12er-Symbolik im Obergruppenführersaal und in der darunterliegenden Gruft seine besondere Bedeutung preisgibt.

einmal Hitler davon, denn er fühlte sich ja von der „Vorhersehung" verlassen... Wäre es möglich, daß auch *er* ein Werkzeug jener Mächte war, welche bereits nachweislich beide Seiten des Ersten Weltkriegs finanzierten?

Was sagt Ihre Intuition?

Jedenfalls würde es die Symboliken eines *Aleister Crowley* erklären – von dem übrigens auch behauptet wird, daß er sich zweimal mit *Heinrich Himmler*, dem Reichsführer der SS, getroffen hat –, welcher bereits in seiner Ordensarbeit Jahrzehnte zuvor die Pyramide mit dem Allsehenden Auge zeichnete, von welcher ein Vogel ausfliegt, um dem Symbol des Wehrmachtskreuzes den Lorbeerkranz zu stehlen!

ANNUIT COEPTIS steht auf der Pyramide auf dem Dollarschein: „*Er hat dem Vorhaben zugestimmt!*"

Es geht um... DAS TIER.

Kapitel 17
Armageddon Now!

Könnte es tatsächlich so sein, wie eben dargestellt? Dann wäre der Hauptgrund des Vorgehens, die „Offenbarung“ zu verhindern.

Hatten wir nicht schon mehrmals das Gefühl, Amerika wolle mit Hilfe der geopolitisch unaufgeklärten Länder die Offenbarung herbeiführen und diesen Ländern im gleichen Atemzug auch den Schwarzen Peter zuschieben?

Als sich Anfang der neunziger Jahre die ganze Welt vor den Toren des Irak – des biblischen Babylons – zum Kampf vereinte, wen wollte man damals in die Rolle des Tieres drängen? Den Irak!

Und wie war es beim zweiten Golfkrieg? Hatte sich nicht George W. Bush geoutet, er würde von *„Gott geführt“*, und nannte er nicht Saddam Hussein den *Antichristen*?

Und haben wir nicht alle festgestellt, daß der gesamte Angriffskrieg auf falschen Fakten basierte, auf Lügenkonstrukten?

Kann es sein, daß wir hier die verzweifelten Versuche des Tieres sehen, Gott zum Krieg – zur „letzten Schlacht“ – herauszufordern, so wie es sowohl durch den Jünger Johannes als auch durch Jesus selbst prophezeit wurde?

Doch Gott hat die Herausforderung offenbar nicht angenommen – im Gegenteil! Er hat vor der ganzen Welt die Maske des Tieres heruntergerissen, mit welcher es die Menschheit täuschen wollte, indem immer mehr offenbar wird, wie Amerika die Welt belügt – dem einen mehr, dem anderen weniger.

Würde Gott sich überhaupt herausfordern lassen? Steht nicht schon in der Offenbarung, daß erst viele Menschen sterben müssen, bis das Faß zum Überlaufen kommt und der geheime Plan Gottes in Erfüllung gehen wird? Lesen wir nicht dort: *„Nur Gott selbst kennt den Tag und die Stunde...“*?

Auch die Freimaurer verwenden übrigens das Symbol, welches im Dritten Reich als Wehrmachtskreuz Bekanntheit erlangte, also das Zeichen der Schwarzen Sonne, welches in Freimaurertempeln zu finden ist; dort in Verbindung mit einer Rose, welche auf dem Kreuz zu sehen ist.

Und natürlich haben Sie recht, wenn Sie mit diesem Symbol auch eine Verbundenheit zu den „Rosenkreuzern" feststellen, einer anderen Geheimgesellschaft, die jedoch mehr „esoterisch" zu sein scheint.

Einige von Ihnen werden nun natürlich sagen: *„Gut, aber im bekennenden Okkultismus oder Satanismus findet sich diese Symbolik nicht."*

Falsch! Ich werde Ihnen jetzt auch *diese* Verbundenheit beweisen. Nicht nur der Fall der Satanssekte *„Temple of Seth"*, welche auf ihrer Homepage die Wewelsburg in Paderborn plaziert hat, soll hier genannt werden, nein, auch der **O.T.O.** (Ordo Templi Orientis) prangt mit interessanter Symbolik.

Sollten Sie die Zeit haben, so werfen Sie doch einmal im Internet einen Blick auf die amerikanische Original-Homepage jenes Ordens, hinter dem Aleister Crowley stand und welcher sich sowohl in Amerika als auch in Deutschland bester Gesundheit erfreut. Sie finden ihn dort unter „www.oto-usa.org" und dann unter „About O.T.O.".

Abb.506 links: Das Kreuz (Zeichen der Schwarzen Sonne) auf einem UFO-artigen Flugobjekt während des Dritten Reichs – einer Horten. **Abb.507** Mitte: Kreuzritter hatten bereits lange zuvor dieselbe Symbolik, welche aus dem babylonisch-assyrischen Raum stammt.
Abb.508 rechts: Dasselbe Symbol in einem Freimaurertempel: vor dem Kreuz eine Rose. Und dies sind noch lange nicht alle, welche diese Symbole derzeit verwenden; die heutige Bundeswehr beispielsweise auch.

Dort prangt im Hintergrund in voller Größe das gleiche Symbol, welches oben auf dem Bild in einem Freimaurertempel zu sehen ist: das „Wehrmachtskreuz" mit einer roten Rose davor. Dies in einer rein okkulten Loge zu finden ist doch äußerst merkwürdig. (Der Vollständigkeit halber ist hier auch noch die Internet-Adresse des „Temple of Seth" in den USA: „www.xeper.org". Wenn Sie dort auf das Pentagramm klicken, kommen Sie auf die Seite und sehen oben rechts einen Bildausschnitt der Wewelsburg. Diesen klicken Sie an, oder Sie gehen auf die aktuelle Homepage der „Church of Satan" in den USA – www.churchofsatan.com. Klikken Sie dort auf „Yankee Rose".) Dies soll in keiner Weise Werbung für diese Organisationen sein! Es gibt Leser, welche gerne die hier gemachten Angaben überprüfen wollen. Und es gibt sogar Leser, die nicht einmal wissen, daß jene Organisationen überhaupt real existieren.

Im *Anhang* des Buches finden Sie dazu diverses Adressengut. Damit können Sie den richtigen Leuten dort unangenehme Fragen stellen. Ob dies immer angebracht ist, ist eine andere Frage.

So finden Sie dort unter anderem die aktuelle Adresse des O.T.O. in Deutschland – Sie können George W. Bush ein Fax schreiben oder unserer Bundeskanzlerin... Sie finden dort auch einen anderen Link – nämlich den zum Illuminaten-Orden (e.V. !) in Frankfurt, welcher (was für ein „Zufall"...) das nette kleine Kürzel „O.T.O." trägt... Sie können sich aber auch bei dem Rosenkreuzerorden AMORC melden oder der Loge „B'nai B'rith" in München, welche ebenfalls mit dem Illuminaten-Orden zusammenhängt. Oder Sie wollen einfach nur die NSA kontaktieren oder die CIA – vielleicht auch den BND – oder die NASA bitten, Ihnen zu bestimmten Dingen Auskunft zu geben? Bitteschön! Oder Sie wollen die „Skull & Bones" mal fragen, warum sie dasselbe Symbol verwenden wie die SS...

Auffallend ist, daß immer wieder zutage kommt, daß besonders die Führungskräfte der Polizei mit dem Logentum verwickelt sind – wie auch unter anderem bei den kriminellen Aufdeckungen der Freimaurerloge „P2" („*Propaganda Due*") in Italien oder nach der Ermordung von Olof Palme 1986 in Schweden.

Den wenigsten ist bislang bekannt, daß die Mafia-Loge *P2* (*Propaganda Due*) eine **Freimaurerloge** ist!

Im 19. Jahrhundert gründete Giuseppe Mazzini in Rom die *Loggia Propaganda Massonica* (Freimaurerische Propaganda-Loge), in der er besonders hervorragende Mitglieder des Bundes versammeln wollte. Nachdem Mazzini 1880 gestorben war, wurde 1887 eine Loge mit dem Namen *Propaganda Due* (abgekürzt *P2*) gegründet, die ein Gegengewicht zur katholischen Kongregation *De propaganda fide* (*Für die Ausbreitung des Glaubens*) bilden sollte. Dieser Loge gehörten 80 reguläre Mitglieder an. Dazu kamen rund 400 Kandidaten und ein schwer zu bestimmender Kreis von Sympathisanten.

Der Großmeister *Licio Gelli* geriet immer mehr in den Verdacht, in kriminelle Handlungen verwickelt zu sein. 1981 wurde er deshalb verhaftet, er konnte aber aus dem Gefängnis ausbrechen. Die P2-Loge wurde aufgrund verschiedener Aufdeckungen offiziell aufgelöst, besteht aber de facto weiter. In dieser Organisation (P2) flossen zusammen: Politik, Militär (vor allem hohe Ränge), Carabinieri, Industrielle (FIAT), Presseorgane, Vatikan, Geheimdienste – nicht nur die italienischen, sondern vor allem auch die CIA...

Zahlreiche Sprengstoffanschläge gehen auf das Konto dieser Organisation: so etwa im Bahnhof von Bologna oder im Schnellzug *Italicus* zwischen Florenz und Bologna, aber auch viele andere. Die P2-Loge ist ein okkultes Machtgeflecht, welches durch das Wort *Staatsgeheimnis* geschützt und deshalb nicht aufgedeckt werden konnte. Die Tatsache, daß viele (auch nachträglich noch) erschreckende Details vor allem durch die Arbeit der parlamentarischen Untersuchungskommission und mutiger Journalisten aufgedeckt wurden, bedeutet aber nicht, daß die wahren Machtverhältnisse sich grundlegend geändert hätten. Mit dem Tod von *Enrico Mattei*, italienischer Politiker, wird ebenfalls die P2-Loge in Verbindung gebracht – er starb bei einem Flugzeugabsturz. Die CIA hält alle Akten geheim. Fest steht: An den Trümmern des Flugzeugs, mit dem er abstürzte, fanden sich Sprengstoffspuren. Doch die Öffentlichkeit und auch die Presse hatten sich schon sehr kurz nach dem Tod Matteis mit der offiziellen Version des Unfalls zufriedengegeben, bis auf den Journalisten *Mauro de Mauro* der Abendzeitung *L'Ora*.

Er recherchierte hinter dem Fall her und war Anfang 1970 so fündig geworden, daß er eine spektakuläre Serie über den Fall ankündigte!

Da wurde er, nach einem von ihm offenbar für sehr wichtig erachteten Anruf, in eine Falle gelockt und verschwand spurlos. Die CIA weigert sich bis heute, die Akten über Matteis Tod freizugeben. Auch der Nachbarflughafen konnte nur feststellen, daß der Leuchtpunkt kurz vor der Landung von den Radarschirmen verschwunden war. 18.58 Uhr zeigten die Uhren an jenem Oktobertag 1962. Bauern sagten später aus, sie hätten einen Knall gehört und am Himmel einen Feuerball gesehen. Wurde er umgebracht, weil er multinationalen Ölkonzernen die Geschäfte zerstörte?

Ein anderes Opfer war *Aldo Moro*. Er war zehnmal Minister und fünfmal Ministerpräsident. 16. März 1978: Aldo Moro wird entführt, dabei werden sein Fahrer und fünf seiner Leibwächter getötet. 2. Mai 1978: Aldo Moro erkennt, daß er sterben muß und schreibt Abschiedsbriefe. Teile davon werden am 7. Mai bekannt. Am 9. Mai 1978 wird seine Leiche gefunden, der Fundort wurde von einem anonymen Anrufer bekanntgegeben: mitten im Zentrum Roms, im Kofferraum eines roten Renaults. Offiziell wurde er von den *Roten Brigaden* ermordet.

Genau wie bei den blutigen Aktionen im Zusammenhang mit dem Schnellzug *Italicus* und dem Bombenattentat in *Peteano* oder dem Massenblutbad in der Landwirtschaftsbank in Mailand, sind jene Morde im Dunstkreis dieser Geheimbünde geplant und ausgeführt worden.

Aldo Moro wußte davon. In Moro wuchs der Verdacht, daß die Kräfte, die für die Strategie der Spannung – so nennt man vornehm den schwarzen Terror – verantwortlich gewesen sind, gleichzeitig jene waren, die nun an seiner Beseitigung arbeiteten. Um dies zu verhindern, wollten *Enrico Berlinguer* und er alle demokratischen Kräfte – das heißt die Kommunisten, die Sozialisten und die Christdemokraten – vereinigen. Gewisse Kreise der Geheimdienste hatten sie aber bereits unterwandert. *Franco Ferracutti*, Kriminologe und Psychiater; *Ferdinando Guccione*, Präfekt und Chef der zentralen Einsatzleitung; *Antonio Geraci*, Direktor des Geheimdienstes im Innenministerium; *General Santovito*, Direktor des militärischen Geheimdienstes; *Raffaele Giudice* und *Donato LoPrete*, Leiter der Finanzpolizei sowie *Walter Pelosi*, später Chef aller Geheimdienste – um nur einige zu nennen – waren allesamt Mitglieder der Freimaurerloge P2!

Auch in der Einsatzzentrale der Polizei in Rom saß ein Mitglied der Freimaurerloge P2: *Kommissar Esposito*. Vielleicht erklärt dies die unzähligen sogenannten „Zufälle". Nicolo Bocco: *„In diesem Krisenstab gab es Leute mit einer nicht gerade empfehlenswerten Vergangenheit. Nicht nur konnte man sie wegen ihrer Mitgliedschaft in der Geheimloge kritisieren, sondern auch wegen ihrer Nähe zur CIA. Und die CIA verfolgte nicht die Interessen Italiens, sondern der USA!"*

Steve Pieczensik, enger Mitarbeiter von *Außenminister Kissinger* (Kissinger gehört zum obersten Gefüge der Illuminaten), meinte: *„Kein Mensch ist unersetzlich für eine Nation."*

Kissinger hielt Moro für ein trojanisches Pferd. Frau Moro zitierte Kissinger im Gespräch mit ihrem Mann vor dem parlamentarischen Untersuchungsausschuß: *„Entweder Sie stoppen das, oder Sie werden es teuer bezahlen müssen!"*

48 Stunden nach dem Anschlag bezeichneten die Roten Brigaden die Geheimdienste als die Autoren der Falschmeldung und *Andreotti* als Auftraggeber.

Auch *Ferdinando Imposimato*, damals Untersuchungsrichter in Rom, sagte: *„Es ist klar, daß die Geheimdienste auf Anweisung oder Druck jener politischen Kräfte arbeiteten, die Moros Politik verhindern wollten."*

Moros Sektretär, *Corrado Guerzonie*, erklärte kurz nach der Entführung, daß sich in einer Aktentasche Dokumente zu einem Bestechungsskandal der amerikanischen Flugzeugfirma *Lockheed* befunden hätten – eine Affäre, in die auch italienische Politiker verwickelt waren. Das delikate daran: Gut informierte Quellen, die man in den Reihen der CIA vermuten kann, hatten einige Wochen zuvor italienischen Zeitungen Informationen zugespielt, denen zufolge es Moro war, der die Bestechungsgelder der Flugzeugfirma angenommen hatte. Mehrere Zeitungen veröffentlichten die Geschichte. Der ferngesteuerte Versuch, Moro mit dieser „Enthüllung" politisch zu erledigen, lief auf Hochtouren. Doch dann erwies sich die Geschichte als eine durch bestimmte Kreise lancierte Fehlinformation. Die Strategie des politischen Rufmordes war damit gescheitert.

Mino Percorelli, ein Journalist, in *Osservatore Politico* schrieb: *„Die Roten Brigaden sind nur ein kleiner Motor. Die Rakete, das sind andere!"*

Percorelli – auch er ist in der Zwischenzeit ermordet worden – war davon überzeugt, daß in- und ausländische Geheimdienste bei der Entführung Aldo Moros ihre Hände mit im Spiel hatten.

Am 18. März 1978 wurden in der *Via Gradoli* Polizisten von *Lucia Mokbel* empfangen, einer Informantin. Nachts habe sie in der Wohnung nebenan Morsegeräusche gehört, erzählte sie den ankommenden Polizisten. Die Beamten klingelten an der angegebenen Wohnung, doch niemand öffnete ihnen. Daraufhin filzten sie das ganze Haus. Dort, wo ihnen nicht geöffnet wurde, brachen sie, wie man es ihnen befohlen hatte, die Türen auf. Nur die Wohnung, aus der die Nachbarin die Morsegeräusche gehört hatte, öffneten sie nicht. Hätten sie es getan, wären sie bereits zwei Tage nach der Entführung auf das Versteck *Mario Morettis*, des Chefs der Roten Brigaden, gestoßen. Wieder nur ein „Zufall"?

Dann bekam das Innenministerium einen Hinweis. Dieser stammte von dem *Präsidenten der Europäischen Kommission*, *Romano Prodi*: Am Vortag hatte er zusammen mit einigen Universitätsprofessoren in Bologna an einem Brunch teilgenommen, bei dem einer der Anwesenden eine spiritistische Sitzung vorschlug, mit deren Hilfe man das Gefängnis Moros finden wollte. Dabei stellten sie die Frage: *„Wo befindet sich das Gefängnis Moros?"* Nach kurzer Zeit fiel ein bekannter Name: *Gradoli*.

Möglich ist, daß einer der Anwesenden ein Sympathisant der Roten Brigaden war und über Informationen verfügte, die er jetzt durch das Medium der spiritistischen Sitzung unters Volk bringen wollte, denn die linken Intellektuellen begannen, sich von den Roten Brigaden zu distanzieren.

Die Entführung Moros war für sie eine politische Dummheit. Vielleicht wollte einer der Teilnehmer also mit dem Hinweis auf Morettis Wohnung den radikalen Flügel der Roten Brigaden ans Messer liefern. Doch auch diesmal geschah nichts. Romano Prodi verständigte, wie gesagt, am nächsten Tag das Innenministerium. Doch anstatt seine Leute in die *Via Gradoli* zu schicken, wo seine Polizisten ja schon einmal waren, sendete Innenminister Cossiga eine Spezialtruppe in das *Dorf* Gradoli. Es liegt hundert Kilometer von Rom entfernt. Der Minister, der Polizei und Geheimdienste befehligte, erklärte in Rom, *„...es gäbe keine Via Gradoli!"*

Damit wächst die Zahl der Fehlleistungen zu einer langsam eindrucksvollen Liste an. Alles nur „Zufälle"?

Betrachtet man die Leute genauer, die für diese Fehlleistungen verantwortlich sind, fällt es schwer, auch weiterhin daran zu glauben – vor allem wenn man weiß, daß fast alle Mitglieder des von Innenminister Cossiga eingesetzten Krisenstabs Mitglieder ein und derselben Organisation waren – der *Freimaurerloge P2!*

In einer Pressemitteilung aus Basel vom 20.5.2005 (*National Zeitung* und *Basler Nachrichten AG*) wird berichtet, daß die Ermittlungen im Mordfall des Freimaurer-Bankiers *Roberto Calvi* wieder aufgenommen wurden. Über Calvi wurden zudem auch Geschäfte mit dem Vatikan abgewickelt, was ihm den Spitznamen *Bankier Gottes* einbrachte. Er starb im Jahre 1982 unter mysteriösen Umständen. Man fand ihn in der nach Freimaurermanier üblichen Art erhängt unter einer Brücke in London. Offizielle Todesursache: Selbstmord!

Nun, 23 Jahre nach seinem Tod, ermittelt die Staatsanwaltschaft von Rom wegen Mordes. Und zwar gegen keinen Geringeren als den Großmeister der Freimaurerloge P2, *Licio Gelli*!

Laut der Pressemitteilung vom 20.5.2005 hatten die britischen Justizbehörden die Untersuchungen neu aufgenommen, nachdem die italienische Justiz im vergangenen Juli (2004) den skandalumwitterten Finanzier *Flavio Carboni* und drei weitere Personen wegen vorsätzlichen Mordes angezeigt hatte.

Sie sehen, die Hinweise auf die Macht der Freimaurer und ihre Ziele sind offensichtlich – wenn man hinsieht...

Vor allem die zuvor aufgeführten Freimaurer-Zitate zeigen, daß sie an ihrem großen Ziel – der ***Neuen Weltordnung*** – konsequent festhalten.

Das ist alles an und für sich nichts Neues, denn bereits im Jahre 1751 übergab ein gewisser *José Torrubia* der Inquisition eine Schrift, in der er die Freimaurer anklagte, sie seien Sodomisten und Zauberer, Ketzer, Atheisten und Aufrührer und daher für den Staat sehr gefährlich – nachdem er sich als angeblicher Weltpriester zum Schein in eine Madrider Loge hatte aufnehmen lassen und von den dortigen Machenschaften erfuhr sowie hintergründige Kenntnisse erlangte.

Man kann also keinesfalls sagen, man hätte nichts davon gewußt...

Doch wen interessiert's...? Oder haben Sie bislang etwas davon erfahren? Man fragt sich ja auch, warum eine lautere Vereinigung, als welche sich die Freimaurerei offiziell nach außen hin darstellt, dann ihre Mitglieder mit dem Tod bedroht, sollten sie ihre Geheimnisse nach außen tragen. Das klingt wirklich sehr „christlich".

Aber warum nicht? Der O.T.O. macht dies ja auch – und ist ebenfalls ein eingetragener Verein mit Steuerbefreiung. Rechtliche Probleme bekommen allerdings jene, die auf solche Machenschaften hinweisen (siehe Jan van Helsing)...

Möglicherweise wird aber in der Zukunft folgendes geschehen: Aufnahmen mit versteckter Kamera – direkt und live aus den Logen. Schließlich heißt es in verschiedenen Heiligen Schriften, daß das Tier den Feind in der Endzeit, welche die Apokalypse einläutet, nicht im Äußeren suchen soll, denn er würde aus den EIGENEN REIHEN kommen! ☺

In den Tagen, in denen ich dies schrieb, ging gerade ein Aufschrei der Empörung durch die Reihen der Massen, als ein bekannter Fernsehsender mit versteckter Kamera das IOC (Olympisches Komitee) auf die Probe stellte und so ein geradezu beängstigendes kriminelles Umfeld sehen ließ. Vielleicht macht das Beispiel des IOC Schule, so daß nun verstärkt versteckt gemachte Aufnahmen innerhalb der Logen an die Öffentlichkeit kommen! Wer würde nicht gerne einen George W. Bush in schwarzer Robe bei einer Zeremonie ertappen, bei der dieser die Welt verspottet.

Vielleicht hat ein Logenmitglied eines Tages es satt, die Welt hinters Licht zu führen und sich von ein paar eingebildeten „Erleuchteten" mit dem Tod bedrohen zu lassen. Vielleicht will er seine Enkelkinder einmal in einer besseren Welt aufwachsen sehen als der jetzigen – ohne die Ängste durch inszenierte Kriege, Katastrophen, Unfälle und ohne Massenmorde und sowohl politische als auch wirtschaftliche Beeinflussung!

Am Ende verschwanden auch Hitler und Stalin trotz aller Drohgebärden, oder etwa nicht?

Abb.509 links: Das Symbol der *Skull & Bones*: Ein Schädel mit gekreuzten Knochen, unter welchen die Zahl „322" prangt.
Abb.510 rechts: Der Yale-Absolvent George Walker Bush sowie das Yale-College.

Kommen wir hier nochmals zurück auf die *Skull & Bones*, welche ihre Anhänger aus Studentenverbindungen rekrutieren.

Die Yale-Universität hat eine gewisse traditionelle Verbundenheit zum US-Geheimdienst. *Nathan Hale* war Yale-Absolvent und ein Mitglied des von George Washington gegründeten „Culper Rings", eines Vorläufers des amerikanischen Geheimdienstes. Er wurde im September 1718 von den Briten gehängt – wegen Spionage.

Im Jahre 1833 wurden die *Skull & Bones* auf dem Universitätsgelände der Yale-Universität gegründet. 1856 wurde der „Tomb" errichtet.

Während der Initiationszeremonie spielt ein menschlicher Totenkopf eine wichtige Rolle. Der Kandidat stirbt quasi in diesem Augenblick für die Welt. Ab diesem Zeitpunkt ist er niemandem gegenüber mehr verantwortlich: weder dem Staat, noch dem Schwur, noch den Gesetzen der Außenwelt. Die Bruderschaft ist nun die höchste und einzige Instanz!

Abb.511 links: Ein anderer Yale-Absolvent und Präsidentschaftskandidat im Jahre 2004: *John Kerry.*
Abb.512 Mitte: Der „Tomb" auf dem Yale-Campus der *Skull & Bones*.

Angeblich gelang es einem Reporter vor einiger Zeit zum erstenmal, während der hochgeheimen Zeremonien ein Video aufzunehmen. Dabei entstanden nachfolgende Aufnahmen. Damit hat wohl jemand gegen den Schwur der Verbundenheit der Bruderschaft verstoßen! Etwa so, wie es in den Heiligen Texten für die Endzeit angekündigt wurde...?

Hat sich etwa jemand in die Bruderschaft aufnehmen lassen, um sie zu zerschlagen, oder wurde er dieser überdrüssig?

Inzwischen sind viele Details über die inneren Praktiken der „Skulls" bekannt. Wenn sie stimmen, könnte das für oben genannte These sprechen. Danach werden jedes Jahr laut *Ron Rosenbaum* (so der Name des „Verräters") 15 Juniors von den Seniors (Abschlußklasse) in die Bruderschaft der *Skull & Bones* „gezogen"; scheinbar ausschließlich Studenten der Yale-Universität. Sie erhalten angeblich je 15.000 Dollar unverhofft auf ihr Konto – und eine Taschenuhr. Und sie bekommen in der Bruderschaft einen neuen Namen verpaßt.

In den letzten 150 Jahren wurden etwa 2.500 Yale-Absolventen Mitglieder der Skull & Bones. Davon sind derzeit 500 bis 600 aktiv, viele davon in Führungspositionen in Wirtschaft und Gesellschaft.

Es gibt Menschen, welche behaupten, daß George Bush sen. sogar an der Ermordung Kennedys beteiligt war.

Wenn wir nun wissen, daß George W. Bush *Skull & Bones*-Mitglied ist und sein Kontrahent bei der letzten Präsidentschaftswahl im Jahre 2004, Senator *John Kerry* ebenfalls, dann verstehen wir auch, welches Theaterstück bei den Wahlen in aller Öffentlichkeit inszeniert wurde!

Abb.513: Eine der Aufnahmen, welche während einer hochgeheimen Initiationszeremonie der Bruderschaft *Skull & Bones* mit versteckter Kamera aufgenommen wurde.

Abb.514: Weitere Originalaufnahme einer Initiationszeremonie. Ein neuer Skull wird mit verbundenen Augen hereingeführt... Diese neuen Mitglieder werden auf der Universität „getapped" (getestet und angeworben)... Da die Aufnahmen in dunkler Umgebung mit versteckter Kamera gemacht wurden, sind sie entsprechend schlecht in der Qualität.

Um wieder auf das Video zurückzukommen: Das im geheimen gefilmte Video wurde von *Ron Rosenbaum* aufgenommen, einem Reporter des *„New York Observer Magazine"*. Es wurde spezielles High-Tech-Material für Nachtaufnahmen verwendet. Die Operation lief laut Rosenbaum über ein *Undercover-Team*. Die Aufnahme der Zeremonie, bei welcher der Initiant *„neu geboren"* wurde, stammt von einem Samstag, einem 14. April.

Hier bleibt zu erwähnen, daß Ron Rosenbaum *selbst* Yale-Absolvent war...

So weit, so gut. Ich möchte aber hier mit einfügen, daß Ron Rosenbaum uns womöglich nicht die *„ganze Wahrheit"* gesagt hat – und ich selbst möchte nicht spekulieren, *warum*.

Auch das in den Medien verbreitete Bild der *Skull & Bones* ist unvollständig – und teilweise absolut falsch.

Ich weiß überhaupt nicht, wo ich anfangen soll...

Die *Skull & Bones* sind schon lange keine Vereinigung mehr, welche sich auf Yale beschränkt. Sie sind an vielen Colleges der USA die wohl bedeutendste dunkle Anwerberschaft einer Studentenverbindung überhaupt. Die „322" ist nicht das Symbol der *Skull & Bones* an sich. So verwendet zum Beispiel die illuminierte Interessengruppe der *Skull & Bones* der *Penn State*-Universität die Ziffer *„1912"* unter dem Schädel und den gekreuzten Knochen.

Abb.515: Aus dem Jahrbuch der *Skull & Bones* der Penn-State-University von 1914. Laut den **internen Schriften** der „Bones" wurden jedes Jahr *12* „Founding Members" getapped – dies widerspricht der Aussage von Ron Rosenbaum.

In *Penn State* sind die *Skull & Bones* inzwischen seit etwa 90 Jahren vertreten. *Ron Rosenbaum* von der Yale-Universität gab an, es würden jedes Jahr 15 neue Mitglieder aufgenommen.

Man wundert sich jedoch, wenn man den internen Schriften der Bones folgt und dort zum Beispiel im Jahre 1914 auf **12** neue Jahresmitglieder der *Penn-State*-Bones kommt. So steht neben der Abbildung des Jahrbuches von 1914 in deren internen Schriften aus dem Jahre 2004: *„Das Jahrbuch aus dem Jahr 1914 bestätigt das erste Auftreten der Skull & Bones als Gruppierung mit einem Foto der 12 Gründungsmitglieder."*

Laut deren eigenen Schriften beziffert die Zahl „1912" unter dem Totenkopf mit gekreuzten Knochen das Gründungsjahr der „Bones" an der *Pennsylvania-State-University* Anfang Dezember 1912 und ist somit eine Zuordnung zu den *Penn-State-Skulls*.

Tatsache ist, wie wir wissen, daß die Zahl „12" im Weltgeschehen des Geheimen eine wichtige Rolle spielt. Und tatsächlich wird sie auch hier verwendet. Wieder ein „Zufall"?

Aber warum spricht *Ron Rosenbaum* generell von 15? Gibt es auf der Yale-Universität andere „Gesetze"? Meinen Informationen nach gab es später keine festgelegte Zahl mehr. So wurden im Jahr 1951 *45* und 1952 *43* Personen initiiert; in manchen Jahrgängen waren es auch weniger als 12.

Kann man aus einem Orden wie den *Skull & Bones* überhaupt aussteigen, so wie es Rosenbaum behauptet? Und wenn nicht – was deren Initiationsrituale verraten –, hat Rosenbaum dann bewußt falsche Angaben gemacht, um sein Leben zu schützen? Oder wurde er vielleicht sogar *beauftragt*, falsche Fakten an die Öffentlichkeit zu bringen...? Und wenn nicht, wie soll man sich dann den Fakt erklären, daß jener angibt, die *Skulls* gäbe es nur an der Yale-Universität? Denn dies war eine klare Falschaussage!

Die Alumni Interest Group (AIG) der *Skull & Bones* beschreibt sich selbst wie folgt: *„Eine Mitgliedschaft in der Skull & Bones Alumni Interest Group tritt automatisch bei jedem Mitglied der Skull & Bones Senior Honor Society ein, wenn sie nicht länger Mitglied der öffentlichen Gesellschaft sind.“*(41)

In ihrer eigenen Historie schreiben sie: *„Eine neue ehrenamtliche Elite-Führerschaft – die Skull & Bones-Gesellschaft – wurde auf dem Universitätsgelände der ‚Pennsylvania State University' Anfang Dezember 1912 formiert. Dies war eine von sechs solchen Organisationen, die in einem Abstand von sechs Jahren entstanden, und hatte 12 junge Männer als Gründungsmitglieder.“*(42)

Es gab also im Jahre 1912 bereits *sechs Skull & Bones*-Gruppierungen, welche innerhalb eines Zeitraums von *sechs* Jahren gegründet wurden und die sich in die *„Alumni Group“* (unaktiven) und die *„Society“* (aktiven) aufteilen.

Die Liste der Neuaufnahmen der Skulls des Jahres 2003 an der Penn-State-Universität liest sich wie ein *„Who is Who“*. So schreibt man intern: „Gratulation den neuen Mitgliedern bei *Skull & Bones*: *Bill Downy* – Wirtschaft, *Ndu Egekeze* – Maschinenbauingenieur, *Bob Fay* – Wirtschaft, *Trevor Gast* – Musikkomposition, *Amanda Heverling* – Menschheits- und Familienstudien, *Doug Hoffman* – Finanzen, *Chris Hoy* – Holzprodukte und deren Herstellung, *Kelly Mazzante* – Public Relations (Verhältnis zur Öffentlichkeit), *Sean Misko* – Internationale Politik und Medien-Studium, *Jill Pakulski* – Ernährung, *Dennis Schmidt* – Kinesiologie, *Cara Smith* – Buchführung, *Anthony Trace* – Biotechnologie, *Josh Walker* – Journalismus, *Brian Winnie* – Musikerziehung, *Annie Zinkavich* – Psychologie, *Dave Costlow* – IST-SCIS-Student, *Jack Raykowitz* – Psychologie...“(43)

Die Skull & Bones breiten sich also, wie aufgeführt, im gesamten gehobenen Establishment aus. Und wie Sie sich vorstellen können – zu deren eigenem (*Skull & Bones*) Nutzen...

Wer noch an eine alte, gute Welt glaubt, der wird womöglich bitter enttäuscht, wenn er zum Beispiel die internen *„Alumni News"* liest. Dort werden Neuigkeiten über Positionierungen der Bones bekanntgegeben. Man liest da zum Beispiel über eine *Maria Pena (Skull seit 1996)*: *„...wurde als Koordinatorin für Entwicklungs- und Forschungsfragen beim Asian-Pacific-AIDS-Intervention-Team in Los Angeles angestellt..."* (*Skull & Bones-News*, Ausgabe Frühjahr 2004, Seite 4)

Wer sich fragt, wie er diese Angaben überprüfen kann, der kann dies bis dato noch tun auf den internen Seiten der „Penn-State *Skull & Bones* 1912" unter www.skullandbones.org.htm

Dort gehen Sie auf den entsprechenden Jahrgang. Im Anhang des Buches finden Sie auch eine Postanschrift, unter der Sie den *Skull & Bones* Guten Tag sagen können.

Zur Information: *„Intervention"* heißt auch auf deutsch „intervenieren" oder unaufgefordert *eindringen*. Mag dies ein kleiner Hinweis darauf sein, daß AIDS eine künstlich erzeugte Angelegenheit ist – ein Massenmordprogramm –, um große Teile der Menschheit, sogenannte „nutzlose Esser", auszulöschen?

In diesem Zusammenhang muß natürlich auch der ***Bohemian Club*** (Böhmischer Club) erwähnt werden. Unter www.tagesanzeiger.ch fand ich einen äußerst aufschlußreichen Artikel dazu:

„Amerikas reiche und rechte Männer haben ein exklusives Sommervergnügen: Im Lager des Bohemian Club dürfen sie – abgeschirmt von Medien und Frauen – ganz sie selbst sein. Der Bohemian Club wurde 1872 in San Francisco gegründet und war ursprünglich eine Journalistenvereinigung – den reichen Zeitungsbesitzern war die Mitgliedschaft ausdrücklich verwehrt. Der Name stützte sich auf die „Scènes de la vie de Bohème" des Franzosen Henri Murger (1851), welche auch Puccinis Oper „La Bohème" (1896) inspirierten. Mark Twain, Ambrose Bierce und später Jack London waren prominente Mitglieder des Klubs. Der Idealismus von „Männern mit Talent, aber ohne Geld" zerbröckelte jedoch rasch. Mehr und mehr wohlhabende Mitglieder wurden zugelassen, um die Zeche für die ausgelassenen Feiern des Klubs zu bezahlen. Wer bezahlt, befiehlt: Innert zehn Jahren war die Organisation fest in den Händen der Geldgeber.

Elf Monate im Jahr ist der Sonoma County Airport ein verschlafener Provinzflugplatz. Mitte Juli jedoch herrscht hier, 100 Kilometer nördlich von San Francisco, Hochbetrieb. Jet um Jet landet auf der Piste. Die Passagiere, alles Männer in maßgeschneiderter Freizeitkleidung, eilen an den Fotografen der Lokalpresse vorbei zu ihren Limousinen. Ihr Ziel: das „Sommerlager" des exklusiven Bohemian Club. Über zweitausend Größen aus Politik und Industrie kampieren während zwei Wochen im Juli unter den gigantischen Redwood-Bäumen Nordkaliforniens in einer streng bewachten Kolonie, der 1100 Hektar großen Bohemian Grove. Kein Zugang für Reporter, Außenseiter – und vor allem für Frauen.

Der Bohemian Club in San Francisco beteuert, das Sommerlager diene keinen Verschwörungszwecken, sondern sei bloß eine einmalige Gelegenheit für die medienmüden Mitglieder, unter sich Erholung und Entspannung zu

Abb.516: Originalaufnahme des *Bohemian Clubs* aus dem Jahre 1919. In diesem wurden schon von Beginn an dunkle Rituale der Logen zelebriert. Der Bohemian Grove, Kalifornien, ist ein alljährlicher Treffpunkt für Mitglieder dieser Geheimverbindung, welche die Welt regieren – unter anderem, um Kontakte zu knüpfen und satanisch anmutende Rituale abzuhalten.

finden. Das Motto des Clubs bezeuge dies: „Weaving spiders come not here" („Spinnen, webt an einem andern Ort", aus Shakespeares „Sommernachtstraum"). Mit anderen Worten: Deals einzufädeln, sei hier tabu. Teilnehmer bestätigen, daß es im Lager verpönt ist, allzu offensichtlich über Geschäfte zu verhandeln. Mobiltelefone sind strikt verboten, Fotoapparate nur in den einzelnen Camps erlaubt, Fax-Service steht nicht zur Verfügung, telefonische Mitteilungen von außen müssen im Lagerzentrum abgeholt werden.

Die Gespräche beim gemeinsamen Essen unter freiem Himmel sind bewußt oberflächlich; man raucht Zigarren, trinkt bereits zum Frühstück Gin-Fizz oder Bloody Marys, reißt anzügliche Witze und genießt es, für einmal ohne die lästigen Frauen ganz Mann sein zu dürfen. Ehrensache, daß ein ganzer Kerl trotz tagelangem Saufgelage nicht umkippt, sondern höchstens während einer langen Rede auf dem Gras einschläft. Das ständige Trinken führte zur heiligsten Tradition des Lagers: das Pinkeln an die Stämme der Redwoods – ein weiterer Grund, weshalb ein Einbruch der Frauen in den ‚Böhmischen Hain' „uns den Spaß verderben würde".

Die Liste der zweitausend Camp-Mitglieder ist ein wahres „Who's Who" der Republikaner. Jeder republikanische Präsident seit 1923 war Mitglied im Bohemian Club (sie kamen aber während ihrer Amtszeit nicht ins Lager, um keinen Medienrummel auszulösen). Reagan-Verteidigungsminister Caspar Weinberger ist Mitglied, der ehemalige Staatssekretär Al Haig ist häufig zu Gast. Newt Gingrich kreuzte auch dieses Jahr wieder auf. Ausländische Ehrengäste werden gerne empfangen. Helmut Schmidt war 1982 und 1991 als Gast von George Shultz im Lager. Dieses Jahr hielt der ehemalige französische Außenminister Jean-François Poncet eine Rede über das „Neue Europa".

Diese „Lakeside Talks" am Ufer eines kleinen Sees sind eine Ausnahme von der offiziellen Regel, keine Politik zu diskutieren. Ursprünglich informelle Ansprachen entwickelten sich während Herbert Hoovers Amtszeit (1929-33) zu wichtigen – und der Öffentlichkeit unzugänglichen – politischen und wirtschaftlichen Bestandsaufnahmen.

Dieses Jahr war das Angebot relativ bescheiden: Der Chef der Uno-Abrüstungskommission, Richard Butler, sprach über „Saddam und ich"; „Desert Storm"-General Colin Powell schwelgte in „Amerikas Versprechen – das Leiten von Armeen und Kindern", und Peter Levine, Lord Mayor von London, setzte auf britischen Humor: „Wir erfanden das Regieren vor euch." Am interessantesten soll das Referat über die „Entwicklung der Umwelt" gewesen sein von Frank Popoff, dem Vorsitzenden des Verwaltungsrates des Chemiegiganten Dow Chemical. Ob er mit den Bohemians privat über den bevorstehenden Zusammenschluß mit Union Carbide sprach, ist nicht überliefert.

Das Sommerlager bietet nicht nur interessante Reden, sondern auch Unterhaltung. Mit einem Riesenaufwand und Budgets bis zu 100.000 Dollar pro Show werden eigene Theaterproduktionen im Lager aufgeführt, begleitet vom eigenen 135-köpfigen Orchester und einem Chor. Künstler sind privilegiert und müssen für ihre Mitgliedschaft weitaus weniger bezahlen. Dafür wird von ihnen erwartet, sich an den Produktionen maßgebend zu beteiligen. Das heißt monatelange Proben – für eine einzige Aufführung.

Traditionell die erste Show des Sommerlagers ist die Kremation der „Sorge", einer mythologischen Figur, die in einer pompösen Prozession von verhüllten Priestern mit einem großen Aufwand an Hollywood-Spezialeffekten verbrannt wird. Die passenden Worte dazu erschallen vom Wahrzeichen des Lagers, einer 13m hohen Eulenstatue – ihre sonore Stimme gehört Walter Cronkite.

Am letzten Wochenende wird das offizielle Grove-Schauspiel aufgeführt, das sich auf die erfundene Mythologie des Lagers stützt, eine Mischung von Druidenmystik, Artus-Legende, Shakespeare und Freimaurertum. Dieses Jahr sorgte der Zauberer Merlin für Bühnenmagie. Lockerer ist das Grove-Musical am zweiten Wochenende, das mit demselben Aufwand wie eine Broadway-Show aufgeführt wird, obwohl das Talent der Schauspieler – allesamt Mitglieder – oft zu wünschen übrigläßt. Doch alternde Politiker in Frauenrollen auf der Bühne zu sehen, ist genau die Art von Humor, die beim angeheiterten Publikum bestens ankommt.

Manche Prominente genießen ihre Amateurrollen. Einer Anekdote von Journalist Philip Weiss zufolge, der sich vor einem Jahrzehnt für das Magazin „Spy" ins Lager schlich, trat ein Schauspieler im Musical mit einer Kissinger-Maske auf. Als der Mann am Ende die Maske abnahm, stellte sich heraus, daß darunter Kissinger selber steckte. „Hier aufzutreten, ist mein letztes Aphrodisiakum", soll er dabei gesagt haben.

Bekannte Musiker werden oft zur Unterhaltung der Gäste eingeladen. Der blinde Jazzmusiker George Shearing ist langjähriges Mitglied. Sein Kollege Dick Hyman spielte dieses Jahr für die Gäste den Bar-Pianisten. Auch Hollywood-Prominenz, wie Clint Eastwood, findet sich unter den Mitgliedern.

Um das kalifornische Anti-Diskriminations-Gesetz zufriedenzustellen, arbeiten einige weibliche Angestellte im Camp-Zentrum, dürfen das eigentliche Camp aber nicht betreten. Mitglieder und Gäste sind trotzdem nicht ohne Flirtgelegenheiten – von homosexuellen Flirts abgesehen, die seltener sind, als die Gerüchteküche wahrhaben möchte. Der Schriftsteller Herman Wouk (ein Mitglied) schrieb zu diesem Thema: „Männer können einander auch anständig lieben, das verstehen Frauen nie." In den Motels im naheliegenden Monte Rio warten Scharen von sehr verständigen, sehr attraktiven Frauen, welche eigens für das Sommerlager aus ganz Kalifornien und vor allem aus dem Prostituiertenparadies Nevada anreisen.

Diese Invasion der Mächtigen und ihrer Entourage wird von der Bevölkerung von Sonoma County nicht ohne Protest hingenommen, besteht doch diese zu einem großen Teil aus Anti-Establishment-Hippies. In der Folge bildete sich in den frühen achtziger Jahren das Bohemian Grove Action Network, eine lose Gruppierung von verschiedenen Organisationen, denen die „Verschwörungen" der Republikaner ein Dorn im Auge sind...

Das Bohemian-Lager besteht aus über hundert „Camps"; die meisten sind keine Zeltlager, sondern komfortable bis luxuriöse Ferienhäuser mit je einem bis drei Dutzend Mitgliedern und Gästen. Manche der Camps sind äußerst exklusiv und selbst für Lagerteilnehmer nicht ohne weiteres zugänglich: „Mandalay" liegt auf einem Hügel, der das Lager überblickt. Hier oben, verwöhnt von einem Team von Butlern und einem Gourmetkoch, spielen ‚Bohemians' wie Vater und Sohn Stephen und Riley Bechtel, Erben eines Baugiganten, Bridge mit ihren Lagergenossen John Akers (IBM), Henry Kissinger, Gerald Ford und George Shultz.

„Cave Man", ein Camp, das hinter dem Amphitheater des Lagers versteckt liegt, war früher die „Höhle" des langjährigen Mitglieds Richard Nixon. Gegenwärtig ist Präsidentenenkel Herbert Hoover III Camp-Captain und kümmert sich um seine Kameraden, den rechtsradikalen Bierbrauer Joseph Coors und die ehemaligen Nixon-Minister Edwin Meese und Martin Anderson. Ronald Reagan selber hauste früher im „Owl's Nest" und ist offiziell noch immer Mitglied. Ebenso der politische Kolumnist David Gergen, der dieses Jahr mit seinem Kollegen David Broder von der „Washington Post" und dem New Yorker Gouverneur George Patakis im „Eulennest" vor einem kleinen Kreis von Eingeladenen Hillary Clintons politische Chancen diskutierte.

Abb.517 links: Aufnahmen in der „Bohemian Grove“ vor der symbolischen Opferung. Die Mitglieder des Kultes stehen mit dem Rücken zum Wasser.
Abb.518 rechts: Die „Sorge“ wird vor einer 40 Fuß hohen Steineule entzündet.

Hochgestellte, konservative Journalisten sind im Lager ohne weiteres willkommen – Diskretion vorausgesetzt. Einem Reporter des „National Public Radio“ gelang es 1982, im Lager eine Rede von Kissinger aufzuzeichnen. Die Aufnahme wurde nie gesendet.

„Hillbillies“ ist das Camp von George Bush – früher begleiteten ihn seine zwei Söhne George W. und Jeb. Dieses Jahr kreuzten sie nicht auf. War es einst für Republikaner politisch von großem Vorteil, dem Bohemian-Sommerlager einen Besuch abzustatten, haben heute aktive Politiker Bedenken, Meldung davon könnte sie unter den Frauen Stimmen kosten. Den Hillbillies fehlt es dennoch nicht an Prominenten. Unterhaltung liefern der immer streitlustige William F. Buckley, der „Pate“ der modernen Konservativen, und Walter Cronkite, die graue Eminenz der amerikanischen Nachrichtensprecher.“(44)

Dies war ein langer, doch sehr aufschlußreicher Artikel, damit wir ein wenig Gespür dafür bekommen, wer sich dort aufhält.

Erkennbar ist die naive Einstellung des Artikelschreibers, wenn er glaubt, daß unter diesen Mächtigen keine Politik gemacht wird. *Gerade dort* wird Geschichte geschrieben, ebenso wie auf den jährlichen Treffen der Bilderberger...

Abb.519 links: George Bush sen. und Sohn im Jahr 1995 beim Treffen am Bohemian Grove.
Abb.520 rechts: Richard Nixon und Art Linkletter – ebenfalls beim Treffen am Bohemian Grove. Hier wurde Weltpolitik hinter dem Rücken der Menschheit vereinbart.

Auf diesen Abbildungen sehen Sie Szenen aus dem Bohemian Grove; so beispielsweise auch die symbolische Verbrennung eines Menschen. Das symbolische Opfer wird vor einer 40 Fuß hohen *Steineule* entzündet. Die Autorin *Cathy O'Brien* behauptet in ihrem Buch „Tranceformation of America", daß dort aber auch tatsächliche Menschenopfer stattfinden. Sie selbst gibt an, dort als Prostituierte im Rahmen ihrer Programmierung all dies erlebt und erfahren zu haben...

Für alle, die genug von den Lügen haben, in welche sie hineingeboren wurden, gebe ich hier die Internet-Adresse an, unter der Sie derzeit einige Originalfotos und Videos der Rituale in Farbe einsehen können:
www.indybay.org/news/2003/01/1557710_comment.php

Der Orden der bayerischen Illuminaten

Die Bewegung des Illuminaten-Ordens wurde in den siebziger Jahren des 18. Jahrhunderts in Bayern von Adam Weishaupt (1748-1830) gegründet. Die Idee kam ihm, als er das Wirken der Rosenkreuzer unter seinen Studenten sah. Weishaupt hatte das Jesuiten-Kollegium und die Rechtsfakultät der Universität Ingolstadt absolviert und wollte eine „Geheime Weisheitsschule" ins Leben rufen. Deshalb gründete er am 1. Mai 1776 mit vier Mitgliedern den „Orden der Illuminaten". Die Mitglieder gaben sich Pseudonyme. (Ob er den Orden aus eigener Idee heraus oder gegen die Macht des Vatikans, wie Jan van Helsing es beschreibt, im Auftrag des Bankhauses Rothschild gründete, ist an dieser Stelle nicht von wesentlicher

Bedeutung.) Der Orden wuchs jedenfalls schnell und zählte schließlich die Adligen *Johann Wolfgang von Goethe*, den *Herzog Karl August von Weimar*, *Graf Mirabeau*, den *Freiherrn von Dalberg* und den *Generalpostmeister von Thurn und Taxis* zu seinen Mitgliedern. Weishaupt wurde erst 1777 in eine Freimaurerloge aufgenommen und traf dort auch den *Freiherrn von Knigge*, welcher bald eine führende Rolle bei den Illuminaten spielte. Diese neuen Logen hatten bis dahin mit den Freimaurerlogen nichts zu tun. In die höheren Grade wurden allerdings Freimaurermeister aufgenommen.

Unheilige Geometrie

Die Pyramide symbolisiert für die Eingeweihten unter anderem auch die Dreifaltigkeit – zwei gegensätzliche Pole und ein verbindender dritter Pol (die Hauptmaxime beim Vorgehen in der Weltpolitik), ebenso wie auch die vier Elemente an der Basis.

Was einigen Forschern bereits auffiel, ist, daß das Stadtbild von Washington D.C. ein riesiges Pentagramm zeigt, welches die wichtigsten Einrichtungen verbindet. Die untere Spitze zeigt direkt auf das Weiße Haus. Nimmt man die „äußeren Spitzen der Macht" weg, sehen wir in seinem Inneren symbolisch das „Pentagon" – die Machtzentrale der USA! So ist auch die Formgebung des Pentagons selbst ein Fünfeck oder Pentagramm.

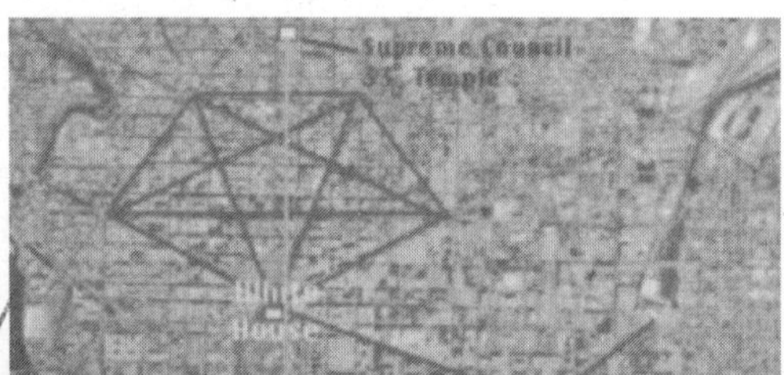

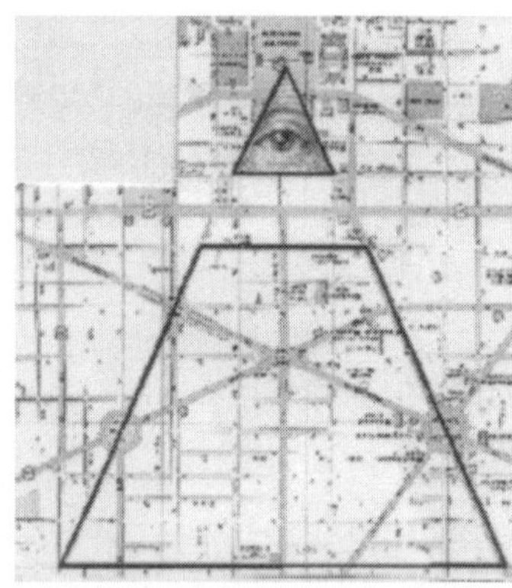

Abb.521 links: Stadtplan von Washington D.C. Die Straßenführung zu den wichtigsten Plätzen zeigt ein riesiges Pentagramm. Die untere Spitze deutet direkt auf das Weiße Haus – Symbolismus pur der Geheimen Weltregierung. Rechts in derselben Abbildung sehen Sie das US-Capitol.
Abb.522 rechts: Die Straßenführung in Washington ist nicht nur in Pentagramm-Form angelegt. Sie zeigt eine Pyramide mit abgehobener Spitze, die – auch hier – auf das Weiße Haus zeigt?

Abb.523 links: Das „Crematory of Care" am Bohemian Grove – die Verbrennung der „Sorge". Im Hintergrund die 40 Fuß hohe Steineule.
Abb.524 rechts: Ältere Aufnahme aus dem Bohemian Club: Eine Gestalt – vermutlich eine Puppe – wird an einem Galgen aufgehängt. Offiziell geschieht auf jenen Treffen *„nichts Besonderes"*.

Ist Ihnen noch nie aufgefallen, daß kaum ein Reporter sich traut, in der Öffentlichkeit Politiker zu fragen, warum sie Mitglieder geheimer Organisationen sind, wo doch immer der neueste Klatsch und Tratsch auf der Jagd nach höheren Einschaltquoten gesucht wird? Ist dies nicht ein bißchen sehr auffallend; besonders, nachdem ja bereits die Machenschaften der Freimaurer angekratzt sein sollten – nach den Aufdeckungen über die Freimaurerloge *Propaganda Due* in Italien oder die Freimaurer, die in den belgischen Kinderschänder-Skandal *Dutroux* verwickelt sind?

Aber wenn nun wirklich nichts dahintersteckt – es keine Verschwörung gibt und auch keine Hintergrundmacht, die eine Weltregierung anstrebt –, dann kann ja auch nichts passieren, oder? Doch gerade dann frage ich mich, wieso das Thema sowohl von den Journalisten als auch von den Massenmedien totgeschwiegen wird. (Man darf übrigens auch seinen Chef anzeigen, wenn man ihm eine Straftat nachweisen kann... Dies als kleines Augenzwinkern an all jene, welche in den Medien zuhause sind).

Nahezu jeder bewußt denkende Bürger weiß, daß die jetzige Regierung im Irak in den Interessen des Siegerlandes, der USA, handelt. Sonst wäre der geführte Angriffskrieg ja auch sinnlos gewesen. Deshalb gibt es dort auch keine wirkliche Ruhe, denn die Iraker wissen das. Überall wurden „Bush-taugliche" Marionetten eingesetzt – vor allem in der Ölindustrie.

Abb.525 links: *Ronald Reagan* und *Richard Nixon* am Bohemian Grove.
Abb.526 rechts: *Helmut Schmidt* hält im Jahre 1991 eine Rede am Bohemian Grove.

Bush-kritische Fernsehsender und Radiostationen wurden dazu aufgefordert, ihr Programm zu ändern – oder man schloß mal eben kurz einen Fernsehsender und tauschte die entsprechenden Leute aus...

Doch keinem scheint aufzufallen, daß auch ***wir*** in einem Siegerland der Alliierten leben! Glauben Sie tatsächlich, wir haben überall amerikanische Armeestützpunkte, weil man uns beschützen muß – vielleicht vor den „bösen Russen"?

Tatsächlich sind diese Truppen stationiert worden, um uns einerseits vor denjenigen zu „schützen", welche die vorher gezeigten Flugscheiben gebaut haben und mit diesen verschwunden sind, und andererseits, um gegen uns Deutsche vorzugehen, falls wir es wagen sollten, nochmals aufzustehen und einen eigenen Weg zu gehen... Bestimmt sind sie hier nicht stationiert, weil wir so nette Deutsche sind!

Kommen wir jedoch zurück zum Thema.

Eine weitere Tatsache dieser Tage ist, daß der spektakuläre „*Order of the Golden Dawn*", welchem Crowley ebenso angehörte, offiziell auftritt: Sie finden seine offizielle Homepage unter www.hermeticgoldendawn.org. im Internet. Also tun wir nicht so, als wären ***all diese Dinge*** nicht existent, wie die meisten Kritiker es machen. Eines der Symbole, die dieser Orden verwendet, ist: ***eine rote Rose vor einem Kreuz!***

W. B. Yeats zufolge war der *Golden Dawn* der Nachfolger einer anderen esoterischen Gesellschaft namens *„Hermetic Students"*. Der Ursprung der Hermetic Students scheint legendär zu sein: Ein unbekannter Meister, eine ebenso geheimnisumwitterte Person wie der *Graf von St. Germain*, soll eines Tages zu *Mathers* – dem Gründer des Ordens – gekommen sein, um ihn in den Mysterien zu unterrichten. Diese Instruktionen und Mathers' Visionen bildeten das geistige Fundament der „Hermetic Students".

Warum betone ich bei all diesen Logen immer wieder die *Rose*? Zum einen natürlich, weil hier auch in der Symbolik eine Verbindung vorhanden ist. Tatsache ist aber auch, daß Crowleys damalige Frau, welche die Vision hatte und ihn ins Boulak Museum in Kairo führte, wo jener dann seine „Offenbarung" hatte, *Rose* hieß. Oder ist es doch nur so, wie viele es vermuten, daß die Rose auf den Gründer der Rosenkreuzer, *Christian Rosenkreuz*, zurückgeht?

Es wird wirklich nichts dem „Zufall" überlassen, was die Symbolik in diesen Orden angeht. Das können Sie mir glauben!

Abb.527: Zelebrierung an einer riesigen Steineule im Bohemian Grove in Kalifornien. Hier werden die rituellen Kulthandlungen ausgeführt. Hier versammeln sich Anhänger der *Freimaurer*, *Skull & Bones* und *Illuminaten*. Die Eule hat nicht nur eine symbolische Bedeutung bei den *Skull & Bones*. Zu den Treffen des Bohemian Club werden führende Köpfe aus Politik, Industrie, Hochfinanz und Geheimdiensten eingeladen.

Aber war denn Crowleys Frau *Rose* tatsächlich *so* wichtig, daß man ihr im geheimen eine solche Huldigung zugestehen würde, wo sie doch ansonsten eher desinteressiert war an esoterischen Dingen?

Die Frage läßt sich leicht beantworten: Wenn diese Geschichte in Kairo stimmt, dann hat Rose durch ihre Vision die Prophezeiung der „Offenbarung des Johannes" aus der Bibel eingeläutet (!) – denn dort steht, *„die Zahl 666 ist Zahl eines Menschen"*!

Und dies wäre sicherlich auch ein triftiger, vielleicht sogar der einzige Grund in deren Symbolik, die Rose vor einem christlichen Zeichen, dem Kreuz, darzustellen und aufzunehmen.

Nun mag ein Kritiker einwenden: *„Die Rosenkreuzer sind schon Jahrhunderte älter, wenn sie sich auch später erst ausbreiteten und neue Orden eröffneten. Und in Wirklichkeit kommt dieses Symbol aus dem Christlichen."*

Tatsächlich begegnen uns dieselben Symbole schon auf dem Siegel *Martin Luthers* (1483-1546) und im Familienwappen des lutherischen Diakons *Johann Andreä*, der, wie wir sehen werden, möglicherweise den Anstoß für die Rosenkreuzerbewegung gegeben hat.

Die allgemein gültige christliche Bedeutung ist jene *„des Kreuzes und der Rose, gefärbt von Christi Blut"*. So gibt es eine Überlieferung, die besagt, in der Nacht der Geburt Jesu wäre eine Rose erblüht. Wenn diese also durch die Leiden Christi rot gefärbt wurde, so die hintergründige Meinung, dann war sie zuvor ***weiß***!

Dies ist eines der symbolischen Geheimnisse bezüglich der weißen Rose: Sie symbolisiert die Unbeflecktheit. Deshalb werden zum Beispiel die

Abb.528: Die ersten Mitglieder der *„Societas Rosicruciana in Anglia"*, fotografiert auf einem Ausflug in den neunziger Jahren des 19. Jahrhunderts. Im Vordergrund sitzend: Dr. Wynn Wescott, der dritte Großmagier der Gesellschaft sowie Gründer des *„Hermetic Order of the Golden Dawn"*.

Anhänger der *Offenbarung des Johannes* aus den Heiligen Schriften auch als *„Bund der weißen Rose“* benannt.

Elijas wird von Jesus identifiziert als *dieselbe Seele wie Johannes* der Täufer, und Elijas hat laut Überlieferung die Geburt Jesu angekündigt – als die Rose noch weiß war. Und Jesus prophezeite ebenso für die Endzeit, die „letzten Tage“, welche in der Offenbarung des Johannes angekündigt werden, daß auch in jenen Tagen Elijas es sein wird, der das erneute Kommen Christi ankündigen wird! Deshalb nannten sich die Anhänger des Elija ***„Der Bund der weißen Rose“***.

All dies ändert nichts an der Tatsache, daß Crowley sowohl Freimaurer als auch verstrickt mit den Rosenkreuzern war.

Doch diesbezüglich scheint es um so mehr so zu sein, daß jene Tatsache, daß Crowleys Frau, welche ja durch ihre Vision diesen Teil der „Offenbarung“ einläutete, *Rose* hieß, eine zusätzliche Symbolkraft für Crowley und das Logentum darstellte. Und dies zeigt uns, welch große Macht hier wirklich im Hintergrund die Weltgeschicke lenkt; daß es ihr möglich ist, diese Gruppierungen nochmals durch Symbolik so direkt anzusprechen, als würde man mit dem Finger auf sie zeigen.

Es wäre denkbar, daß die dunkle Seite eher einen leidenden (befleckten) Jesus in der Endzeit will als einen unbefleckten (die weiße Rose)...

Abb.529 links: *„Ike“ Eisenhower* bei einem Treffen am Bohemian Grove. **Abb.530** rechts: Die „ehrenwerte“ Gesellschaft vor einem rituell angedeuteten Grab am *Bohemian Grove*. Vor diesem steht der Zeremonienmeister in schwarzer, satanischer Kutte und Kapuze, welche sein Gesicht verbirgt.

Und sicherlich übernähme eine okkulte Ordensgemeinschaft wie der O.T.O. nicht eine solche Symbolik, wenn sie urchristliche Werte vertreten würde... Sie will den viel später erst betonten Weg des Leidens!

Auch der *„Temple of Seth"* und andere satanische Vereinigungen wissen von der prophezeiten Endschlacht, welche für die *„letzten Tage"* angekündigt worden ist. Und sicherlich ist auch aus diesem Grund die Wewelsburg gerade dort im Internet zu finden, denn laut den alten Überlieferungen symbolisiert sie den Ort der *„letzten Tage"*! Zu ihren „Füßen" soll sie beginnen, die letzte, alles entscheidende, schreckliche Schlacht, in welcher innerhalb kürzester Zeit mehr Menschen ihr Leben lassen werden als in den beiden vorangegangenen Weltkriegen zusammen. Es ist jene Schlacht, welche in „Heiligen Schriften" ebenso angekündigt wurde wie in Prophezeiungen vieler Seher.

In einem ungekürzten Originaltext (aus dem Archiv der „Societas Templi Marcioni" – Marcioniterorden) erklärt Jesus, wer das neue Lichtreich hervorbringe. Jesus sprach zu zwei germanischen Legionären in einer römischen Legion, daß es – im „Lande des Mitternachtsberges" sein würde – **also in Deutschland**. Dabei zeigte er auf einen der Germanen.

Abb.531 links: Ist es ein „Zufall", daß das Capitol in Washington samt Parkanlagen die Umrisse einer überdimensionalen Eule hat? **Abb.532** Mitte und **Abb.533** rechts: Aufnahmen von den okkulten Treffen des Bohemian Club.

Zu dieser „letzten Schlacht", dem Dritten Weltkrieg, wie ihn der Freimaurer-Großmeister *Albert Pike* plante, erfahren wir mehr Details durch einen Seher – den *Blinden Jüngling von Prag*.

Er ist einer der markantesten Seher (obwohl er mit seinen physischen Augen gar nicht *sehen* konnte). Die Kunde von ihm und seinen Fähigkeiten gelangte nach Prag, wohin ihn Kaiser Karl IV. (1346-78) holen ließ, um ihn über künftige Geschicke des Reiches zu befragen. Die Weissagungen des Blinden Jünglings sind bisher richtig eingetroffen, daher besteht an und für sich kein Grund anzunehmen, der letzte, besonders wichtige Teil, der uns betrifft, ginge fehl. Er prophezeite unter anderem folgendes:

- *„Wenn sie meinen, Gottes Schöpfung nachmachen zu wollen, ist das Ende da."* (Zum Beispiel Gen-Technologie und intelligente Computer)
- *„Ein neuer Krieg wird ausbrechen, dieser wird der kürzeste sein."* (Dritter Weltkrieg)
- *„Über das große Wasser wird der Krieg kommen, und die eisernen Rosse werden Böhmens Erde zerstampfen."* (Beteiligung der USA im Dritten Weltkrieg. Einsatz von Panzerarmeen in der Tschechoslowakei)
- *„Um Böhmen wird ein großer Trümmerhaufen sein, denn es wird Feuer hageln."* (Einsatz von Bomben oder eine Naturkatastrophe)
- *„Aber es wird nicht eher Friede in Europa sein, ehe nicht Prag ein Trümmerhaufen ist."*
- *„Abermals zur Kirschblüte wird Prag vernichtet werden."*
- *„Die wilde Jagd braust über die Erde... Es dauert nicht länger als man*

Abb.534: Auf der Ein-Dollar-Note finden wir oben links neben der Eins eine kleine Eule. Was sagt uns das? Symbolik also auch hier.

dazu braucht, Amen zu sagen." (Einsatz von Raketen oder weltweiter Vulkanismus beziehungsweise Meteoriteneinschlag)

- *„Eine Sonne wird stürzen und die Erde beben..."* (Zusammenbruch des irdischen Magnetfelds?)
- *„Ihr Mächtigen und Gewaltigen, ihr werdet kleiner sein als der arme Hirt!"* (Die Regierungschefs vieler Länder werden hilflos sein. Ihr Schicksal ist schlimmer als das der Bevölkerung in abgelegenen ländlichen Gebieten.)
- *„Zweimal wird das Böhmerland gesiebt werden: Das zweite Mal werden nur so viele Tschechen übrigbleiben, wie auf einer Hand Platz haben."*
- *„Der Hirte wird seinen Stecken in den Boden stoßen und sagen: Hier hat Prag gestanden... dann wird es einfahren wie ein Blitz in den Ameisenhaufen, und es wird auch den Hirten nicht verschonen."* (Prag wird durch Bombeneinsatz völlig vernichtet.)
- *„Über die Welt wird ein neues Zeitalter kommen, das man das Goldene nennen wird."*

Ein weiterer wichtiger Zeuge für das künftige Kriegsgeschehen ist ein Zivilist, der **Lothringer** genannt, der im August 1914 von den vorrückenden deutschen Truppen bei Metz kurze Zeit gefangengehalten und als Spion verdächtigt wurde. Was er einem Offizier erzählte, schrieb der deutsche Soldat *Andreas Rill* in zwei Feldpostbriefen nach Hause.

In seinem zweiten Brief vom 30.8.1914 schrieb er: *„Steht an der Jahreszahl 4 und 5* (1945), *dann wird Deutschland von allen Seiten zusammengedrückt und das zweite Weltgeschehen ist zu Ende und der Mann verschwindet und niemand weiß wohin, und das Volk steht da und wird noch ausgeraubt und vernichtet bis ins Unendliche, aber die Feinde stehen auch nicht gut miteinander. Die Dunklen werden es leiten, die Völker mit großen Versprechen zu beruhigen, und die Sieger kommen in das gleiche Ziel der Besiegten.*

In Deutschland kommen dann Regierungen, aber können ihr Ziel (Wiedervereinigung in den fünfziger Jahren) *nicht ausführen, da ihr Vorhaben immer wieder vereitelt wird. Der Mann und das Zeichen* (Hitler und das Hakenkreuz) *verschwinden und niemand weiß wohin, aber der Fluch im Inneren bleibt bestehen. Die Leute sinken immer tiefer in der Moral und werden schlechter. Die Not wird noch viel größer und fordert viele Opfer. Die Leute bedienen sich sogar mit allen möglichen Ausflüchten und Religionen, um die Schuld an dem teuflischen Verbrechen abzuwälzen. Aber es ist den Leuten alles gleich, denn der gute Mensch kann fast nicht mehr bestehen während dieser Zeit und wird verdrängt und vernichtet.*

Dann erheben sich die Leute selbst gegeneinander, denn der Haß und der Neid wachsen wie das Gras, und sie kommen immer weiter in den Abgrund. Die Besatzungen lösen sich voneinander und ziehen ab mit der Beute des Geraubten, was ihnen auch sehr viel Unheil bringt...“

Interessant finde ich die Bemerkung, daß *„der Mann und das Zeichen verschwinden und niemand weiß wohin“*.

Kann es sein, daß doch etwas an dem Gerücht dran ist, daß Adolf Hitler zu Kriegsende das Land verlassen hat und die Leiche im Berliner Bunker die eines Doppelgängers war?

Der kritische Betrachter muß jedenfalls bei einem Bildvergleich verblüfft feststellen, daß die Augenbrauen von Hitler eng zusammenliegend sind, jedoch die Augenbrauen der Leiche auf den angeblichen „Beweisfotos“ weit auseinander liegen.

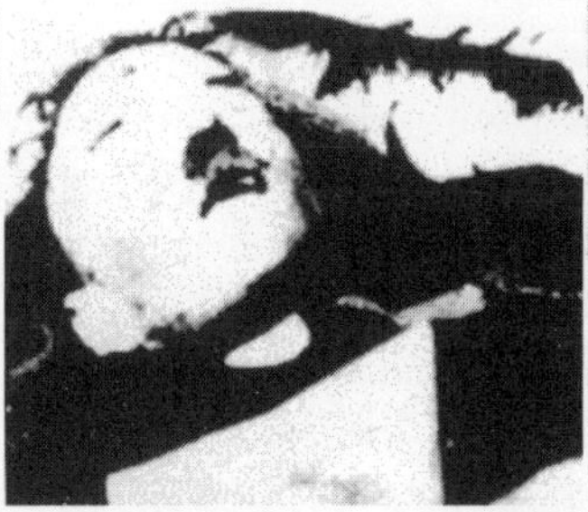

EXTRA THE STARS AND STRIPES EXTRA

HITLER DEAD

Fuehrer Fell at CP, German Radio Says; Doenitz at Helm, Vows War Will Continue

Abb.535 links: Foto von Adolf Hitler. **Abb.536** Mitte: Offizielles „Beweisfoto“ von Adolf Hitlers Leiche. Vergleichen Sie die Augenbrauenpartien mit denen des Fotos von Hitler links. Sie sind ohne Frage nicht identisch. Verschwörungstheorie – oder offensichtlich nicht weg zu diskutierende Realität? Beurteilen Sie selbst... **Abb.537** rechts: Zeitungsartikel über Hitlers offiziellen Tod.

Wäre dem so, dann würde das auch das seltsame Verhalten Stalins auf der Potsdamer Konferenz erklären, der Wochen nach dem offiziellen Tod Hitlers am 30. April 1945 fragte, wo denn Hitler sei.

Wieso sollte er als Höchster Sowjet das fragen, nachdem doch die russischen Truppen die Leiche Hitlers in Berlin entdeckt hatten...?

Stimmt die Legende unter Umständen also doch, daß Adolf Hitler damals überlebt hat und nach Argentinien ins Exil ging? Sicher ist jedenfalls, daß auch laut unserer bekannten Geschichtsschreibung Argentinien ein Auffanglager für hohe Funktionäre der Nationalsozialisten war. So sind nach der offiziellen Geschichtsschreibung weit über zweihundert ranghohe Nationalsozialisten nach Argentinien geflohen. Eine weitere Tatsache ist, daß infolgedessen in Argentinien ebenfalls ein rechtsorientiertes Militärsystem an die Macht gelangte, welches nationalsozialistische Vorgehensweisen aufwies. So wurden dort ebenso wie im Dritten Reich tausende von Menschen von der Straße deportiert und in Konzentrationslager gesperrt. Viele von ihnen wurden gefoltert und ermordet. Diese Militärjunta wurde im Jahre 1983 zerschlagen. Politiker und Militärs des Systems fanden sich, wie zwei Jahrzehnte zuvor, vor einem Gericht wieder und wurden zu langen Haftstrafen verurteilt. Interessant ist in diesem Zusammenhang, daß laut den „Verschwörungstheoretikern" Adolf Hitler ebenfalls im Jahre 1983 in Argentinien verstorben sein soll – im gleichen Jahr, in welchem dort das Militärsystem zerschlagen wurde...

Doch lauschen wir nun weiter den Worten des Sehers und erfahren, was er über den Dritten Weltkrieg zu sagen hat:

„Und das Unheil des dritten Weltgeschehens (Dritter Weltkrieg) *bricht herein. Rußland überfällt den Süden Deutschlands. Aber nur kurze Zeit, und den verfluchten Menschen wird gezeigt werden, daß ein Gott besteht, der diesem Geschehen ein Ende macht. Um diese Zeit soll es furchtbar zugehen und es soll den Menschen nichts mehr helfen, denn diese Leute sind zu weit gekommen und kommen nicht mehr zurück, da sie die Ermahnung nicht gehört haben. Dann werden die Leute, die noch da sind, ruhig."* Und weiter: *„...und Angst und Schrecken wird unter ihnen weilen, denn jetzt haben sie dann Zeit, nachzudenken und gute Lehren zu ziehen, was sie vorher nicht gewollt haben. Am Schluß dieser Teufelszeit werden dann die geglaubten Sieger zu den Besiegten kommen um Rat und Hilfe, denn auch ihr Los ist schwer. Denn alles liegt am Boden wie ein Ungeheuer... Wer weiß, ob wir bis dahin noch leben, und es ist ja nicht zum glauben. Ich schreibe das nur, damit Ihr seht, was er alles gesagt hat, und von den Kindern erlebt diese Zeit doch keines.*

Denn beim dritten Geschehen soll Rußland in Deutschland einfallen, und die Berge sollen von da Feuer speien und der Russe soll alles zurücklassen an

Kriegsgerät. Bis zur Donau und Inn wird alles dem Erdboden gleichgemacht und vernichtet. Die Flüsse sind alle so seicht, daß man keine Brücken mehr braucht zum Hinübergehen. Von der Isar wird den Leuten kein Leid geschehen, es wird nur Not und Elend hausen. Die schlechten Menschen werden zugrunde gehen als wie wenn es im Winter schneit, und auch die Religion wird ausgeputzt und gereinigt. Aber die Kirche erhält den Siegestriumph...

In Rußland werden alle Machthaber vernichtet, und die Leichen werden dort nicht mehr begraben und bleiben liegen. Hunger und Vernichtung ist in diesem Lande die Strafe für ihre Verbrechen..." Und: *„Rußland wird zurückgeschlagen, weil die Natur eingreift. Da wird in Süddeutschland ein Platz sein, wo das Ereignis eintritt. Später kommen die Leute aus aller Welt, um das anzuschauen. Der Papst wird dann beim Friedensschluß dabei sein. Zuvor aber muß er fliehen, da er als Verräter hingestellt wird. Er kommt nach Köln, wo er nur mehr einen Trümmerhaufen findet, alles ist kaputt.*"

Noch kurz vor seinem Tode 1958 meinte Andreas Rill zu seinen Söhnen in bezug auf den dritten Krieg: *„Es dauert nur ganz kurz. Ich erleb' es nimmer, aber ihr Buben denkt noch an mich.*"(45)

Wir halten somit fest: Es wird prophezeit, daß jene Schlacht sehr heftig wird, aber auch ***sehr kurz***; und es heißt: *„Sie wird dann beginnen, wenn alle glauben, es gibt Frieden.*"

Ich persönlich kann mir nur ein einziges Szenarium vorstellen, das einen solchen schlimmen Krieg auslösen wird und kann: nämlich, daß eben all die geschilderten „Zufälle" keine sind und das Logentum in besagter Form tatsächlich existiert.

Und jener Großmeister der Freimaurer, *Albert Pike*, hatte ja, wie bereits aufgeführt, im Jahre 1871 einen Plan erstellt, wie sie über drei Weltkriege die Welt in ihre Gewalt bringen wollen – in die Neue Weltordnung! Dies ist ihr Plan!

Er ist über die Jahrhunderte gewachsen, er ist die Erfüllung der Offenbarung, und seine Macher glauben, daß er so weit fortgeschritten ist, daß sie ihn für *unüberwindlich* halten.

Wäre dies eine Realität, dann würde ein Ereignis, das diese uralten Manifeste einreißt, tatsächlich den absoluten Endkampf einläuten – so wie es in der Bibel steht und wie wir es auch in den alten germanischen Prophezeiungen lesen können – es kommt nicht noch ein kleiner, weiterer Krieg, sondern es steht die alles entscheidende Schlacht an – die Endschlacht, der Dritte Weltkrieg!

Doch es heißt auch, daß der Krieg nur von kurzer Dauer sein wird. Wieso? Was wird ihn so schnell beenden?

Die Menschen selbst werden es sein...!

Werden sie zu Beginn noch die Befehle der alten Struktur befolgen und in den Krieg ziehen, wird ihnen wohl bald bewußt werden, daß sie gegen sich selbst kämpfen und nicht für eine gute Sache. Es wird dann heißen: *„Stell Dir vor, es gibt Krieg – und keiner geht hin...“*

Und jene, über Jahrhunderte und Generationen belogenen und versklavten Menschen werden das Tier in den Abgrund schmeißen, so wie es in der Offenbarung geschrieben steht!

Glauben auch Sie an diese Wahrheit?

Die Freimaurer und der Vatikan

Nun wird es eine ganze Reihe von Lesern geben, die unter Umständen denken, daß aber doch die Kirche und der Vatikan, der ja nun durch unseren deutschen Papst eine unglaubliche Wiederbelebung erfährt (siehe den Erfolg des Weltjugendtages im Sommer 2005 in Köln) und eventuell eine Lösung wäre aus dem geschilderten Schlamassel.

Ich glaube kaum, denn der Vatikan ist seit langer Zeit von Freimaurern unterwandert!

Diese Behauptung ist nicht neu. Aufgrund solcher Tatsachen war bereits im Jahre 1893 in Rom unter der Förderung des Heiligen Stuhls eine *„Union generale antimaconnique“* gegründet worden. Kurz darauf kam es Mitte der neunziger Jahre in Italien zur Schaffung einer Antifreimaurerliga, die den Namen *„Gullino Luigi“* trug. In Frankreich begründete 1896 *Jogand Taxil* die *„Ligue du Labarum“* als Antifreimaurervereinigung.

Diese *„Ligue du Labarum"* hatte sich Taxil als eine Art Schutztruppe zur Unterstützung seines literarischen Kleinkriegs gegen diese Symbiose aus Freimaurern und Satanisten geschaffen.

Es bestanden 3 Grade: 1. Grad: *Legionär Konstantins*; 2. Grad: *Soldat des heiligen Michael*, 3. Grad: *Ritter des heiligen Herzens*.

Für Frauen gab es den Grad *Schwester der Jungfrau von Orleans*.

Auf Antrag des Präsidenten der italienischen Antifreimaurerliga wurde für das Jahr 1896 von der römischen Kurie ein Antifreimaurerkongreß einberufen. Die Veranstaltung begann am 27. September 1896. Anwesend waren mehrere Kardinäle, 36 Bischöfe und bischöfliche Delegierte sowie über 700 Abgesandte verschiedener katholischer Institutionen, meist aber Geistliche. Das Vorbereitungskomitee für den Kongreß erhielt zustimmende Zuschriften von 22 Kardinälen, 23 Erzbischöfen, 116 Bischöfen und zahlreichen Klerikern. Auf deutscher Seite wurde der Kongreß durch den Führer des deutschen katholischen Adels, Fürst Karl zu Löwenstein (1831-1921), vorbereitet. Er erließ am 18. September 1896 einen Aufruf. Valussi verglich die Freimaurerei in seiner Eröffnungsrede mit der *„höllischen Schlange, die das Menschenpaar betrog"* und sprach davon, wie die Freimaurerei die Völker täuscht, indem sie ihnen das Glück verspricht. Laut dem katholischen Bischof Dr. Rudolf Graber ist die Freimaurerei der Schöpfer eines *„luziferianischen Planes"*.

Wie sieht es heute aus?

Von *Papst Johannes Paulus I.* wird behauptet, daß er Freimaurer war, da er von dem Freimaurerkardinal und Erzbischof von Rom, Benelli, dem Kardinalskollegium zur Wahl vorgeschlagen wurde. Manche Erz-Katholiken sehen in seinem frühen Tod *„den Willen Gottes begründet"*, denn in Rom darf kein Heiliger Vater regieren, welcher den Freimaurern hörig ist.

Manche Katholiken sahen ein *„mahnendes Zeichen des Herrn"* darin, daß der nach der Papstwahl übliche weiße Rauch, der den neugewählten Papst verkünden soll, sich nicht einstellen wollte. Stattdessen quoll schwarzer Rauch aus dem Kamin, und ein plötzlicher Windstoß trieb den Rauch in den Saal der Konklave, so daß man rasch die Fenster zum Lüften öffnen mußte.

Abb.538 links: Kardinal Ratzinger wurde zum Nachfolger von Papst Johannes Paul II. gewählt.
Abb.539 rechts: Der Petersplatz in Rom. Im Zentrum des römischen Monsterbaus steht ein ägyptischer Obelisk; ebenso zu finden hinter dem Weißen Haus in Washington sowie an allen anderen Machtzentren der Illuminati – glaubt man den Verschwörungstheoretikern.

Und wieso sollte *Papst Johannes Paul II.* im Jahre 1981 ermordet werden? Es wurde bislang das Bild eines Einzeltäters verbreitet, obwohl bekannt ist, daß ein zweiter Mann gefilmt wurde, der nach dem Attentat davonrannte. Inzwischen sind auch etliche Artikel erschienen, welche die geheimdienstlichen Verbindungen und Hintergründe des Täters *Ali Agbar* offenlegten – diese gehen zurück auf den israelischen Geheimdienst *Mossad*.

Alles Spekulation? Auch für Leser, welche nicht an eine Verschwörung glauben, sollte zumindest folgende Merkwürdigkeit auffallend sein: Johannes Paul II. änderte 1982, **nach dem Anschlag**, den er nur knapp überlebte, das *„Kanonische Recht"*, wodurch die Exkommunikation im Falle einer Freimaurermitgliedschaft von Katholiken aufgehoben wurde!

Sogar das deutsche Fernsehen bestätigte unterdessen diese Behauptung, denn in einem Beitrag bei 3Sat wurde namentlich in Verbindung mit dem Vatikan auch wieder die *Freimaurerloge P2* mit ins Visier genommen.

Anlaß der Fernsehsendung vom 16. Juni 2003 war der Mord an dem frisch ernannten Kommandeur der Schweizer Garde, *Estermann*, und zwei anderen Soldaten der Garde im Vatikan. Die Moderatorin erklärte, es gäbe im Vatikan eine jahrzehntelange Fehde zwischen freimaurerischen Kardinälen und dem *Opus Dei* – die Logen wären seit Jahrzehnten die herrschende Clique gewesen.

Die Schweizer Garde im Vatikan kann man als eine Art Sicherheitsdienst verstehen. Ihre Kommandeure haben zwar keinen Einfluß, aber einen großen Einblick in alle Vorgänge im Vatikan. Estermann war aber vom Opus Dei gekommen und nun zum Kommandeur ernannt worden. Die Freimaurer hätten ihn angeblich ermordet, damit ihre Machenschaften nicht ans Tageslicht kommen. Die zwei anderen Soldaten der Schweizer Garde wären ebenfalls von Freimaurern ermordet worden, weil sie unliebsame Zeugen des Mordes an Estermann gewesen sein sollen. Der Vatikan hat jede Untersuchung verhindert und verschiedene Versionen verbreitet, nach denen sich die drei Schweizer Gardisten gegenseitig ermordet hätten.

Die Moderatorin berief sich auf die zwei Bücher *„Mord im Vatikan – Ermittlungen gegen die katholische Kirche“* von Valeska von Roques und

Abb.540 oben links: Der neue Supreme Court in Israel, gestiftet von den Rothschilds. Auf seinem Dach, links oben, ist eine eingearbeitete Pyramide in einem Kreis versenkt. **Abb.541** oben rechts: Freimaurertempel mit Pyramide auf dem Dach. Die abgehobene Spitze fehlt symbolisch.
Abb.542 unten links: Die Pyramide auf dem Supreme Court in Israel aus der Nähe. Im oberen Bereich ist symbolisch das Allsehende Auge oder „Auge des Horus“ in Kreisform eingebaut. „Zufälle“ gibt es...
Abb.543 unten rechts: Obelisk im Supreme Court in Israel, welcher im Detail generell nichts anderes darstellt als eine in den Himmel gehobene Pyramide, die in all den Machtzentren (Städten) der Freimaurer symbolisch stehen. Eine auch direkt „hinter“ dem Weißen Haus in Washington.

„Ihr habt getötet – Der Machtkampf der Logen im Vatikan" von Discepoli di Verita.

In einer Meldung vom 28. April 2005 der *Kreuz.net – Katholische Nachrichten* finden wir den Artikel *„Der neue Papst in der Hand der Freimaurer"*. Hier wird darauf verwiesen, daß man, wenn man den Domainnamen *www.benoit-xvi.be* anklickt, nicht etwa im apostolischen Palast oder wenigstens auf dem Petersplatz in Rom landet, sondern auf die Seite *www.hiram.be* umgeleitet wird, hinter der sich eine Freimaurer-Seite verbirgt.

Laut der *Katholischen Nachrichten* ist es kein „Zufall", daß die Freimaurer-Seite sich *hiram* nennt. Zur Erklärung: Hiram war der Erzschmied, den König Salomon aus Tyrus im heutigen Libanon kommen ließ, um die Metallbestände im Tempel in Jerusalem herzustellen. So steht es im ersten Königsbuch.

Die unschuldige Figur des Hiram wird im Freimaurerritual als Symbol benutzt, das die *„Wiedergeburt in den spirituellen Banden der Freimaurerei"* darstellt.

Die französischsprachige Website *hiram.be* wird von Mitgliedern der Freimaurerei unterhalten. Zur Zeit (November 2005) ist auf der Seite gerade nachzulesen, wo Freimaurer-Embleme verkauft werden. Es wird über die *Vereinigte Großloge Frankreichs* berichtet, und sogar ein Beitrag über *Santiago de Compostella und Freimaurerei* sei gegenwärtig online, so die *Katholischen Nachrichten* in ihrem Bericht.

Können wir deshalb davon ausgehen, daß George W. Bush & Co. bei der Beerdigung von Papst Johannes Paul dem II. der **Beerdigung der katholischen Kirche** beigewohnt haben?

Was bedeutet all das?

Wir haben nun erfahren, daß es UFO-Konstruktionen im Dritten Reich gab und daß diese Geschichten der „Wunderwaffen" nicht nur Phantasieprodukte von „Ewiggestrigen" sind. Sie wissen nun auch, daß es UFO-Konstruktionen in Amerika und Rußland gab und gibt, obwohl man Sie dazu erzogen hat zu glauben, *„daß so etwas am Himmel nicht sein kann"*!

Das heißt im Klartext, daß Sie nun mit Sicherheit wissen, daß Sie die ganze Zeit belogen wurden und es immer noch werden.

Mit dieser Kenntnis frage ich Sie provokant: Inwiefern trauen Sie nun noch unserer Regierung, unserem Militär, unseren Massenmedien?

Und denken Sie nochmals über die Aussage nach, *„daß wir Deutschen in einem Siegerland der Alliierten leben"* und bis heute keinen Friedensvertrag haben. Das heißt anders ausgedrückt, daß wir uns immer noch im Krieg befinden; und im Krieg stirbt die Wahrheit zuerst...!

Glaube *ich* an diese Wahrheit? Ich glaube, daß das, was der Jünger Johannes als „Offenbarung" empfangen hat, der Realität entspricht und daß sich diese erfüllen wird.

Kapitel 18
UFOs über Mexiko

Kommen wir nach all diesen Ausflügen wieder zurück zum Anfang des Buches – zu dem UFO-Vorfall vom März 2004 über Mexiko.

Am 5. März 2004 wurden vom mexikanischen Militär während eines Erkundungsfluges über der Region Campeche mehrere Flugobjekte gefilmt – und zwar mit einer Wärmebildkamera. Die Piloten hatten diese an Bord, da sie nach illegalen Drogenaktionen suchten.

Die Objekte wurden sowohl auf Radar als auch auf der Wärmebildkamera registriert. Mit bloßem Auge war allerdings nichts zu sehen, obwohl die Objekte die Kampfjets begleiteten und auf den Filmen der Wärmebildkamera hinter den Wolkenformationen verschwanden und wieder auftauchten (wir hatten diesen Fall in Kapitel 2 ausführlich behandelt).

Meine Meinung hierzu:

Der Krieg hat begonnen! Die Prophezeiung der Bibel wird unsere Welt treffen. Und dieser „letzte Krieg“ ist multidimensional.

Mexiko erlebte Anfang der neunziger Jahre die größte UFO-Welle, von der wir wissen, welchc auf tausenden unabhängiger Amateur-Filmaufnahmen festgehalten wurde. Dies geschah nicht „zufällig“. Sie erfüllten damit eine uralte Prophezeiung der Mayas, welche besagt, daß zur Zeit der großen Sonnenfinsternis im Jahre 1991 dort die Götter wiederkehren. Und das taten sie!

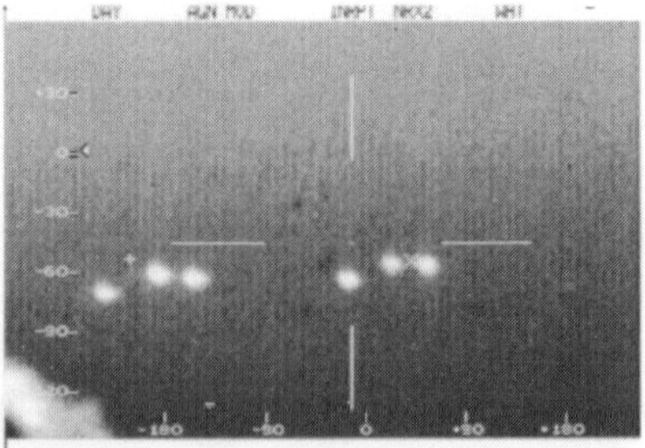

Abb.544 links: C-26A Crew, welche Augenzeuge der „unerklärlichen“ UFO-Begegnungen im März 2004 über Mexiko wurde.
Abb.545 rechts: Aufnahme der Objekte durch die Wärmebildkamera eines Kampfjets.

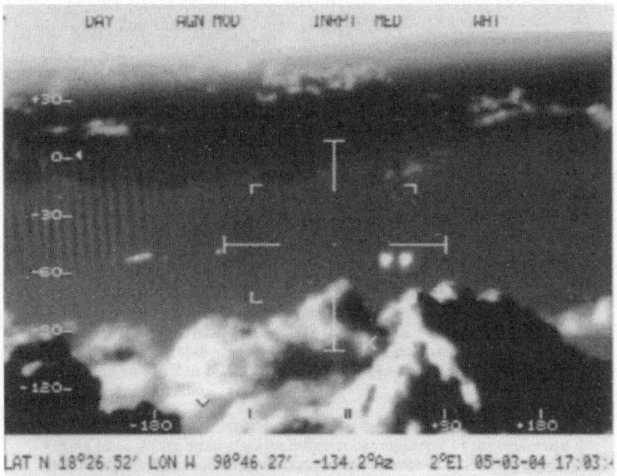

Abb.546 links: Ein weiteres Bild der Wärmebildkamera vom März 2004 über Campeche, Mexiko: zwei der Objekte hinter einer Wolkenbank. Das mexikanische Militär veröffentlichte im Jahr 2004 diese Aufnahmen, nachdem es offiziell „keine Erklärung dafür hatte"...

Der Maya-Kalender endet im Jahr 2012, denn für diese Zeit haben die Götter ihre Rückkehr angekündigt. Oder kommt alles ganz anders, da, wie es in den Heiligen Schriften beschrieben steht, nur Gott den genauen Zeitpunkt kennt? Die Zukunft wird es zeigen...

Doch ob im Jahre 2012, 2025 oder im Jahr X – eines ist sicher: Würde sich die Offenbarung des Johannes – die Apokalypse – nicht erfüllen, hätte sich unter anderem die Bibel selbst widerlegt, und wir könnten die etablierten Religionen abschaffen; auch wenn viele das nicht hören wollen. Dies trifft an und für sich auf alle Religionen zu, welche Prophezeiungen für die Endzeit ankündigen sowie eine „Endschlacht"...

Und sollten die Götter um das Jahr 2012 nicht zurückkehren, wie es die Mayas voraussagten, dann wäre auch deren Kalender falsch...

Glauben Sie, daß sich alle geirrt haben?

Mit diesen Worten entlasse ich Sie zurück in die Sklaverei.
Möge Gott uns helfen, daß sie zu Ende geht!

Schlußgedanken

Sicherlich wird auch dieses Buch wieder vielen Menschen in die Hände fallen, welche anderer Meinung sind. Dies ist legitim. Meinungsfreiheit ist letztlich sicherlich auch darin verwurzelt, anderer Meinung sein zu dürfen. Geben wir die Meinungsfreiheit durch Gesetzgebung und Politik auf, dann begraben wir die Freiheit aller.

Guido Westerwelle meinte im Mai 2005: *„Man kann die Freiheit nicht erhalten, indem man sie in ein Gefängnis steckt."*

Sollten einige Details in diesem Buch in den nächsten Jahren widerlegt werden, bedeutet dies noch lange nicht, daß die Geschichte dahinter nicht existiert. Wenn man sich mit Themen befaßt, welche über Jahrzehnte oder gar Jahrhunderte bewußt vertuscht wurden, dann befindet man sich immer in einem Bereich, der unglaubwürdig klingt, sobald man damit an die Öffentlichkeit geht – denn der alte Machtapparat dahinter existiert noch und ist funktionstüchtig.

Und so ist es geradezu voraussehbar, daß man Ihnen eventuell erzählt, warum „alles ganz anders" ist. Man wird Ihnen Erklärungen geben, die alles zerreden, mit Begründungen, die auf einem alten Weltbild aufgebaut sind und deren einziger Zweck es ist, das alte System zu erhalten, damit *„die Dinge so bleiben, wie sie sind"*.

Eine amerikanische Firma, welche hochgeheime Flugzeuge baut, wird sicherlich auch nicht ohne weiteres zugeben, daß ihre zugrundeliegende Technologie durch Spionage während des Dritten Reichs oder das Kopieren von deutscher Technologie danach zustandekam – selbst wenn es den Tatsachen entspricht.

So wird es Ihre eigene Einschätzung sein, die am Ende zählt.

Ob sie jenen Medienapparaten glauben, welche Ihnen im Golfkrieg erzählt haben, daß *„Saddam Hussein Giftgas produziert und ein Angriffskrieg deshalb legitim und unabwendbar ist"*, oder aber auch einmal in ihre persönliche Meinung mit einbeziehen, daß nicht alles wahr ist, was die Medien als Realität verkaufen, liegt bei Ihnen.

Angeblich hat Amerika kurz vor dem Golfkrieg die Informationen über die *„Giftgasarsenale im Irak"* von gesicherten Quellen aus seinen Geheimdiensten erhalten. Dies sollte uns einmal mehr verdeutlichen, daß entweder diese Geheimdienste bewußt gelogen haben, um einem bereits geplanten Angriffskrieg den Weg in der öffentlichen Meinung zu ebnen, *oder* daß diese eben doch keinen wirklichen Durchblick hatten, falls erstere Alternative nicht zutrifft...

Diktaturen haben es so an sich, daß die Medien kontrolliert werden, sei es damals in Deutschland – sowohl im Dritten Reich als auch in der DDR – oder heute in Rußland (aufs neue), dem Iran, in China oder ganz aktuell in den USA nach dem Anschlag auf das World Trade Center!

Und es war nicht nur *Carl Bernstein*, jener Reporter der Washington Post, welcher den Watergate-Skandal und die Abhöraffäre Nixon aufdeckte, der angab, daß auch wir heute einer Medienkontrolle unterliegen. Spätestens nach dem 11. September 2001 wurde das jedermann bewußt, als in den USA Reporter gefeuert wurden, nachdem sie auf Widersprüche in der offiziellen Darstellung der US-Regierung hingewiesen hatten.

Und ich meine, daß dies auch dadurch offensichtlich wird, daß sowohl im Fernsehen als auch in der Tagespresse bestimmte Themen zum Tabu erklärt werden, daß die Meinungen Andersdenkender vor Millionen von Zuschauern der Lächerlichkeit preisgegeben werden und daß immer wieder auf die bekannten Theorien – die als „Beweise" verkauft werden – verwiesen wird, wenn es darum geht, Aufdeckungen bloßzustellen und nichtigzureden – oft mit Verweisen auf „Beweise" gerade jener Geheimdienste, welche uns im Golfkrieg einmal mehr demonstriert haben, was man von deren „Beweiskraft" zu halten hat...

- Niemand fragt, warum die UFO-Sichtungswelle, welche damals Anfang der neunziger Jahre über Mexiko stattfand und in welcher **Tausende** unabhängige Amateurfilmer dieselben Objekte filmten, in die Boulevardpresse abgeschoben wurde, anstatt sie in den normalen Nachrichten als Top-Thema zu bringen.

- Niemand fragt, warum Fernsehanstalten, welche ständig auf der Jagd nach neuen Sensationen und höheren Einschaltquoten sind, bislang das Thema Illuminaten, Geheimgesellschaften und Verstrickungen wie ein heißes Eisen meiden, obwohl Bücher von Autoren, welche sich damit beschäftigen, ein immens großes Publikum erreicht haben – siehe die Fälle *Jan van Helsing* oder *Dan Brown* mit seinem Weltbestseller „*Illuminati*“!

- Warum wird in den Medien darüber gelacht, wenn Menschen auf eine Verschwörung aufmerksam machen; wenn sie auf das Siegel auf der Dollarnote und die dort befindliche Pyramide mit dem Abschlußstein und dem „Allsehenden Auge“ hinweisen, auf dem steht: *Novus Ordo Seclorum* (die „*Neue Weltordnung*“) und *Annuit Coeptis* („*Er hat dem Vorhaben zugestimmt*“).
  Warum wird darauf nicht eingegangen, obwohl doch tatsächlich Freimaurertempel, Freimaurergräber und das offizielle Emblem des obersten möglichen Freimaurergrades diese Symbolik aufweisen?
  Unanzweifelbar ist nämlich beispielsweise, daß die *Rothschilds* das neue Gerichtsgebäude in Israel gestiftet und konzipiert haben – eine Tatsache, welche auch in den „normalen“ Medien bekannt wurde und nicht angezweifelt wird. Tatsache ist ebenfalls, wie in diesem Buch zu sehen ist, daß in das Gerichtsgebäude eine Pyramide mit einem „Allsehenden Auge“ eingebaut wurde. Ist es tatsächlich wahr, daß die offiziellen Medien hier keinen Zusammenhang sehen wollen oder gar einen „Zufall“ für möglich halten?

Abb.547: Das Symbol der Freimaurer für den höchsten zu erreichenden 33. Grad. Es hat das *Auge des Horus*, an seiner Spitze mit der Zahl 33 darin. Darunter ist das assyrische Zeichen der Schwarzen Sonne. An den Füßen des Phönix steht *ordo ab chao* – Ordnung aus dem Chaos.

- Warum, frage ich, lassen wir es zu, daß Menschen, die in einer *Geheimgesellschaft* verankert sind – also etwas zu verbergen haben –, an die Schlüsselpositionen der Machtzentralen gesetzt werden? Dabei scheint das den meisten – vor allem den Journalisten – offenbar gleichgültig zu sein, oder sie sehen darin keine „Verschwörung"...

Wie halten *Sie* es damit? Halten Sie meine Ausführungen für reine Spekulation oder das Geschwätz eines Verschwörungstheoretikers?

Damit habe ich kein Problem. Ich muß mir nicht einmal die Mühe machen, die Namenslisten der Mitglieder verschiedener Freimaurerlogen und Herrenklubs abzuschreiben; diese sind heute direkt übers Internet abrufbar. Sie werden überrascht sein, welche Persönlichkeiten aus Politik, Wirtschaft wie auch den Medien Sie dort wiederfinden!
Und Sie finden die Namen nicht etwa auf der Internet-Seite sogenannter „Verschwörungstheoretiker", sondern über die offiziellen Webseiten von Freimaurerlogen!
Hier sind einige der Listen, mit welchen sich die Logen selbst brüsken, was ihre bedeutsamen Mitglieder der Vergangenheit angeht:

(a) http://www.mastermason.com/prp959/famous.htm
(b) http://www.home.att.net/~level61/famous.htm

Ab heute können Sie jedenfalls nicht mehr sagen, Sie hätten davon nichts gewußt...

In einem Interview des *Time Magazin*, Ausgabe 7. August 2000, Vol.156, No. 6, gibt George W. Bush, wie in vielen anderen Interviews, offiziell zu, Mitglied der *Skull & Bones* und indirekt der *Bilderberger* und der *Freimaurer* zu sein:

Time Magazine: *„Doch Sie (George W. und Vater) teilten sicherlich eine Menge derselben Erziehung: Andover, Yale, sogar die Skull & Bones. Hatten Sie nie Bedenken, einem elitären Geheimbund wie Skull & Bones beizutreten?"*
George W. Bush: *„Keineswegs. Ich wurde gewürdigt. Ich sah es eher lässig. Als großes Erbe habe ich es nicht aufgefaßt und nahm es auch nicht so ernst."*

Time Magazine: „*Entmystifizieren Sie es ein bißchen für diejenigen, die glauben, daß es sich bei Skull & Bones um eine Mischung aus einer Freimaurerloge und der Trilateralen Kommission handelt. Kam ihr Vater vorbei bei Ihrer Initiierung* (Einweihung in die Loge; A.d.V.), *so wie ihr Großvater es tat?*"

George W. Bush: „*Ohne all die großen Geheimnisse zu enthüllen? Ich habe ein paar von meinen alten Klubmitgliedern, welche es entmystifizieren können von den alten Fledermausgeschichten. Mein Vater war es nicht, der mich auswählte. Es gab eine Einweihungsfeier. Ich weiß nicht mehr, ob mein Vater dabei war oder nicht. Ich glaube nicht.*"

Time Magazine: „*Was war die wichtigste Sache, welche Sie von Ihrer Familie erbten?*"

George W. Bush: „*Die bedingungslose Liebe, welche ich von meiner Familie zu spüren bekam, befreite mich. Wir waren vor kurzem alle in der Kirche in Maine, und der Pfarrer fragte, ob irgend jemand in der Gemeinde eine perfekte Familie hatte, und die einzige Hand, welche ohne Zögern nach oben ging, war die meines Vaters. Es half mir und Jeb* (George W. Bushs Bruder, A.d.V.), *keine Angst vor Niederlagen zu haben...*"

In einem anderen Interview aus dem Jahr 2004, geführt von *NBC News* (siehe dazu http://msnbc.msn.com/id/4179618), wurde George W. Bush noch näher auf die *Skull & Bones* sowie ein anderes Mitglied der Bones, seinen „Kontrahenten" im letzten Wahlkampf, *John Kerry*, angesprochen:

Russert: „*...Sie schlugen John Kerry in beiden Abstimmungen – „U.S.A. Today" und „Newsweek" – mit sieben und fünf Punkten.*"

George W. Bush: „*Jawohl.* "

Russert: „*...Sie waren beide bei den Skull & Bones, der Geheimgesellschaft.*"

George W. Bush: „*Es ist so geheim, daß wir darüber nicht sprechen können.*"

Russert: „*Was bedeutet das für Amerika? Die Verschwörungstheorien sind dabei, in wilde Spekulationen auszuarten.*"

George W. Bush: „*Ich bin mir sicher, daß sie das tun. Ich weiß es nicht. Ich habe noch keine Web-Seiten gesehen.*" (lacht)

Russert: „*Nummer 322.*"

George W. Bush: „*Zuallererst, es ist nicht der Kandidat, und – doch schauen sie nach vorne...*"

- Diese Geheimgesellschaften, einschließlich der Freimaurer und der Skull & Bones, verwenden zudem eine okkulte sowie schon im Dritten Reich verwendete Symbolik. So ist, wie bereits genannt, das Emblem der Skull & Bones identisch mit jenem der SS (Schädel mit gekreuzten Knochen).
Diesen Geheimgesellschaften ist es anscheinend möglich, der nicht eingeweihten Presse glaubhaft zu verkaufen, daß es dort „*nichts Negatives zu entdecken gibt*", beziehungsweise sind die Eigentümer diverser Verlagshäuser und die Herausgeber verschiedener Zeitungen und Fernsehanstalten selbst Mitglieder.
Gleichzeitig halten all diese Geheimgesellschaften ein Ritual ab, das jedes neue Mitglied durchlaufen muß, und bei welchem dieses der alten Welt und ihren Gesetzen abschwört. Danach ist es nur noch den Gesetzen der Loge verpflichtet.
Dieses Ritual wird bei den Freimaurern zum Beispiel „*Recreation*" genannt. Bei diesem wird der Neuling mehr oder weniger ausgezogen, ihm werden die Augen verbunden, und er bekommt einen Strick um den Hals.
Bei den *Skull & Bones* müssen sich die Neulinge in einen Sarg legen. Ihnen wird mitgeteilt, daß „*von heute an*" die Gesetze der Loge über jenen der Außenwelt stehen und daß ein Verrat der Geheimnisse, welche diese innerhalb der Loge erlangen, hart bestraft wird. Erinnern wir uns in diesem Zusammenhang an den Freimaurerspruch mit den „*Gedärmen, welche den Tieren auf dem Felde zum Fraß vorgeworfen werden*"!

Auch diese Tatsachen interessieren die Medien anscheinend nicht wirklich. Ist dieses *Nicht*-Vorgehen gegen Geheimgesellschaften und Logen durch Medien, Gerichte und Polizei der Beweis für eine erfolgreiche Positionierung von Logenangehörigen in deren Schlüsselpositionen? Oder ist die Ursache einfach nur Angst oder Unkenntnis? Mit letzterem kann sich nun zumindest niemand mehr herausreden, der dieses Buch gelesen und die Internet-Links geprüft hat.

Welche Konsequenz hätte es beispielsweise, wenn man hieb- und stichfest belegen könnte, daß John F. Kennedy einen Plan gefaßt hatte, ein Gesetz zu erlassen, das der *FED* (*Federal Reserve Bank*, die Zentralbank Amerikas, die von Privatbanken gehalten wird und das gedruckte Geld gegen hohe Gebühren an die US-Regierung verleiht) die Möglichkeit genommen hätte, Geld zu drucken, und stattdessen den USA einen eigenen, „richtigen" Dollar beschert hätte? Wäre es dann verständlicher, warum er beseitigt werden mußte – und vor allem, WER die Killer beauftragt hatte?

Und was wäre, wenn es auch knallhart bewiesen wäre, daß ein und dasselbe Finanzhaus beide kriegführende Parteien – die Nord- wie auch die Südstaaten – im amerikanischen Bürgerkrieg finanzierte; die Pariser Filiale die Nord- und die Londoner Filiale die Südstaaten? Und was würde es für Konsequenzen haben, wenn sich herausstellen würde, daß gerade solche Kräfte im Hintergrund generell daran interessiert sind, BEIDE Parteien zu finanzieren, die in einen Streit verwickelt sind, um so doppelt zu kassieren?

Könnte man denn eine solche Verschwörung einer kleinen, selbsterwählten „Elite" in der heutigen Zeit – hier und jetzt – mit der herrschenden Gesetzgebung überhaupt aufdecken?

Ich glaube nicht, denn jeder, der das versucht, würde sofort in die „nationalistische" oder – wenn das nicht hilft – in die „psychisch kranke" Ecke gedrängt. Es gibt wahrscheinlich kaum eine Möglichkeit.

Von der Öffentlichkeit in Deutschland weitestgehend unbemerkt, geht die Amerikanisierung in die nächste Runde. Nicht nur, daß inzwischen überall auf der Welt durch die „neuen Erleuchteten" Konzentrationslager gegründet werden, in denen man Tausende sogenannter „Terroristen" inhaftiert, die man zuvor in ihrem Heimatland oder sonstwo „abholt".

Das Konzentrationslager Guantanamo ist, wie in diesem Buch bereits aufgeführt, inzwischen nur *eine* Einrichtung von vielen in der Welt.

Wie zuvor in anderen Diktaturen, haben die heutigen Häftlinge dort keinen Anspruch auf einen Anwalt oder auf ein menschenwürdiges Leben in diesen Konzentrationslagern (= Konzentrierung/Sammlung von Menschen an einem Ort, welche eines Verbrechens beschuldigt werden, das sie möglicherweise gar nicht begangen haben).

Nicht nur dies! Mit den USA als Vorreiter wird derzeit massiv gegen die Presse vorgegangen. Unzählige Redakteure haben derzeit dort das Problem, entweder vor Gericht oder bereits mit einem Bein im Gefängnis zu stehen, weil sie nichts anderes taten als ihren Job: die Wahrheit zu publizieren. Die Gesetzgebung in Amerika wurde nämlich nach dem Anschlag auf das World Trade Center insoweit verschärft, daß Berichterstatter nun von der Regierung gezwungen werden können, ihre Informanten preiszugeben; und falls diese sich weigern – wie es derzeit teilweise noch geschieht –, ins Gefängnis wandern.

Und selbst Nachrichtenmagazine wie die TIMES bleiben davon nicht verschont, wie der informierte Leser weiß.

Die Medien in den USA sind aufgrund jener neuen Vorgehensweise der Bush-Regierung verängstigt. Einige gaben an, daß es durch diese neue Politik in Zukunft unmöglich werde, kriminelle Machenschaften – wie sie seinerzeit beim Watergate-Skandal geschahen – aufzudecken, weil kein Redakteur das mehr riskieren würde, da er dadurch selbst vor Gericht und im Gefängnis landen könnte!

Die Menschen in diktatorischen Regimen hatten und haben heute noch Angst, etwas „Falsches" zu sagen. Es ist sicherlich *kein „Zufall"*, daß der Autor *George Orwell*, welcher im Jahre 1948 das Verschwörungswerk „1984" veröffentlichte (ein bewußter Zahlendreher), dem Leser ständig das Gefühl gibt, er befinde sich in der Zukunft des Dritten Reiches, wenn dieses den Krieg gewonnen hätte.

Es ist wiederum sicherlich auch kein „Zufall", daß das Emblem der „INGSOC"-Partei in der Verfilmung des genannten Romans „1984" einer auf dem Kopf gestellten Pyramide gleicht, die, wenn man sie umdreht, sogar eine abgehobene Spitze ziert. Dieser Film ist auch heute noch empfehlenswert, um wachzurütteln.

Zu einer derart skizzierten Zukunft und einer Umsetzung der Pläne der Illuminaten (die drei Weltkriege) darf es nicht kommen! Helfen Sie mit...

Keine Nation ist für ihre Führer verantwortlich. Doch jeder einzelne trägt die Verantwortung dafür, daß sich die Vergangenheit nicht wiederholt.

Untätigkeit macht mitschuldig!

Wir wollen keine Führer, welche es nötig haben, sich in geheimen Verbindungen zu treffen, dabei in satanistischen Kulten identische Symbole verwenden, Rituale abhalten und Henkersschlingen um den Hals für eine Aufnahme ins *„Hotel California"* verwenden. Wir wollen uns selbst und unseren Kindern diese Zukunft nicht zumuten.

Der Vater eines Freundes von mir, welcher Oberhauptkommissar für Wirtschaftskriminalität war, sagte bereits in meiner Schulzeit mit erhobenem Zeigefinger: *„Wer es nötig hat, Dinge zu verbergen, führt nur selten etwas Gutes im Schilde...!"*

Die Yale-Universität selbst *verurteilt* die dortige Studentenverbindung der *Skull & Bones*, welcher wir beide Kandidaten des letzten US-Präsidentschaftswahlkampfes (2004) zu verdanken hatten. Sie ist dort am Campus als *„rechtsorientierte Gruppe"* verschrien!
Ist es nicht bedenklich, daß jene nun die Macht der USA in der Hand halten, welche wiederum Konzentrationslager einführt, die Pressefreiheit aufhebt und Angriffskriege auf falschen Fakten basierend startet, nach dem Motto: *„Wer nicht für uns ist, ist gegen uns!"*?

Die Welt hat Angst – Angst vor den USA!

Lernen wir aus der Vergangenheit! Wenn es Realität ist, daß ein Staat einem anderen den Krieg erklärt, weil er nicht nach dessen Pfeife tanzt, dann haben wir den *eindeutigen* Beweis dafür, daß ein Viertes Reich im Kommen ist.

Wir wollen keine Kriege mehr! Und vor allem: wir haben genug von Diktatoren!

Was schlage ich als Lösung vor?

1. Als erstes schlage ich vor, wenn die Anti-Terrorgesetzgebung schon eingesetzt wird, diese dann auch gegen das Logentum und gegen jegliche Form von Geheimgesellschaften anzuwenden, denn geheime Verbindungen mit rituellen Zeremonien, bei denen „unsere" Politiker, Industrielle und Führende beteiligt sind – aber auch „der Mann von nebenan" –, erwecken den Eindruck einer kriminellen Vereinigung.
   Anstatt die Rechte und Freiheiten der Bürger immer mehr zu beschneiden, sollten wir dort beginnen, wo echte Geheimniskrämerei betrieben wird, und ein Verbot aussprechen, Verbindungen beizutreten, welche sich damit brüsten, in einer Form von *Recreation* ihre eigenen Gesetze über die des Landes zu stellen!
   Schon allein dies kann unter der neuen verschärften Gesetzgebung als Provokation und staatsfeindliches Verhalten eingestuft werden. Sollte es auch! Wenn nicht, dann ist etwas anderes faul.

2. Ich schlage vor, allen Politikern, allen Industriellen und auch allen anderen, welche in solchen Verbindungen Mitglied sind, eine Frist zu geben, ihre Zugehörigkeiten offenzulegen. Andernfalls ist ein völkerfeindliches Verhalten dahinter zu vermuten und somit die Zugehörigkeit in diesen und ähnlichen Verbindungen nach Ablauf der Frist unter Strafe zu stellen, wobei Politiker und Menschen in führenden Positionen als besondere Härtefälle gelten, da sie das Vertrauen der Bürger genießen.

3. Zusätzlich schlage ich vor, Aussteigern aus solchen Logen, welche kriminelle Machenschaften bezeugen und beweisen können, Straffreiheit zu gewähren und sie unter das Zeugenschutzgesetz zu stellen sowie diesen eine neue Identität zu ermöglichen.

4. Des weiteren schlage ich vor, initiierten Menschen aus anderen Ländern Asyl zu gewähren, wenn sie aus solchen Verbindungen aussteigen und aussagen wollen. Denn gerade wir als Deutsche sollten uns aufgrund der Vergangenheit dazu verpflichtet fühlen, nicht zu warten, bis andere etwas tun, sondern aktive Hilfe anzubieten.

5. Weiterhin fordere ich die Medien auf, die technischen Möglichkeiten, mit denen heute schon Verwerflichkeiten an anderen Stellen aufgedeckt werden (Beispiel IOC) – sprich Arbeit mit versteckten Kameras und ähnlichem –, dazu zu benutzen, Aktivitäten innerhalb der Logen aufzudecken. Das Publikum ist sicherlich da – wie bereits beschrieben – und somit auch die Einschaltquote!
Sollte ein Sender so etwas generell ablehnen, muß überprüft werden, an welcher Stelle und von wem die Ablehnung kommt.
Sollten sich Politiker gegen diese Handlungen wehren, dann sollte ebenfalls überprüft werden, wer die Personen sind, und deren Namen sollten veröffentlicht werden. Eine Überprüfung bezüglich Logenangehörigkeit sollte eingeleitet werden, inklusive der derzeit auch dem verdächtigen Normalbürger zugemuteten Techniken wie Abhören von Telefonaten, Wanzen, Kameras.
Schlagen wir sie mit ihren eigenen Waffen und Gesetzen, und haken wir bei jedem nach, der damit ein Problem hat!

6. Sollten Sie selbst innerhalb einer solchen Verbindung sein und aus dem „Hotel California" aussteigen wollen, weil Sie wieder ein Leben in unüberwachter Freiheit möchten, sich aber nicht trauen – der Drohungen wegen –, dann kann ich von Ihnen nicht verlangen, als Held zu sterben. Aber tun Sie uns allen den Gefallen, und *öffnen Sie die Tür*, zum Beispiel, indem Sie anonym Dokumente, Bilder und Aufzeichnungen an Verantwortliche und Politiker oder an andere Personen verschicken, denen Sie vertrauen können.
Ein liegengebliebenes Adreßbuch oder ein vergessenes „Heimvideo" kann Wunder bewirken...
Und wenn dies – an unsere Politiker gerichtet – alles in der beschriebenen Form nicht existiert, dann hätte es weder weltpolitische Folgen noch wäre es eine Gefahr. Aber es wäre ein Zeichen für Millionen von Bürgern, das sagt: *„Wir verhindern durch das Verbot der Geheimgesellschaften und des geheimen Logentums eine mögliche Anlaufstelle krimineller Machtstrukturen."*
Denn eines ist sicher: Wer einmal in die Fänge der Logen geraten ist, für den ist es zu spät, denn an diese kommt man bei der heutigen Gesetzgebung nicht mehr heran.

So bitte ich auch Sie, liebe Leserinnen und Leser, den Politikern Briefe zu schreiben, falls Sie derselben Meinung sind. Diverse Adressen finden Sie unter anderem im Anhang dieses Buches.

Noch ein paar Worte zum Abschluß:

In den letzten Jahrhunderten wurden viele „heilige" Kriege geführt *„im Namen Gottes"* und *„des Friedens"*; angezettelt von Menschen, welche sich als „erleuchtet" betrachtet haben oder dies als Vorwand verwendeten, um Macht über andere auszuüben.

Doch lesen wir unsere „Heiligen Schriften", wie das Alte Testament, dann stecken dort hinter den Kriegen plötzlich keine Menschen mehr, sondern ein männlicher Gott, der diese befahl oder anleitete.

Ist das die Logik, an welche Sie glauben (wollen)?

Vergessen Sie eines nicht: All diese „Heiligen Bücher" wurden von Priestern oder Schriftgelehrten geschrieben – nicht von einem Gott! Ich glaube nicht an einen Gott, der einen Krieg befiehlt, sondern an eine Verfälschung jener Überlieferungen durch diejenigen, die alles zu „Papier" brachten und ihre eigenen Vorstellungen mit einfügten.

Wäre es anders, dann wäre es zumindest nicht *mein* Gott, denn ein Gott, der Kriege anzettelt, Menschen benachteiligt, bestimmte Bevölkerungen bevorzugt, Frauen herabsetzt oder Menschen zum Morden und anderen Greueltaten aufruft, ist für mich kein Heilsbringer; da kann ein *George W. Bush*, wie im letzten Golfkrieg geschehen, hundertmal erzählen, er werde „von Gott geführt" (ironischerweise wurde Saddam von seinem „Allah" geführt)...

Seien Sie wachsam!

Alles Gute,

Ihr

Dan Davis

ANHANG

Damit Sie eigene Nachforschungen anstellen können, steht Ihnen hier eine Liste mit einer Auswahl von Adressen von Logen, Geheimgesellschaften, Geheimdiensten, Behörden und so weiter zur Verfügung.

Amt für Nachrichtenwesen der Bundeswehr
Max-Planck-Straße 17, 53501 Gelsdorf
Tel.: 02225-9300 / Fax: -932031

Beauftragter der Bundesregierung für Abrüstung und Rüstungskontrolle
Werderscher Markt 1, 10117 Berlin
Tel.: 01888-174292 / Fax: -173402

Beauftragter der Bundesregierung für Angelegenheiten Kultur und Medien
Willy-Brandt-Straße 1, 10557 Berlin
Tel.: 01888-4002061/ Fax: -4001808

Beauftragter der Bundesregierung für Energiefragen
Salzufer 14, 10587 Berlin
Tel.: 030-39921773 / Fax: -39921851

Beauftragter der Bundesregierung für Menschenrechtsfragen
Heinemannstraße 6, 53175 Bonn
Tel.: 01888-5824439 / Fax: -5824525

Beauftragter der Bundesregierung für Menschenrechtspolitik und humanitäre Hilfe
Werderscher Markt 1, 10117 Berlin
Tel.: 01888-170 / Fax: -173402

Bundesakademie für Sicherheitspolitik
Rosenburgweg/Rosenburg, 53115 Bonn,
Tel.: 0228-55071080 /
Fax: -55071081

Bundesamt für Finanzen
Friedhofstraße 1, 53225 Bonn
Tel.: 0228-4060 / Fax: -4062661

Bundesamt für Naturschutz
Konstantinstraße 110, 53179 Bonn
Tel.: 0228-84910 / Fax: -8491200

Bundesanstalt für Züchtungsforschung und Kulturpflanzen
Neuer Weg 22/23, 6484 Quedlinburg
Tel.: 03946-470 / Fax: -47255

Bundesamt für Sicherheit und Informationstechnik
Godesberger Allee 185-189, 53175 Bonn
Tel.: 0228-95820 / Fax: -9582400

Bundesamt für Strahlenschutz
Postfach 100149, 38201 Salzgitter
Tel.: 05341-8850 / Fax: -885885

Bundesarchiv
Potsdamer Straße 1, 56075 Koblenz
Tel.: 0261-5050 / Fax: -505226

Bundesbeauftragte für die Unterlagen des Staatssicherheitsdienstes der ehem. DDR
Glinkastraße 35, 10117 Berlin
Tel.: 030-224170 / Fax: -22417762

Bundeskanzleramt
Willy-Brandt Straße 1, 10557 Berlin
Tel.: 01888-4000 / Fax: -40002357

BKA, Bundeskriminalamt
Thaerstraße 1, 65193 Wiesbaden
Tel.: 01888-260 / Fax: -2612141

Bundesministerium der Finanzen
Wilhelmstraße 97, 10117 Berlin
Tel.: 030-22420 / -22423260

Bundesministerium für Verteidigung
Fontainengraben 150, 53123 Bonn
Tel.: 01888-2400 / Fax: -245357

BND, Bundesnachrichtendienst
Zentrale
Heilmannstraße 30, 82049 Pullach
Tel.: 089-7931567

Bundesrechnungshof
Adenauerallee 81, 53113 Bonn
Tel.: 01888-91000 / -9100400

Deutsches Archäologisches Institut
Podbielskiallee 69-71, 14195 Berlin
Tel.: 01888-77110 / Fax: -7711168

Deutsche Bundesbank
Wilhelm-Eppstein Straße 14, 60431 Frankfurt / Main
Tel.: 069-95661 / Fax: -5601071

Deutsches Patent- und Markenamt
Zweibrückenstraße 12, 80331 München
Tel.: 089-21950 / Fax: -21952221

Deutscher Bundestag
Platz der Republik 1, 11011 Berlin
Tel.: 01888-180 / Fax: -1836878

UBA, Umweltbundesamt
Bismarckplatz 1, 14193 Berlin
Tel.: 030-89030 / Fax: -89032285

Streitkräfteamt
Deutschherrenstraße 89-91, 53177 Bonn
Tel.: 0228-8450 / Fax: -845543

ADRESSEN IN DEN USA

Department of the Army
Chief, FOIA/PA Division
US Army Information Systems Command
Crystal Square 2, Suite 201
1725 Jefferson David Highway
Arlington, VA 20350 – 2000

Department of Justice
Office of Information and Privacy
FOIA Officier
Washington, DC 20530

Department of the Air Force
11 MSS/IMS (FOIA)
Room 4A1088C
1000 Airforce Pentagon

FBI, Federal Bureau of Investigation
Department of Justice
FOIA Officier
Washington, DC 20535

Defense Department
Houston, TX 77058
Telefon: USA-281-483-3111

DIA, Defense Intelligence Agency
Mr. Robert P. Richardson
Chief, FOIA Staff
Washington, DC 20340

CIA, Central Intelligence Agency
Information and Privacy Coordinator
Mr. Lee S. Strickland
P.O. Box 1925
Washington, DC 20013

NSA, National Security Agency
Central Security Service
FOIA Officier
Fort George G. Meade, MD 20755-6000

Department of the Navy
Head, PA/FOIA Branch
Chief of Naval Operations
2000 Navy Pentagon
Washington, DC 20350-2000

NASA 1 Deli
1120 Nasa Parkw Suite 310
Houston, TX 77058
Tel.: USA-281-333-0663

NASA Aera Little League
1200 Ramada Drive
Houston, TX 77062
Tel.: USA-281-480-4338

Pentagon USA
Pentagon Fright Services
1211 East Richey Road
Houston, TX 77073
Tel.: USA-281-209-8800

US President
Government Washington
George W. Bush
1600 Pennsylvania Ave. Northwest, Washington, DC 20500

White House
1600 Pennsylvania Ave. Northwest
Washington, DC 20500
Tel.: USA-202-456-1414
Fax: USA-202-456-2461

LOGEN IN DEUTSCHLAND

B'nai B'rith – Hebraica Bayern e.V.
Georgenstraße 71, 80798 München
Tel.: 089 - 2712774

Der Orden der Rosenkreuzer (A.M.O.R.C.) e.V.
Hohenzollerndamm 91, 10713 Berlin
Tel.: 030 - 8262037

Deutscher Guttempler-Orden (I.O.G.T.) e.V.
Adenauerallee 45, 20097 Hamburg
Tel.: 040 - 245880 / 241430

Deutsches Freimaurermuseum
Im Hofgarten 1, 95444 Bayreuth
Tel.: 0921 - 69825 / Fax: 512850
(ebenfalls dort ansässig die Freimaurerloge „Eleusis zur Verschwiegenheit" !)

Druidenloge Achalm V.A.O.D. e.V.
Logenhaus
Oberamteisraße 29, 72764 Reutlingen
Tel.: 07121 - 346114
(ebenso dort ansässig: Freimaurerloge „Glocke am Fuß der Alb" e.V. !)

Druiden und Odd Fellow Logenheim Hamburg e.V.
Rothenbaumchaussee 199, 20149 Hamburg, Tel.: 040 - 453916

Große Landesloge der Freimaurer von Deutschland
Peter-Lenne Straße 1-3, 14195 Berlin
Tel.: 030 - 8311877

Großloge der Alten Freien und Angenommenen Maurer von Deutschland
Distriktloge Berlin
Emserstraße 12-13, 12051 Berlin
Tel.: 030 - 8737100

Illuminaten -Orden e.V. O.T.O.
Adalberstraße 21, 60486 Frankfurt
Tel.: 069 - 702883

ORDO TEMPLI ORIENTIS (O.T.O.) Deutschland e.V.
Hammer Steindamm 115
20535 Hamburg

„Zu den drei goldenen Schlüsseln"
Johannis-Loge
Königsallee 20a, 14193 Berlin
Tel.: 030 - 8922078

„Zu den drei Linden" V.A.O.D. e.V.
Druidenloge
Kapellenstraße 32a, 72622 Nürtingen
Tel.: 07022 - 8835

„Zu den drei Weltkugen"
Große National-Mutterloge
Heerstraße 28, 14052 Berlin
Tel.: 030 - 3042806 Fax:- 3051512

LOGEN IN DEN USA

Church of Satan
Central Administrating Office
P.0.Box 499
Radio City Station, New York
NY 10101 - 0499 USA

Magistra Blanche Barton
Church of Satan
P.O.Box 210666
Chula Vista, CA 91921 - 0666 USA

Temple of Seth
P.O.Box 470307
San Francisco, CA 94147 - USA

The Hermetic Order of the
Golden Dawn
P.O.Box 1757
Elfers, Florida 34680 USA

O.T.O. - Ordo Templi Orientis
U.S. Grand Lodge
Public Information Officier
P.O.Box 3008
Ashland, OR 97520 USA

The Hermetic and Alchemical Order of
QBLH
Thelema Baphomet-Loge
The Sistrum
P.O.Box 54490
Lexington, KY 40555, USA

Penn State S&B AIG
(SKULL AND BONES)
c/o John Hook
257 Aspen Road
Yardley, PA 19067, USA

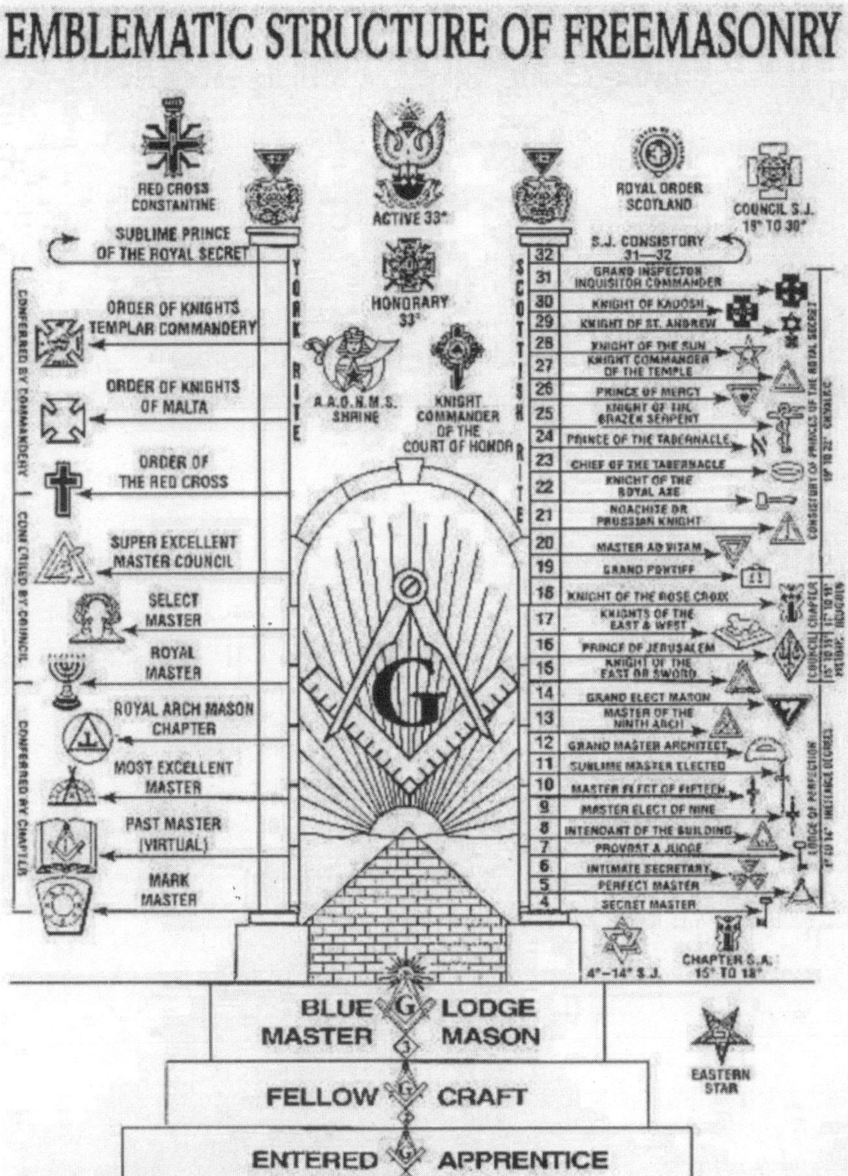

Abb.548: Embleme und Struktur der Freimaurer. Auf der rechten Seite sehen Sie die 32 Grade und ihre Bezeichnungen. Der 33. Grad ist wie man sagt „ehrenhalber" und hat das Symbol des „Allsehenden Auges" an der Spitze des Emblems.

Literatur- und Quellenverzeichnis

1. *Magazin2000plus*, Ausgabe 166, 2001, S. 12
2. *Magazin2000plus*, Ausgabe 176, S. 30 ff.
3. Video-Dokumentation *UFOs: Beweise ihrer Existenz*
4. *UFOs 2000*, RTL
5. Magazin *UFO-Nachrichten*, Nr.325, 1996, S. 4
6. Interview mit Farouk El Baz in *UFOs 2000*, RTL
7. *Magazin2000*, Nr. 109, 1996, S. 54 ff.
8. *Magazin2000*, Nr. 109, 1996, S. 54 ff.
9. *Magazin2000*, Nr. 109, 1996, S. 54 ff.
10. *Geheimsache U.F.O.*, Michael Hesemann, Silberschnur-Verlag
11. Interview mit Captain Yves Meelbergs, *UFOs 2000*, RTL
12. Magazin *UFO Nachrichten*, Nr. 325, 1996, S. 4 ff.
13. Michael Hesemann, *UFOs: Neue Beweise*, S. 157
14. Video-Dokumentation *UFOs are real*, Teil 2
15. Felix Erber, *Illustrierte Himmelskunde*, Berlin 1912
16. *Are we alone?*, Video-Dokumentation, Zecharias Sitchin
17. Thomas Bayer, *Foofighter, Kugelblitze, des Rätsels Anfang*, www.blissware-entertainment.de
18. siehe 17

19. - 26. Foo-Fighter, www.Luftarchiv.com

27. *Matrix III*, S. 367 ff., Interview mit Al Bielek
28. Magazin *Wissenschaft ohne Grenzen*, Nr. 4/97, S. 16

29.-31. Interview mit Howard Menger, *UFOs – die Kontakte*, Michael Hesemann, Teil 1

32. TAFF, *Die wahren X-Akten*
33. *Faktor X*, Interview mit Philip J. Corso
34. William Cooper, *Die apokylyptischen Reiter*, S. 49
35. Gschwend, 1988
36. www.beepworld.de
37. Interview mit Brian O'Leary, *UFOs: Beweise ihrer Existenz*
38. *News 06*, www.Kopp-Verlag.de
39. *Geheimnisvoller Untersberg*, Josef Schedel, www.vfgp.de
40. *Der Untersberg*, www.ourboros.com

41.-43. *Skull & Bones-News*, Ausgabe Frühjahr 2004

44. www.tagesanzeiger.ch
45. *Buch 3 – Der Dritte Weltkrieg*, Jan van Helsing, Ama Deus Verlag, 1996
46. *Hände weg von diesem Buch!*, Jan van Helsing, Ama Deus Verlag, 2004
47. http://zeit-portal.alien.de/untersaga.htm

Alle weiteren Quellen sind im Text aufgeführt.

Bildquellen

1. www.arbeiterfotografie.com
2. siehe 1
3. *Magazin 2000plus*, Nr. 176, S. 30
4. Archiv Jan van Helsing
5. Archiv Jan van Helsing
6. Archiv Jan van Helsing
7. Archiv Jan van Helsing
8. *Jenseits von Roswell*, Michael Hesemann
9. siehe 8
10. Santilli-Film
11. www.Onyxbox.f9.co.uk
12. NASA-Film STS-48
13. *NASA UFO*, Jack Kaher, Video, Bildsequenz
14. siehe 13
15. *Geheimsache U.F.O.*, Michael Hesemann, Silberschnur-Verlag, S. 130
16. *Geheimsache U.F.O.*, Michael Hesemann, Silberschnur, Innenteil
17. siehe 16
18. siehe 16
19. siehe 16
20. Argo Verlag, *Magazin 2000*, S. 141
21. siehe 20
22. Argo Verlag, *Magazin 2000*, S. 135
23. siehe 16
24. siehe 16
25. siehe 15 S. 102
26. siehe 15, S. 104
27. siehe 16
28. siehe 16
29. *Unser Kosmos*, Carl Sagan, 1980, S. 140
30. *Leben im Weltraum*, Roland M. Horn, S. 122
31. siehe 30, S. 121
32. siehe 30, S. 163
33. www.para-normal.com
34. www.coasttocoastam.com
35. www.Menphis75.com
36. www.Menphis75.com
37. www.vantasticdetail.com
38. www.ipani.chez.tiscali.fr
39. siehe 38
40. siehe 38
41. www.beyond-the-illusion.com
42. siehe 16
43. siehe 16
44. www.ddangi.com
45. siehe 44
46. siehe 15, S. 26
47. siehe 15, S. 26
48. www.Menphis75.com
49. www.ekolay.net
50. *UFOs: Neue Beweise*, Michael Hesemann, S. 33
51. siehe 50, S. 33
52. www.ddangi.com
53. www.ddangi.com
54. *Das Marsgesicht*, Walter Hain, Abb. 56
55. siehe 54, Abb. 54
56. *National Geographic*, Februar 1972, Vol.141, No.2, S. 263
57. siehe 30, S. 156
58. siehe 15, S. 101
59. siehe 15, S. 103
60. siehe 29, S. 141
61. siehe 30, S. 79
62. siehe 29, S. 141
63. Archiv Jan van Helsing
64. Archiv Jan van Helsing
65. *Das Marsgesicht*, Walter Hain, Abb. 19
66. siehe 65, Abb. 20
67. siehe 15, S. 251
68. *Wir entdeckten außerirdische Basen auf dem Mond*, Fred & Glenn Steckling, S. 59
69. siehe 68, S. 59
70. siehe 68, S. 58
71. *New York Times*, Ausgabe 14. Dezember 1944
72. www.freewebhosting.hostdepartment.com
73. Josef Schedel, www.vfgp.de (diese Seite existiert nicht mehr)
74. siehe 73
75. *Der Flugscheibenmythos*, Heiner Gehring & Klaus P. Rothkugel, S. 78
76. www.Seekers.100megs6.com
77. *Geheimtechnologien, Wunderwaffen und irdische Facetten des UFO-Phänomens*", Karl-Heinz Zunneck, S. 48
78. siehe 77, S. 49
79. www.aruredoor.treesurren.co.uk
80. siehe 77, S. 50
81. *Jenseits des Irdischen*, Nr. 10/96, S. 39
82. siehe 77, S. 218
83. Dan Davis
84. *Wissenschaft ohne Grenzen*, Magazin
85. www.home.t-online.de
86. siehe 77, S. 118
87. *Jenseits des Irdischen*, Nr. 10/96, S. 36
88. siehe 87, Nr. 10/96, S. 36
89. siehe 87
90. siehe 15, S. 123
91. siehe 15, S. 118
92. [illegible], Jan van Helsing, S. 124
93. *Mein Wunder-volles Leben*, Uri Geller, Silberschnur Verlag, S.1
94. siehe 77, S. 222
95. siehe 77, S. 222
96. siehe 15, S. 127
97. siehe 15, S. 127
98. siehe 15, S. 178
99. siehe 92, S. 124
100. *Die große Erich von Däniken Enzyklopädie*, Ulrich Dopatka, S. 125
101. siehe 92, S. 124
102. siehe 92, S. 124
103. siehe 15, S. 104
104. siehe 15, S. 126
105. siehe 73
106. Der Kampfflugkreisel Haunebu II, siehe 73
107. siehe 73
108. siehe 92, S. 143
109. siehe 73
110. siehe 73
111. *Aleister Crowley – Das Tier 666*, John Symonds, Sphinx Verlag, 1971
112. siehe 111
113. siehe 111
114. www.thelema.org
115. www.hohle-erde.de
116. www.pufoc.rebublika.pl
117. www.pufoc.rebublika.pl
118. www.taivaansusi.net
119. *Secret flying discs of the Third Reich*, Giesbert Nijuis, www.leasieworks.com
120. siehe 119
121. siehe 75, S. 17
122. www.exordio.com
123. siehe 119
124. www.mental-ray.de
125. www.iwaoiwao.fc2web.com
126. www.rr0org/FooFighters.html
127. siehe 119
128. siehe 119
129. siehe 119
130. siehe 77, S. 216
131. Dragon Warrior, geocities.com

132.Multipurpose Security and Surveillance Mission Platform, nosc.mil
133.siehe 132
134.www.nurflugel.com
135.www.nurflugel.com
136.*Die Externsteine – Mythos und Wahrheit*, Dokumentation, Cover
137.*Die Externsteine – Mythos und Wahrheit*, Dokumentation, Rükkumschlag
138.Isais, www.home.t-online.de
139.Dan Davis
140.www.vfgp.de/fotoarchiv
141.www.vfgp.de/fotoarchiv
142.www.seven-star.de
143.Dan Davis
144.*Schwarze Sonne*, Rüdiger Sünner, S. 137
145.Dan Davis
146.www.photos.nondot.org
147.www.silentwall.com
148.www.brynmawr.edu
149.www.ring.mithec.com
150.www.stanford.edu
151.www.stanford.edu
152.www.stanford.edu
153.Privatarchiv
154.www.fotogalerien.ch
155.www.fotogalerien.ch
156.www.fotogalerien.ch
157.www.fiberpimp.net
158.www.porter.csres.utexas.edu
159.www.photodc.com
160.www.graphics.cs.ucdavis.edu
161.www.porter.csres.utexas.edu
162.www.mental-ray.de
163.www.mental-ray.de
164.www.mental-ray.de
165.www.freewebhosting.hostdepartment.com
166.www.mental-ray.de
167.www.freewebhosting.hostdepartment.com
168.www.mental-ray.de
169.Buchcover *Hitlers`s Flying Saucers*, Henry S.
170.siehe 73, Vril
171.Vril, www.nordesud.it
172.siehe 92, S. 126
173.www.ufo-sa.hp.infoseek.co.jp
174.siehe 16
175.*Unternehmen Aldebaran*, Jan van Helsing, Ama Deus Verlag
176.siehe 73, Haunebu
177.www.freewebhosting.hostdepartment.com
178.Argo Verlag, *Magazin 2000plus*, Nr. 128 / 129, 1998, S. 25
179.www.rst.gsfc.nasa.gov
180.www.rst.gsfc.nasa.gov
181.siehe 73, Vril
182.siehe 73, Vril
183.siehe 73, Vril
184.siehe 73, Vril
185.siehe 119
186.siehe 73, Vril
187.siehe 73, Vril
188.Col. Philip Corso, *Der Tag nach Roswell*
189.siehe 188
190.www.angelfire.com
191.www.enterprisemission.com
192.www.ufo-sa.hp.infoseek.co.jp
193.www.ufo-sa.hp.infoseek.co.jp
194.www.alienshift.com
195.www.alienshift.com
196.www.parascope.com
197.www.parascope.com
198.www.parascope.com
199.www.area51phx.freeservers.com
200.siehe 119
201.*The Mothman Prophecies*, John A. Keel
202.www.dailymail.com
203.www.cenap.alien.de
204.www.cenap.alien.de
205.www.mapw.org
206.Dan Davis
207.www.fnal.gov
208.Argo Verlag, *Magazin 2000*
209.siehe 119
210.siehe 119
211.www.area51phx.freeservers.com
212.www.area51phx.freeservers.com
213.Michael Schratt
214.www2.jpl.nasa.gov
215.www2.jpl.nasa.gov
216.www2.jpl.nasa.gov
217.www2.jpl.nasa.gov
218.www.ufocasebook.com
219.www.galactic-server.net
220.www.southpolestation.com
221.www.southpolestation.com
222.Karl-Heinz Zuneck, *Geheimtechnologien 2*, S. 179
223.www.bibliotecapleyades.net
224.www.subversiveelement.com
225.www.Menphis75.com
226.www.Menphis75.com
227.www.Menphis75.com
228.www.Menphis75.com
229.www.transformationofamerica.com
230.www.grassoanimation.com
231.www.the7thfire.com
232.siehe 15, S. 246
233.siehe 15, S. 246
234.*Hände weg von diesem Buch*, Jan van Helsing, Ama Deus Verlag, S. 59
235.www.starcats.com
236.siehe 119
237.www.Edicolaweb.net, Space Shuttle Atlantis
238.www.ufoarea.com
239.Jeff Challender, Project P.R.O.V.E.
240.siehe 239.
241.siehe 239.
242.siehe 239.
243.www.ufoarea.com
244.siehe 239
245.siehe 239
246.siehe 239
247.Harald Zaun, www.heise.de
248.John Maxfield
249.John Maxfield
250.John Maxfield
251.John Maxfield
252.siehe 239
253.siehe 239
254.siehe 239
255.siehe 239
256.JPL / NASA, www.frontpage.fok.nl
257.JPL / NASA, www.frontpage.fok.nl
258.www.anomalous-images.com
259.www.anomalous-images.com
260.www.anomalous-images.com
261.www.anomalous-images.com
262.www.efodon.de
263.www.efodon.de
264.siehe 15
265.MGS, 8. April 2001, www.heise.de
266.www.marsfind.hainnwy.at
267.NASA / JPL, Mailn Space Science Systems, www.msss.com
268.siehe 15
269.siehe 15
270.www.testpilot.ru
271.www.testpilot.ru
272.www.testpilot.ru
273.siehe 239
274.siehe 239
275.siehe 239
276.www.efodon.de
277.www.efodon.de
278.www.efodon.de
279.www.esa.int/images/martian_meteorite_L.jpg
280.Holger Insberg, *Magazin2000plus*, Juli / August 2001, www.mars-news.de
281.siehe 280

282.www.efodon.de
283.www.efodon.de
284.www.unrealcraft.com
285.siehe 15
286.www.Menphis75.com
287.www.unrealcraft.com
288.www.aviationvideos.com
289.www.avia.russian.ee
290.www.aviationvideos.com
291.www.unrealcraft.com
292.www.avia.russian.ee
293.Lippisch Aerodyne, Giesbert Nijuis, www.leasieworks.com
294.Lippisch Aerodyne, Giesbert Nijuis, www.leasieworks.com
295.www.avia.russian.ee
296.www.aspubs.com
297.Moller`s Flying Saucers, Giesbert Nijuis, www.leasieworks.com
298.www.aspubs.com
299.www.aspubs.com
300.Moller`s Flying Saucers, Giesbert Nijuis, www.leasieworks.com
301.www.Macroindustries.com
302.Moller`s Flying Saucers, Giesbert Nijuis, www.leasieworks.com
303.VTOL, www.internetelite.ru
304.www.roadabletimes.com
305.Moller`s Flying Saucers, Giesbert Nijuis, leasieworks.com
306.Moller`s Flying Saucers, Giesbert Nijuis, leasieworks.com
307.www.avia.russian.ee
308.www.avia.russian.ee
309.www.avia.russian.ee
310.www.avia.russian.ee
311.www.avia.russian.ee
312.www.avia.russian.ee
313.www.prototypes.free.fr
314.www.prototypes.free.fr
315.www.prototypes.free.fr
316.www.jpcolliat.free.fr
317.www.jpcolliat.free.fr
318.www.jpcolliat.free.fr
319.www.jpcolliat.free.fr
320.www.jpcolliat.free.fr
321.www.jpcolliat.free.fr
322.www.jpcolliat.free.fr
323.www.danshistory.com
324.Magazin *Discover*, Special Report, Februar 1998
325.Northrop Flying Wing, www.pilotfriend.com
326.www.Northrop.host
327.www.Northrop.host
328.www.geocities.com
329.Rotary Rocket, Giesbert Nijuis, leasieworks.com
330.Rotary Rocket, Giesbert Nijuis, leasieworks.com
331.Michael Schratt
332.Michael Schratt
333.Michael Schratt
334.Michael Schratt
335.Michael Schratt
336.Michael Schratt
337.www.Menphis75.com
338.www.area51specialprojects.com
339.www.Menphis75.com
340.www.Menphis75.com
341.www.Menphis75.com
342.www.Menphis75.com
343.www.Menphis75.com
344.www.Menphis75.com
345.www.angelfire.com
346.www.Menphis75.com
347.siehe 119
348.siehe 119
349.siehe 119
350.siehe 119
351.siehe 119
352.siehe 119
353.siehe 119
354.siehe 119
355.siehe 119
356.siehe 119
357.www.numberboy.org
358.www.nurflugel.com
359.www.nurflugel.com
360.www.nurflugel.com
361.www.nurflugel.com
362.www.nurfluegel-modelltechnik.de
363.www.nurflugel.com
364.siehe 119
365.Projekt1947.com, Silver Bug
366.Projekt1947.com, Silver Bug
367.Projekt1947.com, Silver Bug
368.www.leasieworks.com
369.*...Und sie fliegen doch*, Guido Moosbrugger, Umschlag
370.Jim Bowie, Rense.com
371.Jim Bowie, Rense.com
372.Jim Bowie, Rense.com
373.Jim Bowie, Rense.com
374.Jim Bowie, Rense.com
375.siehe 119
376.Der Kampfflugkreisel Haunebu II, www.vfgp.de Archiv
377.siehe 119
378.siehe 119
379.siehe 119
380.siehe 119
381.www.nurflugel.com
382.www.nurflugel.com
383.www.nurflugel.com
384.siehe 119
385.www.mental-ray.de
386.www.alienshift.com
387.www.mental-ray.de
388.siehe 119
389.www.volny.cz
390.www.vyzn.viawest.net
391.www.vyzn.viawest.net
392.*The Miethe Story*, www.naziufos.com
393.siehe 75, S.49
394.siehe 119
395.www.Seekers.100megs6.com
396.siehe 75, S. 62
397.Moller`s Flying Saucers, Giesbert Nijuis, leasieworks.com
398.siehe 75, S. 75
399.www.brumac.8k.com
400.www.brumac.8k.com
401.siehe 119
402.siehe 119
403.siehe 119
404.siehe 119
405.siehe 119
406.siehe 119
407.siehe 119
408.siehe 119
409.siehe 119
410.Jenseits des Irdischen, Nr. 10/96, S. 36
411.www.freewebs.com
412.www.freewebs.com
413.www.freewebs.com
414.www.freewebs.com
415.siehe 119
416.www.ufodigest.com
417.mx.geocities.com
418.www.delphiaassociates.org
419.siehe 15, S. 130
420.Jan van Helsing, *Unternehmen Aldebaran*, Ama Deus Verlag, 1998
421.siehe 420
422.Airborne Remotely Operated Device, nosc.mil
423.Airborne Remotely Operated Device, nosc.mil
424.www.aerostories.free
425.www.Project1947.com
426.www.Project1947.com
427.www.Project1947.com
428.www.nurflugel.com
429.www.nurflugel.com
430.www.nurflugel.com
431.www.ufx.org
432.Aerodyne, Giesbert Nijuis, leasieworks.com
433.Aerodyne, Giesbert Nijuis, leasieworks.com
434.www.hitechweb.szm.sk
435.www.ericreuter.bei.t-online.de

436.www.teslaind.com
437.Dehn *Red Wing*, Allen Bell, Airworld Museum
438.Vril, www.nordesud.it
439.Vril, www.nordesud.it
440.Venik`s Aviation Page, www.Leasieworks.com
441.Venik`s Aviation Page, www.Leasieworks.com
442.www.luft46.com
443.www.nurflugel.com
444.www.city.kakamigahara.gifu
445.www.nal.go.jp/jpn/history/img/01 1.jpg
446.www.cufon.org
447.Dryden Flight Research Center, www.nasa.gov
448.Dryden Flight Research Center, www.nasa.gov
449.Argo Verlag, Sonderausgabe, *Magazin 2000plus*, 2/183, S. 115
450.Magazin *Aufklärungsarbeit*, Ausgabe 15, 2004, S.18
451.Wolfgang E. Pax, *Auf den Spuren von Jesus von Nazareth*, S. 174
452.*Symbole der Freimaurer*, Daniel Berèsniak & Lazif Hamani, S. 97
453.*Symbole der Freimaurer*, Daniel Berèsniak & Lazif Hamani, S. 71
454.*Symbole der Freimaurer*, Daniel Berèsniak & Lazif Hamani, S. 97
455.www.nurflugel.com
456.www.Germanufochatter.com
457.Magazin *Wissen ohne Grenzen*
458.www.extra-terrestre.org
459.www.f3.parsimony.net
460.John Symonds, *Aleister Crowley – Das Tier 666*, Sphinx Verlag, 1971
461.Archiv Jan van Helsing
462.www.luciferia.tv
463.www.senshineko.com
464.www.ufoarea.com
465.www.beyondroswell.com
466.www.beyondroswell.com
467.www.beyondroswell.com
468.www.beyondroswell.com
469.www.beyondroswell.com
470.www.Ufocasebook.com
471.www.luciferia.tv
472.*Das Marsgesicht*, Walter Hain, Abb. 48
473.www.cyberspaceorbit.com
474.www.cyberspaceorbit.com
475.www.cyberspaceorbit.com
476.www.cyberspaceorbit.com
477.www.cyberspaceorbit.com
478.www.cyberspaceorbit.com
479.www.cyberspaceorbit.com
480.www.cyberspaceorbit.com
481.www.angelfire.com
482.www.riseofthebeast.com
483.siehe 234
484.S.F. Chronicle, 1983, siehe www.livejournal.com
485.www.freemasonrywatch.org
486.www.luciferia.tv
487.www.pagrandlodge.org
488.www.news.bbc.co.uk
489.John Symonds, *Aleister Crowley – Das Tier 666*, Sphinx Verlag, 1971
490.siehe 234
491.siehe 234
492.siehe 234
493.www.fairfieldweekly.com
494.www.apersonalguide.co.uk
495.www.poetes.com
496.www.luciferia.tv
497.www.freemasonarywatch.org
498.www.operabase.com
499.www.oper-ravensburg.de
500.www.artlex.com
501.www.splcenter.org
502.www.freimaurerpostkarten.de
503.www.ns-gedenkstaetten.de
504.www.lssah.com
505.www.wewelsburg.de
506.www.nurflugel.com
507.www.nanet.at
508.*Symbole der Freimaurer*, Daniel Berèsniak & Lazif Hamani, S.35
509.www.logo.cafepress.com
510.www.infowars.com
511.www.infowars.com
512.www.lcweb2.loc.gov
513.www.indybay.org
514.www.indybay.org
515.www.sunsite.berkeley.edu
516.www.skullandbones.org
517.www.messiandread.dubroom.org
518.www.infowars.com
519.www.infowars.com
520.www.infowars.com
521.www.geocities.com
522.www.geocities.com
523.www.infowars.com
524.www.sunsite.berkeley.edu
525.David Icke, *Telling the Truth Archives*, www.davidicke.net
526.www.infowars.com
527.www.staron.org
528.Norman MacKenzie, *Geheimgesellschaften*
529.David Icke, *Telling the Truth Archives*, www.davidicke.net
530.www.sunsite.berkeley.edu
531.www.pages.prodigy.net
532.www.sunsite.berkeley.edu
533.www.sunsite.berkeley.edu
534.Dollarnote (auch „Weltverschwörung.de“)
535.www.br-online.de
536.www.thirdreichpages.com
537.www.users.hol.gr
538.www.sueddeutsche.de
539.www.mondial.at
540.www.samliquidation.com
541.www.luciferia.tv
542.www.samliquidation.com
543.www.samliquidation.com
544.www.rense.com
545.www.rense.com
546.www.rense.com
547.www.riseofthebeast.com und www.Freemasonarywatch.org

BANKEN, BROT UND BOMBEN - Band 2

Stefan Erdmann

Band 2

Das Geheimwissen in der Gegenwart

Haben Sie sich nicht schon oft gefragt, ob unsere Politiker noch ganz bei Trost sind, betrachtet man die Steuer- und Rentenpolitik, vor allem aber auch die Zuwanderungs- und Asylthematik, die EU-Osterweiterung und die Einführung des Euro, den keiner wollte, der aber dennoch kam?

Jeder Mittelständler hätte seine Firma längst schließen müssen, würde er so wirtschaften. Was glauben Sie? Sind unsere Führungsspitzen allesamt geistig verwirrt, oder steckt hier System dahinter?

Stefan Erdmann öffnet Ihnen die Augen! Im ersten Teil von ***Banken, Brot und Bomben*** hat er die Leser über Geschichtsverdrehungen im Altertum aufgeklärt und über die Verstrickungen alter Bruderschaften mit dem Finanzadel. In diesem Folgeband nimmt er Sie mit auf eine nicht weniger spannende Reise durch ein Netzwerk von Freimaurerlogen (Bilderbergern, Komitee der 300, CFR...), Medien- und Pharmamogulen, Energielobbyisten bis hin zur Hochfinanz und zeigt deren Machtstrukturen bis in die Jetztzeit auf. Dabei beleuchtet er unter anderem auch die Hintergrundpolitik der Russischen Revolution und des Ersten Weltkrieges und erläutert dabei auch schlüssig, wieso aus den Ergebnissen, die man auf der Versailler „Friedenskonferenz" mit dem Versailler Vertrag beschloß, die Grundlage für einen neuen Weltkrieg geschaffen wurde.

Stefan Erdmann zeigt dabei auch schonungslos die Rolle der Massenmedien auf und verdeutlicht anhand von Beispielen, wie diese den heutigen Konsummensch bewußt manipulieren. Er erläutert die Mechanismen der psychologischen Kriegsführung und die gezielte Verblödung unserer Kinder durch das gegenwärtige Erziehungssystem und eine bewußte Verrohung durch das Fernsehprogramm. Bei all diesen Betrachtungen läßt er auch die Hintergründe des Anschlags auf das World Trade Center nicht außer Acht, erklärt die wahren Absichten der amerikanischen Regierung für den Krieg im Irak und damit den Beginn des Dritten Weltkriegs sowie die juristische Situation Deutschlands beziehungsweise des Deutschen Reiches nach dem Ende des Zweiten Weltkriegs.

Er zeigt jedoch nicht nur die Mechanismen der momentanen Weltherrscher auf, sondern bietet auch Vorschläge an, um es dem einzelnen zu ermöglichen, aus diesem manipulativen Spiel auszusteigen.

HÄNDE WEG VON DIESEM BUCH !

Jan Udo Holey/Jan van Helsing

Sie werden sich sicherlich fragen, wieso Sie dieses Buch nicht in die Hand nehmen sollen. Handelt es sich hierbei nur um eine clevere Werbestrategie?

Wohl kaum. Wie Sie wissen, wurden zwei Bücher von Jan van Helsing aufgrund ihres brisanten Inhalts verboten. Und die etablierten Medien lassen auch kaum einen Tag verstreichen, ohne die Bevölkerung vor den Ideen des *„gefährlichsten Sachbuchautoren Deutschlands"* zu warnen.

Nun rüttelt Jan van Helsing erneut an einem Weltbild - an Ihrem! Daher ist der Rat: *„Hände weg von diesem Buch!"* durchaus ernst gemeint. Denn nach diesem Buch wird es nicht leicht für Sie sein, so weiterzuleben wie bisher. Heute könnten Sie möglicherweise noch denken: *„Das hatte mir ja keiner gesagt, woher hätte ich denn das auch wissen sollen?"* Heute können Sie vielleicht auch noch meinen, daß Sie als Einzelperson sowieso nichts zu melden haben und nichts verändern können. Nach diesem Buch ist es mit dieser Sichtweise jedoch vorbei!

Sollten Sie ein Mensch sein, den Geheimnisse nicht interessieren, der nie den Wunsch nach innerem und äußerem Reichtum verspürt hat, der sich um Erfolg und Gesundheit keine Gedanken macht, dann ist es besser, wenn Sie den gut gemeinten Rat befolgen und Ihre Finger von diesem Buch lassen.

Sollten Sie jedoch immer schon gefühlt haben, daß mit dieser Welt etwas nicht stimmt, sollten Sie die letzten Geheimnisse unserer "aufgeklärten" Welt interessieren und sollten Sie jemand sein, der es vom Leben noch einmal wissen will, dann ist das Ihr Buch!

Sagen Sie aber nicht, man hätte Sie nicht gewarnt! Denn Jan van Helsing wird Ihnen von Dingen und Ereignissen berichten, die Ihnen die Möglichkeit einräumen werden, Macht über Ihr eigenes Leben zu bekommen und die Kraft, andere daran Teil haben zu lassen. Und wer über Macht verfügt, der trägt auch eine große Verantwortung.

Daher sind Sie vor die Wahl gestellt: Möchten Sie auch weiterhin gelebt werden oder ist der Zeitpunkt jetzt gekommen, Ihr Schicksal selbst in die Hand zu nehmen?

Die Entscheidung liegt bei Ihnen!

ISBN 3-9807106-8-8 • 21,00 Euro

ALDEBARAN-Versand
50670 Köln • Weißenburgstr. 10 a
Telefon 02 21 - 737 000 •Telefax 02 21 - 737 001

BUCH 3 – Der Dritte Weltkrieg - NEUAUFLAGE

Jan Udo Holey/Jan van Helsing

Ist das Schicksal der Menschheit vorherbestimmt...?

Im Jahre 1871 erstellten die Führer einer Geheimloge einen Plan, wie sie über drei Weltkriege die Welt - sprich die Zentralbanken, die Börsen, das Öl, die Energie- sowie die Wasserversorgung, die Medien und die Medizin - in ihre Gewalt bringen können. Auf dem Weg zur „Neuen Weltordnung" – einer Weltregierung kontrolliert von diesen Schattenmännern – sollte der Erste Weltkrieg inszeniert werden, um das zaristische Rußland in ihre Hände zu bringen. Der Zweite Weltkrieg sollte über die Manipulation der zwischen den deutschen Nationalisten und den politischen Zionisten herrschenden Meinungsverschiedenheiten fabriziert werden und der Dritte Weltkrieg sollte sich, diesem Plan zufolge, aus den Meinungsverschiedenheiten ergeben, die man zwischen den Zionisten und den Arabern hervorrufen würde. Es wurde die weltweite Ausdehnung des Konfliktes geplant.

Spätestens jetzt sollten Sie hellhörig geworden sein, denn die Verwirklichung des letzten Abschnitts können wir gerade live in den Medien miterleben – die Inszenierung eines Weltkriegs! Der Anschlag auf das WTC in New York war nur eine weitere Etappe auf dem Weg zur Weltregierung, wobei die Angst vor (selbst inszenierten) Terroranschlägen dazu genutzt wird, die Freiheit des Einzelnen scheibchenweise einzuschränken – Aufhebung des Bankgeheimnisses, Überwachung der Bürger, Einführung des bargeldlosen Zahlungsverkehrs bis hin zur Implantierung von Mikrochips unter die Haut.

Interessiert es Sie, ob es tatsächlich dazu kommt, und wenn ja, wie dieser Krieg ausgehen wird? Die in diesem Buch aufgeführten Prophezeiungen von über einhundert verschiedenen Sehern aus der ganzen Welt haben alle genau diesen Dritten Weltkrieg vorausgesehen und die weitere Entwicklung der irdischen Menschheit im Detail beschrieben.

Jan van Helsing als Profi auf diesem Gebiet läßt Sie jedoch nicht mit diesen Informationen im Regen stehen, sondern nimmt Sie bei der Hand und zeigt Ihnen auch die positiven Aspekte der prophezeiten Ereignisse, beschreibt ausführlich, wie der Einzelne mit dieser Situation umgehen kann, wie er durch eine bewußte Umkehr im Denken als auch im Handeln nicht nur dem Sog der Negativität des Alltags entrinnt, sondern mit den hier präsentierten Werkzeugen sein Leben auch bewußt neu gestalten kann.

Bis zum Jahr 2012 – Der Aufstieg der Menschheit

Johannes Holey

Planet und Menschheit stehen heute am Beginn eines neuen Zeitalters, dem Wassermann-Zeitalter. Damit wird zugleich der Beginn einer neuen, höheren Schöpfung eingeleitet. Einer Schöpfung auf der Basis einer feineren Schwingungsfrequenz und der dabei entstehende Prozeß der Transformation ist bereits voll im Gange. Diese Schwingungserhöhungen werden in den Jahren bis 2012 stetig ansteigen und die Geschwindigkeit des Ablaufs der Umwandlung wird weiter rapide zunehmen.

Dieses Buch klärt auf:

- Warum trafen viele Prophezeiungen bisher nicht ein?
- Was könnte aber davon bis 2012 doch noch auf uns zukommen?
- Was können wir und die Menschheit dabei noch verbessernd beeinflussen? uvm...

ISBN 3-9805733-7-0 • 20,30 Euro

ICH SPRECHE MIT TOTEN

Martina Krämer

Haben Sie schon einmal von Menschen gehört, die einen *sechsten Sinn* haben, welche die Zukunft vorhersagen und Dinge wahrnehmen können, die anderen verborgen bleiben?

Martina Krämer ist eine dieser Personen. Nach außen hin unterscheidet sie nichts von anderen Menschen, doch ist ihr die Gabe zu eigen, „mehr“ zu sehen als gewöhnliche Menschen. Vor allem eine Fähigkeit ist bei ihr stark ausgeprägt: die Seelen Verstorbener zu sehen und mit diesen zu kommunizieren.

In diesem Buch erzählt uns Martina Krämer ihre Lebensgeschichte – die alles andere als gewöhnlich war – und erklärt uns, wie sie von ihrem Schutzengel zum Medium ausgebildet worden ist, was sie von Verstorbenen erfahren hat und mit dunklen Kräften erlebte.

„Ich bekomme haufenweise Manuskripte zugesandt, doch Frau Krämers Geschichte ist mit das spannendste, was mir in den letzten Jahren vorgelegt wurde. Bevor ich mich jedoch endgültig entschied, das Buch zu veröffentlichen, wollte ich eine persönliche Sitzung bei Frau Krämer durchführen und sie auf ihre Fähigkeiten hin prüfen. Und ich kann nur sagen: Ihre Trefferquote ist erstaunlich und ich erfuhr Dinge, die sonst noch kein Medium bei mir wahrgenommen hatte.“

Jan van Helsing (im März 2005)

ISBN 3-938656-07-7 • 17,40 Euro